Veröffentlichungen der
Historischen Kommission zu Berlin

Band 104

2003
Walter de Gruyter · Berlin · New York

Ragnhild Münch

Robert Koch
und sein Nachlaß in Berlin

2003
Walter de Gruyter · Berlin · New York

Lektorat der Schriftenreihe: Rosemarie Baudisch

∞ Gedruckt auf säurefreiem Papier, das die US-ANSI-Norm über Haltbarkeit erfüllt.

ISBN 3-11-017691-2

Bibliografische Information Der Deutschen Bibliothek

Die Deutsche Bibliothek verzeichnet diese Publikation in der Deutschen Nationalbibliografie; detaillierte bibliografische Daten sind im Internet über http://dnb.ddb.de abrufbar.

Printed in Germany

Umschlaggestaltung: Christopher Schneider, Berlin

INHALT

VORWORT

Der wissenschaftliche Nachlaß Robert Kochs (1843-1910) wird in Berlin an zwei voneinander unabhängigen Einrichtungen verwahrt. Größere Teile befinden sich im gleichnamigen Institut des Bundesministeriums für Gesundheit, die übrigen im Robert Koch-Museum, das zum Institut für Mikrobiologie und Hygiene der Humboldt-Universität zu Berlin gehört. Die Bestände waren weitgehend in Vergessenheit geraten, sofern es sich nicht um ausgestellte Einzelstücke in den beiden Gedenkstätten handelt. An dem einen Ort (Robert Koch-Museum) hielt Robert Koch am 24. März 1882 den Vortrag über die „Ätiologie der Tuberkulose", der zur Grundlage der Konsolidierung der Bakteriologie wurde. Dieser Raum ist weitgehend mit der Originaleinrichtung erhalten. An dem anderen Ort fand Robert Koch im Dezember 1910 seine letzte Ruhestätte in einem eigens errichteten Mausoleum.

In einem von der Deutschen Forschungsgemeinschaft geförderten Kooperationsprojekt dieser beiden Einrichtungen und dem Institut für Geschichte der Medizin der Freien Universität Berlin ist der Nachlaß Kochs in den Jahren 1996 bis 2000 erschlossen worden. Der vorliegende Band ist das Ergebnis dieser Erschließung und versteht sich als Grundlage der wissenschaftlichen Nutzung. Der Nachlaß Robert Kochs ist für biographische und für wissenschaftshistorische Fragestellungen von herausragender Bedeutung, so daß die Erschließung ein Beitrag zur Aufarbeitung der Geschichte der Bakteriologie, daraus entstandener mikrobiologischer Forschungszweige und daran beteiligter Personen ist.

Die Arbeit mit den Beständen führte zu einem neuen Blick auf die Persönlichkeit Robert Kochs und gab Anlaß für einen biographischen Abriß auf der Grundlage des Nachlasses. In diesem ersten Teil ist bewußt jüngere Literatur zur Biographie Kochs außer Betracht gelassen, während die älteren Biographien als ergänzende Quellen genutzt wurden, um ein zeitnahes Bild des Forschers entstehen zu lassen, das sich einer historischen Wahrheit nähert. Ein Beitrag zu Diskursen, die von historiographischen oder methodischen Werturteilen geprägt sind, war ebenso nicht beabsichtigt wie ein Lebensbild mit Anekdoten aus dem Privatleben des Forschers.

Der zweite Teil beginnt mit einer Bestandsgeschichte, die das Schicksal des Nachlasses seit Kochs Tod erläutert. Daran anschließend werden die drei Hauptelemente der Bestände vorgestellt und die einzelnen Urkunden, Aufzeichnungen und Briefe dokumentiert. Bei Dokumenten zur Biographie führt dies mit Gedenkveranstaltungen für Robert Koch bis in die Gegenwart. Biographische Daten zu Korrespondenzpartnern und damit dem wissenschaftlichen und administrativen Umfeld Kochs wurden überwiegend von Frau Marion Mücke ermittelt. Kurzzeitig haben die Personenrecherchen Unterstützung durch Frau Dr. Gelbert von Seiten der Humboldt-Universität erfahren; Vollständigkeit konnte nicht erreicht werden.

Zu den bearbeiteten Beständen gehören mehr als 3000 Fotografien sowie mikroskopische Präparate; beides waren integrale Bestandteile der Arbeit Kochs. Eine Vielzahl von Aufnahmen entstand allein während seiner Expeditionen nach Ostafrika. Mehrere hundert Mikrofotografien bilden die Verknüpfung zwischen mikroskopischer Arbeit, deren Dokumentation und anderen Wahrnehmungen Kochs zu Infektionskrankheiten. Nur sehr wenige wurden veröffentlicht, und so gerieten auch diese Bestände in Vergessenheit. Für Präparate und Fotografien sind im Verlauf des Projektes von Frau Hi-Gung Bae, Herrn Stefan Biel (Präparate) und vor allem von Herrn Markus Schnöpf (Fotografien) mit jeweils ebenso großem Engagement wie technischem Sachverstand Bilddatenbanken geschaffen worden, deren Integration in diese Veröffentlichung weder sinnvoll noch möglich war. In diesem Band ist der schriftliche Nachlaß Kochs dokumentiert, doch es sind im Verlauf des Projektes weitergehende Perspektiven zur Bereitstellung der Bestände entwickelt worden. Die Möglichkeiten für den Aufbau eines »digitalen Archivs« sind dabei ebenso intensiv diskutiert worden wie eine »virtuelle Bibliothek Robert Koch«. Für beides sind die Vorarbeiten abgeschlossen.

Ich danke dem Robert Koch-Institut und dem Institut für Mikrobiologie und Hygiene der Humboldt-Universität für die erwiesene Unterstützung und für das Vertrauen, das die jeweilige Institutsleitung den Projektmitarbeitern entgegen gebracht hat. Herrn Professor Dr. Dr. Rolf Winau, Institut für Geschichte der Medizin der Freien Universität Berlin, ist für die Projektverantwortung zu danken.

Diese »traditionelle« Publikation soll auch ein Baustein zum Verständnis und zur Bewahrung des Nachlasses von Robert Koch sein. Um ein Buch zu werden, bedarf es jedoch der Drucklegung. Das Interesse der Historischen Kommission zu Berlin an der Aufnahme dieses Bandes in ihre Reihe hat mich daher sehr gefreut. Ganz besonders danke ich schließlich der Robert Koch-Stiftung für gewährte Unterstützung und der Verbundenheit mit ihrem Namensgeber.

Berlin, im April 2003 Ragnhild Münch

Robert Koch.

ROBERT KOCH (1843–1910)

... aber die Ärzte sind wie Altflicker, die alte Kleider ausbessern,
denn ihre Arbeit bezieht sich blos
auf verstümmelte und unpäßliche Körper;
viel mehr würdet Ihr für Eure Armen [!] sorgen,
wenn Ihr den Krankheiten vorzubeugen sucht ...

Exzerpt Kochs zu Xenophon, *Cyropädie, I.6.13*

Einleitung: Koch-Biographien

Das Bild von der Persönlichkeit Robert Kochs ist noch immer geprägt durch die beiden ersten größeren Biographien über den Nobelpreisträger und einen Spielfilm von 1939. Bemerkenswert ist, daß schon 1890/91 ein erster Versuch zur Darstellung des Lebensweges unternommen worden war, der vor allem die Erfolge Kochs zum Gegenstand hatte; binnen kürzester Zeit erschienen zwei Auflagen.[1] Dies zeugt von hoher Aufmerksamkeit der breiten Öffentlichkeit – welcher ebenfalls 1891 eine Veröffentlichung privater Briefwechsel in einer Publikumszeitschrift vorgelegt wurde[2] – für eine wissenschaftliche Disziplin und für die Person, die diese zu verkörpern schien. Das Fachgebiet Kochs war die Bakteriologie, als deren Mitbegründer er anerkannt ist, und aus der im Verlauf des 20. Jahrhunderts weitere Spezialdisziplinen entstanden.

Im Dezember 1903 folgten die nächsten ausführlichen Würdigungen aus Anlaß des 60. Geburtstages des weitgereisten und international bekannten Wissenschaftlers.[3] Diese Darstellungen nahmen vorweg, was 1910 in zahlrei-

---

[1] Wilhelm Becher, *Robert Koch – eine biographische Studie*, Berlin 1890, 2. Aufl., 1891.

[2] Robert Biewend, *Aus der Familienchronik von Robert Koch. Biographische Mitteilungen*, in: *Deutsche Revue (über das nationale Leben der Gegenwart)* 16 (1891), H. 1, S. 179-186, S. 296-318 und H. 2, S. 87-100, S. 219-231.

[3] Friedrich Löffler, *Robert Koch. Zum 60. Geburtstage*, in: *Centralblatt für Bakteriologie, Parasitenkunde und Infektionskrankheiten* 25 (1904), Nr. 4, S. 401-415; Bernhard Fränkel, *Robert Koch*, in:

chen Nachrufen hervorgehoben wurde: Hohe Anerkennung für die wissenschaftliche Klarheit und Präzision im Methodischen.

Nach Kochs Tod beeindruckt die Menge der Nekrologe, die sich in nationalen und internationalen Tageszeitungen ebenso finden wie in populären und in wissenschaftlichen Zeitschriften.[4] Die Perspektive früherer Mitarbeiter, die in den Nachrufen zum Ausdruck kam, war individuell und zugleich authentisch. Angebote, begleitend zu den »Gesammelten Werken«[5] 1912 eine Biographie oder ein Lebensbild zu veröffentlichen, lagen von mehreren Seiten vor. Zugleich machte die Anordnung bzw. Auswahl der Texte für die Gesammelten Werke Vorgaben zu Schwerpunkten und Betrachtungsweisen, die in dieser Weise von Koch wahrscheinlich nicht getroffen worden wären. Kurz nach Veröffentlichung der Gesammelten Werke erschien tatsächlich noch 1912[6] eine Biographie, die mehr noch als eine weitere kleine im Jahr 1924[7] zur Grundlage nachfolgender werden sollte.

Erkennbar sind Unterschiede, wenn es um die Einschätzung der Persönlichkeit Kochs geht, und erkennbar ist der Hintergrund des Autors Karl Wezel (1912), der kein Mitarbeiter Kochs war. Seine Darstellung beruhte auf bereits 1891 veröffentlichten Details in der »Deutschen Revue«. Ergänzend stützte sich Wezel auf Auskünfte aus dem Umfeld Kochs, vermutlich primär Eduard Pfuhl (1852-1917), der 1911[8] erneut Privatbriefe seines Schwiegervaters publizieren sollte, sowie Eindrücken von dessen Mitarbeitern, darunter Georg Gaffky (1850-1918) und Bernhard Möllers (1878-1945). Die militärmedizinische Reihe und die Tendenz der Darstellung selbst verdeutlichen den Hintergrund Wezels, der sein Werk Gaffky widmete und Pfuhl und Möllers namentlich erwähnt.[9]

Tuberculosis 2 (1910) Nr. 12 (Sonderdruck); [Julius Schwalbe], *Ehrung Robert Kochs*, in: *Deutsche Medicinische Wochenschrift* 30 (1904), S. 1246-1248; *Koch-Festnummer der Deutschen Medizinischen Presse*, hrsg. von Karl Gumpertz, 11. Dezember 1903; sowie Anlaß für eine Festschrift: *Festschrift zum sechzigsten Geburtstage von Robert Koch*, herausgegeben von seinen dankbaren Schülern, Jena 1903, allerdings mit thematischen, nicht personenbezogenen Aufsätzen.

[4] Sammlung von Zeitungsartikeln des »Berliner Literarischen Bureaus« 1910. (L5/001-011, rki); Nachrufe in wissenschaftlichen Zeitschriften gab es von etwa zwanzig früheren Mitarbeitern, s.a. Ehrentraut Holz, *Robert Koch (1843-1910). Auswahlbibliographie* (= Schriftenreihe der Universitätsbibliothek [Humboldt-Universität zu Berlin]), Berlin 1984.

[5] Julius Schwalbe/Georg Gaffky/Eduard Pfuhl (Hrsg.), *Gesammelte Werke von Robert Koch*, 3 Teilbände, Leipzig 1912 [künftig: *Kochs Gesammelte Werke*].

[6] Karl Wezel, *Robert Koch. Eine biographische Studie* (= Bibliothek von Coler – von Schjerning, Bd. 36), Berlin 1912.

[7] Martin Kirchner, *Robert Koch* (= Meister der Heilkunde, Bd. 5), Wien-Berlin 1924.

[8] Eduard Pfuhl, *Privatbriefe von Robert Koch, in: Deutsche Revue (über das nationale Leben der Gegenwart)* 36 (1911), H. 3, S. 182-199, zugleich in: *Deutsche Medicinische Wochenschrift* 37 (1911), S. 1399f., 1443f., 1483-1485, 1524-1526.

[9] Wezel, *Robert Koch*, S. 49.

Die erste Biographie, die auf intensiver Sichtung des Nachlasses beruhte und diesen mit Akzessionen ergänzte, verfaßte Bruno Heymann (1871-1943). Diese war 1932 der erste Versuch einer Rekonstruktion des Lebenslaufes. Allerdings wurde Ende 1932 nur der erste Teil veröffentlicht, der die Jahre bis 1882 umfaßt; eine Fortsetzung war in Vorbereitung, konnte aber aufgrund der politischen Diskriminierung des Verfassers nicht verwirklicht werden.[10] Die zweite, das gesamte Leben Kochs umfassende Biographie von Bernhard Möllers[11] war zugleich die bisher letzte, die mit Unterlagen aus dem Nachlaß arbeitete. Möllers orientierte sich an der Struktur der Darstellung Wezels und den Gesammelten Werken Kochs und verwendete 1942/3 auch unveröffentlichte Materialien von Bruno Heymann, die dieser teilweise bereits in einem Manuskript für einen zweiten Teil niedergelegt hatte. Äußerer Anlaß für Möllers war die Vorbereitung einer Ausstellung zum 100. Geburtstag des Institutsgründers die - nach der Umbenennung in »Robert Koch-Institut« im April 1942 - im Jahr 1943 stattfinden sollte. Statt dessen verpackte Möllers den Nachlaß Kochs, der vermutlich im Keller des Instituts vor Bomben gesichert wurde, hinterließ jedoch keinerlei Aufzeichnungen zum Umfang oder einzelnen Bestandteilen der eingelagerten Pakete.

Möllers behauptete, ein Schüler Kochs gewesen zu sein. Belege für nähere Kontakte gibt es indes kaum. Gewiß ist lediglich, daß Möllers mit einer Finanzierung durch die »Robert Koch-Stiftung zur Bekämpfung der Tuberkulose« am Institut für Infektionskrankheiten tätig war und in diesem Zusammenhang - Weiterentwicklung des Tuberkulins - gemeinsam mit Eduard Pfuhl arbeitete.[12] Gleichwohl trat er öffentlich - namentlich bei Gedenkveranstaltungen zu Ehren Kochs - bis an sein Lebensende im Mai 1945 als letzter lebender Schüler Robert Kochs auf. Kochs letzter »Schüler« und Mitarbeiter war Friedrich Karl Kleine (1869-1951). Kleine arbeitete seit 1900 am Institut, nahm an Kochs Expeditionen 1903/04 und 1906/07 teil, setzte dessen Arbeiten zur Tropenmedizin fort und emigrierte im Juli 1947 nach Südafrika. In den zwanziger Jahren beschrieb Kleine jene Expeditionen Kochs, an denen er teilgenommen hatte und relativierte einige der Forschungen seines früheren Vorgesetzten. Noch vor der Emigration bereitete Kleine, diese Publikationen aufnehmend, seine Lebenserinnerungen vor.[13] Anhaltspunkte zur Einschätzung der Persönlichkeit Kochs und seines Stils geben schließlich

[10] Bruno Heymann, *Robert Koch, 1. Teil 1843-1882*, Leipzig 1932; Bruno Heymann, *Robert Koch*, 2. Teil: *1882-1908. Fragmente*, hrsg. von Georg Henneberg, Klaus Janitschke, Manfred Stürzbecher, Rolf Winau, Berlin 1997. In der Einführung weitere Angaben zum Schicksal Heymanns und seines Manuskriptes.

[11] Bernhard Möllers, *Robert Koch. Persönlichkeit und Lebenswerk, 1843-1910.* Hannover 1950.

[12] Nach eigenen Angaben in: Möllers, *Robert Koch*, S. 2f., war er von 1901 bis 1913 in Kochs Privatlaboratorium tätig.

[13] Friedrich K. Kleine, *Ein deutscher Tropenarzt*, Hannover 1949.

die Memoiren von Wilhelm von Drigalski (1871-1950), der vor und nach der Jahrhundertwende im Koch'schen Institut gearbeitet hatte.[14]

Für viele Zeitgenossen war es schwierig, den Lebensweg Kochs zu überblicken und allen Facetten gerecht zu werden. Eher romanhafte Lebensbilder, zunächst jenes von Hellmuth Unger, nach dessen Anregung auch der Spielfilm von Hans Steinhoff (1939) mit Emil Jannings als Robert Koch entstand, versuchten die vielfältigen Forschungsthemen mit einem Blick auf die Wesensart des Wissenschaftlers zu verknüpfen.[15] Hier ist für die zwanziger und dreißiger Jahre neben Unger auch Löbel und – Generationen prägend – Paul de Kruif zu nennen.[16] Viel gelesen blieben nach 1945 de Kruif und Unger; 1947 erschien in der Reihe »Leben und Schaffen« ein Büchlein beim Verlag »Volk und Wissen«, 1957 und später entstanden in der DDR zunächst Jugendromane und dort schließlich die populär-wissenschaftliche Biographie von Genschorek.[17] Im Grunde orientierten sich diese ebenso wie unzählige Beiträge in wissenschaftlichen Publikationen[18] weiter an Unger und Möllers, und als aktuellste Biographie verknüpft auch die englischsprachige von Thomas Brock Sichtweisen auf die Persönlichkeit mit Erörterungen der Arbeitsgebiete auf der Grundlage der Literatur.[19]

Der Nachlaß oder Autographen in anderen Beständen wurden von den Autoren nicht umfassend analysiert, so daß Sichtweisen übertragen oder umgedeutet wurden, und zwar in politisch beliebiger Sicht. Dies ist darin begründet, daß vor allem die Bestände des Robert Koch-Instituts bisher nicht erschlossen und damit kaum Auskünfte hierzu möglich waren, während jene

---

[14] Wilhelm von Drigalski, *Im Wirkungsfelde Robert Kochs*, Hamburg 1948; das Typoskript mit Korrekturen von Drigalskis wurde im Frühjahr 2000 Robert Koch-Institut aufgefunden.

[15] Hellmuth Unger, *Helfer der Menschheit. Der Lebensroman Robert Kochs*, 1. Aufl., Leipzig 1929, ab 4. Aufl. gedruckt unter dem Titel: *Robert Koch. Roman eines großen Lebens*, Berlin 1936; erneut Zürich 1954 und Berlin 1961.

[16] Josef Löbel, *Robert Koch. Geschichte eines Glücklichen*, Zürich 1935; Paul de Kruif, *Robert Koch, der Bekämpfer des Todes*, Berlin 1931, bzw. Ders.: *Mikrobenjäger*, Zürich 1927, mit Blick auf die Mikroskopie anhand verschiedener Lebensbilder aus verschiedenen Epochen, die erste englische Ausgabe erschien in London 1938, die jüngste in San Diego 1996.

[17] Erich Friedrich Podach, *Robert Koch*, Berlin 1947; Werner Quednau, *Robert Koch*, Berlin 1954; Charlotte Thomas, *Robert Koch, Roman eines Arztes*, 3. Aufl., Berlin 1970, 9. Aufl., Berlin 1982; Wolfgang Genschorek, *Robert Koch. Leipzig*, Leipzig 1975 u.ö.; in Westdeutschland neben deKruif und Unger auch Richard Bochalli, *Robert Koch, der Schöpfer der modernen Bakteriologie*, Stuttgart 1954, und Rudolf Harms, *Robert Koch, Arzt und Forscher. Ein biographischer Roman*, Hamburg 1966, Gütersloh 1967.

[18] Siehe das bis 1982 reichende Verzeichnis von Holz, *Robert Koch, Auswahlbibliographie*, passim; genannt sei – aufgrund der Nachfolge im Amt – Georg Henneberg, *Robert Koch*, in: Wolfgang Treue/Rolf Winau (Hrsg.) *Mediziner* (= Berlinische Lebensbilder, Bd. 2), Berlin 1987, S. 213-232.

[19] Thomas D. Brock, *Robert Koch. A Life in Medicine and Bacteriology*, Berlin-New York 1988.

im Robert Koch-Museum an der Humboldt-Universität ab 1982 primär unter musealen Aspekten behandelt wurden (siehe Teil 2, Bestandsgeschichte).

Nachfolgend wird ein Lebensbild im Sinne eines biographischen Abrisses vorgestellt, das chronologischen Gesichtspunkten folgt und an thematischen Beispielen Kochs Arbeitsstil erläutert. Die Darstellung beruht auf dem Nachlaß in den beiden Berliner Einrichtungen und bezieht biographische Darstellungen nur dann ein, wenn sie wegen zeitlicher Nähe oder als Zeitzeugen wesentliche Informationen und Quellen enthalten, die im Nachlaß nicht überliefert sind. Von Interesse ist hier, den Nachlaß in der vorgefundenen Form als Quellengrundlage vorzustellen und als Ganzes zu betrachten, nicht zuletzt, um aus diesem selbst Lebenslauf und Arbeitsstil Robert Kochs zu rekonstruieren. Eine Einbeziehung archivarischer Quellen in anderen Beständen ist deshalb ebenfalls weitgehend unterblieben.

Die Erschließung des Nachlasses erlaubte, einen Überblick zum Werk und den weltumspannenden wissenschaftlichen Kontakten des Forschers zu erhalten, die Arbeitsgebiete in den Kontext ihrer Zeit zu stellen und schließlich, den Arbeitsstil Kochs anhand der von ihm hinterlassenen Quellen zu erfragen und so aus dieser Perspektive den Beitrag der Person zur Entwicklung einer natur-wissenschaftlichen Disziplin nachzuvollziehen. Zentrales Anliegen ist, den Nachlaß für weitere Fragestellungen zu öffnen, wozu der zweite Teil die Grundlage bildet. Mit der Bestandsgeschichte sind Anregungen für etwaige weitere Ermittlungen zu überlieferten Autographen gegeben und das vollständige Verzeichnis von schriftlichen Unterlagen im Nachlaß beabsichtigt, detaillierte Einblicke in die Überlieferung zu geben.

Zum Lebensweg Robert Kochs

1843 bis 1866

Geboren in Clausthal, einem kleinen Städtchen im Harz, wuchs Robert Koch in einer kinderreiche Familie auf. Sein Geburtstag, gemeinhin als der 11. Dezember bekannt und akzeptiert, ist das erste, was auf den 12. Dezember 1843[20] zu korrigieren wäre, doch will sein eigener Wunsch, daß

[20] Ein ziviles Personenstandsregister war noch nicht üblich, so daß der Eintrag einer Geburt im Kirchenbuch der Gemeinde erfolgte; Geburtsdatum laut Auszug des Geburtseintrages, als Taufdatum ist der 21. Januar 1844 angegeben (L1/001, rkm). Das Entstehungsdatum der Abschrift, 1872, belegt, daß offensichtlich Robert Koch für die Physikatsprüfung einen Auszug aus dem Taufregister angefordert hat. Post mortem erfolgten Anfragen an die Kirchengemeinde im Jahr 1910 durch Georg Gaffky (L1/001.2, rki), ein weiteres Mal am 27. November 1997 im Rahmen des Erschließungsprojektes.

der 11. Dezember gefeiert wird, respektiert werden. Es heißt, einer seiner Brüder habe am gleichen Tag Geburtstag gehabt, so daß Robert sich für den Tag zuvor entschieden habe, tatsächlich wurde Marie, die jüngste von zwei Schwestern und zehn Brüdern, am 11. Dezember 1856 geboren.[21] Bemerkenswert ist die Größe der Familie Koch insofern, als in Deutschland beschleunigtes Bevölkerungswachstum mit allmählicher Zunahme der Lebenserwartung bei gleichzeitig hoher Säuglingssterblichkeit zu den Merkmalen des demographischen Übergangs im 19. Jahrhundert gehört. Robert war der dritte Sohn von insgesamt dreizehn Kindern, von denen nur zwei die Kindheit nicht überlebten. Die Mehrheit der Geschwister emigrierte, vor allem in die U.S.A., was aus ökonomischen, aber auch politischen Gründen seit den vierziger Jahren keine Seltenheit in Städten, merkbarer auch in ländlichen Gegenden war. Insofern war die Lebenssituation, in die Robert Koch im Dezember 1943 geboren wurde, eine »normale«.

Eine Nische zu finden, Hobbys zu entwickeln, war bei schließlich zehn Geschwistern gewiß nicht einfach, doch der Knabe fand sie in der Umgebung von Clausthal, in der Beobachtung von Tieren und Pflanzen.[22] Der Vater Hermann Koch (1814-1877) durchlief eine Karriere vom »einfachen« Bergmann zum Geheimen Bergrat, die Ehe mit einer Verwandten zweiten Grades, Mathilde Biewend (1818-1871), währte von 1839 bis zum Tod der Mutter 1871.[23] Der soziale Aufstieg ermöglichte eine erweiterte Schulbildung für die Kinder, zumindest die Söhne besuchten das Gymnasium in Clausthal, und der dritte absolvierte das Abitur am 2. April 1862.[24] Über die weitere Lebensplanung soll es unterschiedliche Auffassungen im Elternhaus gegeben haben. Emigration wie sieben der Brüder und der jüngsten Schwester war eine der Erwägungen, eine Bergbau-Karriere auf den Spuren des Vaters schien dagegen angesichts der Interessen des wohl eher schmächtigen, kurzsichtigen Knaben nicht empfehlenswert. Beim Schulabschluß gab er an, Lehrer werden zu wollen, die Entscheidung fiel schließlich auf ein Studium in Göttingen, zunächst der Philologie, seit dem zweiten Semester war es dann

---

[21] Helen A. Pfuhl, *Hermann Koch, my ancestor*, in: Helmut Radday (Hrsg.), ... *und geben unsere Auswanderung bekannt*, Clausthal-Zellerfeld 2000, S. 66-77, auf der Grundlage der Familienchronik von Hugo Koch, Faksimile eines Blattes mit einer Liste der Kinder von Hermann und Mathilde Koch, S. 68; für Robert ist der 11.12. angegeben, Marie wurde 1856 geboren.

[22] Wezel, *Robert Koch*, S. 4-6, Becher, *Robert Koch*, S. 2.

[23] Zur Familiensituation siehe Heymann, *Robert Koch*, Bd. 1, S. 4-14, bzw. Möllers, *Robert Koch*, S. 5-11, dort weitere Angaben zu den Lebenswegen der Geschwister; s. hierzu auch Helmut Radday, ... *und geben unsere Auswanderung bekannt*, Clausthal-Zellerfeld 2000, passim.

[24] Abschriften von Zeugnissen verschiedener Jahre (L1/002.1, rki) sind vom *Provinzialausschuss für hygienische Volksbelehrung in der Provinz Hannover* anlässlich einer Ausstellung 1929 zusammengestellt worden, veröffentlicht bei Möllers, *Robert Koch*, S. 18, Anm. 3. Das Original des Abiturzeugnisses (L1/002.2, rkm) ist im Nachlaß vorhanden.

Medizin.[25] Das Studienbuch der Jahre 1862 bis 1866 belegt den Ausbildungsgang, und da Anatomie und Pathologie weder untereinander noch von Physiologie getrennt waren, bildeten Jakob Henles Lehrveranstaltungen Schwerpunkte.[26] Henle hatte sich durch die Einbeziehung des Mikroskops in die praktische Arbeit einen Namen gemacht, vor allem aber mit theoretischen Überlegungen über ansteckende Krankheiten.

Jakob Henle

Jakob Henle (1809-1885) ist in Deutschland als der herausragende, Koch prägende Wissenschaftler zu nennen, dessen Werk zum Repertoire bzw. zur Ausgangsposition Kochs gehören sollte. Aufgrund mancher Begriffe (wie Parasiten), an Beispielen und bestimmten Schlußfolgerungen, gar Denkstrukturen läßt sich der Einfluß auf den Studenten nachvollziehen. Henle wollte mit dem »Handbuch der rationellen Pathologie«, das in den Jahren 1846 bis 1853 entstand, eine theoretische Grundlage schaffen. Die Zielsetzung bestand darin Möglichkeiten zu eröffnen, seine Hypothesen experimentell zu bestätigen oder zu verwerfen[27] – Grundprinzip des Wechsels zwischen theoretisch und experimentell forschenden Naturwissenschaften. Er nennt für die Medizin seiner Zeit zwei Methoden, die empirische der klinischen Erfahrung und die *theoretische, physiologische oder rationelle*, um *das Wesen der krankhaften Veränderungen* zu erfassen. Wenn auch in den klassischen Fächern experimentelle Methoden seither Ansatzpunkte fanden und auch das Mikroskop als technisches Hilfsmittel akzeptiert war, so bewirkte dies kein grundsätzliches Umdenken, d.h. die Forschungsstrategien blieben unverändert. Manche Ansätze waren in den vierziger bis siebziger Jahren sozialpolitisch geprägt, so daß die Folgen von Krankheit bzw. die gesellschaftlichen Ursachen prioritär vor medizinischen Fragestellungen waren – struktureller Modernisierungsdruck und traditionsverhaftete Theorien bildeten jedoch zunehmend Diskrepanzen.

Im letzten Teil seiner Abhandlung unterteilt Henle drei Untergruppen, nämlich *äußere Schädlichkeiten..., die physikalischen, chemischen und organischen, oder, bestimmter ausgedrückt lebendigen.*[28] Krankheiten, deren Ursachen Henle *räthselhaft* nannte, unterschied er nach verschiedenen, den Verlauf beeinflussenden

[25] Die Rückgabe des Studienbuches erfolgte am 24. März 1866 (L1/003, rkm), das Hochschulzeugnis datiert vom 10. Januar 1866 (L1/004, rkm).

[26] Studienbuch Robert Kochs für die Jahre 1862 bis 1866 (L1/03, rkm).

[27] Jakob Henle, *Handbuch der rationellen Pathologie*, 2. Aufl., Braunschweig 1846-1853, Einleitung, S. V.

[28] Henle, *Handbuch*, Bd. 2.2, S. 377.

Faktoren, wobei *lebende Organismen* den Übergang zu den *Ursachen der miasmatisch-contagiösen Krankheiten* bezeichneten. Zu lebenden Organismen zählt Henle *Parasiten*, zumindest teilweise mit bloßem Auge erkennbar, und er beschreibt geradezu bildhaft das Verhältnis von *Angreifern* und *Anzugreifenden*. Die Zuordnung zu biologischen Kategorien erfordere den Nachweis von *Werkzeugen* zur Fortpflanzung.[29] Wenn Henle der Auffassung war, daß *es ganz gleichgültig sein kann, wie wir die Natur des Wechselfiebers und die Wirkung des China erklären*, zumal die Erfahrung lehre, daß *China Wechselfieber heilt*[30], dann sollte Koch später der Aufforderung folgen, dies experimentell zu bestätigen oder zu widerlegen und bei bestimmten Infektionskrankheiten zu präzisieren.

Tatsächlich ging Koch seit Beginn seiner experimentellen Forschungen in Wollstein einen, vielmehr zwei Schritte weiter, denn er gab sich nicht allein mit der Erfahrung zufrieden, sondern hielt die eingehende Betrachtung der *Parasiten* und den Nachweis ihrer Wirkungsweisen selbst für erforderlich. Zusätzlich stellte er Fragen nach Strategien der Prävention, und zwar an den Kontext ansteckender Krankheiten und an die Mikroorganismen, zunächst ohne zwingende kausale Verknüpfung. Einzelne empirische Beobachtungen zur Ansteckung wie körperliche Nähe[31], Benennung des *Contagiums*[32], um die Übertragung zu charakterisieren, Entwicklung und Wiedererzeugung in einem anderen – und zwar bereits kranken – Körper stellte Henle nicht detailliert dar, hinterfragte und vertiefte also nicht die Analyse von Ursache und Wirkung. Er begnügte sich mit der *Einreihung in contagiöse* Krankheiten, zumal epidemische, wenn diese *nachweisbar dem Zuge von Menschen und sogar Effecten*, also den Handelswegen folgten, wie dies bei der Cholera der 1830er Jahre zu beobachten gewesen war.[33] Der abschließende Ausblick Henles, es *könnten ... unter den Molekülen, die in jedem mikroskopischen Objekt wiederkehren, Körper von sehr verschiedener und von hoher Bedeutung versteckt sein*[34], war der Ausgangspunkt Robert Kochs, nach dieser Bedeutung zu fragen und danach, ob und wie – den Worten Cambyses' in der Cyropädie folgend – Krankheit zu vermeiden sei.

1866 bis 1872

Bis zu den ersten Antworten vergingen noch zehn Jahre. Zunächst war das Studium zu beenden und nach einer Anstellung zu suchen, um den Lebens-

[29] Henle, *Handbuch*, Bd. 2.2, S. 412.
[30] Henle, *Handbuch*, Bd. 1, S. 3.
[31] Henle, *Handbuch*, Bd. 2.2, S. 463.
[32] Henle, *Handbuch*, Bd. 2.2, S. 432.
[33] Henle, *Handbuch*, Bd. 2.2, S. 459.
[34] Henle, *Handbuch*, Bd. 2.2, S. 467.

unterhalt zu finanzieren. Noch vor dem Abschluß des Studiums, erhielt der Student im Juni 1865[35] einen Preis der Göttinger Fakultät in Höhe von 80 Talern für eine Schrift »Über das Vorkommen von Ganglienzellen an den Nerven des Uterus«.[36] Vier Monate zuvor oder vier Wochen später[37] wurde der Preisträger, vermutlich wegen seines präparatorischen Geschicks, Assistent am »Museum« des Göttinger pathologischen Instituts, wobei die Tätigkeit wohl einer heutigen studentischen Mitarbeiterstelle entsprochen haben dürfte.

Unklar ist, ob Kochs zweite wissenschaftliche Veröffentlichung »Über Bernsteinbildung im menschlichen Organismus« der Promotion voranging[38] oder Bestandteil des Verfahrens war[39] – die Note lautete *eximia cum laude*.[40] Nach der Promotion hielt sich Koch vorübergehend in Berlin auf, wo er einen der Brüder besuchte und die Einrichtungen der medizinischen Versorgung in Augenschein nahm. Die Medizin in Berlin, so klingt in einem Brief an, gefiel ihm nicht: *Die Einrichtungen sind hier alle in viel zu großem Maßstabe angelegt, sodaß der einzelne mit seinen Interessen vollständig dagegen verschwindet* ... das Verhältnis von Professoren und Studierenden erschien ihm unangemessen – zu viele Studenten würden von zu wenigen Lehrenden betreut.[41] *Ich suche wenigstens noch so weit als möglich zu profitieren und hospitiere die Kliniken und einen praktischen Kursus bei Virchow*, wobei ihm die Erfahrungen in der Göttinger Pathologie zugute kamen.

Im März 1866 legte Koch in Hannover das Staatsexamen ab und erhielt die Approbation[42] als Arzt und Wundarzt, um von Juni bis September 1866 eine Hospitanz am Allgemeinen Krankenhaus in Hamburg durchführen zu

---

[35] Wezel, *Robert Koch*, S. 7f.: Brief Robert Kochs an seinen Vater, laut Becher, *Robert Koch*, S. 6, fand die Preisverleihung am 17. Juni 1865 statt.

[36] Robert Koch, *Über das Vorkommen von Ganglienzellen an den Nerven des Uterus*, Preisschrift gedruckt von der Universität Göttingen, erneut in: *Kochs Gesammelte Werke*, Bd. 2,2, S. 806-813.

[37] Bei Wezel, *Robert Koch*, S. 8f., ist Februar 1865 genannt; Becher, *Robert Koch*, S. 7, gibt den 19. Juli 1865 an.

[38] Wezel, *Robert Koch*, S. 9; der Artikel wurde in der von Henle und Pfeufer herausgegebenen Zeitschrift veröffentlicht: Robert Koch, *Über das Entstehen von Bernsteinsäure im menschlichen Organismus*, in: *Zeitschrift für rationelle Medicin* 24 (1865), S. 264-274, erneut in: *Kochs Gesammelte Werke*, Bd. 2,2, S. 814-820.

[39] Becher, *Robert Koch*, S. 9. Laut Kirchner, *Robert Koch*, S. 10, hat er diese Arbeit erst veröffentlicht und *später als Doktordissertation verwertet*.

[40] Promotionsvereidigung, 16. Januar 1866 (L1/006, rki). Die Note ließ sich Becher vom Dekanat in Göttingen schriftlich bestätigen, Becher, *Robert Koch*, S. 9, auch Anm. dort.

[41] Wezel, *Robert Koch*, S. 9f., Brief Robert Kochs vom 2. Februar 1866, Adressat nicht angegeben, wahrscheinlich die Eltern.

[42] Approbationszeugnisse vom 12. und 16. März 1866 (L1/008, rkm).

können.[43] Dort besuchte ihn Emilie Fraatz (1847-1913), seit dem 7. März 1866 seine Verlobte. Die freundschaftliche Verbindung zwischen der Tochter des Generalsuperintendenten Wilhelm Fraatz (1803-1878) in Clausthal und dem Sohn von Hermann Koch wurde von beiden Familien uneingeschränkt begrüßt, so daß es keine Einwände gegen den Besuch in Hamburg gab. Auf Emmy geht die Auskunft zurück, ihr Verlobter habe gemeinsame Spaziergänge so gesteuert, *daß wir immer an den Hafenplatz kamen. Er wusste mir mit lebhaften Farben die Seefahrt und das Leben in Amerika zu schildern. Aber alles stieß sich bei mir auf unfruchtbaren Boden.*[44] Nach ihrer Auskunft war das vordergründige Motiv sie zu überzeugen, den Geschwistern nach Nord- bzw. Südamerika zu folgen, ein weiteres war, daß er daran dachte Schiffsarzt zu werden, um zu reisen und erste berufliche Erfahrungen zu sammeln. Diese Perspektive scheint der Hintergrund für den Aufenthalt in Hamburg gewesen zu sein, unterstützt von einem in Hamburg lebenden Onkel.[45] Familiäre Konflikte und die Verlobte veranlaßten ihn, in Deutschland zu bleiben.[46] Die politisch-kriegerischen Auseinandersetzungen zwischen dem Königreich Hannover und Preußen (Deutscher Krieg) endeten im Sommer 1866 mit der Besetzung Hannovers und dem Rückzug des blinden Königs Georg V.; aus dem Königreich wurde die preußische Provinz Hannover.

Koch nahm zunächst eine Stelle in Langenhagen bei Hannover an, und Emilie und die Familie sahen nunmehr der regulären Laufbahn eines Arztes entgegen, der neben der Tätigkeit am Krankenhaus eine Privatpraxis betrieb.[47] Am 16. Juli 1867 heiratete er seine Jugendfreundin, die ihm ermöglichte, seine naturforschenden Hobbys weiter zu pflegen. Das Pferd, das er sich gekauft hatte, um Patienten aufsuchen zu können, *setzte Koch öfter ab, und kam ohne Reiter heim*, so daß sie ihn mehrfach suchen mußte und ihn *einmal in einem Chausseegraben sitzend fand, weil seine Brille entzwei gegangen war, und er wegen seiner großen Kurzsichtigkeit den Weg nicht fand.* Als ein Wagen erworben wurde, begleitete sie ihn, und sie sammelten *eifrig Pflanzen, welche zu Hause bestimmt wurden* ... oder *Wasser* ... *um es mikroskopisch zu untersuchen. Inzwischen wurde die Anstaltsdirektion ungemütlich, weil Koch wohl seine Pflicht tat, aber doch nicht immer zu haben war, wenn die Anstalt ihn brauchte.*[48]

---

43 Tätigkeitsnachweis für Robert Koch über Assistenz am Allgemeinen Krankenhaus Hamburg, 20.6.-1.9.1866, ausgestellt von Dr. Knorre, 5. September 1866 (L1/010, rkm); laut Möllers, *Robert Koch*, S. 48, arbeitete ein Verwandter dort.

44 Erinnerungen Emmy Kochs an Robert Koch, ca. 1910/11 (L6/002, rki).

45 Wezel, *Robert Koch*, S. 10, Brief Kochs vom 2. Februar 1866.

46 Radday, ... *und geben unsere Auswanderung bekannt*, S. 54f.

47 Unterlagen im Nachlaß finden sich hierzu nicht, laut Möllers, *Robert Koch*, S. 53, datierte eine Anstellungsurkunde vom 7. Oktober 1866.

48 Erinnerungen Emmy Kochs (L6/002, rki).

So scheint es nicht überraschend, wenn *Meinungsverschiedenheiten mit der Direktion der Anstalt*[49] der Anlaß gewesen sein sollen, im Juli 1868 in das brandenburgische Niemegk zu ziehen und sich als praktischer Arzt niederzulassen.[50] In einem Lebenslauf spricht Koch selbst die politischen Rahmenbedingungen an, die den Wechsel nach Brandenburg ermöglichten: *Als die ärztliche Freizügigkeit auf die neuen Provinzen ausgedehnt wurde, siedelte ich dann im Jahr 1868 nach Niemegk (Reg*[ierungs-]*Bez*[irk] *Potsdam) und 1869 nach Rakwitz über.*[51] In Niemegk deutete sich zunächst ein längeres Bleiben an, zumal Emmy schwanger war. Zwar brachte sie die Tochter Gertrud am 6. September 1868 in Clausthal zur Welt, doch richtete sie sich auf das Leben als Arztgattin in einer Kleinstadt ein. Nach einem Streit mit dem Niemegker Bürgermeister Schüler, der bis an das Königliche Kammergericht nach Berlin getragen und dort am 16. Februar 1870[52] verhandelt wurde, zog die Familie im Juli 1869 in die Provinz Posen. Dort praktizierte Robert Koch bis 1872 in Rakwitz, wo er eine Liebhaberei für Tauben entwickelte, nachdem er die Konstruktion von Elektrisiermaschinen – in Niemegk begonnen – aufgegeben hatte. Jeden Morgen ging Koch zu seinem Taubenschlag, wo er *seltene und schöne* Tiere hielt, *und er sprach dann in derselben Kindersprache, wie das Kind. Das klang zu niedlich und ich höre es noch heute.*[53]

Der Deutsch-Französische Krieg 1870/71 bot erneut die Möglichkeit zu reisen. Der 26jährige Koch wurde Kriegsteilnehmer, absolvierte den Dienst jedoch in Lazaretten, zumal er 1866 wegen starker Kurzsichtigkeit vom Mili-

---

[49] Wezel, *Robert Koch*, S. 11. Bei Kirchner, *Robert Koch*, S. 12, heißt es, daß *ihm aus Ersparnisgründen ein bedeutender Abzug am Gehalt gemacht werden sollte.*

[50] Hans E. Pappenheim, *Historische Streifzüge durch den Kreis Zauch-Belzig*, in: *Kreiskalender für den Kreis Zauch-Belzig* 1940, o. S. Danach währte der Aufenthalt in Niemegk neun – tatsächlich elf – Monate; erwähnt sind drei Briefe an die Eltern und der Besuch von drei Brüdern. Der Verfasser forderte eine Gedenktafel, die später tatsächlich an Kochs Wohnhaus angebracht wurde. Details bei Dietmar Grünert, *Dr. Robert Koch's Zeit in Niemegk*, in: *Belziger Heimatkalender* 1988, S. 36-39: am 19. August 1868 Umzug nach Niemegk, Wohnsitz war die Großstraße 20 (heute 69) gegenüber dem Rathaus. Schon am 15. August 1868 gab es ein Inserat im »Zauch-Belziger Kreisblatt«, vier weitere folgten. Koch wurde am 29. November 1868 Mitglied im Kegelverein »Ressource« im Lokal »Grüne Eiche«, wo er den Bürgermeister namens Schüler ohrfeigte, Anlaß für den Rückgang einer anfänglich guten Arztpraxis.

[51] Curriculum vitae, undatiert [1872] (L1/020.8, rki); Emmy Koch gab an, es habe auch eine kurze Zeit in Hirschberg gegeben, Erinnerungen von Emmy Koch (L6/002, rki).

[52] Grünert, *Dr. Robert Koch's Zeit in Niemegk*, S. 36-39, danach verließ die Familie Koch Niemegk am 4. August 1869. Laut dem veröffentlichten Gerichtsbeschluß (L4/025, rki) hatte der Bürgermeister den Arzt beleidigt, die erste Verhandlung war am 6. Oktober 1869 (Kreisgerichts-Commission Niemegk), die zweite am Kammergericht Berlin, das eine Abänderung des Urteils zugunsten Kochs herbeiführte: fünf Taler Geldstrafe für Schüler, keine Widerklage, Kostenübernahme.

[53] Erinnerungen Emmy Kochs (L6/002, rki).

tärdienst freigestellt worden war.[54] Die Unterlagen über geleisteten Kriegsdienst geben keine genauen Auskünfte.[55] Die konkreten Hintergründe zur Entlassung aus dem Militärdienst sind anhand der Nachlaßmaterialien nicht nachvollziehbar; laut Wezel lag eine Eingabe des Magistrats von Rakwitz zugrunde.[56] Mit der Reichsgründung zeichnete sich die Möglichkeit ab, eine Physikatsstelle anzunehmen - kein bedeutendes Einkommen, aber eine schmale finanzielle Basis zur Sicherung des Lebensunterhaltes. Es heißt, der Landrat, Hans Wilhelm Freiherr von Unruhe-Bomst habe ihn dazu ermutigt, die erforderliche Prüfung abzulegen, die Vorbereitungen - Ausarbeitung von zwei Themen - fallen noch in das Jahr 1871.[57] Belegbar ist das Angebot des Landrates vom 8. Februar 1872, nach bestandenem Physikatsexamen und Versetzung des bisherigen Amtsinhabers die vakant werdende Stelle als Kreisphysikus in Wollstein zu übernehmen.[58] Die Zulassung erfolgte im Februar 1872, die Prüfung bestand er im März.[59] Vier Wochen war nun auf die Bestallungsurkunde zu warten, mit er zum Kreisphysikus für den Kreis Bomst mit Wohnort in Wollstein ernannt werden solle.[60] Eine Personalakte beinhaltet Details wie den Amtseid vom 7. Mai 1872.[61]

---

[54] Im etwa 1872 entstandenen Lebenslauf - wahrscheinlich zur Physikatsprüfung - schrieb Koch: *Am Krieg von 1870 und 1871 habe ich, da ich nicht militärpflichtig bin, als freiwilliger Arzt theilgenommen.* (L1/020.8, rki); s.a. Wezel, *Robert Koch*, S. 12.

[55] Nachweise hierzu an beiden Standorten in Berlin, zehn Dokumente aus dem Zeitraum August 1870 bis Januar 1871 (L1/011.1-011.10, rkm), drei Dokumente aus dem gleichen Zeitraum und eines vom 9. Oktober 1871 (L1/011.11.-011.13, rki), dazwischen lag der Tod der Mutter am 13. April 1871, Wezel, *Robert Koch*, S. 13.

[56] Wezel, *Robert Koch*, S. 13: 14. Januar 1871, dies ist noch vor Kaiserkrönung und damit Reichsgründung.

[57] Notizbuch, u.a. mit *Notizen zur gerichtl*[ichen] *Medizin* (w1/007, rki).

[58] Landrat von Unruhe an R. Koch, Wollstein, 8. Februar 1872 (b1/815, rkm), und Antwortentwurf Kochs, undatiert, wahrscheinlich Februar 1872 (b2/170, rkm), denn am 10. Februar 1872 schrieb er dem Vater, und teilte ihm mit, daß er in Wollstein *schon sehr viel Praxis* hätte, Biewend, *Aus der Familienchronik von Robert Koch*, S. 221.

[59] Benachrichtigung für den Arzt, Wundarzt und Geburtshelfer in Rakwitz, Robert Koch, über die Zulassung zur Physikatsprüfung, 23. Februar 1872 (L1/013.2, rki); Befähigungsnachweis für den Arzt, Wundarzt und Geburtshelfer in Rakwitz, Robert Koch, zur Übernahme einer Physikatsstelle, 16. März 1872 (L1/013.1, rkm).

[60] Die Bestallungsurkunde als Kreisphysikus in Wollstein datiert vom 19. April 1872 (L1/016, rkm); diese wurde von Adalbert Falk (1827-1900) unterzeichnet, Minister der geistlichen, Unterrichts- und Medicinalangelegenheiten seit Januar 1872. Die Urkunde erhielt Koch vermutlich mit der Benachrichtigung vom 30. April 1872 über die Ernennung zum Kreisphysikus von der Abteilung des Innern der Provinzialregierung Posen (L1/014, rkm).

[61] *Die Personal-Verhältnisse des Königl*ichen *Kreis-Physikus Dr. Robert Koch zu Wollstein* (L1/020.8, rki). Wie diese Akte nach Berlin in den Bestand des Robert Koch-Instituts kam, ist im zweiten Teil (Bestandsgeschichte) dargestellt.

Wollstein 1872 bis 1879

In Wollstein nahm Koch seine Naturbeobachtungen wieder auf und hielt wieder einige Haustiere, darunter einen Bienenstock. Insbesondere Kaninchen, aber auch Meerschweinchen und Mäuse gerieten im Verlauf der Zeit zu Versuchstieren für seine experimentellen Arbeiten an Milzbrand. Bald darauf gab es sogar einen Affen für Arbeiten über »Recurrens«, eine Fiebererkrankung, die in Schüben auftrat. Andere waren eher als Haustiere zu betrachten, etwa Katze und Hund. Emmy erzählte, daß ihr Gatte gern im Garten spazieren ging, um dabei *seine lange Pfeife zu rauchen*. Dies ist zunächst nicht weiter bemerkenswert, hätten nicht sie und ihre Tochter über seine Begleitung gestaunt, denn nicht nur Hund und Katze, sondern auch ein Hahn folgten ihm bei den Spaziergängen im Garten. Er soll auch Gespräche mit den Tieren geführt haben, und diese *drei Tiere vertrugen sich musterhaft*.[62]

Emmy bemühte sich, einige ihr unverständliche Verhaltensweisen und die vielfältigen Aktivitäten zu akzeptieren, zu denen auch Interesse an der Archäologie gehörte. 1875 war Rudolf Virchow (1821-1902), Begründer der Zellularpathologie und vielseitig politisch und kulturell aktiv, nach Wollstein gereist – es waren Funde altslawischer Siedlungen, auf die der Freiherr von Unruhe-Bomst 1874 aufmerksam gemacht hatte. Da der Landrat als Reichstagsabgeordneter häufiger in Berlin war, und dort mit dem Politiker Virchow zusammentraf, war ihm das vor- und frühgeschichtliche Interesse des Forschers bekannt. Am 1. Mai 1875 gab es eine Besichtigung des slawischen Burgwalls, an der Koch beteiligt gewesen sein soll.[63] Die Ausgrabungen in Wollstein und der kurz zuvor gefundene »arabische Silberfund« bei Rakwitz, Kochs früherem Wirkungsort als Arzt, veranlaßten ihn, 1876 Mitglied der »Berliner Gesellschaft für Ethnologie, Anthropologie und Frühgeschichte«[64] zu werden, der er ein Tongefäß zukommen ließ.[65] Emmy erinnerte sich auch, daß ihr Gatte vor allem dann guter Laune war, wenn auswärtige Gäste nach Wollstein kamen, mit denen Kahnfahrten und Picknicks veranstaltet wurden. Pointiert stellte sie heraus, daß es für Koch *ganz besonders schwierig war ..., den Arzt mit dem Forscher zu verbinden*.[66] Offenbar hatte er bereits bald nach der

---

[62] Erinnerungen Emmy Kochs (L6/002, rki).

[63] Rudolf Virchow hielt sich mehrfach in Wollstein für ur- und frühgeschichtliche Studien auf, so Heymann, *Robert Koch*, Bd. 1, S. 125-128. Bei Kirchner, *Robert Koch*, S. 15, heißt es, Koch habe Virchow nach Wollstein eingeladen.

[64] Heymann, *Robert Koch*, Bd. 1, S. 128; in der Mitgliedskartei der Anthropologischen Gesellschaft ist Koch noch nachweisbar, Auskunft von Frau Lewerentz im Januar 2001.

[65] Laut Heymann, *Robert Koch*, Bd. 1, S. 128, übersandte er dies am 19. Februar 1876. Dort heißt es weiter, daß auch der Landrat Mitglied der Gesellschaft gewesen sei.

[66] Erinnerungen Emmy Kochs (L6/002, rki).

Wohnsitznahme in Wollstein mit experimentellen Arbeiten begonnen, wie *Notizen über Experimente* aus den Jahren 1873 und 1874 belegen.[67]

Der Landrat, Freiherr von Unruhe-Bomst, verfolgte die Aktivitäten des Kreisphysikus' mit einigem Interesse – als Dienstherr hatte seine Behörde Kochs Teilnahme an Kongressen und Reisen nach Breslau zu genehmigen. Noch lieber wäre Koch, bei Freiwerden einer vergleichbaren Stelle, eine Universitätsstadt wie Breslau als Dienstort gewesen. Notizen aus den Jahren 1875 bis 1877, die er wahrscheinlich während verschiedener Fahrten mit Eisenbahn und Kutsche niederschrieb, belegen Besuche bei Ferdinand Cohn (1828-1898) in Breslau.[68] Für sein späteres Wirken sind diese Bemerkungen und Skizzen über Kongreßreisen und über Fototechnik von Interesse, weil damit der Beginn seiner diesbezüglichen Aktivitäten genauer bestimmt werden kann. Robert Koch suchte offenbar Kontakt zu Wissenschaftlern und nach weiteren beruflichen Perspektiven.

Im September 1875 reiste der Landarzt zur Jahrestagung der »Deutschen Gesellschaft für öffentliche Gesundheitspflege« nach München und zur Versammlung der »Gesellschaft deutscher Naturforscher und Ärzte« in Graz, wo er Ferdinand Cohn erstmals begegnete. In München lernte er einen Assistenten Max von Pettenkofers (1818-1901) kennen und besichtigte am 14. September auch dessen Institut bzw. das Hygiene-Laboratorium. Die Sitzung über Trichinen kommentierte er in seinem Notizbuch mit den Worten: *viele überflüssige Reden.*[69] Im Verlauf der *Schlachthausberathung* entschied er sich für einen Besuch der Pinakothek. Am folgenden Tag hörte er Vorträge von Pettenkofer und anderen über *Typhusätiologie*. Während des Kongresses in Graz (18. bis 24. September 1875) interessierten ihn die Vorträge über Morphiummißbrauch und *Arsenikesser*, doch nahm er offenbar häufiger an Vorträgen über praktische bzw. angewandte Hygiene teil, etwa *Abfuhrsystem in Graz*, *Berieselung bei Danzig* und *Schulhygiene*. Die Besichtigungen und die Informationen am Rande der Kongresse dürften wesentliche Anregungen für die eigenen Arbeiten gegeben haben. Vermutlich trugen die Eindrücke dazu bei, nach Themen für weitere experimentelle Studien zu suchen.

Aus dem Jahr 1875 ist ein Versetzungsgesuch mit Bewerbungsunterlagen Robert Kochs erhalten, mit dem er um Übernahme einer Physikatsstelle in Görlitz bat.[70] Emmy hingegen gefiel es in Wollstein, in dessen Einzugsgebiet

---

[67] Es handelt sich um den zweiten Teil des Notizbuches, das er 1872 für die Vorbereitung der Physikatsprüfung verwendet hatte (w1/007, rki).

[68] Die lesbaren Auszüge in Heymann, *Robert Koch*, Bd. 1, S. 130-136 (L3/001, rki). Größere Textpassagen im Original sind verwischt und deshalb nicht zu entziffern.

[69] Heymann, *Robert Koch*, Bd. 1, S. 133.

[70] Versetzungsgesuch und Bewerbungsunterlagen Kochs vom Januar 1875 zur Übernahme einer Physikatsstelle in Görlitz (L1/012.1-012.4, rkm).

zwei große Seen liegen. Sie unterstützte ihren Mann bei der Arbeit, indem sie Patienten zunächst empfing und Gespräche über deren Befinden führte. Nicht immer hielt Koch es dann für erforderlich, selbst die Kranken zu untersuchen. Unklar ist, ob dies den ärztlichen Alltag oder eher Ausnahmesituationen beschreibt, um bei Abwesenheit des Arztes Hilfesuchende nicht abweisen zu müssen. Über die Zufriedenheit der Patienten läßt sich in der Summe der Jahre 1872 bis 1879/80 kaum urteilen. Die Lebens- und gesundheitliche Situation der Bevölkerung im Kreis Bomst motivierte den Physikus Koch im Rahmen seiner Amtsaufgaben, das Seuchengeschehen in der Umgebung zu beobachten. Auffällig waren Epidemien, weitaus häufiger aber waren Viehseuchen, die erhebliche Auswirkungen auf die Existenzgrundlage der Bauern in der Umgebung von Wollstein hatten. Mitunter starben auch Menschen mit vergleichbaren Symptomen. Mit der regelmäßigen Wiederkehr von Milzbrand in der Umgebung von Wollstein war ein Ansatzpunkt gegeben, eine systematische Untersuchung mikroskopischer Lebensformen zu beginnen.

Aus Notizen Kochs geht hervor, daß er im Februar und März 1876[71] gezielte Bluntuntersuchungen an Schafen vornahm, vermutlich aber schon früher auf Milzbrand aufmerksam geworden war. Die Studien am Schafblut schlossen mikroskopische Arbeiten ein, und *beim Zusatz von Wasser zu einem Blutkörnchen, welches mit bloßem Auge kaum sichtbar ist*, nahm er neben langen, im frischen Blut gefundenen, auch kürzere *Bacteridien* wahr, die *selbstständige langsam wackelnde Bewegung zu haben* schienen.[72] Bereits 1845 hatte Aloys Pollender (1800-1879) unter dem Mikroskop kleine Körperchen im Blut von milzbrandkranken Tieren gesehen und diese für Pflanzen gehalten. Seine Beobachtungen publizierte der Arzt aus Wipperfürth 1855.[73] Er sprach von einem *krankhaften Mischungsverhältnis* und davon, daß das Blut milzbrandkranken Rindviehs *für das unbewaffnete Auge schwarz-roth* sei.

Unbewaffnet war das Auge ohne Mikroskop, das *bewaffnete* Auge fand unter anderem *stabförmige Körperchen*.[74] Pollender stellte drei Formen fest, die *dritte und auffallendste Art* waren eben jene Stäbchen – doch resignierte er, zu *Herkunft und Entstehung dieser merkwürdigen und räthselhaften Körperchen* keinerlei Erklärung zu haben.[75] Koch verfügte dreißig Jahre später über ein Mikroskop

---

[71] Notizen zu Versuchen mit Milzbrand (w1/001-w1/004, w1/006, rki).

[72] Notizen Kochs (w1/007, rki), abgedruckt bei Heymann, *Robert Koch*, Bd. 1, S. 138, der auf dieser Grundlage den Beginn der Milzbrand-Forschungen auf März 1873 datiert.

[73] Aloys Pollender, *Mikroskopische und mikrochemische Untersuchung des Milzbrandblutes, so wie über Wesen und Kur des Milzbrandes*, in: *Vierteljahrschrift für gerichtliche und öffentliche Medicin* 8 (1855), S. 103-114.

[74] Pollender, *Mikroskopische und mikrochemische Untersuchung*, S. 105.

[75] Pollender, *Mikroskopische und mikrochemische Untersuchung*, S. 112f.

mit höherer Lichtstärke und er formulierte andere Fragen. Pollender hatte befunden, daß die Körperchen *ganz bewegungslos* gewesen seien, Koch fiel hingegen auf, daß sich die Körperchen bewegten. Er bemerkte darüber hinaus, daß sich die *Stäbchen* durch Querteilung vermehrten und Sporen bildeten.

Zugleich suchte er die theoretischen Erklärungen von Casimir-Joseph Davaine (1811-1882), der die stäbchenförmigen Körperchen den Bakterien zugeordnet hatte, zur vollständigen Klärung der Ätiologie des Milzbrandes zu bestätigen oder gegebenenfalls zu widerlegen. Davaine hatte entdeckt, daß jene Stäbchen *in getrocknetem Zustande lange Zeit lebensfähig* blieben, und daraus als alleinige Schlußfolgerung gezogen, daß Milzbrand – wie andere Krankheiten auch – an Jahreszeiten und örtliche Bedingungen geknüpft sei.[76] Der Wollsteiner Landarzt befand, daß die Untersuchungen Davaines unvollständig geblieben seien, und er auch den Beweis der örtlichen und zeitlichen Bedingtheit schuldig geblieben war.

Koch griff also Hypothesen Henles auf, beschrieb das Gesehene und verknüpfte die Fragen, die gestellt bzw. offen gelassen waren. Bei den Arbeiten zum Milzbrand gab die Beschreibung der vermeintlich *ganz bewegungslosen* Fäden Anlaß, mit *stark bewaffnetem Auge* erneute Beobachtungen vorzunehmen. Zusätzlich bedurfte es der Entwicklung dessen, was bald als »Nährboden« bezeichnet wurde. Koch löste das Problem der Beobachtbarkeit zunächst provisorisch, indem er hohlgeschliffene Objektträger verwendete und fand im Kammerwasser von Kaninchenaugen die geeignete Flüssigkeit, in der die Organismen sich vermehrten. Wärme beschleunigte das Wachstum, und in einem Katalog fand sich ein heizbarer Objekttisch, der den gewünschten Effekt begünstigte. Bald führte er – zunächst sich selbst – den Beweis, daß die fadenförmigen Gebilde tatsächlich in jedem Stadium der Krankheit vorhanden waren. Übertrug er die Organismen auf Versuchstiere, erkrankten diese, und im Blut waren diese Mikroben wiederum sichtbar. Die Frage, ob es sich um lebende Organismen handelte, beschäftigte ihn seither intensiver. Sie war in den wissenschaftlichen Disziplinen jener Jahre noch unentschieden, so daß Koch in seinen Forschungen auf Erfahrungen anderer aufbaute, aber eben gerade jenseits akademischer Diskurse jeder Möglichkeit der Deutung aufgeschlossen war.

---

[76] Auf die Arbeiten von Davaine bezieht sich Koch explizit, Robert Koch, *Die Aetiologie der Milzbrand-Krankheit, begründet auf die Entwicklungsgeschichte des Bacillus Anthracis*, in: *Beiträge zur Biologie der Pflanzen*, 1 (1876), S. 277-308. Sonderdrucke erhielt Koch im Oktober 1876 und sandte Exemplare an *Pettenkofer, Prof. Reklam, Virchow, sowie an die Redaktionen der Deutschen Vierteljahrschrift für* öffentlichen *Gesundheitspflege, der Allgemeinen medicinischen Centralzeitung und der Deutschen medicinischen Wochenschrift*, R. Koch an F. Cohn, 14. Oktober 1876, in: Heymann, *Robert Koch*, Bd. 1, S. 171.

Auf Seiten universitärer Forschung hatte Ferdinand Cohn (1828-1898), der als Wortschöpfer des Begriffs »Bakterie« gilt, begonnen eine pflanzenphysiologische Zeitschrift herauszugeben, um Publikationen zur Aufklärung auch dieser Frage zu ermöglichen. Als botanische Formen waren die Mikroben am ehesten versteh- und meßbar, und diese Ansicht vertraten auch Physiologen. Die Physiologie war das Fach, an das in den siebziger Jahren die größten Erwartungen geknüpft wurden. Cohn hatte 1866 in Breslau das Pflanzenphysiologische Institut der Universität begründet und wurde 1872 zum Professor ernannt. Er gehört zu den wenigen Wissenschaftlern jüdischen Glaubens im Kaiserreich, die eine akademische Karriere bis zu einem eigenen Lehrstuhl realisieren konnten. Dies dürfte dem Einfluß Arthur Hobrechts (1824-1912) und seines Nachfolgers Max von Forckenbeck (1821-1892) als Oberbürgermeister[77] zuzuschreiben sein, und Breslau galt als liberale Stadt.

Der 1875 geknüpfte Kontakt zu Cohn ermutigte Koch, seine Arbeiten dort erläutern. Der Unterschied zu Cohn bestand darin, daß letzterer Bakterien für eine botanische Spezies hielt.[78] Die Bezeichnung »Spaltpilz« belegt diese ursprüngliche Zuordnung. Am 22. April 1876 schrieb der Kreisphysikus aus Wollstein einen Brief an Ferdinand Cohn und bat darum, den *Entwicklungsgang des Bacillus anthracis* in Breslau anhand der *nothwendigsten Experimente* vorstellen zu dürfen.[79] Anlaß war seine Unsicherheit, ob mit seinen Arbeiten weitere Erkenntnisse über das *Contagium*, den Ansteckungsstoff des Milzbrandes, zu gewinnen seien. Tatsächlich führte Koch am 30. April, am 1. und am 2. Mai 1876 im Pflanzenphysiologischen Institut in Breslau unter Zeugen die Versuche vor. Er entnahm aus milzbrandkranken Tieren Mikroben und impfte diese Versuchstieren (Mäusen und Kaninchen) ein.[80] Für die wissenschaftliche Einordnung (Flora oder Fauna) und den Beweis der pathogenen Wirkung von Milzbrandbazillen war die Isolierung der Stäbchen von anderen Einflußfaktoren ebenso erforderlich wie die anschließende Übertragung auf

---

[77] Arthur Hobrecht (1824-1912) war von 1863 bis 1872 Oberbürgermeister in Breslau, von 1872 bis 1879 in Berlin, 1878/9 auch Finanzminister, seit 1879 Mitglied des preußischen Abgeordnetenhauses, seit 1881 auch Mitglied des Reichstages für die von ihm mitbegründete Nationalliberale Partei, I. Rarisch, *Arthur Hobrecht*, in: *Neue Deutsche Biographie*, Bd. 9, S. 280; E. Angermann, *Forckenbeck*, in: *Neue Deutsche Biographie*, Bd. 5, Berlin 1961, S. 296-298.

[78] Ferdinand Cohn, *Ueber Bacterien, die kleinsten lebenden Wesen*, Berlin 1872, S. 9, 20.

[79] R. Koch an F. Cohn, 22. April 1876, in: Heymann, *Robert Koch*, Bd. 1, S. 148, Möllers, *Robert Koch*, S. 457. Bei Cohn, *Brief über Robert Koch*, in: *Deutsche Revue* (1891), S. 30, ist als Jahr 1875 angegeben, der Brief ist dort nicht abgedruckt; Terminbestätigung: R. Koch an F. Cohn, 27. April 1876, in: Heymann, *Robert Koch*, Bd. 1, S. 159 .

[80] Die Auszüge aus dem Notizbuch von Koch (w1/007, rki) sind bei Heymann, *Robert Koch*, Bd. 1, S. 138-147, 153f., abgedruckt, der zudem ein Instituts-Tagebuch im Breslauer Institut eingesehen hatte, S. 150f.; die Eintragung vom 30. April ist auch bei Ernst Bäumler, *Paul Ehrlich. Forscher für das Leben*, 3. Aufl., Frankfurt am Main 1997, S. 41, abgedruckt.

Versuchstiere, und zwar außerhalb der natürlichen Voraussetzungen, mithin im Laboratorium. Die Ätiologie von Infektionskrankheiten erhielt aufgrund der Wiederholbarkeit des Experiments eine im strengen Sinn naturwissenschaftliche Definition. Koch und Cohn zeichneten unabhängig voneinander die aus dem Blut der Versuchstiere gewonnenen Mikroben, die sie unter dem Mikroskop sahen – mit dem gleichen Ergebnis bezüglich der Formen; beide wurden der Veröffentlichung beigegeben.

Die Zeichnungen der durch das Mikroskop erblickten Stäbchen schlossen eine Lücke der experimentellen Beweiskette, da zwei Personen auch bei der Dokumentation der Beobachtung gleiche Resultate erzielten. Entscheidend war der jedoch der Beleg, daß es sich bei dem *Bacillus anthracis* um einen lebenden Organismus handelte, nachbewiesen durch a) die vollständige Durchführung der Versuche gemäß der Postulate von Henle (theoretisches Erklärungsmuster) und Klebs (Reinkulturen), b) die mikroskopische Beobachtung und c) die Bestätigung durch mehrere Augenzeugen. Am 30. April war dies außer Koch und Cohn Moritz Traube (1826-1894), Bruder Ludwig Traubes, am 1. Mai zusätzlich Leopold Auerbach (1828-1897).

Am 2. Mai waren schließlich sieben Zeugen anwesend, nämlich außer den vorigen noch der Pathologe Julius Cohnheim (1839-1884) sowie dessen Assistenten Carl Weigert (1845-1904) und Ludwig Lichtheim (1845-1928).[81] Die Demonstrationen überzeugten die Anwesenden so sehr, daß die Worte Cohnheims an Weigert – von dem Koch noch die Kernfärbung zwecks Kontrastierung lernte – zur Charakterisierung von Kochs Genialität wiederholt herangezogen wurden. Am stärksten hatte neben der *Einfachheit und Exactheit der Methode* der Umstand beeindruckt, daß Koch *von aller wissenschaftlichen Verbindung abgeschlossen ist und dies Alles aus sich heraus gemacht hat und zwar absolut fertig.*[82]

Das Bemerkenswerte war den Beteiligten die Form der wissenschaftlichen Beweisführung, die technische Hilfsmittel als Bestandteil experimenteller Forschung akzeptierte, und zugleich der Faktor, daß für die Argumentationskette Prioritätsprobleme irrelevant waren. Der in der *Abgeschlossenheit* experimentierende Landarzt nahm Beobachtungen anderer und Theorien als Ansatzpunkte zur Entwicklung von Fragestellungen. Methodisch war er Henle gefolgt, indem er mit wiederholten Untersuchungen bei Milzbrand den empirischen, sich bei jedem Fall wiederholenden Nachweis gleicher Formen

[81] Heymann, *Robert Koch*, Bd. 1, S. 150; Paul Ehrlich (1854-1915), zu jener Zeit Student in Breslau, ist nicht als Augenzeuge genannt. Bäumler, *Paul Ehrlich*, S. 36, geht davon aus, daß Ehrlich in jener Zeit *sein Vorbild* kennenlernte; ebenso Rolf Winau, *Paul Ehrlich und die Berliner Medizin*, in: *Chemotherapie Journal* 4 (1995), S. 57-60.

[82] Paul Frosch, *Robert Koch. Sein Leben und Wirken.* Sonder-Abdruck aus: *Berliner Tierärztliche Wochenschrift* (1910), Nr. 25 und Nr. 26, S. 7; Heymann, *Robert Koch*, Bd. 1, S. 151.

führte und die Erreger jeweils isolierte. Henle konnte die Ursache seuchenartiger Krankheiten *für nichts anderes, als für einen chemisch differenten und isolirbaren Bestandtheil der Atmosphäre halten.*[83] Mit dem Hervorrufen der gleichen Erkrankung bei Versuchstieren – bei Henle theoretisch beschrieben mit *es wäre der Ansteckung gleich zu setzen der Transplantation eines pathologischen Gewebes*[84] – folgte Koch der Hypothese der (bewußten) Übertragbarkeit am praktischen Beispiel, dem Tierversuch. Der Nachweis der gleichen Erkrankung lag in dem erneuten Nachweis derselben Organismen.

Unmittelbar darauf wandte sich Koch dem »Rückfallfieber« zu, vermutlich um zu prüfen, ob die Erfahrungen der Milzbrandstudien auf andere Krankheiten übertragbar sind. Präparate Kochs zu Recurrens, die er in Wollstein herstellte, sind im Bestand vorhanden, beschriftet sind die Photogramme mit *Spirochaetae Obermeieri.* In einer Sitzung der Berliner Medicinischen Gesellschaft hatte Otto Obermeier (1843-1873) in einem Vortrag über *fadenförmige Gebilde* im Blut von Recurrens-Kranken vorgetragen und von der Bewegung dieser Gebilde berichtet.[85] Allerdings bezeichnete diese Mitteilung für Obermeier die Wiederaufnahme einer Thematik, über die er schon vier Jahre zuvor in »Virchows Archiv« publiziert hatte.[86] 1869 charakterisierte er – dem Stil seines Vorgesetzten Virchow folgend – Anfänge der Epidemie in Berlin, stellte die Frage nach Einschleppung und statistischer Ermittlung derselben und beschrieb dann Symptome, klinisches Bild und Verlauf. Mikroskopische Untersuchungen waren damals zweimal, und zwar eher beiläufig erwähnt. Diese bezogen sich auf Harnproben zwecks etwaiger Kontextuierung mit *akuter Nierenaffection* und auf den Nachweis von Blut im Urin, die er als *schwache körnige Trübung* wahrnahm.[87]

Das Sensationelle an den neuen Beobachtungen im Winter 1872/73 war gewesen, daß Obermeier, wahrscheinlich mit einem neuen Mikroskop, nunmehr mikroskopische Blutuntersuchungen vorgenommen hatte. Er konstatierte *sehr feine Fäden von verschiedener Länge in steter Bewegung* [!] *zwischen Haufen von Blutkörperchen,* und zwar *von unmessbarer Dünne.*[88] Diese Fäden seien im Blut nur während der Fieberschübe nachweisbar gewesen, doch Hypothesen hierzu wollte Obermeier nicht aufstellen. Mit Abklingen der *Recurrens-Epidemie* nahmen Flecktyphus-Erkrankungen unter Patienten der Charité deutlich zu,

---

[83] Henle, *Handbuch,* Bd. 2. 2, S. 459.
[84] Henle, *Handbuch,* Bd. 2. 2, S. 459.
[85] *Verhandlungen ärztlicher Gesellschaften – Berliner Medicinische Gesellschaft, Bericht über die Sitzung vom 26. Februar 1873,* in: *Berliner Klinische Wochenschrift* 10 (1873), S. 152f.
[86] Otto Obermeier, *Das wiederkehrende Fieber,* in: *Archiv für pathologische Anatomie und Physiologie (Virchows Archiv)* 47 (1869), S. 161-177.
[87] Obermeier, *Das wiederkehrende Fieber,* S. 170, 174.
[88] *Verhandlungen ärztlicher Gesellschaften,* S. 152.

so daß er hierzu noch im Sommer 1873 nach dem gleichen Schema wie 1869 publiziert hatte.[89] Kurz darauf starb er bei einem Cholera-Ausbruch und mikroskopischen Studien hierzu.[90]

Obermeiers Untersuchungen lassen die Bereitschaft erkennen, einen kausalen Kontext mit Infektionskrankheiten herzustellen, aber auch Obermeier löste sich nicht vom miasmatisch-contagionistischen Modell. Nach Veränderungen körperlichen Gewebes zu suchen, war basierend auf der Zellularpathologie ein modernes Denken jener Jahre, schloß jedoch ein Eindringen fremder, lebender Organismen in menschliche Zellen aus. Die *stete Bewegung* gab dem Vorsitzenden Langenbeck zu denken, die *unmessbare Dünne* problematisierte die wissenschaftliche Belegbarkeit. Diese hätte in einem Vergleich mit anderen Formen bestanden, so daß sich selbst die *unmessbare Dünne* einer Bewertung entzog.

Die Einbeziehung technischer Hilfsmittel - verbesserte Mikroskope, Nährböden, Färbung, Objektträger, schließlich Dokumentation durch Fotografie zur weiteren Bearbeitung - und deren Integration als methodisches Instrumentarium experimenteller Forschungen waren die Kriterien, die Koch in den folgenden Jahren zu allgemeiner Akzeptanz verhalfen. Gegenüber anderen zeitgenössischen Wissenschaftlern blieb es allerdings weiterhin erforderlich zu insistieren, daß die Mikroorganismen nicht Begleiterscheinung, sondern ätiologische Bedingung von Infektionskrankheiten sind. So war der nächste Schritt Kochs wiederum eine nachvollziehbare Konsequenz aus dem vorangegangenen: Informationen über eine Technik zusammenzutragen, die er in Breslau kennen gelernt hatte und die nächsten Erfahrungen zu sammeln. Ein ebenso großes Verdienst wie die Bestimmung von Mikroben ist es, daß Robert Koch Fotografie als Mittel der Dokumentation und der wissenschaftlichen Beweisführung in die Medizin und die damit zusammenhängenden biologischen Wissenschaften als methodischen Teil experimenteller Arbeiten etabliert hat. Daher war ihm der Kontakt zu Cohn so wichtig: Hier erhielt Koch die Möglichkeit, seine Arbeiten über Milzbrandbazillen vorzustellen. Cohn gab ihm die Möglichkeit, seine Ergebnisse zu veröffentlichen und hier waren Kollegen, die seine Versuche um die photographische Abbildung des Gesehenen ernst nahmen.

---

[89] Otto Obermeier, *Die ersten Fälle und der Charakter der Berliner Flecktyphusepidemie von 1873*, in: *Berliner Klinische Wochenschrift* 10 (1873), S. 349-351 und 364f.

[90] *Nachruf auf Otto Obermeier, gestorben am 20.8.1873*, in: *Berliner Klinische Wochenschrift* 10 (1873), S. 406.

Fotografie

In Deutschland stieß die Fotografie um 1875 nur begrenzt auf wissenschaftliches Interesse - anders als bei den europäischen Nachbarn: In Frankreich hatte um 1839 Louis Daguerre (1787-1851) ein chemisches Verfahren gefunden, das Abbildungen aus der *camera obscura* auf beschichteten dünnen Kupferplatten festhielt. Ungefähr gleichzeitig stellte William Talbot (1800-1877) mit Chlorsilberpapier Negativ-Positiv-Abdrücke her und ermöglichte bald darauf mit Gallussäure die Vervielfältigung und Vergrößerung von Fotografien. In den frühen Jahren war Fotografie eine neue Technik in den Bildenden Künsten und avancierte zunächst in jenen Wissenschaften zum Hilfsmittel, in denen Abbildungen der Natur eine zentrale Rolle spielen. Vor allem kam dabei die Daguerretypie zum Einsatz, da bei diesem Verfahren auf den Platten alles exakt registriert wurde und es wegen des *objektiven Insistierens* dem Mikroskop ähnlich sei.[91]

Talbot ermöglichte sowohl mit der Reproduzierbarkeit eine breitere Nutzung des Verfahrens, als auch mit der Verkürzung der Belichtungszeiten. Damit vermochte er bereits in den Jahrzehnten vor Erfindung des elektrischen Lichtes, die Abhängigkeit von Tageszeit und Wetter zu reduzieren. Die Reproduzierbarkeit entfernte das Verfahren von der Bildenden und graphischen Kunst zugunsten der Dokumentation optischer Wahrnehmungen. Reproduktionen zielten auf Illustrationen in Druckerzeugnissen und damit auf Kommerzialisierung, so daß hierum ein Konflikt entstanden zu sein scheint, der dann in den siebziger Jahren des 19. Jahrhunderts die Mikrofotografie zu wissenschaftlichen Zwecken in Frage stellte. Die Festlegung, wo Repräsentation als ausschließlicher Zweck beginnt und die wissenschaftliche Seriosität aufhört, war in erster Linie ideologisch begründet. Daß Talbot bereits 1843 den Aspekt *Pencil of Nature* ins Blickfeld rückte, konnte die deutsche naturhistorisch orientierte Forschung ebenso wenig von dem neuen Verfahren überzeugen wie das Faktum, daß sich Botaniker und Archäologen seit Beginn der fünfziger Jahre der Fotografie als Dokumentationsverfahren mit weiterer wissenschaftlicher Verwendbarkeit bedienten.

Die Diskussion der wissenschaftlichen Methodik erfolgte somit vor allem in Großbritannien und Frankreich.[92] Robert Koch erhielt die methodischen

---

[91] Michel Frizot, *Daguerreotypien. Der Spiegel der Natur*, in: Ders. (Hrsg.), *Neue Geschichte der Photographie*, Köln 1998, S. 51.

[92] Arthur Pringle, *Practical Photo-Micrography, by the latest Methods*, New York 1890. Einführend erörtert Pringle die Problematik einer Unterscheidung zwischen Fotograf und Mikroskopiker und umgekehrt; nach seiner Auffassung waren die ersten Akteure der *photo-micrography* Reade (um 1837), Dancer (1840), Donné (1840), Archer (1851) und Maddox, der bereits mit einer Gelatine-Emulsion gearbeitet habe.

Anregungen im Breslauer Institut, und diese wurden ausschlaggebend, sich intensiver mit Möglichkeiten der Dokumentation der eigenen Beobachtungen zu befassen. Eine der entscheidenden wissenschaftlichen Leistungen Robert Kochs bestand darin, seine Erkenntnisse durch den Einsatz neuer Technologien, namentlich der Mikro-Fotografie, transparent und damit unabhängig vom Ort des Labors nachvollziehbar gemacht zu haben. Für den Nachweis der Ätiologie des Milzbrandes waren die Zeitzeugen in Breslau zwingend erforderlich gewesen. Die Dokumentation, die Abbildung, ermöglichte den weitergehenden Schritt, nämlich den Nachweis unabhängig von der Präsenz des Mikroskops und damit in zeitlicher und örtlicher Distanz zu liefern. Dazu bedurfte es der Konservierung und in den meisten Fällen auch der Färbung der mikroskopischen Präparate, die in der Schwarz-Weiß-Fotografie akzeptable Kontraste aufweisen mußten.

Koch intensivierte daher seine Studien, nicht unbedingt zur Freude seiner Frau: Einen Raum im Wollsteiner Wohnhaus habe er mit einem Vorhang in zwei Teile geteilt, um diesen als Laboratorium und Dunkelkammer zu nutzen. Emmy avancierte zum *Wolkenschieber*, hatte also die Aufgabe, den Himmel im Auge zu behalten und den günstigsten Augenblick für eine Aufnahme zu melden.[93] Bis zur Lieferung eines bei Seibert & Krafft bestellten Apparates für die Herstellung von Mikrofotografien vergingen allerdings drei Monate.[94]

Seine aktuellen Ergebnisse und Schlussfolgerungen teilte er Cohn jeweils brieflich mit und fragte ihn um Rat. Ende 1876 bat er Cohn, im Falle einer Veröffentlichung von Fotografien bei der *Vervielfältigung ... den Lichtdruck der Photolithographie* vorzuziehen, da Ersterer *vollständig den Charakter der Photographie* hat *und dem Nichtkenner eher die Überzeugung* gibt, *daß es sich um Bilder handelt, die von jedem subjektiven Einfluß frei sind.*[95] Schon bald veröffentlichte er einen zweiten Aufsatz in Cohns Zeitschrift, der die »Verfahren zur Untersuchung, zum Conserviren und Photographiren der Bacterien« an Beispielen vorstellte und die Vorzüge dieser Dokumentationstechnik, namentlich die gegenüber den Zeichnungen neutrale Darstellung, zudem Bestandteil der experimentellen Arbeit nannte.[96] Zuvor hatte er auf Vermittlung Cohns Gustav Fritsch (1838-1927) in Berlin besucht und sich über den neuesten Stand fotografi-

---

[93] Erinnerungen von Emmy Koch (L6/002).

[94] R. Koch an Seibert & Krafft, 14. Juli 1876, in: R. Harms, *Robert Koch*, S. 143; erneut am 27. August, 20. September, und 2. Oktober 1876, in: Heymann, *Robert Koch*, Bd. 1, S. 170, letztere nur genannt, Eingangsbestätigung Kochs vom 20. Oktober, mit der Bitte um Nachlieferungen, in: Heymann, *Robert Koch*, Bd. 1, S. 170f., eine erneute Bestellung Kochs folgte am 25. Dezember 1876, S. 179f.; Möllers, *Robert Koch*, S. 485f.

[95] R. Koch an F. Cohn, 4. Dezember 1876, in: Heymann, *Robert Koch*, Bd. 1, S. 176-178.

[96] Robert Koch, *Verfahren zur Untersuchung, zum Conserviren und Photographiren der Bacterien*, in: *Beiträge zur Biologie der Pflanzen* 2 (1877), S. 399-434, erneut in: *Kochs Gesammelte Werke*, Bd. 1, S. 27-50.

scher Techniken informiert, da ihn in Wollstein Mangel an *Zeit und Gelegenheit* hinderten, sich *von Photographen vom Fach unterstützen und belehren lassen zu können*.[97]

Mit Albuminpapier und Glasplatten war die Möglichkeit der Reproduzierbarkeit gegeben, doch im Druck ließ die Qualität weiterhin zu wünschen übrig. Die Regel war, Fotopositive direkt in die Veröffentlichung einzukleben oder auf herkömmliche Strategien der Reproduktion (Zeichnungen) zurückzugreifen. Fotolithographien wurden zu diesem Zeitpunkt vor allem bei Strichnegativen verwendet und ergaben in der Veröffentlichung braune Zeichnungen auf gelbem Grund. Nach ersten Versuchen 1865 stellte Joseph Albert 1876 in München ein verändertes Verfahren vor, das die Halbwerttöne im Druck vorteilhafter erscheinen ließ. Kurz zuvor hatte dieser bereits den Lichtdruck verbessert - eine Technik, die erstmals 1866 erprobt worden war. Allerdings blieb die Anzahl der Abzüge zunächst auf maximal einhundert beschränkt, bis die Verwendung von Glas statt Kupfer auch die Reproduzierbarkeit steigerte.

Die Vorgehensweise Kochs ist paradigmatisch für die weitere Entwicklung und wissenschaftliche Bedeutung der Fotografie in der Bakteriologie und daraus hervorgegangener Disziplinen, und damit auch für die Konflikte, die um die Akzeptanz der Methode entstanden. Fotografie als Mittel der Dokumentation und der wissenschaftlichen Beweisführung war den mit der Medizin zusammenhängenden Wissenschaften noch suspekt und allenfalls ein ergänzendes Hilfsmittel ohne methodische Relevanz. Bei den Arbeiten Kochs war dies anders, denn er betrachtete Fotografie als integrierten Bestandteil experimenteller Arbeiten.

1877 war Carl von Nägeli (1817-1891) ausgesprochen skeptisch: *Was nun noch die Bildmikroskope betrifft, so brauchen wir hierüber nicht viel Worte zu machen. Die einzige Bedeutung, die sie wenigstens indirect für die Wissenschaft haben, besteht darin, daß sie das vergrösserte Bild eines Gegenstandes vielen Zuschauern auf einmal vorzuführen gestatten, was allerdings bei Vorlesungen vor einem grössern Publicum ein nicht unerheblicher Vorzug ist. Ihre Anwendbarkeit beschränkt sich indess auch hierbei vorzugsweise auf Objecte, welche mit dem zusammengesetzten Mikroskop schon bei schwächerer Vergrösserung deutlich gesehen werden; feinere Structurverhältnisse, welche stärkere Objektive erfordern, werden im Bilde nicht scharf genug wiedergegeben, um sie Unkundigen demonstriren zu können ... Wir halten deshalb gute Abbildungen zum Zwecke der Demonstration immer noch für geeigneter.*[98]

---

[97] R. Koch an F. Cohn, 4. Dezember 1876, in: Heymann, *Robert Koch*, Bd. 1, S. 176-178 (Zitat), bzw. R. Koch an Cohn, 5. März 1877, in: Heymann, *Robert Koch*, Bd. 1, S. 181-185.

[98] Carl Nägeli/S. Schwendener, *Das Mikroskop. Theorie und Anwendung desselben*, 2. Aufl., Leipzig, 1877, S. 261

Gegen diese Bewertung stand zehn Jahre später die Feststellung: *To Koch belongs the credit of being the first to extend the application of photo-micrography to the delineation of bacteria*, da diese die Geißeln sichtbar machten.[99] Deshalb sei zu unterscheiden zwischen *Photo-micrography*, also Herstellung einer Vergrößerung mikroskopischer Objekte durch Projektion eines *image* (Abbildes) und *microphotography* als Instrumentarium wissenschaftlicher Beweisführung, um exakte Messungen auf dem Negativ vorzunehmen und der natürlichen Sehkraft Verborgenes sichtbar zu machen. *Einige Forscher glaubten an beweglichen Bakterien Geisselfäden wahrgenommen zu haben, Andere stellten dies in Abrede; Koch machte dem Streit ein Ende, indem er die Geisseln photographirte. Durch Aufnahme verschiedener Spirillenarten gab er fernerhin dem Forscher ein vortreffliches Vergleichsmaterial an die Hand.*[100] Crookshrank bezeichnete die Jahre seit 1877 gar als eigene Epoche, indem er Koch zusprach, *the eminent authority on micro-organisms* zu sein.[101]

Das Vorgehen ermöglichte präzise Darstellung eines Sachverhaltes, machte die verbale entbehrlich und erlaubte – als Nebeneffekt, nicht als Zweck – orts- und zeitunabhängige Demonstration. Koch selbst war zu diesem Zeitpunkt noch im Zweifel, ob *Photographien genügen würden zum Beweis der Arten-Verschiedenheit der Bakterien* und spürte *Mangel in meinen Kenntnissen über die niedrigsten verwandten Pflanzenformen.*[102] Die *unmessbare Dünne*, die Obermeier für den empirischen Vergleich beklagt hatte, war überwunden; die Angaben Pollenders zur Größe der Stäbchen wurden nachmeßbar und damit vergleichbar. So trat das Foto, das Abbild, aus der bloßen Funktion der Illustrierung des Gesehenen heraus und wurde zum Gegenstand weiterführender methodischer Untersuchung, zur Quelle der Kenntnis über Mikroorganismen und daraus resultierender wissenschaftlicher Erkenntnis in der Bakteriologie. Die fotografische Abbildung der Mikroorganismen erhielt einen eigenen wissenschaftlichen Wert, da es keinen subjektiven Faktoren der Darstellung unterworfen war, weshalb Koch auf Retusche explizit verzichtete und Bildstörungen – etwa durch Staub – akzeptierte.[103]

Kochs Einstellung gegenüber der Technik, namentlich gegenüber der Fotografie, ist vorurteilsfrei zu nennen. Eine günstige Voraussetzung – vielleicht sogar notwendige Bedingung – dafür war, daß er von den akademischen Diskursen seiner Zeit weitgehend abgeschnitten war. Die Leistungen Kochs für die weitere Entwicklung der Mikro-Fotografie liegen in dessen Anwendungs-

---

[99] Edgar Crookshrank, *Photography of Bacteria*, London 1887, S. 1f.

[100] Richard Neuhauss, *Lehrbuch der Mikrophotographie*, Braunschweig 1890, S. 251.

[101] Crookshrank, *Photography of Bacteria*, S. 13. Crookshrank nannte zugleich Woodward in methodisch-technischer Hinsicht als wegweisend. Woodward hatte Koch ein Fotoalbum mit dem Titel *History of Micro-Photography* gewidmet.

[102] R. Koch an F. Cohn, 17. März 1877, in: Heymann, *Robert Koch*, Bd. 1, S. 185f.

[103] Koch, *Verfahren zur Untersuchung*, hier nach: *Kochs Gesammelte Werke*, Bd. 1, S. 27.

orientierung. Er verwendete zunächst den Apparat von Gustav Fritsch, den dieser im ersten Jahrgang der »Zeitschrift für Photographie« vorgestellt hatte. Koch verbesserte die Handhabbarkeit durch Anbringung eines trichterförmigen Ansatzrohres am Stirnbrett der Kamera, das abnehmbar war.[104]

Sieben Jahre später galt Fritschs Apparatur auf der Hygiene-Ausstellung 1883 in Berlin als *mikrophotographischer Universalapparat*, der inzwischen ebenfalls von Seibert und Krafft in Wetzlar gebaut wurde. *Koch beleuchtet (laut Angaben in Cohn 1877, S. 399) mit den Objektiv-Systemen Nr. II und IV von Hartnack. Dass er hierdurch, wie Manche glauben, zuerst die Ausnutzung grösserer Objektiv-Aperturen gegeben habe, ist entschieden irrig; denn erstens ist die Beleuchtung durch Objektiv-Systeme aus England zu uns überkommen; ferner benutzten die Engländer schon lange vor Koch Kondensoren ... Dagegen ist es das unbestrittene und nicht hoch genug zu veranschlagende Verdienst von Koch, den Vortheil breiter Beleuchtungskegel bei Aufnahme gefärbter Bakterien durch vorzügliche Photogramme auf's Schlagendste bewiesen zu haben.*[105]

Auch das Fotografieren erfolgte nicht beliebig und nicht immer erfolgreich, sondern hing von verschiedenen Faktoren ab, deren Fehler- oder Unschärfekriterien Koch zu reduzieren suchte.[106] Wie viel Zeit mitunter verging, bis brauchbare Ergebnisse erreicht waren, läßt sich wiederum seinen Briefen an Cohn entnehmen.[107] Kochs Vorgehensweise zeigte, daß auch das Fotografieren ungefärbter Mikroben auf ihrem natürlichen Nährboden möglich war. Die Färbung von Präparaten erlaubte vor allem eine kontrastreiche Sichtbarmachung. Zur Optimierung von Kontrast und Qualität verwendete er zunächst verschiedene Farbstoffe[108] und fotografierte *nicht nur die abgestorbenen, gefärbten Bakterien, sondern auch die ungefärbten, auf ihrem natürlichen Nährboden vegetirenden. Durch vorliegende Bilder wurde zuerst bewiesen, dass, entgegen der bis dahin giltigen Anschauung, gefärbte Mikroorganismen sich am besten aufnehmen lassen, wenn der einfallende Lichtkegel ein möglichst breiter ist.*[109] Gefärbt oder ungefärbt, die Aufnahmen waren authentische Wiedergabe der mikroskopischen Präparate, die fotografische Abbildung das technische Mittel, also weder Manipulation noch Interpretation, sondern Nutzung der verfügbaren technischen Möglichkeiten, nunmehr in Absprache mit Ernst Abbé (1840-1905) und dem Hersteller Carl Zeiss (1816-1888).

---

[104] Neuhauss, *Lehrbuch*, S. 15-17.
[105] Neuhauss, *Lehrbuch*, S. 122.
[106] Ansätze zur Entwicklung einer systematischen Ordnung fotografischer Ergebnisse sind anhand von Aufzeichnungen aus Wollstein erkennbar (w1/014, rki).
[107] R. Koch an F. Cohn, 20. Mai 1877 und 2. November 1877, in: Heymann, *Robert Koch*, Bd. 1, S. 191f., S. 217f.
[108] R. Koch an F. Cohn, 31. Mai 1877, in: Heymann, *Robert Koch*, Bd. 1, S. 191f.
[109] Neuhauss, *Lehrbuch*, S. 251.

Fotogramme oder Fotografien vermochten Streitfragen – etwa zu Größe und Form der Bakterien oder zum Vorhandensein von Geißeln – zu entscheiden, so daß Fotografie eine methodisch innovative Schübe evozierende Anwendung zur Objektivierung wissenschaftlicher Tatbestände wurde. Neben Briefen, die Inhalte erläutern, verdeutlichen gerade Fotografien den Arbeitsstil Kochs und ermöglichen Rückschlüsse auf die Bedeutung der Fotografie für die Entstehung und Etablierung der Bakteriologie jenseits beiläufiger Klassifizierung der Abbildungen zu Repräsentationszwecken. Noch in späteren Jahren nutzte er Gelegenheiten zur Demonstration, so am 24. April 1887 im Hygiene-Institut der Berliner Universität für eine Sitzung der »Deutschen Gesellschaft für öffentliche Gesundheitspflege«. Koch projizierte Diapositive, und der *Vortragende wies zunächst auf die Bedeutung der Photographie für die Erforschung der Mikroorganismen hin. Durch die verschiedenen Behandlungen der Präparate, die verschiedenen subjektiven Auffassungen über dieselben werden bei näherem Forschen über ein und denselben Gegenstand Meinungsdifferenzen hervorgerufen, welche durch die Objektivität einer nicht retouchierten Aufnahme ausgeglichen werden können.*[110] Subjektivität der Wahrnehmung und Objektivität der – unmanipulierten – Abbildung, die in jenen Jahren nur Schwarz-Weiß-Fotografie umfaßte, ließ die Abbildung, die eben auch Quelle weiterer Kenntnisse über den Untersuchungsgegenstand wurde, zum akzeptierten Medium der Bakteriologie werden.

Entscheidend für künftige Experimentalanordnungen war, daß sich die von Henle geforderte Überprüfung von Hypothesen über die Ursachen ansteckender Krankheiten nunmehr auf drei Vorgehensweisen stützen konnte: 1. das experimentelle Vorgehen mit der Herstellung von Reinkulturen nach Klebs, 2. die Erzeugung der gleichen Krankheit bei Versuchstieren zur Prüfung von Ursache und Wirkung der Organismen nach Henle und 3. Fotografien zwecks Vergleich von Befunden. *Die Veröffentlichungen von Robert Koch (1877 und 1881) liessen die Bedeutung der Mikrophotographie mit einem Schlage in ganz anderem Lichte erscheinen. Koch bewies an einer grossen Reihe vortrefflich gelungener Mikrophotogramme, daß der geschickteste Zeichner die Objekte nicht schärfer und naturwahrer zur Darstellung bringen kann, als die lichtempfindliche Platte ... und zeigte, daß allein durch das Photogramm gewisse Streitfragen zu entscheiden sind.*[111] Diese Äußerung bezog sich aktuell auf Cholera-Vibrionen und die Diskussion darum in den achtziger Jahren, traf aber in der Kernaussage bereits ab 1877 zu.

Die positive Resonanz auf die Veröffentlichung von 1877 zielte auch auf drucktechnische Aspekte, die Koch ebenfalls mit Cohn erörtert hatte. *Drei Umstände erleichterten es Koch, die Mikrophotographie auf eine hohe Stufe der Bedeutung*

---

[110] Robert Koch, *Demonstration von Diapositiven, die auf photographischem Wege von bakteriologischen Präparaten hergestellt waren*, in: *Deutsche Medicinische Wochenschrift* 13 (1887), hier nach: *Kochs Gesammelte Werke*, Bd. 1.1, S. 285f.

[111] Neuhauss, *Lehrbuch*, Braunschweig 1890, S. 240.

zu erheben: Die wesentliche Verbesserung des mikrophotographischen Apparates durch Fritsch, die photographischen, von Fokusdifferenz freien Objektive von Seibert & Krafft und die Vervollkommnung des Lichtdruckverfahrens, welche die Herstellung brauchbarer, die Einzelheiten des Negativs korrekt wiedergebender Drucke gestattete. 1878 konnte Koch in der Naturforscher-Versammlung in Kassel sowie der anschließenden Veröffentlichung anhand verschiedener Beispiele fotografische Techniken vorstellen.[112] Der Wissenstransfer war dank des Versands von Fotografien gesteigert worden. Die Akzeptanz des Verfahrens, gar die Bevorzugung gegenüber Zeichnungen lag in dem Faktor Zeit: Sowohl Fotografie wie Zeichnungen erforderten Geschick des Einzelnen, doch die *subjektive Auffassung des Zeichners ist ein Punkt, mit dem man unter allen Umständen zu rechnen hat. Hier liegt der Kern der Sache: Das Photogramm giebt den Gegenstand objektiv wieder.*[113]

Koch hatte in mehreren Versuchsreihen zu Wundinfektionen mit Blutuntersuchungen begonnen, wiederholte die Isolierung und Züchtung von *Recurrens-Spirochäten* wie bei den Milzbrandstudien an Tieren, um Vergleiche vornehmen zu können, und teilte seine Beobachtungen Cohn mit. Dieser wiederum unterhielt Kontakt nach Bombay, und bat dort um Prüfung.[114] Zugleich sandte Koch Präparate an Weigert in Breslau.[115] Und schließlich erhielt Cohn aus Kalkutta Fotografien entsprechender Präparate, die er wiederum Koch zum Vergleich sandte. Parallel informierte Cohn die Deutsche Medizinische Wochenschrift. Bald darauf war hier über von Koch eingesandte Abbildungen zu lesen: *Es ist nun allerdings recht schwierig, die Spirochaeten in gehärteten Objekten durch Farbstoffe nachzuweisen, gelingt aber, wie ein uns gütigst von Herrn Koch übersendetes Photogramm beweist, dennoch.*[116] Hier wird die Rolle der Abbildungsqualität noch einmal deutlich, denn nur ein lichtstarkes Mikroskop und die Kenntnis bzw. Nutzung der Dokumentationstechnik Fotografie ermöglichte, Fragestellungen weiter zu entwickeln und durch Vergleich (Messungen) Befunde zu bestätigen.

---

[112] Robert Koch, *Neue Untersuchungen über die Mikroorganismen bei infektiösen Wundkrankheiten, Vortrag auf der 51. Versammlung deutscher Naturforscher in Kassel*, in: *Deutsche Medicinische Wochenschrift* 4 (1878), S. 531-533, hier nach: *Kochs Gesammelte Werke*, Bd. 1,1, S. 57-60; Vortragskonzept und -manuskript (w1/013, rki); Robert Koch, *Untersuchungen über die Ätiologie der Wundinfektionskrankheiten*, Leipzig 1878, erneut in: *Kochs Gesammelte Werke*, Bd. 1, S. 61-108, hierzu Notizen zu Präparaten und Photogrammen (w1/009-011, rki).

[113] Neuhauss, *Lehrbuch*, S. 241.

[114] Der Brief Cohns wurde unter dem Titel *Zur weiteren Kenntnis des Febris recurrens und der Spirochaeten* in der *Deutsche Medicinische Wochenschrift* 5 (1879), H. 16, in der Rubrik »Kleine Mitteilungen« abgedruckt, findet sich jedoch auch in: *Kochs Gesammelte Werke*, Bd. 1,1, S. 109f.

[115] R. Koch an F. Cohn, 18. Februar 1878, in: Heymann, *Robert Koch*, Bd. 1, S. 239f.

[116] Robert Koch, *Zur Übertragung der Recurrens-Spirochaeten auf Affen*, in: *Deutsche Medicinische Wochenschrift* 5 (1879), erneut in: *Kochs Gesammelte Werke*, Bd. 1,1, S. 111.

Mit den Möglichkeiten des Vergleiches wurden auch diese Ergebnisse nachvollziehbar und nachprüfbar, entsprachen also Forderungen an die Wissenschaftlichkeit der Arbeiten, obwohl sie nicht im Labor einer Universität durchgeführt wurden. Seither ist Fotografie ein wesentlicher, akzeptierter Bestandteil der Bakteriologie und daraus hervorgegangener Disziplinen, da sie eine Systematisierung des Wissens über Infektionskrankheiten erlaubt und dieses Wissen visuell vermittelbar macht. Koch korrespondierte schon in diesen Jahren mit anderen Forschern, obwohl in den Nachlaßbeständen so gut wie keine Hinweise auf die wissenschaftlichen Kontakte Kochs vor 1880 zu finden sind.

Aus Briefen, die Otto Binswanger (1852-1929) dem Koch'schen Institut überließ, geht hervor, daß beide über *Recurrens-Spirochäten* sowie Färbe- und fotografische Verfahren arbeiteten und Koch Untersuchungsmaterial zu anderen Krankheiten wünschte, etwa Diphtherie.[117] Aus diesen Briefen und jenen an Cohn – die leider nur in den publizierten Auszügen überliefert sind – wird der Stil Robert Kochs ersichtlich, der offen und vertrauensvoll Informationen und Verfahren weiter- und explizit Schwächen zu erkennen gab. Erkennbar werden Zweifel und Kritikfähigkeit Kochs, sofern es um die Inhalte und die Genauigkeit ging, und dies nicht nur in Briefen, sondern auch in seinen Veröffentlichungen.

Zur Jahreswende 1878/79 bemühte sich Cohn, für Koch eine Professur in Breslau zu erwirken, zumindest stellte die medizinische Fakultät am 17. Januar 1879 einen entsprechenden Antrag.[118] Wahrscheinlich setzte sich auch der Oberbürgermeister Breslaus, Max von Forckenbeck (1823-1892)[119]

---

[117] R. Koch an O. Binswanger, Briefe aus dem Zeitraum 14. Januar bis 18. Juni 1879 (b2/022 – b2/027, rki).

[118] Das entsprechende Schreiben ist weder bei Heymann noch bei Möllers abgedruckt, hingegen bei Harms, *Robert Koch*, S. 163f. Aus dem Gesuch geht hervor, daß die Fakultät sich dafür aussprach, Koch eines von zwei zugesagten neuen Instituten zuzusprechen; dies ist bei Förster, *Einrichtung und Betrieb des Koch'schen Instituts für Infectionskrankheiten*, in: *Deutsche Medicinische Wochenschrift* 16 (1890), S. 1272f., im Zusammenhang mit der Gründung des Instituts für Infektionskrankheiten aufgenommen; Karl Kißkalt, *Die ersten Beurteilungen Robert Kochs durch die Schule Pettenkofers*, in: *Archiv für Hygiene und Bakteriologie* 112 (1934), S. 167-180.

[119] Max von Forckenbeck war 1848 Vizepräsident der Konstitutionellen Vereinigung gewesen, seit 1858 Mitglied des Preußischen Abgeordnetenhauses und von 1866 bis 1873 auch dessen Präsident, 1861 Mitbegründer der Fortschrittspartei, 1866 der Nationalliberalen Partei und 1884 der Deutschen Freisinnigen Partei. Seit 1867 war er Mitglied des Reichstages, zunächst des Norddeutschen Bundes, dann des Reiches und dessen Präsident von 1874 bis 1879. Oberbürgermeister Breslaus war er als Nachfolger Hobrechts in den Jahren 1872 bis 1879, Oberbürgermeister Berlins von 1878 bis zu seinem Tod 1892, H. Oncken, *Forckenbeck*, in: *Allgemeine Deutsche Biographie*, Bd. 48, Leipzig 1904, S. 630-650; E. Angermann, *Forckenbeck*, S. 296-298. Auch der Landrat von Unruhe war Mitglied des Reichstages und politisch vergleichbar zu verorten.

für ihn ein, der jedoch noch im gleichen Jahr zum Oberbürgermeister Berlins gewählt wurde. Die korrespondierende Mitgliedschaft bei der »Schlesischen Gesellschaft für Vaterländische Kultur« in Breslau, die Koch anläßlich des 75jährigen Bestehens im Dezember 1878 zugesprochen wurde, mag als zusätzliche Referenz zu verstehen sein (Ehrenmitglied 1903).[120] Ein Schreiben des Dekans der Breslauer Fakultät gab nachträglich als Begründung der für die ausgebliebene weitere Unterstützung an, daß im zuständigen preußischen Kultusministerium keine Entscheidung über eine Berufung Kochs herbeigeführt worden sei.[121]

Nach dem Tod des Breslauer Gerichtsphysikus Köhler zeichnete sich eine Alternative zur außerordentlichen Professur ab, zu deren Wahrnehmung allerdings eine zusätzliche Tätigkeit zur Sicherung des Lebensunterhaltes erforderlich gewesen wäre. Am 21. Juni 1879 erhielt Koch das Angebot, das Arbeitsgebiet Köhlers zu übernehmen.[122] Am 16. Juli 1879 trat er die mit sechshundert Talern jährlich vergütete Stelle an, doch bereits im Oktober folgte eine Rückversetzung nach Wollstein.[123] Die Verwirklichung von Kochs Wunsch, in einer größeren Stadt tätig zu werden, war gescheitert. Die Physikatsstelle allein reichte kaum für den Lebensunterhalt, doch hoffte er im Juni 1879, *mich aus eigenen Hilfsmitteln auf der Stelle zwei, vielleicht auch drei Jahre halten zu können. Bis dahin hoffe ich andere Hilfsquellen gefunden zu haben, sei es, daß ich etwas Praxis erwerben werde, oder daß sich die Professur verwirklicht, vielleicht eine Nebenstellung an einem Institut oder dergleichen findet.*[124] Die Entscheidung über die Professur zog sich von Januar bis Oktober hin, ohne daß es zu einer Entscheidung kam, und eine Privatpraxis zeichnete sich nicht ab. Seinem Biographen

---

[120] Beide Urkunden sind im Nachlaß vorhanden (L2/002, rki und L2/121, rki). Auch diesbezüglich wirkte Ferdinand Cohn unterstützend, wie ein publizierter Brief zeigt, R. Koch an F. Cohn, 31. Dezember 1878, in: Heymann, *Robert Koch*, Bd. 1, S. 270f., Möllers, *Robert Koch*, S. 112, bei Möllers ohne Nennung des Adressaten.

[121] C. Hasse an R. Koch, 1. November 1879, als Antwort auf ein Schreiben Kochs an die Universität Breslau vom 24. Oktober 1879 (b1/732, rkm).

[122] Angebot einer Physikatstelle für Robert Koch in Breslau nach dem Tod des Amtsinhabers Köhler (L1/018, rkm). Das Gerichtsphysikat besaß in der Bevölkerung nur geringe Akzeptanz, siehe hierzu Ragnhild Münch, *Gesundheitswesen im 18. und 19. Jahrhundert. Das Berliner Beispiel* (= Publikationen der Historischen Kommission zu Berlin), Berlin 1995, S. 99-104.

[123] Neuverpflichtung, Entpflichtung und erneute Bestallung (L1/020.1-20.7, rki); beteiligt waren die Provinzial-Regierungen in Posen und Breslau, das Reichsamt des Innern und das Ministerium der geistlichen, Unterrichts- und Medicinalangelegenheiten, Daten: 16. Juli 1879, 13. Oktober 1879, 14. Oktober 1879, 25. Oktober 1879, 13. November 1879, 23. November 1879, S. a. Personalakte (L1/20.8, rki).

[124] R. Koch an F. Cohn, 25. Juni 1879, laut Möllers, *Robert Koch*, S. 115f., *an einen Breslauer Bekannten*. Wiederum verschweigt Möllers den Adressaten Ferdinand Cohn, der in einem Auszug bei Harms, *Robert Koch*, S. 164f., genannt ist und sich zudem aus dem Inhalt ergibt.

Wezel zufolge hat sein Schwager berichtet, daß *beim jedesmaligen Ertönen der Glocke voll gespannter Erwartung, aber stets vergebens dem Eintreten des ersten Patienten entgegengesehen wurde.*[125] Koch sei daher nach nur drei Monaten nach Wollstein zurückgekehrt, *wo er mit Freuden von seinen ihn sehnsüchtig wieder erwartenden Patienten empfangen wurde.*[126]

Mangelnde Einkünfte mögen eine der Ursachen für Kochs vorzeitige Rückkehr gewesen sein. Zugleich dürfte Emmys Wunsch, in Wollstein zu bleiben, und ihre entsprechende Intervention dazu beigetragen haben: ... *und da der Landrat v*[on] *Unruhe-Bomst durch mich erfahren hatte, daß Koch nicht gerne in Breslau bleiben wollte, so hielt er das alte Physikat unbesetzt.*[127] Ob der Familienfrieden oder die ausgebliebene Entscheidung im Ministerium den Ausschlag gab, sei dahingestellt. Immerhin steht aber zu vermuten, daß der Landrat sein Mandat als Reichstagsabgeordneter und die politisch wissenschaftsfreundlichen Konstellationen dieser Jahre für Kochs weitere berufliche Entwicklung nutzte. Offenbar hatte das Gesuch der Breslauer Fakultät Bewegung ausgelöst, für Koch nach einer geeigneten Anstellung zu suchen. Obwohl Koch bereits seit Anfang Januar 1880 außerordentliches Mitglied[128] des Kaiserlichen Gesundheitsamtes gewesen sein soll, und obwohl ihm eine entsprechende Mitteilung im Februar vorlag, so scheint es zu diesem Zeitpunkt noch keine Gewissheit über einen erneuten Ortswechsel gegeben zu haben.[129]

Robert Koch in Berlin

Nach der Reichsgründung 1871 wurde die Einrichtung einer zentralen Behörde zur Administration des Medizinalwesens angeregt. Das Reichs-Impfgesetz von 1874 vereinheitlichte die bis dahin unterschiedlichen Regelungen in den einzelnen Bundesstaaten. Die begleitend vollzogene Etablierung des Kaiserlichen Gesundheitsamtes zielte zunächst ausschließlich auf Datenerhebungen zum epidemiologischen Geschehen. Die Pockenepidemie von 1870/72, hohe Säuglingssterblichkeit und schließlich die endemische Tuberkulose bildeten gesundheitspolitische Herausforderungen. Gesundheitspolitik, so zeigte sich nicht zuletzt aufgrund der politischen Forderungen Virchows etwa in der Schlachthof- und Kanalisations-Debatte in Berlin deut-

[125] Wezel, *Robert Koch*, S. 25.
[126] Wezel, *Robert Koch*, S. 26.
[127] Erinnerungen Emmy Kochs (L6/002, rki).
[128] Kirchner, *Robert Koch*, S. 22.
[129] Berufung Robert Kochs zum außerordentlichen Mitglied des Kaiserlichen Gesundheitsamtes, 5. Februar 1880 (L1/021.1, rki), ausgestellt von Puttkamer, Minister der geistlichen, Unterrichts- und Medicinalangelegenheiten.

lich, war ebenso Sozial- wie Wissenschaftspolitik, die sich in der Administration und den einzelnen Ressorts von Behörden widerspiegelt.[130]

Seit Beginn der achtziger Jahre zeichnete sich in Deutschland eine Gesetzgebung ab, die mit der Kaiserlichen Botschaft von 1881 und daraus resultierend der Krankenkassen- und Unfallversicherungs-Gesetzgebung begann. Manche technischen Lösungen zur Modernisierung der Infrastruktur entsprachen einem allgemeinen Bedarf und fanden daher Akzeptanz. Für die Belange der Stadtgemeinde Berlin sprach der Oberbürgermeister Arthur Hobrecht (seit 1872) und entschied zugunsten der Kanalisation als auch gesundheitspolitischer Maßnahme, nachdem sein Bruder James (1825-1902) im Jahr 1868 entsprechende Pläne vorgelegt und in Stettin bereits 1861 erfolgreich umgesetzt hatte.[131] Arthur Hobrecht war zugleich Mitglied des Reichstages und dürfte sich in dieser Funktion für die Etablierung einer zentralen Gesundheitsbehörde stark gemacht haben. Als Finanzminister der Jahre 1878/79 fiel zudem die Finanzierung des Ausbaus dieser Einrichtung in sein Ressort.

Die Gründung des Kaiserlichen Gesundheitsamtes war daher Ausdruck der Schaffung einer zentralen Zuständigkeit in Gesundheitsfragen und ab 1879 zusätzlich der Versuch, mit Hilfe der Wissenschaften und zeitgemäßer Techniken der Lösung der »Sozialen Frage« näher zu kommen. Das Amt sollte unmittelbar dem Reichskanzleramt untergeordnet sein und vorwiegend beratenden Charakter haben. Johann Heinrich Struck (1825-1902), vormals Hausarzt von Bismarck, wurde am 28. April 1876 zum ersten Direktor ernannt.[132] Zuständig war es für alle Bundesstaaten des Kaiserreiches, so daß schon vor 1918 die Bezeichnung »Reichsgesundheitsamt« üblich war. Es befand sich zunächst in einer Mietwohnung in der Luisenstraße 19, und dies war für den Direktor Struck und die ersten beiden Mitglieder hinreichend. Dabei handelte es sich um Karl Finkelnburg (1832-1896), *der in sich die Tätigkeit des ärztlichen Mitglieds und des Statistikers vereinigte*[133] und Friedrich Roloff (1830-1885) für die Veterinärmedizin, mit einer Beamtenlaufbahn seit 1859.

Struck war es, der auf Robert Koch aufmerksam geworden war, und er setzte sich für dessen Berufung an das Kaiserliche Gesundheitsamt ein. Die

---

130 Münch, *Gesundheitswesen*, S. 202, 222f.

131 Wolfgang Ribbe, *James Hobrecht*, in: Wolfgang Ribbe/Wolfgang Schäche (Hrsg.), *Baumeister – Architekten – Stadtplaner. Biographien zur baulichen Entwicklung Berlins*, Berlin 1987, S. 219-234. Die Umsetzung begann in Berlin 1875, spätere Projekte wurden unter anderem in Tokio, Kairo und Alexandria verwirklicht.

132 *Das Kaiserliche Gesundheitsamt. Rückblick auf die Entwicklung und Thätigkeit des Amtes in den ersten zehn Jahren seines Bestehens*, Berlin 1886, S. 1-13, bes. S. 2-5.

133 *Das Reichsgesundheitsamt 1876-1926. Festschrift*, hrsg. vom Reichsgesundheitsamt aus Anlaß seines fünfzigjährigen Bestehens, Berlin 1926, S. 3.

Erweiterung der Amtsaufgaben hatte 1879 den Umzug in die Luisenstraße 57 erforderlich gemacht, und dort wurden zwei weitere ständige Mitarbeiter eingestellt sowie ein chemisches und ein Hygiene-Laboratorium eingerichtet. Diese Veränderungen erfolgten genau zu der Zeit, als Robert Koch nach Breslau und zurück nach Wollstein versetzt wurde. Jetzt war der Weg geebnet, dem Mediziner adäquate Arbeitsmöglichkeiten anzubieten, denn die direkte Zuordnung zum Reichsamt des Innern ließ das Modell *außerordentlicher Mitglieder* am Kaiserlichen Gesundheitsamt wirksam werden. Diese wurden jeweils für Einzelfragen oder besondere Aufgaben als wissenschaftliche, technische oder administrative Sachverständige herangezogen.

Zu den ersten 25 außerordentlichen Mitgliedern gehörte auch Robert Koch.[134] Die Beratungstätigkeiten sahen zunächst keinen ständigen Aufenthalt am Amtssitz in Berlin vor. Mitte April 1880 erhielt Robert Koch jedoch vom Direktor des Kaiserlichen Gesundheitsamtes, Johann Heinrich Struck (1825-1902), einen Brief mit der vertraulichen Mitteilung, daß eine Berufung auf eine besoldete Stelle unmittelbar bevorstehe.[135] Tatsächlich folgte kurz darauf ein offizielles Schreiben aus der Reichskanzlei, mit dem eine zunächst auf drei Jahre befristete Anstellung ausgesprochen wurde.[136] Anfang Juli 1880 trat Robert Koch den Dienst in Berlin an, Mitte Juli war die Entpflichtung des Kreisphysikus' in Wollstein bestätigt.[137] Für die Sicherstellung des Wechsels und auch für die seinerzeit nicht selbstverständliche Gewährung eines Gehaltes hatte Struck in Gesprächen mit den zuständigen Behörden gesorgt, als Finkelnburg an die Universität Bonn zurückkehrte. Am 7. Juli 1880 konnte der Vorgesetzte den Neu-Berliner anläßlich der Ernennung zum Regierungsrat am Kaiserlichen Gesundheitsamt beglückwünschen.[138]

Jetzt zeichnete sich eine Schwerpunktverlagerung ab, die außerordentlich erfolgreich werden sollte, wenngleich dies innerhalb des Amtes umstritten war und es deshalb Spannungen gegeben haben soll.[139] Mit Kochs Anstellung

---

[134] Vorschlagslisten und entsprechende Schriftwechsel der Reichsbehörden und preußischen Ministerien im Bundesarchiv, R15.01, Nr. 10934, Reichsamt des Innern. Eine Wahrnehmung dieser Funktion war vom Standort Wollstein aus möglich, doch ging es bei der Erweiterung des Amtes (Laboratorien) um die ständige Anwesenheit in Berlin.

[135] J. Struck an R. Koch, Vertrauliche Mitteilung über die bevorstehende Berufung Kochs nach Berlin, 10. April 1880 (b1/806, rkm). Im Juni kam eine Mitteilung über ein Gespräch Strucks mit dem Staatssekretär bezüglich der Bezahlung Kochs am Kaiserlichen Gesundheitsamt, J. Struck an Koch, 22. Juni 1880 (b1/808, rkm).

[136] Schreiben der Reichskanzlei vom 13. April 1880 (L1/022, rkm).

[137] Entpflichtung vom Physikat in Wollstein, 23. Juli 1880 (L1/020.7, rki).

[138] Ernennung Robert Kochs zum Kaiserlichen Regierungsrat und Bestallung als ordentliches Mitglied des Kaiserlichen Gesundheitsamtes mit Gehalt, 5. Juli 1880 (L1/021.2, rki).

[139] ... *bei der Ankunft Kochs standen die drei wichtigsten Persönlichkeiten des K.G.A.* [= Kaiserlichen Gesundheitsamtes], *Finkelnburg, Roloff und Zell, in scharfer Opposition zu ihrem Chef* [= Struck], Kißkalt, *Die ersten Beurteilungen*, S. 168.

erhielt das Amt ein zusätzliches Laboratorium, das zunächst *pathologisch-anatomisches* Labor hieß. Die Arbeitsmöglichkeiten für Koch waren eher dürftig zu nennen, denn *das chemische und das hygienische Laboratorium* waren *neu eingerichtet und für die damaligen Verhältnisse mit Räumen und Apparaten reich ausgestattet. Für Koch war zunächst kein Raum. Die Welt war weggegeben. Er erhielt nur ein kleines, einfenstriges Zimmer als Arbeitsraum, welches mit den herrlichen Laboratorien der anderen Regierungsräthe gewaltig contrastirte.*[140]

Allein die Tatsache, daß er in Breslau Demonstrationen seiner Versuche wiederholt, und dreimal in Cohns Zeitschrift publiziert hatte, dürfte nicht der Grund für die Berufung an das Amt in Berlin gewesen sein, auch nicht der gescheiterte Versuch, Professur und Stellung in Breslau zu erhalten. Kochs Berufung an das Kaiserliche Gesundheitsamt war vielmehr den sozialmedizinischen Zielen und dementsprechenden Engagement Hobrechts und Forckenbecks zu danken.[141] Ihnen gelang es, den Kultusminister Robert von Puttkamer (1838-1902) - zuvor Oberpräsident der preußischen Provinz Schlesien und Interims-Nachfolger des am 13. Juli 1879 zurückgetretenen Adalbert Falk – für innovative Entscheidungen zu gewinnen. Während seiner kurzen Amtsperiode (Juli 1879 bis Juni 1881) wurde der Ausbau des Kaiserlichen Gesundheitsamtes realisiert.[142]

Die Jahre ab 1880 waren für Koch von Arbeit geprägt. Da sich im Nachlaß keine privaten Aufzeichnungen oder Briefwechsel finden, blieb den Biographen Spielraum. Die eher romanhaft gehaltenen Biographien stilisieren Koch als nur in der experimentellen Arbeit versunkenen Wissenschaftler, der seine Zeit vornehmlich im Labor zubrachte. Die Vielfalt der Themen, die Koch und seine Mitarbeiter in jenen Jahren bearbeiteten, belegen scheinbar die Vorteile des ungehinderten Forschens, das in der Erinnerung der Angehörigen im Mittelpunkt stand, auf deren Auskünfte sich ein Teil der Biographen stützte. Dennoch war Kochs Arbeitsgebiet als Regierungsrat im Kaiserlichen Gesundheitsamt *nicht nur das eines frei forschenden Gelehrten, wie der Fernerstehende vielleicht annahm, es umfaßte auch eine Fülle von Pflichten, die mit Anstrengung und Kleinarbeit verbunden waren.*[143]

---

140 Friedrich Löffler, *Robert Koch. Zum 60. Geburtstage*, in: *Deutsche Medicinische Wochenschrift* 29 (1903), S. 937-943.

141 Zur Bedeutung dieser beiden Oberbürgermeister für die Entwicklung der Infrastruktur Berlins in den Jahren 1872 bis 1892 s. Michael Erbe, *Berlin im Kaiserreich (1871-1918)*, in: Wolfgang Ribbe (Hrsg.), *Geschichte Berlins*, Bd. 2, 3., erweiterte und aktualisierte Aufl., Berlin 2002, S. 691-792, hier S. 760.

142 Angaben zu den Amtszeiten nach Walther Hubatsch, *Grundriß zur deutschen Verwaltungsgeschichte 1815-1945*, Reihe A: *Preußen*, Bd. 12, Teil B: *Unmittelbare Gebiete Preußens*, Marburg 1978, S. 116f. Erst im Juni 1881 begann dann die zehnjährige Amtszeit Gustav Gosslers (1838-1902) als Minister der geistlichen, Unterrichts- und Medicinalangelegenheiten.

143 Kirchner, *Robert Koch*, S. 37.

Koch erhielt zunächst einen, drei Monate später einen weiteren Assistenten, Friedrich Löffler (1852-1915) und dann Georg Gaffky (1850-1918). Löffler, knapp elf Jahre jünger als Koch, war bereits 1879 als Militärarzt an das Kaiserliche Gesundheitsamt kommandiert worden und blieb bis 1884. Georg Gaffky war ebenfalls Militärarzt und wurde offenbar gezielt an das Laboratorium von Koch gesandt. Gaffky begann über Typhus zu arbeiten, eine im Militär weit verbreitete Infektion.[144] Löffler wies 1884 in Anlehnung an Edwin Klebs (1834-1913) den Diphtherie-Erreger nach[145] und formulierte in der Veröffentlichung sehr klar das, was als »Koch'sche Postulate« nun eine eigene Gültigkeit über Henle und Klebs hinausgehend besaß und die methodischen Grundsätze bakteriologischer Arbeiten umriß. In diesem Band stellte auch Koch seine Arbeit über die Ätiologie der Tuberkulose ausführlicher dar als dies 1882 in der Berliner Klinischen Wochenschrift der Fall gewesen war.[146]

Als Löffler 1884 an die militärärztliche Akademie versetzt und Koch nach Ausscheiden Strucks kommissarischer Direktor des Gesundheitsamtes wurde, erhielt Gaffky die Position Kochs. 1888 folgte Löffler einer Berufung auf die erste Hygiene-Professur in Greifswald, Gaffky wurde zum ersten Lehrstuhlinhaber in Giessen ernannt, gleichwohl brachen die Kontakte nicht ab. Es ist bemerkenswert, daß sowohl Georg Gaffky als auch Friedrich Löffler Nachfolger Robert Kochs als Direktoren des Instituts für Infektionskrankheiten wurden, ersterer unmittelbar 1904, anschließend Löffler 1913 bis zu seinem Tod 1915.

1880 bis 1882

Die ersten gemeinsamen Arbeiten Kochs und Löfflers fanden noch in dem kleinen Zimmer zum Hof statt. Als Gaffky am 20. September 1880[147] hinzukam, *da sprengte die Bakteriologie ihre enge Hülle und eroberte sich den ihr gebührenden*

---

[144] Georg Gaffky, *Zur Ätiologie des Abdominal-Typhus*, in: *Mitteilungen aus dem Kaiserlichen Gesundheitsamte*, Bd. 2, Berlin 1884, S. 372-420.

[145] Friedrich Löffler, *Untersuchungen über die Bedeutung der Mikroorganismen für die Entstehung der Diphtherie beim Menschen, bei der Taube und beim Kalbe*, in: *Mitteilungen aus dem Kaiserlichen Gesundheitsamte*, Bd. 2 (1884), S. 421-499. Zur Diskussion um die Postulate siehe K. Carter, *Koch's Postulates in Relation to the work of Jakob Henle and Edwin Klebs*, in: *Medical History* 29 (1985), S. 353-375.

[146] Robert Koch, *Die Ätiologie der Tuberkulose*, in: *Mitteilungen aus dem Kaiserlichen Gesundheitsamte*, Bd. 2 (1884), S. 1-88, bzw. Robert Koch, *Die Aetiologie der Tuberkulose*, in: *Berliner Klinische Wochenschrift* 19 (1882), S. 221-230.

[147] Claudia Wolff, *Georg Gaffky (1850-1918). Erster Vertreter der Hygiene in Gießen 1888-1904*, Gießen 1992, S. 29, auf der Grundlage der Personalakte im Bundesarchiv, die die Dauer des Entscheidungsprozesses belegt.

Raum.[148] Was Löffler und Gaffky von Koch lernten und an ihm bewunderten, waren Präzision und Geduld. *Die Erinnerung an jene Zeit, als wir noch in diesem Zimmer arbeiteten, in der Mitte Koch und wir zu seinen Seiten, als fast täglich neue Wunder der Bakteriologie sich vor unseren staunenden Augen aufthaten und wir, dem leuchtenden Beispiel unseres Chefs folgend, vom Morgen bis zum Abend an der Arbeit saßen und kaum Zeit fanden, den leiblichen Bedürfnissen Rechnung zu tragen – die Erinnerung an jene Zeit wird uns unvergesslich bleiben.*[149] Seine Assistenten ließ Koch möglichst selbständig arbeiten, nahm aber am Verlauf der Versuche teil, *jederzeit mit Rat und Hilfe bereit.*[150]

Wesentlicher Teil der Arbeit war, was in der Inschrift im Mausoleum mit *Ausbau der bakteriologischen Methodik*[151] zusammengefaßt ist, die Koch bereits 1877 bzw. in erweiterter Form 1881 in den »Mitteilungen aus dem Kaiserlichen Gesundheitsamt« ausgeführt hatte: Einheitliche Verfahrensweise bei der Anordnung und Exaktheit bei der Durchführung von Experimenten, bei Gewinnung und Nutzung von Nährböden, bei Aufnahme und Auswertung von Fotografien. Die eigene Arbeitsweise war so zu gestalten, daß Fehlerquellen vermieden wurden. Beide Assistenten waren dank strikter Anwendung des Gelernten erfolgreich und der Erfolg lag nicht zuletzt darin begründet, daß beide Mitarbeiter »eigene« Themen erhielten. Die Selbständigkeit im Experimentieren, von Koch aus der »Abgeschlossenheit« selbstverständlich geworden, charakterisiert zugleich seinen Führungsstil. Der Austausch über methodische Fragen wird an Briefen erkennbar, die Koch an Gaffky in Wittenberg richtete, als dieser in dortigen Kasernen Typhusfälle untersuchte. Koch informierte seinen Mitarbeiter über aktuelle eigene Arbeiten und Vorkommnisse am Gesundheitsamt und gab Hinweise für Gaffkys Arbeiten vor Ort.[152]

Eines der Themen, denen sich Koch am Kaiserlichen Gesundheitsamt widmete, war das Wasser, und zwar sowohl Gewässergüte und Trinkwasserqualität, als auch Anwendungsbereiche im Gebiet der Bakteriologie. Hier konnte die Arbeitsgruppe bald brauchbare Ergebnisse vorlegen, namentlich

---

148 Friedrich Löffler, *Robert Koch. Zum 60. Geburtstag*, in: *Deutsche Medicinische Wochenschrift* 29 (1903), S. 938.

149 Löffler, *Robert Koch. Zum 60. Geburtstag*, S. 938.

150 Bernhard Fischer, *Robert Koch*, in: *Deutsche Rundschau* 37 (1910), S. 42-69, hier S. 51.

151 *Robert Koch – Werke und Wirken: ... 1880-81 Schöpfung und Ausbau der bakteriologischen Methodik, Reinkulturen mittels fester und erstarrungsfähiger Nährböden, Wissenschaft und Praxis der Desinfektion*, Inschrift im Mausoleum für Robert Koch, Berlin.

152 R. Koch an G. Gaffky, 29. Juni, 2. Juli, 6. Juli, 8. Juli, 12. Juli 1882 (b2/047 bis b2/051, rki). Briefe Gaffkys aus dieser Zeit, auf deren Existenz entsprechende Bemerkungen in den Briefen Kochs hinweisen, sind in den Berliner Beständen nicht überliefert; keiner dieser Briefe wurde veröffentlicht, bei Möllers, *Robert Koch*, S. 533, wird ein weiteres Schreiben vom 14. Juli 1882 zitiert, der ebenfalls nicht im Nachlaß vorhanden ist.

die *Verwertbarkeit heisser Wasserdämpfe.*[153] Diese und weitere Resultate beruhten auf gemeinschaftlicher Arbeit der Laboratorien, die wesentlichen Verdienste kamen allerdings der Arbeitsgruppe des bakteriologischen Laboratoriums zu, das im offiziellen Sprachgebrauch weiterhin anatomisch-pathologisches genannt wurde.[154] Den Erfolgen pragmatischen Forschens folgte die Anerkennung von Kochs Methoden seitens international renommierter Wissenschaftler wie Joseph Lister (1827-1912) und Louis Pasteur (1822-1895) anläßlich des Hygiene-Kongresses in London Anfang August 1881. Fünf Monate später ernannte ihn Wilhelm I. zum Kaiserlichen Geheimen Regierungsrat, womit der befristete Arbeitsvertrag in eine unbefristete Anstellung umgewandelt wurde.[155]

Die innerbehördliche Kooperation mit dem chemischen Laboratorium von Bernhard Proskauer (1851-1915) und dem Hygiene-Laboratorium unter Leitung von Gustav Wolffhügel (1845-1929) war naheliegend und konstruktiv. Briefe Wolffhügels an seinen Lehrer Pettenkofer belegen eine zunächst hohe persönliche und fachliche Wertschätzung für Koch.[156] Die Orientierung der Arbeiten an den Erfordernissen der Zeit verhalf der Behörde zu Effizienz und damit auch Popularität, wie auch die Hygiene-Ausstellung am Lehrter Bahnhof in Berlin zeigen sollte. Ausgangspunkt für manche experimentellen Forschungen waren nicht zuletzt die epidemiologischen Datenerhebungen, die den Zusammenhang von Armut und Krankheit ebenso belegten wie jenen von akuten Infektionen und Infrastruktur. Die Vorteile im Zusammenhang mit der Sozialen Frage, die einfache, kostengünstige Umsetzbarkeit gerade der Desinfektionsverfahren verstanden wiederum die Stadtväter in Berlin besonders schnell. Nun war es Forckenbeck, der als Oberbürgermeister (1878-1892) den Bau städtischer Desinfektionsanstalten vorantreiben konnte, so daß Berlin die erste dieser Art im Jahr 1885 erhielt. Die Vorteile für die Bevölkerung lagen in der Tatsache begründet, daß Kleidung und Mobiliar das Verfahren ohne nachhaltige Beschädigung überstanden. Auch dies verhalf Koch zu großer Popularität. In der Wahrnehmung der Kollegen im Amt hieß es, Koch *wusste Wandel zu schaffen*[157] *–was Koch arbeitet, was er zu Tage fördert, läßt*

---

[153] Robert Koch/Georg Gaffky/Friedrich Löffler, *Versuche über die Verwerthbarkeit heisser Wasserdämpfe zu Desinfectionszwecken*, in: *Mittheilungen aus dem Kaiserlichen Gesundheitsamte*, Bd. 1, Berlin 1881, S. 322-340.

[154] Etwa Robert Koch/Gustav Wolffhügel, *Untersuchungen über die Desinfection mit heisser Luft*, in: *Mittheilungen aus dem Kaiserlichen Gesundheitsamte*, Bd. 1, Berlin 1881, S. 301-321; schließlich auch Robert Koch, *Über Desinfection*, in: *Mittheilungen aus dem Kaiserlichen Gesundheitsamte*, Bd. 1, Berlin 1881, S. 287-338.

[155] Das Dokument (L1/023, rki) datiert vom 21. Januar 1882 und wurde in Bad Ems ausgestellt.

[156] Kißkalt, *Die ersten Beurteilungen*, S. 169, Wolffhügel an Pettenkofer, 3. April 1881.

[157] Wezel, *Robert Koch*, S. 31.

sich ad oculos demonstrieren (so will es leider die ungläubige Welt).[158] Da *sein Gebiet* begann *salonfähig* zu werden, buhlten die etablierten Disziplinen um Vereinnahmung für sich, etwa durch seine Beteiligung an der Herausgabe einer Zeitschrift.[159]

Die Kooperation mit den anderen Laboratorien brachte Koch auch mit Ferdinand Hueppe (1852-1938), Hermann Treskow (1853-1891) und Bernhard Proskauer zusammen. Die Kontakte mit Hueppe verloren sich, nicht zuletzt wahrscheinlich aufgrund unterschiedlicher Auffassungen. Hueppe war 1879 wie Löffler an das Kaiserliche Gesundheitsamt kommandiert worden. Als Koch im Sommer 1885 Hygiene-Professor wurde, schied Hueppe aus dem Militärdienst und damit aus dem Amt aus und wurde bei Fresenius in dessen chemischem Institut tätig. Von 1889 bis 1915 war er Professor für Hygiene in Prag. Treskow war aufgrund seiner praxisorientierten Ausbildung an der Gewerbe-Akademie als wissenschaftlicher Hilfsarbeiter bei Proskauer im chemischen Laboratorium des Gesundheitsamtes tätig. In dieser Funktion nahm er an der Cholera-Expedition 1883 teil, kehrte aber von Ägypten nach Berlin zurück, als die übrigen weiter nach Indien reisten. Die Zusammenarbeit zwischen Koch und Proskauer blieb hingegen auch nach Kochs Ausscheiden aus dem Kaiserlichen Gesundheitsamt bestehen. Proskauer wurde 1885 Präparator am neu gegründeten Hygiene-Institut der Berliner Universität und wechselte auch an das Institut für Infektionskrankheiten.[160]

Der Anerkennung Kochs stand bereits im Kaiserlichen Gesundheitsamt verdeckte und offene Kritik von fachlicher Seite gegenüber, die sich gegen Methoden oder Ergebnisse richtete. Zunächst war das bakteriologische als »pathologisch-anatomisches Laboratorium« gegründet worden, und so war in der zunehmenden Abgrenzung der Bakteriologie ein Ansatzpunkt für Infragestellung gegeben. Im August 1880 hatte ein Mitarbeiter Virchows, Paul Grawitz (1850-1932), in »Virchow's Archiv« einen Beitrag über Schimmelpilze mit der Feststellung eingeleitet: *Alle Versuche, die Bakterien irgend einer Krankheit so genau zu beschreiben, daß man sie von Organismen, welche bei anderen Infections-*

---

158 Wolffhügel an Pettenkofer, 3. April 1881, nach Kißkalt, *Die ersten Beurteilungen*, S. 169; auch bei Heymann, *Robert Koch*, Bd. 2, S. 88.

159 Belegt ist dies darin, daß Koch dem Herausgebergremium des von Pettenkofer begründeten »Archivs für Hygiene« vom ersten Band (1883) immerhin bis 1889 angehörte, obwohl er 1886 mit Flügge die »Zeitschrift für Hygiene« begründet hatte, Kißkalt, *Die ersten Beurteilungen*, S. 172.

160 Am Institut für Infektionskrankheiten war Proskauer zunächst als chemischer Assistent tätig, 1895 wurde er zum Professor ernannt, 1905 Leiter der chemischen Abteilung des Instituts und 1907 des neu gegründeten Medizinal-Untersuchungsamtes, *Biographisches Lexikon der hervorragenden Ärzte der letzten fünfzig Jahre*, hrsg. und bearb. von Isidor Fischer, Nachdruck, München-Berlin 1962, Bd. 2, S. 1272; Personalakte des Instituts für Infektionskrankheiten.

krankheiten oder als Fäulniserreger vorkommen, unterscheiden könnte, sind als misslungen anzusehen; es giebt keine Form, welche ganz ausschließlich einer pathogenen Species zukäme und dieser als untrügliches Erkennungsmerkmal diente. Daher sei auch keine morphologische Unterscheidung und keine Beurteilung möglich, *ob diese Grenze, welche wir zwischen ihnen schaffen, eine künstliche oder natürliche ist.*[161]

Nachdem Grawitz auch in einem Vortrag vor der Berliner Medicinischen Gesellschaft offen gegen Koch und die Arbeiten seiner Mitarbeiter Gaffky und Löffler polemisiert hatte, reagierte Koch.[162] Er warf Grawitz vor, von vornherein eine pathogene Wirkung von Mikroorganismen ausgeschlossen und seine Untersuchungen entsprechend durchgeführt zu haben, so daß die Ergebnisse so beliebig seien wie die Hypothesen. Koch nahm hierbei auf die Äußerung von Grawitz, er habe Gelatinekulturen bereits in den Jahren 1875/77, also vor Koch genutzt, pointiert Bezug: Er [Koch] habe bereits bei seiner ersten Beschreibung des Verfahrens festgehalten, *man sei sich der Vorteile nicht bewusst gewesen*, falls das Verfahren früher angewendet worden sei, habe auch nicht die technischen Möglichkeiten besessen, die nunmehr zur Verfügung stünden und verwies im übrigen auf die Ergebnisse Gaffkys zur pathogenen Wirkung von Schimmelpilzen. Grawitz habe bei seinen Experimenten methodische Ungenauigkeit erkennen lassen und dem Einfluß von Wärme eine unzutreffende Bedeutung beigemessen.

Die Positionen Grawitz' gegen Koch und dessen Mitarbeiter waren mehrfacher Art: Zum einen unterstellte er Koch, Methoden als neu und originell einzuführen, die schon länger bekannt seien. Darüber hinaus seien die Methoden weder geeignet, Mikroorganismen als zu bestimmten Krankheiten gehörig zu beschreiben, noch den Beweis zu führen, daß die von Koch und seinen Mitarbeitern als Erreger bezeichneten Bakterien eine jeweils spezifische pathogene Wirkung hätten. Jegliche Deutung sei daher willkürlich und das von Koch geforderte Vertrauen in seine Methodik hinfällig. Damit bestritt Grawitz implizit eine Eigenständigkeit der Bakteriologie gegenüber der anatomischen Pathologie. Überdies befand Grawitz, daß – sollten bestimmte Keime tatsächlich eine pathogene Wirkung besitzen – dies nicht Gegenstand von Forschung sein solle, wenn diese darauf ziele, Infektionskrankheiten zu verhindern.

---

161 Paul Grawitz, *Über Schimmelpilzvegetationen im thierischen Organismus. Experimentelle Untersuchungen*, in: *Archiv für pathologische Anatomie und Physiologie (Virchow's Archiv)* 81 (1880), S. 355-376.

162 Paul Grawitz, *Experimentelles zur Infectionsfrage*, in: *Berliner Klinische Wochenschrift* 18 (1881), S. 189-192; Robert Koch, *Entgegnung auf den von Dr. Grawitz in der Berliner Medicinischen Gesellschaft gehaltenen Vortrag über die Anpassungstheorie der Schimmelpilze*, in: *Berliner Klinische Wochenschrift* 18 (1881), S. 769-774, zit. nach: *Kochs Gesammelte Werke*, Bd. I, S. 164-173. Grawitz war seit 1875 Mitarbeiter Rudolf Virchows und wurde 1886/87 (bis 1921) Professor für pathologische Anatomie in Greifswald, wo er Friedrich Löffler wieder begegnete.

Koch ging nicht auf das ein, was für Grawitz das Wesentliche schien: Infektionskrankheiten seien Bestandteil der »natürlichen Auslese«, zumal, wenn nicht alle aufgrund einer Infektion Erkrankten stürben. Den theoretischen Erwägungen von Grawitz, es handele sich *also um nichts geringeres, als um die Frage, ob die Gesetze der Anpassung und Vererbung ... auch auf die Pathologie der Infectionskrankheiten Anwendung finden sollte, oder nicht*[163] waren klare Ergebnisse zur pathogenen Wirkung jenseits solcher Deutungen entgegen zu setzen. Kochs Haltung schlossen sich offenbar auch die Diskussionsteilnehmer der Berliner Medicinischen Gesellschaft an, als Grawitz den *Kampf der Parasiten mit den Thierzellen* den *wesentlichen, allen Infectionskrankheiten gemeinsamen Factor* nannte, der anhand der *Schimmelpilze wie bei einer Art Paradigma verfolgt werden* könne.[164] Daß Koch Grawitz' Theorie der Anpassung *ein leeres Hirngespinst* genannt hatte, war für diesen gewiß niederschmetternd[165] – aber gewinnbringend für die Bakteriologie, die künftig von dieser Theoriebelastung frei blieb, und die Immunitätsforschung ins Zentrum stellte, die sich spezifische Therapie oder Prophylaxe zum Ziel setzte. Auch das von Koch in seine Methode geforderte Vertrauen, Bestandteil der Kritik von Grawitz, nahm in der Folge zu.

Unterschiedliche Haltungen im Grundsätzlichen wurden auch weiterhin mit Konflikten um Arbeitsstile, um Genauigkeit und Deutbarkeit der Resultate verbunden. Doch bei Kochs Ergebnissen war zumindest die Anwendungsorientierung jedem deutlich. Seine Strategien auf dem Gebiet der Seuchenprävention und -bekämpfung waren sozial verträglich und sozial wirksam. Insofern war der als unpolitisch geltende Wissenschaftler, der keiner politischen Partei angehörte, nicht politisierte oder öffentlich über die politische Nützlichkeit seiner Arbeit sprach, praktischer Sozialpolitiker. Aufgrund der sozialmedizinischen Relevanz seiner Forschung wurde er an der Vorbereitung und Durchführung der Hygiene-Ausstellung am Lehrter Bahnhof in Berlin beteiligt. 1882 sollte sie stattfinden, ein Feuer zerstörte jedoch kurz vor der Eröffnung die Ausstellungshallen und ließ eine Verschiebung der Veranstaltung um ein Jahr erforderlich werden.[166] Das Kaiserliche Gesundheitsamt nutzte die Verzögerung, um die neuesten Arbeiten Kochs zur Tuberkulose einem breiten Publikum vorzustellen.

---

163 Paul Grawitz, *Die Anpassungstheorie der Schimmelpilze und die Kritik des Kaiserlichen Gesundheits-Amtes*, in: *Verhandlungen der Berliner Medicinischen Gesellschaft* 12 (1882), Teil 2, S. 1-15, hier S. 5.

164 *Diskussion zu Grawitz: Die Anpassungstheorie der Schimmelpilze und die Kritik des Kaiserlichen Gesundheits-Amtes*, in: *Verhandlungen der Berliner Medicinischen Gesellschaft* 12 (1882), Teil 1, S. 82-85, hier S. 84f.

165 Grawitz, *Zur Anpassungstheorie*, S. 7.

166 Ragnhild Münch, *Von der Hygiene-Ausstellung zum Hygiene-Museum*, in: *Acta Medico-Historica Rigensia* I (XX) (1992), S. 74-97, hier S. 76f.

Bei den ärztlichen Kollegen hatte diese Arbeit für herausragenden Eindruck gesorgt: Der Vorsitzende der Berliner Physiologischen Gesellschaft, Emil DuBois-Reymond (1818-1896) hatte Koch für den 24. März 1882 zum Vortrag in den Leseraum der Bibliothek des Instituts an der Dorotheenstraße eingeladen, der bequemen Platz für zwölf bis höchstens zwanzig Hörer bot. Für einen Freitagabend schien der Platz hinreichend, aber die Angaben über die tatsächlichen Gäste des Abends schwanken zwischen 35 und 80 Hörern. Das Vortragsmanuskript Robert Kochs, mit dem er an diesem Abend seine Arbeiten zur Ätiologie der Tuberkulose vorstellte, ist eng beschrieben und wirkt wegen verschiedener Streichungen und Ergänzungen unübersichtlich.[167] Gleichwohl waren die Inhalte geradezu sensationell.

Die meisten Zuhörer erlebten wohl zum ersten Mal eine »multi-mediale« Präsentation – die Demonstration von Präparaten unter dem Mikroskop, Zeichnungen und fotografische Aufnahmen der Erreger. Sie erhielten eine Erklärung dafür, welche Wirkung die bei verschiedenen Präparaten immer gleichen Formen auf den Organismus des Menschen nehmen. Der Eindruck beim Auditorium muß gewaltig gewesen sein: *Jeder, der diesem Vortrage beigewohnt hatte, war ergriffen, und ich muß sagen, daß mir jener Abend stets als mein größtes wissenschaftliches Erlebnis in Erinnerung geblieben ist*, schrieb Paul Ehrlich (1854-1916) in seinem Nachruf für Koch in der Frankfurter Zeitung.[168]

Ganz unbeteiligt war Ehrlich an der Klarheit, die zugleich visuell vermittelt wurde, nicht, da seine Färbemethoden (Methylenblau) ein Baustein zu Kochs Konzept der Sichtbarmachung waren. *Besonders nach der Entdeckung des Tuberkelbazillus verging fast kein Tag, ohne daß in- und ausländische Professoren und Kollegen im Gesundheitsamt vorsprachen*, ergänzte Bernhard Fischer, seinerzeit Mitarbeiter im chemischen Laboratorium des Kaiserlichen Gesundheitsamtes.[169] Die Anerkennung bezog sich auf die Methoden und – zentral – den Koch'schen Arbeitsstil (Forschungsstrategien), der bei der Präsentation seiner Ergebnisse auch Visualisierungstechniken einsetzte. Er brillierte zudem mit naturwissenschaftlicher Vollständigkeit und Nachvollziehbarkeit, mit methodischer und ergebnisorientierter Klarheit.

Koch hatte in der Verknüpfung von Mikroskopie und Fotografie innovative Kulturtechniken genutzt und im März 1882 mit seinen Ergebnissen einige Bedenkenträger überzeugt und andere erfreut, wie dies für Wagner und Cohnheim überliefert ist, die aus Leipzig anreisten, um sich die Bazillen zei-

---

[167] Manuskript (w2/005, rki, unvollständig). Henneberg, *Robert Koch*, S. 221, datiert den Beginn der Tuberkulose-Versuche auf den 18. August 1881, was anhand der Werkmanuskripte im Nachlaß nicht exakt belegbar ist.

[168] Paul Ehrlich, *Robert Koch (1843-1910). Nachruf*, in: *Frankfurter Zeitung*, Feuilleton, 2. Juni 1910.

[169] Bernhard Fischer, *Robert Koch*, in: *Deutsche Rundschau* 37 (1910), S. 42-69, hier S. 51.

gen zu lassen.[170] Allerdings evozierte dies auch Neid, denn nicht nach konstruktiver Kritik klingt, was Wolffhügel Ende 1882 an Pettenkofer schrieb: *Mir fällt bei dieser Gelegenheit immer wieder unser guter, alter Kaiser ein, wie er bei der Galavorstellung des Tuberkelbazillus durch Struck-Koch plötzlich mit der ernüchternden Frage an die Herren herantrat: Wissen Sie jetzt, wie man diesen Feind bekämpft?*[171]

Abgesehen davon, daß Wilhelm I. gewiß nicht zu den Gästen am Abend des 24. März 1882 zählte, spricht diese kolportierte Frage einen Forschungsbereich an, der einige Jahre später in der Arbeitsgruppe Kochs größere Beachtung erfahren sollte. Veränderliche Meinungen und Erinnerungen sind daher zugleich Wertungen von Sachverhalten, in die spätere Begebenheiten mit einfließen. Besonders deutlich werden Projektionen in dem Koch-Film von 1939, der historische Realitäten teils verzerrt, teils gar falsch wiedergibt: Im März 1882 war Koch 38 Jahre alt und seit knapp zwei Jahren in Berlin tätig – im Film wird Koch als alter Mann dargestellt, der in Wollstein an der Erforschung der Tuberkulose arbeitet. Ein Altersunterschied zu Rudolf Virchow (geboren 1821) ist nicht erkennbar, wenngleich sich zumindest ein Teil dieses »Konfliktes« mit dem Altersunterschied von mehr als zwanzig Jahren erklären läßt – ebenso wie jener mit Max von Pettenkofer (geboren 1818) oder Louis Pasteur (geboren 1822).

Es ging Koch und seiner »Schule« um zwei Aspekte der Infektionskrankheiten: Zunächst um die Erforschung pathogener Organismen, und hier ihre jeweils eindeutige Identifikation und Wirkungsweise, und auf der anderen Seite um Vermeidung von Erkrankungen durch gesundheitspolitische Maßnahmen oder individuellen Schutz, sei es durch wissensbasiertes Verhalten oder spezifische Prophylaxe. Dies bezog sich vor allem auf endemische Infektionen. Im Falle des Ausbruchs einer Epidemie lag der Schwerpunkt des Interesses im Zusammenwirken von Wissenschaft und Politik, um eine weitere Ausbreitung der Seuche zu verhindern.

Cholera-Expedition 1883/84

Die überzeugenden Ergebnisse zur Ätiologie der Tuberkulose und die Erfolge mit der Desinfektion durch Wasserdampf gaben Anlaß, Robert Koch im Sommer 1883 mit einer Forschungsreise zu beauftragen. Bereits Ende März 1883 erhielt Koch einen Brief aus Alexandria, der Erkrankungen am »Europäischen Krankenhaus« der Stadt zum Gegenstand hat.[172] Angesichts dessen

---

170 Becher, *Robert Koch*, S. 34.

171 G. Wolffhügel an M. v. Pettenkofer, 3. November 1882, zitiert nach Kißkalt, *Die ersten Beobachtungen*, S. 171.

172 Marie an R. Koch vom 29. März 1883 (b1/222, rki).

scheint die Reaktion eine späte gewesen zu sein, zugleich wird daran ersichtlich, daß die wissenschaftlichen Kontakte und die Bekanntheit des Forschers bereits zu diesem Zeitpunkt sehr weitreichend waren. Ersichtlich wird auch, daß das Kaiserliche Gesundheitsamt sieben Jahre nach seiner Gründung internationale Reputation besaß, und die Notwendigkeit einer zentralen Behörde für Fragen des Gesundheitswesens seine Notwendigkeit erwiesen hatte.

Am 4. August 1883 fragte das Innenministerium beim Direktor des Kaiserlichen Gesundheitsamtes (Struck) an, ob es sich empfehle eine Kommission nach Ägypten zu entsenden, und schlug hierfür Koch vor, zu dessen Unterstützung zwei weitere Ärzte aus dem Amt auszuwählen seien. Am gleichen Tag antwortete Struck zustimmend und empfahl als Begleiter Georg Gaffky, Bernhard Fischer (1852-1917) und zusätzlich den Chemiker Hermann Treskow (1853-1891). Am 7. August besprachen Struck und Koch im Ministerium des Innern Einzelheiten,[173] weitere vier Tage später war die Finanzierung geklärt: Der Expeditionsleiter erhielt einen *Kredit* in Höhe von 6 000 Mark, weitere 20 000 Mark sollten die Forscher bei der Ankunft in Alexandria entgegen nehmen. Am Abend des 16. August reiste die Delegation ab und traf am 24. August in Alexandria ein.[174] Die Reiseroute verlief von Berlin über Italien bis Brindisi mit der Eisenbahn, von dort ging es mit einem Schiff nach Port Said bzw. Alexandria.

Der Aufenthalt in Ägypten währte vom 24. August bis zum 31. Oktober 1883. Ein erster Bericht an den Vorgesetzten Struck und ein weiterer an Karl Heinrich von Boetticher (1833-1907) im Reichsamt des Innern datieren vom Tag nach der Ankunft.[175] Bis zur Rückkehr folgten in regelmäßigen Abständen weitere Berichte, die teilweise unmittelbar veröffentlicht wurden.[176] Eine

[173] Der vertretungsweise amtierende Staatssekretär des Innern, Ernst Wilhelm Eberhard Eck (1838-1901), bestellte Koch zu einem Gespräch in das Reichsamt des Innern, 10. August 1883 (b1/128, rki). Bereits am Tag zuvor hatte er Fischer zur Teilnahme an der Expedition (b3/047, rki) bestimmt. Vom 11. August 1883 datiert die Bewilligung der Finanzierung, die Genehmigung Strucks vom 13. August 1883 (b1/391, rki).

[174] Die Daten richten sich nach Briefen und anderen Unterlagen aus dem Nachlass, die erst durch die Ordnung des Bestandes als vorhanden identifiziert und mit der chronologischen Anordnung im Katalog als aufeinander bezogen nachvollziehbar werden. Daher gibt es keine fortlaufenden Signaturen, siehe unten, Werkmanuskripte.

[175] Dieser Bericht ist nicht im Nachlass, auch kein Entwurf und wurde erst in den Gesammelten Werken veröffentlicht. Die Vorlage hatten die Herausgeber vom Reichsministerium des Innern erhalten; Robert Koch, *Bericht zur Cholera in Ägypten an den Staatsminister von Bötticher, Alexandria, 25. August 1883* in: *Kochs Gesammelte Werke*, Bd. 2,2, S. 850f. Unterlagen zur Vorbereitung und Durchführung der Expedition befinden sich im Bundesarchiv.

[176] Robert Koch, *Bericht* an von Bötticher, 17. September 1883, abgedruckt in: Gaffky/Koch, *Bericht über die Thätigkeit*, Anl. II, S. 1*-28*, hier S. 14*f. Bis auf den ersten Bericht vom 25. August 1883 wurden Kochs Mitteilungen an den Staatsminister im *Reichsanzeiger*

detaillierte Gesamtdarstellung mit zum Teil bemerkenswerten Details zum medizinischen Blick auf Seuchen in anderen Kulturen wurde erst 1887 publiziert.[177]

Schwerpunkt des Aufenthaltes in Ägypten war Alexandria. Am »Europäischen« Krankenhaus arbeiteten der griechische Arzt Stephan Kartulis (1852-1920) und der Schweizer Johannes Schiess (1837-1910). Sie nahmen das Forscherteam aus Deutschland auf und kooperierten in allen entscheidenden Fragen. Der epidemiologische Ansatz der Delegation richtete sich auf das Umfeld des aktuellen Seuchengeschehens. Schiess und Kartulis waren bei der Beschaffung amtlicher Datenerhebungen und statistischer Materialien ebenso behilflich wie bei der Vermittlung von Gesprächen mit Gesundheitsbeamten oder beim Übersetzen von Pilger-Vorschriften.[178] In ägyptischen Städten gab es lokale Gesundheitsbehörden, übergeordnet war in den Häfen das »Conseil Sanitaire Maritime et Quarantenaire d'Egypte».

Den zweiten Schwerpunkt des Interesses bildete die bakteriologische Perspektive, der sich auch die französische Delegation widmete, die insgesamt länger in Ägypten weilte. Die epidemiologischen Fragestellungen führten zu detaillierten Untersuchungen sowohl des Wassers als auch der Ausscheidungen Cholerakranker, zumal der wässrige Stuhlgang das charakteristische Symptom einer Infektion war. Koch und seine Begleiter wiesen jeweils gleiche Mikroorganismen im Darm bzw. in Ausscheidungen Kranker bereits im September 1883[179] nach, obwohl im islamisch geprägten Ägypten die Ob-

publiziert, und Koch erhielt unmittelbare briefliche Reaktionen (b1/462, Roy an Koch, 13. Oktober 1883).

[177] *Bericht über die Thätigkeit der zur Erforschung der Cholera im Jahre 1883 nach Egypten und Indien entsandten Kommission, unter Mitwirkung von Dr. Robert Koch* ... bearbeitet von Dr. Georg Gaffky (= Arbeiten aus dem Kaiserlichen Gesundheitsamte, Bd. 3), Berlin 1887. An diesem Beispiel wird deutlich, daß eine Unterscheidung von Arbeiten Kochs und Gaffkys zur Cholera aufs Engste verknüpft sind, was dazu beitrug, Autographen Gaffkys zur Cholera nicht vom Nachlaß Kochs zu trennen.

[178] Mit Unterstützung von Schiess und Kartulis gewann Koch vielfältiges Material, darunter Mortalitätstabellen zu Alexandria, Aden, Hedjas (w3/001, rki), graphische und Zahlen-Darstellung der Cholera-Todesfälle in Ägypten im Zeitraum 1865 bis 1883 (w3/004, rki); eine Materialsammlung mit Statistiken und Graphiken zu Cholera in Kairo und Alexandria im Zeitraum 1865 bis 1883 (w3/006 und w3/007, rki), sowie Erhebungen von Schiess und Kartulis (w3/020, rki); verschiedene Drucksachen und amtliche Berichte (w3/013, rki). Hierher gehören unter anderem auch Notizen über Auskünfte von der Gouvernement-Verwaltung in Damiette zu Choleraepidemien seit 1865, bei einer Besichtigung Damiettes am 6. und 7. Oktober 1883 standen Friedhöfe und Trinkwasser im Mittelpunkt, am 13. Oktober 1883 die Untersuchung des Nilwassers (w3/005, rki).

[179] Hierzu gibt es verschiedene Materialien im Nachlaß: Notizen zu mikroskopischen Untersuchungen in Ägypten (rki) mit Nachweis von Cholera-Erregern in verschiedenen Fällen, Ende August bis September 1883 (w3/021, w3/031 und w3/032, rki); Notizen zu Präpa-

duktion von Leichen problematisch war.[180] Allerdings waren für die Feststellung gemeinsamer Merkmale und Hypothesen zur pathogenen Wirkung der Vibrionen wenige Obduktionen hinreichend.

Bereits jetzt zeichnete sich ab, was bei der Fortsetzung der Expedition in Indien, aber auch bei späteren Ausbrüchen von Cholera und Typhus zum Merkmal werden sollte: Nicht allein die Quantität (Anzahl Kranker und Gestorbener) führte zu Erkenntnissen bezüglich geeigneter Maßnahmen, um die weitere Ausbreitung einer Epidemie zu verhindern, sondern die Qualität rückte in den Mittelpunkt des Interesses. Gelang der Nachweis spezifischer Erreger in einigen wenigen Fällen und gegebenenfalls in der Umwelt, so war es möglich, deren Herkunft und mögliche Infektionswege zu identifizieren.[181] Datenerhebungen zur Häufigkeit vergleichbarer Symptome blieben unbestritten ein wesentlicher Faktor zur Feststellung einer Epidemie, zugleich unterschieden sich die Quarantänemaßnahmen von Ort zu Ort. Annahmen, daß die Pilger auf die Ausbreitung der Seuche Einfluß hatten, gaben Anlaß, entsprechende Daten in Beziehung zu setzen. Von Alexandria aus wurden Besuche in Kairo, El Tor, Suez und Damiette unternommen, um Meldungen über weitere Erkrankungen nachzugehen.

Bereits in Ägypten blickte Koch über die lokalen Gegebenheiten hinaus. Er fertigte Notizen zur Cholera in Marokko (1878), auf der arabischen Halbinsel (Hedjaz) (1877/78) und in Aden (1881) und ließ sich über Quarantäne-Maßnahmen berichten. Exzerpte über Pilger und Verkehrsaufkommen zwischen Ägypten und Indien belegen das grenzüberschreitende Denken in geographischer und sachbezogener Hinsicht.[182] Dazu gehörte die Er-

---

raten von Ausscheidungen (w3/022, w3/026 bis w3/028, rki), Notizen über sechs Fälle von Dysenterie im arabischen Hospital am 27. September (w3/025, rki).

[180] Zu den Nachweismethoden siehe die Beschreibung Gaffkys in Wezel, *Robert Koch*, S. 55. Hinweis auf Obduktionsprobleme in einem Brief von Hellwig an R. Koch, Alexandria, 11. September 1883 (b1/496 rki), über zu erwartende Widerstände gegen Sektionen von Cholera-Leichen. Hellwig riet deshalb von einer Fortsetzung der Expedition ab. Krankengeschichten und Obduktionsbefunde aus verschiedenen Krankenhäusern in Alexandria (w3/012, rki), teils ebenfalls von Schiess und Kartulis gesammelt; Obduktionen und Notizen zum Vergleich mit Dysenterie-Fällen (w3/022 und w3/023, rki); Cholera-Kulturen und Obduktions-Protokolle für den Zeitraum August bis Oktober 1883 (w3/027, rki); Notizen bzw. kurze Protokollauszüge zu Obduktionen, wahrscheinlich in Kairo, Damiette und Hedjaz von Oktober 1883 (w3/018, rki).

[181] Notizen zu Luft- und Wasser-Untersuchungen, 1883 und 1884, unter anderem mit Nennung der *Alexandria Water Company* (w3/019, rki); zu Pilgern: statistische Materialsammlung zum Pilgerwesen, Abschriften (w3/014, rki); Notizen zum Pilgerwesen und zum Quarantänelager in El Tor 1883 (w3/017, rki).

[182] Notizen und Skizzen Kochs über Besichtigungen in Suez und El Tor (1. und 2. November; 4. bis 6. November 1883) und zu Pilgern dort (w3/010, rki), über Pilger in Suez und Djeddah nach Nationalitäten, aber auch Auszüge zum Pilgerwesen aus dem Ko-

hebung klimatischer und umweltbezogener Daten.[183] Koch interessierte bei der jetzt praktizierten »aufsuchenden Epidemiologie« der Weg der Cholera, als deren Ursprungsregion Indien galt. Tatsächlich wurde von dort ein Ausbruch gemeldet, so daß die britischen Kolonialbehörden beim Auswärtigen Amt nach einer Entsendung Kochs dorthin ersuchten.[184]

Da Erkrankungen und Todesfälle in Ägypten abgeklungen waren, brachen drei Expeditionsmitglieder (Koch, Gaffky, Fischer) am 31. Oktober 1883 in Richtung des indischen Subkontinents auf, hatten jedoch noch einige Tage Aufenthalt im Roten Meer bzw. an dessen Küste[185] und damit Gelegenheit, Pilgerfahrer zu beobachten, bevor sie nach Colombo und von dort nach Kalkutta fuhren, wo sie am 11. Dezember, Kochs 40. Geburtstag, eintrafen. Hier verfuhren sie ebenso wie in Ägypten, begannen damit, Daten zu erheben und Fragestellungen aufgrund der Literatur zu entwickeln, durch eigene Beobachtungen und Kommunikation mit Beteiligten vor Ort zu ergänzen.[186] Die Krankheitsherde in Indien ermöglichten den unmittelbaren Vergleich sowohl der Symptome als auch der Vibrionen, und dies war für die Vorgehensweise Kochs das Entscheidende.

Die Vermutungen zur Rolle der Umwelt bei Ausbreitung der Cholera galten dem Wasser, namentlich dem Trinkwasser, den Umständen seiner Gewinnung und Qualität. Vor allem in indischen Dörfern beobachtete Koch die Lebensgewohnheiten der Menschen und deren Umgang mit Wasser. Zusammenhänge waren in der Literatur bisher nur vermutet worden, unmittelbare Ansatzpunkte und experimentelle Verfahrensweisen hatten allerdings gefehlt. Nur in diesem Zusammenhang sprach Koch davon, daß diese Beobachtungen *gewissermaßen ... ein durch den Zufall herbeigeführtes Experiment am Menschen* war, *welches den Mangel des Tierexperiments in diesem Fall ersetzt und als eine*

---

ran (w3/013, rki); sowie u.a. Quarantäne in El Tor, Cholera in Hedjaz (w3/017, rki) sowie Reisen und Wanderungsbewegungen (w3/043; w3/044, rki).

[183] Im Nachlaß liegen umfangreiche Materialsammlungen zu Ägypten und Indien vor, darunter von Koch angefertigte Kartenskizzen von Port Said/Damiette, aber auch Karten des indischen Subkontinents für die Jahre 1862-1880, Tabellen, graphische Darstellungen zu Ägypten und Indien über Klima und Mortalität (u.a. w3/094, rki). Wandkarten konnten bei der Verzeichnung nicht berücksichtigt werden (s. unten, Bestandsgeschichte).

[184] Eck an Koch zur Verständigung der Botschaften in London, Alexandria, Bombay und Kalkutta über die Ausdehnung der Cholera-Expedition nach Indien und Bewilligung weiterer Mittel, 9. November 1883 (b1/129, rki).

[185] Gaffky/Koch, *Bericht über die Thätigkeit*, S. 81-153, mit detaillierten Beobachtungen zu Quarantänemaßnahmen im Zusammenhang mit Mekka-Pilgern.

[186] Datensammlungen Kochs bezogen frühere Epidemien ein, primär jene der sechziger und siebziger Jahre des 19. Jahrhunderts (w3/041, rki); Zusammenfassungen aus der Literatur (Pettenkofer, Cunningham) und Fragestellungen zu Pilgerwesen und Verkehr (w3/042, rki) ergänzten die Recherche, um ein Bild der Gesamtsituation zu erhalten. Dies entsprach dem Arbeitsstil Kochs.

weitere Bestätigung für die Richtigkeit der Annahme dienen kann, daß die specifischen Cholerabacillen in der Tat die Krankheitsursache bilden.[187] Absolute Gewißheit gab es nicht, und die Sicherheit der Diagnose und darauf aufbauende gesundheitspolitische Maßnahmen währten bis zur Cholera-Epidemie in Hamburg 1892 bzw. bis zur Internationalen Sanitätskonferenz in Dresden 1893.

Wiederum hatte Koch auf Arbeiten anderer und das theoretische Gerüst von Henle zurückgegriffen. Seit der ersten europäischen Pandemie (1830 bis 1832) war die Flut von Publikationen zur Cholera kaum zurück gegangen. Der Einsatz des Mikroskops als technisches Hilfsmittel stand bis Mitte des 19. Jahrhunderts neben dem miasmatisch-contagionstischen Modell. 1856 hatte Pacini während einer Cholera-Epidemie in der Toskana nur mit dem Mikroskop erkennbare Gebilde entdeckt.[188] Vergleichbar zu den Arbeiten Pollenders (Anthrax) und Obermeier (Recurrens) fehlte es Pacini an ätiologischen Beweisketten, um den Zusammenhang zwischen der Beobachtung und der Krankheit überzeugend zu belegen. Auch Robert Koch soll sich 1866 in Hamburg im Zusammenhang mit einer Cholera-Epidemie mikroskopischen Studien gewidmet haben.[189] Die entscheidende Kapazität war seit Mitte des 19. Jahrhunderts Max von Pettenkofer, der seinen wissenschaftlichen Standpunkt – Ursprung und Entwicklung der Erreger seien im Boden zu suchen – auf den seit 1851 unregelmäßig einberufenen internationalen Sanitäts-Konferenzen vertrat. Nicht zuletzt deshalb wurden die Untersuchungen Kochs in Ägypten und Indien mit großer Aufmerksamkeit verfolgt, und dies belegt trotz Infragestellung die wachsende Akzeptanz der Forschungsrichtung.

Auf dem Weg nach Berlin war Koch über München gefahren, um den Cholera-Forscher und ersten Lehrstuhlinhaber für Hygiene in Deutschland, Max von Pettenkofer zu besuchen. Aufzeichnungen oder Briefe Kochs über den Aufenthalt in München gibt es nicht, so daß nur von anderer Seite Darstellungen von der Begegnung Pettenkofers mit dem 25 Jahre jüngeren Koch

---

[187] Wezel, *Robert Koch*, S. 60.

[188] N. Howard-Jones, *The Scientific Background of the International Sanitary Conferences, 1851-1938*, in: *WHO Chronicle* 28 (1974), S. 220-247, hier S. 234, mit Hinweis auf die von Pacini abgeleiteten Gesetzmäßigkeiten;. Michael Stolberg, *Die Cholera im Großherzogtum Toskana. Ängste, Deutungen und Rektionen im Angesicht einer tödlichen Seuche*, Landsberg/L. 1995, S. 47, weist darauf hin, daß das Verdienst Kochs sei, die *mikroskopische Bakteriologie zum entscheidenden methodischen Instrument der Cholerabekämpfung gemacht zu haben.* Auf dieser Grundlage wurden seuchen- bzw. gesundheitspolitische Konsequenzen umsetzbar.

[189] Möllers, *Robert Koch*, S. 611f., erwähnt Skizzen Kochs vom Sommer 1866; im Nachlaß ist ein Blatt mit Zeichnungen zu Cholera und Pneumonie in einem Notizbuch vorhanden, das im übrigen Exzerpte zu verschiedenen Veröffentlichungen im Zeitraum von 1865 bis 1880 enthält (w1/015.2, rki)

überliefert sind.[190] In den folgenden zwanzig Jahren blieb Pettenkofer bei seiner Überzeugung, daß das Cholera-»Gift« im Boden eine Entwicklung durchmache und in Verbindung mit klimatisch ungünstigen Verhältnissen zu Seuchenausbrüchen führe. Was Koch am ehesten in Frage stellte, war die Hypothese, daß sich die Mikroorganismen im Boden entwickelten, während er den Zusammenhang mit klimatischen Bedingungen nicht in Abrede stellte. Die Frage der Zeit war jedoch, den Erreger zu identifizieren, um auf dem ätiologischen Zusammenhang basierende Maßnahmen zur Eindämmung, im günstigeren Fall zur Vermeidung von Infektionen zu ermöglichen.

Kochs Arbeitsstil I

Aufgrund des Umfanges von Materialien zu den Cholera-Forschungen Kochs ist es möglich, seine Vorgehensweise vollständig nachzuvollziehen. Wenn von Arbeitsstil gesprochen wird, so sind hierin methodologische Aspekte eingeschlossen, jedoch nicht darauf beschränkt. Vielmehr handelt es sich um die individuellen Momente, die ein Merkmal der Persönlichkeit Kochs waren, wozu auch ein *phänomenales Gedächtnis* gehörte.[191] Ausgangspunkt war das Sammeln von Informationen, seien es mündliche (ggf. Notizen), schriftliche (Exzerpte aus der Literatur) oder faktische (Gewebeproben). Darauf aufbauend folgte Kommunikation mit Kranken bzw. Kollegen und Beobachtung der Umwelt, namentlich der Situation, in der die Kranken lebten. Austausch mit Kollegen umfaßte bei Feldforschungen den direkten Kontakt, bei Abwesenheit traten Briefe an die Stelle des persönlichen Gesprächs. Sammlung von Information bestand neben der Lektüre auch im Einblick in statistische Erhebungen, Berichte, Kartenwerke und Abbildungen. Zweck war die Gewinnung epidemiologischer Daten und eines möglichst breiten Kenntnisstandes. Darauf basierten Hypothesen, die experimentell zu bestätigen oder zu widerlegen waren.

Auf der experimentellen Seite wurden die Gewebeproben der bakteriologischen Verfahrensweise unterzogen, d.h. dem Isolieren, Färben und mikroskopischen Beobachten. Zur weiteren Bearbeitung (Messen und Vergleichen) schloß sich die Herstellung von Mikrofotografien an. Aus der Summe der gesammelten Informationen erstellte Koch eine weiterführende Arbeitshypothese zu Kontexten und Verbreitung der jeweiligen Infektion, die Grundlage des Tierversuchs, des experimentellen Nachweises zur Bestätigung der

[190] Kißkalt, *Die ersten Beurteilungen*, sowie Heymann, *Robert Koch*, Bd. 2, S. 94f. und 253-255, mit Erinnerungen eines Mitarbeiters (Lehmann) von Pettenkofer.

[191] Friedrich Karl Kleine, *Ein deutscher Tropenarzt*, Hannover 1949, S. 24. Kleine hob das visuelle Gedächtnis Kochs namentlich für Präparate und Versuchstiere hervor.

Hypothese war. Ein Vergleich der gewonnenen experimentellen und analytischen Erkenntnisse mit vorhandenen Daten und Ableitungen führte zum Analogieschluß, sofern nicht einzelne Arbeitsschritte zwecks Bestätigung zu wiederholen oder zu ergänzen waren. Die Befolgung der Postulate beschrieb hierbei die methodische Stringenz, Wiederholbarkeit und Vergleichsmöglichkeit benannten wesentliche Merkmale des wissenschaftlichen Anspruchs. Deutlich wird, warum weitergehende immunologische Arbeiten im Grunde nicht in das Konzept Kochs paßten, denn die Wirkungsforschung der Immunologie verlangte zusätzliche Arbeitsschritte.

Der Arbeitsstil Robert Kochs I

experimentell		analytisch
	1. Sammeln von Material	
Gewebe, Blut, Ausscheidungen		Informationen (Text)
	2. Verfahrensweise	
Isolieren und		
Züchten (Bakterien)		Kommunikation mit Kranken
färben		Kommunikation mit Kollegen
Beobachten (Mikroskop)		Beobachtung der Umwelt
Fotografie oder Fotogramm		Vergleich
	3. Hypothese	
Tierversuch		deduktiv/induktiv
	4. Vergleich (Ergebnisse)	
Wiederholung		Analogie
	5. Schlußfolgerung	
	Vortrag, Bericht, Veröffentlichung	

Der Arbeitsstil von Robert Koch erschließt sich nur mittelbar aus seinen Veröffentlichungen, und namentlich in den frühen Jahren legte er großen Wert auf ausführliche Darstellung des methodischen Vorgehens. Immer wieder gibt er selbst Hinweise auf ein analoges Vorgehen respektive auf Erfahrungswerte. Wenn Gaffky im Dezember 1910 im Rückblick über Koch sagte: *Griff er zur Feder, so schrieb er knapp und leicht verständlich*, so trifft die Knappheit vor allem auf seine Notizen zu. Gaffky ergänzte: *Nachträgliche Änderungen nahm er an seinen Manuskripten kaum vor; sie bedurften ihrer nicht.*[192] Dies ist nicht präzise formuliert, vielmehr gab es in späteren Jahren keine Manuskripte. Statt dessen stenographierte während der Vorträge Wilhelm Dönitz (1838-1912) und legte Koch die Transkription vor, falls eine Veröffentlichung vorgesehen war.[193]

Vorträge beruhten auf Notizen; auch hier veränderte sich der Stil im Laufe der Jahre. Ist es mit Blick auf das Manuskript vom März 1882 wegen der vielen Streichungen und Ergänzungen kaum vorstellbar, daß dies die Grundlage eines stringenten Vortrages war, so beschränkten sich die Vorbereitungen in den Jahren nach 1900 meist auf Satzanfänge, mitunter ergänzt um Ziffern, die als Bildnummern zu Dias zu identifizieren waren.[194] Bei wechselndem Publikum bauten Notizen aufeinander auf.[195] Vereinzelt ließen sich Stufenfolgen von Vortragsvorbereitungen zu Manuskripten für die Veröffentlichung im Nachlaß rekonstruieren[196] – hier finden sich durchaus Korrekturen.

Der Prozeß der Erschließungsarbeiten zeigte für die verschiedenen Forschungsgebiete Kochs jeweils vergleichbare Arbeitsunterlagen, nämlich Notizzettel für Exzerpte aus der Fachliteratur, Notizzettel in der Größe von Objektträgern oder gar Deckgläschen (oder nur geringfügig größer) für »Protokolle« beim mikroskopischen Arbeiten, vereinzelt Notizbücher unterschiedlicher Größe mit zusätzlich eingelegten Blättern, schließlich darauf bezugnehmende Drucksachen und vor allem Korrespondenzen zur Thematik. Die verschiedenen Arbeitsmaterialien, zu denen grundsätzlich auch Mikroskop, mikroskopische Präparate und Fotografien zu zählen sind, belegen, daß das methodische Vorgehen Robert Kochs in einer stets parallelen analytischen und experimentellen Vorgehensweise bestand, wobei »Pragmatik« als leitendes Handlungselement immer wieder deutlich wird.

---

192 Georg Gaffky, *Gedächtnisrede auf Robert Koch*, 11. Dezember 1910, zitiert nach *Kochs Gesammelte Werke*, S. VII-XIV, hier S. XIV.

193 Belegbar ist dies für einen Vortrag um 1907 zur Schlafkrankheit (w6/016, rki), der eigenhändige Korrekturen Kochs enthält. Das Manuskript wurde dem Institut von Wilhelm Dönitz überlassen.

194 Dies ist zum Thema Schlafkrankheit und andere Themen mit Bezug auf Ostafrika der Fall (w6/009-011, rki), da vor allem aus den letzten Lebensjahren mehr Materialien überliefert sind.

195 Auch hier am klarsten zu Vorträgen der späten Jahre, etwa Koch Paginierung *R1* bis *R3* und *R1* bis *R11* für einen Vortrag im Reichstag, bzw. *L1* bis *L9* für einen Vortrag in London (w6/001, rki).

196 Am vollständigsten ist dies für den letzten Vortrag Kochs der Fall, den er am 7. April 1910 in der Preußischen Akademie der Wissenschaften hielt: Hier finden sich ein Konzept mit Stichworten (5 Bll.), ein Entwurf (2 Bll.) und die Ausarbeitung des Manuskripts (20 Bll.).

1884 bis 1890

Vom Aufenthalt in Indien sandte Koch Mitte Dezember 1883, und jeweils Anfang Januar, Februar, März und April 1884 Berichte an das Reichsamt des Innern, den letzten kurz vor der Abreise. Über Aden, Alexandria und Kairo kehrte die Delegation nach Deutschland zurück und erreichte am 2. Mai Berlin. Anerkennung für den Erfolg des gesundheitspolitischen Engagements kam in Empfängen, einer stattlichen Belohnung, Ordensverleihungen und darin zum Ausdruck, daß Koch kurze Zeit später zum Mitglied des Staatsrates in Fragen des Gesundheitswesens ernannt wurde.[197] Eine weitere unmittelbare Folge waren Cholera-Kurse für internationales Publikum, mit denen er medizinische Praktiker aller Sparten und Nationen in die bakteriologische Arbeitsweise einführte. Die Erkrankung eines Kursteilnehmers, der brieflich über den weiteren Fortgang seiner Erkrankung berichtete, gab Anhaltspunkte für Kenntnisse zum Krankheitsverlauf.[198] Diese Kurse waren Fortbildungsveranstaltungen des Kaiserlichen Gesundheitsamtes und damit Bestandteil der Distribution bakteriologischer Praxis in der Fachöffentlichkeit, die der Koch'schen Methodik zu allgemeiner Bekanntheit verhalfen.

Parallel hierzu stand in der Bevölkerung eine hohe Anteilnahme am weiteren Verlauf der Forschungen. In Briefen teilten medizinische Laien eigene Erfahrungen, Hausmittel und sogar Vorschläge für weitere experimentelle Untersuchungen mit. Kollegen baten häufiger um Übersendung von infiziertem Material oder mikroskopischen Präparaten für eigene Studien oder für Lehrzwecke. Dennoch ließ Widerspruch nicht auf sich warten. Auf internationaler Ebene reagierten Kritiker mit vermeintlich unvollständiger Beweisführung, namentlich erfolglosen Tierversuchen, Unsicherheiten bei der Abbildung der Vibrionen, bis hin zu Plagiatsvorwürfen.[199] Unabhängig von unterschiedlichen wissenschaftlichen Auffassungen waren jetzt breit gestreute internationale Kontakte gegeben, die Koch seither pflegte. Allerdings reagierte er nicht auf Aufforderungen aus Großbritannien, die ätiologische Beweiskette in öffentlichen Veranstaltungen zu erbringen und erhielt für seine

[197] Anerkennung der Deutschen Gesellschaft für öffentliche Gesundheitspflege vom 8. Mai 1884 (L3/010, rki); Festmenü der Berliner Medicinischen Gesellschaft am 13. Mai 1884 im Central-Hotel (L2/131); Verleihung des Königlichen Kronen-Ordens II. Klasse mit Stern, 2. Mai 1884 (L2/008, rkm); gesetzlich festgelegte Belohnung in Höhe von 100 000 Mark, 31. Mai 1884 (L2/009, rkm); Ernennung Kochs zum Mitglied des Staatsrates, ausgestellt von Puttkamer als Vize-Präsident des Staatsministeriums, 14. Juni 1884 (L2/004, rkm).

[198] Briefe des Medizinalrates Frommelt im November 1884 an Koch (b1/254 bis b1/256, rki) und an Gaffky (b3/028-034, rki), der letzte Brief datiert vom 9. Dezember 1884.

[199] Mariko Ogawa, *Uneasy Bedfellows: Science and Politics in the Refutation of Koch's Bacterial Theory of Cholera*, in: *Bulletin for the History of Medicine* 74 (2000), S. 671-707; Howard-Jones, *The Scientific Background*, S. 372-384.

Haltung von einigen britischen Kollegen Unterstützung.[200] Kurz zuvor hatte er am Kaiserlichen Gesundheitsamt die erste Cholera-Konferenz organisiert, die unter Vorsitz von Rudolf Virchow vom 26. bis 29. Juli 1884 stattfand.[201]

Noch im gleichen Jahr wurden in den Häfen von Alexandria und Suez erneut Cholera-Fälle gemeldet, meist auf Schiffen. Tatsächlich erwiesen sich die an britischen Vorschriften in Indien orientierten, neu formulierten Quarantäne-Regelungen bezüglich der Seucheneindämmung als hilfreich, doch sie waren dem Warenverkehr hinderlich und stießen deshalb in vielen Ländern auf Ablehnung. Hauptaugenmerk bei den neu aufgetretenen Fällen war wiederum Indien, aber einige Schiffe, so hieß es, kamen aus Frankreich.[202] Trotz Unterschieden in grundsätzlichen Fragen auf Seiten Pasteurs folgte Koch im Sommer 1884 einer Einladung der Gesundheitsbehörden von Toulon und Marseille. Er wurde gebeten, die Cholerafälle vor Ort zu untersuchen, und da er wohl der Schiffsquarantäne kritisch gegenüber stand, gab dieser Aufenthalt Anlaß diese Position zu überprüfen.[203]

Im August 1884 starb Julius Cohnheim, der einst in Breslau die methodische Klarheit Kochs bewundert und ihn Färbemethoden gelehrt hatte – und damit einer der Wegbereiter und Unterstützer Kochs gewesen war. Ende August 1884 wurde Koch vom sächsischen Ministerium des Innern Cohnheims Professur für anatomische Pathologie in Leipzig angetragen, doch nach nur zwei weiteren Wochen lehnte Koch das Angebot ab.[204] Eine Rolle mag gespielt haben, daß Cohnheim seit einer schweren Erkrankung im Jahr 1882

---

[200] Zu den Unterstützern Kochs gehörte Nottidge Charles Macnamara (1834-1918), zu den Ablehnern, geradezu Provokateuren zählten Edward Klein (1844-1925) und Watson Cheyne (1852-1932), siehe Ogawa, *Uneasy Bedfellows*, und verschiedene Briefe im Bestand (etwa b1/309, b1/310, b1/456, b1/505, b1/506, alle rki).

[201] Berichterstattung bzw. Protokolle wurden ausführlich publiziert: *Conferenz zur Erörterung der Cholera-Frage* [1. Jahr], in: *Berliner Klinische Wochenschrift* 21 (1884), S. 477-483, 493-503, 509-521; der Direktor des Amtes (Struck) war nur gelegentlich unter den dreizehn Teilnehmern der zwei Abendsitzungen.

[202] Briefe von Schiess an Koch, April bis August 1884, zu Frankreich im Juli 1884 (b1/403, rki), zu Cholerafällen in Bombay am 26. August 1884 (b1/406, rki); parallel gab es Briefe vom Konsul Meyer, auf Ägypten bezogen, im Mai (b1/430, rki) und im September 1884 (b1/430, rki). Materialien zu Cholera in Ägypten und Europa 1885 auch bei den werkbezogenen Unterlagen, darunter Abschriften von Berichten und Anordnungen des Conseil Sanitaire von 1885 (w3/081, rki).

[203] Howard-Jones, *The Scientific Background*, S. 41. Zum Besuch in Frankreich keine Materialien in den Beständen, jedoch im Bundesarchiv, Rep. R15.01, Reichsministerium des Innern, Nr. 11245, 11337, und Rep. R09.01, Auswärtiges Amt, Nr. 20481.

[204] Julius Cohnheim war am 15. August 1884 gestorben, die Berufung Robert Kochs auf den Lehrstuhl für allgemeine Pathologie und pathologische Anatomie in Leipzig datiert vom 29. August 1884 (L1/027, rki). Im Nachlaß sind keine Hinweise zur Ablehnung vorhanden, im Bundesarchiv eine Abschrift der Ablehnung, die vom 14. September 1884 datiert (BA R15.01, Nr. 11727).

von Weigert vertreten worden war, aber bei der Auswahl eines Nachfolgers von der Leipziger Fakultät nicht berücksichtigt wurde.[205]

Eine Zustimmung hätte bedeutet, daß Koch seine eigene Disziplin, die sich als eigenständig zu konsolidieren begann, als Bestandteil der anatomischen Pathologie akzeptierte und in Forschung und Lehre entsprechende Schwerpunkte zu setzen gewesen wären. Zudem zeichneten sich andere Perspektiven ab. Im Jahr zuvor war Hygiene zum Prüfungsfach im gesamten Deutschen Reich geworden (vorher nur in Bayern), womit der Ausbau des Faches an den Universitäten erforderlich wurde. Darüber hinaus hatte sein Vorgesetzter Struck angekündigt, sich vom Amt des Direktors zurückziehen zu wollen, dessen Vertreter Koch seit Ende 1882 war. Im Oktober 1884 legte er eine Denkschrift vor, mit der er für die Etablierung eines »Hygienischen Reichsinstituts« plädierte.[206] Offenbar strebte er Unabhängigkeit vom Kaiserlichen Gesundheitsamt an, als sich die Entscheidung der Reichsverwaltung ankündigte, Koch über die Interimszeit hinaus nicht zum Direktor des Kaiserlichen Gesundheitsamtes zu berufen. Reichskanzleramt und Ministerium ernannten für die doch eher berichterstattenden und administrativen Funktionen des Amtes einen Juristen zum Direktor. Am 2. Februar 1885 nahm Karl Köhler (1847-1912), bis dahin im Reichskanzleramt tätig, als offizieller Nachfolger Strucks sein Amt auf.[207] Offenbar war er aber schon vorher zur Einarbeitung im Amt anwesend.[208]

Als Struck zum 1. Dezember 1884 in den Ruhestand trat, führte bis zum offiziellen Dienstantritt Köhlers Koch die Geschäfte des Direktors weiter. Vom Januar 1885 soll - laut Marginal Gaffkys - ein Entwurf zu einem Lebenslauf stammen.[209] Etwa gleichzeitig muß Koch eine Liste über Mitgliedschaften in außerdeutschen wissenschaftlichen Gesellschaften zusammenge-

---

205 Bäumler, *Paul Ehrlich*, S. 70, vermutet, *antisemitische Tendenzen* seien der entscheidende Grund gewesen, Weigert nicht zu berufen.

206 Bundesarchiv, Rep. R15.01, RMdI, Nr. 11727, Reichsamt des Innern; die Verhandlungen zwischen dem Reichsamt des Innern und dem Kaiserlichen Gesundheitsamt brachen zwei Jahre später ab, bzw. wurden auf preußische Ebene verlagert und führten schließlich zum Institut für Infektionskrankheiten; s. hierzu auch B. Opitz, *Robert Kochs Ansichten von 1884 über die zukünftige Gestaltung des Kaiserlichen Gesundheitsamtes*, in: *Medizinhistorisches Journal* 29 (1994), S. 363-377.

207 Der Generalstellvertreter des Reichskanzlers, von Boetticher, dankte Koch für die Vertretung, 11. Februar 1885 (b1/238, rki).

208 Dies geht aus einer Mitteilung Kochs an Köhler hervor, mit der Koch am 25. Dezember 1884 (b2/107, rki) einen nicht näher bezeichneten Termin vereinbart, der wahrscheinlich am 2. Januar 1885 stattfand. Am 9. Februar 1885 wurde die *Übergabe der Geschäfte* verschoben (b2/108, rki).

209 Entwurf eines Lebenslaufs (L1/026, rki), undatiert [ca. 1885].

stellt haben, die allemal seine internationale Reputation belegt.[210] Die zeitliche Zuordnung ergibt sich aus einem Vergleich der Mitgliedschaften bis einschließlich 1884 und ist im Zusammenhang mit den abzusehenden Karrierechancen des Jahres 1884/85, spätestens mit der Vorbereitung seiner Ernennung zum Professor an der Berliner Universität zu verstehen.

Es steht zu vermuten, daß das Verhältnis des Wissenschaftlers zu dem vier Jahre jüngeren Administrator schwieriger als jenes zu Struck war. Dies ergibt sich vor allem daraus, daß Köhler den Cholera-Kursen, die Koch selbstbewußt und selbständig durchgeführt hatte, ein Ende setzte. Ein Motiv für deren Beendigung könnte die Verbindung Köhlers zu Pettenkofer gewesen sein, der sich 1876 um diese Position beworben hatte.[211] Fand die erste Cholera Konferenz 1884 ohne Pettenkofer – und auch nur mit temporärer Beteiligung Strucks – statt, so nahm neben Pettenkofer auch der neue Direktor regulär an der zweiten teil.[212] Diese Veranstaltung wurde vom 4. bis 8. Mai 1885 durchgeführt, und Virchow nahm den Vorsitz *mit großer Unparteilichkeit* wahr.[213] Kochs Absicht war – wie bei den Kursen –, seine Methodik vorzustellen und über den Stand der fachlichen Diskussion zu berichten, und hierzu bekam er reichlich Gelegenheit. Das offene Gespräch mit Virchow und mit Pettenkofer hielt er für die geeignete Form, kontroverse Standpunkte zu erörtern, um gegebenenfalls anhand von Versuchen und Demonstrationen seine Arbeitsschritte und Schlußfolgerungen zu verdeutlichen. Pettenkofer schrieb nach seiner Rückkehr nach München an Forster: *Man hat mich 5 Tage lang »gekocht«, aber ich bin nicht mürbe geworden.*[214]

Zustimmung zu oder Kritik an den Ergebnissen Kochs hing durchaus auch vom Konsens innerhalb der Ärztegesellschaften ab. Dies verdeutlicht ein Bericht der »Kölnischen Zeitung« über die Sitzung der »Niederrheinischen Gesellschaft für Natur- und Heilkunde zu Bonn«, die am 4. Mai 1885 stattgefunden hatte: *Professor Binz berichtet über die Präparate betr*effend *das Wesen der asiatischen Cholera, welche Geheimrat* Robert *Koch in Berlin ihm vor einigen Wochen in seinem Laboratorium zu demonstrieren die Güte hatte. Als dieser Forscher aus Indien zurückkam, hatte er allerdings festgestellt, daß der Kommabacillus irgend eine bestimmte,*

---

[210] Liste über Mitgliedschaft in internationalen wissenschaftlichen Gesellschaften (L2/001, rki), undatiert [ca. 1885].

[211] M. v. Pettenkofer an K. Köhler, 21. Januar 1899 (b3/013; 13a, rki). Dem Brief hatte Pettenkofer eine Durchschrift der Bewerbung von 1876 beigelegt.

[212] Berichterstattung in: *Berliner Klinische Wochenschrift* 22 (1885), S. 309f., 325f., jeweils summarisch; ausführlich als Sonderheft in: *Deutsche Medicinische Wochenschrift* 11 (1885), Heft 37a/b.

[213] Pettenkofer an Forster, 17. Mai 1885, zit. nach Kißkalt, *Die ersten Beurteilungen*, S. 176.

[214] Pettenkofer an Forster, 17. Mai 1885, zit. nach Kißkalt, *Die ersten Beurteilungen*, S. 175; hierzu auch Bericht Köhlers über die Konferenz an das an Reichsamt des Innern, Bundesarchiv, Rep. R15.01, RMdI, Nr. 11246.

wahrscheinlich ursächliche, Beziehung zur Cholera habe, jedoch fehlte der Nachweis dafür, weil die künstliche Erzeugung von Cholera durch die Culturen des mikroskopischen Pilzes bei keinem Tiere gelang. Fortgesetzte Arbeiten haben nun doch zu diesem Ziele geführt, an Meerschweinchen seien *charakteristische Merkmale des Choleradarmes demonstrirt* worden. *Damit ist die zweite Hauptfrage nach dem Wesen der asiatischen Cholera erledigt ... Auch die sehr verdienstlichen älteren Forschungen Pettenkofers über den Einfluss des Bodens und seiner Feuchtigkeit auf die epidemische Verbreitung der Cholera werden in ihren Hauptzügen mit den Ergebnissen von* Robert *Koch sich in Einklang setzen.*[215]

Faktisch bedeuteten die verbliebenen Unsicherheiten eine Aufforderung zur weiteren Präzisierung, primär vollständige Erfüllung der Postulate, ergänzt um eindeutige Abbildungen als Belege. Hier blieb kaum eine andere Möglichkeit als Einforderung exakter Fotografien, die einen Vergleich erst ermöglichten, was angesichts der unscheinbaren Erreger hohe Anforderungen an die Technologien stellte. Gerade die Sichtbarkeit der Cholera-Vibrionen wurde immer wieder in Zweifel gezogen, doch hielt Koch Kritikern entgegen, daß sie nicht präzise genug gearbeitet oder - im Falle von Fotografien - Schatten und andere Bildstörungen falsch gedeutet hätten.

Die wachsende Akzeptanz der Schlußfolgerungen Kochs kann als auch politisches Bekenntnis bezeichnet werden. Um Polarisierung, etwa gegenüber Pettenkofer, zu vermeiden, agierten die politisch Verantwortlichen mit Forschungsförderung aller Richtungen. Günstig war in diesem Zusammenhang, daß seit 1882 - im Jahr des Erfolges von Robert Koch bezüglich der Tuberkulose - Friedrich Althoff (1839-1908) aus Straßburg an das preußische Ministerium für geistliche, Unterrichts- und Medizinalangelegenheiten berufen wurde. Als Vortragender Rat vertrat er gegenüber dem Minister das Medizinalwesen unmittelbar. Da er zugleich Universitätsreferent wurde, verstand er es, eine beispielhafte Wissenschafts- und Universitätspolitik zu betreiben, wie es vor ihm nur Freiherr zum Altenstein (1770-1840) als Minister vermocht hatte.[216]

Von Mitte Mai bis Anfang Juni 1885 wurde Koch zur Internationalen Sanitätskonferenz gesandt, die in Rom stattfand. Vereinbarungen über Quarantäne in Zeiten der Cholera waren der einzige Tagesordnungspunkt der gut dreiwöchigen Konferenz.[217] Die von englischer Seite vorgeschlagene Isolierung Kranker und *Suspecter* fand vor allem aus wirtschaftlichen, bei islamisch geprägten Ländern auch aus religiösen Gründen keine Zustimmung. Nur *der türkische Delegirte erklärte, daß es in keiner Weise mit den Satzungen des Islams collidire, wenn man von jedem Pilger verlange, daß er die nöthigen Subsistenzmittel zur Reise nach-*

---

215 *Kölnische Zeitung* vom 28. Mai 1885 (w3/047), Bestandteil einer unsystematischen Sammlung Kochs von Zeitungsberichten zur Cholera.

216 Münch, *Gesundheitswesen*, S. 58-66.

217 Howard-Jones, *The Scientific Background*, S. 369-384, bes. S. 373-384.

weisen könne.[218] Dazu könnten durchaus auch Verzögerungen während der Pilgerfahrt gezählt werden. So empfahl es sich, Einigung über eine Anpassung an die in Indien geltenden Bestimmungen zu erreichen. Grundsätzlich herrschte Einigkeit, daß *weitgehendste Fürsorge für die sanitären Verhältnisse eines Landes* und nicht Aktionismus bei Gefahr im Verzuge die beste Lösung zur Verhinderung von Cholera-Ausbrüchen sei. Dieser Zielsetzung entsprach die experimentelle Herangehensweise, weil sich mit der »aufsuchenden Epidemiologie« Zusammenhänge des Seuchengeschehens erschlossen. Länderübergreifende Forschung und internationale Kooperationen vermochten zudem, Interessen zu wahren und dennoch zur Förderung der Gesundheit beizutragen.

Während Koch noch in Rom weilte, wurden in Berlin letzte Vorbereitungen getroffen, um seinem Wunsch nach relativ ungehinderter Forschung zu entsprechen. Wilhelm I. hatte entschieden, daß auch die Berliner Friedrich Wilhelms-Universität einer Professur für Hygiene bedürfe und der Lehrstuhl mit Robert Koch zu besetzen sei. Dies soll seitens der medizinischen Fakultät mehr Widerstand als Zustimmung hervorgebracht haben, was aufgrund der Tatsache, daß es sich faktisch um eine Anordnung handelte, verständlich ist. Koch wurde die neue Funktion lediglich brieflich von Boetticher in dessen Funktion als General-Stellvertreter des Reichskanzlers mitgeteilt.[219] In dem Brief heißt es, daß Robert Koch auf Wunsch Wilhelms I. - und zwar in seiner Funktion als Kaiser - zum Geheimen Medizinalrat und zusätzlich zum ordentlichen Professor der medizinischen Fakultät der Friedrich Wilhelms-Universität Berlin ernannt wird, was eine Änderung der Stellung im Kaiserlichen Gesundheitsamt dahingehend bewirke, daß er diesem weiterhin angehöre, aber von den alltäglichen Dienstpflichten entbunden werde. Vor allem die Verknüpfung mit dem Kaiserlichen Gesundheitsamt und die nominelle Beförderung begründen, warum Wilhelm I. nicht als König von Preußen, sondern als Kaiser zeichnete.

Kochs sachorientierte Vorgehensweise im Umgang mit kontroversen Standpunkten zu methodisch-inhaltlichen Fragen dürfte dazu beigetragen haben, daß die Berliner Professorenschaft einer Berufung Kochs an die Universität skeptisch gegenüber stand und sich zu einem Entschluß nicht durchringen konnte. Als praktisch und sinnvoll wurde erachtet, daß damit zugleich ein Hygiene-Museum mit den verbliebenen Objekten und Modellen der Hygiene-Ausstellung etabliert werden konnte. Diese Öffnung universitärer Einrichtungen für breites Publikum und die Fortsetzung der bakteriologischen Fortbildungskurse waren Bestandteil der bleibenden Verpflichtung gegenüber

---

[218] *Die internationale Sanitätskonferenz in Rom*, in: *Berliner Klinische Wochenschrift* 15 (1885), S. 407.

[219] K. v. Boetticher an R. Koch, 13. Mai 1885 (b1/695, rkm), Abdruck bei Harms, *Robert Koch*, S. 220.

dem Kaiserlichen Gesundheitsamt. In der Summe kam dies einem Eingriff in die Autonomie der Universität und der Untergrabung akademischer Prinzipien gleich und dürfte die Kritik der Herren Professoren vor allem hervorgerufen haben. Die in der Hauptstadt politisch Verantwortlichen – von der Stadtverwaltung bis zu den Ministerien – begünstigten diese Entscheidung, zumal Koch eher unkonventionell war und offen für »neue« Formen von Lehre und Forschung, die den Humboldt'schen Bildungsidealen keineswegs widersprachen.

Exakt fünf Jahre nach Kochs Dienstantritt im Kaiserlichen Gesundheitsamt wurde das Hygiene-Institut der Universität eröffnet, in unmittelbarer räumlicher Verbindung mit dem zugeordneten Hygiene-Museum. Die Ernennung wurde zum 1. Juli 1885 wirksam, das Museum bezog bereits im Frühjahr die Räume in der Klosterstraße 34-36. Die Antrittsvorlesung hielt Koch am 3. November 1885, einem Dienstag, nachmittags um 17 Uhr.[220] Bei diesem Anlaß dankte Koch *dem Leiter unseres Unterrichtswesens, der trotz vieler entgegenstehender Schwierigkeiten dieses Institut ins Leben gerufen* hatte und wünschte sich, daß *dieses Institut ein wahres Lehrinstitut hygienischer Wissenschaft und eine Werkstätte exacter Forschung werden möge.*[221] Im Wintersemester 1885/86 bot er *Bakteriologische Untersuchungsmethoden* als öffentliche Vorlesung sonnabends mittags, praktische Kurse im Laboratorium *privatim* und Hygiene dreimal wöchentlich, ebenfalls *privatim* an. Zwar hieß es im Bericht über die Antrittsvorlesung Kochs *vor einem gedrängt vollen Auditorium*, daß *das hygienische Institut in seinem Aeusseren nicht mit den klinischen Luxusbauten jüngster Zeit verglichen werden kann*, doch würde das Haus den Anforderungen gerecht werden.[222] Vermittelt wird eine volle Funktionsfähigkeit, zumal bereits bakteriologische Kurse stattfanden und die Arbeitsplätze für selbständige Forscher *fast sämtlich* besetzt seien.

Der Institutsdirektor und seine Mitarbeiter setzten auch die Gutachtertätigkeit (Wasser, Lebensmittel, Infektionskrankheiten) fort.[223] Die Laboratoriumskurse waren kostenpflichtig und die Gebühren direkt an das Institut zu zahlen, das die Einnahmen an die Generalkasse weiterleitete.[224] Anfragen zur

---

220 Datum laut Wezel, *Robert Koch*, S. 71; Wochentag ermittelt.

221 *Robert Koch's Antrittsvorlesung und das neue hygienische Institut*, in: *Berliner Klinische Wochenschrift* 22 (1885), S. 738f.

222 *Robert Koch's Antrittsvorlesung*, S. 738f.

223 Unterlagen hierzu nicht im Nachlass, sondern im Universitätsarchiv der Humboldt-Universität (UAHU). Die Akten wurden erst in den Jahren 1962/66 in das Universitätsarchiv überführt, Kossack, *Registratur und Bestandsgeschichte, Findbuch zum Hygiene-Institut der Königlichen Friedrich Wilhems-Universität*, S. II.

224 UAHU, Bestand Hygiene-Institut, Nr. 6: Übersendung von Teilnehmerlisten und Gebühren an die Generalkasse des Ministeriums der geistlichen, Unterrichts- und Medicinalangelegenheiten, 14. Oktober 1886.

Teilnahme waren global gestreut, regelmäßig finden sich Japaner, die in Folge der Meiji-Reformen größere Freiheiten erhalten hatten und gezielt nach Berlin geschickt wurden.[225] Sollte es aus Gutachter- oder Fortbildungstätigkeiten weitere direkte Einnahmen gegeben haben, so ist davon auszugehen, daß diese zur weiteren Ausstattung des Gebäudes mit Laborbedarf und für die Pflege des Museums und der Bibliothek verwendet wurden. Diese Praxis kann erklären, warum Koch die Genehmigung erhielt, sechs Jahre später von ihm ausgewählte Bestände an das neu gegründete Institut für Infektionskrankheiten zu überführen.

Die zunächst unzureichende Ausstattung des Hygiene-Instituts der Universität erlebte noch Martin Kirchner (1854-1925), der als Praktikant die Aufgabe hatte, den Bestand der Bibliothek zu ordnen, für die es erst im Winter 1888/89 Regale geben sollte: *Als ich im Oktober 1887 zu Koch kam, war eine Reihe von Räumen noch unmöbliert; als ich nach der Bibliothek fragte, zeigte man mir in einem Saale ungeöffnete Kisten und auf dem Boden liegende Bücher.*[226] Zur Lehrtätigkeit Kochs ist im Nachlaß lediglich ein Protokoll über ein Gespräch mit Robert Koch über *Ordnung des Stoffes und Vorbereitung* für Vorlesungen aus dem Jahr 1888 überliefert. Koch gab an, die *Disposition* sei *ohne Rücksicht auf diejenige in den Büchern* vorzunehmen, für eine einstündige Vorlesung *ist die Vorbereitung so zu machen, als hätte man 2 Stunden Zeit.* Das Interview läßt vermuten, daß die Studenten Geduld aufbringen mußten, denn Koch gab an, Vorträge nicht auszuarbeiten, sondern nur Notizen zu haben, damit er *den Faden nicht verlieren kann.*[227] Kirchner erinnerte sich, er *habe während meiner Zugehörigkeit zum Institut 1887 bis 1889 keine seiner Vorlesungen versäumt und kann bezeugen, daß er keineswegs, wie man ihm wohl nachgesagt hat, einseitiger Bakteriologe, sondern ein gründlich durchgebildeter Hygieniker von Verständnis für alle Fragen der Gesundheitspflege gewesen ist. Er hielt seine Vorlesungen mit seinem klangvollen Organ in fließender Rede und wirkte niemals ermüdend. Mit Vorliebe besuchte er mit Assistenten und Zuhörern hygienisch bemerkenswerte Einrichtungen, wie Wasserwerke, Schlacht- und Viehhöfe, Fabriken und Gewerbebetriebe, Rieselfelder und andere Kanalisationsanlagen; überall wurde er wegen seines Ansehens und seiner Freundlichkeit gern gesehen und geführt.*[228]

Das Interview belegt allerdings auch das gestiegene Interesse der Öffentlichkeit, das sich zunehmend in der Tagespresse spiegelte. Vorlesungen soll

---

225 Teilnehmerlisten mit Angabe des Herkunftslandes im UAHU, Hygiene-Institut Nr. 6. Hervorzuheben ist Mori Rintaro [= Mori Ôgai]. Zu dessen Wahrnehmung Berlins und der Universität in jenen Jahren siehe Mori Ôgai, *Deutschlandtagebuch, 1884-1888*, hrsg. und übersetzt von Heike Schöche, Tübingen 1992.

226 Kirchner, *Robert Koch*, S. 39.

227 Gesprächsprotokoll vom 28. Juli 1888 (L3/018, rki), der Urheber ist nicht genannt.

228 Kirchner, *Robert Koch*, S. 40f.; Kirchner war zudem von Kochs Diskussionsbereitschaft gegenüber Studierenden bzw. Hörern beeindruckt.

Koch nicht sonderlich gern gehalten haben, es sei denn, die Lehrveranstaltungen fanden im Labor statt.[229] Dazu steht nicht im Widerspruch, Robert Koch zu jenen zu zählen, die sich für populärwissenschaftliche Veranstaltungen aussprachen, die in öffentlichen Vorträgen oder Volksbildungseinrichtungen wie der 1888 in Berlin gegründeten »Urania« angeboten wurden. Er selbst hatte bereits während der Hygiene-Ausstellung am Lehrter Bahnhof Gruppen oder Einzelne geführt, wie er seiner Tochter schrieb.[230] Zudem galt er schon in der Schule als rhetorisch begabt[231] und hinterließ offenbar bleibenden Eindruck bei denjenigen, die ihn nur einmal gehört hatten. Im Hygiene-Institut scheint Praxis gewesen zu sein, was seit dem Ende des 20. Jahrhunderts mit »learning by doing« umschrieben wird. Hierin unterschied sich Koch deutlich von der wissenschaftlichen Praxis seiner Zeit, und ebenso bei der Auswahl von Mitarbeitern.

Im Hygiene-Institut wurden auswärtige Gastforscher aufgenommen, die zur Forschung erhebliche Beiträge leisteten. So entsandte die japanische Regierung Shibasaburo Kitasato (1856-1931) nach Berlin, damit er die neuesten Methoden der Bakteriologie kennen lerne. Koch soll sich später erinnert haben, daß er Kitasato anfangs nicht besonders beachtete. Die erste Begegnung, so zitiert ein japanischer Biograph Koch, *liess mir nicht träumen, welche Fähigkeiten dieser kleine schmächtige Japaner dereinst auf dem Gebiete der bakteriologischen Wissenschaft entwickeln würde.*[232] Kitasato wurden die Grundzüge der neuesten bakteriologischen Forschung vermittelt, dann erhielt er Themen zur eigenen Bearbeitung. Dies war 1889 die Züchtung von Tetanusbazillen in einem Gelatinenmedium, die im Herbst 1890 zur Entdeckung der Tetanus-Antitoxine führen sollte, Grundlage für die spezifische Immuntherapie.

Dem eigenen Anspruch wollte Koch mit seiner Lehr- und Forschungstätigkeit gerecht werden. Dazu gehörte auch, wie in den Jahren am Kaiserlichen Gesundheitsamt, freiwillige Forscher und Stipendiaten aufzunehmen. Zu der internationalen Atmosphäre im Hygiene-Institut trugen die Auslandserfahrungen eigener Mitarbeiter bei. Im Hinblick auf Japan ist der Berliner Wilhelm Dönitz hervorzuheben, 1866 Assistent am Anatomischen Institut der Universität in Berlin und ab 1873 Lehrer für Anatomie an der Medizinschule in Tokio. 1886 kehrte er nach Berlin zurück und begann am Hygiene-Institut

[229] Gesprächsprotokoll vom 28. Juli 1888 (L3/018, rki).

[230] R. Koch an seine Tochter Gertrud, 21. Mai 1883: *Wir haben in unserem Pavillon schon sehr zahlreichen Besuch gehabt ... So habe ich dem Kronprinzen, der Großherzogin von Baden, dem König und der Königin von Sachsen und verschiedenen anderen fürstlichen Herrschaften Vorträge über Bakterien halten müssen*, zitiert nach Pfuhl, *Privatbriefe von Robert Koch*, S. 4f.

[231] Allgemeine Beurteilung im Abiturzeugnis: *Er hat eine Anlage, die ihm als Gymnasiallehrer allerdings zustatten kommen würde, die des mündlichen Vortrages, den ein sehr treues Gedächtnis unterstützt* (L1/002.2, rki).

[232] Mikinosuke Miyajima, *Lehrer und Schüler - Koch und Kitasato*, Tokio 1935, S. 19.

bei Koch zu arbeiten. 1896-1899 wechselte er zu Paul Ehrlich an das Institut für Serumforschung in Steglitz, folgte diesem jedoch nur kurzzeitig nach Frankfurt am Main. Im Januar 1900 übernahm er nach dem Ausscheiden von Ludwig Brieger (1849-1919) und dem Umzug an das Nordufer die Krankenabteilung des Instituts für Infektionskrankheiten, die dann ab 1904 ihren Standort am gegenüber gelegenen Rudolf Virchow-Krankenhaus hatte.

Schon bald nach Antritt der Professur begann Koch 1886, gemeinsam mit Carl Flügge (1847-1923) die »Zeitschrift für Hygiene« herauszugeben, in der wesentliche Arbeiten von Forschern verschiedener Nationalitäten publiziert wurden. Ziel der Herausgeber war *die Förderung exacter wissenschaftlicher Arbeit auf dem ganzen Gebiet der Hygiene.*[233] Das Verständnis von Hygiene hatte in den letzten Jahrzehnten *eine bedeutungsvolle Wendung erfahren.* Zunehmend wurde *neben der empirischen Beobachtung ... mehr und mehr die Methode der naturwissenschaftlichen Beobachtung und des Experiments zur Lösung der ... Aufgaben herangezogen.*[234] Die Herausgebertätigkeit verlangte Flexibilität, und obwohl Flügge eine Professur in Göttingen inne hatte, war die Geschwindigkeit der Publikation eingegangener Beiträge bemerkenswert. Zugleich erlaubte die »eigene« Zeitschrift eine Abgrenzung von anderen dahingehend, daß gewisse methodische oder inhaltliche Differenzen (Pettenkofer) nicht länger zum Nachteil der Verfasser gerieten.[235]

Daneben wurde an Koch und seine Assistenten *das dringende Ersuchen gerichtet, ein Kompendium der Hygiene zu schreiben.*[236] Koch wies dieses Ansinnen jedoch nicht nur mit dem Hinweis auf ein entsprechendes Vorhaben Flügges von sich, sondern, wie er Flügge bereits zwei Jahre zuvor mitgeteilt hatte, weil es ihm nicht lag, vielbändige Werke zu verfassen: *Daß ich selbst jemals eine Hygiene in Form eines Lehr-, Hand- oder sonstigen Buches schreiben würde, wird Ihnen ebenso undenkbar sein wie mir, da Sie ja meine Ansichten über literarische Beschäftigungen kennen.*[237] So geduldig Koch beim Experimentieren zuweilen sein mußte, so lehnte er langfristige, gleichförmige Projekte offenbar ab. Weder aus den Jah-

---

233 Robert Koch/Carl Flügge, *Vorwort zur Zeitschrift für Hygiene* 1 (1886), S. 1-6. Koch und Flügge hatten sich noch am Gesundheitsamt getroffen, kurz bevor Flügge nach Göttingen berufen worden war.

234 Koch/Flügge. *Vorwort*, S. 1.

235 Flügge schied 1888, Koch 1890 aus dem Herausgeber-Gremium des unter Federführung von Pettenkofer herausgegebenen »Archivs für Hygiene« aus. Zur Gewinnung Kochs für dieses s. Kißkalt, *Die ersten Beurteilungen*, S. 172, Briefe Pettenkofers an Forster (Amsterdam) vom 3., 18. und 20. April 1883.

236 R. Koch an C. Flügge, 24. September 1888, Möllers, *Robert Koch*, S. 186.

237 R. Koch an C. Flügge, 12. Dezember 1886, Möllers, *Robert Koch*, S. 184.

ren seiner Professur noch aus jenen als Direktor des Instituts für Infektionskrankheiten gibt es Jahresberichte.[238]

Im März 1888 heiratete Kochs Tochter Gertrud (1868-1945) einen Militärarzt, Eduard Pfuhl (1852-1917). Im Sommer des gleichen Jahres verlegte er seinen Wohnsitz von der Magazinstraße 16 nahe dem Institut in die Brücken-Allee 39 im Tiergarten.[239] Ebenfalls 1888 verließen seine ersten Mitarbeiter (Löffler und Gaffky) Berlin, um Professuren in Greifswald bzw. Giessen anzunehmen, Carl Fraenkel (1861-1915) habilitierte, Richard Petri (1852-1921) wechselte zum Kaiserlichen Gesundheitsamt. Etwa gleichzeitig wurde Koch zum Generalarzt 2. Klasse ernannt[240] und mit der Wahrnehmung einer Professur am Friedrich Wilhelms-Institut beauftragt, dem die Ausbildung von Militärärzten oblag.[241] Das Friedrich Wilhelms-Institut war identisch mit der 1795 gegründeten Pepinière und hatte seinen Namen 1818 erhalten. Es verband medizinische und chirurgische Ausbildung und glich hierin der militärärztlichen Akademie, die im November 1811 Nachfolgeinstitution des Collegium medico-chirurgicum geworden war. Studenten beider Einrichtungen gehörten der Akademie an und nahmen an den Lehrveranstaltungen der medizinischen Fakultät der Berliner Universität teil. Der Unterschied zwischen beiden militärärztlichen Einrichtungen bestand in der Dauer der Dienstverpflichtung, die sich dem Studium anschloß.

Manche akademische Verpflichtungen schienen Koch nicht kompatibel mit seinen Vorlieben (der Arbeit im Laboratorium), so daß er 1887 mit Interesse die Gründung eines Forschungsinstitutes für Louis Pasteur in Paris aufnahm. Dies war offenbar auch für das Ministerium ein Anhaltspunkt, in Anknüpfung an Kochs Vorschläge von 1884 erneut über Vergleichbares in Berlin nachzudenken. Die Sachkompetenz vor allem im preußischen Kultusministerium bewahrte Aufmerksamkeit auf Entwicklungen in Europa und entschied nach Sach- nicht ideologischen Kriterien. Im Drei-Kaiser-Jahr 1888

---

[238] Zwar erschienen für die Jahre ab 1901, nach dem Umzug an das Nordufer, regelmäßig Jahresberichte, doch waren diese nicht von Koch initiiert, sondern von Dönitz, erstmals im Jahr der Pensionierung Kochs: Wilhelm Dönitz, *Bericht über die Tätigkeit des Instituts für Infektionskrankheiten zu Berlin während der Jahre 1901 und 1902*, in: *Klinisches Jahrbuch* 12 (1904), S. 437-458.

[239] Angaben zu den Wohnorten Kochs: *Amtliches Verzeichnis des Personals und der Studirenden der Königlichen Friedrich-Wilhelms-Universität zu Berlin*, Berlin 1885 bis 1890.

[240] Im Nachlaß hierzu keine Unterlagen, Möllers, *Robert Koch*, S. 185, nennt dies *Beförderung*, vollzogen durch den *Generalstabsarzt der Armee* von *Lauer* am 22. Dezember 1887.

[241] Das Angebot der Direktion der medizinisch-chirurgischen Akademie für das Militär, eine neu eingerichtete ordentliche Professur zu übernehmen, datiert vom 19. Juni 1888 (L1/024, rkm). Laut Becher, *Robert Koch*, S. 115, *erhielt er* [= Koch] *seine Ernennung als ordentlicher Professor der Kaiser Wilhelms-Akademie* am 10. August 1888; vom 12. Oktober 1888 (b1/704, rkm) datiert ein Schreiben, mit dem die Bestallung übersandt wurde; eine Urkunde hierzu liegt nicht vor.

richteten sich dann viele Erwartungen auf Wilhelm II., von dem trotz vorläufiger Beibehaltung der Sozialistengesetze neue Impulse auch für die Forschung zu erwarten waren. Machtkämpfe begannen sich auf politischer Ebene zwischen Bismarck und dem jungen Kaiser anzubahnen, die im März 1890 mit der Entlassung Bismarcks endeten.

Die persönlichen Beziehungen und Möglichkeiten der Steuerung von Prozessen und die strukturellen Rahmenbedingungen verdeutlichen die Atmosphäre von Forschung und Verwaltung in Berlin, das als Hauptstadt des Kaiserreiches über besondere Anziehungskraft verfügte und durch intelligente Wissenschaftspolitik zugleich hohe Qualität aufwies. Dazu gehörte das Paradoxon, daß im Reichstag Vertreter sozialdemokratischer Parteien aufgrund der Sozialistengesetze von 1878 nicht zu finden waren, wohl aber im Preußischen Abgeordnetenhaus und in der Stadtverordnetenversammlung, die bis zum Tode Forckenbecks liberal dominiert war, unter seinem Nachfolger Robert Zelle (1829-1901) - erster gebürtiger Berliner - sogar linksliberal.[242] In einem Rückblick auf die ersten fünfzig Jahre des Gesundheitsamtes heißt es, daß Kritiker die Zentralisierung von Forschungsfunktionen ebenso wie die Beibehaltung dezentraler Gesundheitsressorts in den Bundesstaaten beanstandeten, doch dürfte dies von der jeweiligen Perspektive abhängig gewesen sein. Damit sei ein Gesundheitsministerium während des Kaiserreiches nicht zustande gekommen, was sich noch nach 1918 negativ ausgewirkt habe.[243]

1890 bis 1895

In die politische Übergangszeit des Jahres 1890 fiel der 10. Internationale Medizinische Kongreß, der in Berlin stattfinden sollte. Die Sozialistengesetze von Oktober 1878 hatten noch bis zum 30. September 1890 Bestand; welche gesundheitspolitischen Schwerpunkte bei Aufhebung gesetzt würden, war noch unklar. Mit der Herstellung internationaler Öffentlichkeit für ein Thema von ungebrochen hoher gesundheitspolitischer Relevanz bestand Aussicht, die immunologische Forschung in das Zentrum der Aufmerksamkeit zu stellen und - auf Seiten der Bakteriologie - Argumente für eine dem Pasteur-Institut vergleichbare Forschungsstätte zu gewinnen. Dies schien noch dringlicher, da Pasteur gerade einen repräsentativen Neubau erhalten hatte.[244] Das Berliner Hygiene-Institut hatte sich seit seiner Gründung ohnehin zu einer

---

[242] Erbe, *Berlin im Kaiserreich*, S. 761.

[243] *Das Reichsgesundheitsamt 1876-1926*, S. 23f.

[244] E. Metschnikoff an C. Fraenkel, aus Paris, 7. Februar 1889 (b3/132, rkm, Geschenk von Herbert Liman, Januar 1999), mit Hinweis auf Neubau des Institut Pasteur und damit verbundenem Umzug.

Forschungseinrichtung entwickelt, in der zu grundlegenden Fragen der Immunologie gearbeitet wurde. In den Monaten, als Robert Koch an der Entwicklung des Tuberkulins arbeitete, bewies sein Mitarbeiter Kitasato für Tetanus, daß der Bazillus ein spezifisches Toxin produzierte und durch ein Antitoxin abgeschwächt werden konnte. Dabei wandte er die gleichen Methoden wie der Kollege Behring an.[245] Beide erhielten maßgebliche methodische Unterstützung durch den »freien« Mitarbeiter Paul Ehrlich.

Experimente, die eine spezifische Therapie von Diphtherie und Tetanus in Aussicht stellten, waren Gegenstand der Arbeiten unter Kochs Mitarbeitern. Es ging sowohl um Fragen der Immunologie als auch um die Fortsetzung der spezifischen Abgrenzung einzelner Infektionskrankheiten. Dabei stand weiterhin im Mittelpunkt des Interesses, das nach Henles Worten »Räthselhafte« bei jenen Krankheiten zu ermitteln und zu benennen, welche Rudolf Virchow mit dem Begriff »Infektionskrankheiten« belegt hatte, und die Frage der Immunität, erworbener oder geimpfter, war eine davon. So wie Gaffky in Gießen weiterhin an Abdominaltyphus arbeitete, beteiligte sich auch Löffler von Greifswald aus weiterhin an der Diskussion um Diphtherie.[246]

Die Tuberkulose erregte wegen ihrer langfristigen Auswirkungen jedoch weiterhin mehr Aufmerksamkeit als andere Infektionen.[247] Deshalb scheinen die Hoffnungen, die an Robert Koch wohl als Aufforderung herangetragen wurden, verständlich. Immunitätsforschung hieß das Thema der Zeit und Koch wurde gebeten, einen Vortrag über den weiteren Fortgang seiner Tuberkulose-Forschungen zu halten, an denen er seit Herbst 1889 arbeitete.[248] Briefe sind für den Zeitraum Dezember 1889 bis September 1890 nicht im Nachlaß erhalten, so daß offen bleiben muß, in welcher Weise Koch über laufende Arbeiten kommunizierte.[249] Am Ende des allgemein gehaltenen Vortrages »Über bakteriologische Forschung«, den Koch zur Eröffnung am 4. August 1890 hielt, sprach er Versuche an, die noch ungeprüft waren, aber

---

[245] Emil Behring/Shibasaburo Kitasato, *Ueber das Zustandekommen der Diphtherie-Immunität und der Tetanus-Immunität bei Thieren*, in: *Deutsche Medicinische Wochenschrift* 16 (1890), S. 1113f.

[246] Friedrich Löffler, *Der gegenwärtige Stand der Frage nach der Entstehung der Diphtherie*, in: *Deutsche Medicinische Wochenschrift* 16 (1890), S. 81-84 und 108-111.

[247] Auch zu Tuberkulose und Lebensbedingungen gibt es Exzerpte und Notizen Kochs, zwar undatiert, aber den Zeitraum 1887 bis 1904 umfassend (w2/012, rki).

[248] Nur in Ansätzen wird der neue Schwerpunkt Kochs anhand der werkbezogenen Unterlagen erkennbar, etwa an schematischen Aufzeichnungen zu Versuchsreihen und Notizen zu Tuberkulose-*Kulturen auf verschiedenen Substanzen (Phenol etc.)* (w2/008, rki).

[249] R. Koch an C. Flügge, 24. Oktober 1889, Möllers, *Robert Koch*, S. 189, spricht eher allgemein vom Experimentieren, allerdings von einem zielgerichteten, das Ergebnisse zum Frühjahr 1890 erhoffen ließe; ähnlich R. Koch an A. Libbertz, Möllers, *Robert Koch*, S. 190, am 29. April 1890. Hier hoffte er *der Entscheidung ganz nahe zu sein.*

zumindest im Tierversuch erste Perspektiven für die Behandlung der Tuberkulose andeuteten.[250]

In einer Zeit, da nicht nur mehr die Fachöffentlichkeit Anteil nahm, sondern eine breite Tages- und Wochenpresse entstanden war, war die Aufmerksamkeit auf Wissenschaft so stark gestiegen, daß nach dem Kongreß an eine planmäßige, stufenweise Fortsetzung dieser ersten Versuche kaum noch zu denken war. In der Presse hieß es zunächst, das vorgestellte Mittel sei eine Impfung gegen Tuberkulose und ließe eine erfolgreiche Bekämpfung der Schwindsucht erwarten. Nationale und internationale Blätter schrieben von einem *Geheimmittel*, was folgte, war der »Tuberkulinsturm«. Zu Tausenden reisten Kranke nach Berlin und versprachen sich spontane Heilung. Kliniken und Belegbetten entstanden sogar in Hotels, um der Nachfrage gerecht zu werden.

Das Mittel war eine Mischung abgeschwächter Tuberkelbazillen mit Glycerin und Wasser – eine Kombination, die im Pockenimpfstoff eine Entsprechung hatte: Die Vermischung der Lymphe mit Glycerin ermöglichte allerdings nur, die Vakzine über längere Zeit zu konservieren. Die Meinungen gingen stark auseinander: Hier hieß es, das Mittel sei völlig wirkungslos, dort, daß es bei Leichtkranken Erfolge zeige.[251] Vergleichbar der Diskussion um Risiken der Pockenimpfung, ließen sich aus Datenerhebungen Schlußfolgerungen in die jeweils gewünschte Richtung ziehen. Eine Impfung, die Schwindsucht so verhindern konnte wie die Pockenimpfung die Blattern, wurde das Tuberkulin nicht, wohl aber wird es bis heute verwendet, um eine bestehende Infektion nachzuweisen. Die klinische Prüfung, teils aus eigenem Antrieb, teils auf Anordnung, wurde somit forciert, verlief allerdings unkontrolliert und schloß chronisch Kranke nicht aus.[252] Belegbar ist anhand des Nachlasses, daß nicht nur Robert Koch das Mittel im Selbstversuch anwand-

---

250 Robert Koch, *Über bakteriologische Forschung*, in: *Verhandlungen des X. Internationalen Medicinischen Kongresses*, Berlin 1890, S. 35-47, erneut in: *Kochs Gesammelte Werke*, Bd. 1,1, S. 650-660.

251 Eine *Gebrauchsanweisung für die Aerzte* zur Anwendung von Tuberkulin, verfasst von Libbertz, war dem *Sonderband des Klinischen Jahrbuchs* 1891 ebenfalls beigegeben und ist im Nachlaß als Einzelblatt vorhanden, datiert vom 7. Februar 1891 (w2/028, rki).

252 Anordnungen des Kultusministeriums über die Verfahrensweise bei der weiteren klinischen Erprobung des Koch'schen Heilmittels gegen Tuberkulose [Tuberkulin], Dezember 1890 und Januar 1891 (w2/036, rkm). Beteiligt waren in Berlin das Krankenhaus Am Urban, das Krankenhaus der Jüdischen Gemeinde, die Charité und das Königin Augusta-Hospital (w2/009, rki). Es handelt sich um Abschriften behördlicher Dokumente und Notizbücher mit Exzerpten (H.1: 1891-1893), (H.2: überwiegend 1891) (H.3: 1894), davon zwei mit Titel: *Tuberkulose*, eines mit Titel: *Veterinärberichte* (w2/016, rki). Die Berichterstattung wurde zusammenfassend veröffentlicht von Guttstadt, *Die Wirksamkeit des Koch'schen Heilmittels*. Dieser nahm auch Kochs weitere Stellungnahmen auf, außer Koch, *Weitere Mittheilungen*; siehe auch Robert Koch, *Fortsetzung der Mittheilungen über ein Heilmittel gegen Tuberkulose*, in: *Deutsche Medicinische Wochenschrift* 17 (1891), S. 100-102.

te, sondern aus eigenem Antrieb auch einige seiner Mitarbeiter, darunter sogar Paul Ehrlich, der wenige Jahre zuvor schwer an Tuberkulose erkrankt gewesen war.[253]

Trotz Klärung der Ätiologie 1882 war seither keine Entwicklung wirksamer Präventionskonzepte gelungen, jedoch entstanden Lungenheilstätten, die mit Langzeittherapien auf eine Linderung zielten. Solche Einrichtungen trugen dazu bei, die soziale Bedingtheit der Tuberkulose in Therapiekonzepte zu integrieren. Eine Impfung hingegen wäre der gesundheitspolitischen Praxis ebenso willkommen gewesen. In die Euphorie mischten sich zusehends Zweifel und die Bereitschaft der deutschen Presse war bald ebenso groß, Koch zum nationalen Helden zu deklarieren wie, ihn persönlich für Fehler anderer verantwortlich zu machen. Koch bedauerte, es sei *trotz aller Vorsichtsmaßregeln zuviel davon, und zwar in entstellter und übertriebener Weise, in die Öffentlichkeit gedrungen*.[254] Die Unterstellung, Koch wolle sein Mittel und Wissen geheim halten, *um allen Ruhm und Gewinn für sich zu behalten*, soll in französischen Blättern geäußert worden sein.

Den Angriffen auf den Charakter und die Beweggründe Kochs setzte Joseph Lister (1827-1912) entgegen, daß solche Ansichten *nur ausgehen können von absoluter Unkenntnis des Charakters dieses Mannes*.[255] Cohn stellt sich hinter den Forscher und ließ die Öffentlichkeit wissen, daß *die Arbeiten Koch's von denen der meisten Forscher* dadurch unterscheidbar seien, *daß er mit ihnen nicht eher vor die Oeffentlichkeit tritt, als bis sie auf den letzten Feilstrich vollendet sind ... Die wissenschaftlichen Gebäude, die Koch aufgeführt hat, giebt er nicht eher aus seinen Händen, als bis er sie im Ganzen und Einzelnen, fix und fertig zur Benutzung der Anderen, hergestellt* habe.[256] Der preußische Kultusminister Gustav Gossler (1838-1902) wird mit den Worten zitiert, Kochs *Forscherkraft und seine Wahrheitsliebe wird nur erreicht von seiner Uneigennützigkeit und seiner Liebe zur Menschheit*.[257]

Dies waren vor allem klare Bekenntnisse zum Forscher Robert Koch, zu dessen Verantwortungsbewußtsein und zur Person. Da Gossler Minister

---

[253] Die Erkrankung Ehrlichs war im Jahr 1888. Er gab seine Stellung an der Charité auf und reiste für mehrere Monate nach Ägypten und Italien; vgl. Bäumler, *Paul Ehrlich*, S. 75.

[254] Robert Koch, *Weitere Mittheilungen über ein Heilmittel gegen Tuberkulose*, in: *Deutsche Medicinische Wochenschrift* 16 (1890), S. 1092-1032, hier zitiert nach dem Anhang bei Albert Guttstadt, *Die Wirksamkeit des Koch'schen Heilmittels gegen Tuberkulose*, Berlin 1891; zugleich in: *Klinisches Jahrbuch, Ergänzungsband* 1891, S. 779-788.

[255] Wezel, *Robert Koch*, S. 39.

[256] Becher, *Robert Koch*, S. 1f., leider ohne Quellenangabe, vermutlich in der *Breslauer Zeitung*, 17. Dezember 1890; Wezel, *Robert Koch*, S. 18. Eine weitere Stellungnahme Cohns zu Koch erschien kurz darauf in einer Publikumszeitschrift: Ferdinand Cohn, *Brief über Robert Koch*, in: *Deutsche Revue* 16 (1891), S. 30; diese Stellungnahme stand zeitlich parallel zur Veröffentlichung privater Briefe Kochs in derselben Zeitschrift.

[257] Wezel, *Robert Koch*, S. 40.

noch aus der Zeit Wilhelms I. bzw. Bismarcks war, mag seine Unterstützung Kochs Anlaß für weitere – politische – Polarisierungen gewesen sein. Anfang 1891 folgte Gosslers Rücktritt vom Ministeramt, allerdings im Kontext mit dem »Kulturkampf«, und hier der Abschaffung polnischen Sprachunterrichts in den östlichen preußischen Provinzen. Sein Nachfolger, Karl Eduard Robert Graf von Zedlitz-Trützschler (1837-1914), Kultusminister in den Jahren 1891/92, hatte seine politische Karriere in der Provinzialverwaltung Schlesiens begonnen und zuletzt das Amt des Oberpräsidenten der Provinz Posen bekleidet. Er setzte die kultur- und wissenschaftspolitische Linie Gosslers fort und scheiterte als Minister Anfang 1892 ebenfalls an der Schulgesetzgebung. Der Referent für Medizinalwesen und höheren Unterricht, Friedrich Althoff, blieb noch den Ministern Robert Bosse (1832-1901) und Konrad Studt (1838-1921) erhalten, so daß die Wissenschaftspolitik größere Kontinuitäten besaß als das Ressort insgesamt.

In den zurückliegenden Jahren war Althoff zu einem entscheidenden Förderer Robert Kochs geworden. Er unterstützte die Einrichtung des Hygiene-Institutes an der Berliner Universität ebenso wie sechs Jahre später die Etablierung des »Königlich Preußischen Instituts für Infektionskrankheiten«. Andere wurden dadurch nicht benachteiligt: Mit dem bald darauf begonnenen Umbau bzw. Neubau der Charité und dem Neubau des Koch'schen Instituts am Nordufer erhielt Rudolf Virchow sein lang ersehntes großes Institut und als erstes 1899 den Bau für ein pathologisches Museum. Karl Köhler wurde die Amtsbezeichnung »Präsident« des Kaiserlichen Gesundheitsamtes zuteil. Mit der Grundsteinlegung am Nordufer war 1897 zudem der Neubau des Gesundheitsamtes in der Klopstockstraße bezugsfertig, recht bald begannen Bauarbeiten für weitere Abteilungen vor den Toren Berlins.

Erstaunlich ist, daß Koch *Althoff für seinen Gegner* hielt und *die Gegensätze ... schließlich unüberbrückbar* wurden, weil *diese beiden so bedeutenden Männer sich durchaus nicht aufeinander einstellen konnten.* Dies begründet Kirchner, der sich um Vermittlung bemühte, mit der Wesensart des Ministerialen: *Althoff führte seine Schutzbefohlenen gern seine eigenen Wege, ohne viel zu fragen, ob sie ihnen erwünscht wären, oder sie ihnen im einzelnen zu erklären, und war verstimmt, wenn sie nicht freudig darauf eingingen. Dann hielt er sie leicht für undankbar und brauste wohl auch heftig auf ... Althoff litt selbst unter seinem zuweilen schroffen, ja groben Wesen und war, wenn er zur Einsicht kam, jemanden dadurch gekränkt zu haben, doppelt bestrebt, entsprechend seiner Herzensgüte, dem Verletzten sobald als möglich etwas zugute zu tun.*[258]

Der Forscherpersönlichkeit Koch brachte das Jahr 1890 in der Summe hohe Anerkennung und eine schwere persönliche Lebenskrise. Ersteres kam darin zum Ausdruck, daß der junge Kaiser Wilhelm II. ihn mit dem Roten

[258] Kirchner, *Robert Koch*, S. 76f.

Adlerorden[259] ehrte, und ihm zwei Ehrenbürgerwürden zuteil wurden. Die Stadt Berlin nahm in den Urkundentext eine Begründung auf, was sehr ungewöhnlich ist. Darin heißt es, Kochs Entdeckung sei der Kuhpockenimpfung von Edward Jenner vergleichbar (die 1796 bei Kollegen zunächst auf Ablehnung gestoßen war). Seine Geburtsstadt Clausthal verzichtete auf Begründungen.[260] Daneben standen nicht weniger als 32 Ehrungen im Zeitraum August 1890 bis Juli 1891.[261] Die Auszeichnungen der Monate zwischen Herbst 1890 und Sommer 1891 sind besonders bemerkenswert, weil sie dem Wissenschaftler gleichzeitig zur angeordneten Prüfung des Tuberkulins zuteil wurden, die auf Zweifeln an der Wirksamkeit beruhte. Zugleich war die Debatte um ein neues Institut entflammt, bei der es letztlich um die Anerkennung der Immunologie als eigenständige Forschungsrichtung ging. Eine positive Entscheidung fiel nicht zuletzt, weil der Privatbankier Gerson von Bleichröder (1822-1893) eine Million Mark hierfür gespendet hatte.[262]

Die Krise machte sich vor allem im privaten Bereich bemerkbar. Es sollte erhebliche Veränderungen geben, denn die Ehe mit Emmy Koch zerbrach endgültig und wurde im Frühjahr 1893 geschieden. Was Robert Biewend 1891 veranlaßte, private Briefe Robert Kochs in der »Deutschen Revue«[263] zu publizieren - ist nicht bekannt, doch es scheint, als habe die schlagartige Berühmtheit, gepaart mit journalistischem Insistieren bei Angehörigen den Ausschlag gegeben. Öffentliche Aufmerksamkeit, gar Angriffe auf die Privatsphäre Robert Kochs liegen allem Anschein nach in der Enge der geltenden gesellschaftlichen Konventionen begründet. Erstaunlich ist, daß diese Maßstäbe bis heute auf die Bewertung der Person nachwirken.

Etwa 1890 hatte Robert Koch - sei es im Theater nahe der Schumannstraße, sei es bei einem Maler, der ihn porträtieren sollte[264] - eine junge Berlinerin kennen gelernt, Hedwig Freiberg (1872-1945). *Ännchen von Tharau* nannte er sie, so jedenfalls schrieb sie in späteren Jahren auf ein Jugendportrait, als sie Fotografien ordnete und beschriftete. Zum familiären Hintergrund Hedwigs ist nichts bekannt, nur aus ihrem Alter bei der Eheschließung

---

259 Die Verleihung des Roten Adlerordens erfolgte am 20. bzw. 28. November 1890; die Urkunde ist im Nachlaß vorhanden (L2/011, rkm). Der Orden selbst ist nicht in den Berliner Beständen vorhanden.

260 Verleihung der Ehrenbürgerschaft der Stadt Berlin, 21. November 1890 (L2/012, rkm); Ehrenbürger der Stadt Clausthal wurde Koch am 26. November 1890 (L2/106, rki).

261 Zu den einzelnen Ehrungen siehe Teil 2, Lebensdokumente, Chronologie der Ehrungen.

262 *Norddeutsche Allgemeine Zeitung*, Morgenausgabe vom 2. Dezember 1890.

263 Robert Biewend, *Aus der Familienchronik von Robert Koch. Biographische Mitteilungen*, in: *Deutsche Revue* (16) 1891, S. 179-186, 296-318, 87, 219, vor allem mit frühen Briefen an Eltern und Verwandte.

264 Das Ölgemälde, 1891 signiert, hängt heute im Kitasato-Institut in Tokio und dürfte diesem von Hedwig Koch geschenkt worden sein.

am 13. September 1893[265] läßt sich erahnen, daß es von Seiten der Eltern keine frühere Einwilligung gab. Sprachbegabung und Umstände der ersten Begegnung lassen vermuten, daß sie aus einem Elternhaus kam, das ihre künstlerischen Pläne akzeptierte. In der Presse hieß es, Hedwig sei im *Berliner Theater des Herrn Barnay* gewesen, und sie sei auffällig durch *schönes, feuerrotes Haar*. Dem Journalisten fielen ferner auf *große blaue Augen, ein kräftiger, lachender, sinnlicher Mund und eine Nase, eine Nase, die in ihrer Eigenthümlichkeit mit dem Berlinischen Wort: keck aufgewippt, nicht genügend bezeichnet ist.*[266] Hedwig wurde Begleiterin bei späteren Expeditionen und als Ehefrau zugleich eine Gefährtin, der Robert Koch vertraute.

Koch ging von Ende Januar bis April 1891 auf Reisen nach Ägypten, um Erholung zu suchen und Entscheidungen zu treffen, aber auch, um unangenehmen Stellungnahmen auszuweichen.[267] Die parlamentarische Debatte auf städtischer und Landesebene (Preußen), jetzt vor allem um Trägerschaft und Finanzierung des neuen Instituts, zog sich bis Mai 1891 hin, als die Bauarbeiten bereits begonnen hatten. Letztlich übernahm der Staat Preußen die Verantwortung, und obwohl die Prüfung der Tuberkulin-Behandlung ambivalente Ergebnisse zeigte, wurde die Fertigstellung des Instituts forciert.

Die Ernennung Kochs zu dessen Direktor erfolgte am 15. Juli 1891 und ist von Wilhelm II. als König von Preußen und dem Minister der geistlichen, Unterrichts- und Medicinalangelegenheiten (Graf von Zedlitz-Trützschler) unterzeichnet.[268] Parallel wurde er zum ordentlichen Honorarprofessor an der medizinischen Fakultät der Friedrich-Wilhelms-Universität Berlin ernannt, diesmal – anders als 1885 und jetzt korrekterweise – ebenfalls vom

---

265 Eine nicht datierte Mitteilung Kochs enthält eine Erinnerung an einen Termin am folgenden Tag im Standesamt, Alt-Moabit 120. Das Entstehungsdatum ist daher der 12. September 1893; als Adressat ist Richard Pfeiffer zu vermuten (b2/002, rki).

266 *Münchner Allgemeine Zeitung*, 1893 (undatiert); nach diesem Artikel hatte Emilie laut richterlichem Bescheid Anspruch auf ein Viertel des Einkommens von Koch. Tatsächlich kaufte Koch das elterliche Haus in Clausthal zurück und soll ihr ein Drittel seines Einkommens zur Verfügung gestellt haben.

267 R. Koch an H. Freiberg, 6. März 1891, in: *Deutsche Medicinische Wochenschrift* 65 (1939), S. 1609; Möllers, *Robert Koch*, S. 207f. Über die Tuberkulin-Prüfung korrespondierte er mit seinem Schwiegersohn, R. Koch an E. Pfuhl, 10. März 1891, in: Möllers, *Robert Koch*, S. 206f.; detaillierter jedoch mit Paul Ehrlich, der die weiteren Tuberkulinstudien überwachte, R. Koch an P. Ehrlich, 12. März 1891, in: Möllers, *Robert Koch*, S. 208, und in: Bäumler, *Paul Ehrlich*, S. 83. Gegenüber dem Minister (Gossler) ging es nicht um das Tuberkulin, sondern um einen Nachfolger für die Professur, R. Koch an G. Gossler, 12. März 1891, in: Möllers, *Robert Koch*, S. 209f.

268 Ernennung Robert Kochs zum Direktor des Instituts für Infektionskrankheiten in Berlin (L1/028, rki).

Kultusminister (16. Juli 1891).[269] Zum Jahresanfang war Koch von der Professur zurückgetreten und hatte unmittelbar darauf, am 7. Januar 1891, einen Brief erhalten, mit dem vierzehn Professoren der medizinischen Fakultät, allen voran August Hirsch (1817-1894), Heinrich von Bardeleben (1819-1895) und Rudolf Virchow, Anerkennung der Leistungen und Wirkung Kochs als Professor für Hygiene und Bedauern über seine Rücktrittsabsichten von der Professur zum Ausdruck brachten.[270] Noch im November 1890 war Koch als Ehrenmitglied in der Berliner Medizinischen Gesellschaft aufgenommen worden, deren Vorsitzender ebenfalls Rudolf Virchow war.[271]

Nach der Eröffnung des Instituts für Infektionskrankheiten am 1. Juli 1891 war der erste Schwerpunkt die weitere Erforschung des Tuberkulins und der Tuberkulose. Allerdings verlagerten sich die Schwerpunkte Kochs schon im darauf folgenden Jahr. Die Cholera-Epidemie in Hamburg 1892 brachte die früheren Koch'schen Schlußfolgerungen auf den entscheidenden Punkt, daß mit dem Nachweis des Ursprungs der Erreger und einer Verfolgung des Seuchenweges, die Infektionsmodi und Bazillenträger berücksichtigt, eine gezielte Seuchenbekämpfung möglich werde. Die Konsequenzen, die aus dem Ausbruch in Hamburg gezogen wurden, waren *das erste in die Praxis umgesetzte Beispiel der modernen Seuchenbekämpfung mit bakteriologischen bzw. biologischen Ausgangspunkten und Hilfsmitteln*.[272] Es ging nicht mehr allein um die Identifikation eines unbekannten Erregers, sondern um den klaren Nachweis der Bedingungen für Ausbrüche, in diesem Fall um die Rolle des Wassers in der Infektionskette.

Filtration und bakteriologische Reinheit des Trinkwassers geriet zu einer epidemiologisch begründeten Forderung, der Pettenkofer mit einem Selbstversuch zu begegnen suchte, über den er im November 1892 an Köhler schrieb:[273] *Ich befürchtete schon, mich in ganz Berlin, namentlich in den höheren Kreisen so in Ungnade versetzt zu haben, daß man mich als unanständigen Menschen ganz ignoriren müsste. - Das Experiment an mir habe ich gemacht und den Vortrag darüber im ärztlichen Verein dahier gehalten, weil ich überzeugt bin, daß nur auf diese Weise die nach meiner innersten Überzeugung verderbliche kontagionistische Richtung in der Cholerafrage*

---

[269] Ernennung Robert Kochs zum *ordentlichen Honorar-Professor* an der Berliner Universität (L1/029, rki).

[270] Schreiben der Fakultätsvertreter vom 7. Januar 1891 (b1/841, rki); ein Datumsvermerk Kochs: 30. 1. [18]91 weist auf die Beantwortung hin. Weitere Unterzeichner waren DuBois-Reymond, Gerhardt, Leyden, Waldeyer und von Bergmann. Laut Kirchner, *Robert Koch*, S. 44, war Koch *auch Rektor der Universität Berlin für das Jahr 1890/91*.

[271] Ernennung zum Ehrenmitglied der Berliner Medicinischen Gesellschaft, 26./27. November 1890 (L2/054, rki). Auch hier dankte Koch der Ehrung (7. Dezember 1890), wenngleich ihm die Urkunde erst am 13. April 1891 zugesandt wurde.

[272] Frosch, P., *Robert Koch*, S. 11.

[273] M. v. Pettenkofer an K. Köhler, 25. November 1892 (b3/010, rki).

gebremst werden kann. Ich hätte mich auf eine himmellange Reihe epidemiologischer Thatsachen berufen können, es hätte nicht den geringsten Eindruck gemacht, man hätte nur gesagt, daß ich immer mit den alten, allbekannten Sachen daherkomme, welche doch der jetzt herrschenden Theorie widerspricht und welche doch nur diese bestimmen kann. – Wie es für den Juristen argumenta ad hominem gibt, dachte ich mir, müsse ich als Mediziner ein experimentum ad hominem machen. - Daß der Kommabazillus einen Theil der Cholerasymptome hervorbringen könne, erschien mir ja möglich, aber nicht, daß er das Wesen der epidemischen Cholera ausmache. Ich trank deßhalb den Giftbecher mit aller Ruhe und brauchte gar keinen Muth dazu. Meine Gegner sind nunmehr, wie ich vorausgesehen habe, trotzdem wieder so kurzsichtig, daß sie pars pro toto nehmen und sagen, ich und Emmerich hätten halt doch Cholera gehabt.

Dennoch wollte Pettenkofer das in Vorbereitung befindliche Reichs-Seuchengesetz[274] unterstützen und ergänzte: *Es darf ein Menschenseuchengesetz nicht ganz analog dem Viehseuchengesetz gestaltet werden, denn der Mensch läßt sich nie ganz so wie das liebe Vieh behandeln. Namentlich ist der Mensch gegen überflüssige Beschränkungen ... sehr empfindlich. Der englische Staatsmann Sir Walter Foster hat erst jüngst bei einer öffentlichen Gelegenheit die Schiffsquarantäne auch als nutzlos entlarvt. Sie als erfahrener Verwaltungsbeamter haben einen weiteren Blick, als die Herren, welche nur einzelne kranke Thiere oder Menschen und ärztliche Hypothesen im Auge haben.*[275]

Methoden der medizinischen Forschung hatten während der 1880er Jahre eine forcierte Praxisorientierung erfahren, die insgesamt die Anfänge bakteriologischer Labortätigkeit und mit dieser die naturwissenschaftliche Orientierung der Medizin kennzeichneten – auch dies kommt in dem Brief Pettenkofers zum Ausdruck. Kochs Blick war allerdings nicht auf *einzelne kranke Thiere oder Menschen* reduziert, wenngleich es nur weniger Gewebeproben zur Identifikation einer Infektion bedurfte, sondern er reiste bei Ausbrüchen möglichst selbst zu den betroffenen Orten, weil ihm die komplexe Wahrnehmung und Untersuchung epidemiologischer Kontexte wichtig war. Innerhalb Deutschlands waren es nach dem letzten Choleraausbruch vor allem lokal begrenzte Typhusepidemien, die während der neunziger Jahre erhöhte Aufmerksamkeit hervorriefen.

Stellungnahmen zu Einsendungen von Präparaten oder infektiösen Proben gehörten zum Institutsalltag; als Mitglied des Staatsrates war eine Teilnahme Kochs an den internationalen Sanitätskonferenzen 1893 und 1894 nahezu verbindlich. Nicht nur preußischen Behörden forderten Gutachten an, Forschungsaufträge kamen auch aus dem Ausland. Durch methodische Anwendung experimenteller Techniken und mit einem neuen Stil von Kooperation

---

274 *Gesetz betreffend die Bekämpfung gemeingefährlicher Krankheiten (Reichs-Seuchengesetz)*, 30. Juni 1900, in: *Reichsgesetzblatt* 1900, S. 306; Entwurf mit Randbemerkungen Kochs (w7/002, rki).
275 M. v. Pettenkofer an K. Köhler, 25. November 1892 (b3/010, rki).

wurden Sichtweisen auf Krankheiten, insbesondere Infektionskrankheiten verändert und durch neue Vermittlungsformen der Wissensstand der Medizin modernisiert. *Und bei der Anwendung dieser neuen Methoden nach Koch'schen Direktiven ergab sich sehr bald die neue, außerordentlich wichtige epidemiologische Tatsache, daß für die Weiterverbreitung der Seuche und ihr unvermutetes Auftreten ohne die Verbindung mit voraufgegangenen sichtbaren Erkrankungsfällen, sogenannte Bazillenträger verantwortlich gemacht werden mussten. Dieses zunächst nur für die Cholera gefundene Gesetz hat später auch bei anderen menschlichen und tierischen Infektionskrankheiten Geltung gewonnen und spielt heute in der Seuchenbekämpfung eine sehr wichtige und wesentliche Rolle.*[276]

Nach der Jahrhundertwende glätteten sich bezüglich der Cholera die Wogen, wenngleich anläßlich der Intensivierung der Typhus-Forschungen die gegensätzlichen Positionen um 1900 noch einmal aufbrachen. Jetzt konnte die Identifizierung und Rolle von »Bazillenträgern« geklärt werden, die Tatsache, daß es sich um lokale Ausbrüche handelte, gab jedoch Gelegenheit, weiterhin die »lokalistische Lehre« Pettenkofers zu belegen.[277] Politische Rahmenbedingungen und medizinische Konzepte legten den Umgang mit Seuchen fest, während individuelles Verhalten kaum steuerbar ist. Die Erfolge der Bakteriologie lassen nachvollziehen, wie sehr diese Forschungsrichtung in der Öffentlichkeit die Hoffnung auf Kontrolle, gar Prävention von Seuchen schürte. Immunologische Fragestellungen wurden in den ersten Jahren des Instituts für Infektionskrankheiten von den Arbeitsgruppen um Paul Ehrlich und Emil Behring bearbeitet, der Nachlaß Kochs gibt hierzu keine Auskünfte. Die Herstellung von Diphtherie-Serum hatten die Farbwerke in Hoechst übernommen, die Prüfung des Serums erfolgte in einer von Behring und Ehrlich eingerichteten Prüfstation, die auf Veranlassung des Reichsgesundheitsrates etabliert und – in Ermangelung von Alternativen – zunächst mit dem Koch'schen Institut assoziiert worden war. Hierum entstanden Konflikte, die für Koch maßgeblich gewesen sein dürften, seine Forschungsschwerpunkte neu zu setzen.

Schon in den ersten Monaten nach Gründung des Instituts für Infektionskrankheiten hatte Koch deutlich gemacht, daß sich die Forschungen der neuen Einrichtung nicht darauf beschränken würden, die Tuberkulose und etwaige Heilmittel zu erforschen, sondern daß das Programm weiter zu fassen sei. Die Cholera-Epidemie in Hamburg und kurz darauf in Halle an der Saale und Umgebung hatten den Anlaß gegeben, und während der Direktor des Instituts für Infektionskrankheiten Anfang 1893 in Nietleben weilte, stellte

---

276 Frosch, *Robert Koch*, S. 11.

277 Friedrich Wolter, *Die Hauptgrundgesetze der epidemiologischen Typhus- und Choleraforschung, in Rücksicht auf die Pettenkofersche und Kochsche Auffassung der Typhus- und Choleragenese*, München 1910.

der Leiter der wissenschaftlichen Abteilung, Richard Pfeiffer (1858-1945), in Berlin die künftigen Absichten Kochs vor: *Das Institut für Infectionskrankheiten ist dem Studium aller ansteckenden Krankheiten gewidmet ... Neben den Bakterien beginnen im weitesten Sinne gewisse Species des vielgestaltigen Protozoenreiches die Aufmerksamkeit auf sich zu lenken. Sie beherbergen schon das große Gebiet der Malariaerkrankungen, und die Beschäftigung mit ihnen wird voraussichtlich auch andere Räthsel ihrer endlichen Lösung bringen.* Er ergänzte, es gelte, *die Infectionsstoffe nach allen Richtungen hin zu studiren.*[278] Damit war die aufsuchende Epidemiologie angesprochen, die Erforschung der Infektionskrankheiten vor Ort. Die Ankündigung, daß *alle* ansteckenden Krankheiten Gegenstand des Interesses sein werden, mithin auch parasitär bedingte, ließ offen, in welchem Umfang *nach allen Richtungen* eine geographische Interpretation einschloß.

Neue Schwerpunkte 1896 bis 1902

Zu Beginn des Jahres 1896 verbrachten Robert und Hedwig Koch einen längeren Urlaub in Ägypten. Diese Zeit nutzte Koch einmal mehr, um Distanz zu gewinnen. Während seiner Abwesenheit wurde im Zusammenhang mit der Erweiterung des Kaiserlichen Gesundheitsamtes und des Neubaus der Charité, auf deren Gelände bisher der Standort seines Institutes war, die Frage nach dem Fortbestand des Instituts für Infektionskrankheiten gestellt. Gerüchte entstanden, das Institut für Infektionskrankheiten solle nach Frankfurt am Main verlegt werden.[279] Tatsächlich handelte es sich um Planungen, bestimmte Bereiche auszugliedern, und Althoff forcierte die Etablierung eines Instituts für Paul Ehrlich, um den Unklarheiten bezüglich der Serumprüfung (Diphtherie) ein Ende zu setzen. Bei Kochs Rückkehr schied Paul Ehrlich zum 1. April 1896 aus dem Koch'schen Institut aus und erhielt ein eigenes »Institut für Serumforschung und Serumprüfung« in (Berlin-) Steglitz, das drei Jahre später als »Institut für experimentelle Therapie« nach Frankfurt am Main übersiedelte.

Während dieses Urlaubs suchte Koch nach Möglichkeiten einer neuen Positionierung mit neuen Themen. Wollte das Koch'sche Institut nicht in Routinearbeiten für die preußischen Städte und Institutionen, viel häufiger aber

---

[278] Richard Pfeiffer, *Ueber den Betrieb des Koch'schen Instituts für Infectionskrankheiten*, in: *Deutsche Medicinische Wochenschrift* 18 (1892), S. 128f.

[279] R. Koch an R. Pfeiffer – aufgrund einer erwähnten Ordensverleihung als Adressat ermittelt – mit Briefkopf von Pagnon's Hotel in Luxor, 28. Februar 1896 (b2/012, rki). Dieser Brief ist als Faksimile wiedergegeben in: *Hoechster Archive* (1968), S. 30-33, als Adressat ist Ludwig Brieger angegeben. Ein weiterer, in: Möllers, Robert Koch, S. 229-231, im Faksimile wiedergegebener Brief gleichen Datums und vergleichbaren Inhalts, laut Möllers an Weigert gerichtet, ist im Nachlaß nicht vorhanden, s.a. unten, Bestandsgeschichte.

für Reichsbehörden verharren, so waren zur Profilierung neue Schwerpunkte zu setzen. Kochs fachliches Interesse blieben die Infektionskrankheiten und die umweltbedingten Kontexte. Die Krankheiten in tropischen Ländern schienen ihm zunehmend attraktive Forschungsgebiete, zumal diese die Möglichkeit des Reisens eröffneten, während in Berlin ein Neubau für sein Institut entstand. Erste Berührungspunkte mit den für tropische Länder charakteristischen Erkrankungen hatte er während der Cholera-Expedition 1883/84 gehabt. Dies waren neben dem eigenen Forschungsfeld vor allem parasitär begründete Infektionen, zu denen als am eigenen Leibe erfahrene auch die Malaria gehörte, die ebenso wie die Cholera erst in der zweiten Hälfte des 20. Jahrhunderts als »typische« Tropenkrankheit galt. Die Einladung britischer Behörden Ende 1896, die Rinderpest in den Kap-Kolonien zu erforschen, nahm er deshalb gern an. Die Argumentation, daß womöglich deutsche Interessen in Ostafrika betroffen sein könnten, war bei Viehseuchen naheliegend, und so war diese Einladung ein willkommener Anlaß für eine Forschungsreise. Mehrere Expeditionen begründeten von Ende 1896 bis 1907 eine insgesamt gut sechsjährige Abwesenheit des Forschers von Berlin.

Der Aufbruch zur Expedition nach Südafrika erfolgte Anfang November 1896, am 1. Dezember trafen Robert und Hedwig Koch sowie Paul Kohlstock (1861-1901) in Kapstadt ein. Kohlstock war aufgrund seiner militärärztlichen Ausbildung sowohl für die Kolonialabteilung des Auswärtigen Amtes wie für Reichsbehörden tätig. Im Februar 1897 setzten sie ihre Arbeiten in Kimberley fort. Die Kollegen und Mitarbeiter in Südafrika nahmen die Gelegenheit wahr, die Forschungsarbeit auf den Tierstationen mit Fotos zu dokumentieren, so daß von diesem Aufenthalt das einzige Foto überliefert ist, das Koch allein beim Mikroskopieren zeigt.

Die Identifizierung der Rinderpest als Infektion gelang aufgrund der routinierten Methodik recht schnell, und auch immunologische Lösungen waren nach seinen Angaben erfolgreich. Optimismus formulierte Koch 1897 in Afrika bei der Immunisierung der Viehbestände, als er im März 1897 an Köhler schrieb, *über das eigentliche Wesen dieses Vorgangs* [= Injektionen mit Rinder-Galle] *glaube ich auch schon Auskunft geben zu können. Sehr wahrscheinlich wird man diese bei der Rinderpest gemachten Erfahrungen auch bei anderen Menschen- und Thierkrankheiten verwerthen können.*[280] Eine in Betracht kommende Tierkrankheit war das Texasfieber, und bei dieser Rinderkrankheit waren Zecken die vermuteten Überträger.

Allerdings berief das deutsche Konsulat in Südafrika den Expeditionsleiter nach Indien ab, wo sich bereits seit Anfang März 1897 Georg Gaffky zur Er-

280 R. Koch an K. Köhler, 15. März 1897 (b2/110, rki).

forschung einer Pest-Epidemie aufhielt.[281] Diese Expedition war unmittelbar nach der 10. Internationalen Sanitätskonferenz (Paris, Februar 1897) veranlaßt worden. Von Anfang Mai bis Anfang Juli blieben die Kochs in Indien, reisten von dort jedoch nicht zurück nach Europa, sondern nach Deutsch-Ostafrika (seit 1961/62: Tansania), da Koch den Auftrag hatte, Pestfälle nunmehr dort zu untersuchen und gemeldete Rinderpestfälle zu überprüfen. Ab Mitte Juli 1897 hielten sich Robert und Hedwig Koch in Daressalam auf und unternahmen von dort aus seit dem Herbst Safaris, um das Land und die Gesundheitssituation kennen zu lernen. Belegt sind Aufenthalte im Usambara-Gebirge, wo Koch feststellte, daß die Menschen in den Bergen von Malaria weitaus seltener oder gar nicht betroffen waren.[282]

Daraufhin begann er in Daressalam am damals noch nicht fertig gestellten Gouvernements-Krankenhaus[283] mit systematischen Malaria-Studien und sammelte zugleich Argumente, die epidemiologischen Kontexte der damals auch in Europa noch weit verbreiteten Fieberkrankheit detaillierter zu erforschen. Damit war der Forschungsbereich, der 1892 im Forschungsprogramm des Instituts für Infektionskrankheiten bereits formuliert worden war, klarer umrissen. Allerdings fanden die größeren Malariastudien nicht in Ostafrika statt, sondern führten den Forscher nach Italien und Neu-Guinea. Tatsächlich kehrte Koch mit seiner Frau im Mai 1898 für nur knapp drei Monate nach Berlin zurück und brach am 11. August nach Italien auf. Bartholomeo Gosio (1865-1944), den er schon länger kannte, hatte er auf dem Rückweg von Afrika besucht, und das in Italien seit Jahrhunderten endemische »Wechselfieber« in bestimmten Regionen gab Veranlassung für den Aufenthalt vor Ort.[284] Nicht nur nach Rom, sondern nach Mailand, Neapel und Pavia führte Kochs Weg auf der Spur der Moskitos, doch war es die falsche Jahreszeit, da keine neuen Erkrankungen mehr auftraten.

---

281 Die Ausführungen von Wolff, *Georg Gaffky*, S. 256-269, sind hierzu ausführlicher als Bestände im Nachlaß Kochs, allerdings war Koch nicht von Ostafrika, sondern von Südafrika nach Indien gereist. Beteiligt waren Richard Pfeiffer, Alfred Dieudonné und Georg Sticker; Georg Gaffky, *Bericht über die Thätigkeit der zur Erforschung der Pest im Jahre 1897 nach Indien entsandten Kommission* (= Arbeiten aus dem Kaiserlichen Gesundheitsamt, Bd. 16), Berlin 1899. Im Robert Koch-Museum befindet sich eine Fotografie, die außer Koch und Gaffky auch Alexander Yersin zeigt, der sich gleichzeitig in Indien aufhielt.

282 Am ausführlichsten hierzu Robert Koch, *Aerztliche Beobachtungen in den Tropen*, in: *Verhandlungen der Deutschen Kolonial-Gesellschaft* 7 (1897/8), S. 293-314.

283 Eine zusammenfassende historische Darstellung bei Heinz Schneppen, *Die Anfänge des Ocean Road Hospital in Daressalam. Vom Missionshospital zum Gouvernements-Krankenhaus*, in: *Sudhoffs Archiv* 84 (2000), S. 63-88.

284 Zu den Malaria-Forschungen Kochs siehe Markus Schnöpf, *Robert Koch und die Malariaforschung*, Magisterarbeit am Fachbereich Geschichts- und Kulturwissenschaften der Freien Universität Berlin, Berlin 2001, unter Einbeziehung italienischer, deutscher und britischer Quellen.

Anfang Oktober 1898 traf Koch wieder in Berlin ein und nun wiederholten sich die Erfahrungen, die zuvor die Cholera-Forschungen begleitet hatten. Wissenschaftler sandten Mücken aus aller Welt, andere suchten um Studienaufenthalte in Berlin nach. Internationale Beziehungen und damit Gastforscher in der Charitéstraße dürften die Stimmung Kochs grundsätzlich positiv beeinflußt haben – wie einst in Wollstein bei auswärtigem Besuch. Offen für Gäste und mittlerweile Freunde aus aller Welt war das *Häuschen*, das Robert und Hedwig Koch 1894 im Vorort Westend bezogen hatten. Gleichwohl stellten sich mehr Fragen zur Malaria, als beantwortet worden waren.

Die unbefriedigenden Resultate ließen ihn beim Auswärtigen Amt erneut um Unterstützung nachsuchen. Dreißig Briefe im Nachlaß belegen die große Aufmerksamkeit auf Kochs neues Arbeitsgebiet. Mit den Briefen wurden Mücken und Präparate gesandt, und zwar aus Frankfurt und Mainz ebenso wie aus Südengland, aus Sydney wie aus Costa Rica, aus Hong Kong und aus Hamburg, aus Belgrad wie aus Tiflis. Sie bildeten die Grundlage für weitergehende, jetzt globale vergleichende Untersuchungen zur Bestätigung der Ätiologie der Malaria. In dieser Zeit setzten Koch und sein Mitarbeiter Paul Frosch (der 1908 Direktor des Hygiene-Instituts der Berliner Tierarzneischule wurde) die Mückenuntersuchungen in Berlin fort, und Gosio kündigte im Januar 1899 mit seinem Besuch in Berlin eine weitere Lieferung aus Italien an.[285]

Wenn auch Mücken aus aller Welt in Berlin eintrafen, so fehlte die Anschauung vor Ort, denn nur der epidemiologische Zusammenhang konnte Klarheit über die Infektion und mögliche Maßnahmen bringen. Das Auswärtige Amt genehmigte deshalb eine weitere Expedition zur Erforschung der Malaria. Während der Reisevorbereitungen fand Ende Januar 1899 in Berlin ein Treffen mit Beteiligung der Kolonialabteilung statt, bei dem Koch für die Etablierung eines Instituts für Tropenmedizin in Berlin plädierte.[286] Er begründete den Standort mit dem Sitz des Auswärtigen Amtes in Berlin, das nach seinen Vorstellungen die vorgesetzte Behörde sein sollte. Bernhard Nocht (1857-1945) sprach sich für Hamburg als Standort aus, weil dort mit den Überseedampfern neben der Malaria auch andere Infektionen direkt eingeschleppt wurden.[287] Womöglich war es in diesem Fall tatsächlich primär die Abwesenheit Kochs bei einem zweiten Treffen im Juni 1899 in Hamburg, die

---

285 B. Gosio an R. Koch, 8. Januar 1899 (b1/654, rki).

286 Im Nachlaß finden sich hierzu keine Unterlagen oder Briefe. Erwähnt wird die Einbeziehung Kochs von Erich Mannweiler, *Geschichte des Instituts für Schiffs- und Tropenkrankheiten in Hamburg, 1900-1945* (= Abhandlungen des Naturwissenschaftlichen Vereins in Hamburg), Keltern-Weiler 1998, S. 13; Bundesarchiv, R10.01, RKol.Amt, Nr. 5963.

287 Mannweiler, *Geschichte des Instituts für Schiffs- und Tropenkrankheiten*, S. 13f.

dort zur Etablierung des Instituts für Schiffs- und Tropenhygiene in Verbindung mit dem Seemanns-Krankenhaus führte.

Unmittelbar vor Kochs Abreise eröffnete im März 1899 die »School of Tropical Medicine« in Liverpool. Zum ersten Leiter, Rubert Boyce (1863-1911), hatte Koch nicht zuletzt wegen dessen Tuberkulose-Arbeiten Kontakt und Henry Edward Annett (1871-1945) hatte im unmittelbaren Vorfeld, von Juni 1897 bis Januar 1899 am Institut für Infektionskrankheiten in Berlin gearbeitet.[288] An der Einweihung konnte Koch nicht teilnehmen, denn im Frühjahr 1899 brachen die Kochs nach Rom bzw. Grosseto auf, um in den Sümpfen der Umgebung die Mücken und die Anfänge der *Fieberzeit* zu studieren. In der Zwischenzeit aufgestellte Thesen zur Verbreitung des *Estivo-auttunnal-Fiebers* wollten im Hinblick auf eine gezielte Therapie oder gar Prävention mit Chinin differenziert betrachtet werden, denn bereits 1897/98 hatte Koch in Ostafrika konstatiert, daß Schwarzwasserfieber eine *reine Chininvergiftung* sei. Parallel hielt sich Paul Frosch an der Adriaküste auf, um Vergleichsstudien durchzuführen.

Grosseto war allerdings nur die erste Station. Am 23. August 1899 brachen die Expeditionsteilnehmer Richtung Südostasien auf. Teils auf Wunsch der niederländischen Kolonialbehörden, teils auf Wunsch der deutschen, untersuchten sie die Praxis der Chinintherapie und -prophylaxe, zunächst in Batavia (Jakarta), ab Ende Dezember 1899 im damaligen Deutsch Neu-Guinea. Eine Schlußfolgerung aus experimentellem und analytischem Vorgehen in Italien war die Gleichstellung der *italienischen* mit der *Tropenmalaria*. Abweichende Ergebnisse anderer Forscher führte Koch auf Unterschiede beim Mikroskopieren zurück, namentlich Fixierung und Färbung zwecks optischer Differenzierung: *Die Italiener untersuchen nämlich das Blut im flüssigen Zustande und ohne weitere Hilfsmittel, während ich das Blut im Deckglase antrocknen lasse und, nachdem es fixiert ist, mit Farbstoffen behandle, wodurch der Befund sehr an Zuverlässigkeit gewinnt und feinere Details zum Vorschein kommen, welche ohne diese Hilfsmittel nicht zu sehen sind.*[289] Was Koch anders sah, lag in den Begleittechniken begründet, denn verbesserte Färbeverfahren (Romanoff) führten dazu, die vormals als sterbende Erreger bezeichneten Halbmondformen und die Geißeln als Zeichen der Vermehrung zu korrigieren. Analog zu den bakteriologischen Arbeiten beinhaltete also Einheitlichkeit der Methodik einheitliche Fragestellungen an die Plasmodien.

Die daran anschließende Frage war jene nach präventiven Verhaltensweisen, spezifischer Prophylaxe und Therapie, und Koch formulierte die über-

---

[288] Mitarbeiterverzeichnis des Instituts für Infektionskrankheiten, S. 18 (rki).

[289] Robert Koch, *Ergebnisse der wissenschaftlichen Expedition des Geheimen Medicinalrathes Koch nach Italien zur Erforschung der Malaria*, in: *Deutsche Medicinische Wochenschrift* 25 (1899), S. 69f.

geordneten Motive ebenfalls: *Ich bin Hygieniker*[!], *und erster Grundsatz der Hygiene ist, daß es besser sei, Krankheiten zu verhüten, als Krankheiten zu heilen, und diesen Grundsatz möchte ich auch auf die Malaria angewendet wissen.*[290] Hier klingt einmal mehr Xenophons Cyropädie an. Nur die Kenntnis der ökologischen Kontexte und der mikroskopischen Befunde, bei denen die Qualität Vorrang vor der Quantität besaß, vermochten eine Kongruenz von experimentellen Studien und Zielen der Hygiene als anwendungsorientierter Wissenschaft herbeizuführen. Es ging nach Klärung der Frage, *wie die Parasiten in den Menschen hineinkommen* jetzt darum, nach Mitteln und Wegen zu suchen, diesen Weg *irgendwo abschneiden zu können.*[291] Die Praxis der niederländischen Behörden mündete am Ende des Aufenthaltes in Kochs Forderung, Chinin in bestimmten Jahreszeiten kostenlos, und zwar an die gesamte Bevölkerung abzugeben. Italien folgte dieser Aufforderung ganz unmittelbar mit einem Malaria-Programm, das zumindest eine preisgünstige Abgabe von Chinin vorsah.

Für den »Hygieniker« waren die Rahmenbedingungen von gleichwertiger Bedeutung, d.h. grundsätzlich kamen auch die Mücken als Ziel von Maßnahmen zur Eindämmung der Malaria in Betracht. Wichtiger war, möglichst schnell eine Malariainfektion zu identifizieren. Laboruntersuchungen als Entscheidungsgrundlage für Medikation waren die wesentlichen Ergebnisse der zweiten Malariaexpedition: *Man kann jederzeit mit Hilfe des Mikroskops sofort auch bei Tropenfieber den Moment, wo das Chinin gegeben werden muss, mit grösster Sicherheit und Leichtigkeit bestimmen. Es genügt dann in der Regel eine einzige Dosis von Chinin, um das Tropenfieber genau eben so sicher zu beseitigen.*[292]

Die zweite Malaria-Expedition führte zu unmittelbar anwendbaren Ergebnissen. Daß es parallel - ebenso wie bei der Cholera - auch Neider, Plagiatvorwürfe und abweichende Theorien gab, ist ein zeitloses Phänomen jenseits guter wissenschaftlicher Praxis. Kochs fehlende Literaturangaben bei einigen Veröffentlichungen – ein mehrfach erhobener Vorwurf – erklären sich daraus, daß es sich nicht um Aufsätze, sondern um Berichte an die Auftraggeber handelte. Die Adressaten (Kolonialabteilung, Gesundheitsamt) leiteten diese an die Zeitschriften-Herausgeber weiter, die Zustimmung Kochs voraussetzend und ohne erneute Durchsicht bzw. Überarbeitung der Manuskripte. Nachträglichen Veröffentlichungen von Ergebnissen ging in der Regel die Aufarbeitung der aktuellen Literatur voraus, wie Exzerpte im Nachlaß belegen.

Während der Abwesenheit Kochs schritt die Fertigstellung des Neubaus in Berlin voran. Da es nicht gelang, die Aufgaben künftig auf die Erforschung

290 Koch, *Aerztliche Beobachtungen*, S. 302.
291 Koch, *Aerztliche Beobachtungen*, S. 303.
292 Koch, *Aerztliche Beobachtungen*, S. 299. Dies beschreibt den *dicken Tropfen*, ein Verfahren, das bis heute Bestandteil der Malaria-Diagnostik ist.

von Tropenkrankheiten bzw. Protozoen zu reduzieren, bestand das Institut für Infektionskrankheiten unverändert fort. Zu berücksichtigen ist jedoch auch, daß eine Umwandlung des Koch'schen Instituts erhebliche strukturelle und bauliche Veränderungen zur Folge gehabt hätte, die kaum durchzusetzen waren, zumal der Neubau am Nordufer bereits fast fertig gestellt war. Die Verbindung mit einem Krankenhaus war zwar auch hier gegeben, doch das ebenfalls noch im Bau befindliche städtische Krankenhaus hätte vermutlich eine Reduktion der Krankenabteilung auf Tropeninfektionen abgelehnt.

Die Trennung von der Charité war noch nicht vollständig abgeschlossen, erst vom *1. April 1900 ab wird das Institut wirtschaftlich von der Charité getrennt*, schrieb der Sekretär Wilhelm Pohnert (1855-1919) seinem Vorgesetzten und ergänzte: *Dieselbe bezieht die Einnahmen pp. aus den Baracken, und verpflegt die Kranken auf ihre eigene Rechnung, die Baracken bleiben aber dem Institut zu den bisherigen Zwecken zur Verfügung gestellt, wie eine Verfügung des Herrn Ministers die Charité-Direktion bestimmt.*[293] Immerhin erreichte Koch, seinem Institut eine spezielle »Seuchenabteilung« bzw. »Abteilung für besonders gefährliche Krankheiten« hinzuzufügen, deren eher unspezifischer Name ermöglichte, seinen neuen Schwerpunkt zu integrieren. Eine Tropenabteilung folgte fünf Jahre später.

Von der zweiten Malaria-Expedition kehrte Koch am 19. Oktober 1900 nach Berlin zurück und konnte nun sein neuerbautes Institut bewundern, das am Nordufer in dreijähriger Bauzeit entstanden war. Im gleichen Jahr war mit dem Reichs-Seuchengesetz eine Grundlage für die weitere Erforschung von Infektionskrankheiten geschaffen worden, das strengere Vorgaben für Desinfektionsverfahren festlegte.[294] Reisen beschränkte Koch zunächst auf Wahrnehmung von Einladungen zu Eröffnungen von Lungenheilstätten, Krankenhäusern und Schulen und auf die Mitwirkung an Ausschüssen. Darüber hinaus widmete er sich wieder der Tuberkulose, nahm im Juli 1901 am Tuberkulosekongreß in London teil und reiste innerhalb Deutschlands zur Organisation der Typhusbekämpfung bzw. Etablierung von staatlichen Hygiene-Instituten. Die Tuberkulose-Arbeiten hatten neue Aktualität erhalten, seit menschliche und bovine Tuberkulose (Perlsucht der Rinder) unter verschiedenen Aspekten intensiver erforscht wurden, darunter von Kochs Mitarbeiterin, Lydia Rabinowitsch-Kempner.[295] Hier äußerte Koch auf dem Tuberkulo-

---

[293] W. Pohnert an R. Koch, 30. Dezember 1899 (b1/177, rki).

[294] *Gesetz, betreffend die Bekämpfung gemeingefährlicher Krankheiten*, 30. Juni 1900, in: *Reichsgesetzblatt* 1900, S. 306. Ausführlich ist 1900 lediglich der Umgang mit Pesterregern und das Verfahren zur Desinfektion bzw. Quarantäne, weitere *Ausführungsbestimmungen* folgten am 21. Februar 1904 zu Cholera, Pocken, Flecktyphus und Lepra, in: *Reichsgesetzblatt* 1904, S. 67.

[295] Katharina Graffmann-Weschke, *Lydia Rabinowitsch-Kempner (1871-1935). Leben und Werk einer der führenden Persönlichkeiten der Tuberkuloseforschung am Anfang des 20. Jahrhunderts*, Herdekke 1999.

se-Kongreß 1901 eine von seinen früheren Ansichten und jenen Rabinowitschs abweichende Meinung, die ihn heftiger Kritik aussetzte. Was immer seine Motive oder seine Überzeugungen gewesen sein mögen, seinem Ruhm und seiner Anerkennung als Forscher schadete es insgesamt nicht.

1903 bis 1907

Nach Abschluß der Malariastudien und vorläufiger Beilegung der Auseinandersetzungen um die Wechselwirkungen der Tuberkulose zwischen Mensch und Tier dachte Koch wieder intensiver über Forschungsreisen nach. Ein Memorandum der Britischen Botschaft in Berlin an das Auswärtige Amt, das Kultusministerium und das Institut für Infektionskrankheiten enthielt die Bitte, Koch für eine Forschungsreise freizustellen. Das Memorandum belegt Kochs Interesse und unmittelbare Einbeziehung in die Vorbereitungen, denn den Entwurf hierzu verfaßte er selbst.[296] Da es sich um eine Einladung handelte, lehnten es die deutschen Behörden ab, diese Forschungsreise als Expedition anzuerkennen, so daß die Kosten zumindest für einen Teil der Expeditionsteilnehmer von den Einladenden zu tragen waren. In diesem Fall handelte es sich nicht um britische Regierungsstellen, sondern um die British South Africa Company.[297]

Diese Expedition war Kochs letzte in seiner Funktion als Institutsdirektor. Kurz nach seinem 59. Geburtstag (Dezember 1902) brach er mit seiner Frau auf, reiste über Florenz und Rom nach Neapel, von dort mit dem Schiff nach Port Said und dann entlang der ostafrikanischen Küste ins südliche Afrika. Der hauptsächliche Aufenthaltsort wurde Bulawayo.[298] Hier entstand ein Bericht über die laufenden Arbeiten, für den ein Entwurf im Nachlaß erhalten ist.[299] Vor Ort widmete sich Koch nicht nur dem afrikanischen Küstenfieber und der Pferdesterbe, sondern er wandte sich erneut der Erforschung des

[296] Memorandum für eine Forschungsreise Kochs nach Bulawayo zur Erforschung von Red-Water Fever, 29. November 1902 (w4/015, rkm).

[297] Zusammenstellungen, Abrechnungen und Belege von Reisekosten der Expedition nach Britisch-Südafrika zur Erforschung des Küstenfiebers und der Pferdesterbe, 1903 (w4/012, rki); am 22. und 24. Dezember 1902 sandte ein Herr Jones aus London einen Scheck bzw. Materialien zur Vorbereitung an Robert Koch (b1/523, rki und b1/737, rkm).

[298] Briefwechsel im Vorfeld (b1/698, b1/717, b1/737, b1/803, b1/825 [rkm], b1/121, b1/523 [rki], b2/172, 173 [rkm], b2/085 [rki]), sowie einige Arbeitsunterlagen im Bestand (w4/003, w4/009, w4/011, w4/012, alle rki); Robert Koch/Charles Gray, *Report of the Agricultural Department for the year ended 31st March 1903*, Salisbury 1903.

[299] Der Bericht wurde Grundlage einer Veröffentlichung: Robert Koch, *Untersuchungen über Schutzimpfungen gegen Horse-Sickness (Pferdesterbe)*, in: *Deutsches Kolonialblatt* 14/15 (1904), S. 420-424; erneut in: *Kochs Gesammelte Werke*, Bd. 2.2, S. 774-798.

Texasfiebers und der Tsetse-Krankheit und damit den Arbeiten von David Bruce (1855-1931) zu, der kurz zuvor die pathogenen Parasiten (Trypanosomen) der Tsetse-Krankheit bei Rindern beschrieben hatte.

Während dieser Reise entstanden Gerüchte, Koch wolle nicht mehr nach Deutschland zurückkehren. Tatsächlich bat er im Mai 1903 um Verlängerung seines Urlaubs, und von hier sandte er im Februar 1904 ein offizielles Rücktrittsgesuch an den Kultusminister Studt. Kirchner informierte er über diese Absicht bereits im Oktober 1903, seinen Stellvertreter Dönitz im Januar 1904.[300] Dazwischen lag eine erneute Bitte um Verlängerung des Urlaubs für sich und seinen Mitarbeiter Fred Neufeld (1869-1945).[301]

Auf dem Rückweg gab es Pausen in Daressalam und in Alexandria. Dort blieb er mehrere Wochen und erörterte mit den Gesundheitsbehörden Tuberkulose-Forschungen. Es scheint, als habe es wegen der zweimaligen Verlängerung des Aufenthaltes in Südafrika Probleme mit den deutschen Behörden gegeben, so daß das Rücktrittsgesuch im Zusammenhang damit gesehen werden kann. Eine für ihn wesentliche Begründung war, daß im Alter von sechzig Jahren der Zeitpunkt gekommen sei, den Platz für Jüngere freizugeben. Größere Bedeutung besaßen wohl gesundheitliche Gründe, denn auf dem Weg zurück legte Koch einen vorübergehenden Kuraufenthalt in Bad Ems ein, zumal er, wie er aus Rom an Dönitz schrieb, wegen eines schmerzhaften und hartnäckigen Hustens Morphium nahm. Er schrieb auch, daß das Schiff, dessen Passagiere seine Frau und er von Beira bis Ägypten gewesen waren, *und dem wir unser grosses Gepäck, Sammlungen, Notizen etc. enthaltend, mitgegeben haben ... an der portugiesischen Küste gescheitert und vollständig verloren sein* soll. *Es würde für mich einen sehr schweren Verlust bedeuten, wenn sich diese Nachricht in ihrem ganzen Umfange bestätigen sollte.*[302] Dies war zwar nicht der Fall, aber der Tatbestand erklärt, warum Unterlagen im Nachlaß hierzu noch spärlicher sind als bei anderen Themen.

---

[300] Laut Kirchner, *Robert Koch*, S. 60, datierte der Brief Kochs vom 3. Oktober 1903, laut Möllers, *Robert Koch*, S. 272f., erhielt Gaffky einen Brief vergleichbaren Inhalts mit Datum vom 10. Oktober 1903. Dönitz teilte er am 15. Januar 1904 ebenfalls seine Absicht mit (b2/141, rki), eine Woche später Paul Frosch, 22. Januar 1904 (b2/044, rki). Etwa Anfang März 1904 bedankte er sich beim Minister für die Annahme des Gesuchs (b2/177, rkm), der ihm am 22. Februar 1904 geschrieben und zugestimmt hatte (b1/805, rkm).

[301] Studt genehmigte den Urlaub für Koch nach dessen Abreise, am 7. Januar 1903 (b1/803, rkm). Koch bat Althoff um Urlaubsverlängerung für ihn selbst und Neufeld zur Fortsetzung der Expedition, 1. Mai 1903 (b2/175, rkm), am 14. Juli 1903 wurde dies bewilligt (b1/823 und b1/804, rkm [= Schreiben von Studt]); am 28. September 1903 folgte die Genehmigung für Steubel (b1/685, rkm), eine erneute Verlängerung bewilligte Althoff mit Schreiben vom 27. November 1903 (b1/684, rkm).

[302] R. Koch an W. Dönitz, 16. Mai 1904 (b2/143, rki), veröffentlicht in: Möllers, *Robert Koch*, S. 284f.

Im Juni 1904 waren Koch und seine Frau wieder in Berlin. Jetzt bereitete er seine Pensionierung vor und führte seinen Nachfolger, den Freund und Kollegen Georg Gaffky, in das Amt des Institutdirektors ein.[303] Mit seiner Verabschiedung erhielt Koch die Zusage, sein Laboratorium weiter nutzen zu können und für Beratungstätigkeiten eine jährliche Pauschale in Höhe von 10 000 Mark jährlich zusätzlich zur Pension.[304] Eine große Feier zu seinem 60. Geburtstag hatte er zwar umgangen, doch wurde ihm bei einer Festveranstaltung am 23. Juli 1904 nachträglich eine Büste überreicht.[305] Gaffky, talentierter Geldsammler, hatte bei Kollegen, Verehrern und Freunden um Spenden nachgesucht.

Bald darauf, am 26. Oktober 1904, hielt Koch für die Berliner Medizinische Gesellschaft einen Vortrag, der weitere Planungen erkennen ließ: *Für die Erforschung der Infektionskrankheiten hat sich in letzter Zeit neben der Bacteriologie ein neues Gebiet eröffnet, dasjenige, welches die pathogenen Protozoen umfaßt. Anfangs gering und unscheinbar, ist es in kurzer Frist zu einem bedeutenden Umfange angewachsen und scheint sich noch immer weiter auszudehnen.*[306] Hieran wollte er sich beteiligen und nannte erweiterten Schwerpunkte vergleichende. Gemeinsam waren parasitär begründeten Erkrankungen das Fieber und die langfristig fehlende Heilbarkeit. Parasiten in Zecken (Piroplasmen) und Tsetse-Fliegen (Trypanosomen), die bei Mensch und Tier infektiös waren, sollten die zentralen Themen der kommenden Jahre bleiben.

Kochs Arbeitsstil II

Kochs Interesse an den Protozoen lag darin begründet, daß hier die weiterführenden Fragen weniger kontrovers, vielleicht sogar weniger ideologisch besetzt bearbeitet werden konnten. Auch bei Arbeiten zur Tropenmedizin griff Koch Ergebnisse anderer auf und setzte seine akzeptierten Arbeitstechniken zur Klärung von Einzelfragen ein. Eine wesentliche Komponente kam

---

[303] Darstellung mit Blick auf Gaffky bei Wolff, *Georg Gaffky*, S. 273-291. Der dort angesprochene Verlust des Bronze-Reliefs kann dahingehend korrigiert werden, daß das Original (ebenso für Löffler) wiederaufgefunden und Anfang 1998 im Museum des Robert Koch-Instituts aufgehängt wurde. Gaffky oder Kirchner waren Kochs Wunschkandidaten.

[304] Kirchner, *Robert Koch*, S. 64, Aus Institutsmitteln standen ihm ein Assistent und für Labor und Arbeitszimmer 3 000 Mark Sachmittel zur Verfügung.

[305] [Julius Schwalbe], *Ehrung Robert Kochs*, in: *Deutsche Medicinische Wochenschrift* 30 (1904), S. 1246-1248. Verantwortlich für die Stiftung einer Büste zeichneten Gaffky und Flügge (L4/002.2, rki); zum 60. Geburtstag hatten die Mitarbeiter des Instituts ein Telegramm (b1/860) gesandt, auch eine Schmuckurkunde (L4/002.3) gehört hierzu.

[306] Robert Koch, *Über die Trypanosomenkrankheiten, Vortrag vom 26. Oktober 1904*, in: *Deutsche Medicinische Wochenschrift* 30 (1904), S. 1705-1711.

bei den parasitologischen Arbeiten hinzu: Die Zwischenwirte verlangten eine Anpassung der Verfahrensweise, d.h. auch von diesen wurde - ausgehend von den Forschungsergebnissen anderer (z.B. Laveran und Bruce) - etwa Blut zur weiteren Untersuchung entnommen.

Der Arbeitsstil Robert Kochs II (Protozoen/Tropen-Krankheiten)

experimentell	analytisch
1. Sammeln von Material	
Blut, Ausscheidungen (Menschen)	Informationen (Text)
Mücken, Zecken, Fliegen	Kommunikation mit Kranken
(= vorgeschaltetes, ergänzendes Sammeln)	
2. Verfahrensweise	
Isolieren *hier: Parasiten bzw. Protozoen*	
Züchten der Überträger:	
Mücken, Zecken, Fliegen (bzw. Protozoen)	
Gewinnung »sauberer« Stämme mit dem Ziel: Identifikation	
= *Tierversuche, veränderte Definition*	Kommunikation mit Kollegen
züchten etwaiger Zwischenwirte; Ziel: Erreger-Wirt-Relation	
Blut-, Liquorpräparate	
(erweitertes Verfahren)	Kommunikation mit Kranken
Beobachtung (Mikroskop)	Beobachtung der Umwelt
Fotografie (Parasiten, Präparate)	Vergleich
3. Hypothese	
Tierversuch	
entfällt bzw. ggf. Fütterung	
als Kontrollversuch	
Nachweis etwaiger weiterer Zwischenwirte	
4. Vergleich	
Wiederholung	Analogie
5. Schlußfolgerung	
Vortrag, Bericht, Veröffentlichung	

Die Analogien Kochs bezogen sich bei Beginn der Protozoenforschungen einerseits auf die Cholera, so daß er seine Aufmerksamkeit bei der Malaria auf das Wasser lenkte. Andererseits suchte er Analogien mit der Beobachtung von Gliederfüßern, insbesondere Insekten. In Italien konnte Koch im Hinblick auf topographische Besonderheiten Reiseberichte heranziehen, Gespräche mit der italienischen Bevölkerung ergänzten Hypothesen und Analogien. In Afrika war er wegen fehlender schriftlicher Tradition auf die mündliche angewiesen, und die identische Bezeichnung für Krankheit und Mücke im Kiswaheli gab Anlaß für Umweltbeobachtungen. Bei der Schlafkrankheit war wiederum die Malaria die Ausgangserfahrung, auf die sich die Experimente stützten, auch bei der Dosierung des Atoxyl.

Die ergänzenden experimentellen Schritte bzw. parallelen Vorgehensweisen bei der Protozoenforschung verdeutlichen die Abweichungen gegenüber der Erforschung bakteriell bedingter Infektionen. Im Falle der Malaria gerieten die Mücken selbst zu Präparaten (Vergleich der Anophelen), aber eben auch das Blut von Insekten und von Kranken wurde zum Nachweis der Plasmodien studiert. Eine weitere Abweichung ergab sich daraus, daß nunmehr die Parasiten im menschlichen Blut mit denen im Mückenblut verglichen wurden und eine letzte wesentliche, daß der Tierversuch modifiziert wurde. In den Jahren 1903/04 und erneut 1905 bildete das Texasfieber einen Schwerpunkt, das er bereits bei seinem ersten Aufenthalt in Ostafrika 1897/8 genauer zu analysieren gesucht hatte und bei dem die Zecken bzw. Piroplasmen die wesentlichen Studienobjekte waren.[307] Die Überträger - Mücken, Zecken, Fliegen - wurden gezüchtet, möglichst frei von Verunreinigungen, um sie anschließend an andere vermutete Zwischenwirte zu füttern.

Im Fall der Schlafkrankheit waren es Krokodile, deren Eier einbehalten wurden, um junge, kontrolliert gezüchtete Krokodile als Versuchstiere zu verwenden. Hier ging es um Bestätigung oder Widerlegung der Hypothese, daß die Krokodile die entscheidenden Zwischenwirte oder ursprünglichen Träger der Erreger seien, deren Blut beim Biß einer Glossina von diesen aufgenommen und von dort an den Menschen übertragen werde. Da die Parasiten auch im Krokodilblut nachweisbar waren, blieb Koch zunächst bei dieser Hypothese. Erst die weitere Beschäftigung mit den Trypanosomen, namentlich die mikroskopische Untersuchung und fotografische Dokumentation zur weiteren Analyse bzw. zum genaueren Vergleich führte zur Revision der Annahme. Statt dessen konnte Koch vier Trypanosomenarten unterscheiden, und diese nach Geschlecht näher spezifizieren.

Methodisch-experimentell verfuhr Koch trotz wechselnder Themen nach dem gleichen Schema, der Sammlung von Material, Bestimmung der spezifischen Krankheit durch Benennung von Charakteristika, ggf. durch temporäre Abgrenzung in der Formulierung (Cholera nostra, italienische Malaria versus

---

[307] Notizen zu verschiedenen Seuchen (Küstenfieber, Texasfieber, Rinderpest Malaria) und Bericht-Entwurf zu Texasfieber (w4/004, rki); Aufzeichnungen zu Texasfieber und Zecken (w4/007 und w4/014, rki); Notizbuch mit Vermerken über Pest in den Rubeho-Bergen und Küstenfieber in Süd-Afrika (w4/006, rki); Manuskript zur Entwicklungsgeschichte der Piroplasmen (w4/008, rki), veröffentlicht als: Robert Koch, *Beiträge zur Entwicklungsgeschichte der Piroplasmen*, in: *Zeitschrift für Hygiene und Infektionskrankheiten* 54 (1906), S. 1-9; erneut in *Kochs Gesammelte Werken*, Bd. 2,1, S. 487-492.

Tropenmalaria), um *ein klares Bild zu gewinnen.*[308] Sammlung von Untersuchungsmaterial und Anschauung der Verhältnisse überlagerten sich zeitlich mit mikroskopischen Untersuchungen, die möglichst vor Ort durchzuführen waren, um paralleles methodisches Vorgehen im Hinblick auf die analytischen Elemente zu gewährleisten. Die Kommunikation mit Kranken, Bevölkerung und Kollegen war gleichberechtigt zur Beobachtung des Kontextes, zu Arbeitshypothesen und Analogien.

Hypothesen waren ihm nach dem Goetheschen Worte nur Gerüste, die er abtrug, wenn das Gebäude fertig war, faßte Gaffky posthum Kochs Vorgehen zusammen.[309] Am Ende stand der Vergleich der mikroskopischen Beobachtungen mit Erfahrungen und Erkenntnissen aus früheren Ergebnissen. Es ging durchaus noch immer um Fragen der zeitlichen und örtlichen Disposition, aber eben auch um allgemein gültige Erkenntnisse und deren epidemiologischen Nutzen.

Parasitologische Feldforschungen sollten auch im Mittelpunkt seiner nächsten Reise stehen, der kein spezifisches Thema und kein Auftrag zugrunde lagen. An seinem 61. Geburtstag brach Koch gemeinsam mit seiner Frau erneut nach Ostafrika auf. Bis September 1905 waren es verschiedene Tropenkrankheiten bzw. Parasiten (Recurrens, Küstenfieber, Texasfieber, Nagana bzw. Trypanosomiasis), die an verschiedenen Orten mit Unterstützung der Kolonialbehörden erforscht wurden. Koch konzentrierte sich bald auf die Trypanosomen, und seine Hypothesen über den Zusammenhang von Fliegen (Glossina) und Trypanosomiasis war, daß die Parasiten sich innerhalb der Fliegen vermehrten oder zumindest einen Entwicklungsprozeß vergleichbar den Plasmodien in der Mücke (Anopheles) vollzogen. Ungeklärt war zu dieser Zeit noch, ob jeder Fliegenbiß eine Erkrankung bei Mensch oder Tier hervorrief und ob eine Übertragung von Tieren auf Menschen möglich war. Koch hielt Vergleiche von Surra-infizierten Rindern in Indien, Tsetsekranken Viehbeständen in Afrika und Schlafkrankheit beim Menschen für vielversprechende Ansatzpunkte. Abgrenzungen der Fliegen und der für Tiere bzw. für Menschen pathogenen Trypanosomenarten seien erforderlich, um eindeutige Krankheitsbilder zu definieren und insbesondere die Schlafkrankheit näher zu charakterisieren.

Bereits von diesem Aufenthalt sind detaillierte Aufzeichnungen zur Schlafkrankheit in Ostafrika vorhanden.[310] Die Arbeiten der Expedition von 1905 sind kaum von jenen der Expedition zur Erforschung der Schlafkrankheit zu trennen, die er 1906 bis 1907 durchführte. Manche Zuordnungen sind

---

[308] Koch, *Aerztliche Beobachtungen*, S. 291.

[309] Gaffky, *Gedächtnisrede*, S. XIV.

[310] Aufzeichnungen verschiedener Personen zur Schlafkrankheit in Ost-Afrika und zwei Zeitungsartikel hierzu (w6/004 und w6/005, rki)

nur aufgrund vereinzelter Datumsangaben möglich, woraus sich schließen läßt, daß Koch die Arbeiten als nur unterbrochen betrachtete, als er im Herbst 1905 Ostafrika verließ. Seine früheren Vermutungen über Zusammenhänge zwischen Tsetsefliegen (Glossina) und Trypanosomen fand er 1905 bestätigt, nicht zuletzt durch die parallelen britischen und belgischen Arbeiten. Was ihm während der Privat-Expedition nicht gelang, waren Nachweise zur Entwicklung der Trypanosomen und zu Nahrungs- bzw. Zwischenwirtsketten. Züchtungsversuche, die auf den Nachweis von Trypanosomen und deren Vermehrung in den Tsetse-Fliegen zielten, setzte nach Kochs Abreise Robert Kudicke (1876-1961) in Amani fort.[311]

Ebenfalls 1905 wurde im Institut für Infektionskrankheiten in Ergänzung zur Seuchenabteilung eine Tropenabteilung eingerichtet, die nach Kochs offiziellem Ausscheiden aus dem Amt als Institutsdirektor die Erforschung von Krankheiten der tropischen Länder sicherstellte. Kochs Rückkehr nach Berlin (22. Oktober 1905) war wohl nicht beabsichtigt und im Grunde nur Zwischenstation auf der Reise nach Stockholm, wo ihm im Dezember der Nobelpreis überreicht wurde. Ausgezeichnet wurde der Forscher für seine langjährigen Forschungen über Tuberkulose, und in seinem Preisvortrag sprach er »Über den derzeitigen Stand der Tuberkulosebekämpfung«.[312]

Von dem Preisgeld finanzierte er zumindest einen Teil seiner letzten Expedition, die ihn im Frühjahr 1906 zurück nach Ostafrika führte. Die Schlafkrankheit und ihre Verbreitung vom Westen nach Zentral- und Ostafrika war das Thema, vor allem die parasitären Erreger, Trypanosomen. Für diese letzte Expedition[313] erhielt Koch finanzielle Unterstützung vom Auswärtigen Amt bzw. der Kolonialabteilung. Vor Ort waren dies Robert Kudicke, Otto Panse (1868-1908) und Friedrich Sacher. Zusätzlich bewilligte das Kaiserliche Gesundheitsamt die Teilnahme von Max Beck (1862-1931). Vom Institut für Infektionskrankheiten nahm Friedrich Karl Kleine an der Forschungsreise teil. Kenntnisse über Vorkommen und Verbreitung der Seuche gewann Koch auf gewohnte Weise, mittels Beobachtung der Lebensgewohnheiten der Bevölkerung auf der analytischen Seite und eingehender Studien zu den Fliegen bzw. den Trypanosomen auf der experimentellen Seite. Zum Studium der Lebensgewohnheiten gehörte für Koch das Interesse an den Lebensbedingungen, das weit über epidemiologische Interessen hinausging. Insbesondere

---

311 Dies ergibt sich aus Notizen, die Robert Kudicke verfasst hat, ebenso bei einigen Telegrammen, womit Koch ihn offenbar beauftragt hatte.

312 Robert Koch, *Über den derzeitigen Stand der Tuberkulosebekämpfung*, zuerst veröffentlicht in: *Nordiskt Medicinikst Arkiv*, Abt. II, Heft 4 (1905). Nobel-Urkunde (L2/017, rkm), Medaille im Robert Koch-Institut (L2/135).

313 Ragnhild Münch/Stefan Biel, *Expedition, Experiment und Expertise im Spiegel des Nachlasses von Robert Koch*, in: *Sudhoffs Archiv* 82 (1998), S. 1-29.

während seiner letzten Aufenthalte in Ostafrika entstanden hunderte Fotografien, die seine Wahrnehmungen belegen.[314] Ein »Selbstversuch« bestand in der Anpassung an die Ernährungsgewohnheiten, die sein Mitarbeiter in einem Brief an Georg Gaffky ironisch kommentierte: *Der Herr Geheimrath trinkt überhaupt keinen Whiskey mehr und ernährt sich nur noch von Bananen. Ich für meinen Theil halte nicht viel von solchen Experimenten.*[315]

Obwohl die Gelder für Deutsch-Ostafrika bewilligt waren, was die Aufenthalte in Tanga, Amani und Muanza begründete, verlegte der Expeditionsleiter im August 1906 den Aufenthaltsort auf die Sese-Inseln im Viktoria-See, die zu Britisch-Uganda gehörten, weil sie sich nördlich des Äquators befinden. Hedwig Koch kehrte jetzt nach Berlin zurück, Robert Koch blieb bis Oktober 1907 auf den Inseln. An manchen Tagen wurden in den umliegenden Dörfern mehr als tausend Menschen untersucht, um die Infektionsrate und -wege zu prüfen.[316] Parallel experimentierten die Wissenschaftler mit Fliegen und Krokodilen, fertigten Präparate von unterschiedlichen Versuchstieren und prüften, ob die Abholzung der Ufervegetation die Fliegenpopulation zu reduzieren vermochte.[317]

Wissenschaftliche Schlußfolgerungen beruhten auf der methodisch festgelegten Beweisführung, daß mit dem Nachweis spezifischer Krankheitserreger und -überträger eine Infektion gegeben ist. Handlungsorientierte Schlußfolgerungen, wie mögliche Präventionsmaßnahmen oder spezifische Therapie mit Medikamenten, können davon unabhängig oder darauf aufbauend erfolgen. Die vorsichtige Bereitschaft Kochs, während der Expedition 1906/07 das von Paul Ehrlich zur Verfügung gestellte Atoxyl und Trypanrot testen zu lassen, war in der Hoffnung begründet, einen dem Chinin vergleichbaren Wirkstoff einzusetzen.[318] Die Analogie wird daran erkennbar, daß die Dosis anfangs identisch mit jener des Chinins war, und Koch formuliert seine Verfahrensweise in einem Brief an Gaffky sehr deutlich selbst: *Die Idee, von welcher*

---

314 Zu Fotografien Kochs aus Afrika siehe Ragnhild Münch, *Mikrowelten und Lebenswelten. Robert Koch und die Fotografie*, in: *Baessler-Archiv. Beiträge zur Völkerkunde* NF 49 (2001), S. 165-185.

315 F. K. Kleine an G. Gaffky, 20. Dezember 1906 (b3/021, rki).

316 Notizbücher und Notizen zur Schlafkrankheit (w6/005, w6/006, w6/007, rki), Auswertung in Münch/Biel, *Expedition, Experiment und Expertise*, S. 16.

317 Notizen und ein Notizbuch zu Fliegen-Versuchen und zu Untersuchungen zur Schlafkrankheit 1906/07 (w6/006 und w6/007, rki); Listen und Daten zu gefangenen und von infizierten Fliegen (w6/005, rki; w6/022, w6/23, w6/024, rkm). Fotografien von Patienten (Bestand rki) zeigen deutlich die Symptome.

318 W. Dönitz an R. Koch, 15. März 1907 (b1/071, rkm); in diesem Brief spricht Dönitz von der Behandlung der Schlafkrankheit mit einer *Farbenkur* und mit Atoxyl auch bei dem in Berlin erkrankten Institutsdiener; die *Farbenkur* bezieht sich auf das Trypanrot von Paul Ehrlich.

ich bei dieser Art Medication ausgegangen bin, ist die, so viel als möglich der Malariabehandlung mit Chinin analog zu verfahren, also grosse Dosen in möglichst weiten Abständen und nicht, wie es bisher gewöhnlich mit der Arsenikbehandlung geschah, viele kleine Dosen zu geben.[319] Der Fehlschluß zeigte sich nach Ausbleiben einer Lieferung von Atoxyl. Einige der Kranken, die in unmittelbarer Nachbarschaft des Zeltlaboratoriums eine Siedlung gebaut hatten, erblindeten. Nach zunächst eingetretener Besserung waren dann auch wieder Trypanosomen im Blut derjenigen Patienten nachweisbar, die für eine erneute Untersuchung zurückgekehrt waren oder die nähere Umgebung nicht verlassen hatten.

Die Rückschläge und die eher provisorischen Arbeitsbedingungen machen die Anstrengung nachvollziehbar, die dem 64 Jahre alten Koch anzusehen waren. Er selbst war wohl nicht überzeugt, ob er die Reise überstehen würde, zumal Ekzeme und Ungeziefer die Gesundheit zusätzlich beeinträchtigten, denn mit einem Brief an Gaffky schenkte er seine wissenschaftliche Privatbibliothek dem Institut.[320] Seine rund 2 000 Bücher und etwa 4 500 Sonderdrucke umfassende Sammlung, deren Titel zur Unterscheidung von den Institutsbeständen mit »K« oder »Koch« gekennzeichnet waren, konnten die Mitarbeiter schon vorher nutzen.

Zurückgekehrt, wurden Koch wieder Anerkennungen zuteil, namentlich das Prädikat »Exzellenz« zur Bezeichnung »Kaiserlicher Wirklicher Geheimer Rat«. Reichsregierung und Kolonialamt baten ihn zu Audienzen, um sich ausführlich über das Ausmaß der Schlafkrankheit informieren zu lassen. Auf der anderen Seite standen Vorträge und zusätzlich organisierte Veranstaltungen, darunter ein Essen im Hotel Adlon und ein Fest-Kommers der Berliner Ärzteschaft.[321]

1908 bis 1910

Eine letzte Reise, die Robert Koch wohl vor allem seiner Frau Hedwig zuliebe antrat, sollte das Ehepaar eigentlich einmal um die Welt führen. Das Ziel der Reise war Japan, um den früheren Mitarbeiter Kitasato zu besuchen. Die-

[319] R. Koch an G. Gaffky, 15. September 1906 (b2/095, rki). Nach Angaben in diesem Brief wurde das Atoxyl von einer Lanolinfabrik in Martinikenfelde geliefert. Auch ein Brief Paul Ehrlichs zur Behandlung der Schlafkrankheit mit Arsenpräparaten ist im Nachlaß Kochs erhalten, 12. Juni o.J. [1907] (b1/858, rki).

[320] R. Koch an G. Gaffky, 19. Mai 1907 (b2/100, rki), veröffentlicht in: Möllers, *Robert Koch*, S. 334-336, in Auszügen auch in: Harms, *Robert Koch*, S. 301.

[321] Beilegung der Bezeichnung *Excellenz* laut Kirchner, *Robert Koch*, S. 75. Die Unterlagen zum Kommers am 11. Februar 1908 (L2/132, rki) umfassen Programmheft und ein Foto; die bei dieser Veranstaltung überreichte Plakette, bei Wezel, *Robert Koch*, S. 126, erwähnt, ist in der Medaillensammlung des Robert Koch-Instituts vorhanden.

ser hatte 1892/93 nach seiner Rückkehr in die Heimat ein eigenes, zunächst privat finanziertes Institut gegründet und die Bakteriologie nach der Methodik seines Lehrers in Japan eingeführt. Hier traf Koch auf viele Verehrer, die sich zugleich als Schüler verstanden. Mit noch kurzer zeitlicher Distanz sind Stationen des Japanaufenthaltes bei Wezel dargestellt.[322] Nach dem internationalen Kongreß zur Schlafkrankheit in London im März 1908 reisten Robert und Hedwig Koch mit dem Schiff nach New York. Von dort aus ging es mit der Eisenbahn quer durchs Land, über die Niagara-Fälle und Chicago Richtung Westen. Touristischer Höhepunkt während der Fahrt über Kansas City, Los Angeles und Salt Lake City nach San Francisco dürfte der Grand Canyon gewesen sein.[323]

In Keystone besuchte er einen seiner Brüder. Dies geht aus einem im Kitasato-Institut überlieferten Brief hervor, ebenso, daß am 9. Mai die Schiffspassage nach Honolulu, zwei Wochen später Richtung Yokohama gehen sollte, Ankunft war laut Fahrplan der 12. Juni 1908.[324] Von Yokohama fuhr die Delegation noch am gleichen Tag mit der Bahn nach Tokio, wo am 16. Juni ein Empfangsfest mit 1 300 Gästen stattfand. Am 17. Juni stand das Institut von Kitasato am Shiba-Park auf dem Programm, wo Koch *sehr fröhlich und vergnügt* eine Rede hielt und im Vorgarten eine japanische Zeder und einen Lorbeerbaum pflanzte.[325] Am 19. Juni war die Universität Gastgeber eines Festes im Botanischen Garten.

Die Wirkung Kochs in Japan beschränkte sich nicht auf die Entwicklung und Förderung der dortigen bakteriologischen Forschung. Ein Mitarbeiter Kitasatos erinnerte sich noch 1935 an den ersten Eindruck, den er und viele andere bei Kochs Ankunft in Japan gewannen: Eine (vermeintlich) große Gestalt mit klarem Gesichtsausdruck bei einem Menschen, der durch die Bescheidenheit in seinem Äußeren und in seinem Auftreten beeindruckte. *Was uns jedoch sofort auffiel, war die Form seines Kopfes. Koch stand damals in seinem 65. Jahre und sein Schädel war vollkommen kahl. Die gewaltige Form dieses Schädels erinnerte uns an den Konfucius ... Es heisst, daß der Schädel des Konfucius oben flach und an den Seiten stark entwickelt war, mit anderen Worten, er hatte einen Kopf mit 'zwei*

322 Wezel, *Robert Koch*, S. 103-114, auch mit Briefwechsel zwischen Koch und Kitasato und Unterlagen, die Kitasato temporär Wezel zur Verfügung stellte. Im Kitasato-Institut in Tokio wird der Nachlaß Kitasatos bewahrt, in dem die Briefe Kochs erhalten sind.

323 R. Koch an W. Dönitz, 22. Mai 1908 (b2/149, rki). Gleichzeitig bat Koch um Übersendung von Vortrags-Sonderdrucken zur Schlafkrankheit.

324 R. Koch an S. Kitasato, 18. April 1908, sowie weitere Briefe aus Honolulu vom 22. Mai 1908, und von der Reise nach Washington aus Winnipeg vom 16. September 1908.

325 Wezel, *Robert Koch*, S. 107f.; Zeder und Lorbeerbaum sind heute noch erhalten, wenngleich es einen Standortwechsel des Instituts in Tokio gab. Beide haben einen Stein, der auf den Pflanzer hinweist; Fotos aus späteren Jahren zeigen die Bäume im Garten des früheren Instituts.

Hügeln'. Die Schädelform Kochs war dieser Beschreibung sehr ähnlich und dies mag ein Merkmal seiner Befähigung zu überragenden Entdeckungen sein.[326]

Jeder Ort, den Robert und Hedwig Koch besuchten, bereitete ihnen einen großen Empfang mit umfassendem Programm. Am 8. Juli gab es eine Audienz beim japanischen Kaiser; anschließend hielten sie sich knapp vier Wochen in Kamakura (nahe Yokohama) auf. Am 18. Juli 1908 schrieb Koch vom Kaihin-in Hotel in Kamakura an Wilhelm Dönitz, sandte ihm eine Insektensammlung zum 70. Geburtstag und berichtet vom Reiseverlauf in Japan.[327] Von Kamakura aus folgte eine Rundreise, die unter anderem zum Fischen im Fluß Nagara, zum Ise-Tempel in Nara und von dort über Kyoto (12. August) nach Süden führte. Vom 14. bis 18. August hielten sie sich auf der Insel Miyajima und in Hiroshima auf und reisten von dort wahrscheinlich mit dem Schiff über Kobe zurück nach Norden.

Ein Brief an die Tochter belegt, daß die Kochs ursprünglich beabsichtigten, von Japan aus weiter gen Westen zu reisen und mit der transsibirischen Eisenbahn über China und Rußland zu fahren.[328] In diesem Fall wären sie im Frühjahr 1909 nach Berlin zurückgekehrt. Carl Fraenkel, der in Japan mit seinem früheren Vorgesetzten zusammentraf und ihn teilweise begleitete, hat über seine eigene Eisenbahnfahrt berichtet.[329] Koch hatte allerdings die Aufforderung erhalten, nach Washington zu reisen, um *als Delegierter am Internationalen* [Tuberkulose-] *Kongress in Washington teilzunehmen.*[330] Am 16. September 1908 schrieb Koch an Kitasato, daß die Rückreise über Vancouver, Denver, Winnipeg, Montreal und New York nach Washington D.C. führen sollte.[331] Der Vortrag über »Das Verhältnis zwischen Menschen- und Rindertuberkulose«, den Koch in Washington halten sollte, entstand während der Fahrt.[332]

Diese Reise hatte Koch angestrengt. Schon 1903 hatte er seiner Tochter von *Herzbeschwerden verbunden mit Kurzatmigkeit* geschrieben, wenngleich er sich selbst zu diesem Zeitpunkt als *frisch und leistungsfähig* sah.[333] Während des letzten Aufenthaltes in Afrika 1906/7 hatten Sandflöhe und einseitige Ernährung

---

[326] Miyajima, *Lehrer und Schüler*, S. 19.

[327] R. Koch an W. Dönitz (b2/150, rki).

[328] R. Koch an seine Tochter, G. Pfuhl, 12. August 1908, in: Wezel, *Robert Koch*, S. 110f., dieser zitiert nach Pfuhl, *Privatbriefe von Robert Koch*, S. 20.

[329] Das unveröffentlichte Manuskript von Fraenkel wurde mir freundlicherweise von Herrn Herbert Liman (Berlin) zur Verfügung gestellt.

[330] R. Koch an seine Tochter, G. Pfuhl, 12. August 1908, in: Wezel, *Robert Koch*, S. 110f., dieser zitiert nach Pfuhl, *Privatbriefe von Robert Koch*, S. 20.

[331] Wezel, *Robert Koch*, S. 111.

[332] Gotthold Pannwitz, *Koch's Standpunkt über das Verhältnis zwischen Menschen- und Rindertuberkulose*, in: *Berliner Klinische Wochenschrift* 45 (1908), S. 2001-2006, das eigenhändige englische Manuskript ist im Nachlaß erhalten (w2/026, rki).

[333] R. Koch an G. Pfuhl, 14. Dezember 1903, Auszug bei Wezel, *Robert Koch*, S. 127.

häufiger zur Beeinträchtigung des Wohlbefindens geführt.[334] In dem Brief, den er Kitasato aus Winnipeg sandte, glaubte er, *bei meinem Alter werde ich wohl darauf verzichten müssen, Japan wiederzusehen.*[335] Nach Berlin zurückgekehrt, bat er diesen um Übersendung von Kisten mit Arbeitsunterlagen, die er zur *Bearbeitung des Berichtes über die Schlafkrankheit* benötigte.[336] Diese und einige Geschenke trafen im Januar in Berlin ein; jetzt sprach Koch weitere Forschungsvorhaben an.[337]

Dennoch wurde es wurde ruhiger in Kochs Leben, der nun häufiger an Sitzungen der Preußischen Akademie der Wissenschaften, an Veranstaltungen wissenschaftlicher Gesellschaften und an Einweihungen von Krankenhäusern, vor allem Lungenheilstätten teilnahm. In den »Gesammelten Werken« spiegelt sich dies im zweiten Teil des zweiten Bandes, denn hier sind unpublizierte Stellungnahmen Kochs bei verschiedenen Veranstaltungen aufgenommen. Daraus ein verstärktes (sozial-) politisches Engagement in den letzten Lebensjahren abzuleiten, ist eine Möglichkeit der Interpretation. Vermutlich verstand er selbst seine Arbeit grundsätzlich als praxisnahe und pragmatische Herangehensweise an die Erfordernisse der Zeit.

Einen zusammenfassenden Rückblick auf sein Werk und den Wissensstand der Bakteriologie gab Koch am 1. Juli 1909 anläßlich seiner Antrittsrede in der Preußischen Akademie der Wissenschaften, fünf Jahre nach Ernennung zum Mitglied derselben.[338] Dabei gab er an, daß *ich auf der Universität keine unmittelbare Anregung für meine spätere wissenschaftliche Richtung empfangen habe.*[339] Bemerkenswert pointiert führt er die Bakteriologie auf die Botanik zurück und charakterisiert deren einseitige Entwicklung nach dem *Umschwung* durch die Konzentration auf *Arten, welche als Krankheitserreger ein Interesse bean-*

---

334 R. Koch an G. Gaffky, 20. April 1907, (b2/099, rki), siehe auch Möllers, *Robert Koch*, S. 332f.

335 Wezel, *Robert Koch*, S. 111.

336 R. Koch an S. Kitasato, 4. November 1908, in Wezel, *Robert Koch*, S. 112. Der Bericht zur Expedition erschien 1909 als Monographie bzw. Sammelband, nicht in allen redaktionellen Teilen war Koch beteiligt, siehe auch Münch/Biel, *Expedition, Experiment und Expertise*, S. 24-28.

337 R. Koch an S. Kitasato, 30. Januar 1909, Wezel, *Robert Koch*, S. 113. Dies steht im Kontext mit der Robert Koch-Stiftung, die Tuberkulose-Forschungen finanzieren sollte.

338 Von Mai 1904 bis Februar 1914 tagte die Akademie in einem Ausweichquartier in der Potsdamer Straße 120. Hausherr war die Akademische Hochschule für Musik. Mit dem Abriß des alten Akademiegebäudes war im Sommer 1903 begonnen worden, der gemeinsame Neubau für die Akademie und die Bibliothek wurde im Februar 1914 bezogen; freundliche Mitteilung von Herrn Dr. Knobloch, Leiter des Archivs der Berlin-Brandenburgischen Akademie der Wissenschaften.

339 Robert Koch, *Antrittsrede in der Akademie der Wissenschaften am 1. Juli 1909*, in: *Deutsche Medicinische Wochenschrift* 35 (1909), S. 1278f., hier zitiert nach: *Kochs Gesammelte Werke*, Bd. 1, S. 1-4.

spruchten.[340] Als Protozoen ins Blickfeld gerieten, sei deutlich geworden, daß der Name Bakteriologie *seiner ursprünglichen Bedeutung nicht mehr entspricht und dass verschiedene Wissensgebiete darunter zusammengefasst werden, weil sie die gleichen oder doch sehr ähnliche Forschungsmethoden benutzen und ein gemeinsames Ziel, nämlich die Erforschung und Bekämpfung von Infektionskrankheiten, verfolgen.*[341] Durchgängig, ob nun in »klassisch«-bakteriologischen oder tropenmedizinischen Arbeiten, beinhaltete seine persönliche Methodik das Mikroskop, und zwar für Fragen an Erreger und Überträger, für Beobachtung und Kommunikation zur Kontextuierung mit den Lebensbedingungen und der Umwelt. Das Entscheidende – und die Bio-Wissenschaften seither Prägende – war, daß die Schlußfolgerung im Idealfall unmittelbar zu einer Handlung, sei es eine Präventionsempfehlung oder Therapie, führte und seither bei jeder Infektionskrankheit zur Forderung an die Forschung geriet. Diese Handlungsorientierung kennzeichnete die Persönlichkeit Kochs, als Anspruch an die eigene Person, den Pragmatiker.

Einen Ausblick auf die kommenden Jahrzehnte gab Koch in seinem Vortrag für die Akademie ebenfalls. Trotz erster Erfolge seines früheren Mitarbeiters Löffler in der Virologie waren die Möglichkeiten der Lichtmikroskopie begrenzt: *Sehr merkwürdig ist auch das Vorkommen von ganz außerordentlich kleinen pathogenen Mikroorganismen ... z.B. die Influenzabakterien*, sprach Koch und ergänzte, es gebe *aber noch Mikroorganismen, welche ganz bedeutend kleiner sind als die kleinsten Bakterien ... und man hat sie mit den besten Mikroskopen, auch mit dem Ultramikroskop, noch nicht sichtbar machen können.*[342] Eine Zuordnung zu Flora oder Fauna, ebenso Kenntnisse über Bau, Vermehrung und Stoffwechsel fehlten, wie vierzig Jahre zuvor bei Bakterien. Für Koch war es *eine ganz eigentümliche Tatsache, daß wir mit diesen uns gänzlich unsichtbaren Mikroorganismen genau ebenso operieren können wie mit Reinkulturen von Bakterien.* An die Existenz dieser Erreger glauben konnte er, die Sichtbarmachung von Viren sollte er indes nicht mehr erleben.

Der letzte Vortrag seines Lebens war der Tuberkulose gewidmet. Dieser fand am 7. April 1910 ebenfalls in der Akademie der Wissenschaften statt und faßte im Grunde eher Kochs Lebenswerk zusammen, als neueste Ergebnisse der Bakteriologie vorzustellen.[343] Zwei Tage danach erlitt Koch einen

---

[340] Koch, *Antrittsrede in der Akademie der Wissenschaften*, S. 1.

[341] Koch, *Antrittsrede in der Akademie der Wissenschaften*, S. 1.

[342] Koch, *Antrittsrede in der Akademie der Wissenschaften*, S. 2.

[343] Vortrags- und Veröffentlichungskonzept Kochs zur *Epidemiologie der Tuberkulose* (w2/010, rki), bestehend aus einem Vortragskonzept in Stichworten, einem Entwurf auf Briefpapier des Moana Hotels (Honolulu), der Ausarbeitung als Manuskript für die Veröffentlichung und schließlich einem Sonderdruck des Vortrages vom 7. April 1910, aus: *Zeitschrift für Hygiene und Infektionskrankheiten* 67 (1910), S. 636-649. Herausgeber der Zeitschrift waren jetzt Carl Flügge und Georg Gaffky.

Herzanfall, der ihn in den folgenden Wochen bettlägerig machte. Nach eingetretener Besserung fuhr er am 20. Mai 1910, begleitet von seiner Frau, nach Baden-Baden, um sich unter ärztlicher Aufsicht zu erholen. Tatsächlich schien sich sein Gesundheitszustand zu stabilisieren, doch am folgenden Freitagnachmittag (27. Mai) starb Robert Koch, vermutlich an einem Herzinfarkt.

Drei Tage später wurde er eingeäschert, so wie es seinem Wunsch entsprochen hatte. Georg Gaffky war bereits vor Ort.[344] An der Einäscherung nahmen neben Hedwig Koch und Gaffky auch der Schwiegersohn, der älteste Enkel und Bernhard Möllers teil. Ebenso reisten Arnold Libbertz und Paul Ehrlich nach Baden-Baden, letzterer begleitet von Sahachirô Hata, der damit dem Wunsch von Kitasato folgte.[345] Gaffky veranlaßte, daß Möllers die Urne nach Berlin brachte, die im Institut aufbewahrt wurde. Hier stand die Asche Kochs ein halbes Jahr unter Aufsicht seines Sekretärs Pohnert: *Wie mir zu Mute war, bei Entgegennahme des Kästchens, kann ich nicht beschreiben. Jetzt sitze ich neben den Ueberresten meines alten, verehrten Chefs und arbeite!*[346]

Zahlreiche Kondolenzen gingen im Institut ein, und Gaffky nahm sich gemeinsam mit Hedwig Koch der an die Witwe gerichteten Beileidschreiben ebenso an wie derjenigen, die das Kaiserliche Gesundheitsamt oder gar das Ministerium erhalten hatten.[347] Manch ein früherer Mitarbeiter hatte den Wunsch gehabt, Robert Koch eine persönliche Referenz am Totenbett zu erweisen, doch war dies wegen der kurzen Zeit zwischen dem Tod und der Einäscherung nicht möglich gewesen. Gleichwohl erlaubte der Umstand, daß es keine Erdbestattung gab, eine außergewöhnliche Besonderheit. Begräbnisse außerhalb von Friedhöfen waren verboten, für die Beisetzung von Urnen gab es keine vergleichbare Regelung, da die Krematorien in diesen Jahren noch umstrittene Neuerungen waren.

Gaffky verstand es durchzusetzen, daß eine Beisetzung Kochs in dem für ihn gegründeten Institut möglich sein müßte, zumal für Louis Pasteur im Pariser Institut eine Grabstätte mit dessen Sarg eingerichtet worden war. Gaffky regte daher an, ein Mausoleum im Koch'schen Institut zu schaffen und er-

---

[344] Gaffky schrieb zunächst einen Brief mit Besserungswünschen, G. Gaffky an R. Koch, 23. Mai 1910 (b1/206, rki), scheint aber am folgenden Tag nach Baden-Baden gereist zu sein.

[345] Angaben zu teilnehmenden Personen bei der Einäscherung bei Wezel, *Robert Koch*, S. 130, allerdings wörtlich von Möllers, *Robert Kochs Leichenfeier - Tagesgeschichtliche Notizen*, in: *Berliner Klinische Wochenschrift* 47 (1910), S. 1164, übernommen.

[346] W. Pohnert an G. Gaffky, 31. Mai 1910 (b3/102, rki).

[347] Beileidsbekundungen waren an Hedwig Koch (b3/095.1-b3/095.14), bzw. an Georg Gaffky (b3/094.1-b3/094.15) gerichtet, viele ohne namentlichen Adressaten an das Institut für Infektionskrankheiten (b3/091.1-b3/091.32) bzw. an das Ministerium oder das Kaiserliche Gesundheitsamt (b3/092.1-b3/092.10, rki).

klärte sich bereit, dies durch private Spenden finanzieren zu lassen. Er sah die Notwendigkeit nicht zuletzt darin begründet, daß der hohen Anerkennung für die Leistungen Robert Kochs und der großen Verehrung durch seine Mitarbeiter und Schüler mit dem Mausoleum am Nordufer ein angemessener Ausdruck verliehen werden würde. Die Stätte der Urne *soll aber zugleich künftigen Geschlechtern künden, wie sehr wir ihn verehrt und geliebt haben; sie soll sein Bild lebendig halten alle Zeit.*[348]

Tatsächlich trug Gaffky in kurzer Zeit mehr als 18 800 Mark zusammen und ein kleines Gremium vergab die Aufträge zur Umgestaltung des früheren Fotolabors von Emil Zettnow (1842-1927). Es sollte möglichst schlicht gestaltet werden, um die Wesensmerkmale Kochs – *mäßig und bescheiden, einfach und anspruchslos* – zum Ausdruck zu bringen.[349] Die Beisetzung erfolgte in kleinem Kreis am Sonnabend, den 10. Dezember, am Sonntag fand eine Robert Koch-Gedächtnis-Feier in großem Rahmen statt. Als Ort wurde die neue Aula der Berliner Universität gewählt, deren Umbau und Gestaltung aufgrund dieses Anlasses beschleunigt wurde. Weit entfernt in Japan entschied Kitasato, daß an Kochs Todestag jährlich eine wissenschaftliche Veranstaltung stattfinden solle.[350] Er stiftete zudem einen Shinto-Schrein, der am ersten Todestag Kochs von einem Priester geweiht wurde.[351] Bei der Trauer- und der Gedächtnisfeier für Koch in Berlin konnte Kitasato nicht anwesend sein, beschloß aber, daß fortan am Geburtstag seines Lehrers eine Shinto-Zeremonie stattfinden solle.

Gaffkys Rede bei der Gedächtnisfeier beruhte auf intensiver Vorbereitung und gab sein persönliches Verhältnis ebenso wieder wie Einschätzungen von Angehörigen und nahestehenden Freunden des Verstorbenen. Zu dem Entwurf gibt es Notizen zur Persönlichkeit Robert Kochs, die nicht vollständig in der Rede aufgenommen wurden.[352] Zu den Weglassungen gehört der Hinweis *Für später: Politisch frei! – Ein Feind der Junker und Pfaffen!*, womit weiterhin keine klare politische Zuordnung möglich wird, aber durchaus eine Geisteshaltung. Die Notiz *Kein glänzender, aber klarer Redner!! (durchsichtig wie Krystall)*

---

[348] Entwurf Gaffkys zur Rede für die Beisetzung Kochs im Institut für Infektionskrankheiten am 10. Dezember 1910, 4. Dezember 1910 (L5/012, rki).

[349] Gaffky, *Gedächtnisrede*, S. XIV. Zum ersten Vorschlag für eine Urne, vom Schwiegersohn empfohlen, schrieb Gaffky an den Rand des Entwurfes: *Zu pompös!!*, Unterlagen zur Gestaltung des Mausoleums (L6/004, rki). Die Buchstaben der Inschrift *Werke und Wirken* hatten laut Kirchner, *Robert Koch*, S. 82, ursprünglich goldene Buchstaben.

[350] Japanische Zeitung mit eigenhändigen Übersetzungen von Kitasato zum Tod Robert Kochs und eine geplante Gedenkveranstaltungen im Kitasato-Institut (L4/015, rkm).

[351] Wezel, *Robert Koch*, S. 109; Hedwig Koch besuchte zu diesem Anlaß Japan.

[352] Notizen Gaffkys zur Gedächtnisrede auf Robert Koch am 11. Dezember 1910 (L5/012, rki).

mag eine persönliche Wahrnehmung gewesen sein, denn andere Zuhörer hoben besonders die rhetorischen Fähigkeiten des Forschers hervor.

Wie kaum anders zu erwarten, stellte sich mit dem Tode Kochs die Frage nach der weiteren Forschung am Tuberkulin, namentlich auch an etwaigen Verwertungsrechten und daran geknüpfte Gelder. Hier offenbart der Nachlaß die Situation und die Einschätzung des Amtsnachfolgers und Freundes, der zugleich für die Witwe, Hedwig Koch, sprach. Als Gaffky aus Baden-Baden nach Berlin zurückkehrte, fand er einen Brief der Hoechster Farbwerke vor, mit dem ein Vertreter des Unternehmens um einen Termin bat.[353] Umgehend wandte sich Gaffky an Hedwig Koch, um sich nach einer etwaigen Testamentsabschrift zu erkundigen und die Fortführung der Tuberkulose-Arbeiten bzw. der Tuberkulin-Herstellung durch die Farbwerke in Hoechst mit ihr zu besprechen.[354] Diese Rückversicherung war erforderlich, da unmittelbar darauf Kochs Schwiegersohn zwecks Regelung von Erbschafts-Angelegenheiten einen Termin bei einem Rechtsanwalt vereinbarte. In den folgenden Tagen legten die Pfuhls Entwürfe nach ihren Vorstellungen bei Gaffky vor.[355] Das Anliegen war, das Tuberkulin mit einem Patent schützen zu lassen.

Den Farbwerken in Hoechst und wohl auch Hedwig Koch war von Patentregelungen oder -anmeldungen Robert Kochs nichts bekannt, und schließlich verzichtete der Schwiegersohn darauf – möglicherweise eingedenk des Umstandes, daß der Konflikt seines Schwiegervaters mit Emil von Behring um die Milch tuberkulöser Kühe unauflösbar geworden war, seit Behring ein Patent angemeldet hatte.[356] Auf diesem Brief vermerkte Gaffky am 26. Juni: *Erfreut!! Koch hätte nicht patentieren lassen.*[357] Die Einigung war erfreulich, weil nunmehr der Robert Koch-Stiftung etwaige Überschüsse zukommen konnten, die bei ihrer Gründung von dem Pharma-Unternehmen mit einer Spende in Höhe von 25 000 Mark bedacht worden war.[358]

Allerdings scheint Pfuhl hiervon getrennte Verhandlungen zu einer Patentanmeldung auf *Abtötung von Tuberkelbazillen im luftleeren Raum* geführt zu haben. Als Gaffky davon erfuhr, riet er ab, Verhandlungen mit Hoechst ohne Einbeziehung Hedwig Kochs zu führen, wie er in einem Gedächtnis-Protokoll über ein Gespräch mit Möllers und einem darauf basierenden Brief-Entwurf festhielt.[359] Anfang August erschien Pfuhl im Institut für In-

---

353 Ruppel an G. Gaffky, 2. Juni 1910 (b3/067, rki).

354 G. Gaffky an H. Koch, 8. Juni 1910 (b3/073, b3/068, rki).

355 E. Pfuhl an G. Gaffky, 15. Juni 1910 (b3/069-b3/071, rki).

356 Kirchner, *Robert Koch*, S. 77.

357 E. Pfuhl an G. Gaffky, Berlin, 25. Juni 1910 (b3/072, rki).

358 *Goldenes Buch der Robert-Koch-Stiftung zur Bekämpfung der Tuberkulose*, Berlin [1911].

359 Briefe hierzu von und an G. Gaffky (b3/075, b3/076, rki).

fektionskrankheiten, um einige persönliche Dinge Kochs mitzunehmen, die sein Schwiegervater den Enkeln zugesagt hatte. Dabei hatte er weitere Verhandlungen mit Hoechst und Honorarforderungen für geleistete Arbeit an der Weiterentwicklung des Tuberkulins anklingen lassen, wie Möllers an Gaffky meldete.[360] In der Folge arbeiteten sowohl Pfuhl als auch Möllers für einige Jahre mit Unterstützung der Robert Koch-Stiftung am Institut für Infektionskrankheiten.

Rückblick

Das Bild, das Georg Gaffky mit der Gedächtnisrede von der Persönlichkeit Kochs gezeichnet hatte, hob dessen Bescheidenheit und seine wissenschaftlichen Leistungen hervor. Das Bild in der Öffentlichkeit war zumindest teilweise geprägt durch die Ehrungen, die ihm zuteil wurden. Mitteilungen in biographischen Studien und kolportierte Bemerkungen, Koch habe seine Orden nicht unterscheiden können, und der Kronenorden II. Klasse mit Stern (1884) sei ihm persönlich der liebste gewesen, erfahren mit Blick auf die Dokumente zu Ehrungen im Nachlaß Relativierung. Die Anzahl der Orden belief sich tatsächlich lediglich auf sechs. Im Nachlaß vorhanden sind vier, darunter jener von 1884, der Grund für diese Äußerungen war, das Großkreuz des Roten Adlerordens 1890, das Großkreuz des Osmanié-Ordens 1891 und der bayerische Maximilians-Orden für Wissenschaft und Kunst im November 1909. Keinerlei Hinweise in den Berliner Beständen finden sich auf die anderen beiden Orden, den russischen Stanislausorden 1. Klasse aus dem Jahr 1887 und den Wilhelmsorden, der Koch zum 61. Geburtstag im Jahr 1904 verliehen worden war.[361]

Gewiß erinnert sich ein Mensch in persönlich-biographisch günstigen Lebenssituationen gern an Auszeichnungen, aber der Rote Adlerorden fiel in eine persönlich schwierige Zeit, ebenso der türkische; zwei wurden ihm im Ruhestand zugesprochen. Manche Ehrung verband sich mit bürokratischem Aufwand, denn es bedurfte der Genehmigung des Ministeriums zur Annahme des russischen und des osmanischen Ordens, und dies trifft auch auf die bayerische Wissenschaftsauszeichnung zu. Schließlich sind militärische Ehrungen mit äußeren Zeichen verbunden, und nach der Kriegsgedenkmünze, verliehen durch die Königliche General-Ordens-Kommission in Berlin 1872, folgten in Preußen die Ernennung zum General-Arzt, II. Klasse im Jahr 1888, I. Klasse im April 1892.

---

360 B. Möllers an Gaffky, 10. August 1910 (b3/099, rki).
361 Kirchner, *Robert Koch*, S. 45 bzw. S. 64.

Drei Verleihungen der Ehrendoktorwürde (Groningen 1884, Heidelberg 1886 und Bologna 1889) stehen zwei Ehrenbürgerschaften (Berlin und Clausthal, beide 1890) gegenüber, der Auszeichnung des Studenten Koch folgten vier weitere Preise, nämlich der Tiedemann-Preis der Senckenbergischen Naturforschenden Gesellschaft im Jahre 1883 für die Forschungen zur Tuberkulose, der Rinnecker-Preis der Universität Würzburg im Januar 1891, der »Große Preis der Weltausstellung« in St. Louis 1904 und schließlich die höchste Auszeichnung, die einem Wissenschaftler zuteil werden kann: Der Nobelpreis wurde Koch an seinem Geburtstag in Stockholm überreicht. Unter den verbleibenden Ehrungen sind 21 Ernennungen zum Mitglied, meist Ehrenmitglied, einer Akademie hervorzuheben, und gerade die Ehrenmitgliedschaften auch in gelehrten Gesellschaften bezeugen die hohe internationale Anerkennung, die Koch zuteil wurde.

Ein Mann wie gefrorener Champagner titelte der Berliner Tagesspiegel anläßlich des 150. Geburtstages von Robert Koch und zitierte damit wohl eine Äußerung eines früheren Mitarbeiters Kochs gegenüber dem Blatt im Jahr 1946.[362] Diejenigen, die Koch näher gestanden oder ihn vor 1891 gekannt hatten, waren anderer Ansicht: *Seine Einfachheit, seine Bescheidenheit und Zurückhaltung, seine Abneigung gegen alles Getue und Gehabe hielt gleichen Schritt mit dem Ernst und der Wahrhaftigkeit seines Wesens,*[363] schrieb Paul Frosch. *Seine Vorträge zeichneten sich durch Wärme und Klarheit aus, und die Art, wie er die Kursisten und Praktikanten zu eigener wissenschaftlicher Arbeit anspornte, gewann ihm zahlreiche begeisterte Mitarbeiter,* berichtete Martin Kirchner in seinem Nachruf.[364] 14 Jahre später ergänzte er in der Biographie: *In seiner Redeweise war er klar und bestimmt und liebte dasselbe auch bei denen, die mit ihm zu tun hatten. Gegen Fremde war er zurückhaltend, zumal wenn er Grund hatte anzunehmen, daß Neugierde sie zu ihm führte. Seinen Mitarbeitern gegenüber war er stets bereit zu hören, zu raten und zu helfen.*[365] Paul Ehrlich erinnerte sich: *Jedem Widerspruch war er zugänglich, selbst mit dem jüngsten Anfänger diskutierte er in freundschaftlicher Weise ... Kongressen und größeren Versammlungen ... hielt er sich gern fern.*[366]

Carl Fraenkel stellte fest, daß Koch in Folge der Ereignisse von 1890/91 *zum vollständigen Welt- und Menschenverächter* geworden sei: *Sein Gesicht nahm einen melancholischen Grundzug an, und die harmlose Fröhlichkeit der vergangenen Jahre kam*

---

[362] *Der Tagesspiegel*, Berlin, 11. Dezember 1993; es kann sich nur um Friedrich Karl Kleine gehandelt haben, der 1947 nach Südafrika emigrierte.

[363] Frosch, *Robert Koch* (1910), S. 24.

[364] Martin Kirchner, *Robert Koch* [Nachruf], in: *Zeitschrift für Tuberkulose* 16 (1910), S. 105-114, hier S. 107.

[365] Kirchner, *Robert Koch*, S. 41.

[366] Paul Ehrlich, *Robert Koch*, in: *Frankfurter Zeitung* vom 2. Juni 1910.

nur selten noch zum Ausdruck.[367] Aufgrund solcher Einschätzungen ist die Dauer und die Intensität der persönlichen Beziehungen erkennbar und damit auch, daß etwa der Biograph Wezel kaum je persönlichen Kontakt hatte: *Gewöhnlich trug er eine Brille, ohne die sein Gesicht etwas Strenges hatte, wie überhaupt meist ein gewisser herber Ausdruck in seinen Zügen zu finden war, der nur zuweilen einem feinen Lächeln wich.*[368] Bemerkenswert ist der Widerspruch, den Zuhörer und Beobachter in den Augen sahen, und der *Wohlklang seiner Stimme, die Klarheit und Einfachheit seiner Sprache mußte jeden, der ihn sprechen hörte, angenehm berühren.*[369]

Die größte Akzeptanz erfuhr Koch seitens der so genannten breiten Öffentlichkeit, seltener werdend von Kollegen, wie er selbst feststellte. Im Kreise von Freunden plauderte er zwar *in freimütigster Weise* (Ehrlich), aber des Neides von Kollegen war er sich bewußt: *Da kann es nicht ausbleiben, daß man auch bei der bescheidensten und vorsichtigsten Abgrenzung des Arbeitsgebietes dem einen auf den Fuß tritt, einem anderen, ohne es zu wollen, einen Stoß versetzt, dem dritten zu nahe an sein Gebiet kommt und, ehe man es sich versieht, auf allen Seiten von Gegnern umringt ist. Dies ist natürlich nicht angenehm, es nimmt einem die Ruhe und die Freude am Arbeiten.*[370]

Unbestritten ist, was Kirchner zur Bedeutung Kochs für die Medizin und die mit ihr verbundenen Wissenschaften benennt: *Seine Lehre veranlaßte eine völlige Umgestaltung der medizinischen Wissenschaften und war von unermesslichem Wert für das Lebensglück der Menschheit. Sie wird ihn bis in die fernste Zukunft zu ihren größten Wohltätern zählen.*[371] Wenn auch die Bezeichnung *Wohltäter* zu differenzieren ist, so ist die Beständigkeit der Methodik und das seit Ende des 20. Jahrhunderts wieder zunehmende Vertrauen in die Anwendungsorientierung der bio-medizinischen Forschung ebenso bemerkenswert wie das globale positive Gedächtnis bezüglich der Person. Die Vielfalt der Themen, die Koch mit »Bakteriologie« abdeckte, hat sich allerdings zu Spezialdisziplinen entwickelt, die wiederum mit den jeweils zeitgenössischen Technologien weitere Bereiche der Kenntnis – und Erkenntnis – erschließen.

---

367 Carl Fraenkel [Fraenken], *Robert Koch*, in: *Münchener Medicinische Wochenschrift* 57 (1910), S. 1345-1349.
368 Wezel, *Robert Koch*, S. 116.
369 Wezel, *Robert Koch*, S. 116.
370 Schwalbe, *Ehrung Robert Kochs*, hier S. 1247f., bzw. *Kochs Gesammelte Werke*, Bd. 2,2, S. 826.
371 Kirchner, *Robert Koch*, Vorwort, S. 5.

DER NACHLASS VON ROBERT KOCH IN BERLIN

Kein Sein ist in der Welt,
das Wissenschaft nicht durchdringen könnte,
aber was von Wissenschaft durchdrungen werden kann,
ist nicht das Sein.
(Horkheimer/Adorno)

Bestandsgeschichte

Die nachfolgende Dokumentation beinhaltet das erste vollständige Verzeichnis der einzelnen Bestandteile des wissenschaftlichen Nachlasses von Robert Koch. Seine Erschließung bezog die schriftlichen Bestände im Robert Koch-Institut und im Robert Koch-Museum ein, beide Institutionen befinden sich in Berlin. Die Unterteilung in drei größere Bereiche folgt den »Regeln zur Erschließung von Nachlässen und Autographen«[1] und unterscheidet nach den dort vorgeschlagenen Materialkategorien »Lebensdokumente«, »Werkmanuskripte« und »Briefe«. Allerdings wurden mit den Signaturen weitere Differenzierungen vorgenommen. Um einen Einblick in die Überlieferung zu ermöglichen, wird zunächst die Geschichte der Bestände dargestellt.

Nach dem Tode Robert Kochs fiel sein Nachlaß seiner zweiten Frau Hedwig Koch, geb. Freiberg (1872-1945), und seiner Tochter Gertrud, verheirateter Pfuhl (1868-1945), als gemeinschaftliches Eigentum zu.[2] Beide entschieden sich in Absprache mit dem Nachfolger Kochs als Institutsdirektor, Georg Gaffky (1850-1918), jene Unterlagen im Institut für Infektionskrankheiten zu belassen, die sich zu diesem Zeitpunkt noch an Kochs letzter Wirkungsstätte befanden und dort vor allem solche Materialien zu verwahren, die in späteren Jahren geeignet sein könnten, Kochs Werk und wissenschaftliche Bedeutung zu erhellen, insbesondere werkbezogene Materialien und wissenschaftliche Korrespondenzen. Gaffky plante hierfür ein Museum, das 1912

[1] *Regeln zur Erschließung von Nachlässen und Autographen*, Berlin 1997.
[2] Briefwechsel G. und E. Pfuhl mit G. Gaffky (b3/110.1-110.13, rki).

im neu errichteten Nebenhaus, dem »Wutschutzgebäude«, seinen Platz fand. Bei den Angehörigen verblieben verschiedene Dokumente zum Werdegang Kochs, darunter Urkunden, Ehrenzeichen (Orden und Medaillen) und Geschenke, die der Forscher von Expeditionen und Reisen mitbrachte. Gastgeschenke aus Afrika, Indonesien und Japan verblieben überwiegend bei der Witwe, ebenso viele Fotografien von diesen Reisen. Eduard Pfuhl holte in den Monaten nach Kochs Tod im Institut für Infektionskrankheiten ab, was sein Schwiegervater den Enkeln zugesagt hatte. Geplant war, ein Verzeichnis über die im Institut für Infektionskrankheiten belassenen Nachlaßbestandteile anzulegen, doch wurde dieses Vorhaben nicht realisiert.

Sowohl Gertrud Pfuhl als auch Hedwig Koch starben im Jahr 1945. In den vorangegangenen Jahren hatte es mehrfach Anlässe für Gedenktage gegeben, und aus Briefwechseln und Stellungnahmen Hedwig Kochs (die hier nicht berücksichtigt sind) wurde ersichtlich, daß sie mit dem Bild Robert Kochs, das vor allem in der Zeit des Nationalsozialismus geprägt wurde, nicht einverstanden war. Um 1930 hatte sie Bruno Heymann (1871-1943), auf den verschiedene bedeutende Bestandserweiterungen im Robert Koch-Institut zurückzuführen sind, für dessen Koch-Biographie Unterlagen und auch Fotografien geliehen. Ebenso stellte sie Bernhard Möllers (1878-1945) Ende der dreißiger, Anfang der vierziger Jahre Material für dessen biographische Recherchen und eine Ausstellung zur Verfügung. Dieser ließ im Robert Koch-Institut Reproduktionen von Fotografien ihrem Besitz anfertigen. Ob sie hierfür ihr Einverständnis gegeben hatte, ist zweifelhaft, denn als sie im Alter von 73 Jahren Berlin im Herbst 1944 verließ, übergab sie Vieles von dem, was sie besaß, nicht dem inzwischen nach Robert Koch benannten Institut, sondern dem Märkischen Museum in Berlin-Mitte; einige wenige Stücke nahm sie mit.

Besonders auffällig, zugleich ein Charakteristikum für die Bestandsgeschichte, sind die Materialien zum Nobelpreis: Die Urkunde befindet sich heute im Robert Koch-Museum, da Hedwig Koch das Dokument nach dem Tod ihres Mannes behalten hatte. Die Medaille zum Nobelpreis wird dagegen im Robert Koch-Institut ausgestellt, und in der mündlichen Überlieferung hält sich hartnäckig folgende Erklärung: Die Witwe habe die Originalmedaille aus Gewinnsucht verkauft, und das spätere Robert Koch-Institut habe diese gegen einen hohen Preis auf dem freien Markt erworben, um das Andenken Kochs zu schützen. Als Variante dazu wird erzählt, es handele sich um eine Dublette, da Hedwig Koch das Original habe einschmelzen lassen. Die Echtheit prüfen zu lassen, steht noch aus. Falls Hedwig Koch jedoch überhaupt im Besitz der Medaille war und sich davon getrennt haben sollte, dann käme als Grundlage für die Gerüchte nur die Weltwirtschaftskrise 1923 in Betracht. Sehr viel wahrscheinlicher ist, daß die Erben die Medaille als Leihgabe für eine geplante Ausstellung im Jahr 1943 zur Verfügung stellten und sie aufgrund der Kriegsereignisse nicht zurück erhielten.

Ein Verzeichnis über die an das Märkische Museum abgegebenen Stücke war offenbar nicht entstanden. Im Februar 1959 übergab dieses die Materialien dem »Institut für medizinische und allgemeine Mikrobiologie, Virologie und Epidemiologie« der Humboldt-Universität. Der Raum, in dem Robert Koch am 24. März 1882 den Vortrag zur Ätiologie der Tuberkulose gehalten hatte, wurde am 27. Mai 1960 »Nationale Gedenkstätte«. Tatsächlich war der Lesesaal der Institutsbibliothek bereits seit 1912 Gedenkstätte, als darin zum 30. Jahrestag dieses Vortrages eine Holztafel mit Inschrift angebracht worden war.

Im Jahr 1960 ehrte die Akademie der Wissenschaften Koch anläßlich des 50. Todestages mit einer Ausstellung. Die begleitende Veröffentlichung[3] belegt, daß es sich im Jahr vor dem Mauerbau um eine Gesamtberliner Veranstaltung handelte. Im Robert Koch-Institut war gerade rechtzeitig zu diesem Anlaß im Rahmen von Umbau- und Erweiterungsbauten ein Museum im Hauptgebäude fertiggestellt worden, das sich seither in einem Vorraum zum Mausoleum für Robert Koch befindet. Im Ostteil Berlins erfolgte eine Museumseinweihung 1982, als zum 100. Jahrestag des Vortrages der Lesesaal in der Clara-Zetkin-Straße (Dorotheenstraße) renoviert, im benachbarten Raum eine Dauerausstellung mit Originalen etabliert und außen, neben dem Eingang, eine zusätzliche Gedenktafel angebracht wurde. Zuvor hatte etwa 1979/80 auf Veranlassung von Georg Harig am Institut für Geschichte der Medizin der Humboldt-Universität eine Verzeichnung von Dokumenten und Objekten begonnen. Dies waren Vorarbeiten für eine Inventarisierung, die Museumskriterien zur Grundlage der Beschreibung nahm und 1982 insgesamt 460 Inventarnummern umfaßte.[4] 1987/88 wurde im Zusammenhang mit der 750-Jahr-Feier Berlins das Inventar erneuert. Verluste sind für diesen Bestand nachweisbar, sofern eine Verzeichnung zu einem der genannten Zeitpunkte stattgefunden hatte.[5]

---

[3] Johannes Kathe, *Robert Koch und sein Werk* (= Abhandlungen der Deutschen Akademie der Wissenschaften zu Berlin), Berlin 1961.

[4] Georg Harig, *Robert Koch-Museum an der Charité*, in: *Mitteilungen der Gesellschaft für Geschichte der Medizin in der DDR* 16 (1982), S. 5-7.

[5] Zu den Verlusten gehören unter anderem Aufzeichnungen von Hedwig Koch, bei denen es sich um ein Tagebuch oder Memoiren handeln soll.

Bestandssituation

Die hier berücksichtigten Elemente des Nachlasses umfassen 245 Signaturen zu den Lebensdokumenten, das sind Urkunden und andere Unterlagen zum Lebenslauf, 260 Signaturen zu den Werkmanuskripten, also alle Arten von Notizen, Protokollen und anderen Aufzeichnungen sowie Manuskripten zu den Forschungsgebieten Kochs und schließlich 1279 Briefsignaturen. Der größere Bestand, vor allem Werkmanuskripte und Briefe, befindet sich im Robert Koch-Institut, 268 Signaturen wurden im Robert Koch-Museum vergeben. Abweichungen gegenüber den dort vorhandenen Inventaren sind darin begründet, daß die Inventare alle Sammlungsstücke berücksichtigten, während bei der Nachlaßerschließung Fotografien Bestandteil von Bilddatenbanken wurden. Die Einbeziehung von Objekten in beiden Einrichtungen war nicht vorgesehen.

Der Umfang einzelner Konvolute in den schriftlichen Beständen ist sehr heterogen. Dem Charakter der Materialien folgend, wurden Briefe und Lebensdokumente ganz überwiegend einzeln verzeichnet, während bei den Werkmanuskripten eine Einzelsignatur Unterlagen bis über 350 Blatt aufnimmt. Die Schwerpunkte in den beiden Gedenkstätten sind unterschiedlich gelagert. So wurden im Robert Koch-Institut 181 Signaturen für Lebensdokumente, 246 für werkbezogene Unterlagen und 1 089 für Briefe vergeben, in der kleineren Sammlung des Robert Koch-Museums sind es 63 Signaturen für Lebensdokumente, 15 zum Werk und 190 Briefsignaturen. Unterlagen, die eindeutig und ausschließlich Mitarbeitern oder Nachfolgern zuzuordnen waren, aber auch Materialien, die Hedwig Koch in den Jahren ab 1911 betreffen, blieben außer Betracht.

Zu den Ergebnissen der Erschließung des Nachlasses von Koch gehört, daß die Überlieferung unvollständig ist und einzelne Verluste nicht abschließend aufzuklären sind. Unvollständigkeit entstand vermutlich unter anderem, weil Koch selbst nicht alles bewahrte – hier hieß es von Hedwig Koch, sie habe sich einzelne Dinge, speziell Autographen, von ihrem Mann als Erinnerungsstücke erbeten. Vereinzelt befinden sich Notizbücher heute in Privatbesitz unabhängig von den Nachfahren des Nobelpreisträgers – in diesen Fällen wurden vorhandene Kopien signiert (w2/024, w5/004) – oder sind Bestandteil von Autographensammlungen in öffentlicher Hand (z.B. Sammlung Darmstaedter an der Staatsbibliothek Preußischer Kulturbesitz) und waren daher nicht Bestandteil der Erschließung.

Ein weiterer wesentlicher Sachverhalt für die nicht geschlossene Überlieferung besteht darin, daß Unterlagen zu den Tätigkeiten Kochs Teil von Amtshandlungen waren und somit in den Aktengang der Einrichtungen übergegangen sind, in deren Auftrag er tätig war (z.B. Kaiserliches Gesundheitsamt,

Hygiene-Institut der Universität), so daß eine Entscheidung über Bewahrung oder Kassation später in die Zuständigkeit der übernehmenden Archive fiel. Im Rahmen der Erschließung des Nachlasses mußte darauf verzichtet werden, eine systematische globale Bestandsrecherche durchzuführen. Diese ist im Grunde erst jetzt möglich, da eine wesentliche Voraussetzung die Kenntnis des Vorhandenen ist. Offen bleiben muß, ob und nach welchen Kriterien Koch Dokumente und Korrespondenzen nicht bewahrte und in welchem Umfang Überliefertes durch spätere Eingriffe (Kriegseinwirkungen, unzureichende Verwahrung) dezimiert wurde. Die Erläuterung der einzelnen Bestandteile des Nachlasses folgt hier der Überlieferung in den beiden berücksichtigten Einrichtungen und sich daraus ergebenden Fragestellungen.

Vor 1933 ist am heutigen Robert Koch-Institut der Nachlaß durch Erwerbungen oder Schenkungen erweitert worden, wenn auch nicht im Sinne einer gezielten Bestandspflege. Solche Akzessionen waren in den zwanziger und dreißiger Jahren des 20. Jahrhunderts von Bruno Heymann initiiert worden, und zwar sowohl in Vorbereitung der Publikation des ersten Teils seiner Koch-Biographie (bis 1882), als auch in den nachfolgenden Jahren zur Bearbeitung des zweiten Bandes, den er nicht mehr veröffentlichen konnte.[6] Bernhard Möllers nutzte nicht nur Heymanns Manuskript für seine Darstellung von Kochs Lebenslauf.[7] Es ist auch zu vermuten, daß Möllers Verluste im Bestand zu verantworten hat, die nicht allein mit dem Brand des Verlagshauses zum Zeitpunkt der beabsichtigten Drucklegung der Biographie (1944/45) zu erklären sind.

Für Eingriffe in den ursprünglichen Nachlaß gibt es Indizien. Autographen Kochs sind sowohl während der dreißiger Jahre als auch nach 1945 zu Ausstellungszwecken entnommen und nicht wieder eingeordnet worden. Dies erschwerte die Erschließung, da sich nicht bei allen zerstreut aufgefundenen Unterlagen die Zugehörigkeit zu einem Arbeitszusammenhang feststellen ließ. Eine Rekonstruktion früherer Vollständigkeit ist vor allem dann ausgeschlossen, wenn es keinerlei Vermerke zur Verfahrensweise bei Leihgaben gab. Abgeschnittene Unterschriften Kochs bei sonst vollständigen Briefen sind im Verhältnis zu anderen Beeinträchtigungen, darunter Lichtschäden oder Schimmelbefall, marginale Beschädigungen.[8] Nur ausnahmsweise fan-

[6] Heymann, *Robert Koch, 1. Teil* bzw. *2. Teil*, Einführung, S. 9-31; siehe oben, Teil 1, Einleitung.

[7] Möllers, *Robert Koch*, siehe oben, Teil 1, Einleitung.

[8] Im Verlauf der Erschließung sind Materialien wie Metall (Büroklammern), Kunststoffe (Folien, Hüllen, möglichst auch Klebebänder) und jüngere Reproduktionen (Kopien, Reprographien) entfernt worden, um die Bestände vor weiterer Zersetzung und anderen schädlichen Einflüssen zu schützen. Die Ablage in säurefreien Mappen dient ebenfalls diesem Zweck. Eine konservatorische Begutachtung der Verwahrungsbedingungen konnte im Zeitraum 1996 bis 2000 leider nicht herbeigeführt werden.

den sich Belege, daß Autographen Kochs verschenkt wurden, etwa an das Kitasato-Institut in Tokio (1964). Für das Robert Koch-Museum heißt es, daß Schränke, in denen ab 1960 die Nachlaßbestände verwahrt wurden, unverschlossen waren und auf dem Institutsflur standen. Da keine Abgabeliste des Märkischen Museums existiert, sich vereinzelt aber schriftliche Hinweise auf den Verbleib einzelner Unterlagen fanden, muß - wie im Fall der Aufzeichnungen Hedwig Kochs - von unersetzbaren Verlusten ausgegangen werden.

Zusammenfassend kommen verschiedene Möglichkeiten für Lücken der Überlieferung in Betracht, die sich ergänzen: Möglich ist, daß Koch vor allem Briefe mit persönlich-privatem Inhalt vernichtet hat, wenn sie Äußerungen über Dritte und keine sachrelevanten Informationen enthielten, und daß er sich von Aufzeichnungen trennte, deren Themen von ihm als abschließend aufgearbeitet betrachtet wurden. Unterlagen zur Amtsführung fallen nicht darunter, denn diese waren Bestandteil von Geschäftsgängen der Institutionen, für die Koch tätig war. Solche Materialien sind zumindest teilweise in den zuständigen Archiven nachweisbar, insbesondere dem Geheimen Staatsarchiv für Angelegenheiten des preußischen Staates, dem Archiv der Humboldt-Universität, dem Bundesarchiv für Institutionen des Kaiserreiches und dem Archiv des Auswärtigen Amtes im Zusammenhang mit Expeditionen.

Akzessionen im Robert Koch-Institut

Bestandserweiterungen im Koch'schen Institut in den zwanziger und dreißiger Jahren des 20. Jahrhunderts hat vor allem Bruno Heymann veranlaßt, der mit früheren Mitarbeitern Kochs oder deren Angehörigen Kontakt aufgenommen hatte. So kamen vor allem Briefe in das Institut, aber auch der Schlüssel zu dem Haus in Clausthal, in dem Koch geboren worden war. Heymann ließ sich dessen Authentizität schriftlich bestätigen und versah die Karte mit einem Siegel der Berliner Universität. Heute befindet sich der Schlüssel im Museum des Robert Koch-Instituts.

Als die Erschließungsarbeiten 1996 begannen, war zunächst davon auszugehen, daß alle auf den Institutsgründer bezogenen Materialien vollständig im dortigen Museum untergebracht sind. Im Verlauf des Projektes innerhalb des Robert Koch-Institutes aufgefundene Materialien oder andere Zugänge wurden in einem Ordner mit etwaig aufgefundenen Vermerken als Akzession dokumentiert. So kann die Bestandsentwicklung im heutigen Robert Koch-Instituts differenzierter betrachtet werden. Zudem ermöglichte diese Verfahrensweise, für die Jahre 1996 bis 2000 festzuhalten, wie innerhalb des Robert Koch-Instituts die Aufmerksamkeit bezüglich der eigenen Geschichte stieg und dem Nachlaß - oder dem Museum im Institut - weitere, teilweise bedeutende Stücke zugeführt wurden.

Akzession 1 umfaßt 23 Briefe von Robert Koch an Paul Frosch, Wilhelm Pohnert und Heinrich Conradi. Frosch hatte Heymann die Briefe im Juli 1927 zur Verfügung gestellt und gebeten, diese im Falle seines Todes dem Institut für Infektionskrankheiten zu überlassen. *Akzession 2* erhielt Heinrich A. Gins (1883-1968) für das Institut im Oktober 1935. Es handelte sich um Briefe Kochs an seinen früheren Mitarbeiter und späteren Nachfolger Georg Gaffky. Wiederum war es Bruno Heymann, der die Schenkung vermittelte, da er bei Recherchen zur Biographie Kochs den Neffen Gaffkys, Landgerichtsdirektor Battmer aus Braunschweig, kennen gelernt und die Briefe zunächst von diesem entliehen hatte.[9] Heymann hatte notiert, daß es sich um 58 Briefe Robert Kochs an Georg Gaffky handelte, und die Briefe waren bei Abgabe nummeriert. 1996 fehlten sechs der Briefe, die nicht wieder aufgefunden werden konnten. Weitere Bestandteile der Akzession sind in diesem Zusammenhang zu vernachlässigen.

Akzession 3 besteht aus Autographen Kochs, die zu den Werkmanuskripten gehören. Es handelt sich um Aufzeichnungen über Untersuchungen von Zeckenblut zur Erforschung des Texasfiebers (w4/014), ein Notizbuch über Lepra und über Malaria (w7/005.1) und Notizen zur Pest (w7/004.2). Diese Materialien wurden dem Institut im Oktober 1939 von einem Oberstabsarzt namens Richter zugestellt. Ob sie sich zu diesem Zeitpunkt bereits in der Mappe befanden, die mit der Aufschrift *Eigentum des Reichsarchivs Posen, Akten Robert Koch, dem Institut für Infektionskrankheiten als Dauerleihgabe überlassen* versehen ist, war nicht feststellbar.

Etwa gleichzeitig kam die Personalakte aus der Zeit als Kreisphysikus in Wollstein hinzu, vielleicht noch weitere Materialien. Die Umstände dieses Zuganges sind im Völkischen Beobachter nachzulesen: *Anläßlich des Internationalen Tuberkulosekongresses 1934, der in der Hauptstadt des ehemaligen Polen stattfand, besichtigten der Präsident des Reichsgesundheitsamtes, Professor Reiter, gemeinsam mit seinem Mitarbeiter Professor Möllers das Warschauer Staatliche Hygiene-Institut. Professor Möllers hatte als der letzte Schüler Robert Kochs ein besonderes Interesse, nach irgendwelchen Erinnerungsstücken des großen Forschers zu suchen ... Unter Glas aufbewahrt fanden dann auch die beiden deutschen Wissenschaftler ein Aktenstück ... Sofort nach der Einnahme Warschaus bat der Präsident des Reichsgesundheitsamtes den Sanitätsinspekteur des Heeres um Sicherstellung dieser Akten.* Einführend zu dem Artikel von Herbert Rudolf heißt es: *Nach dem Ausbau des Robert-Koch-Museums im »In-*

---

[9] Heymann, *Robert Koch*, Bd. 1, S. 65.

stitut für Infektionskrankheiten«, werden die Personalakten dort ihren ständigen Aufbewahrungsplatz finden.[10]

Im Frühjahr 1956 erhielt Karl-Ernst Gillert (1920-1988), der seit den fünfziger Jahren gemeinschaftlich mit Frau Dr. Lotte Roudolf (1899-1976) Museum und Nachlaß im Robert Koch-Institut betreute, 47 Mikrophotogramme und sieben Briefe Kochs an Otto Binswanger, alle aus dem Jahr 1879, zur Aufbewahrung im Institut (*Akzession 4*). Wenige Jahre später bekam das Institut von Robert Kempner, dessen Patenonkel Robert Koch war, Schriftverkehr Kochs mit Behörden (*Akzession 5*). Vermutlich wurden diese Dokumente 1958 im Antiquariat Hauenstein in Frankfurt am Main angeboten, ebenso einige Urkunden. Zu diesem Vorgang wurde während der Erschließungsarbeiten eine Übersicht auf Karteikarten vorgefunden. Da nicht alle auf den Karten genannten Unterlagen vorhanden sind, ist es möglich, daß Kempner nur einen Teil der bei Hauenstein angebotenen Stücke erwarb und dem Robert Koch-Institut zur Verfügung stellte.

Diese Akzession ist besonders bemerkenswert, weil Robert Kempner der erste Sohn von Lydia Rabinowitsch-Kempner (1871-1935) und ihrem Mann Walter Kempner (1869-1920) war, beide Mitarbeiter Kochs am Institut für Infektionskrankheiten. Die Schenkung ist auch deshalb eine besondere, weil der Jurist nach dem Tod der Mutter und eigener Verhaftung durch die Gestapo im Jahr 1935 emigrierte und in den Nürnberger Prozessen zum Vertreter der Anklage, unter anderem gegen Reichsinnenminister Frick und gegen nationalsozialistische Kabinettsmitglieder und Diplomaten wurde, nicht jedoch in den Nürnberger Ärzteprozessen, bei denen auch frühere Mitarbeiter des Robert Koch-Instituts angeklagt waren.

Akzession 6 geht mit sechzehn Dokumenten auf die dreißiger Jahre zurück. Die maschinenschriftlichen Abschriften und Zeitungsartikel beziehen sich insbesondere auf die Robert Koch-Gedächtnisfeier im Jahr 1935. Sie wurden in der vorgefundenen Form belassen und bei »Koch-Gedächtnisfeiern« (L7) abgelegt. Die zeitliche Zuordnung erfolgte anhand einer handschriftlichen Übersicht von Gins, der von 1917 bis 1948 am Institut tätig war, diesem aber bis zu seinem Tode (1968) verbunden blieb. *Akzession 7* beinhaltete verschiedene Erinnerungsstücke aus dem Besitz des langjährigen Institutsmitarbeiters Wilhelm Dönitz (1838-1912), auf die an anderer Stelle eingegangen wird.

Akzession 8 umfaßt *Einzelstücke aus einer Sammlung von Briefen* Robert Kochs, *die Herrn Prof. Henneberg anläßlich seines 60. Geburtstages im Oktober 1968 für die*

[10] Herbert Rudolf, *Personalakten »Robert Koch«*, in: *Völkischer Beobachter*, 25. April 1940. Erst aufgrund des Artikels wurde deutlich, daß diese nicht schon zu Lebzeiten Kochs im Institut für Infektionskrankheiten verwahrt wurde.

Robert Koch-Gedenkstätte vom Bundesgesundheitsamt überreicht wurden.[11] Es handelte sich um ursprünglich um sieben Briefe, von denen auch Fotokopien angefertigt wurden, doch als der Bestand erschlossen wurde, waren nur fünf vorhanden; zwei Originale (2. Dezember 1894 und 3. August 1904) fehlen. *Akzession 9* beschränkt sich auf einen einzelnen Brief Kochs an Erich Wernicke, den Frau Ursula Geyl-Wernicke Herrn Dr. Gillert für das Robert Koch-Institut überreichte (b2/167).

Akzession 10 erhielt der frühere Bibliotheksleiter, Klaus Gerber, im Jahr 1990 von der Zentralen Bibliotheksstelle des Bundesgesundheitsamtes. Es handelte sich um Akten zum Institut für Infektionskrankheiten, die in eine im Zeitraum 1996 bis 2000 angelegten Aktensammlung zur Institutsgeschichte aufgenommen wurden. Bei der Erschließung des Nachlasses blieben diese außer Betracht, ebenso verschiedene andere Akzessionen. Dabei handelt es sich um Einzelstücke oder Nachlaßsplitter von Mitarbeitern Kochs oder von Institutsangehörigen aus späterer Zeit, Unterlagen einzelner Abteilungen oder Personalakten. *Akzession 12* enthielt das Verzeichnis der Mitarbeiter des Instituts für Infektionskrankheiten, das ab Juli 1891 bis 1961 mit abnehmender Regelmäßigkeit geführt wurde. Es war als Hilfsmittel zur Identifizierung von Personen ebenso hilfreich wie ein unvollständiger Bestand an Personalakten. Letztere ließen zudem Rückschlüsse auf die Struktur des Instituts für Infektionskrankheiten zu, namentlich dessen personeller und haushaltstechnischer Verknüpfung mit der Charité bis zur Auflösung der Krankenbaracken auf dem Charité-Gelände nach dem Umzug des Instituts an das Nordufer im Jahr 1900.

Die *Akzessionen 11 bis 14* bestehen überwiegend aus gebundenen Aktenkonvoluten, die verschiedene Institutionen betreffen, für die Koch tätig war und betreffen nur teilweise dessen Lebenszeit. Zum Nachlaß gehörten aus der *Akzession 14* verschiedene Briefe, eine Urkunde zum Empfang Kochs durch die »Bombay Medical Union« vom 1. Mai 1897 (Pestexpedition, L3/011) und ein Stadtplan von Bombay aus dem Jahre 1897 mit Markierung der von der Pest betroffenen Wohnhäuser. Darunter waren zudem Fragmente eines an Koch gerichteten Briefes aus dem Jahr 1907, Briefe von Wilhelm Dönitz an Koch und von Hedwig Koch an Frau Dönitz und deren Tochter, Akten zum Umbau der Villa Ahorn-Allee 30 in Charlottenburg-Westend, schließlich Erinnerungsstücke an die Reise nach Japan. Diese Stükke dürften ursprünglich zur *Akzession 7* mit weiteren Autographen, Fotografien und Sonderdrucken gehört haben, die Koch seinem langjährigen Mitarbeiter Wilhelm Dönitz geschenkt hatte.

---

[11] Text eines beiliegenden Vermerks.

Die *Akzessionen 15 bis 20* (1959, 1996, 1997) beziehen sich wiederum nur in Einzelstücken auf den Nachlaß von Robert Koch. Ein Geschenk von Herrn Dr. Klaus Janitschke an das Museum im Robert Koch-Institut (*Akzession 21*, 1997) enthält Drucksachen (mit Abbildungen) zum Empfangsfest für Robert Koch in Tokio, veranstaltet von der »Vereinigung Wissenschaftlicher Gesellschaften Japans« am 16. Juni 1908. *Akzession 22*, (1997, von Friedrich und Rosemarie Veith) ist eine Ehrenurkunde der Deutschen Gesellschaft für öffentliche Gesundheitspflege vom 8. Mai 1884, die Koch anläßlich der Rückkehr Kochs von der Choleraexpedition erhielt. Diese Urkunde kam ebenfalls durch Vermittlung von Herrn Dr. Janitschke an das Robert Koch-Institut.

Keine der *Akzessionen 23 bis 25* (1969, 1989, 1997) beinhaltet Stücke zum Nachlaß Kochs. *Akzession 26* (1997) umfaßt unter anderem Drucksachen aus den Privatbibliotheken von Robert Koch und Georg Gaffky. Hierin befinden sich auch Arbeitsunterlagen Kochs zur Cholera-Expedition 1883/84 und zur Hamburger Choleraepidemie von 1892 und weiteren Cholerafällen in Deutschland im Jahr 1893 und auf diese Thematik bezogene Briefe, schließlich Materialien zur Schlafkrankheit (w6/015, w6/19-w6/21). Weitere Bestandteile dieser und der *Akzession 29* enthalten eine umfangreiche Brief- und Berichtsammlung zum Berliner Impfinstitut im 19. Jahrhundert (überwiegend vor 1850). Mit der *Akzession 28* (1996) überließ Frau Dr. Karen Bellin dem Robert Koch-Institut Texte und ein Ausstellungskonzept für Gedenkveranstaltungen zu Ehren Robert Kochs in der DDR 1982.

Lediglich Autographen, Urkunden oder Materialien, die als Arbeitsunterlagen Kochs zu identifizieren waren, fanden Eingang in die Erschließung des Nachlasses. Alle übrigen Akzessionen wurden zwar nach Möglichkeit unter Berücksichtigung konservatorischer Aspekte abgelegt, aber nicht in die vorliegende Dokumentation einbezogen. Bestandteil verschiedener Akzessionen waren Fotografien, Fotoalben, Mikrofotografien, Zeichnungen, Karten und mikroskopische Präparate, vor allem bei *Akzession 31* (1997), *Akzession 35* (1999) und zuletzt *Akzession 36* (2000). Karten und Bildbände (besonders *Akzession 30*) konnten aus technischen Gründen und wegen des schlechten Erhaltungszustandes nicht bearbeitet werden, d.h. sie mußten bei der Digitalisierung und Entwicklung der Bilddatenbanken zurückgestellt werden. Ausschließlich Bilder, nämlich eigenhändige, teilweise mit Erläuterungen versehene und auf Pappe aufgezogene Zeichnungen von Erich Wernicke waren Bestandteil der *Akzessionen 23* und *30*, davon einige Bündel verpackt.

Historische Bibliotheksbestände im Robert Koch-Institut

Bei einigen Akzessionen sind Verknüpfungen mit der Bibliothek im Robert Koch-Institut bereits angesprochen worden. Diese Verknüpfungen sind darin begründet, daß in der Zeit nach 1945 Frau Dr. Roudolf die historischen Bestände der Bibliothek vorbildlich gepflegt hat und ab 1960 – gemeinschaftlich mit Herrn Dr. Gillert – für das Museum im Institut zuständig war. Die gemeinschaftliche Betreuung durch zwei Mitarbeiter des Hauses neben deren eigentlichen Aufgaben wurde nach Ausscheiden von Frau Dr. Roudolf fortgesetzt. Diese Struktur wurde mit dem Projekt zur Erschließung des Nachlasses von Robert Koch insofern vorübergehend ergänzt, als erstmals wissenschaftliche Fragestellungen an die historischen Bestände (Autographen und Bücher) und die Rahmenbedingungen der Bewahrung herangetragen wurden.

Die nebenamtliche Betreuung des Museums und auch der Altbestände der Bibliothek erklärt unter anderem, warum der Nachlaß unerschlossen geblieben war und es seit der Tätigkeit von Frau Dr. Roudolf keinerlei konservatorische Bemühungen um den Nachlaß, aber auch um die historischen Buchbestände gab. Grundsätzlich gehören zum Nachlaß Kochs auch dessen wissenschaftliche Privatbibliothek und Sonderdrucksammlung. Beides schenkte der Nobelpreisträger dem Institut für Infektionskrankheiten 1907, während er sich auf seiner letzten Expedition befand. Aber auch weitere Zugänge in den Jahren bis 1910 begründen eine gesonderte Betrachtung der historischen Buchbestände einer wissenschaftlichen Spezialbibliothek, deren Magazin noch im originalen Bauzustand von 1900 erhalten ist.

Die Qualität ist für die Wissenschaftsgeschichte einzigartig, denn mit hoher Wahrscheinlichkeit gibt es an keinem anderen Ort einen vergleichbar gewachsenen Bestand zur Geschichte der Infektionskrankheiten und der Bakteriologie, der die Breite des Sammelns ebenso dokumentiert wie die zunehmende Spezialisierung daraus entstandener Disziplinen. Bei der Gründung des Instituts für Infektionskrankheiten übernahm Koch mit Genehmigung des preußischen Ministeriums der geistlichen, Unterrichts- und Medicinalangelegenheiten 1 736 Bücher und Zeitschriften aus dem Hygiene-Institut der Universität und dem angeschlossenen Hygiene-Museum. Bis 1900 wuchs der Bestand auf 28 000 Titel. Im ersten Jahrzehnt des 20. Jahrhunderts erhielt die Institutsbibliothek nach der Schenkung von Koch 1910 eine weitere bedeutende Sammlung aus dem Ministerium der geistlichen, Unterrichts- und Medicinalangelegenheiten. Diese beiden wesentlichen Ergänzungen wurden offenbar nicht oder nur unvollständig katalogisiert oder auf andere Weise dokumentiert, so daß der tatsächliche Umfang im Todesjahr Robert Kochs unbekannt ist.

1932 wurde der Gesamtbestand der Bibliothek auf 32 000 Bände und rund 12 000 Sonderdrucke geschätzt. Eine exakte Ermittlung aller Titel und deren Provenienz steht noch aus.[12] Aus Anlaß des 50. Todestages des Institutsgründers veröffentlichte Frau Dr. Roudolf ein Verzeichnis mit 319 Titeln aus der wissenschaftlichen Privatbibliothek Kochs, das sie nach einzelnen Disziplinen und innerhalb dieser nach Erscheinungsjahren unterschied.[13] Dieses Verzeichnis umfaßt bei weitem nicht sämtliche Bücher Kochs, wie Stichproben zur Malaria und zur Cholera ergaben. Unberücksichtigt blieben bei dem Verzeichnis von Frau Dr. Roudolf zudem nicht nur Sonderdrucke, die Koch gewidmet wurden, sondern auch Bücher und solche Druckschriften, die er als Geschenke oder Arbeitsunterlagen im Zusammenhang mit Forschungsreisen erhielt. Zur Vollständigkeit der Sonderdrucksammlung des Instituts gehören über die im Hause entstandenen Arbeiten hinaus solche, die der Institutsbibliothek oder Mitarbeitern überlassen wurden.

Im ursprünglichen Lesesaal der Bibliothek am Nordufer befand sich bis November 1999 ein Teilbestand der Privatbibliothek Kochs, vor allem zu den Themengebieten Pest, Malaria und Cholera. Untergebracht waren die Bücher und Drucksachen, unter denen sich auch Autographen befanden, in verglasten Schränken, die in den fünfziger Jahren in diesen Raum eingebaut worden waren, als dieser im Zuge von Um- und Erweiterungsbauten zu einem Büro umgestaltet wurde. Durch Aufstockung der Seitenflügel entstand ein neuer Lesesaal und in dem darüber liegenden Dach ein Büchermagazin. Bauarbeiten im Winter 1999/2000 gaben Anlaß, den historisch wertvollen Teilbestand anderweitig unterzubringen. Hierbei wurden zum Nachlaß gehörende Autographen in diesen überführt. Ebenso konnte zumindest ein Teil der Sonderdrucksammlung Robert Kochs vor Kassation bewahrt werden. Bedauerlich sind Verluste wegen etwaiger Widmungen der Verfasser für Robert Koch, zumal es sich dann genau genommen um Briefe handelt, von Koch als sein Eigentum gekennzeichnet. Nur eine Revision und Neuverzeichnung der Altbestände und Sonderdruck-Sammlungen einschließlich der Widmungsexemplare kann genaueren Aufschluß über den aktuellen Umfang der historischen Bibliotheksbestände geben, deren Erhaltungszustand mittlerweile auch konservatorische und restauratorische Schritte verlangt.

---

[12] Eine Zusammenstellung der Altbestände anhand unterschiedlicher Daten zur Abschätzung des Altbestandes erstellte Markus Schnöpf 1997, unveröffentlichtes Manuskript.

[13] Lotte Roudolf, *Die wissenschaftliche Bibliothek Robert Kochs*, in: *Zentralblatt für Bakteriologie* 175 (1960), S. 115-140. 1966 stellte ihr Nachfolger zum 75. Jahrestag der Institutsgründung Publikationen von 867 Autoren zusammen, deren Veröffentlichungen auf Arbeiten im Institut zurückgingen: Klaus Gerber, *Bibliographie der Arbeiten aus dem Robert Koch-Institut*, in: *Zentralblatt für Bakteriologie* 203 (1966), I, S. 1-274.

Die ursprüngliche Anordnung des Nachlasses ist nicht rekonstruierbar, weil mehrmals Umlagerungen des Bestandes innerhalb des Instituts erfolgten, wie anhand der Akzessionen nachvollziehbar wird. Eine geordnete Ablage oder Systematisierung, an die seit 1912 gedacht war und von Heymann in den zwanziger Jahren begonnen wurde, konnte dieser nicht fortsetzen. Während des Nationalsozialismus betreuten Gins und Möllers den Bestand, und Möllers hat den Nachlaß im Robert Koch-Institut als letzter in der unbekannten Vollständigkeit des Jahres 1943 gesehen. Das Museum im »Wutschutzgebäude« wurde 1943/44 durch Bombentreffer in der Umgebung beschädigt. Die Museumsstücke waren noch immer nicht verzeichnet, als sie in Bündeln oder Kisten verpackt und vermutlich innerhalb des Institutes eingelagert wurden. Zu den Sammlungsbeständen gehörten neben einer umfangreichen fotografischen und Präparatesammlung auch Schlangen- und Krokodilhäute, wie Fotografien aus den zwanziger oder dreißiger Jahren erkennen lassen.

Wann und unter welchen Bedingungen Sammlungsstücke des Nachlasses und des Koch'schen Instituts, zu denen auch noch Objekte aus der Zeit des Hygiene-Museums an der Berliner Universität gehört haben dürften, abhanden kamen, ob, und wenn, wohin sie abgegeben wurden, ist nicht bekannt, da keinerlei Aufzeichnungen vorliegen. Einzelstücke, darunter Moulagen und Laborzubehör, werden gegenwärtig noch verwahrt. Vor, während oder nach Einrichtung des Museums um 1960 gab es erneut Ansätze hierzu, die seinerzeit nicht abgeschlossen worden sind. Gemeinsam war all jenen Versuchen, daß sie nicht historisch-wissenschaftlichen, und bei der Ablage nicht einmal konservatorischen Erfordernissen folgten. Vor allem bei jenen Dokumenten, die im hauseigenen Museum in der ständigen Ausstellung gezeigt wurden, hatte dies erhebliche Lichtschäden zur Folge; einige Dokumente zeigen leichten Schimmelbefall.

Überraschend ist, daß das Arbeitszimmer Kochs am Nordufer bis zu den Umbauten nach Kriegsende unangetastet geblieben sein soll, so daß dort während der Baumaßnahmen noch Arbeitsunterlagen und Teile seiner Bücher gefunden wurden. Dies erklärt die gesonderte Unterbringung von Teilen der Sammlung Kochs, hilft aber nicht, Lücken in der Überlieferung zu schließen. Fehlende Dokumentationen und eine Administration der Bestände, die nicht nach archivarischen und konservatorischen Gesichtspunkten erfolgte, standen neben einer teilweise sehr unzureichenden Verwahrung. Sofern einzelne Dokumente verschenkt wurden, ist dies nur an zwei Stellen mit einer entsprechenden Notiz belegt. Welche Schriftstücke, Briefe, Notizen und Bildmaterialien darüber hinaus verloren sind, ist nicht mehr festzustellen. Zur Vervollständigung des Wissens bleibt die Hoffnung auf Hinweise auf Sammlungsbestände auch privater Eigentümer. Beides kommt für eine etwaige Bewahrung von Fragmenten in Betracht.

Mit dem Jahr 2000 endet die Bestandsgeschichte zunächst, ohne daß es zu befriedigenden Ergebnissen bezüglich der langfristigen fachgerechten Pflege des Nachlasses von Robert Koch gekommen ist. Die Veränderungen in den technischen Möglichkeiten gaben allerdings bereits während der Erschließung der geteilten Bestände Anlaß, über zeitgemäße Formen einer Bereitstellung aller Medien des Nachlasses nachzudenken. Fotografien und mikroskopische Präparate konnten keine Berücksichtigung finden, jedoch ist eine digitale Bestandssicherung auch der Autographen und Urkunden in Vorbereitung, die Grundlage für ein »digitales Archiv der Mikrobiologie und Immunologie« werden soll.

In dieses »digitale Archiv« werden die umfangreichen Bildbestände Eingang finden, die im Nachlaß Robert Kochs überliefert sind und sich sowohl auf Privates als auch auf seine beruflichen Tätigkeiten beziehen. Der größte Teil der überlieferten Fotografien (Glasnegative, historische Papierpositive und Glaspositive) gehört zum Werk Kochs, ebenso gibt es mikroskopische Präparate. Bisher sind zwei Bilddatenbanken entstanden, eine dritte für Mikrofotografien steht noch aus. Abbildungen haben in den Signaturen eine systematische Ordnung erhalten, die nach Porträts bzw. Personen, Forschungsreisen und Themen unterscheiden. Die Bilddatenbanken sind nicht Bestandteil der vorliegenden Dokumentation geworden, weil hierfür eine elektronische Veröffentlichung vorgesehen ist. Eine Datenbank mit Deskriptoren für inhaltliche und bestandsbezogene Kriterien umfaßt mehr als 2 500 digitalisierte Abbildungen, überwiegend Fotografien, die zweite mikroskopische Präparate. Letztere enthält 1 800 Datensätze, nämlich jeweils 900 Übersichtsscans, um die Gesamtansicht zu dokumentieren und im zweiten Scan Details. Dies erlaubt zu gegebener Zeit, die mikroskopischen Beobachtungen Kochs vollständig zu rekonstruieren, ohne die Original-Präparate zu verwenden und Vergleiche mit publizierten oder unpublizierten Abbildungen vorzunehmen.

Erschließung

Verteilte Bestände und uneinheitliche Vorordnung auf der einen Seite und Vorgaben durch die »Regeln zur Erschließung von Nachlässen und Autographen« auf der anderen Seite benannten Herausforderungen an die Kriterien der Dokumentation des Nachlasses von Robert Koch. Ausschlaggebend waren Fragestellungen an den Bestand, wie sie im Umfeld der Wissenschafts- und Medizingeschichte häufig zu finden sind. Deshalb geht die Beschreibung der einzelnen Bestandteile weit über diese Vorgaben hinaus. Die meisten Anfragen an den Nachlaß Koch sind an Inhalten und etwaigen genannten Personen orientiert, gleichzeitig erhofften sich vor allem Nicht-Historiker wegen

Leseschwierigkeiten eine vollständige Transkription. Die Lösung bestand darin, Betreffs zu formulieren, die auf dem Inhalt der verschiedenen Schriftstücke basieren, so daß nicht äußere, formale Erschließungskriterien im Mittelpunkt standen, sondern wissenschaftlicher Nutzen.

Die Unterteilung des schriftlichen Nachlasses in verschiedene Materialgruppen folgte den Erschließungsvorgaben, aber innerhalb der Klassifikation nach »Lebensdokumenten«, »Werkmanuskripten« und »Briefen« wurde eine Feinsystematik entwickelt, die sowohl der Aufschlüsselung der Lebens- und Arbeitsbereiche Kochs dient, als auch der Nutzbarkeit der Bestände und einer Bestandspflege. Werkbezogene Materialien wiesen nur ausnahmsweise Titel auf, und auch Datierungen nahm Koch bei Arbeitsunterlagen eher selten vor. Deshalb bildeten Veröffentlichungen den Ausgangspunkt, um deren Inhalte mit Aufzeichnungen abzugleichen. Mit Hilfe der Materialien wurde unter Einbeziehung der älteren Biographien (s. Teil 1, Einleitung) der Lebenslauf Kochs detailliert aufgeschlüsselt, um für die Dokumentation die Entstehungszeit einzelner Autographen annäherungsweise zu präzisieren.

Um die Korrespondenzpartner zu identifizieren, wurden die Briefinhalte auf Informationen zur Person und zum Gegenstand des Briefes überprüft, zumal bei Briefen die Anrede häufig *Sehr geehrter Herr Kollege* oder *Sehr geehrter Herr Geheimrath* lautet. Gemeinsam mit der Identifikation von Unterschriften konnten biographische Daten der Absender ermittelt werden, so daß für Verfasser oder Adressaten in der Regel die Lebensdaten angegeben sind, obwohl Briefumschläge nur punktuell vorhanden sind. Sofern es sich um Kontakte aus dem unmittelbaren Umfeld Kochs handelte, waren Personalakten ein zusätzliches Hilfsmittel. So konnten dreizehn Briefe Kochs dem Adressaten Richard Pfeiffer (1858-1945) zugeordnet werden. Bei Briefen an Robert Koch sind fehlende Umschläge nachvollziehbar, da er frühzeitig begann, seiner Tochter Briefmarken zu überlassen. Nach Auskunft der Nachfahren Kochs befindet sich diese Sammlung weiterhin in Familienbesitz.

Leitgedanke bei der Entwicklung einer Signaturen-Systematik war, bestandsgerechte Kriterien zu entwickeln, die etwaige Erweiterungen integrieren. Eine chronologische Anordnung der Signaturen war damit ebenso ausgeschlossen wie eine alphabetische bei den Briefen. Die in der Dokumentation vorgenommene chronologische Anordnung ist nachträglich entstanden, ebenso die sich daran anschließende alphabetische Zusammenstellung nach Verfassern bzw. Adressaten. Ehrungen und Mitgliedschaften Kochs sind ergänzend zu der systematischen Anordnung in einem chronologischen Verzeichnis aufgeführt. Die Entscheidung, Signaturen nicht an chronologische oder alphabetische Kriterien zu binden, hat sich mehrfach als sinnvoll bestätigt. Dem Robert Koch-Museum sind Anfang 1999 von Herbert Liman (Berlin) dankenswerter Weise zehn Briefe und einige weitere Dokumente geschenkt worden, die eine wertvolle Ergänzung darstellen. Aber auch die Ergänzungen, die von 1996 bis 2000 innerhalb des Robert Koch-Instituts erfolgten, rechtfertigten dieses Vorgehen.

Die überlieferten Bestände beider berücksichtigten Institutionen decken nahezu den gesamten Lebenslauf Robert Kochs ab. Unvollständigkeit wird anhand unterschiedlicher Dichte von Werkmanuskripten, vor allem aber anhand publizierter, im Nachlaß jedoch nicht erhaltener Briefe auf besondere Weise deutlich. Bei Möllers sind zu dem Stellenwechsel Kochs nach Breslau und zurück nach Wollstein zwei Briefe Kochs an Cohn ohne Nennung des Adressaten abgedruckt. 26 elementare methodische Korrespondenzen zwischen Koch und Cohn sind heute weder in Berlin noch in Polen nachweisbar.[14] Ein Teil dieser Briefe Kochs ist ganz oder auszugsweise bei Heymann und Möllers publiziert. Eben so viele Briefe Cohns an Koch müßten Bestandteil des Nachlasses Koch sein. Da Heymann die Originale gesehen hat, muß hier ein nachträglicher, bewußter Eingriff in den Nachlaß erfolgt sein. Eine ähnlich empfindliche Lücke gibt es für die Zeit 1889 bis 1891. Insbesondere das Jahr 1890 fällt auf, denn nach Angaben von Emmy Koch erhielt ihr Gatte in diesem Herbst *oft über 100 Briefe mit einer Post*, die sie teils *an die verschiedenen Ärzte der Kliniken* weiterreichte, teils selbst beantwortete.[15] Im Nachlaß findet sich hiervon keine Spur.

Bezüglich der werkbezogenen Unterlagen ist kaum rekonstruierbar, ob jemals umfangreichere Aufzeichnungen existiert haben. Die Erschließung des Nachlasses hat ergeben, daß dies nicht der Fall war, da sich beim experimentellen bakteriologischen Arbeiten eine Verfahrensweise zur Dokumentation der Arbeitsprozesse im Laboratorium erst zu entwickeln begann. Zwar existieren verschiedene Notizbücher, nicht jedoch geordnet geführte Laborbücher mit kontinuierlichen Protokollen. Dies macht eine Rekonstruktion der wissenschaftlichen Arbeit auch innerhalb der Arbeitsgruppen Kochs problematisch. Es fällt ins Auge, daß die Verteilung der überlieferten Autographen aus verschiedenen Jahren und zu verschiedenen Themengebieten unterschiedlich dicht ist. Die Materialien sind weder vollständig noch umfassend zu nennen; es fehlen darüber hinaus in den bearbeiteten Beständen Aufzeichnungen Kochs für Gutachten und Stellungnahmen, die zum Arbeitsalltag aller Institutionen gehörten, für die er tätig war.[16] Zu manchen Themen,

[14] Mitteilung von Margot Klemm, 1999.

[15] *Robert Koch zum 150. Geburtstag* (= Schriftenreihe des Oberharzer Geschichts- und Museumsvereins e.V.), hrsg. vom Oberharzer Geschichts- und Museumsverein Clausthal-Zellerfeld 1993, S. 55, Emmy Koch an Helene Biewend, 24. November 1890.

[16] In *Robert Kochs Gesammelte Werke*, Bd. 2.2, sind entsprechende Dokumente abgedruckt, nur ein Teil befindet sich im Nachlass. Dort wurden zudem Äußerungen Kochs veröffentlicht, die von anderen in Zeitschriften oder Kongressbänden publiziert waren.

von denen bekannt ist, daß Koch sie bearbeitete (z.B. Wasserqualität in Berlin), fehlen jegliche Materialien in den Nachlaßbeständen.

Vorhandenes trägt eher den Charakter von Notizen, die einem Anspruch nach vollständiger Rekonstruktion der Labortätigkeit oder der amtlichen Verpflichtungen Kochs nicht genügen würden. Generell bestehen die vorhandenen Unterlagen aus losen Einzelblättern sehr unterschiedlicher Formate. Diese reichen von der Größe eines Etiketts für bakteriologische Präparate bis zu Folio-Bögen. Konzentrierte Arbeit spiegelt sich in umfangreicheren Konvoluten aus losen Blättern einheitlicher Größe wieder. Hierbei handelt es sich um Exzerpte oder bibliographische Notizen, die der Annäherung an ein Thema bzw. der Rekonstruktion gesicherten Wissens dienten. Sofern Formate und Tintenfarbe einheitlich sind, ist von einem in sich geschlossenen Arbeitsgang auszugehen, der anhand der angegebenen Jahreszahlen der bearbeiteten Veröffentlichungen die Entstehungszeit der Aufzeichnungen bestimmen läßt. Dies ist jedoch selten. Weitaus häufiger finden sich unterschiedliche Formate, und wann immer und wo immer Koch eine Wahrnehmung zu einer Infektionskrankheit machte und diese festhielt, sind Aufzeichnungen - meist lose, undatierte Blätter - möglich.

Nach mündlicher Mitteilung der Nachfahren war Sparsamkeit im Gebrauch von Papier eine vom Vater übernommene Verhaltensweise, so daß Koch nutzte, was greifbar war: Zwischenblätter von Objektträgern waren hierbei dem Gegenstand der Forschung angepaßt, wurden mitunter auch entsprechend vorbereitet (Präparate zur Schlafkrankheit). Zwar führte Koch auf Reisen hin und wieder Notizbücher, nahm jedoch bestenfalls bei längeren Aufenthalten an einem Ort systematisch Aufzeichnungen vor oder beauftragte Assistenten damit, da Einträge nicht nur von Kochs Hand sind, namentlich, wenn es sich um Listen handelte. Eingelegte Notizzettel unterschiedlicher Größe beinhalten Ergänzungen, auch Aufzeichnungen zu anderen Themengebieten und sind mit Sicherheit bei keinem Forschungsthema vollständig.

Aber auch Ansätze zu Strukturiertheit wie Beginn neuer Notizbücher oder Übersichtsschemata für fotografische Arbeiten in Wollstein, deren Pflege überaus zeitintensiv gewesen wäre, lassen wegen der jeweils spezifischen Unvollständigkeit vermuten, daß Koch vor allem markante Beobachtungen oder - bei Exzerpten - gesichertes, zu übernehmendes Wissen schriftlich fixierte, kaum längere Gedankengänge. Die Form der Überlieferung ist daher als Beleg für den Arbeitsstil Kochs zu betrachten. Den breit gestreuten Gedanken Robert Kochs entspricht das Erscheinungsbild des Nachlasses, denn wohl nur einen Bruchteil brachte er zu Papier, auch theoretisch-methodische Überlegungen sind mosaikhaft. Zugleich ist dieser Umstand ein Indiz dafür, daß es ihm letztlich um die Bestätigung von Hypothesen ging, die ausgedehnt niederzulegen offenbar nicht seiner Wesensart entsprach. Gegenüber den Abhandlungen seines akademischen Lehrers Henle manifestiert sich hierin ein neuer Stil, der für die laborgestützte Forschung des 20. Jahrhunderts charakteristisch werden sollte.

Lebensdokumente, vor allem Urkunden über Ehrungen und Mitgliedschaften in gelehrten Gesellschaften, sind in größerer zeitlicher Geschlossenheit als Briefe und Werkmanuskripte überliefert. Dokumente zu Privatem sind hingegen selten, und eher im Robert Koch-Museum vorhanden, unter anderem Schulzeugnisse und das Studienbuch. Mit der gleichermaßen beruflichen wie persönlichen Bedeutung ist erklärbar, daß Koch ein Schreiben von 1872 und fünf aus dem Vorfeld der Berufung an das Kaiserliche Gesundheitsamt bewahrte. Eine Bescheinigung des Dr. Knorre aus Hamburg, wo Koch 1866 hospitierte, ist vorhanden, Belege über Praktika in Berlin, von den Biographen Heymann und Möllers erwähnt, hingegen nicht. Ebenso fehlen bis auf Einzelnes, Autographen aus den Jahren in Langenhagen, Niemegk und Rackwitz. Verständlich ist ihr Fehlen eingedenk mehrfacher Umzüge innerhalb weniger Jahre. Dokumente über Qualifizierungen und berufliche Positionen finden sich hingegen ebenso wie Nachweise über die Teilnahme am Deutsch-Französischen Krieg 1870/71, Zeugnisse zur Physikatsprüfung und schließlich die Ernennung zum Kreisphysikus des Kreises Bomst im Jahr 1872. Aus der Zeit in Wollstein stammen Notizen zum Lebenslauf und eine Bewerbung (1875). Alle weiteren Unterlagen zum beruflichen Werdegang waren Bestandteil der Aktenführung der vorgesetzten Behörden.

Nachfolgende Verzeichnisse dokumentieren erstmals vollständig sämtliche vorhandenen Autographen Kochs zu verschiedenen Arbeitsgebieten, Urkunden und andere Dokumente zum Lebenslauf und Korrespondenzen. Insgesamt ist – mit Förderung durch die Deutsche Forschungsgemeinschaft in den Jahren 1996 bis 2000 – eine gemeinsame Dokumentation für den Nachlaß am Robert Koch-Institut (rki) und am Institut für Mikrobiologie und Hygiene (rkm) der Humboldt-Universität entstanden. Berücksichtigt sind alle Bestandteile des Nachlasses, die bei Beginn der Erschließung vorhanden waren und auch diejenigen, die in den Jahren des Erschließungsprojektes beiden Beständen hinzugefügt wurden oder als Akzessionen früherer Jahre identifizierbar waren. Den einzelnen Abschnitten sind jeweils eine Einführung und systematische Aspekte der Erschließung vorangestellt.

Lebensdokumente

Dokumente zum Lebenslauf Robert Kochs beschränken sich im Robert Koch-Institut und im Robert Koch-Museum auf folgende Unterlagen: Auszüge aus dem Taufregister, Zeugnisse des Gymnasiums Clausthal, Hochschulzeugnis, Prüfungszeugnis zum Erhalt einer Niederlassungsgenehmigung als Arzt und als Wundarzt, Befähigungsnachweis zur Übernahme einer Physikatsstelle, Ernennung zum Kreisphysikus und Bestallung, Berufung an das Kaiserliche Gesundheitsamt, Beförderung zum Kaiserlichen Geheimen Regierungsrat, zugleich Ernennung zum Geheimen Medizinalrat und zum Direktor und Professor am neu gegründeten Hygiene-Institut der Berliner Universität (nur als briefliche Mitteilung ohne Urkunde), Ernennung zum Direktor des Instituts für Infektionskrankheiten in Berlin und kurz darauf zum ordentlichem Honorarprofessor an der Universität, schließlich die Entbindung vom Amt des Direktors des Instituts für Infektionskrankheiten.

Zu den Lebensdokumenten gehören allerdings darüber hinaus rund 130 Mitgliedschaften und Auszeichnungen, wobei ihm die meisten Mitgliedschaften in lokalen Ärztevereinen, gelehrten Gesellschaften und Akademien ehrenhalber zuteil wurden, vergleichbar den Ehrenbürgerschaften, Ehrenpromotionen und Orden. Zusätzlich zu den Urkunden zum Lebenslauf und den Ehrungen sind Lebensdokumente zur privaten Lebensführung und zur Durchführung von Expeditionen überliefert, etwa Fahrscheine für Schiffspassagen oder Reisepässe. Beides scheint eher zufällig erhalten, und es überwiegen Unterlagen, die während der zweiten Ehe Kochs entstanden sind. Fragmente von Steuererklärungen und Andenken von der gemeinsamen Reise nach Japan sind hier zu nennen. Selbstzeugnisse, etwa Tagebücher mit privaten Aufzeichnungen, befinden sich nicht im Nachlaß, ebenso keine Memoiren oder Entwürfe hierzu.

Die Bestände reichen über Kochs Tod hinaus und schließen unsystematisch gesammelte Stücke zu Gedenkveranstaltungen bis in die Gegenwart ein, weil des Nobelpreisträgers bei »runden« Jahrestagen weiterhin gedacht wird. Diese Unterlagen beginnen mit der Vorbereitung der Beisetzung Kochs im Dezember 1910, als er im Institut für Infektionskrankheiten seine letzte Ruhestätte fand und enden mit Veranstaltungen zu seinem 150. Geburtstag (1993).

Aspekte der Erschließung

Die Lebensdokumente wurden in sieben Signaturengruppen unterschieden und beinhalten insgesamt 245 Nummern; teilweise wurden zusammengehörige Dokumente zusammengefaßt (z.B. Militärdienst 1870/71). Die Systematik unterscheidet Lebenslauf (L1), Urkunden zu Mitgliedschaften und Ehrungen (L2), Dokumente mit Bezug zum Werk (L3), zur privaten Lebensführung (L4), schließlich Kochs Tod (L5), Gedächtnisstätten (L6) sowie Gedenkveranstaltungen (L7). Mit dieser Differenzierung ist die Ergänzung der Bestände und deren Verzeichnung ohne Zerstörung von Signaturenfolgen möglich, falls es künftig zu Erweiterungen der Bestände kommt. Dieses Vorgehen ist von Vorteil, weil es sich nicht um einen geschlossenen Bestand einer einzelnen Einrichtung handelt. Es wurde vielmehr eine einheitliche Dokumentation erarbeitet, die den jeweiligen Standort angibt.

Die erste Gruppe (L1) mit 30 Nummern bezieht sich auf den allgemeinen Lebenslauf Robert Kochs. Sie beginnt mit einer Abschrift der Eintragung in das Kirchenbuch, da zivilrechtliche Geburtsurkunden noch nicht existierten und endet mit der Entbindung Kochs vom Amt des Direktors des Königlich Preußischen Instituts für Infektionskrankheiten. Eine etwaig ausgestellte Todesurkunde mag bei den Angehörigen verblieben sein. Nach Möglichkeit wurde bei der Verzeichnung die zeitliche Reihenfolge berücksichtigt, doch war dies wegen der Verteilung auf zwei voneinander unabhängige Einrichtungen nicht durchgängig möglich.

In der zweiten Signaturengruppe (L2) sind in 135 Signaturen Mitgliedschaften in Vereinen und Gesellschaften, Ehrungen und Auszeichnungen aufgenommen. Angegeben ist jeweils, ob es sich um eine korrespondierende oder Ehrenmitgliedschaft handelt. Begleitbriefe, mit denen Koch über die Entscheidung der Aufnahme informiert wurde oder der Urkunde beilagen, sind nicht zusätzlich als Briefe dokumentiert, sofern eine Urkunde vorhanden ist. Datumsvermerke Kochs sind ebenfalls aufgenommen worden, da sie Hinweise geben, bei welchen Institutionen sich Antwort- oder Dankschreiben befinden könnten.

Datumsvermerke auf Mitteilungen über Ernennungen begann Koch offenbar, als sich ab 1885, vermutlich in Folge des Sanitätskongresses in Rom, Ehrenmitgliedschaften häuften. Zu der Ernennung Robert Kochs zum Korrespondierenden Auswärtigen Mitglied bei der »Académie Royale de Médicine de Belgique« vom Juni 1885 (L2/035) ist ein zweites Schreiben mit einer Nachfrage vorhanden. Womöglich lag von Seiten Kochs eine Verwechslung vor, da ihm nahezu gleichzeitig die Ernennung zum Korrespondierenden Auswärtigen Mitglied der »Société Royale de Médicine Publique de Belgique«

zuging (L2/036). Hier antwortete er unmittelbar nach Erhalt am 5. Juli 1885, und seither vermerkte er fast immer mit einem handschriftlichen Datum die Beantwortung.

Für eine Vervollständigung des Wissens um Ehrungen, Auszeichnungen und Anerkennung durch wissenschaftliche Gesellschaften werden auf der Grundlage des chronologischen Verzeichnisses weitergehende Überprüfungen und ggf. Ergänzungen möglich. So sind Orden und Medaillen in den Begleitschreiben bezeichnet, doch als solche nicht bzw. unvollständig im Nachlaß erhalten. Bezüglich der Orden ließ sich anhand der biographischen Literatur feststellen, daß in den Berliner Nachlaßbeständen Urkunden oder andere Dokumente zur Verleihung des Stanislausordens I. Klasse (1887), des Wilhelmsordens (1904) und Unterlagen zur Wahl als Mitglied in den Orden Pour le mérite (1906) fehlen.[1] Vorhandene Medaillen sind in Ergänzung zu einer chronologischen Dokumentation der Ehrungen und Auszeichnungen verzeichnet.

Werkbezogene Lebensdokumente sind in der systematischen Gruppe L3 mit 21 Nummern aufgeführt. Berücksichtigt sind hier neben den oben erwähnten Reisepässen Zeitungsausschnitte, welche die Berichterstattung über Kochs Forschungsarbeiten in populären Medien einschließen. Um eine systematische Sammlung Kochs handelt es sich auch hierbei nicht. Unterlagen zur privaten Lebensführung (L4) umfassen 25 Nummern und sind überwiegend im Robert Koch-Museum vorhanden, dessen Bestand auf Hedwig Koch zurück geht. Die nachfolgenden Gruppen, L5 (11) und L6 (7), beziehen sich auf Tod und Beisetzung Robert Kochs und die Vorbereitung der von Julius Schwalbe und Georg Gaffky initiierten Herausgabe der Gesammelten Werke Kochs. Zeitungsartikel in der Tagespresse sind im Rahmen der Erschließung nach Todesmeldungen und Nachrufen innerhalb Deutschlands und nach außerdeutschen Staaten unterschieden worden. Diese Sammlung dürfte relativ vollständig sein, da Gaffky das »Berliner Literarische Bureau« mit der Zusammenstellung beauftragte.

Ergänzt sind in dieser Gruppe (L5) Nachrufe in fachwissenschaftlichen Zeitschriften und in der folgenden (L6) Sonderdrucke von Veröffentlichungen Robert Kochs, die als Vorlagen der redaktionellen Bearbeitung für die Gesammelten Werke dienten (unvollständig). Die Gesammelten Werke nahmen in drei Teilbänden 99 Veröffentlichungen und 92 Gutachten und Stellungnahmen für Behörden auf. Allerdings ließ sich anhand einer Überprüfung der Veröffentlichungen und eines Abgleiches mit dem Nachlaß feststel-

[1] Martin Kirchner, *Robert Koch* (= Meister der Heilkunde, Bd. 5), Wien-Berlin 1924, S. 45, 64 und 72. Das Verzeichnis der Ehrungen ist auch deshalb unvollständig zu nennen, weil es noch 1996 ein Erwerbungsangebot und 1997 eine Überlassung von Auszeichnungen für Robert Koch gab.

len, daß nicht sämtliche Publikationen Kochs berücksichtigt worden sind. Schließlich sind in dieser Gruppe Unterlagen Gaffkys zur Einweihung des Marmor-Denkmals auf dem Luisenplatz (heute: Robert Koch-Platz) abgelegt.

Die letzte Untergruppe (L7) umfaßt acht Nummern mit Gedächtnisfeiern und Veranstaltungen, die nach dem Todes- und Beisetzungsjahr Kochs (1910), also ab 1911 stattfanden. Grundlage sind nicht zusätzlich recherchierte Materialien, sondern die Dokumentation beschränkt sich auf Vorgefundenes. Absicht dieser Aufschlüsselung ist wiederum, die Bestandspflege zu ermöglichen, da allein in den Jahren bis 2010 die 100. Wiederkehr der Verleihung des Nobelpreises (2005), der 125. Jahrestag des Vortrages über die Ätiologie der Tuberkulose (2007) und der 100. Todestag Kochs (2010) Gedenkveranstaltungen erwarten lassen.

Die nachfolgende Dokumentation folgt im ersten Teil der Systematik der jeweils zugeordneten Signaturen. Der Betreff macht Angaben zum Inhalt des Dokuments, daran anschließend sind Aussteller oder Urheber und gegebenenfalls die Körperschaft genannt, in deren Namen die Ausstellung erfolgte. Entstehungsort, Datierung und der Standort (rki oder rkm) geben die Zuordnung und den Ort der Verwahrung an. Ergänzt sind nähere Charakteristika sowie etwaige Literaturhinweise, die sich auf eine Veröffentlichung einzelner Unterlagen und somit auf greifbare Sekundärquellen beziehen. In einem zweiten Teil sind schließlich eine chronologische Übersicht der Ehrungen und Auszeichnungen Robert Kochs auf der Grundlage der berücksichtigten Bestände und Medaillen aufgeführt.

Verzeichnis der Lebensdokumente

L 1: Dokumente zum Lebenslauf (30)

L1/001.1
L1/001.1a
Auszüge aus dem Geburts- und Taufbuch des Pfarramtes in Clausthal: 1. Eintrag der Taufe von Hermann Heinrich Robert Koch; 2. Eintrag der Taufe von Hermann Koch (geb. 17.2.1814) [Vater]; *Aussteller:* A. Tölke, Pastor der Gemeinde Clausthal, Pfarramt Clausthal, Clausthal, 25.7.1872 (rkm);.Geburtsdatum zu 1.: 12.12.1843; Taufdatum: 21.1.1844 wahrscheinlich hierzu: zwei Umschläge mit Stempeln (Clausthal).

L1/001.2
Auszug aus dem Verzeichnis der Geborenen und Getauften der Parochie Clausthal über Geburtstag und Tauftag von Hermann Heinrich Robert Koch; *Aussteller:* Schultze, Arche-

diakon der Gemeinde Clausthal, Kirche zum Heiligen Geist, Clausthal, 25.11.1910 (rki); angeklebt: Anschreiben (b3/087).

L1/002.1 Abschriften von Schulzeugnissen und Abiturarbeiten; *Aussteller:* unterschiedliche Lehrer des Gymnasiums Clausthal (1854, 1855, 1856, 1859, 1860, 1862) bzw. Provinzialausschuß für hygienische Volksbelehrung in der Provinz Hannover, Clausthal bzw. Hannover, ohne Datum (rki). Datierung: 1854, 1855, 1856, 1859, 1860, 1862 (18.03./2.04.). Die Mappe war 1929 Bestandteil einer Ausstellung; s.a. Möllers, Robert Koch, S. 18, Anm. 3.

L1/002.2 Reifezeugnis; *Aussteller:* W. Elster, Schuldirektor des Gymnasiums Clausthal, Clausthal 2.4.1862 (rkm).

L1/003 Studienbuch der Georg-August-Universität Göttingen; *Aussteller:* Verschiedene Professoren der Universität sowie R. Koch, Georg-August-Universität, Göttingen 23.4.1866 (rkm). Eintragungen Robert Kochs für die Jahre 1862-1866; Unterschriften der akademischen Lehrer.

L1/004 Hochschulzeugnis (Promotion); *Aussteller:* Heinrich Albert Zacharias, Prorektor der Georg-August-Universität, Göttingen, 10.1.1866 (rkm).

L1/005 Preis für eine Arbeit des Studenten Robert Koch; *Aussteller:* Karl Friedrich Heinrich Marx, Dekan und Heinrich Albert Zacharias, Prorektor der Georg-August-Universität, Göttingen, ohne Datum [1865] (rki). Reproduktion, der Verbleib bzw. Standort des Originals ist ungeklärt.

L1/006.1, L1/006.2 Promotionsvereidigung; *Aussteller:* L. Fehrensen, Universitäts-Sekretär der Georg-August-Universität, Göttingen, 16.1.1866 (rki). 006.1: Vordruck mit eigenhändigem Namenseintrag Kochs und Unterschrift des Zeugen, 006.2: nur Reproduktion vorhanden; der Verbleib bzw. Standort des Originals ist ungeklärt.

L1/007 Meldebescheinigung (Heimatschein) der Magistrate Clausthal und Zellerfeld, Clausthal, 26.1.1866 (rkm). Bestätigung des Magistrats von Zellerfeld vom 27.1.1866.

L1/008 Prüfungszeugnis zum Erhalt einer Niederlassungsgenehmigung als Arzt und ein weiteres als Wundarzt; *Aussteller:* Krause; Burghard; Lohmann [008]; Hüpeden [008a], *Körperschaft:* Königlich-Hannoversches Ober-Medizinal-Collegium, Hannover, 12.3.1866 (rkm).

L1/009	Niederlassungsgenehmigung als Arzt in Langenhagen; *Aussteller:* Beer [?], Königlich Hannoversche Landratei, Hannover, 27.9.1866 (rkm).
L1/010	Tätigkeitsnachweis über Assistenz am Allgemeinen Krankenhaus Hamburg, 20.06.-1.9.1866; *Aussteller:* Dr. Knorre, Allgemeines Krankenhaus Hamburg, Hamburg, 5.9.1866 (rkm).
L1/011.1 - L1/011.10	Militärdienst im Deutsch-Französischen Krieg 1870/71; *Aussteller:* verschiedene Militärbehörden, verschiedene Orte [13.8.1870 bis 31.1.1871] (rkm).
L1/011.11 - L1/011.13	Nachweise über Tätigkeiten Kochs während des Militärdienstes im Deutsch-Französischen Krieg 1870/71; *Aussteller:* Weber, Etappen-Generalarzt der 2. Armee; Dyben [?], Etappen-Generalarzt der 2. Armee; Neuber, Oberstabsarzt, Berlin; Orléans; Rakwitz; Mühlhausen, 13.8.1870 [Januar 1871] (rki).
L1/012.1 - L1/012.4	Versetzungsgesuch und Bewerbungsunterlagen für die Übernahme einer Physikatstelle in Görlitz; *Urheber:* R. Koch und von Unruhe, Landrat des Kreises Bomst; Wollstein, Januar 1875 (rkm).
L1/013.1	Befähigungsnachweis für den Arzt, Wundarzt und Geburtshelfer in Rakwitz, Robert Koch, zur Übernahme einer Physikatstelle; *Aussteller:* Benoth [?], Generalarzt im Ministerium der geistlichen, Unterrichts- und Medicinalangelegenheiten, Berlin, 16.3.1872 (rkm).
L1/013.2	Benachrichtigung für den Arzt, Wundarzt und Geburtshelfer in Rakwitz, Robert Koch über die Zulassung zur Physikatsprüfung; *Aussteller:* Benoth [?], Ministerium der geistlichen, Unterrichts- und Medicinalangelegenheiten, Berlin, 23.2.1872 (rki).
L1/014	Benachrichtigung über die Ernennung zum Kreisphysikus; *Aussteller:* von Heyne [?], Königliche Regierung, Abteilung des Innern (Provinzialregierung Posen), Posen, 30.4.1872 (rkm). Hinweis auf Anlage: Fähigkeitszeugnis (Rückgabe desselben).
L1/015, L1/015a	Datenliste zum beruflichen Werdegang; *Urheber:* Robert Koch, [Berlin], nach 1885 (rkm).
L1/016	Bestallungsurkunde als Kreisphysikus in Wollstein; *Aussteller:* Falk, Minister der geistlichen, Unterrichts- und Medicinalangelegenheiten, Berlin, 19.4.1872 (rkm).
L1/017	Registrierung Kochs beim Landwehr-Bataillon als Arzt; *Aus-*

L1/017a *steller:* Chalons, Corps-Generalarzt des 5. Armee-Corps, Königlich-Preußische General-Ordens-Kommission, Posen 24.9.1872 (rkm).

L1/018 Angebot einer Stadtphysikatstelle in Breslau nach dem Tod des Amtsinhabers Köhler; *Aussteller:* [?], Königliche Regierung der Provinz Posen, Abteilung des Innern, Posen 21.6.1879 (rkm).

L1/019 Signatur nicht belegt.

L1/020.1-L1/020.7 Unterlagen zur Versetzung R. Kochs nach Breslau und zurück nach Wollstein; Entpflichtung vom Amt als Kreisphysikus in Wollstein; *Aussteller:* Damm; Zachwitz; Gaer [?]; von der Zinnborsky [?]; Zeyert [?]; Puttkamer; Liman; *Körperschaften:* Regierung Posen; Regierung Breslau; Reichsamt des Innern; Ministerium der geistlichen, Unterrichts- und Medicinalangelegenheiten, Posen; Breslau; Berlin, 16.7.1879, 13.10.1879, 14.10.1879, 25.10.1879, 13.11.1879, 23.11.1879, 23.7.1880 (rki).

L1/020.8 »Die Personal-Verhältnisse des Königl[ichen] Kreis-Physikus Dr. Robert Koch zu Wollstein«; *Aussteller:* unterschiedlich (1868-1880); Regierung Posen, [Posen] 1872-1880 (rki). Aktenband, Laufzeit 1868-1880, Bd. 1 [mehr nicht vorhanden] darin u.a.: Gesuch Kochs um Anstellung in Wollstein und eigenhändiger Lebenslauf (Bll. 20-21), mit Nachtrag (Bl. 22); Anmeldung und Amtseid vom 7.5.1872 (Bll. 32, 33); Urlaubsgesuche, (Bll. 35-43, 45-46). Hinweise auf den Zugang in einem Artikel von Herbert Rudolf, Völkischer Beobachter 25. April 1940.

L1/021.1, L1/021.2 Bevorstehende Berufung zum ehrenamtlichen Mitglied des Kaiserlichen Gesundheitsamtes; Ernennung zum Kaiserlichen Regierungsrat und Bestallung als ordentliches Mitglied des Kaiserlichen Gesundheitsamtes mit Gehalt; *Aussteller:* Grohmann, in Vertretung des Reichskanzlers, Reichsamt des Innern; Puttkamer, Minister der geistlichen, Unterrichts- und Medicinalangelegenheiten, Berlin, 5.2.1880 (rki).

L1/022 Berufung an das Kaiserliche Gesundheitsamt für zunächst drei Jahre; *Aussteller:* Grohmann, in Vertretung des Reichskanzlers, Reichsamt des Innern, Berlin, 13.4.1880 (rkm).

L1/023 Ernennung zum Kaiserlichen Geheimen Regierungsrat; *Aussteller:* Wilhelm I., Kaiser; Otto Fürst von Bismarck, Reichskanzler, Berlin, 21.1.1882 (rki).

L1/024 Schreiben der Direktion der medizinisch-chirurgischen Akademie für das Militär mit dem Angebot, eine neu eingerichtete ordentliche Professur zu übernehmen; *Aussteller:* Dr. Schubert [?], General-Arzt und Subdirektor des Medizinisch-chirurgischen Friedrich-Wilhelms-Instituts, Berlin, 19.6.1888 (rkm).

L1/025 Einsatz Kochs als beratender Hygieniker bei der Etappen-Inspektion Berlin im Falle einer Mobilmachung 1910/11; *Aussteller:* von Schjerning, Generalstabsarzt beim Generalstab der Armee, Berlin, 7.2.1910 (rkm).

L1/026 Notizen zum Lebenslauf; *Aussteller:* *R. Koch*, [Berlin], ohne Datum (rki). Marginal von Georg Gaffky zur Entstehungszeit: Januar 1885.

L1/027 Berufung auf den Lehrstuhl für allgemeine Pathologie und pathologische Anatomie in Leipzig; *Aussteller:* von Gerber [?], Minister bzw. Ministerium des Innern in Sachsen, Dresden, 29.8.1884 (rki).

L1/028 Ernennung zum Direktor des Instituts für Infektionskrankheiten in Berlin, Anschreiben vom 15. Juli 1891; *Aussteller:* Wilhelm II.; Graf Zedlitz, Berlin, 8.7.1891 (rki).

L1/029 Ernennung zum ordentlichen Honorarprofessor an der medizinischen Fakultät der Friedrich-Wilhelms-Universität Berlin; *Aussteller:* Ministerium der geistlichen, Unterrichts- und Medicinalangelegenheiten, Berlin, 16.7.1891 (rki). Bescheid gemäß einer Verfügung Wilhelms II. vom 8.7.1891.

L1/030 Entbindung vom Amt des Direktors des Instituts für Infektionskrankheiten und Festsetzung der Pensionshöhe; *Aussteller:* Förster, im Auftrag des Ministers der geistlichen, Unterrichts- und Medicinalangelegenheiten, Berlin, 28.9.1904 (rki)

L2: Ehrungen, Auszeichnungen, Mitgliedschaften (135)

L2/001 Liste über Mitgliedschaften in außerdeutschen wissenschaftlichen Gesellschaften, eigenhändige Zusammenstellung von Robert Koch, ca. 1885 (rki). Die zeitliche Zuordnung ergibt sich aus einem Vergleich der Mitgliedschaften bis einschließlich 1885 und steht wahrscheinlich im Zusammenhang mit der Ernennung Kochs zum Professor für Hygiene an der Berliner Universität.

L2/002 Ernennung zum Korrespondierenden Mitglied der Schlesischen Gesellschaft für Vaterländische Kultur; *Aussteller:* Göppert, Vorsitzender; Hunzig [?], Vize-Präses; Mechtritz, Generalsekretär, 17.12.1878 (rki).

L2/003-L2/003a Ernennung zum Oberstabsarzt II. Klasse und diesbezügliches Patent; *Aussteller:* Wilhelm I. bzw. Brix, Kriegs-Ministerium, 26.4.1883 bzw. 13.9.1883 (rkm).

L2/004 Ernennung zum Mitglied des Staatsrates; *Aussteller:* Puttkamer, Vize-Präsident im Präsidium des Staatsministeriums, Berlin, 14.6.1884 (rkm).

L2/005 Ehrung mit dem Comthuranzkreuz II. Klasse; *Aussteller:* Herzog von Sachsen (Ernestinische Linie), Gotha, 3.1.1885 (rkm, rki). Das Anschreiben befindet sich im rkm, die Urkunde im rki.

L2/006 Ernennung zum General-Arzt I. Klasse; *Aussteller:* Wilhelm I., Kaiser, Berlin, 21.4.1892 (rkm).

L2/007 Willkommensadresse anläßlich der Rückkehr von der Cholera-Expedition; *Aussteller:* Leyden; Waldeyer; Klaatsch; Ewald; A. Fraenkel; P. Guttmann; Marcuse; W. Ohrtmann; Wernicke für den Verein für Innere Medizin, Berlin, Mai 1884 (rkm).

L2/008 Verleihung des Königlichen Kronen-Ordens II. Klasse mit Stern anläßlich der Rückkehr von der Cholera- Expedition durch Wilhelm I., Berlin, 2.5.1884 (rkm). Die Urkunde ist vorhanden, der Orden nicht.

L2/009 Gewährung einer durch Gesetz vom 27.5.1884 festgelegten Belohnung (100 000 Mark) für die Erforschung der Cholera; *Aussteller:* Eck, Staatssekretär des Innern (in Vertretung), auf Veranlassung des Kaisers [Wilhelm I.], Berlin, 31.5.1884 (rkm).

L2/010 Wahl zum Mitglied der Physikalisch-Mathematisch-Naturwissenschaftlichen Klasse der Academia in Rom; *Aussteller:* Franciscus Brioschi für die Regia Lynceorum Academia, Rom, 7.9.1888 (rkm, rki). Im rkm ist die Bronzeplakette, im rki die Urkunde vorhanden.

L2/011 Urkunde zur Verleihung des Großkreuzes des Roten Adlerordens; *Aussteller:* ... canns [?], von, Geheimer Kabinetts-Rat; Croix, de la, im Auftrag des Geheimen Civil-Cabinets des deutschen Kaisers und Königs von Preußen durch das (preussische) Ministerium der geistlichen, Unterrichts- und Medicinalangelegenheiten, Berlin, 20.11.1890 bzw. 29.11.1890 (rkm). Der Orden ist nicht vorhanden.

L2/012 Verleihung der Ehrenbürgerschaft der Stadt Berlin; *Aussteller:* von Forckenbeck und Stryck für den Magistrat und die Stadtverordnetenversammlung der Stadt Berlin, Berlin, 21.11.1890 (rkm). Es handelt sich um eine zweiteilige aufklappbare Prachturkunde mit Holz, Metall und Pergament (außen: Medaillon mit Hygieia-Motiv).

L2/013 Anerkennung der wissenschaftlichen Verdienste und Geburtstagswünsche durch die Medicinische Sektion der Naturforschenden Gesellschaft zu Görlitz; *Aussteller:* Dr. Weissenberg, Vorsitzender und 44 weitere Unterzeichner, Görlitz, 11.12.1890 (rkm).

L2/014 Ernennung zum Ehrenmitglied der Gesellschaft für Experimentalwissenschaften an der Universität Charkov, Charkov, 12.12.1890 (rkm).

L2/015 Urkunde zur Verleihung des Franz von Rinnecker-Preises der Julius-Maximilian-Universität Würzburg; *Aussteller:* Hofmeier, Dekan und sieben weitere Unterschriften, 3.1.1891 (rkm). Die Urkunde mit anhängendem, in Holz gefaßten Siegel befindet sich im rkm; die Medaille und das zu beidem gehörende Anschreiben befinden sich (siehe L2/059).

L2/016 Wahl zum auswärtigen Ehrenmitglied der Amerikanischen Akademie für Künste und Wissenschaften, Sektion Medizin und Chirurgie; *Aussteller:* Alexander Agassi, Präsident; W. M. Davis, Secretary, Boston und Massachusetts, 13.3.1901 (rkm). Eine Danksagung Kochs erfolgte am 10.6.[19]01; die Ernennung wurde mit dem Ausscheiden Louis Pasteurs (Tod) begründet.

L2/017 Nobelpreis für Medizin oder Physiologie; *Aussteller:* Karolinska Medico-kirurgiska Institutets Lärerkollegium (Nobel-Komitee), Stockholm, 12.10.1905 (Datum der Urkunde; [Tag der Übergabe: 12.12.1905]) (rkm). Es liegt eine Übersetzung ins Deutsche vor.

L2/018 Verleihung der Silbernen Impfmedaille; *Aussteller:* Horn [?], Ministerium der geistlichen, Unterrichts- und Medicinalangelegenheiten, Berlin, 9.12.1907 (rkm, [rki?]). Danksagung Kochs vom 19.12.07; die Medaille ist wahrscheinlich im rki vorhanden, jedoch nicht zugeordnet.

L2/019 Wahl und Ernennung zum Mitglied des Beirats der Gesellschaft für Erdkunde; *Aussteller:* Georg Kollm, Generalsekretär, Berlin, Wilhelmstraße 23, 16.12.1907 (rkm). Bestätigung Kochs erfolgte am 20.12.07.

L2/020 Wahl und Ernennung Kochs (und anderer) zum Mitglied des Ehrenvorstandes des Zentralkomitees für das ärztliche Fortbildungswesen in Preußen; *Aussteller:* Kutner, Berlin, Luisenplatz 2-4, 16.3.1908 (rkm). Datumsvermerk Kochs: 21.3.[19]08; mit Anlage: Statut des Reichsausschusses.

L2/021 Ernennung zum Mitglied der Mathematisch- Naturwissenschaftlichen Klasse der Schwedischen Akademie der Wissenschaften, Christiana; *Aussteller:* Ebbe Hertzberg, Praeses; Axel Johannes ... [?], Generalsekretär, Stockholm, 26.3.1909 (rkm).

L2/022a, L2/022b Benachrichtigung über die Verleihung des Maximilians-Ordens für Wissenschaft und Kunst an (022); Übersendung der Ordens-Insignien und Ordens-Papiere mit der Bitte um Übersendung des Revers (022a); Genehmigung der Annahme seitens des preußischen Ministeriums (022b); *Aussteller:* Dr. von Heigel, Vorstand; Dreschenfeld, München, 28.11.1909 (rkm). Diese Verleihung war mehrteilig, denn eine Verleihung aus dem Königreich Bayern bedurfte der Genehmigung, so daß die Königlich Bayerische Gesandtschaft und das preußische Ministerium der geistlichen, Unterrichts- und Medicinalangelegenheiten einzubeziehen waren. Die Genehmigung von preußischer Seite lag am 30.3.1910 vor; Koch hatte am 5.12.1909 geantwortet.

L2/023 Verleihung einer Kriegsgedenkmünze; *Aussteller:* von Troschte, Königliche General-Ordens-Kommission, 1.5.1872 (rkm). Die Medaille ist nicht vorhanden.

L2/024 Ernennung zum Korrespondierenden Mitglied der Senckenbergischen Naturforschenden Gesellschaft; *Aussteller:* D. W. Loretz, Frankfurt am Main, 10./11.5.1883 (rki).

L2/025 Ernennung zum Korrespondierenden Mitglied der Reale Società Italiana d'Igiene; *Aussteller:* [A. Corradi?], Präsident; G. Pissi, Sekretär, Mailand, 14.3.1883 (rki).

L2/026 Ernennung zum Korrespondierenden Mitglied der Société Belge de Microscopie; *Aussteller:* L. [?] Errera, Sekretär; C. A. Kenard, Präsident, Brüssel, 10./30.6.1883 (rki). Nur Benachrichtigung, s.a. L2/072: Ehrenmitgliedschaft.

L2/027 Ernennung zum Korrespondierenden Mitglied der Physikalisch-Medicinischen Societät zu Erlangen; *Aussteller:* Prof. Dr. M. Moethen, 1. Sekretär bzw. Urkunde: Dr. W. Lenke, 1. Direktor; Prof. Dr. Penzoldt, 2. Sekretär; C. Aug. Böttiger, Kassierer, Erlangen, 16.06./01.7.1883 (rki).

L2/028 Ernennung zum Korrespondierenden Mitglied der Sociedad Espanola de Higiene; *Aussteller:* Francesco Mendes-Alvasos, Präsident; Angelo Pulido, Sekretär, Madrid, 16.07./31.8.1883 (rki).

L2/029 Ernennung zum Korrespondierenden Mitglied der Vereinigung zur Beförderung der Medicinischen Wissenschaften zu Niederländisch-Indien; *Aussteller:* ... nhaemmer [?], Präsident; Dr. C. E. van der Bourg, Sekretär, Batavia, 28.5.1884 (rki).

L2/030 Ernennung zum Korrespondierenden Mitglied der Kaiserlichen Akademie der Wissenschaften, Sektion Biologie zu Sankt Petersburg; *Aussteller:* C. Necheloff, Sekretär, Cornes Tolstoy, Präsident; V. Buniakowsy, Vizepräsident; Nesselofsi, Sekretär, St. Petersburg, 29.12.1883/22.1.1884 (rki). Das Benachrichtigungsdatum ist nicht eindeutig [julianischer Kalender in Rußland bis 1917].

L2/031 Ernennung zum Ehrenmitglied des Naturwissenschaftlichen Vereins von Hamburg-Altona; *Aussteller:* Hermann Strebel; Urkunde: Senator Kirchenpaner, Ehrenpräsident; K. Kraepelin, Präsident, Hamburg, 14.1.1885 (rki).

L2/032 Ernennung zum Ehrenmitglied der Königlichen Gesellschaft der Wissenschaften und Schönen Literatur in Göteborg; *Aussteller:* Jakob Siorklund, Sekretär; Aug. Ullén, Göteborg, 15.1./31.1.1885 (rki).

L2/033 Ernennung zum Ehrenmitglied des Vereins der Veterinär-Ärzte zu St. Petersburg; *Aussteller:* Alexander Socoloff; Woronzoff, Präsident; Ismailoff, Vize-Präsident; Svetloff, Sekretär, St. Petersburg, 18.2./22.5.1885 (rki). Datum der Urkunde: 18.2.1885; eine Übersetzung befindet sich auf der Rückseite der Urkunde.

L2/034 Ernennung zum Ehrenmitglied der Society of Medical Officers of Health in London; *Aussteller:* C. E. Saunders, Honorary Secretary, London, Adam Street 1, 1.6.1885 (rki). Ein Antwortschreiben Kochs datiert vom 5.7.1885.

L2/035 Ernennung zum Korrespondierenden Auswärtigen Mitglied der Académie Royale de Médicine de Belgique; *Aussteller:* W ...

ommelaere [?], Secretär; ... ubory [?], Präsident; Worlée, Vizepräsident; Gille, 2.Vizepräsident, Brüssel, 2.6./20.6.1885 (rki).

L2/036 Ernennung zum Korrespondierenden Auswärtigen Mitglied der Société Royale de Médicine Publique de Belgique; *Aussteller:* Dr. ... borg [?], Präsident; Dr. Semal [?], Sekretär, Brüssel, 1.7.1885 (rki). Datumsvermerk Kochs: 5.7.1885. Offensichtlich handelt es sich um eine von der vorigen Akademie (L2/035) getrennte Gesellschaft.

L2/037 Ernennung zum Ehrenmitglied der Societa Fiorentina d'Igiene zu Florenz; *Aussteller:* Bianchy, Florenz, 26.6.1885 (rki). Antwortvermerk Kochs: 4.7.1885.

L2/038 Ernennung zum Ehrenmitglied der Reale Accademia di Medicina di Roma [= Königlich Medizinische Akademie zu Rom]; *Aussteller:* G. Sanchy [?], Präsident; C. Brunelli, Sekretär, Rom, 14.6./12.7.1885 (rki). Hier war eine Genehmigung durch den Staatssekretär des Innern, von Boetticher (Reichsamt des Innern) erforderlich, da es sich um eine Königliche Akademie handelte. Nachdem dessen Genehmigung am 29.8.1885 vorlag, sagte Koch laut Datumsvermerk vom 4.9.1885 zu. Die Urkunde datiert vom 14.6.1885.

L2/039 Ernennung zum Korrespondierenden Mitglied der Accademia delle Scienze dell' Istituto di Bologna [= Akademie der Wissenschaften zu Bologna]; *Aussteller:* Luigi Calori [?], Präsident; G. Soranini [?], Sekretär, Bologna, 22.12.1885 (rki).

L2/040 Ernennung zum Ehrenmitglied der Association of Medical Practitioners qualified in Sanitary Science; *Aussteller:* Edwin Cooney, Honorary Secretary, London, 11.5.1886 (rki). Datumsvermerk Kochs: 22.5.[1886].

L2/041 Ernennung zum Ehrenmitglied der Kaiserlichen Kaukasischen Medicinischen Gesellschaft; *Aussteller:* Dr. Remmert, Präsident (und Ehrenleibarzt des Kaisers von Rußland); Dr. A. Prigorieo, 1. Sekretär, ohne Ort, 27.4./15.6.1886 (rki).

L2/042 Ernennung zum Ehrenmitglied der Société Royalé des Sciences Médicales et Naturelles de Bruxelles; *Aussteller:* Dr. Girifaty [?], Präsident; Stiénay, Sekretär, Brüssel, 2.8.1886 (rki).

L2/043 Ernennung zum [Ehren-]Mitglied der Société de Médecine de Norvége; *Aussteller:* Fr. Thauler [?], Präsident; Shaache, 1. Sekretär; F.G. Gade, 2. Sekretär, Christiana, 20.10.1886 (rki). Eine Antwort Kochs erfolgte am 29.10.[1886].

L2/044 Ernennung zum [Korrespondierenden Ehren-] Mitglied des Königlichen Vereins der Aerzte in Budapest (»Budapesti Királyi Orvosegyesület«); *Aussteller:* Dr. L. Markusovczkylajos, Präsident; Án-gyá ... [?], Sekretär, Budapest, ohne Datum (rki). Laut Anschreiben wurde der Beschluß in der Sitzung vom 11. Dezember 1886 gefaßt, so daß der Datumsvermerk Kochs (27.4.) im Jahr 1887 entstand; vgl. L2/095.

L2/045 Ernennung zum Ehrenmitglied der Medicinischen Gesellschaft zu Archangel; *Aussteller:* Dr. Julian Kosmorthin, Präsident, Archangel, 25.2.1888 (rki). Eine Antwort Kochs erfolgte am 20.3.[1888].

L2/046 Ernennung zum Ehrenmitglied der Epidemiological Society of London; *Aussteller:* Thodel [?], Präsident; Shirley T. Murphy; Charles E. Paget, Honorar-Sekretäre; Begleitschreiben von Thodel [?], London, 28.4.1888 (rki). Begleitschreiben hierzu datieren vom 19.5. und 23.5.1888 und enthalten die Bitte um Bestätigung. Das letzte Begleitschreiben hat einen Datumsvermerk Kochs vom 31.5.[1888].

L2/047 Ernennung zum Doctor honoris causa der Universität Bologna; *Aussteller:* G. Capellivi, Rektor, Bologna, Juli 1888 (rki). Hier war eine Genehmigung der Annahme durch das Ministerium der geistlichen, Unterrichts- und Medicinalangelegenheiten erforderlich, ausgestellt von Greiff (i.A.) am 18.1.1889.

L2/048 Ernennung zum Auswärtigen Mitglied im Bereich Pathologie der Physikalischen, Mathematischen und Naturwissenschaftlichen Klasse der Reale Accademia de'Lincei zu Rom; *Aussteller:* Blascra ... [?], Rom, 14.7.1888 (rki). Ob es eine Urkunde gab, ist fraglich, denn eine solche ist nicht vorhanden.

L2/049 Ernennung zum Ehrenmitglied der Accademia Medico- Chirurgica di Perugia; *Aussteller:* Prof. Pisenti, Sekretär, Perugia, 12.4. bzw. 16.4.1889 (rki). Das tatsächliche Ernennungsdatum war laut Urkunde der 7.4.1889.

L2/050 Ernennung zum Ehrenmitglied der Königlich serbischen Gesellschaft der Aerzte in Belgrad; *Aussteller:* Gjorgjevic, Präsident, Belgrad, 7.7.1890 (rki).

L2/051 Ernennung zum Korrespondierenden Mitglied der Bataafsch Genootschap der Proefondervindelijke Wijsbegeerte te Rotterdam (Société Batave); *Aussteller:* G. J. W. Bremer, Präsident und 1. Sekretär, Rotterdam, 5.8.1890, Datum der Urkunde: 4.8.1890 (rki).

L2/052 Ernennung zum Ehrenmitglied des Sanitary Institute London; *Aussteller:* Wallis; While, Secretary, London, Margaret Street 74a, 22.10.1890 (rki). Eine Antwort Kochs folgte erst am 13.1.1891.

L2/053 Ernennung zum Ehrenmitglied der Kaiserlich Königlichen Gesellschaft der Ärzte in Wien; *Aussteller:* Theodor Billroth, Präsident; O. Bergmeister, 2. Sekretär; Theodor Meynert, Vize-Präsident; H. Lundrent, 1. Sekretär, Wien, 14. bzw. 21.11.1890 (rki).

L2/054 Ernennung zum Ehrenmitglied der Berliner Medizinischen Gesellschaft; *Aussteller:* Rudolf Virchow, Vorsitzender; Bernhard Fränkel, Schriftführer und acht weitere Unterschriften, Berlin, 26./27.11.1890 (rki). Antwortvermerk Kochs: 7.12.1890, die Zustellung der Urkunde erfolgte mit Begleitschreiben am 13.4.1891.

L2/055 Ernennung zum Ehrenmitglied des Landwirtschaftlichen Bauernvereins Elbing; *Aussteller:* Schwaan, Vorstand und Kleingrundbesitzer, Wittenfrede, Landkreis Elbing, 28.11. 1890 (rki).

L2/056 Ernennung zum Ehrenmitglied der freiwilligen Wasserwehr für den Landkreis Görlitz und Lauban; *Aussteller:* Josef Krakowsky, Schriftführer; Bernd Böhme; Eduard Herrmann, Görlitz, Prager Straße 30a, 11.12.1890 (rki). Hier gibt es einen nach Kochs Zustimmung [21.12.1890] gesandten Dankbrief für die Einwilligung Kochs.

L2/057 Ernennung zum Ehrenmitglied der Academia de Medicina de Mexico; *Aussteller:* Eduardo Vargas, Sekretär; Demetrio Mejrás, Präsident, Mexico[-Stadt], 11.12.1890 (rki).

L2/058 Anbringung von zwei Marmor-Gedenktafeln in Göttingen [Wohnhäuser Kochs während des Studiums]; *Aussteller:* Brand, Bürgervorsteher; G. Merkel, Magistrat, Göttingen, 15.12.1890 (rki). Die Gedenktafeln wurden an den Häusern angebracht, in denen Koch während seiner Studentenzeit gewohnt hatte. Sie bezeichnen eine Form der Ehrung, die nicht gesondert beurkundet wurde. Koch bedankte sich am 21.12.[1890].

L2/059 Anschreiben und Medaille zur Verleihung des Rinnecker-Preises (Goldmedaille) der medizinischen Fakultät der Universität Würzburg; *Aussteller:* Stohmeier [?], Dekan, Würzburg, 3.1.1891 (rki); siehe auch L2/015 (rkm).

L2/060 Verleihung des Großkreuzes des Osmanié-Ordens; *Aussteller:* der osmanische Sultan [Name?]; Genehmigung der Annahme durch das Ministerium der geistlichen, Unterrichts- und Medizinalangelegenheiten, Bark ... [?] (i.V.), Berlin, 26.1.1891 (rki).

L2/061 Ernennung zum Ehrenmitglied des ärztlichen Bezirksvereins Erlangen; *Aussteller:* Prof. Dr. Frommel; Privatdozent Dr. E. Graser; Dr. G. Specht; Dr. Köberlin, Erlangen, 10.1.1891 (rki). Eine Antwort Kochs folgte am 13.1.1891.

L2/062 Ernennung zum Ehrenmitglied des Vereins der Freunde der Wissenschaften in Posen; *Aussteller:* Graf von Pugutroelle[?] Benzelstjerna Jaidturdi, Praes[es]; Koetter, Redaktor; Teodor Podskorbi Jakorichki; Benzeletjena Engetruen [?], Sekretär, Poznan/Posen, 23.2.1891 (rki). Vorhanden sind zwei Urkunden, eine in deutscher Sprache (18.12.1890) und eine in polnischer (20.2.1891).

L2/063 Ernennung zum Korrespondierenden Mitglied der Reale Accademia Medico-Chirurgica Napoli; *Aussteller:* Prof. J. Vigioli, Neapel, 13.2.1891 und 24.2.1891 (rki). Es handelt sich um zwei zusammengehörende Urkunden. Eine ist von der Königlichen Medizinisch-Chirurgischen Akademie Neapel ausgestellt, die andere vom »Ministro della Pubblica Istruzione«.

L2/064 Ernennung zum Ehrenmitglied des Unter-Elsässischen Aerztevereins; *Aussteller:* Prof. Dr. Wolff, Schriftführer, Straßburg, 27.6.1891 (rki). Begleitbrief mit Datumsvermerk Kochs: 10.7.1891.

L2/065 Ernennung zum Korrespondierenden Mitglied der Reale Accademia delle Scienze Mediche in Palermo; *Aussteller:* Dr. G. Vilié, Generalsekretär; Marieno Pantalen, Präsident, Palermo, 12.7.1891 (rki).

L2/066 Ernennung zum Auswärtigen Mitglied der Kongliken Wetenskaps-Akademien; *Aussteller:* Dr. G. Lindhagen, Ständiger Sekretär, 24.4.1893, Urkunde auch: C. Adelskold, Präsident, Stockholm, 12.4.1893 (rki). Datumsvermerk Kochs: 3.5.1893.

L2/067 Ernennung zum Ehrenmitglied der Association Internationale pour le progrès de l'Hygiène; *Aussteller:* Barella, Präsident, vormals Professor in Liège, Brüssel, 22.10.1893/5.3.1895 (Urkunde) (rki). Datumsvermerk Kochs: 3.12.1893.

L2/068 Ernennung zum Ehrenmitglied der Deutschen Medicinischen Gesellschaft der Stadt New York; *Aussteller:* Achilly Rose,

Korrespondierender Sekretär, New York, 7.5.1895 (rki). Datumsvermerk Kochs: 12.6.1895.

L2/069 Ernennung zum Ehrenmitglied der Physikalisch- Medicinischen Societät zu Erlangen; *Aussteller:* Dr. O. Knoblauch, 1. Sekretär; L. Gerlach, 1. Direktor; E. Wiedemann, 2. Direktor; G. A. Wolff, 2. Sekretär; E. Aug. Böttiger, Kassierer, Erlangen, 11.6./23.6.1895 (rki).

L2/070 Ernennung zum Ehrenmitglied de Société Impériale des Médecins de Wilna; *Aussteller:* Dr. C. Erbstein, Präsident; Zahorfky [?], Sekretär, Wilna, 12.12.1895/ 17.2.1896 (rki). Danksagung Kochs: 15.5.1896.

L2/071 Ernennung zum Ehrenmitglied der Reale Societá Italiana d'Igiene; *Aussteller:* G. Sormani, Präsident, Mailand, 29.12.1895 bzw. 20.2.1896 (rki). Datumsvermerk Kochs: 8.5.1896.

L2/072 Ernennung zum Ehrenmitglied der Societé Belge de Microscopie; *Aussteller:* J. F. Cornet, Generalsekretär, Brüssel, 30.12.1896 (rki). Datumsvermerk Kochs: 12.1.[1897].

L2/073.1-
L2/073.4 Ernennung zum Auswärtigen Ehrenmitglied der Königlichen Akademie der Medizin in Belgien, auf Veranlassung des Königs von Belgien (Leopold); *Aussteller:* Léon de Beuyn, Landwirtschaftsminister; Beco, Generalsekretär; E. Masoin, Ständiger Sekretär, Brüssel, 31.1.1896/10.2.1896/22.2.1896 (rki). Vierteilig, L2/073.1 und L2/073.3 mit Datumsvermerk Kochs: 15.5.1896, nach Rückkehr aus dem Urlaub in Ägypten [bis April 1896], einen Entwurf schrieb der Sekretär Pohnert am 25.2.1896.

L2/074 Ernennung zum Ehrenmitglied der Royal Medical and Chirurgical Society in London; *Aussteller:* W. Dickinson, Praeses; Norman Moore, Sekretär; Robert W. Parker, Sekretär; J. G. W. MacAbite, Bibliothekar, London, 19.6./27.7.1896. 19.6.1896 (rki).

L2/075 Ernennung zum Ehrenmitglied der Gesellschaft für Geburtshilfe zu Leipzig; *Aussteller:* J. Donat, Sekretär; P. ... ifel [?], Vorsitzender, Anschreiben: Leipzig, 10.12.1896, Datierung der Urkunde: »im Dezember 1896« (rki).

L2/076 Ernennung zum Ehrenmitglied der Academia de Higiene de Cataluna; *Aussteller:* H. Comenge [?], Präsident; Anaund Stegalá ... [?], Sekretär; Baltasa Lenot ... [?], Kassenwart, Barcelona, 15.2.1898 (rki). Eine Beitragsrechnung liegt bei.

L2/077 Ernennung zum Auswärtigen Mitglied der Académie de Médecine; *Aussteller:* Bergew ... [?], Ständiger Sekretär, Paris, 28.2.1899 (rki). Datumsvermerk Kochs: 3.3.1899.

L2/078 Ernennung zum Ehrenmitglied der Royal Academy of Medicine in Ireland; *Aussteller:* Story, John B. Generalsekretär, Dublin, ohne Datum (rki). Datum der Sitzung war der 27.10.1899, eine Antwort Kochs erfolgte am 5.3.1900.

L2/079 Ernennung zum Ehrenmitglied der Gesellschaft der Charité-Aerzte; *Aussteller:* Schaper; Senator; Solly; Spinola, Berlin, Unterbaumstraße 7, 1.6.1899 und 10.12.1900 (rki).

L2/080 Ernennung zum Auswärtigen Mitglied des Institut de France - Académie des Sciences aufgrund einer Vakanz nach dem Ableben Virchows; *Aussteller:* G. Raboux; M. Berthelot, Ständige Sekretäre; Emile Roux, Sekretariat, Paris, 23.2./08.3.1903 (rki). Anbei ein Brief vom 13.11.1911, mit dem die Akademie auf die Hinfälligkeit der Mitgliedschaft nach dem Tod verweist.

L2/081 Diplom als Ehrenmitglied des Kongresses für innere Medizin; *Aussteller:* ohne Angabe, ohne Ort, ohne Datum (rki).

L2/082 Anerkennung für Robert Koch durch die Burschenschaften der Friedrich-Wilhelms-Universität Berlin; *Aussteller:* ohne Angabe, ohne Datum, [Berlin 1907] (rki).

L2/083 Festkronik [sic!] des Vereins für Innere Medizin; Urkunde zum 2. Stiftungsfest [Robert Koch gewidmet], ohne Ort [Berlin], 7.2.1883 (rki).

L2/084 Ernennung zum korrespondierenden Mitglied des ärztlichen Vereins in München; *Aussteller:* Dr. Näher, Vorstand; Dr. Öller, Schriftführer, München, 10.1.1883 (rki).

L2/085 Ernennung zum Ehrenmitglied der Gesellschaft für Natur- und Heilkunde Dresden; *Aussteller:* Dr. F. Birch-Hirschfeld, Vorsitzender und Dr. Mossdorf, Schriftführer, Dresden, 17.2.1883 (rki).

L2/086 Ernennung zum Ehrenmitglied der Schweizerischen Naturforschenden Gesellschaft; *Aussteller:* Prof. Dr. Cramer, Präsident; R. Billnillos, Sekretär, Zürich, 7.8.1883 (rki).

L2/087 Ehrenurkunde als Danksagung für die Mitarbeit an der Allgemeinen Deutschen Ausstellung auf dem Gebiet der Hygiene und des Rettungswesens; *Aussteller:* Gobreff [?]; Sestemecher [?]; Gottheimer; Kyllmann; Opitz; Weigert; Witte; Rietzschel; Boerner; Gurlt; Hass; Löwe; Stumpf; Weltzien, v.; Roth;

Dörffel; Herzberg; Marggraf; Thiel; Windler; Wolffhügel (Mitglieder des Ausschusses), Berlin, 15.10.1883 (rki).

L2/088 Ernennung zum Ehrenmitglied der Societata Sciintelor Medicale Bucarest; *Aussteller:* Prof. Dr. J. Felix, Präsident; V. Leanty, Sekretär, Bukarest, 22.11.1883 (rki).

L2/089 Ernennung zum Korrespondierenden Mitglied des Realo Istituto Lombardo die Scienze e Lettre; *Aussteller:* Schiaparelli, Präsident; A. Zerning, Sekretär, Mailand, 29.1.1884 (rki). [Vgl. b1/843].

L2/090 Ernennung zum Doktor medicinae honoris causa der Universität Groningen aufgrund der Verdienste um die Erforschung der Cholera; *Aussteller:* A. P. Fokker; van Ankan, Rektor; F. W. van Bell, Sekretär, Groningen, 6.5.1884, 19.5.1884, 4.6.1884, 19.5.1884 (rki). Datumsvermerk Kochs: 21.5.[1884], mit Hinweis auf nachfolgende Übersendung des Diploms; dies mit Schreiben vom 4.6.1884 beiliegend.

L2/091 Ernennung zum Ehrenmitglied der Kaiserlichen Gesellschaft der russischen Ärzte zu St. Petersburg; *Aussteller:* S. Botkin, Präsident; K. Winogradow, Sekretär, Sankt Petersburg, 17.10.1884 (rki).

L2/092 Dankurkunde für Mitwirkung an der Internationalen Hygiene-Ausstellung in London 1884; *Aussteller:* Albert Woards [?], Präsident; Buckinghams, Vorsitzender des »Executive Councils«, London, ohne Datum (1884) (rki).

L2/093 Ernennung zum Korrespondierenden Mitglied der Akademie der Wissenschaften, »Instituti Bononiensis«; *Aussteller:* Aloys Catori, Präsident; Hieronymus Cocconi, ohne Ort, 22.12.1885 (rki).

L2/094 Ernennung zum Doktor honoris causa der Ruprecht-Karls-Universität Heidelberg; *Aussteller:* Immanuel Becker, Prorektor, Heidelberg, 5.8.1886 (rki) [Original?].

L2/095 Ernennung zum [Korrespondierenden Ehren-] Mitglied des Königlichen Vereins der Aerzte in Budapest (Budapesti Királyi Orvosegyesület); *Aussteller:* Dr. Markusovczkylajos, Budapest, 11.12.1886 (rki); vgl. l2/044.

L2/096 Ernennung zum außerordentlichen Mitglied der »Societas Medica Norvegica«; *Aussteller:* Fr. Thäuler, Präsident; S. Laache, 1. Sekretär; J. G. Gade, 2. Sekretär, Christiana, 20.12.1886 (rki).

L2/097 Ernennung zum Ehrenmitglied des Naturwissenschaftlichen Vereins der Provinz Posen; *Aussteller:* Gedeig [?]; Magener; Jarnatordi; Landsberger; Mankiewicz; Kruska; Thieme, Posen, 29.1.1887 (rki).

L2/098 Ernennung zum Ehrenmitglied der »Societas Medica Fennica«; *Aussteller:* E. A. Homen, Präsident; H. Pipping, Sekretär, Helsinki, 12.2.1887 (rki).

L2/099 Ernennung zum Ehrenmitglied des Physikalischen Vereins zu Frankfurt am Main; *Aussteller:* Theodor Petersen, Vorsitzender; Alfred Neufiedler, Schriftführer, Frankfurt am Main, 10.9.1890 (rki).

L2/100 Ernennung zum Ehrenmitglied der »Genootschap ter Bevordering der Natuur-, Genees- en Heelkunde te Amsterdam«; *Aussteller:* Pilanus, Vorsitzender; Van Har ... [?], Sekretär, Amsterdam, 20.10.1890 (rki).

L2/101 Ernennung zum Ehrenmitglied der Kaiserlich Medizinischen Gesellschaft in Charkov; *Aussteller:* [?], Charkov, 10.11.1890 (rki).

L2/102 Ernennung zum Ehrenmitglied des Vereins der deutschen Ärzte in Prag; *Aussteller:* Raphael Kuh, Präsident; Sattler, Vizepräsident; Johann Gutermann, Sekretär, Prag, 14.11.1890 (rki).

L2/103 Ernennung zum Ehrenmitglied des Vereins für Innere Medizin Berlin; *Aussteller:* E[rnst von] Leyden, Vorsitzender; Julius Becher; Paul Guttmann, Schriftführer, Berlin, 18.11.1890 (rki).

L2/104 Ernennung zum Ehrenmitglied des ärztlichen Lokalvereins der Stadt Nürnberg; *Aussteller:* G. Merkel; Heller; Goldschmidt; Scheidemandel; Buchner; Baumüller [?], Nürnberg, 20.11.1890 (rki).

L2/105 Ernennung zum Ehrenmitglied der Deutschen Gesellschaft für öffentliche Gesundheitspflege; *Aussteller:* Spinola; Marggraff; A. Kalischer; Falk; Schacht; Mehlhausen; A. Orth; Baer, Berlin, 24.11.1890 (rki).

L2/106 Ernennung zum Ehrenbürger der Stadt Clausthal; *Aussteller:* Plenker [?], Magistrat der Stadt Clausthal, Clausthal, 26.11.1890 (rki).

L2/107 Ehrungsurkunde des ärztlichen Lokalvereins Andernach; *Aussteller:* Fabricius; Ruegenberg; Winckler; Höstermann; Umpfenbusch; Nötel; Aron; Palm, Andernach, 8.12.1890 (rki).

L2/108 Ehrungsurkunde des Kongresses der Hilfskassen für Arbeiter; *Aussteller:* G. Blume; F. Köhn; C. Deisinger (Kongreß-Vorsitzende), Berlin, 10.12.1890 (rki).

L2/109 Anerkennung und Huldigung des Ärztevereins zu Krefeld; *Aussteller:* Gustav Schneider, Vorsitzender; [?], 2. Vorsitzender; Menden, 3. Vorsitzender und 28 weitere Unterschriften, Krefeld, 11.12.1890 (rki).

L2/110 Anerkennung und Huldigung der Lessing-Loge Nr. 1 von Braunschweig; *Aussteller:* Albert Niess, Obermeister; H. Rothe, Untermeister; George Kiehne, Sekretär, Braunschweig, 11.12.1890 (rki).

L2/111 Ernennung zum Ehrenmitglied der Medizinischen Gesellschaft »urbis Nicolaopolis Chersonensis«; *Aussteller:* E. Kyber, Praeses; S. Davidsohn, Secretarius, [Charkov?], 15.12.1890 (rki).

L2/112 Ernennung zum Ehrenmitglied der Internationalen Gesellschaft gegen Tuberkulose; *Aussteller:* ohne Angabe, Berlin, 1902, o.U. (rki).

L2/113 Ernennung zum Ehrenmitglied des Landesvereins für Hygiene; *Aussteller:* Fodor, Präsident; Högyes, Klassenvorstand; Csapoli, Ehrensekretär, Budapest, 20.2.1896 (rki). Urkunde und Übersetzungsvorlage; Vorlage mit handschr. Übersetzung und Datumsvermerk Kochs: 8.5.1896.

L2/114 Anerkennung der Mitwirkung Kochs als Mitglied des Gruppenvorstandes der Berliner Gewerbeausstellung, Berlin, 15.10.1896 (rki).

L2/115 Ernennung zum Mitglied der Royal Society; *Aussteller:* Joseph Lister, Vorsitzender, London, 1907 (rki).

L2/116 Ernennung zum Ehrenmitglied des Veterinärinstituts zu Charkow; *Aussteller:* A. Rajewsky, Direktor; Sadowsny, Schriftführer, Charkov, 28.9.1901 (rki). Ergänzendes Datum in Klammern: 11.10.[1901].

L2/117 Ernennung zum Auswärtigen Assoziierten Mitglied der National Academy of Sciences of the United States of America; *Aussteller:* Alexander Agassi, Präsident; Wathemsen [?], Vize-Präsident; Arnold Hague, Home Secretary; Simon Newcone, For[eign] Secretary, [New York], 22.4.1903 (rki).

L2/118 Ernennung zum Ehrenmitglied der Königlichen Akademie für Medizin zu Turin; *Aussteller:* J. Guareschi, Präsident; B ... [?], Generalsekretär, Turin, 7.6.1903 (rki).

L2/119 Ernennung zum ausländischen Ehrenmitglied der Kaiserlichen Akademie der Wissenschaften zu Wien, Mathematisch-Naturwissenschaftliche Klasse; *Aussteller:* Suess, Präsident; Viktor von Lang, Generalsekretär, Wien, 12.8.1903 (rki).

L2/120 Ernennung zum Ehrenmitglied der Medicinischen Gesellschaft zu Leipzig; *Aussteller:* Murschmann, 1. Vorsitzender; Bahrdt, 2. Vorsitzender; Winderheid; Braun; Schmidt, Arnold, Leipzig, 20.2.1904 (rki).

L2/121 Ernennung zum Ehrenmitglied der Schlesischen Gesellschaft für Vaterländische Kultur; *Aussteller:* Foerster, Präses; G. Reuch, Vize-Präses; Ponfick, Generalsekretär, Breslau, 17.12.1903 (rki).

L2/122 Ernennung zum Mitglied der Königlich-Preußischen Akademie der Wissenschaften; *Aussteller:* Johannes Vahlen und Hermann Diels als ständige Sekretäre für die philosophisch-historische Klasse; Arthur Anders [?] und Wilhelm Waldeyer als ständige Sekretäre für die physikalisch-mathematische Klasse, Berlin, 1.6.1904 (rki).

L2/123 Verleihung des Großen Preises der Weltausstellung in Saint Louis an Robert Koch, ohne Datum [1904].

L 2/123a Großer Preis für das Königliche Institut für Infektionskrankheiten; hier auch Medaille für bakteriologische Präparate und Serum. *Aussteller:* Kiff [?], Ausstellungsdirektor; David R. Francis, President; Howard Pagent, Chief of Department of Social Economy; Walter B. Stevens, Secretary, für die Internationale Preis-Jury der Weltausstellung, Saint Louis, ohne Datum (rki).

L2/124 Ernennung zum Mitglied der Classe des Sciences der Königlichen Akademie der Wissenschaften und Künste in Belgien; *Aussteller:* Du Ebern [?], Direktor; Edmond Marchely [?], ständiger Sekretär, Brüssel, 6.1.1906 (rki).

L2/125 Ernennung zum Ehrenmitglied der Gesellschaft für Innere Medizin und Kinderheilkunde in Wien; *Aussteller:* Hermann Schlesinger, 1. Sekretär; E. von Neusser, E. Vize-Präsident, Wien, 26.1.1906 (rki).

L2/126 Ernennung zum Ehrenmitglied der deutschen Gesellschaft für Chirurgie; *Aussteller:* W. Körte, Vorsitzender; Wummell, 1. Schriftführer, Berlin, 6.6.1906 (rki).

L2/127 Ernennung zum korrespondierenden Mitglied der Internationalen Gesellschaft für Tuberkulose; *Aussteller:* Lancerrant, Präsident; S. Bennberry, Vize-Präsident; Canillo; George Beld, Generalsekretär, Paris, 8.1.1907/12.1.1907 (rki). Begleitschreiben (b1/859) von S. Bennberry, Vize-Präsident, dieses mit Datumsvermerk Kochs: 24.8.07.

L2/128 Ernennung zum Ehrenmitglied der Gesellschaft für Tropenmedizin der Republik Kuba; *Aussteller:* Agramorte, Präsident; Vallee, Sekretär, Havanna, 25.4.1908 (rki).

L2/129 Ernennung zum Ehrenmitglied der Gesellschaft für exotische Pathologie; *Aussteller:* Iavera ... [?], Präsident; ... morgank [?], Vizepräsident; Maschaux, Generalsekretär, ohne Ort, 22.1.1908 (rki).

L2/130 Ernennung zum Ehrenmitglied der Mikrobiologischen Gesellschaft zu St. Petersburg; *Aussteller:* Zabolotny, Präsident; Alentsu ... [?], Vizepräsident; E. Mendow, St. Petersburg, 16.1.1909 (rki).

L2/131 Festveranstaltung anläßlich der Rückkehr Kochs und seiner Mitarbeiter [Gaffky; Fischer; Treskow] von der Cholera-Expedition, Berlin, Central-Hotel, 13.5.1884 (rki). *Menükarte* mit Rednerliste: DuBois-Reymond, von Bergmann, Küster, Virchow, Hirsch, Leyden, Koch.

L2/132 Kommers der Groß-Berliner Aerzteschaft für Robert Koch, Berlin, 11.02. 1908 (rki). Der Kommers war als Ehrenveranstaltung für Koch ausgerichtet und faßte den 25. Jahrestag der Entdeckung des Tuberkulose-Erregers und die Rückkehr von der Expedition zur Erforschung der Schlafkrankheit zusammen. Es handelt sich um Drucksachen (Zeitung, Programme).

L2/133 Menükarte des Ehrendinners der German Medical Society of the City of New York am 11.4.1908 (rki). Mit einem Porträt Kochs; auf der Rückseite befinden sich 19 Unterschriften; Ehrungs-Veranstaltung ohne Urkunde.

L2/134 Unterlagen zu einem Festessen im Hotel Adlon, Berlin, am 17.11.1907 (rki). Diese Veranstaltung zu Ehren Kochs wurde von Georg Gaffky organisiert. Zu den Unterlagen gehören 16 Briefe (nicht unter Briefen verzeichnet), teils Rundschreiben, teils Zu- oder Absagen, sowie Verteilerlisten und ein Manuskript der Tischrede. Unter den Eingeladenen befanden sich Schwalbe; Nietner; Bumm; Kern; Kraus; Mendelssohn-Bartholdy; Naumann; Rietichel [?]; Schierning; Kutscher; Schmidt; Bensen; Waldeyer; Wehmer; Becker; [Carl] Fränkel.

(b1/771) Angebot der Ehrenmitgliedschaft in der [neu gegründeten] Deutschen Tropenmedizinischen Gesellschaft; *Absender:* Nocht, Bernhard (1857-1945), Hamburg, 11.02.1908 (rkm). Eine Urkunde ist nicht vorhanden; Datumsvermerk Kochs: 17.2.[19]08.

(b1/829) Ernennung Kochs zum außerordentlichen Mitglied der United Services Medical Society; *Absender:* Herbert, [London], Victoria Street 18, 29.4.1908 (rkm). Eine Urkunde ist nicht vorhanden; Datumsvermerk Kochs: 9.11.1908.

(b1/842) Mitteilung über Ernennung Kochs zum Ehrenmitglied der Royal Medical Society Edinburgh; *Absender:* Home, W. E., Edinburgh, 17.04.1884 (rki). Eine Urkunde hierzu liegt nicht vor; Datumsvermerk Kochs: 28.5.[1884].

L3: Werkbezogene Dokumente (21)

L3/001 Tagebuch über Reisen und Besuche bei Ferdinand Cohn in Breslau; darin: Adressen; Aktienkurse; Notizen zu Fototechnik; handschriftliche Exzerpte der Reisenotizen [von anderer Hand]; *Urheber:* Robert Koch [Wollstein, 1875 bis 1877] (rki). Eingelegtes gepresstes Gingkoblatt.

L3/002 Reisepaß für Robert und Hedwig Koch zur Durchführung der Malaria-Expedition nach Neu-Guinea; *Aussteller:* Hellwig, Reichskanzler, i.A. Wilhelms II., Berlin, 12. April 1899.

L3/003 Notizen über altägyptische Dynastien; *Urheber:* R. Koch, ohne Ort, ohne Datum (rkm).

L3/004 Notizen zu Veröffentlichungen über Philosophie (Autoren und Kurztitel-Liste); *Urheber:* R. Koch, ohne Ort, Datierung: [um 1908]; Kurztitel zu Erscheinungsjahren 1876 bis 1908 (rkm). Sieben Titel sind mit Bleistift durchgestrichen.

L3/005 Gewährung eines Honorars des Stadtrates von Zürich in Anerkennung der Beratungen während der Typhus-Epidemie in Zürich im Jahr 1884; *Aussteller:* Dr. Römer, Stadtpräsident; Dr. Moteri [?], Stadtschreiber für den Stadtrat von Zürich, Zürich, 9.3.1886 (rki).

L3/006 Verleihung des Tiedemann-Preises nebst Silbermedaille der Senckenbergischen Naturforschenden Gesellschaft für die Arbeiten zur Ätiologie der Tuberkulose; *Aussteller:* Dr. W. Loretz, Senckenbergische Naturforschende Gesellschaft, Frankfurt am Main, 12.3.1883 (rki). Medaille vorhanden; Hinweis auf Vorab-Telegramm.

L3/007 Signatur nicht belegt.

L3/008 Beglückwünschung zur Entdeckung eines Heilmittels der Tuberkulose und Anerkennung der wissenschaftlichen Leistungen Kochs seitens des ärztlichen Vereins in Hannover; *Aussteller:* Dr. Lohmann, Vorsitzender und Sanitätsrat; Schläger, Schriftführer, Hannover, 21.11.1890 (rki).

L3/009 Beglückwünschung zur Entdeckung eines Heilmittels der Tuberkulose seitens des ärztlichen Vereins in Bremen; *Aussteller:* Dr. Max Schaeffer, Vorsitzender; Dr. Bruno Sylla, Schriftführer, Bremen, 24.11.1890 (rki).

L3/010 Anerkennungsurkunde der Deutschen Gesellschaft für öffentliche Gesundheitspflege anläßlich der Rückkehr von der Expedition zur Erforschung der Cholera 1884; *Aussteller:* Hirsch; Kalischer, A.; Skrzezka; Mehlhausen; Falk; Orth; Marggrad; Wer ... [?]; Spinola, Berlin, 8.5.1884 (rki).

L3/011 Begrüßung Kochs seitens der Bombay Medical Union; *Aussteller:* Batad ..., Präsident; Luid [?], Sekretär; K. M. Kermameck, Sekretär, Bombay, 1.5.1897 (rki).

L3/012 Danksagung für Malaria-Forschungen in Grosseto [im Zeitraum 24.04.-10.8.1899]; *Aussteller:* o.A., Grosseto, 10.8.1899 (rki).

L3/013 Vokabelheft zum Erlernen von Kisuaheli; *Urheber:* R. Koch, ohne Ort [Sese-Inseln, Britisch-Uganda], [1906/07] (rki).

L3/014 Einladung und Tagesordnung zu einer Konferenz der Bakteriologischen Untersuchungsanstalt Unter-Elsaß; *Aussteller:* J. Forster, Straßburg, 9.12.1904 (rki). Bl. 1, Rs: Notizen Kochs.

L3/015 Referenzschreiben für Robert Koch und dessen Begleitung anläßlich der Erforschung der Rinderkrankheit in Britisch-Südafrika; *Aussteller:* A. T. Millar, Assistant Secretary der British South Africa Company, London, 1.1.1903 (Jahr unsicher, evtl. 1904) (rki).

L3/016 Lohnrechnungen für Juni und Juli 1910 und Empfangsbestätigung für ein akademisches Gehalt für die Monate Juli bis September 1910 [für Robert Koch]; *Aussteller:* Koch, Robert (1843-1910), Berlin, ohne Datum [vor Mai 1910] (rki). Vorab-Quittierungen.

L3/017 Ersuchen an die Ritter des Ordens pour le mérite um erneuten Vorschlag eines Kandidaten zur Aufnahme in den Orden nach Ablehnung des Grafen von Zeppelin seitens des Kaisers und Einladung zu einer Zusammenkunft; *Aussteller:* Königliche General-Ordenskommission, Berlin, 24.1.1908 (rki). Anlage: Verzeichnis der Ritter; Koch seit 1906.

L3/018 Protokoll über ein Gespräch mit Robert Koch über »Ordnung des Stoffes und Vorbereitung«; *Urheber:* unbekannt, ohne Ort [Berlin], 28.7.1888 (rki). Drei zusammenhängende Bll.

L3/019 Artikel in verschiedenen deutschen Zeitungen über das »Koch'sche Heilmittel« [Tuberkulin], 1890/1891 (rki).

L3/020 Artikel in verschiedenen deutschen Zeitungen über Arbeit und Leben Robert Kochs (rki). Darin auch: maschinenschriftliche Abschrift eines Artikels aus dem Zauche-Belziger Kreisblatt [betreffend einen Konflikt mit dem Bürgermeister Schüler in Niemegk].

L3/021 Berichte und Bild-Berichte deutscher Zeitungen im Zusammenhang mit den Expeditionen Kochs nach Deutsch-Ostafrika zur Erforschung der Schlafkrankheit (National-Zeitung, Berliner Lokalanzeiger; Kolonialblatt; Kölner Zeitung; Berliner Tageblatt; Berliner Illustrierte Zeitung), Zeitraum 1905 bis 1910 (rki). Teilweise mit Notizen, auch von Koch.

L4: Unterlagen zur privaten Lebensführung (25)

L4/001.1 - L4/001.4 Fünf Sonderdrucke zum 60. Geburtstag Kochs, *Verfasser:* B. Fraenkel; [J. Schwalbe]; F. Loeffler; K. Gumpertz, 1903; 1904 (rki). *Titel:* Fränkel, B.: Robert Koch, in: Tuberculosis 2, Nr. 12; [Schwalbe, J.]: Ehrung Robert Kochs, in: Deutsche Medicinische Wochenschrift 1904, Nr. 34; Loeffler, F.: Robert Koch. Zum 60. Geburtstage, in: Centralblatt für Bakteriologie, Parasitenkunde und Infektionskrankheiten 25 (1904), Nr. 4, S. 401-415; Koch-Festnummer der Deutschen Medizinischen Presse, hrsg. von Karl Gumpertz, 11.12.1903.

L4/002.1 Unterlagen zu einem Festessen für Robert Koch am 11.12.1904 im neuen Saalbau des Landes-Ausstellungsparkes in Berlin-Moabit (Rundschreiben, Teilnehmerliste, Speisenfolge); *Urheber:* Georg Gaffky (verantwortlich), Berlin, 1904 (rki).

L4/002.2 Stiftung einer Büste für aus Anlaß des 60. Geburtstages von R. Koch und erneut 1905 (Bronzebüste); *Urheber:* Georg Gaffky; Carl Flügge (verantwortlich), Berlin, 1903; 1905 (rki). L4/002.2: Namensliste der Spender; L4/002.3: Urkunde.

L4/002.3 »Stiftung der Broncebüste R. Koch's für das K.G.A. - 30.X.[19]10 Festakt im K.G.A. [= Kaiserlichen Gesundheitsamt] und Aufstellung einer Broncebüste von Exc[ellenz] Köhler«; *Urheber:* Gaffky, Georg, Berlin, 1905; 1910 (rki). 18 Briefe (Beteiligungszusagen); zur Aufstellung der Bronzebüste Köhlers ist nur ein Anschreiben von Bumm enthalten, 22.10.1910, mit Vermerk Gaffkys: Zugesagt 23.X.[19]10.

L4/003 Eigenhändige Aufstellung R. Kochs über Ausgaben, ohne Ort, ohne Datum (rkm). Zeitraum laut Alt-Inventar: 10.9.1883 bis 1.5.1884; dort lautet die Angabe zum Umfang: 14 Bll., vorhanden sind 3 Bll.

L4/004 Aufforderung der Steuerbehörde, den Einspruch gegen den Einkommens-Steuerbescheid zu begründen; eigenhändiger Entwurf Kochs hierzu; *Aussteller:* Dieren, Regierungsrat (i.V.), Einschätzungs-Kommission für klassifizierte Einkommenssteuer, Berlin, 20.5.1887 (rkm). Kochs Entwurf der Beantwortung ist undatiert.

L4/005.1 - L4/005.8 Einkommens-Steuerbescheide der Steuerbehörde zur Festsetzung und Zahlung von Einkommens-Steuer für 1889/90, eigenhändige Entwürfe Kochs hierzu; *Aussteller:* Einschätzungs-Kommission für klassifizierte Einkommenssteuer, Berlin, ohne Datum (rkm). Entstehungszeitraum: März bis Oktober 1889.

L4/006, L4/006a Eingangsbestätigung der Steuerbehörde über Eingang des Widerspruchs zur Festsetzung der Einkommens-Steuer für 1891/92, eigenhändiger Entwurf Kochs hierzu; *Aussteller:* Einschätzungs-Kommission für klassifizierte Einkommenssteuer, Berlin, 8.5.1891 (rkm).

L4/007, L4/007a Bescheid der Kreis-Synode auf Kochs Ersuchen, die Kirchensteuer-Veranlagung zu ermäßigen, mit eigenhändigem Entwurf hierzu; *Aussteller:* Wischigkeit, Geschäftsführender Ausschuß der vereinigten Kreis-Synoden, Berlin, 30.5.1893 (rkm).

L4/008 Veranlagung zur Kanalisationsgebühr der Stadtgemeinde Charlottenburg; *Aussteller:* Schustehrus, Magistrat der Stadt Charlottenburg, Charlottenburg 1.4.1901 (rkm).

L4/009 Veranlagung zur Einkommenssteuer der Stadtgemeinde Charlottenburg für das Steuerjahr 1907; *Aussteller:* Schustehrus bzw. Einkommenssteuer-Veranlagungskommission der Stadt Charlottenburg 15.12.1906 (rkm). Vorderseite: Vordruck der Steuerbehörde; Rückseite: eigenhändige Aufstellung Kochs über Einnahmen 1906, mit Marginal von Hedwig Koch.

L4/010 Landscape Gardening in Japan (Buch), *Verfasser:* J. Conder, Tokio 1893 (rkm).

L4/011 Biographie Robert Kochs [?] *Verfasser:* S. Kitasato [?], Tokio (rkm). Das Buch oder der Artikel ist im Bestand nicht vorhanden, Angaben aufgrund des Alt-Inventars.

L4/012 Dokument zur Schenkung einer Porzellanvase (rkm). Altjapanische Schrift, deshalb Verfasser und Datierung nicht ermittelt; die Vase ist nicht vorhanden.

L4/013 Konvolut mit 892 Visitenkarten, besonders aus Japan [1908] (rkm).

L4/014 Besuch Robert Kochs in Japan; *Urheber:* Tokioter Zeitung, Tokio 1908 (rkm).

L4/015 Geplante regelmäßige Gedenkveranstaltungen im Kitasato-Institut nach dem Tod Robert Kochs, *Verfasser:* Shibasaburo Kitasato; Tokio 1910 (rkm). Es handelt sich um Übersetzungen Kitasatos von Teilen des Artikels in die deutsche Sprache.

L4/016 Fahrplan einer japanischen Dampfergesellschaft für das Jahr 1909/10, mit handschriftlichen Ergänzungen, wahrscheinlich von Shibasaburo Kitasatos ohne Ort, 1909 (rkm).

L4/017 Sammlungsaufruf zur Finanzierung einer Ehrengabe für die Kaiser Wilhelms-Akademie anläßlich deren Umzugs in die Invalidenstraße; *Urheber:* von Michel; Gaffky; Kirchner, Berlin, März 1910 (rkm). Datumsvermerk Kochs: 17.3.[19]10 und Notiz: 50 M[ark]; handschriftliche Korrekturen im Text.

L4/018 Satzungen der freien photographischen Vereinigung zu Berlin, gegr[ündet] am 26. Oktober 1889, Berlin, ohne Datum (rkm). Über eine Mitgliedschaft Kochs liegen keine Dokumente im Nachlaß vor.

L4/019 Statuten des Vereins für »volkstümliche Kurse von Berliner Hochschullehrern, gegr[ündet] am 26. October 1889«, Berlin, ohne Datum (rkm). Über eine Mitgliedschaft Kochs liegen keine Dokumente im Nachlaß vor.

L4/020 Erinnerungsstücke (Veranstaltungsprogramme) von der Reise Robert und Hedwig Kochs nach Japan 1908; *Urheber*: unterschiedlich, [Japan], 1908 (rki). Enthalten sind 1.: Visitenkarten Robert Koch und Hedwig Koch; 2.: Programm des Empfangsfestes in Tokio, 16.6.1908 (zwei Exemplare); 3.: Programm der Festspiele (Theater), Tokio, 16.6.1908 (drei Exemplare); 4.: Laudatio [?] für Robert Koch zwei Exemplare); 5.: sechs verschiedene Texte in japanischer Sprache (teils je zwei Exemplare); 7.: Theatersitzplan (zwei Exemplare); 8.: Tuschezeichnung mit Kalligraphien (drei Exemplare); 9.: zwei verschiedene Postkartenmotive mit Stempel (je zwei Stück), dazu ein Umschlag; 10.: Umschlag, beschriftet von Kitasato, adressiert an Gaffky, mit Briefmarken.

L4/021.1 - L4/021.2 Erinnerungsstücke von der Reise Robert und Hedwig Kochs nach Japan, 1908 (rki). L4/021.1: Neujahrskarte mit Bildmotiv und Text; Photographie von zwei japanischen Mädchen; Porträt Robert Koch im Kimono (beschädigt); zwei Papierbögen mit japanischen Schriftzeichen; L4/021.2: Programm des Empfangsfestes in Tokio, 16.6.1908, mit Vortrag Kochs: »Über die Schlafkrankheit«.

L4/022 Menükarte eines Festessens zur 28. Stiftungsfeier der Berliner Militärärztlichen Gesellschaft, Berlin, 20.2.1902 (rki). Teilnahmekarte für Robert Koch, nicht zu dessen Ehrung.

L4/023 Unterlagen zum Umbau der Villa Kochs in Charlottenburg-Westend, Ahornallee 30; Charlottenburg, Oktober 1897 bis April 1898 (rki).

L4/024 Schriftliche Mitteilungen und Gesprächsnotizen über den Charakter Robert Kochs; *Urheber*: unterschiedlich, ohne Ort [Berlin], [1942/46] (rki).

L4/025 Besuch der Kochs in Japan; Empfangsfest in Tokio; Monatsschrift der Bakteriologie (Saikingaku-Zassi) hrsg. vom Institut für Infektionskrankheiten zu Tokio; Vereinigung wissenschaftlicher Gesellschaften Japans (Veranstalter), [Japan], 16.6.1908 (rkm). Darstellung des Festverlaufs und Abdruck der Rede Kochs »Über die Schlafkrankheit«, S. 1-10 (mit Abbildungen).

L 5: Nachrufe auf Robert Koch in Zeitungen und Zeitschriften (11)

L5/001 Meldungen in deutschen Zeitungen über den Tod Robert Kochs, zusammengestellt vom »Berliner Literarischen Büro«, 27.5.1910 bis ca. 1.6.1910 (rki).

L5/002 Nachrufe in der deutschen Presse, überwiegend zusammengestellt vom »Berliner Literarischen Büro«, Mai bis Dezember 1910 (rki).

L5/003 Gemischte Meldungen in deutschen Zeitungen über Leben und Werk Robert Kochs anläßlich seines Todes, zusammengestellt vom »Berliner Literarischen Büro«, 27.5.1910 bis 30.7.1910 (rki).

L5/004.1 Nachrufe in nationalen und internationalen wissenschaftlichen Zeitschriften, 1910 (rki). Anlage: Liste von Nachrufen [unvollständig].

L5/004.2 Nachrufe in populären Zeitschriften 1910 (rki). Die »Berliner Illustrirte Zeitung« ist doppelt vorhanden; das Porträt Kochs in: »Nimm mich mit« ist koloriert.

L5/005 Meldungen und Nachrufe in österreichischen Zeitungen, zusammengestellt vom »Berliner Literarischen Büro«, 27.5.1910 bis 9.6.1910 (rki).

L5/006 Meldungen und Nachrufe in französischen und belgischen Zeitungen, zusammengestellt vom »Berliner Literarischen Büro«, 26.5.1910 bis 26.6.1910 (rki).

L5/007 Meldungen und Nachrufe in schweizerischen Zeitungen, zusammengestellt vom »Berliner Literarischen Büro«, 31.5.1910 bis 25.6.1910 (rki) .

L5/008 Meldungen und Nachrufe in russischen und portugiesischen Zeitungen, zusammengestellt vom »Berliner Literarischen Büro«, 28.5.1910 bis 1.6.1910 (rki).

L5/009 Meldungen und Nachrufe in amerikanischen Zeitungen (USA), zusammengestellt vom »Berliner Literarischen Büro«, 28.5.1910 bis 27.8.1910 (rki).

L5/010 Meldungen und Nachrufe in britischen Zeitungen, zusammengestellt vom »Berliner Literarischen Büro«, 14.5.1910 bis 31.5.1910 (rki).

L5/011 Meldungen und Nachrufe in italienischen Zeitungen, zusammengestellt vom »Berliner Literarischen Büro«, 28.5.1910 bis 31.5.1910 (rki).

L6: Gedächtnisstätten für Robert Koch (Mausoleum, Denkmale)

Herausgabe der Gesammelten Werke (7)

L6/001	Materialsammlung und Briefwechsel Georg Gaffkys zur Herausgabe der Gesammelten Werke Robert Kochs und ggf. einer Biographie, 1910-1912 (rki).
L6/002	Gedächtnisreden Georg Gaffkys anläßlich der Beisetzung Robert Kochs und der Gedenkfeier für Robert Koch sowie Materialsammlung hierzu und Ansprachen anderer; *Urheber*: Gaffky, Georg, Berlin Dezember 1910 (rki). Rede veröffentlicht in: Deutsche Medicinische Wochenschrift 36 (1910), Nr. 50 (Sonderdruck).
L6/003	Zeitungsartikel zur Vorbereitung und Durchführung der Gedächtnisfeier für Robert Koch am 11. Dezember 1910 und zur Planung des Mausoleums im Institut für Infektionskrankheiten; *Urheber*: unterschiedlich, Berlin, 1910 (rki).
L6/004	Gestaltung und Einweihung des Mausoleums für Robert Koch; *Aussteller*: Georg Gaffky, Berlin, 1910 bis 1911 (rki). Materialsammlung Gaffkys für das Institut für Infektionskrankheiten, darin u.a. Zeichnungen, Pläne und Briefe.
L6/005	Materialsammlung (auch Briefe) zur Vorbereitung und Einrichtung eines Gedächtnisraumes für Robert Koch (rki).
L6/006	Anfragen zum Besuch des Mausoleums und Ausleihen aus der Gedenkstätte im Institut für Infektionskrankheiten, ab 1911 (rki).
L6/007	Planungen zur Errichtung eines Denkmals für Robert Koch und Enthüllung desselben am 27.5.1916; Materialsammlung von Georg Gaffky, [Berlin], [1915/16] (rki). Rede hierzu veröffentlicht: Georg Gaffky, Dem Andenken Robert Kochs. Rede, gehalten bei der Enthüllung seines Denkmals am 27. Mai 1916, in: Deutsche Medicinische Wochenschrift, 42 (1916), Nr. 22 (zwei Exemplare, davon eines mit Marginal von Bruno Heymann).

L7: Gedächtnisveranstaltungen für Robert Koch ab 1911 (8)

L7/001	»Robert Koch-Tagung 1932 und Gedächtnisfeier 1935«; Aktenband des Preußischen Instituts für Infektionskrankheiten »Robert Koch« mit Briefen, Vermerken und Notizen (rki).

L7/002 Materialsammlung zu Gedenkveranstaltungen aus Anlaß des 50. Jahrestages der Entdeckung des Erregers der Tuberkulose 1932 und aus Anlaß des 25. Todestages von Robert Koch 1935 (rki).

L7/003 Materialsammlung zu Gedenkveranstaltungen aus Anlaß des 30. Todestages von Robert Koch im Jahr 1940 (rki).

L7/004 Materialsammlung zu Gedenkveranstaltungen aus Anlaß des 100. Geburtstages von Robert Koch im Jahr 1943 (rki).

L7/005.1 Materialsammlungen zu Gedenkveranstaltungen aus Anlaß des 50. Todestages von Robert Koch 1960 (rki).

L7/005.2 Erinnerungs-Urkunde an die Leistungen Kochs aus Anlaß des 50. Todestages von Robert Koch am 27. Mai 1960; *Aussteller*: Jacques Tiefouel, Direktor des Institut Pasteur; A. Manff, stellvertretender Direktor; Oublant, Generalsekretär, Paris 27.5.1960 (rkm).

L7/006 Materialsammlung zu Gedenkveranstaltungen aus Anlaß des 100. Jahrestages der Entdeckung des Tuberkulose-Erregers 1982 (rki).

L7/007 Materialsammlung zu Gedenkveranstaltungen aus Anlaß des 75. Todestages von Robert Koch 1985 (rki).

L7/008 Materialsammlung zu Gedenkveranstaltungen aus Anlaß des 150. Geburtstages von Robert Koch 1993 (rki)

Chronologie der Ehrungen und Mitgliedschaften

Orden (6)

02.5.1884 Verleihung des Königlichen Kronen-Ordens II. Klasse mit Stern (L2/008, rkm).

[1887] [Stanislausorden, Rußland].

20.11.1890 Verleihung des Großkreuzes des Roten Adlerordens (L2/011, rkm).

26.1.1891 Verleihung des Großkreuzes des Osmanié-Ordens durch den osmanischen Sultan (L2/060, rki).

[11.12.1904] [Verleihung des Wilhelmsordens].

28.11.1909 Verleihung des bayerischen Maximilians-Ordens für Wissenschaft und Kunst (L2/022, rkm).

Preise (5)

[1865]	Preis der Georg-August-Universität Göttingen für eine Arbeit des Studenten Robert Koch, ohne Datum (L1/005, rki).
12.3.1883	Verleihung des Tiedemann-Preises nebst Silbermedaille der Senckenbergischen Naturforschenden Gesellschaft für die Arbeiten zur Ätiologie der Tuberkulose (auch Medaille, L3/006, rki).
3.1.1891	Verleihung des Franz von Rinnecker-Preises (Urkunde und Goldmedaille) der Julius-Maximilian-Universität Würzburg (L2/015, rkm; L2/059, rki).
1904	Verleihung des Großen Preises der Weltausstellung in Saint Louis (sowie gesondert an das Institut für Infektionskrankheiten) (L2/123; 123a, rki).
11.12.1905	Verleihung des Nobelpreises für Medizin in Stockholm (Entscheidung am 12.10.1905) (L2/017, Urkunde: rkm) Nobelpreis-Medaille (s. Medaillen, rki).

Ehrendoktorwürden (3)

6.5.1884	Ernennung zum Doktor medicinae honoris causa der Universität Groningen (L2/090, 090a, rki).
5.8.1886	Ernennung zum Doktor honoris causa der Universität Heidelberg (L2/094, rki).
18.1.1889	Ernennung zum Doctor honoris causa der Universität Bologna (L2/047, 047a, rki).

Ehrenbürgerschaften (2)

21.11.1890	Verleihung der Ehrenbürgerschaft der Stadt Berlin (L2/012, rkm).
26.11.1890	Ernennung zum Ehrenbürger der Stadt Clausthal (L2/106, rki).

Mitgliedschaften in Gesellschaften und Akademien (97)

17.12.1878	Ernennung zum Korrespondierenden Mitglied der Schlesischen Gesellschaft für Vaterländische Kultur in Breslau (L2/002, rki).
10.1.1883	Ernennung zum korrespondierenden Mitglied des Aerztlichen Vereins in München (L2/084, rki).
17.2.1883	Ernennung zum Ehrenmitglied der Gesellschaft für Natur- und Heilkunde Dresden (L2/085, rki).
14.3.1883	Ernennung zum Korrespondierenden Mitglied der Reale Società Italiana d'Igiene (L2/025, rki).
11.5.1883	Ernennung zum Korrespondierenden Mitglied der Senckenbergischen Naturforschenden Gesellschaft (L2/024, rki).
10.6.1883	Ernennung zum Korrespondierenden Mitglied der Société Belge de Microscopie (L2/026, rki).
1.7.1883	Ernennung zum Korrespondierenden Mitglied der Physikalisch-Medicinischen Societät zu Erlangen (L2/027, rki).
16.7.1883	Ernennung zum Korrespondierenden Mitglied der Sociedad Espanola de Higiene (L2/028, rki).
7.8.1883	Ernennung zum Ehrenmitglied der Schweizerischen Naturforschenden Gesellschaft (L2/086, rki).
22.11.1883	Ernennung zum Ehrenmitglied der Societata Sciintelor Medicale Bucarest (L2/088, rki).
22.1.1884	Ernennung zum Korrespondierenden Mitglied der Kaiserlichen Akademie der Wissenschaften, Sektion Biologie zu Sankt Petersburg (L2/030, rki).
29.1.1884	Ernennung zum Korrespondierenden Mitglied des Realo Istituto Lombardo die Scienze e Lettre (L2/089, rki).
12.5.1884	Ernennung zum Ehrenmitglied der Royal Medical Society Edinburgh (b1/842, rki) Eine Urkunde hierzu liegt nicht vor.
28.5.1884	Ernennung zum Korrespondierenden Mitglied der Vereinigung zur Beförderung der Medicinischen Wissenschaften zu Niederländisch-Indien (L2/029, rki).
17.10.1884	Ernennung zum Ehrenmitglied der Kaiserlichen Gesellschaft der russischen Ärzte zu St. Petersburg (L2/091, rki).
14.1.1885	Ernennung zum Ehrenmitglied des Naturwissenschaftlichen Vereins von Hamburg-Altona (L2/031, rki).

31.1.1885	Ernennung zum Ehrenmitglied der Königlichen Gesellschaft der Wissenschaften und Schönen Literatur in Göteborg (L2/032, rki).
22.5.1885	Ernennung zum Ehrenmitglied des Vereins der Veterinär-Ärzte zu St. Petersburg (L2/033, rki).
1.6.1885	Ernennung zum Ehrenmitglied der Society of Medical Officers of Health in London (L2/034, rki).
2.6.1885	Ernennung zum Korrespondierenden Auswärtigen Mitglied der Académie Royale de Médicine de Belgique (L2/035; 035a, rki).
26.6.1885	Ernennung zum Ehrenmitglied der Societa Fiorentina d'Igiene zu Florenz (L2/037, rki).
1.7.1885	Ernennung zum Korrespondierenden Auswärtigen Mitglied der Société Royale de Médicine Publique de Belgique (L2/036, rki).
12.7.1885	Ernennung zum Ehrenmitglied der Reale Accademia di Medicina di Roma [= Königlich Medizinische Akademie zu Rom] (L2/038; 038a, rki).
22.12.1885	Ernennung zum Korrespondierenden Mitglied der Accademia delle Scienze dell' Istituto di Bologna [= Akademie der Wissenschaften zu Bologna] (L2/039, rki).
22.12.1885	Ernennung zum Korrespondierenden Mitglied der Akademie der Wissenschaften (»Instituti Bononiensis«) (L2/093, rki).
11.5.1886	Ernennung zum Ehrenmitglied der Association of Medical Practitioners qualified in Sanitary Science (L2/040, rki).
15.6.1886	Ernennung zum Ehrenmitglied der Kaiserlichen Kaukasischen Medicinischen Gesellschaft (L2/041, rki).
2.8.1886	Ernennung zum Ehrenmitglied der Société Royalé des Sciences Médicales et Naturelles de Bruxelles (L2/042, rki).
20.10.1886	Ernennung zum [Ehren-]Mitglied der Société de Médecine de Norvége (L2/043, rki).
11.12.1886	Ernennung zum Korrespondiernden Mitglied des Königlichen Vereins der Aerzte (»Királyi Orvosegyesület«) in Budapest (L2/044, rki).
20.12.1886	Ernennung zum außerordentlichen Mitglied der »Societas Medica Norvegica« (L2/096, rki).
29.1.1887	Ernennung zum Ehrenmitglied des Naturwissenschaftlichen Vereins der Provinz Posen (L2/097, rki).

12.2.1887 Ernennung zum Ehrenmitglied der »Societas Medica Fennica« (L2/098, rki).

25.2.1888 Ernennung zum Ehrenmitglied der Medicinischen Gesellschaft zu Archangel (L2/045, rki).

28.4.1888 Ernennung zum Ehrenmitglied der Epidemiological Society of London (L2/046, rki).

14.7.1888 Ernennung zum Auswärtigen Mitglied im Bereich Pathologie der Physikalischen, Mathematischen und Naturwissenschaftlichen Klasse der Reale Accademia de'Lincei zu Rom (L2/048, rki).

7.9.1888 Wahl zum Mitglied der Physikalisch-Mathematisch-Naturwissenschaftlichen Klasse der Academia di Roma (L2/010, rkm).

16.4.1889 Ernennung zum Ehrenmitglied der Accademia Medico-Chirurgica di Perugia (L2/049, rki).

7.7.1890 Ernennung zum Ehrenmitglied der Königlich serbischen Gesellschaft der Aerzte in Belgrad (L2/050, rki).

5.8.1890 Ernennung zum Korrespondieenden Mitglied der Bataafsch Genootschap der Proefondervindelijke Wijsbegeerte te Rotterdam (Société Batave) (L2/051; 51a, rki).

10.9.1890 Ernennung zum Ehrenmitglied des Physikalischen Vereins zu Frankfurt am Main (L2/099, rki).

20.10.1890 Ernennung zum Ehrenmitglied der »Genootschap ter Bevordering der Natuur-, Genees- en Heelkunde te Amsterdam« (L2/100, rki).

22.10.1890 Ernennung zum Ehrenmitglied des Sanitary Institute London (L2/052, rki).

10.11.1890 Ernennung zum Ehrenmitglied der Kaiserlich Medizinischen Gesellschaft in Charkov (L2/101, rki).

14.11.1890 Ernennung zum Ehrenmitglied des Vereins der deutschen Ärzte in Prag (L2/102, Rolle 6, rki).

18.11.1890 Ernennung zum Ehrenmitglied des Vereins für innere Medizin Berlin (L2/103, Rolle 1, rki).

20.11.1890 Ernennung zum Ehrenmitglied des ärztlichen Lokalvereins der Stadt Nürnberg (L2/104, rki).

21.11.1890 Ernennung zum Ehrenmitglied der Kaiserlich Königlichen Gesellschaft der Ärzte in Wien (L2/053, rki).

24.11.1890 Ernennung zum Ehrenmitglied der Deutschen Gesellschaft für öffentliche Gesundheitspflege (L2/105, rki).

27.11.1890 Ernennung zum Ehrenmitglied der Berliner Medizinischen Gesellschaft (L2/054, rki).

28.11.1890 Ernennung zum Ehrenmitglied des Landwirtschaftlichen Bauernvereins Elbing (L2/055, rki).

11.12.1890 Ernennung zum Ehrenmitglied der Academia de Medicina de Mexico (L2/057, rki).

11.12.1890 Ernennung zum Ehrenmitglied der freiwilligen Wasserwehr für den Landkreis Görlitz und Lauban (L2/056; 056a, b, rki).

12.12.1890 Ernennung zum Ehrenmitglied der Gesellschaft für Experimentalwissenschaften an der Universität Charkov (L2/014, rkm).

15.12.1890 Ernennung zum Ehrenmitglied der Medizinischen Gesellschaft »urbis Nicolaopolis Chersonensis« (L2/111, rki).

10.1.1891 Ernennung zum Ehrenmitglied des ärztlichen Bezirksvereins Erlangen (L2/061, rki).

23.2.1891 Ernennung zum Ehrenmitglied des Vereins der Freunde der Wissenschaften in Posen/Poznan (L2/062.1; 062.2, rki).

24.2.1891 Ernennung zum Korrespondierenden Mitglied der Reale Accademia Medico-Chirurgica Napoli (L2/063, rki).

27.6.1891 Ernennung zum Ehrenmitglied des Unter-Elsässischen Aerztevereins (L2/064, rki).

12.7.1891 Ernennung zum Korrespondierenden Mitglied der Reale Accademia delle Scienze Mediche in Palermo (L2/065, rki).

24.4.1893 Ernennung zum Auswärtigen Mitglied der Kongliken Wetenskaps-Akademien (L2/066, rki).

22.10.1893 Ernennung zum Ehrenmitglied der Association Internationale pour le progrès de l'Hygiène (L2/067, rki).

7.5.1895 Ernennung zum Ehrenmitglied der Deutschen Medicinischen Gesellschaft der Stadt New York (L2/068, rki).

23.6.1895 Ernennung zum Ehrenmitglied der Physikalisch- Medicinischen Societät zu Erlangen/Übersendung eines Diploms (L2/069, rki).

31.1.1896 Ernennung zum Auswärtigen Ehrenmitglied der Königlichen Akademie der Medizin in Belgien (L2/073.1 – L2/073.4, rki).

17.2.1896 Ernennung zum Ehrenmitglied de Société Impériale des Médecins de Wilna (L2/070, rki).

20.2.1896 Ernennung zum Ehrenmitglied der Reale Societá Italiana d'Igiene (L2/071, rki).

20.2.1896	Ernennung zum Ehrenmitglied des Landesvereins für Hygiene in Budapest (L2/113; 113a, rki).
27.7.1896	Ernennung zum Ehrenmitglied der Royal Medical and Chirurgical Society (London) (L2/074, rki).
10.12.1896	Ernennung zum Ehrenmitglied der Gesellschaft für Geburtshilfe zu Leipzig (L2/075, rki).
30.12.1896	Ernennung zum Ehrenmitglied der Societé Belge de Microscopie (L2/072, rki).
15.2.1898	Ernennung zum Ehrenmitglied der Academia de Higiene de Cataluna (L2/076, rki).
28.2.1899	Ernennung zum Auswärtigen Mitglied der Académie de Médecine in Paris (L2/077, rki).
1899/1900	Ernennung zum Ehrenmitglied der Royal Academy of Medicine in Ireland (L2/078, rki).
10.12.1900	Ernennung zum Ehrenmitglied der Gesellschaft der Charité-Aerzte (L2/079, rki).
13.3.1901	Wahl zum auswärtigen Ehrenmitglied der Amerikanischen Akademie für Künste und Wissenschaften, Sektion Medizin und Chirurgie (L2/016, rkm).
28.9.1901	Ernennung zum Ehrenmitglied des Veterinärinstituts zu Charkow (L2/116, rki).
1902	Ernennung zum Ehrenmitglied der Internationalen Gesellschaft gegen Tuberkulose (L2/112, rki).
23.2.1903	Ernennung zum Auswärtigen Mitglied des Institut de France - Académie des Sciences aufgrund einer Vakanz nach dem Ableben Virchows (L2/080.1; 080.2, rki).
22.4.1903	Ernennung zum auswärtigen assoziierten Mitglied der National Academy of Sciences of the United States of America (L2/117, rki).
7.6.1903	Ernennung zum Ehrenmitglied der Königlichen Akademie für Medizin zu Turin (L2/118, rki).
12.8.1903	Ernennung zum ausländischen Ehrenmitglied der Kaiserlichen Akademie der Wissenschaften zu Wien, Mathematisch-Naturwissenschaftliche Klasse (L2/119, rki).
17.12.1903	Ernennung zum Ehrenmitglied der Schlesischen Gesellschaft für Vaterländische Kultur (L2/121, rki).
20.2.1904	Ernennung zum Ehrenmitglied der Medicinischen Gesellschaft zu Leipzig (L2/120, rki).

1.6.1904	Ernennung zum Mitglied der Königlich-Preußischen Akademie der Wissenschaften (L2/122, rki).
6.1.1906	Ernennung zum Mitglied der Classe des Sciences der Königlichen Akademie der Wissenschaften und Künste in Belgien (L2/124, rki).
26.1.1906	Ernennung zum Ehrenmitglied der Gesellschaft für innere Medizin und Kinderheilkunde in Wien (L2/125, rki).
[Mai 1906]	[Wahl zum stimmberechtigten Mitglied der Friedensklasse des Ordens Pour le mérite].
6.6.1906	Ernennung zum Ehrenmitglied der deutschen Gesellschaft für Chirurgie (L2/126, rki).
8.1.1907	Ernennung zum korrespondierenden Mitglied der Internationalen Gesellschaft für Tuberkulose (L2/127, rki).
1907	Ernennung zum Mitglied der Royal Society (L2/115, rki).
22.1.1908	Ernennung zum Ehrenmitglied der Gesellschaft für exotische Pathologie (L2/129, rki).
11.2.1908	Ehrenmitgliedschaft in der [neu gegründeten] Deutschen Tropenmedizinischen Gesellschaft (b1/771, rkm)
16.3.1908	Wahl und Ernennung R. Kochs (und anderer) zum Mitglied des Ehrenvorstandes des Zentralkomitees für das ärztliche Fortbildungswesen in Preußen (L2/020, rkm).
25.4.1908	Ernennung zum Ehrenmitglied der Gesellschaft für Tropenmedizin der Republik Kuba (L2/128, rki).
29.4.1908	Ernennung Kochs zum außerordentlichen Mitglied der United Services Medical Society [...?], [London], Victoria Street 18 (b1/829, rkm). Datumsvermerk Kochs: 9.11.08.
16.1.1909	Ernennung zum Ehrenmitglied der Mikrobiologischen Gesellschaft zu St. Petersburg (L2/130, rki).
26.3.1909	Ernennung zum Mitglied der Mathematisch- Naturwissenschaftlichen Klasse der Schwedischen Akademie der Wissenschaften, Christiana (L2/021, rkm).

Sonstige Ehrungen und Anerkennungen (22)

1.5.1872	Verleihung einer Kriegsgedenkmünze an (L2/023, rkm).
7.2.1883	Festkronik [sic!] des Vereins für innere Medizin; Urkunde für Robert Koch zum 2. Stiftungsfest (L2/083, rki).

15.10.1883	Ehrenurkunde als Danksagung für die Mitarbeit an der Allgemeinen Deutschen Ausstellung auf dem Gebiet der Hygiene und des Rettungswesens in Berlin (L2/087, rki).
31.5.1884	Gewährung einer durch Gesetz vom 27.5.1884 festgelegten Belohnung (100 000 Mark) für die Erforschung der Cholera (L2/009, rkm).
Mai 1884	Willkommensadresse anläßlich der Rückkehr von der Cholera-Expedition (L2/007, rkm).
Mai 1884	Festessen im Central-Hotel anläßlich der Rückkehr von der Cholera-Expedition (L2/131, rki).
1884	Dankurkunde für Mitwirkung an der Internationalen Hygiene-Ausstellung in London 1884 (L2/092, rki).
3.1.1885	Verleihung des Comthuranzkreuzes II. Klasse durch den Herzog von Sachsen (Ernestinische Linie) (L2/005, rkm).
15.12.1890	Anbringung von zwei Marmor-Gedenktafeln in Göttingen (L2/058, rki).
8.12.1890	Ehrungsurkunde des ärztlichen Lokalvereins Andernach (L2/107, rki).
10.12.1890	Ehrungsurkunde des Kongresses der Hilfskassen für Arbeiter (L2/108, rki).
11.12.1890	Anerkennung und Huldigung des Ärztevereins zu Krefeld (L2/109, rki).
11.12.1890	Anerkennung der wissenschaftlichen Verdienste und Geburtstagswünsche der Medicinischen Sektion der Naturforschenden Gesellschaft zu Görlitz (L2/013, rkm).
11.12.1890	Anerkennung und Huldigung der Lessing-Loge Nr. 1 von Braunschweig (L2/110, rki).
15.10.1896	Anerkennung der Mitwirkung als Mitglied des Gruppenvorstandes der Berliner Gewerbeausstellung (L2/114, rki).
17.11.1907	Unterlagen zu einem Festessen im Hotel Adlon am 17.11.1907 (L2/134, rki).
11.2.1908	Kommers der Groß-Berliner Aerzteschaft (L2/132, rki).
9.12.1907	Verleihung der Silbernen Impfmedaille (L2/018; 018a, rkm).
16.12.1907	Wahl und Ernennung zum Beirat der Gesellschaft für Erdkunde (L2/019, rkm).
[1908]	Anerkennung durch die Burschenschaften der Friedrich-Wilhelms-Universität Berlin (L2/082, rki).

11.4.1908 Menükarte des Ehrendinners der German Medical Society of the City of New York (L2/133, rki).

Undatiert Diplom als Ehrenmitglied des Kongresses für innere Medizin (L2/081, rki).

Medaillen

Auszeichnungen für Robert Koch

A. Nobel-Medaille / 1905 (rki).
Die Urkunde zum Nobelpreis im rkm (L2/017); siehe Bestandsgeschichte.

Friedericus Tiedemann / 1883 (rki).
Diese Medaille bezieht sich auf die Verleihung des Tiedemann-Preises der Senckenbergischen Naturforschenden Gesellschaft für die Arbeiten Kochs zur Ätiologie der Tuberkulose, Frankfurt am Main 12.3.1883 (L3/006, rki).

Franciskus Rinecker Professor ... (rki).
Medaille zur Verleihung des Franz von Rinnecker-Preises (Goldmedaille) der Julius-Maximilian-Universität Würzburg, 3.1.1891 (L2/015, rkm; L2/059, rki).

Ignatio Philippo Semmelweis MDCCCXVIII - MDCCCLXV / Medico Hungaro prof. artis obstretr. in univ. Budapestinensi conservatori matrum signum Aere in orbe universo collecto poserunt collegae budapesti MDCCCCVI (rki).
Diese Medaille gehört zur Ernennung zum Ehrenmitglied des Landesvereins für Hygiene, Budapest, 20.2.1896 (L2/113, rki).

Medaille des Großen Preises der Weltausstellung in Saint Louis für bakteriologische Präparate und Serum [1896] (rki).
Diese Auszeichnung, gerahmt, bezieht sich auf das Institut für Infektionskrankheiten. Robert Koch wurde eine Urkunde verliehen (L2/123, rki), möglicherweise ebenso eine Medaille; denn das Institut erhielt ebenfalls eine Ehrenurkunde (L2/123a, rki).

Bronzeplakette (rkm).
Wahl Kochs zum Mitglied der Physikalisch-Mathematisch- Naturwissenschaftlichen Klasse der Akademie in Rom, 7.9.1888 (L2/010, rkm, Urkunde: rki).

Friedrich Wilhelm III Koenig von Preußen (mit Porträt) / Dem Verdienste um die Schutzimpfung (rki).
Diese Medaille ist wahrscheinlich der Verleihung der Silbernen Impfmedaille durch das Ministerium der geistlichen, Unterrichts- und Me-

dicinalangelegenheiten, Berlin, 9.12.1907, zuzuordnen (Urkunde: L2/018, rkm).

Robert Koch Ad Vit. Sc. 1908 (rki).
Es handelt sich um die Medaille, die Koch bei dem Kommers vom 11. Februar 1908 überreicht wurde. Zwei weitere Exemplare sind vorhanden, eines davon ist gerahmt.

Associatio Internationales Contra Tuberculosim Constituta Robert Koch (rki).
Medaille der Internationalen Gesellschaft zur Bekämpfung der Tuberkulose, undatiert. Im Bestand befinden sich eine Urkunde zur Ernennung Kochs zum Ehrenmitglied der Internationalen Gesellschaft gegen Tuberkulose, Berlin, 1902 (L2/112, rki) und eine Urkunde zur Ernennung Kochs zum korrespondierenden Mitglied der Internationalen Gesellschaft für Tuberkulose, Paris 1907 (L2/127, rki).

The Royal Institute of Public Health Founded 1886 WR Sixth President 1896 (rki)
Eine Urkunde des Royal Institute of Public Health ist im Nachlaß nicht vorhanden; ein Bezug zur Ernennung Kochs zum Ehrenmitglied der Royal Medical and Chirurgical Society 1896, dürfte nicht bestehen (L2/074, rki).

Professor Robert Koch (rki).
Zu dieser Medaille liegen keine Dokumente vor, so daß sie keiner Auszeichnung zuzuordnen war.

R Koch Medicus doctrina ac modesta aeque excelliens / tuberculosis originem indagavit gossleri sustulit annis 1882-1890 (rki).
Der Zusammenhang mit den Tuberkulose-Forschungen Kochs ist aufgrund der Jahreszahlen 1882-1890 evident, die Nennung des Ministers der geistlichen, Unterrichts- und Medicinalangelegenheiten, Gossler (1838-1902), legt die Verleihung durch das Kultusministerium nahe, ist vermutlich jedoch nicht in Verbindung mit der Verleihung des Roten Adlerordens zu bringen.

Professor Doctor Robert Koch (rki).
Weitere Informationen liegen im Bestand nicht vor, fehlende Jahresangaben erlauben keine Zuordnung zu bestimmten Ehrungen.

Gedenken an Robert Koch

Robert Koch / geboren den 11. Dec[ember] *1842, gestorben den 27. Mai 1910* (rki).
Der Entstehungszusammenhang dieser Medaille ist nicht bekannt.

Robert Koch-Plakette (rki).
Entwurf Prof. Scheibe, Hochschule der Künste, Berlin [1959], Porzellan,

insgesamt vier Stück (KPM Berlin).
Laut einem Notizbuch waren am 14. Dezember 1959 zehn Stück eingegangen.

1843 Robert Koch 1910 (rki).
5-Mark-Münze der Deutschen Demokratischen Republik [1982].

Robert Koch 1843-1910 (rki).
10 DM-Münze der Bundesrepublik Deutschland 1993.

Weitere im Robert Koch-Institut vorhandene Medaillen beziehen sich nicht auf die Person Koch. Vorhanden sind Medaillen für das Institut für Infektionskrankheiten bzw. das Robert Koch-Institut, Auszeichnungen und Orden für dessen Mitarbeiter Friedrich Karl Kleine (1869-1951) sowie Medaillen ohne erkennbaren oder belegbaren Zusammenhang mit dem Aufbewahrungsort.

Werkmanuskripte

Von »Manuskripten« kann bei den werkbezogenen Nachlaßbeständen zu Robert Koch nur bei wenigen Aufzeichnungen die Rede sein. Vielmehr handelt es sich um eine Ansammlung von Notizen in sehr unterschiedlichen Formaten. Geordnet geführte »Laborbücher« mit Angaben zum Ablauf von Versuchsreihen und Protokollen sind nicht vorhanden und haben mit großer Wahrscheinlichkeit nie existiert. Lediglich auf Reisen entstanden Aufzeichnungen in Notizbüchern, die zumindest einen Teil der experimentellen Arbeiten dokumentierten.

Aus den vorhandenen Materialien erschließen sich dennoch die Methodik und der im biographischen Teil ausgeführte Arbeitsstil Kochs: Infektionskrankheiten waren das Leitbild, die Fragestellung, der sich Koch zunächst analytisch-induktiv näherte. Bei seinen Forschungen standen das Beobachten, die Wahrnehmung von Mikroorganismen, die Feststellung von Eigenschaften und der Vergleich im Mittelpunkt, um Informationen über den Beobachtungsgegenstand zu erhalten und im weiteren experimentellen Vorgehen deduktiv Vermutungen über die spezifischen Wirkungen zu bestätigen oder zu verwerfen. Der konzentrierte Forschungsstil ist die Begründung dafür, daß es kaum längere Texte gibt. Protokolle, vielmehr Notizen, die als solche gedeutet werden können, beschränken sich auf sehr knappe Informationen: Der spärliche Platz auf einem 18x18 Millimeter großen Papierstück – Zwischenlageblatt für Deckgläschen mikroskopischer Präparate – erlaubte kaum mehr als die Benennung des Faktischen. Gerade die Werk-Bestandteile des Nachlasses sind geeignet zu resümieren, daß Koch selbst sich von Aufzeichnungen trennte, wenn nach seiner Einschätzung ein Thema abschließend bearbeitet war. So wird erklärbar, warum zu frühen Arbeiten (Milzbrand) kaum etwas überliefert ist und der Umfang bei späteren oder nicht abgeschlossenen Arbeiten zunimmt. Notizen mit Protokollcharakter dürften primär als »Gedächtnisstützen« bei der weiteren Bearbeitung angefertigt worden und für frühe Arbeiten eher zufällig überliefert sein.

Gleichzeitig nahm Koch bei neuen Themengebieten auf frühere Erfahrungen und Schlußfolgerungen Bezug, zumal die experimentelle Vorgehensweise sich auf Gleichförmigkeit des Verfahrens stützte, wenn neue Techniken und Methoden (Mikroskopie, Färbeverfahren) in die experimentelle Arbeit einbezogen wurden. Fotografien verstand Koch als eigenständige Dokumentationsform jenseits der Schriftlichkeit. Eine zu früherer Zeit zweifellos existente umfassende Sammlung von Mikrofotografien und Präparaten am Hygiene-Institut und am Institut für Infektionskrankheiten entsprach seiner Forderung nach möglichst vollständiger bildlicher Dokumentation von Mikroorganismen zu Forschungszwecken.[2] Auch zu solchen Quellen wurden während der Erschließungsarbeiten keine Verzeichnisse aufgefunden, so daß Umfang und Art einer früheren Ordnung der Sammlungsbestände im Robert Koch-Institut nicht rekonstruierbar sind.

Ein Blick auf Unterlagen aus den Jahren in Wollstein mag ein für Koch charakteristisches Vorgehen verdeutlichen: Ein Notizbuch (w1/007), von beiden Seiten begonnen und jeweils nur wenige Seiten füllend, enthält *Notizen über Experimente*, von der anderen Seite *Notizen zur gerichtl*[ichen] *Medizin*. Unter den Eintragungen des erstgenannten Teils kommen die Jahreszahlen 1873 und 1874 vor – ein Hinweis auf entsprechende Arbeiten bereits ein Jahr nach Beginn der Tätigkeit als Kreisphysikus. Der zweite Teil muß der »ältere« sein, denn der Eintrag eines Datums (6. 3. 1872) und die Tatsache, daß es sich um Exzerpte aus Veröffentlichungen zur Gerichtsmedizin handelt, lassen nur die Schlußfolgerung zu, daß dieser Teil des Notizbuches der unmittelbaren Vorbereitung auf die Physikatsprüfung in Berlin diente. Zwei weitere Notizbücher im Folio-Format (w1/015.1, 015.2) enthalten ausschließlich Exzerpte zu Veröffentlichungen über verschiedene Themen. Die Titel umfassen im ersten Teil Veröffentlichungen aus den Jahren 1867-1879, im anderen zum Zeitraum 1865-1880. In das erste sind fünf Blatt mit Buchanzeigen eingelegt, in das zweite ein Blatt mit bakteriologischen Zeichnungen (Cholera, Pneumonie).

[2] Robert Koch, *Verfahren zur Untersuchung, zum Conserviren und Photographiren der Bacterien*, in: *Beiträge zur Biologie der Pflanzen* 2 (1877); erneuter Abdruck in: *Kochs Gesammelte Werke*, Bd. 1, S. 27-50.

Charakteristisch für den Nachlaß sind Aufzeichnungen zu verschiedenen Themen innerhalb eines Konvolutes oder Notizbuches, denn wenn es Notizbücher gibt, so finden sich darin häufig lose Zettel unterschiedlicher Formate, deren Inhalte vom ursprünglichen Inhalt abweichen und teils wesentlich später entstanden sind. Wenn dieser Zustand von Koch selbst herbeigeführt wurde, käme eine Umstrukturierung im Sinne einer Veränderung der Anordnung der Zerstörung einer authentischen Ablage Kochs gleich, die mit einer Bestandserschließung nicht beabsichtigt sein kann. Es ist in diesem Fall nicht zu vermuten, daß in späterer Zeit, etwa bei der Erarbeitung der Biographien von Heymann oder Möllers, der 1996 vorgefundene Zustand vorsätzlich herbeigeführt wurde.

Eine gewisse »Unordnung« mag auch bei einem Schema für ein *Verzeichnis über fotografische Aufnahmen verschiedener mikroskopischer Präparate* aus den Jahren 1876/77 vermutet werden (w1/014), das wiederum um lose Blätter ergänzt und nur sehr unvollständig ausgefüllt ist. Hier kann der erforderliche Zeitaufwand eine Erklärung für die Unvollständigkeit sein. Denkbar ist auch ein gewisses Maß an Ungeduld. Leider gibt es von Koch selbst keine Äußerungen hierzu, so daß jeder Eindruck letztlich Deutung bleiben muß. Gleichwohl ist das Vorhandene das einzige, das Rückschlüsse ermöglicht, so daß das Besondere am Nachlaß von Robert Koch nicht in der Quantität, sondern in der Qualität der Materialien liegt.

Bei Autographen zur Tuberkulose ist es nahezu sicher, daß dieser Teilbestand unvollständig ist. Belegbar ist dies, wenn Paginierungen von Kochs Hand vorhanden waren und diese unterbrochen oder durch Reproduktionen ersetzt sind. Dies ist der Fall bei dem Vortragsmanuskript zur Ätiologie der Tuberkulose. Das erste Blatt ist eine Reproduktion, die fünfte Manuskriptseite fehlt, Blatt 2 bis 4 und 6 liegen im Original vor. Für die fehlenden Blätter gibt es Hinweise auf das frühere Vorhandensein im heutigen Robert Koch-Institut. Auf einem von anderer Hand hinzugefügten Blatt fanden sich neben der möglicherweise von Heymann notierten Information *Entwurf zum Vortrage am 24. März 1882* zwei Vermerke: *Titelblatt in der Vitrine, 6. VI.34 Gs* und *S. 5 in der Gedächtnis-Ausstellung, 6. V.35 Gs*. Das Namenskürzel bezeichnet Heinrich A. Gins (1883-1968), der die Institutssammlung und wohl auch den Nachlaß in diesen Jahren betreute. Der Hinweis *in der Vitrine* bezog sich wohl auf die Dauerausstellung im »Wutschutzgebäude«. Ob dies auch auf die *Gedächtnis-Ausstellung* zutrifft, ist fraglich. Es kann sich ebenso um eine Ausstellung an einem anderen Ort gehandelt haben, denn 1935 hat zum 25. Todestag Kochs zumindest eine große Gedenkveranstaltung stattgefunden.

Ob Koch die Originale dieser beiden Blätter zu Lebzeiten einem seiner Mitarbeiter überlassen hatte, der diese für Ausstellungen zur Verfügung stellte, ist nicht anhand von Unterlagen belegbar. Das fünfte Blatt war allem

Anschein nach auch nach 1945 im Robert Koch-Institut vorhanden. Dies ist aufgrund einer etwa 1960 entstandenen fotografischen Reproduktion belegbar, auf deren Rückseite sich ein Stempel *Robert Koch-Institut des Bundesgesundheitsamtes – D1 Berlin N 65 – Nordufer 20* befindet. Das erste Blatt ist als Faksimile in der Koch-Biographie von Möllers abgebildet, so daß dieses sich auf jeden Fall 1943 am gleichen Ort befand. Offen bleiben muß, ob Möllers dem Verlag das Original oder eine Reproduktion übergab. Auch in diesem Fall ist eine fotografische Reproduktion vorhanden, die auf der Rückseite gestempelt ist. Die Aufschriften lauten hier: *Copyright by Weltbild G.m.b.H. Zimmerstr. 29 Berlin SW 68 – Fernsprecher: A 7 Dönhoff 3122 – Telegrammadresse: Weltbild Berlin* und: *Copyright Keystone View Company Inc., of New York – Berlin SW 68 – Zimmerstrasse 29 – Telephon: Dönhoff 8091-92.* Links neben der Paginierung von Kochs Hand ist von anderer Hand eine Ziffer (47) eingetragen.

Gegenüber den geringen verbliebenen Aufzeichnungen Kochs zur Tuberkulose, die ihn 28 Jahre lang immer wieder beschäftigte, sind die Materialien zur Cholera der umfangreichste Teilbestand unter den Werkmanuskripten. Es finden sich sowohl zur Expedition 1883/84, als auch zu den Cholera-Forschungen 1892/93 unterschiedliche Materialien. Diese reichen von Urkunden über Notizen, Berichte und andere Aufzeichnungen bis zu Drucksachen, die Bestandteil von unterschiedlichen Arbeitsprozessen waren. An verschiedenen Stellen fanden sich innerhalb der Arbeitsunterlagen Briefe, die vermutlich bei der Bearbeitung Hinweise auf weitere Fragestellungen gaben. Ein Teil der Briefe war gesondert in Mappen abgelegt, die mit zusammenfassenden Titeln wie *Cholera-Kuriosa* oder *erledigt* gekennzeichnet waren.

Ein großer Teil der Cholera-Materialien wurde im Jahr 1997 auf dem Dachboden oder in der Bibliothek des Robert Koch-Institutes gefunden und war offenbar von früheren Ordnungsversuchen unangetastet geblieben. Dazu gehören auch topographische Karten, die vor allem aufgrund ihres Erhaltungszustandes (unregelmäßig gefaltet, verstaubt und brüchig) bei der Erschließung nicht bearbeitet werden konnten (siehe Bestandsgeschichte). Karten bildeten für Koch neben Präparaten ein wesentliches Hilfsmittel zur Beantwortung epidemiologischer Fragen, insbesondere zum Weg der Cholera. Der Umfang und die Vielfalt der Materialien zur Cholera dürfte darin begründet sein, daß er die Arbeiten noch fortsetzen wollte, aber die Zeit hierzu nicht fand. Ebenso ist denkbar, daß Georg Gaffky das Material verwahrt und 1904 nach Berlin zurück gebracht hat, denn es handelte sich hierbei sowohl 1883/84 als auch 1892/93 meist um gemeinschaftliche Arbeiten, so daß auch Autographen von dessen Hand darunter sind. Eine Ausgliederung der Aufzeichnungen Gaffkys ist deshalb nicht erfolgt, jedoch seine Beteiligung bei den einzelnen Stücken dokumentiert.

Bei einigen Unterlagen handelt es sich um Materialsammlungen Kochs, und dies betrifft nicht nur die Cholera. Als weiteres Beispiel seien kurz die Bestände zur Malaria erläutert, da hier gegenüber den früheren Arbeitsbereichen Kochs weitere Quellengattungen erstmals gehäuft im Bestand nachweisbar ist. Zu den Malaria-Forschungen (w5) gehören sowohl mikrofotografische Aufnahmen in großer Zahl, als auch mehrere Präparatekisten, die von Koch eigenhändig etikettiert sind (außen und Objektträger). In diesem Kontext wird auch die unmittelbare Verknüpfung von werkbezogenen Unterlage nzu Briefen auf eine besondere Weise deutlich, da in Schreiben häufiger die Zusendung von Mücken erwähnt wird. Ob diese übersandten Präparate längerfristig im Koch'schen Institut aufbewahrt wurden, ist ebenso nicht mehr feststellbar wie für Zecken. Koch erwähnte mehrfach in Briefen, daß er solche in Afrika sammelte, und entomologische Studien waren Gegenstand von Publikationen und Zeichnungen seines Mitarbeiters Wilhelm Dönitz. Möglich ist, daß die Präparate dem Museum für Naturkunde oder der Tierarzneischule Berlin bzw. Paul Frosch überlassen wurden, der als Mitarbeiter des Instituts für Infektionskrankheiten an den Malaria-Forschungen Kochs 1898 bis 1900 beteiligt gewesen war. Wahrscheinlicher sind jedoch Verluste in späterer Zeit, denn Fotografien zeigen, daß das Institut für Infektionskrankheiten eine bedeutende Sammlung an Mikrofotografien und Präparaten besaß. Bis 1943 war ein Teil davon gemeinsam mit Dokumenten und Objekten aus dem Nachlaß Kochs im früheren Museum im Nebengebäude ausgestellt worden.

Aspekte der Erschließung

Der Bestand »Werk« hat mit der Erschließung des Nachlasses 262 Hauptsignaturen erhalten, die in sechs Gruppen unterteilt sind. Zusammenfassungen in einer Signaturengruppe wurden hierbei für die Arbeiten Kochs in Wollstein (Milzbrand, Recurrens-Fieber, Wundinfektionen) und bei Tierseuchen im südlichen Afrika vorgenommen. Themen, zu denen nur ganz vereinzelt Material vorhanden ist, sind unter »Sonstiges« (w7) aufgenommen. Der Umfang bei einzelnen Signaturen ist sehr unterschiedlich und reicht von Einzelblättern bis zu Konvoluten mit mehr als 350 Blatt. Aufbewahrungsort von werkbezogenen Materialien ist aufgrund der Vereinbarung mit den Erben Kochs fast ausschließlich das Robert Koch-Institut (siehe Bestandsgeschichte), nur fünfzehn Signaturnummern wurden im Robert Koch-Museum vergeben.

Der Verzeichnung liegen systematische Aspekte zugrunde, denn bei den einzelnen Unterlagen gibt es nur ausnahmsweise exakte Datierungen. Zudem wuchs dieser Bestand im Laufe der Erschließungsarbeiten, so daß eine chronologische Anordnungen mehrfache Umsignierung zur Folge gehabt hätte. Die Informationen zu den einzelnen Unterlagen enthalten formale und inhaltliche Angaben sowie zeitliche Zuordnungen. Präzise Datierungen sind selten. Betreffs nehmen die wesentlichen Merkmale auf, etwa *Protokolle zur Übertragung von Milzbrand auf Versuchstiere (Ätiologie des Milzbrandes)*. Wenn auch von »Protokollen« die Rede ist, handelt es sich in der ganz überwiegenden Mehrheit um Notizen. Nähere Charakterisierungen zum Inhalt, Hinweise auf zusätzlich enthaltene Aufzeichnungen zu anderen Themen oder Abbildungen (Zeichnungen oder Skizzen) und auf etwaige Veröffentlichungen vervollständigen die Angaben.

Kochs erster Themenschwerpunkt war ab etwa 1875 Milzbrand, nach der Veröffentlichung setzte er Arbeiten über Wundinfektionen und Recurrens (das von Obermeier beobachtete, epidemisch auftretende Rückfallfieber) hierzu in Bezug. Diese Signaturengruppe (w1) umfaßt in 16 Nummern alle Arbeiten aus der Wollsteiner Zeit, nicht aber von Koch ausgestellte Impfscheine für Pockenimpfungen (w7). Kochs Aufzeichnungen zur Tuberkulose (w2) unterscheidet in 38 Nummern verschiedene Einzelaspekte zu diesem Forschungsgebiet. Trotz des vergleichsweise geringen Umfanges sind sowohl aus den Jahren am Kaiserlichen Gesundheitsamt (1880 bis 1885) Aufzeichnungen vorhanden, wie auch Protokolle und Notizen zur Erprobung des Tuberkulins und zur Perlsucht der Rinder. Das Arbeitsgebiet Cholera (w3), umfaßt mit 126 Nummern den umfangreichsten Bestand. Mit der Expedition 1883/4 waren nicht alle Fragen beantwortet, und unmittelbar nach Gründung des Instituts für Infektionskrankheiten war die Cholera anläßlich der Hamburger Epidemie erneut Thema.

Die nachfolgenden Signaturengruppen (w4 bis w6) beziehen sich auf die Forschungen Kochs in Italien, Neu-Guinea und Afrika, überwiegend im Bereich der Parasitologie. Dabei wurden Viehseuchen im tropischen und südlichen Afrika mit insgesamt 15 Nummern zusammengefaßt (w4). Die insgesamt geringen Mengen an Arbeitsunterlagen finden weniger eine Begründung darin, daß das Schiff, das Arbeitsunterlagen von Afrika nach Hamburg brachte, 1904 vor der portugiesischen Küste sank, denn das Gepäck Kochs konnte gerettet werden. Vielmehr ist zu berücksichtigen, daß der Auftraggeber die »British South Africa Company« war und zudem die Arbeiten weitgehend abgeschlossen waren. Zum Forschungsthema Malaria wurden 23 Nummern vergeben (w5), zum letzten großen Arbeitsgebiet Kochs, Schlafkrankheit und Trypanosomen, 26 Nummern (w6). Die letzte Signaturengruppe (w7) deckt insgesamt elf Themen ab. Hier sind jeweils nur Fragmente zu verschiedenen Infektionskrankheiten, vor allem Pest, Lepra und Typhus sowie zur Seuchengesetzgebung vorhanden.

Ein Teil der Gutachten und Stellungnahmen, die Koch im Auftrag von Behörden erstellte, ist im zweiten Teil des zweiten Bandes der »Gesammelten Werke« aufgenommen worden. Solche Manuskripte sind nur ausnahmsweise Bestandteil des Nachlasses geworden, vielmehr in die Aktenführung der jeweiligen Behörden oder Institutionen eingegangen. Sofern diese ihr Schriftgut an Archive abgegeben haben, sind darunter auch Arbeitsunterlagen Kochs gewesen und lassen sich zumindest teilweise noch dort nachweisen.

Verzeichnis der Werkmanuskripte

w1: Milzbrand, Wundinfektionen (16)

w1/001 Protokolle zur Übertragung von Milzbrand auf Versuchstiere, Februar bis Mai 1876 (rki). Drei Bündel: Bl. 1-5 (Februar 1876), Bl. 6-17 (März 1876), Bl. 18-32 (April 1876); Bl. 33 und 34 sind wahrscheinlich später hinzugefügt; Zeichnungen auf Bl. 22.

w1/002 Protokolle zur Übertragung von Milzbrand auf Versuchstiere, 3.2. bis 12.2.1876, z.T. mit Zeichnungen (Bl. 2 und Bl. 7) (rki).

w1/003 Notizen zu mikroskopischen Präparaten [Ätiologie des Milzbrandes], 28.3.[1876]; 29.3.[1876] (rki). Neun kleine Zettel hinter Glas.

w1/004 »Zettel zu mikroskopischen Präparaten« [Ätiologie des Milzbrandes], Februar bis Mai 1876 (rki). Mit Umschlag: Autograph Kochs und von anderer Hand, sowie weiterer Umschlag: »Hygienisches Institut Berlin«, beschriftet wahrscheinlich von B. Heymann.

w1/005 Protokolle zur Übertragung von Milzbrand auf Versuchstiere, 3.4.1879; 7.4.1879; 25.5.1879; 26.5.1879 (rki).

w1/006 Zeichnungen von mikroskopischen Präparaten [Ätiologie des Milzbrandes], 25.-27.1.1876; 2.2.1876 (rki).

w1/007 a) »Notizen über Experimente«, 1873; 1874; b) »Notizen zur gerichtl[ichen] Medizin«; undatiert; 6.3.1872 (rki). Notizbuch, von beiden Seiten begonnen. Teil b) diente zur Vorbereitung der Physikatsprüfung.

w1/008 Beiträge zur Biologie der Pflanzen, hrsg. von F. Cohn, 1876, darin: R. Koch, Die Aetiologie der Milzbrand-Krankheit, begründet auf die Entwicklungsgeschichte des Bacillus Anthracis, S. 277-308, Druck mit Anstreichungen im Text.

w1/009 Bluntuntersuchungen bei Versuchstieren in [sechs] Versuchsreihen zu Wundinfektionen, mit Vergleichen zu Milzbrand, [1878] (rki). Mskr. unvollständig; mit Zeichnungen, teilw. als Beilagen (Bl. 7, 10, 11, 16, 21); Bl. 12: »Fig.9 entnommen für Kitasato-Institut, Nov. 1964«; Bl. 17-18R: »86 Präparate«.

w1/010 Aufzeichnungen über Tierversuche zu Milzbrand und Wundinfektionen, Januar 1878; Mai 1878 (rki).

w1/011 Aufzeichnungen über Tierversuche zu Wundinfektionen, 77 Protokolle [laut beiliegendem Umschlag], November bis Dezember 1877; Mai bis Juli 1878 (rki). Lose Bll. mit vorhandener Paginierung, nicht chronologisch, und Datierung [von Koch?]; Bl. 3 (9.11.1877) fehlt: »Entnommen für Kitasato-Institut, Nov. 1964«.

w1/012 Verschiedene Notizen und Protokolle zu Impfversuchen; u.a., Rückfallfieber, Fleckfieber, Pocken, [Milzbrand], 1877; 1878; 1879; teils undatiert (rki). Einzeln in verschiedenen Ablagen aufgefundene Bll.

w1/013 Vortragskonzepte zur Ätiologie der Wundinfektionskrankheiten, 1878, Vortrag in Kassel, Bl. 1-2: Entwurf; Bl. 3-9: Konzept (rki).

w1/014 Verzeichnis über fotografische Aufnahmen verschiedener mikroskopischer Präparate, 1876; 1877 (rki).

w1/015.1 Folio-Notizbuch mit Exzerpten zu Veröffentlichungen über verschiedene Themen, [1867-1879] (rki). Eingelegt: 5 Bll. Buchanzeigen; 11 Bll. Notizen.

w1/015.2 Folio-Notizbuch mit Exzerpten zu Veröffentlichungen über verschiedene Themen, [1865-1880] (rki). Eingelegt: 1 Bl. mit Zeichnungen (Cholera, Pneumonie).

w1/016 »L'inoculation préventive du charbon. Réplique au siscours prononcé a Genève par M. Pasteur«, 1883 (rki).

w2: Tuberkulose (38)

w2/001 Untersuchungen zur Ätiologie der Tuberkulose: Obduktionen, Tierversuche, 1881-1882 (rki). Zusammenstellung nach 1910; Bl. 1-2: Sektionsbefunde, Oktober bis Dezember 1881, dies sind keine Autographen Kochs.

w2/002 Materialsammlung zur Ätiologie der Tuberkulose: Krankenjournale, Tierversuche, 1882-1883, darin: 12 Anschreiben betr. Übersendung von Krankenblättern und Präparaten (s. b1/186 bis b1/192) (rki). Bl. 155: Fotokopie, RS: »Original z[um] 60. Geb[urtstag] an Prof. Freeksen - Borstel (6.9.[19]70) (durch Prof. Henneberg)«.

w2/003 Notizen über Tuberkulose und Tierversuche, 1882; 1888; 1895; 1896; o.J. (rki). Bl. 1(-4): Notiz: »Versuche von Prof. Schütz über Perlsucht« [3.3.-21.4. o.J.]; Bl. 5: Miliartuberculose, 11.2.[18]82; Bl. 6-11: Tuberkuloseversuche Juni bis September [18]90; Bl. 12: Notiz zu Pestverdacht bzw. Tuberkulosebefund in Iringa [nach 1896!]; Bl. 14-15: Tierversuche 1888; Bl. 17, 23: 1895; Bl. 21:1896.

w2/004 Tuberkulose-Diagnose und Serum-Eigenschaften, undatiert; um Bl. 1 und 2 ein Blatt mit Aufschrift: »offenbar eher Unterlage vom Tuberkulin-Vortrag!« [also wahrscheinlich aus anderem Kontext entfernt]; Bl. 3: »Aus Kochs Tub[erkulose]-Protokollen«; im Text Hinweis auf Agglutinationsprobe bei Typhus (Widal'sches Verfahren) (rki).

w2/005 Ätiologie der Tuberkulose, [1882] (rki). Paginierung von Kochs Hand; Bl. 1: Reproduktion, Original nicht vorhanden, Bl. 5 ebenfalls nicht vorhanden, Bl. 6 vorhanden.

w2/006 Veröffentlichung des Vortrages zur Ätiologie der Tuberkulose, [24.3.]1882 (rki, Fotokopien).

w2/007 »Über die Agglutination der Tuberkelbazillen und über die Verwerthung dieser Agglutination«, [29.10.]1901 (rki). Bl. 1-7: Vortragsentwurf, Bl. 8: Legenden zu 21 Präparaten oder Photogrammen, Bl. 9: Notizen zur Zusammensetzung einer Kulturflüssigkeit, Bl. 10-46: Vortragsausarbeitung zur Veröffentlichung.

w2/008 Versuche mit Tuberkel-Bazillen, 1889/90 (rki). Bl. 1-27: schematische Aufzeichnungen zu Versuchsreihen, Bl. 30-48: Notizen zu »T[uberkulose]-Kulturen auf versch[iedenen] Substanzen (Phenol etc.)«.

w2/009 Erforschung der Tuberkulose mit Patientendaten verschiedener Krankenhäuser und Kliniken in Berlin, 1890/1891, das sind das Krankenhaus am Urban; Jüdisches Krankenhaus; Charité; Königin Augusta-Hospital (rki).

w2/010 Vortrags- und Veröffentlichungskonzept zur »Epidemiologie der Tuberkulose«, [1910] (rki). Bl. 1-2: Brief Flügges vom

21.7.1910 [an Gaffky, b3/023], Bl. 3-7: Vortragskonzept in Stichworten, Bl. 8-9: Entwurf auf Briefpapier des Moana Hotel, Honolulu, Bl. 10-29: Ausarbeitung (Aufsatzmanuskript), Bl. 30-40: Sonderdruck der Zeitschrift für Hygiene und Infektionskrankheiten, hrsg. von C. Flügge und G. Gaffky, Bd. 67 (1910) [Vortrag Kochs vom 7. April 1910].

w2/011 Notizen über Komplementbindung und hämolytische Bestimmungen, undatiert (rki). Bll. 8-11 nicht von Kochs Hand.

w2/012 Exzerpte und Notizen zu Tuberkulose und Lebensbedingungen, undatiert: Literaturangaben für den Zeitraum 1887 bis 1904 (rki). Exzerpt- und Informationszusammenstellung mit verschiedenen Tinten; Bl. 3: Lepra in Norwegen; Bl. 5: Lepra- und Tuberkulose-Bekämpfung; Bl. 7-8: Vortrags- bzw. Manuskriptentwurf.

w2/013 Exzerpte und Notizen zu Tuberkulose bei Menschen und Tieren, undatiert [Jahresangaben bis 1904] (rki). Exzerpt- und Informationszusammenstellung unterschiedlichen Alters [verschiedene Tinten].

w2/014 Exzerpte und Notizen zu Tuberkulose und Tuberkulin-Reaktionen, verschiedene Jahresangaben: 1904, 1908, 1909 (rki).

w2/015 Exzerpte und Notizen zu Tuberkulose bei Menschen und Rindern; verschiedene Jahresangaben, nach 1900, besonders 1906 und 1908 (rki). Bl. 1-2: Brief Kirchners an Koch, 11.3.1906 (b1/198).

w2/016 Drei Notizbücher mit Exzerpten zu Tuberkulose-Forschungen, undatiert, 1.: 1891-1893, 2: überwiegend 1891, 3: 1894 (rki). Notizbuch 1.und 2. mit dem Titel: »Tub[erkulose]«, 2. mit drei eingelegten Bll.; 3. mit dem Titel: »Veterinärberichte«.

w2/017 Tuberkulose-Forschungen, Typus humanus und Typus bovinus, hier Erreger-Nachweis durch Sputum-Untersuchungen; teils Materialsammlung, 1909-1910 (rki). Darin: Bernhard Möllers, Zur Frage der Tuberkuloseinfektion des Menschen durch Perlsuchtbazillen, aus: Deutsche Medicinische Wochenschrift, Heft 5, 1910; Dieterlen, Zur Frage der im Auswurf Lungenkranker vorkommenden Tuberkelbazillen, in: Deutsche Medicinische Wochenschrift 36 (1910), Heft 5 [mit Widmung und Korrekturen].

w2/018 Tuberkulose-Statistik und Planungskommission für ein Tuberkulose-Krankenhaus in Berlin, 1910 (rki). Enthält: zwei Anschreiben des Berliner Magistrats, Statistiken (tabellarisch und graphisch), Entwürfe (maschinenschriftlich), veröffentlicht in: Zeitschrift für Hygiene und Infektionskrankheiten, nach einem Vortrag in der Preußischen Akademie der Wissenschaften.

w2/019 Auszüge aus Krankengeschichten von Tuberkulose-Patienten mit Schwerpunkt Darm-Tuberkulose, 1901/1902 (rki). Enthält: Rundschreiben des Ministeriums der geistlichen, Unterrichts- und Medizinalangelegenheiten und Brief von Baginsky.

w2/020 Krankenblattauszüge und Protokolle zu Tuberkulose-Patienten sowie Tierversuche zu Typus humanus und Typus bovinus [1901] (rki).

w2/021 Notizen zu Tuberkulose, 1881; 1882; 1883; 1900; 1901; 1902 (rki). Bl. 2: Mitteilung Alberti an Koch (b1/212), Bl. 19: Brief Kochs vom 28.4.1900 (b2/115), Bl. 24-25: von anderer Hand.

w2/022 »Ueber den diagnostischen und therapeutischen Werth des Tuberkulins«, undatiert [1902?] (rki). Reinschrift von anderer Hand, mit Marginalen Kochs.

w2/023 »Der gegenwärtige Stand der Tuberkuloseforschung«, in: Die Woche, Heft 21, 1909, S. 889-892 (rki). Druck mit Titelangabe von Kochs Hand auf dem Umschlag.

w2/024 Kopien eines Notizbuches über Versuche zur Tuberkulose (Typus humanus und Typus bovinus) in der Tierarzneischule Berlin, undatiert. Reproduktion [!], Original nicht vorhanden (rki).

w2/025 »Übertragbarkeit der Rinder-Tuberkulose auf den Menschen«, 1902 (rki). Vortrag abgedruckt in: Deutsche Medicinische Wochenschrift 1902, No. 48.

w2/026 Materialien zum Vortrag »Menschen und Rinder-Tuberkulose«, beim Kongreß der Internationalen Vereinigung gegen die Tuberkulose, [1908] (rki). Notizen (Bl. 1-10) und Vortragsentwurf (Bl. 11-33); Vortragsmanuskript deutsch (Bl. 34-49) und englisch (Bl. 50-67) maschinenschriftlich mit Ergänzungen; darin auch: zwei Telegramme (Bl. 68-69, b1/213, b1/214); Druck des Vortrages in Washington in: Berliner Klinische Wochenschrift, 1908, Nr. 14.

w2/027 Materialsammlung zu Tuberkulose, bes. Exzerpte [1880-1904] (rki). darin aber: Bl. 280-282: Malaria; Bl. 283: Trypanosoma theileri; Bl. 285-289: Vortragsentwurf zu Typhus-Bekämpfung; Zeitungsausschnitte (Bl. 2/3, 26-29, 76/77), teils in Umschlägen, von Koch beschriftet [b1/215-b1/219, b3/025].

w2/028 »Gebrauchsanweisung für die Aerzte« - Anwendung von Tuberkulin, 7.2.1891, Berlin, Lüneburger Straße 28/II (rki). Verfaßt von Libbertz [Abwesenheit Kochs im Februar 1891].

w2/029 Zwei Sonderdrucke zum 25. Jahrestag der Entdeckung des Tuberkelbazillus, 1907: 1. Friedrich Loeffler, Zum 25jährigen Gedenktage der Entdeckung des Tuberkelbacillus, in: Deutsche Medicinische Wochenschrift 1907, Nr. 12 und 13. Mit Widmung für R. Koch; 2. Paul Frosch, Gedenkschrift zur 25jährigen Entdeckung des Tuberkelbacillus, in: Zeitschrift für Tuberkulose 9 (1907), Heft 1. (rki).

w2/030 »Goldenes Buch der Robert-Koch-Stiftung zur Bekämpfung der Tuberkulose«, [1908], 1911 (rki). Druck anläßlich der Gründung der Stiftung 1907/08, Nachdruck 1911; inliegend Brief von Schwalbe an Gaffky (b3/077).

w2/031 Vorbereitung einer Stiftung zur Bekämpfung der Tuberkulose, undatiert [1907/08] (rkm).

w2/032 Sitzungsprotokoll des Deutschen Zentral-Komitees zur Bekämpfung der Tuberkulose, 3. April 1909, Anlage: 30.3.1909 (rkm).

w2/033 Einladung des 1. stellvertretenden Vorsitzenden des Präsidiums, Lerchenfeld, zur Sitzung des Präsidiums des Deutschen Zentral-Komitees zur Bekämpfung der Tuberkulose und Tagesordnung, 7.10.1909 [Sitzung am 30.10.1909] (rkm). Mit Notizen Kochs auf Bl. 2.

w2/034 Sitzungsprotokoll des »Deutschen Zentral-Komitees zur Bekämpfung der Tuberkulose« zur Sitzung im Reichsamt des Innern am 27.11.1909 (rkm).

w2/035 Sonderdruck, Widmungsexemplar für Robert Koch: Die angebliche Gefahr der Infektion mit Tuberkelbazillen für die im Sandhaufen spielenden Kinder, aus: Zeitschrift für Krankenpflege 33 (1901), Nr. 3 (rkm).

w2/036 Anordnung des Kultusministers über die Verfahrensweise bei der weiteren klinischen Erprobung des Koch'schen Heilmittels gegen Tuberkulose [Tuberkulin], Dezember 1890 bis Januar 1891 (rkm). Alle Unterlagen sind Reproduktionen, Bll. 1 und 2 wahrscheinlich aus einem Aktenband entfernt.

w2/037 Notizen, Exzerpte und Protokolle zur Rinder-Tuberkulose und Perlsucht-Infektionen bei Menschen sowie Sonderdruck und Vortragsmanuskript hierzu von S. Kitasato, 1901; 1902; 1904. (rki).

w2/038 Notizen zu Tuberkulose [einzelne lose Bll.], [1882]; [1883]; [1888]; [1896]; [1901]; [1903-1908]; 1907; 1909 (rki). Darin: Fotokopie von Aufzeichnungen Oskar Wassermanns [Original im Lister-Institut, London].

w3: Cholera (126)

w3/001 Cholera-Forschungen in Ägypten 1881 (laut Umschlag) [1884]; mit Randvermerken Kochs: V.d.G.A. [= Veröffentlichungen des Gesundheits-Amtes]; Drucksachen des Kaiserlichen Gesundheitsamtes (rki). Enthält: Mortalitätstabellen zu Alexandria, Aden, Hedjas; Veröffentlichungen des Kaiserlichen Gesundheitsamtes 1881, 1882.

w3/002 Cholera-Forschungen in Ägypten, 1883: Exzerpte aus deutschen Zeitungen vom Juni 1883 (rki).

w3/003 Cholera-Forschungen in Ägypten [1883]: »Cholera u[nd] Wasserversorgung pp. von Port Said, Ismailia und Suez« (rki). Mit Marginal: »erl.«.

w3/004 Cholera-Forschungen in Ägypten [1883]: Statistik - Ägypten: graphische und Zahlen-Darstellung der Cholera-Todesfälle 1865-1883 (rki).

w3/005 Cholera-Forschungen in Ägypten [1883] (rki). Darin: Bl. 1-2: Auskünfte vom Gouvernement Damiette zu Cholera 1865 und später Bl. 3-6 Notizen zu Damiette (Besichtigung, 6.10.-7.10.): Friedhöfe; Trinkwasser, Bl. 7: Mansurah, 10.10.; Bl. 8: Kairo Bl. 9- Notizen über Quarantäne-Anstalten, 23.9.; Bl. 11: El Wedje, 3.11., 4.11.; Bl. 15: Rinderpest in Mansurah; 17: 13.10.83: Untersuchung des Nilwassers; einige Bll. mit Vermerk Kochs: »erl.«.

w3/006 Cholera-Forschungen in Ägypten [1883]: »Cholera in Cairo und Alexandrien i. d. J. 1865 und 1883« (rki). Statistiken und Graphiken; Materialsammlung, teils von anderer Hand, teils mit Marginalen Gaffkys; enthält auch fünf Briefe (b3/038 bis b3/042).

w3/007 Cholera-Forschungen in Ägypten 1882-1884: Übersichten und Daten zur Cholera und zu Todesfällen insgesamt in Alexandria in den Jahren 1865 und 1881, 1882, 1883, 1884 (rki).

w3/008 Cholera-Forschungen in Ägypten 1883, darunter Todesfälle unter der jüdischen Bevölkerung in Kairo (rki).

w3/009 Notizen zu Cholera-Forschungen in Ägypten [1883] (rki). Darin auch ein französischer Bericht über das Dorf Chatby aus dem Jahr 1883 und Druck: Wildt, H., Zur Cholera-Epidemie in Ägypten, aus: Berliner Klinische Wochenschrift 1883, H. 37 und 38.

w3/010 Cholera-Forschungen in Ägypten [1883] (rki). Darunter Notizen und Skizzen über Besichtigungen in El Tor (1./2.11.; 4. bis 6.11.) und über Pilger in El Tor und Suez.

w3/011 Cholera-Forschungen, Ägypten [1885] (rki). Darin sind auch Abschriften von Tagebuchaufzeichnungen des Dr. Becker, Kairo; Vermerke von Dr. Ferrari, Suez.

w3/012 Cholera-Forschungen, Ägypten [1883-1887]: Krankengeschichten und Obduktionsbefunde aus verschiedenen Krankenhäusern in Alexandria (rki). Darin auch: Bl. 25: »von Dr. Kartulis und Schiess in Alexandria gesammelte Informationen über Cholerafälle sowie Obduktionsprotokolle aus Indien«.

w3/013 Cholera-Forschungen, Ägypten [1883-1884]: hierin Reproduktionen bzw. Drucksachen über die Anzahl von Pilgern nach Nationalitäten in Suez und Djeddah; Auszug aus einem Bericht des General-Inspektors des Sanitäts-Büros in Suez; englische Zeitungsartikel über Pilger im Hafen von Suez; Auszüge aus einem Koran in deutscher Sprache zum Pilgern (rki).

w3/014 Cholera-Forschungen, Ägypten [1883-1884]: statistische Materialsammlung zum Pilgerwesen, Abschriften (rki).

w3/015 Cholera-Forschungen, Ägypten [1883]: Notizen zum Quarantänewesen in Ägypten mit Kartenskizze [Rotes Meer] (rki).

w3/016 Cholera-Forschungen in Ägypten und Indien [1884]: Materialsammlung zum Quarantänewesen, unter anderem Abschriften (deutsch) der Sanitäts-Verordnung No. 44 des italienischen Ministeriums des Innern (rki).

w3/017 Cholera-Forschungen in Ägypten 1877/78; 1881; Notizen zu Cholera in Marokko 1878 und in Hedjaz 1877/78 und 1881, für 1882 auch zu anderen Orten, sowie Notizen zum Pilgerwesen und zum Quarantänelager in El Tor 1883; Kartenskizze von Hedjaz 1883; Notizen zur Cholera in Aden 1881 und an anderen Orten 1882 (rki).

w3/018 Cholera-Forschungen in Ägypten 1883 und 1885; Notizen zu Cholera in Kairo 1883 sowie zur Cholera in Damiette und Hedjaz (Oktober 1883), überwiegend Protokollauszüge [Obduktionen] (rki).

w3/019 Cholera-Forschungen in Ägypten 1883 und 1884: Luft- und Wasser-Untersuchungen (rki).

w3/020 Cholera-Forschungen in Ägypten 1883: Notizen über acht Cholerafälle, »welche von Kartulis und Schiess gesammelt sind. Alexandrien« (rki). Bl. 1: Aufzeichnungen von Koch, mit Skizzen .

w3/021 Cholera-Forschungen in Ägypten [1883]; 1886: Notizen zu mikroskopischen Untersuchungen in Ägypten (rki). Bl. 2-18 jeweils Nachweis von Cholera-Erregern in verschiedenen Fällen, Ende August bis September 1883.

w3/022 Cholera-Forschungen in Ägypten 1883: »Ägypten. Biliöses Typhoid« [September 1883], Protokoll-Notizen, teils von vorgenommenen Obduktionen (rki).

w3/023 Cholera-Forschungen in Ägypten 1883: »Infektionsmaterial, Praparation [sic!] - Eingetrocknete Stühle - Ägypten« (rki). Teils Protokolle von Obduktionen.

w3/024 Cholera-Forschungen in Ägypten [1883]: »Cholera. Endemisches Gebiet« - Pilger-Vorschriften in arabischer Sprache (rki). Darunter sind auch Notizen über frühere Cholera-Epidemien und über Cholera in Indien, siehe auch Lancet, vom 5.3.1887, S. 474 [Cholera vor 1817].

w3/025 Cholera-Forschungen in Ägypten [1883/4]: »Ägypten. Dysenterie«. Weitere Aufschriften von Kochs Hand sind durchgestrichen; Notizen über Dysenterie im arabischen Hospital, 27.9., sechs Fälle, ein Fall im deutschen Hospital (rki).

w3/026 Cholera-Forschungen in Ägypten 1883: »Cholera-Stühle. Ägypten« (rki).

w3/027 Cholera-Forschungen in Ägypten 1883: Cholera-Kulturen und Obduktions-Protokolle für den Zeitraum August bis Oktober 1883 (26.8., 24.8., 28.8., 26.9., 25.8., 30.8., 3.9., 29.9. bis 8.10.) (rki).

w3/028 Cholera-Forschungen in Ägypten [1883]: »Cholera-Infections-Versuche« (rki). Mit Marginal: »erledigt (in die Liste aufgen[ommen]) 11.1.87. Gy« [= Gaffky]; Infektionsversuche an Affen und Mäusen.

w3/029 Cholera-Forschungen und Milzbrand in Ägypten [1883]: »Ägypten. Darm - Milzbrand u. einige andere Untersuchungen (Pneumonie etc.) / Indien Blut Febr. cont.«, Bl. 17 Rs: Zeichnung (22.1.[18]84) (rki).

w3/030 Cholera-Forschungen in Ägypten [1883]: »Programm Ägypten - Programm für die Verwerthung des Cholera-Materials« (rki). [Bezieht sich auf Auswertungen bakteriologischen Materials]; Notizen zu verschiedenen Arbeitsschritten.

w3/031 Cholera-Forschungen in Ägypten [1883]; 1885: Zusammenstellung unterschiedlicher Materialien, Bl. 1: »Ägypten - Kulturen«; Bl. 2-7: Materialsammlung von anderer Hand, u.a. ein kolorierter Plan des Bahnhofs und der Hafeneinfahrt von Suez bzw. des Suezkanals (rki).

w3/032 Cholera-Forschungen in Ägypten [1883]: »Nachweis der Cholerabacillen in den Fällen aus Ägypten« (rki).

w3/033 Cholera-Forschungen [1883]: Entwurf für einen Antrag auf Bewilligung von Reisemitteln (rki). Textanfang fehlt, vorhandener Umfang: 7 Bll.

w3/034 Cholera-Forschungen 1883-1884; Kongreßprogramm »Medizin in den Kolonien«, Amsterdam, September 1883 (rki). Enthält: »Obductionen von Choleraleichen in Indien« (36 Bll., 14.12.1883 bis 2.2.1884; 2.2. bis 28.2.1884); »Liste des Medical College Hosp[ital]«, »Verzeichnis der Cholerakranken« [= 18] »... der Obductionen« [= 16], »Befunde«; Urheber sind Koch und Gaffky.

w3/035 Cholera-Forschungen in Indien [1883/84]: Notizen und Exzerpte aus dem Administration Report of the Calcutta Municipality for ... 1874, 1875, 1877, besonders zur Kanalisation; Bl. 7 mit Zeichnung (rki).

w3/036 Cholera-Forschungen in Indien 1883/84: Cholera-Epidemie in Saheb-Bagan (rki). Enthält Datenerhebungen für die Jahre 1881 und 1883 zur Cholera in Kalkutta, Protokolle über Besichtigungen, Notizen und einen Bericht von Wilkins sowie Zeichnungen; Urheber sind Koch und Gaffky.

w3/037 Cholera-Forschungen in Indien [1883/84]; Materialsammlung Kochs Indien und verschiedene Notizen (rki). Enthält auch Drucksachen, Zeitungsausschnitte, Abschriften von Zeitungsartikeln aus: The Indian Daily News (Mai 1885).

w3/038.1, w3/038.2 Cholera-Forschungen in Indien [1883/84]: Materialsammlung Kochs mit dem Titel »Statistik – Calcutta – erledigt« (rki). Enthält Drucksachen, Statistiken, Notizen auch Dritter, Exzerpte, Protokolle; Liste: »Cholera unter den Truppen und der Gefängnisbevölkerung in den versch[iedenen] Landestheilen in Indien« für die Jahre 1862 bis 1881; Abschriften Kochs: »Regulations and orders ...« Calcutta 1882; »Besuch des Lepra-Hospitals in Calcutta, 20.1.[18]84«, von Lagern, Gefängnissen, Tempel der Cholera-Göttin (Oola-Bili) in Calcutta, Administration-Report 1872; Tabelle zu Cholera-Todesfällen, Regenhöhe und Grundwasserstand 1870 bis 1876 und Dezember 1883; Hinweise auf Charles Macnamara, History of Cholera, 1876; Auskunft der Sanitary Commission [Barclay], 17.6.1884; Exzerpt aus: »Report ... Sanitary Commission«, Bengal 1868, 1881.

w3/039 Cholera-Forschungen in Indien [1883/84]; Materialsammlung Kochs, vor allem zu Madras (rki). Enthält Auszüge aus Berichten des Inspector General über Gefängnisse (Lethbridge, 1877 bis 1882, Beverley, 1875/76; Notizen zu Besichtigungen in Madras, 5.12.[1883]; Notizen über verschiedene Mitteilungen, teils mit Vermerk: »erl.«; Tabelle zu Cholera in Indien, British Burma und Madras in den Jahren 1872-1882.

w3/040 Cholera-Forschungen in Indien [1883/84]: »Verbreitung der Cholera in Indien«; »Statistik. Contagiosität« ...; »Calcutta« (Bl. 12-37); »Verbreitung in Indien« (Bl. 40-45); »Contagiosität« (Bl. 48-59) (rki).

w3/041 Cholera-Forschungen in Indien [1883/84]: »Indien – Pilgerwesen – Bombay« (rki). Notizen zu Cholera in früheren Jahren, vor allem in Puri, auch in Madras, Bombay und Ceylon.

w3/042 Cholera-Forschungen in Indien [1883/84]: »Indien - Pilgerwesen u[nd] Einfluss des Verkehrs«; Notizen zu Cholera-Literatur [Pettenkofer, Cunningham] (rki).

w3/043 Cholera-Forschungen in Indien [1883/84]: »Notizen (Pilgerwesen)«, »Madras Quartely Journal of Medical Science (2nd Series), No. 1, July 1868« (rki).

w3/044 Cholera-Forschungen in Indien [1883/84]: »Madras/Pilger u[nd] menschl[icher] Verkehr - Indien/Versch[iedenes]«, überwiegend Exzerpte (rki).

w3/045 Cholera-Forschungen in Indien [1883/84]; »Wasseruntersuchungen - Indien. In die Liste der Controluntersuchungen ...

bereits eingetragen«; »Einfluss der Wasserversorg[un]g« (rki). Umschlag: »Cholera u. Wasserversorg[ung]«, Angaben zu Frankreich und Indien, besonders Fort William, enthält zudem Angaben zu den Wasserwerken von Kalkutta.

w3/046 Cholera-Forschungen in Indien [1883/84]: »Wasserversorgung in Indien«; »Beschreibung des Wasserwerkes von Calcutta (Fortsetzung)«; »Leichenverbrennung in Calcutta (21.12.[18]83 - Nachmittags ¾ 5 Uhr)« (rki).

w3/047 Cholera-Forschungen in Ägypten, Indien, Europa 1883 (rki). Enthält Zeitungsausschnitte und -artikel; Zeitungen (Alexandria, ca. 20.8.1883); Literatur: British Medical Journal, November 1884; The Manchester Guardian, 7.4.1885; Breslauer Aerztliche Zeitschrift 7 (1885), H. 7; Kölnische Zeitung vom 28.5.1885.

w3/048 Cholera-Forschungen in Indien 1883-1884: »Untersuchung von Material von Cholerakranken (Indien) in die Liste aufgenommen«; Stuhl-Untersuchungen im Medical College Hospital, Sealdah-Hospital, General Hospital (rki). Notizen, Urheber ist eher Gaffky als Koch.

w3/049 Cholera-Forschungen in Indien [1883/1884]: »Controluntersuchungen von Darminhalt, Dejectionen etc. in Calcutta« (rki). Bl. 4: Notizen von anderer Hand [englisch].

w3/050 Cholera-Forschungen in Indien [1883/1884]: »Indien. Culturversuche / erl.« (rki). Enthält auf Bl. 1 eine Statistik, mit Briefkopf: »Dr. Schiess Bey«; Bl. 2-58 Notizen, die Handschrift ist überwiegend Gaffky zuzuordnen; Notizen Kochs vom 11.1. und 13.1.1884 über Wasser-Untersuchungen, Verdünnungsversuche und »Cholerabac[illen]. Ueberwuchern durch andere«.

w3/051 Cholera-Forschungen in Indien [1883/1884]: »Cholera Infektionsversuche Indien« (rki). Enthält auf den Bll. 2-6: Fütterungsversuche Affen; Bl. 7ff.: Versuche mit Kaninchen und Meerschweinchen; Bl. 15ff.: Versuche mit Ratten und Mäuse sowie Untersuchungen von Stuhl und Erbrochenem Cholera-Kranker, Bl. 48-59: weitere Notizen, mit Vermerk »Ad Thierversuche«. Verfasser sind jeweils Koch und Gaffky.

w3/052 Cholera-Forschungen in Indien [1883/1884]: »Desinfektionsversuche Indien« (rki).

w3/053 Cholera-Forschungen in Indien 1884: »Cholera-Obduct[ionen]«, in verschiedenen Krankenhäusern, 3.1.1884 bis 10.2.1884 (rki).

w3/054 Cholera-Forschungen in Indien [1884]: »Erbrochenes«; »Cholera-Kranke - Indien« (rki). Bl. 6-31: 11.1.-15.2.1884 »Unters[uchungen] von Erbrochenem und Ausleerungen in versch[iedenen] Krankenhäusern«.

w3/055 Cholera-Forschungen in Indien [1884]: »Control-Unters[uchungen] - Erledigt (Liste) 1883«; Versuche im Zeitraum 9.1. bis 19.1.1884 und 8./9.4.1884; es handelt sich um Notizen zu verschiedenen Krankheiten, nicht Cholera (rki).

w3/056 Cholera-Forschungen 1884 und 1893 [!]: »Ad Dauerformen. Erledigt« (rki). Darin zur Cholera in Indien: »Feuchte Dauerversuche, 1/[18]84«, Bl. 8: 4.5.-14.5. [18]86; Bl. 9-12: »Culturversuch 1 [o.D.]«; Bl. 13-56: ca.11.1.-11.2. [18]84; Bl. 57-101: 25.-27.1. [18]84, Darminhalte, Bl. 102-148 und Bl. 149-155: 1/[18]84-2/[18]84; jeweils wahrscheinlich in unterschiedlichen indischen Krankenhäusern, Bl. 156: Zeitungsausschnitt.

w3/057 Cholera-Forschungen in Indien [1884]: »Ad Controluntersuchungen - In die Liste aufgen[ommen]. Fragl[liche] Bacillen« (rki).

w3/058 Cholera-Forschungen in Indien 1883, 1884: »Controll-Untersuchungen - erledigt«; »Stuhl-Untersuchungen 19.12. [18]83-7.2. [18]84«, in verschiedenen Krankenhäusern in Indien (rki).

w3/059 Cholera-Forschungen in Indien [1884]: »Versuche über Entwicklungshemmung. erg. bei Cholera erl.«; »Desinfectionsversuche«, Februar 1884 (rki).

w3/060 Cholera-Forschungen in Indien [1884]: »Persönl[iche] Immunität u. persönliche Empfänglichkeit Cholera, u.a. in Beziehung zur Ernährung (Reis), Pettenkofer zu Imm[unität]« (rki).

w3/061 Cholera-Forschungen in Indien [1884]: »Meteorologie. Grundwasser.« [Bl. 1-20]; »Gefängnisse u. Hospitäler.« [Bl. 21-24]; »Truppen.« [Bl. 25]; »Immune Orte« [Bl. 26-28] (rki).

w3/062 Cholera-Forschungen, Literatur der Jahre 1884/1885; »Cholera - Kommabacillen Literatur Notizen« (rki). Alle Exzerpte beziehen sich auf die Jahre 1884 und 1885.

w3/063 Cholera-Forschungen, Literatur der Jahre 1882; 1883; 1884; 1885; »Literaturangaben Cholerabacillen pp.« (rki).

w3/064 Cholera-Forschungen Literatur der Jahre 1884/85; »Literaturangaben Cholera-Allgemeines - Pettenkofer!« (rki). Enthalten sind Exzerpte zu epidemiologischen Fragen [Verschleppung der Cholera nach Deutschland], ältere Literatur und Akten des Kaiserlichen Gesundheitsamtes [Vol. 1, Sect. 2 A36]; Bl. 19-23 und 25-26: Cholera in Berlin 1873 [Bericht von H.A. Müller]; Cholera in London; Wasserfragen [Grundwasser, Trinkwasser]; Cholera in Pest; Bl. 106: Zeitungsausschnitt.

w3/065 Cholera-Forschungen, Literatur der Jahre 1884/1885; »Cholera-Literatur« (rki). Die Exzerpte umfassen Veröffentlichungen im 1849 bis 1888; enthalten sind zudem auf Bll. 13-15: Fahnenabzug: »International Health Exhibition/Epidemiological Society's Conference on Cholera«, London 1884; Bl. 17: Zeitungsausschnitt über seuchen-, d. h. cholerafreie Orte in Europa.

w3/066 Cholera-Forschungen, Literatur 1884; »Literatur über experim[entelle] Cholera-Untersuchungen«, dabei handelt es sich um Exzerpte zu einer Veröffentlichung von Thiersch aus dem Jahr 1856, mit Hinweisen auf C. Schmidt, J. Meyer, A. Stich (rki).

w3/067 Cholera-Forschungen, Zeitungsausschnitte zur Epidemie 1892/93, darunter auch Werbe-Zettel (rki).

w3/068 Cholera-Forschungen in Ägypten und Indien: Zeitungsausschnitte und -artikel zu Kochs Cholera-Forschungen in Ägypten und Indien, 1883 und 1884 (rki).

w3/069 Cholera-Forschungen in Hamburg 1892/93: »Angelegenheit Hueppe. Cholera in Hamburg 1893« (rki). Darin enthalten sind Briefe, die unmittelbar zu den Drucksachen gehören (Bl. 4-17; 41-42).

w3/070 Cholera-Forschungen in Deutschland [1894]: »Cholera - Deutschland. Geschichte der Cholera!« (rki). Enthält eine Übersichts-Karte zur Verbreitung der Cholera in Ost- und Westpreußen im Jahr 1894.

w3/071 Cholera-Forschungen in Deutschland 1884: »Cholera nostras« (rki). Enthält unter anderem Notizen zu zwei Cholera-Fällen in Berlin im September 1884.

w3/072 Cholera-Forschungen in Ägypten 1883: »Deutsche Cholera Expedition - Personalien pp.« (rki). Darin finden sich auch Notizen zur Cholera in Ägypten.

w3/073 Cholera-Forschungen zu Europa 1884: »Cholera-Ausserdeutsche Länder Vorl[äufig] erl[edigt]«; Bl. 1-10: »Wasser« (rki). Von anderer Hand: »getroffene Schutzmaßnahmen von Seiten des Auslandes«, bezieht sich vor allem auf Frankreich, jedoch auch auf andere Länder; Bl. 32 und 120: kartographische Zeichnungen; Bl. 127-139: Zeitungsausschnitte.

w3/074 Cholera-Forschungen in Indien 1884 (rki). Enthalten ist ein Besichtigungsprotokoll (23.1.1884), eine Statistik über erkrankte Soldaten in den Jahren 1826 bis 1882 (1884) und eine Graphik hierzu; von anderer Hand auf Umschlagpapier: »Schottland (!)«.

w3/075 Cholera-Forschungen in Indien 1884: »Ad Choleratank - Indien - erl.« (rki). Enthält das Protokoll einer Besichtigung vom 8.2.1884 (5 Bll.), sowie Studien zu verschiedenen Fragestellungen bezüglich der Cholera vom 11.2.1884 (2 Bll.) und 21.2.1884 (1 Bl. zur Entnahme von Wasserproben).

w3/076 Cholera-Forschungen, Literatur 1884 und Briefe (b1/278-b1/281) (rki).

w3/077 Cholera-Forschungen in Ägypten 1884: »Schiffs-Cholera« (rki). Es handelt sich um eine Materialsammlung Kochs. Für März 1884 ist ein Fragebogen aus Alexandria enthalten, vom Juni 1884 eine Abschrift zu Cholera in Berlin; und für April bis Juli 1884 verschiedene Materialien zu Alexandria.

w3/078 Cholera-Forschungen 1883/84: »Notizen über Schiffs-Cholera«; Abschriften Kochs von Anordnungen in englischer Sprache vom Juli 1883, April 1884 und Juni 1884 (rki).

w3/079 Cholera-Forschungen in Ägypten [1883/84]: »Notizen (Schiffscholera)«; Exzerpte, u.a. »Pettenkofers Ansicht ...« (rki).

w3/080 Cholera-Forschungen, Literatur [1883/84] zum Thema »Schiffscholera« (rki).

w3/081 Cholera-Forschungen in Ägypten und Europa 1885: »Schiffscholera (Schiess) franz[ösische] Schiffe von Toulon« (rki). Hinweis auf einen Brief von Schiess vom 2.11.1885; enthalten sind auch ein Fragebogen und Abschriften von Berichten und Anordnungen des Conseils quarantenaire aus dem Jahr 1885.

w3/082 Cholera-Forschungen in Ägypten [1883/84]: Abschriften von (Sitzungs-) Berichten aus Alexandria der Jahre 1865 bis 1885 (rki). Enthält unter anderem Meldung von Cholera-Fällen der deutschen Konsulate in Batavia, Nantes und Shanghai (Bl. 103-107).

w3/083 Cholera-Forschungen in Deutschland 1884: Berichte Kochs an deutsche Behörden vom 2.8.1884, 16.9.1884, 3.10.1884 und 24.11.1884 (rki). Laut Umschlagblatt handelt es sich um Mitteilungen Kochs an den Staatssekretär [des Innern] über Verkehr auf Eisenbahnen mit Bezug auf Choleraverschleppung; enthalten ist zudem eine Statistik über Cholera auf verschiedenen Schiffen.

w3/084 Cholera-Forschungen in Ägypten [1883/1884] mit Erhebungen des Conseil quarantenaire für den Zeitraum 1850 bis 1879 (rki). Abschriften von Sitzungsberichten der ägyptischen Sanitäts-Behörden für die Jahre 1850-1879; teils mit Marginalen von Schiess, teils mit Notizen von Koch.

w3/085 Cholera-Forschungen in Deutschland 1892: Abschriften von Anordnungen, darunter Desinfektion von Schiffen (rki). Unter den Abschriften befinden sich »Maßnahmen für den Fall des Auftretens der asiatischen Cholera in Deutschland« (Bl. 4-13) vom August 1892; Anweisungen des Berliner Polizei-Präsidiums an die Revier-Sanitäts-Commissionen vom 1.9.1892 (Bl. 17-19), sowie Zeitungsartikel (Bl. 21-23).

w3/086 Cholera-Forschungen in Ägypten, Materialsammlung zu den Zeiträumen 1842; 1850 und spätere Jahre; 1883-1885: »Conseil quarantenaire«; Sitzungsberichte und Anordnungen ägyptischer Sanitätsbehörden [u.a. Conseil Sanitaire Maritime et Quarantenaire] für verschiedene Zeitabschnitte bezüglich Cholera in Ägypten (rki). Diese Unterlagen wurden Koch wahrscheinlich von Schiess übersandt, denn teilweise gibt es Notizen von Schiess und hierzu Vermerke Kochs; zudem sind darin Abschriften von Briefen enthalten.

w3/087 Cholera-Forschungen in Ägypten [1883]: Statistiken zur Sterblichkeit bzw. Cholerasterblichkeit in Damiette, teils mit Transkription; Erläuterungen von einem Dr. Niemeyer aus Alexandria; Aufstellungen über Untersuchungen des Nilwassers, jeweils mit Notizen Kochs; sowie ein Brief [an Koch], mit Umschlag: »An Consulat Gal. d'Allemagne (für Herrn Geheimrath Koch) Cairo - Service.« (rki).

w3/088 Buch: »Cook's Indian Tours und Fahrplanheft Handbook of information for passengers and shippers by the steamers of the Peninsular and Oriental Steam Navigation Company for 1883« (rki).

w3/089 Cholera-Forschungen in Indien [1883/84]: »Statistik Indien (exkl[usive] Calcutta, Madras u. Bombay)« (rki). Rückseite: »Auszüge aus engl[ischen] Berichten« [gestrichen]. Enthalten sind Statistiken zur Sterblichkeit bzw. Cholera-Sterblichkeit in verschiedenen Städten und Provinzen Indiens für Zeiträume ab 1870 bis 1883, teilweise nach Monaten oder Jahreszeiten.

w3/090 Cholera-Forschungen in Indien [1883/84] und 1892[!]: »Calcutta – Wasserleitung« (rki). Darin befinden sich Tabellen zu Cholera-Todesfällen in Calcutta nach Religionszugehörigkeit und Bevölkerungsgruppen für den Zeitraum 1864 bis 1875, sowie ein Notizzettel von anderer Hand [Zugehörigkeit zweifelhaft].

w3/091 Cholera-Expedition nach Ägypten und Indien 1883/84: »Rechnungen«, das sind Rechnungen über Geräte und Ausrüstung [aus Berlin], von Hotels und für Verzehr während der Reise; teils mit Zusammenstellungen Kochs, auch für Gaffky und Fischer; teils Umschlagpapiere für verschiedene Reiseetappen, von Koch beschriftet (rki).

w3/092 Cholera-Forschungen in Ägypten [1883]: Übersicht und Zeitplan des Expeditionsverlaufes; Notizen mit Literaturangaben; Abschrift eines Protokolls bzw. Berichts: »Cholera du Soudan en 1872«; Urheber ist wahrscheinlich Gaffky; es handelt sich um eine nachträgliche Zusammenstellung (rki).

w3/093 Cholera-Forschungen in Ägypten und Indien 1883-1885: Materialsammlung mit Anweisungen des Conseil Sanitaire Maritime et Quarantenaire in Alexandria [wahrscheinlich von Schiess]; Tabellen und graphische Darstellungen zu Klima und Sterbefällen in Bombay; ein umfangreicher Bericht des dortigen Municipal Commissioner vom März 1884; zwei Umschlag-Bll. betr. Kalkutta, mit einer Zusammenstellung von Bekanntmachungen über Cholera in Calcutta, Bombay und Madras im Jahr 1884 (rki).

w3/094 Cholera-Forschungen in Ägypten und Indien [1883/84]: »Ausrüstung der Expedition nach Ägypten und Indien, erl.«, »Notizen aus den Original-District-Reports« hierzu: Karte [gefaltet] (rki). Materialsammlung betr. Ägypten und Indien mit Kartenskizzen von Port Said und Damiette; Karten des Indischen Subkontinents für die Jahre 1862 bis 1880 mit unterschiedlichen Schraffuren sowie Tabellen und graphische Darstellungen zu Ägypten und Indien über Klima und Mortalität.

w3/095 (a, b) Cholera-Forschungen in Ägypten, Indien, Europa 1883-1893: »Drucksachen« [ungeordnet, überwiegend 1880 und später], darunter Zeitungsausschnitte zur Cholera in Ägypten und Indien, teils mit Marginalen Kochs; Artikel aus »Nature«, vom 25.12.1884, S.169-171 (Anfang fehlt). Es handelt sich hierbei um einen Bericht über Kochs Ergebnisse, mit Zeichnungen von E. Ray Lankaster [und Randzeichnungen von Koch]; Umschlag, beschriftet von Koch: »Gibbon, Report ... Prison/Philadelphia 1833« (rki).

w3/096 Cholera-Forschungen in Indien 1883/84: »Reise von Calcutta nach Bombay« (rki).

w3/097 Cholera-Forschungen in Ägypten [1883/84]: »Rechnungen während des Aufenthalts am Rothen Meer (Suez, El Tor etc.)« (rki).

w3/098 Cholera-Forschungen in Ägypten [1883/84]: »Rechnungen während des Aufenthaltes in Cairo« (rki).

w3/099 Cholera-Forschungen in Ägypten und Indien [1883 bis 1885]: »Kosten« (rki). Bl. 2: Einnahmen und Ausgaben gesamt; Bl. 3: Reiseausrüstung; Bl. 4: Liste erworbener Literatur; Bl. 5-6: Reisekosten; Bl. 7: Hotel- und Pensionskosten; Bl. 9-10: Aufstellungen über Ausgaben für Verpflegung, 24.8.1883 bis 16.3.1884; Bl. 11: Exkursionen, Wagen, Reitthiere; Bl. 13ff.: Laborausstattung; Bl. 17: Porto und Telegramme; Bl. 19: Kursdifferenzen; Bl. 22 und 23: Quittungen der Reichs-Haupt-Kasse für Koch.

w3/100 Cholera-Forschungen in Indien [1880 und später]: Verwaltungskarte von Indien mit Eintragung von Verkehrs- und Kommunikationsrouten (rki).

w3/101 Cholera in Deutschland, besonders in Halle an der Saale und Nietleben; Notizbuch, 1893 (rki). Im Notizbuch ist eine Liste über Orte, in denen im Januar 1893 Cholera-Fälle gemeldet wurden, 23.1.: Giebischkastein, Göllnitz, 24.1.: Alt-Scherbitz, Trotha, 25.1.: Nietleben, Trotha, 26.1.: Nietleben, Trotha, Moerl, 27.1.: Nietleben; eindeutige Koch-Autographen sind nur die Bll. 21, 30, 48R.

w3/102 »Bekanntmachungen für den Saalkreis vom 22.1.1893«; Abschriften eines Rundschreibens des Landrates, von Werder, mit gedruckten Rundschreiben [je drei Exemplare] (rki).

w3/103 Cholera in der Provinzial-Irrenanstalt Nietleben 1893; Patienten-Liste [122 Personen]; Notizen; Urheberschaft unklar (rki).

w3/104 Cholera in Nietleben 1893 (rki). Mit Auszug aus einem Bericht für die Jahre 1864 bis 1866 (4 Bll.); Beschreibung der Cholera-Epidemie in Nietleben im Jahr 1850 (23 Bll.) und Erläuterungen (5 Bll.).

w3/105 Cholera-Forschungen in Nietleben 1893 [1881; 1885]: »Nietleben«, gestrichen: »Conferenz in Berlin« (rki). Materialsammlung zur Wassergüte der Brunnen und diesbezügliche Tabellen, Graphiken, Skizzen und Notizen Kochs; Abschrift eines Berichtes und eines Erläuterungsberichtes von Landes-Bauinspektor Driesemann.

w3/106 Cholera-Forschungen in Halle an der Saale und Umgebung 1893: Zeitungen, Tabellen zu Cholera und anderen Krankheitsfällen, Wassergüte; Auszüge aus medizinischen Jahresberichten; Graphiken, Skizzen und Notizen Kochs zur Provinzial-Irren-Anstalt Nietleben; Karte von Halle an der Saale und Umgebung; Lagepläne der Provinzial-Irren-Anstalt und der Zuckerfabrik Gebr. Nagel; Abschrift eines Berichtes von Koch vom 20./21.1.1893 an den Kultusminister Bosse zum Cholera-Ausbruch in Nietleben; Berichte von und an Zenthoefer (rki).

w3/107a, b Cholera-Forschungen in Hamburg 1892/93 mit Unterlagen auch für das Jahr 1869 (rki). Verschiedene Materialien, darunter zwei Pläne zu Schiffahrtswegen; zwei Pläne der Stadt-Wasserwerke Hamburg, davon eine koloriert, sowie elf Fotografien der Wasserwerke Hamburg; Abschriften von Rundschreiben, Protokollen und Telegrammen; Entwürfe zu Anordnungen – »Wie schützt sich der Schiffer vor Cholera?« [Druck des Kaiserlichen Gesundheitsamtes]; »General-Anzeiger für Hamburg-Altona«, Nr. 251, 25.10.1892; Sonderdruck: F. Andreas Meyer: Die neuen Filteranlagen für die Wasserversorgung Hamburgs, aus: Schilling's Journal für Gasbeleuchtung und Wasserversorgung, München 1893; Unterlagen teils mit Notizen Kochs (rki).

w3/108 Cholera-Forschungen in Hamburg 1893: Graphiken über Cholera-Fälle August bis September 1893; Abschriften von Protokollen der Cholera-Kommission und anderen Beratungs-Gremien; Vordrucke, Übersichtstabellen, Rundschreiben, Dienstanweisungen; Drucksache des Kaiserlichen Gesundheitsamtes zur Cholera; Verzeichnis der Mitglieder der Cholera-Kommission im September 1892. Darin u.a.: Hugo Classen-Ansbach: Denkschrift betr. die Beseitigung und rationelle Verwerthung aller Abfallstoffe der Freien und Hansestadt Hamburg, 1892 (zwei Exemplare); Stadt-Wasserkunst Hamburg. Revidirte Instruction an die Mechaniker, vom 27.11.1886, Neudruck 1890; Mittheilung des Senats an die Bürgerschaft, 27.10.1893 (= Amtsblatt, S. 727-734), mit Beilagen und teils mit Notizen Kochs (rki).

w3/109 Cholera in Hamburg und Altona 1892: Notizen Kochs (Bl. 1-3; 19-23); Straßenverzeichnis von Hamburg und Altona (Plan dazu fehlt); Karte des Deutschen Reiches, erstellt vom Kaiserlichen Gesundheitsamt zu Cholerafällen 1892; Abschriften von Protokollen und Bekanntmachungen; Plan des Hamburger Hafens (koloriert), Rs: »Aufforderung an die Schiffer«; J. Schmarje: Cholera-Karte von Barmbeck (koloriert); Instruktion zur Bekämpfung der Cholera für die Herren Ritter der Rheinländischen Genossenschaft des St. Johanniter-Ordens (Drucksache); Organisations-Pläne für den Fall einer Epidemie, Hamburg 1893 (Drucksache); Formulare und Vordrucke der Hamburger Gesundheitsbehörden; teils mit Notizen Kochs (rki).

w3/110 »Verzeichnis derjenigen Nummern der Veröffentlichungen des Kaiserlichen Gesundheitsamtes, in denen Mittheilungen über Quarantänemaßregeln enthalten sind (1883-1884)«; Auflistung nur für die Jahre 1883 und 1884, Kurztitel ohne Verfasser (rki).

w3/111 Cholera-Forschungen in Hamburg 1892 und 1893: Formulare und Vordrucke, Anordnungen der Hamburger Gesundheitsbehörden; Zeitungsausschnitte mit Bekanntmachungen, Aufrufen u.ä.; Drucksachen von Protokollen, Bekanntmachungen; teils mit Notizen Kochs (rki).

w3/112 Cholera-Forschungen in Hamburg 1892 und 1893: Listen von Cholerafällen [erstellt von Gaffky?]; Auszüge bzw. Abschriften aus Berichten; Abschriften von Telegrammen mit Meldung einzelner Fälle bzw. Untersuchungsergebnissen; teils mit Notizen Kochs auf den Materialien, teils gesondert (rki).

w3/113 Cholera-Forschungen in Hamburg (und Ägypten) 1892 und 1893: »Erwiderung Schmidt« (rki). Enthalten sind ein Plan des Wasserwerks der Stadt Hamburg, Ortsteil Rothenburgsort; ein Maßnahmenkatalog im Falle des Auftretens der Cholera, mit

Marginalen Kochs; ein Protokoll der 4. Sitzung der Cholera-Kommission 1892; Ausführungs-Bestimmungen zum Gesetzesentwurf zur Bekämpfung gemeingefährlicher Seuchen; Meldungen über Cholerafälle in Ägypten im September 1883 (Conseil Sanitaire) und Bemerkungen hierzu von Dr. Ahmed Hamdi Bey; teils mit Notizen Kochs.

w3/114 Cholera in Hamburg 1892 und 1893: Drucksachen (Amtsblatt, Protokolle) vom Januar 1893; Pläne; Auszug aus dem Amtsblatt Hamburg: Mittheilung des Senats an die Bürgerschaft, Nr. 15, 23.1.1893 (zwei Exemplare); Drucksache: Die Siele Hamburgs, 1892; teils mit Notizen Kochs (rki).

w3/115 Cholera in Hamburg 1892, 1893 (rki) Berichte; Stellungnahmen (jeweils Abschriften); Drucksachen (Gesetzblatt, behördliche Anordnungen, Protokolle, Zeitungsartikel); Pläne; »Mittheilung des Senats an die Bürgerschaft, Nr. 229, 5.12.1892«; »Hamburgische Gesetzsammlung 1883, 1. Abth., Nr. 28, 11.7.1883«; teils mit Notizen Kochs (rki).

w3/116 Cholera außerhalb Hamburg, vor allem in Altona 1892/93: mehrere Notizzettel Kochs; Tabellen; Berichte (Abschriften); Zeitungsartikel; Pläne; Abschriften von sechs Telegrammen an das Kultusministerium; teils mit Notizen Kochs (rki).

w3/117 Cholera in Altona, 1892/93, Teil 1: Tabellen; Berichte (Abschriften); Berichtsentwürfe von Richard Pfeiffer; Zeitungsartikel; Briefe; teils mit Notizen Kochs (rki).

w3/118 Cholera in Altona, 1892/93, Teil 2: Tabellen; Berichte (Abschriften); Zeichnungen und Graphiken; Berichtsentwürfe von Richard Pfeiffer; Briefe; W. Kümmel: Die Cholera in Hamburg und Altona, Sonderdruck aus: Schilling's Journal für Gasbeleuchtung und Wasserversorgung, hrsg. von H. Bunte, Karlsruhe, Nr. 32, 1892; teils mit Notizen Kochs (rki).

w3/119 Cholera-Forschungen in Ägypten 1885: 1. Übersetzung von Zamaniri, Georges: Les (Saintes) Prescriptions du Peleinage de la Mecque. Traduites de l'Arabe, Alexandira, Februar 1885: Chef-Interprete du Conseil Sanitaire, Maritime et Quarantenaires d'Egypte [eigene Angabe, auch auf aufgeklebter Visitenkarte] 24 Bll., Vorwort in Form eines Briefes an Schiess; Verfasser des Traktats: Mohamed el-Amir, Cheik el-Eslam, mit Ergänzungen [von Schiess?]; 2. Reglement concernant le fonctionnement du Service Sanitaire Maritime et Quarantenaire, o.J. (Druck); 3. wahrscheinlich Pilger-Handbuch, in arabischer Schrift (rki).

w3/120 Cholera-Forschungen in Indien [1876 bis 1882]: »Illustrating the mortality of Cholera«; Karten von Madras aus den Jahren 1876, 1877, 1878, 1879, 1880, 1881, 1882, erstellt vom Sanitary Commissioner ... (Cornish - 1878, M. C. Furnell), mit aufgeklebten Tabellen und mit Notizen Kochs (rki).

w3/121 Cholera-Forschungen in Indien [1884]: mehrteilige Karte von Hinterindien; Karte mit Eintragung der Verkehrswege von Europa nach Indien; mit Notizen Kochs.

w3/122 Cholera-Forschungen in Ägypten 1882 und 1883: Observations météorologiques, Hrsg.: Ministre des Travaux Publics, Laboratoire de chimie du Caire, Januar bis Juli und November bis Dezember 1882, sowie Januar bis August 1883 (rki).

w3/123 »Ueber den Typhus in Berlin und München. Mit besonderer Beziehung auf Aetiologie und Hygiene, bearbeitet von Dr. J. Albu«, Manuskript, undatiert (rki).

w3/124 »Hygienische Topographie u. Statistik von Berlin«, Manuskript, undatiert (rki).

w3/125 »Erkrankungen und Todesfälle« [Berlin] 1869-1873, Tabellen, undatiert (rki).

w3/126 »Übersichtstabelle für die Bohrungen zur Untersuchung des Untergrundes von München«, 1875; »Tägliche Beobachtungen an sechszehn [meteorologischen] Stationen in Österreich und drei Stationen im Ausland«, 1883 (rki).

w4: Tierseuchen in den Tropen (15)

w4/001 Vorbereitung der Expedition nach Süd-Afrika zur Erforschung der Rinderpest; Reisekosten und Reiseroute, 1896 (rki). Abschriften von Telegrammen nach und aus Kapstadt und London; Bl. 9: Reisekosten-Bewilligungsschreiben der Kolonial-Abteilung des Auswärtigen Amtes an Koch, 6.11.1896.

w4/002 Protokolle und Ergebnis-Protokolle über »Zecken- und Texasfieberversuche in Kwai und Dar es Salaam«, Dezember 1897; März 1898 (rki). Die Protokolle umfassen auch graphische Darstellungen.

w4/003 Auszug aus einem Bericht von Tidswall über Schutzimpfungen gegen Tickfieber und gedruckte Berichte über Tierseuchen: 1.: F. Tidswell, Report on Protective Inoculation against Tick Fever, Sydney 1899; 2.: Animal Disease Ordinance, ohne Ort 1903; 3.: D. Hudcheon, Report on Cattle Disease in Rhodesia, Salisbury 1902; 4.: R. Koch/Ch. Gray, Report of the Agricultural Department for the year ended 31st March 1903, Salisbury 1903; 5.: Ch. Gray/Robertson, Report upon Texas Fever or Redwater, Kapstadt 1902 (rki).

w4/004 Verschiedene Notizen zu Tierseuchen und Infektionskrankheiten: Küstenfieber, Texasfieber, Rinderpest, Malaria, sowie ein Bericht-Entwurf über Texasfieber [1901, 1905] (rki).

w4/005 Berichte und Gutachten zur etwaigen Einschleppung von Texasfieber nach Deutschland, 1899 bis 1901. Es handelt sich überwiegend um Abschriften von Berichten und Sitzungsprotokollen; Bl. 5: Brief des Auswärtigen Amtes (b1/517), Bl. 11: Brief von Kossel an Koch (b1/518); Bl. 27-30: kolorierte Zeichnungen zu »Texasfieberblut«, Bl. 47-50: kolorierte Zeichnungen zu »Rabesia bovis« (rki).

w4/006 Notizbuch mit Vermerken über Küstenfieber in Süd-Afrika; Pest in den Rubeho-Bergen in Ost-Afrika, ca. 1905 (rki). Eintragungen von beiden Seiten begonnen.

w4/007 »Notizbuch betr. Zeckenversuche«, [Ost-Afrika], Februar 1905 (rki). Bl. 39Rs, 40: englische Redewendungen mit Übersetzungen.

w4/008 Manuskript zu Piroplasmen (Texasfieber), 1905 (rki). Veröffentlicht unter dem Titel: R. Koch, Beiträge zur Entwicklungsgeschichte der Piroplasmen, 1906, in: Zeitschrift für Hygiene und Infektionskrankheiten 54 (1906).

w4/009 Entwurf für einen Bericht über Pferdesterbe (Horse-Sickness), [1903/04] (rki). Veröffentlicht unter dem Titel: R. Koch, Untersuchungen über Schutzimpfungen gegen Horse-Sickness (Pferdesterbe), in: Deutsches Kolonialblatt 1904, Heft 14/15.

w4/010 Vortragsentwurf zu Tierseuchen in Afrika: Rinderpest, Piroplasmen-Krankheit, Texasfieber, Küstenfieber, Tsetse-Krankheit, Küstenfieber, Trypanosomen-Krankheit der Rinder und anderer Tiere, 1907 (rki).

w4/011 Berichte und Konferenz-Unterlagen zum Küstenfieber in Britisch-Südafrika sowie Bericht des dortigen Beamten für Veterinärwesen, 1901/02; 1903; 1904 (rki). Materialsammlung

Kochs, auch in Briefform; Bll. 10-15 umfassen einen Artikel von Charles Gray, »Southern Rhodesia-Veterinary Report (Department of Agriculture) for the year ended 31st March 1902«, Salisbury 1902.

w4/012 Zusammenstellungen, Abrechnungen und Belege von Reisekosten der Expedition nach Britisch-Südafrika zur Erforschung des Küstenfiebers und der Pferdesterbe, 1903 (rki). Darin: Anschreiben und Rechnungen (s.a. b1/523, b1/b524).

w4/013 Artikel von D Hutcheon (Colonial Veterinary Surgeon in Kimberley): »Special Report on Rinderpest in South-Africa, by the Colonial Veterinary Surgeon, March 1896 - February, 1897«, Kimberley - Kapstadt 1897 [Fotokopie] (rki).

w4/014 Protokolle und Notizen über Untersuchungen von Zeckenblut (Piroplasmen) zur Erforschung des Texasfiebers in Ostafrika, Juli bis August [1905], meist um Zeichnungen ergänzt (rki).

w4/015 Memorandum für eine Forschungsreise Kochs nach Bulawayo (red-water fever), 29.11.1902. (rkm). Memorandum der Britischen Botschaft in Berlin an das Auswärtige Amt, das Kultusministerium und das Institut für Infektionskrankheiten, von Koch geschrieben [!].

w5: Malaria (23)

w5/001 Notizen über Ergebnisse von Blutuntersuchungen in Rom zum Nachweis von Malaria-Erkrankungen, 1899 (rki). Darin befindeen sich ein Auszug aus einem Bericht über Malaria in Kamerun sowie Empfehlungen zur Prävention von Malaria eines Dr. Schiavuzzi von 1887.

w5/002 Notizen über Beobachtungen zur Malaria in Italien und Neu-Guinea [1898 bis 1900], sowie eingelegte Notizzettel [überwiegend Fieberwerte von Patienten] (rki).

w5/003.1, w5/003.2 Zwei Notizbücher mit Patientendaten und Ergebnissen von Blutuntersuchungen zum Nachweis von Malaria in verschiedenen Dörfern in Neu-Guinea [1899/1900], Titel: »Untersuchungen von Ortschaften I«; »Untersuchungen von Ortschaften II« (rki). Heft II enthält auf Bl. 15-18 Angaben zum Malaria-Vorkommen in Ägypten im Oktober 1900 und auf

Bl. 27 zu Rovigno (Istrien) im November und Dezember 1900.

w5/004 Exzerpte aus Akten und Berichten über Stephansort (Neu-Guinea) zur Verbreitung der Malaria und Daten zu Kranken und Klima, [1899-1900] (rki). Kopien eines Notizbuches und neuere Transkription; anbei ein Schriftwechsel mit dem Eigentümer des Originals (1995).

w5/005 Manuskript für einen Vortrag über Malaria, [1900] (rki). Veröffentlicht als: R. Koch, Ergebnisse der vom Deutschen Reich ausgesandten Malariaexpedition, gehalten in der Abteilung Berlin-Charlottenburg der Deutschen Kolonialgesellschaft am 5. November 1900, in: Verhandlungen der Deutschen Kolonialgesellschaft 1900/01, 1. Heft.

w5/006 Notizbuch mit Patientendaten und Blutbefunden zum Nachweis von Malaria in Brioni (Italien), 1900, 1901 [laut Etikett] (rki). Urheber ist nicht Koch [evtl. Paul Frosch], es handelt sich um eine Materialsammlung Kochs.

w5/007.1, w5/007.2 Zwei Notizbücher mit schematisch erfaßten Patientendaten zum Nachweis von Malaria in Brioni (Italien), [1899/1901] (rki). Urheber ist nicht Koch [evtl. Paul Frosch], es handelt sich um eine Materialsammlung Kochs.

w5/008.1 w5/008.2 Zwei Notizbücher mit Angaben zu Patienten mit Malaria in Brioni (Italien), 1901; 1902: 1. »Mückenbuch«, 2. »zu Mücken Untersuchung« (rki). Urheber ist nicht Koch, es handelt sich um eine Materialsammlung Kochs.

w5/009 Material zur Häufigkeit von Malaria in Italien und Chinin-Verbrauch in Brioni sowie Bericht von Fritz Schaudinn über Maßnahmen der österreichischen Regierung zur Bekämpfung der Malaria in Istrien und Friaul [1900-1902] (rki). Bl. 1-3; 12: Graphiken und Tabellen bezüglich Malaria und Chinin; Bl. 5: Tabelle; Bl. 13/14: Fragment eines Zeitungsberichts aus dem Grazer Tageblatt vom 3. Januar 1904.

w5/010 Drei Notizbücher mit Tabellen zu Einwohnern in Fasana, Perci und Stignano und Notizen zum Malaria-Vorkommen in Italien [1900 bis 1902] (rki).

w5/011 Vier Karten: Lagepläne der Brionischen Inseln; Situationspläne von Brioni, Stignano und Fasana für Malaria-Forschungen in Italien [1900 bis 1902] (rki). Unterschiedliche Größe; Nr. 2 mit Notiz Kochs.

w5/012 »Statistik über Malaria-Erkrankungen in der Civilbevölkerung von Pola und Umgebung nach Monaten/1885-1899«, [1899] (rki). Statistisch-graphische Darstellung; Rs: »Zeitschrift f[ür] Hygiene - Frosch« - »fertig«.

w5/013 Notizbuch über »Mosquitos« im Zusammenhang mit Malaria-Forschungen in Ost-Afrika [Tanga?], Januar und Februar 1905; 1908 (rki). Eintragungen Kochs nur auf Bl. 1-5.

w5/014 Signatur nicht belegt.

w5/015 Notizbuch mit Aufstellungen zur »Abrechnung über die Expeditionskosten« während der Malaria-Expedition nach Italien und Neu-Guinea, April 1899 bis Oktober 1900 (rki). Bll. 5 und 6 und Bll. 30-40 lose [eingelegt].

w5/016 Bericht-Erstattung über Malaria-Forschungen in Neu-Guinea, 1901 bis 1903 (rki). Darin enthalten sind Abschriften und Konzepte zum Einsatz Dempwolffs bei der Erforschung der Malaria in Neu-Guinea; eine Mitteilung Kochs an die Kolonialabteilung des Auswärtigen Amtes, ein Vertrag zwischen Koch und Dempwolff; ein Bericht Wendlands über Klima und Gesundheitsverhältnisse in Herbertshöhe; ein Bericht Dempwolffs und Wendlands zu deren Malaria-Expedition sowie ein Bericht [und Vortrag] Dempwolffs über Malaria auf der Gazelle-Halbinsel.

w5/017 Bericht-Erstattung von Augusta Hertzer über Malaria-Bekämpfung in Neu-Guinea, 1903 bis 1904 (rki). Die Krankenschwester Augusta Hertzer lieferte Koch ausführliche Darstellungen über die Malariabekämpfung in Palaupai in den Monaten Juni bis September 1903 (Bl. 2-3) und September bis Dezember 1903 (Bl. 25-27) sowie Dezember 1903 bis März 1904 (Bl. 36-38). Enthalten ist zudem ein Bericht über Rindviehsterbe in Stephansort und Jomba an den Governeur Hahl in Herbertshöhe für den Zeitraum August 1903 bis Januar 1904 (Bl. 9-23). Darüber hinaus gibt es eine Danksagung Bernhard Nochts für Material, das ihm das Institut für Infektionskrankheiten zur Verfügung stellte.

w5/018 Auszüge aus den General-Sanitäts-Berichten zu Wechselfieber und Schwarzwasserfieber in Deutsch-Ostafrika, drei Konvolute, 1898/99; 1899/1900; 1900 (rki).

w5/019 Notizbuch über Blutuntersuchungen in verschiedenen Orten Neu-Guineas, vor allem Stephansort, März bis August 1900; 20.11.1900; Titel: »Stephansort - Fortlaufende Untersuchungen II« Die Eintragungen beginnen mit der Nr. 1521, ein Notizbuch I ist nicht vorhanden. (rki).

w5/020 Malaria-Fälle auf Schiffen, Bericht eines Dr. Ruge, wahrscheinlich Materialsammlung Kochs, um 1898 (rkm).

w5/021 Malaria-Forschungen Kochs bzw. ein Zeitungsartikel hierzu aus: Il Mattino vom 17./18.11.1900 (rkm).

w5/022 Sonderdruck eines Artikels von R. Koch, Ueber Schwarzwasserfieber (Hämoglobinurie), aus: Zeitschrift für Hygiene und Infektionskrankheiten 30 (1899), S. 295-327 (rki).

w5/023 Berichtentwurf Kochs für das Auswärtige Amt und verschiedene Notizen über Malaria in Neu-Guinea und Italien sowie zwei Zeitungsartikel, undatiert [1900] (rki). Der Bericht wurde Grundlage für eine Veröffentlichung von R. Koch, Die Bekämpfung der Malaria, in: Zeitschrift für Hygiene und Infektionskrankheiten 43 (1903), Sonderheft. Hierbei befinden sich auch Aufzeichnungen von Hedwig Koch, vermutlich zu einer eigenen Malaria-Erkrankung, denn es handelt sich um eine Tabelle zu Fieberwerten.

w6: Afrikanische Schlafkrankheit und Trypanosomen (26)

w6/001 Gliederung (RI-RIII) und Entwurf (R1-R11) zu Vorträgen über die Schlafkrankheit in Deutsch-Ostafrika in Berlin [Reichstag] und in London (L1-L9), [1907/1908] (rki). Paginierung von R. Koch.

w6/002 Verschiedene Notizen und Entwurf zu einem Bericht über Schlafkrankheit in Ostafrika sowie Zeichnungen von Trypanosomen während der Expedition zur Erforschung der Schlafkrankheit, [um 1907] (rki). Darin enthalten sind Entwürfe zur Verteilung von Freiexemplaren veröffentlichter Berichte und Notizen zu deren Drucklegung, darunter »Reihenfolge u[nd] Zusammengehörigkeit der Trypanosomen-Abbildungen« und »Erklärung der Tafel« sowie diesbezügliche Zeichnungen; Bl. 7-13 sind zerschnitten, teils Text, teils Zeichnungen. Die Ergebnisse der Expedition wurden veröffentlicht: R. Koch/M. Beck/F. K. Kleine, Bericht über die Tätigkeit der zur Erforschung der Schlafkrankheit im Jahre 1906/07 nach Ostafrika entsandten Kommission, Berlin 1909 (mit Fotos, Grafiken und Karten); die laufenden Berichte während der Expedition wurden in der Deutschen Medicinischen Wochenschrift publiziert.

w6/003 Verschiedene Notizen von Beobachtungen und Versuchen zur Erforschung der Schlafkrankheit sowie bibliographische Notizen, [1906/07] (rki).

w6/004 Protokolle, Exzerpte und Notizen verschiedener Personen zur Schlafkrankheit in Ost-Afrika sowie zwei Zeitungsartikel hierzu, [1905/07] (rki). Bl. 1-25: Teile eines Notizbuches; Bl. 26-27: Urheber Stuhlmann.

w6/005 Protokolle zu Fliegen-Versuchen, Blutuntersuchungen und Behandlung von Kranken mit Atoxyl sowie Notizen zur Erforschung der Schlafkrankheit, teilweise mit Zeichnungen, 1905; 1906/1907 (rki). Enthalten sind auch Mitteilungen an Koch; ein Brief-Entwurf von Koch (12.5.1907, Bl. 52-53), und eine Fieberkurve des Patienten Kutaga für den Zeitraum 5.9.1905 bis 22.9.1905 (Bl. 81); zudem verschiedene Versuchsprotokolle und Notizen (Bl. 82-115). Literaturhinweise: A. Plehn, Schnellfärbung und Schnittfärbung nach Romanowsky, in: Archiv für Schiffs- und Tropenhygiene 8 (1904), S. 507; F. Stuhlmann, Notizen über die Tsetsefliege, in: Berichte über Land- und Forstwirtschaft in Deutsch-Ostafrika, Bd. 1, H. 2.; Grünberg, Afrikanische Musoiden mit parasitisch lebenden Larven, in: Sitzungsberichte der Gesellschaft Naturforschender Freunde, Berlin 1903, S. 400-415.

w6/006 Notizbuch und Notizzettel zu verschiedenen Versuchen zur Erforschung der Schlafkrankheit [1906, 1907] (rki). Ein Teil der Eintragungen auf den Bll. 1-9 ist nicht von Kochs Hand, jedoch gibt es Notizen Kochs über Lepra und über Schlafkrankheit. Weitere Notizzettel sind eingelegt (Bl. 57-67), bei denen es sich um Aufzeichnungen Kudickes mit zusätzlichen Notizen Kochs handelt.

w6/007 Notizen und Notizbuch über Fliegen-Versuche und Blutuntersuchungen zur Erforschung der Schlafkrankheit, teilweise mit Zeichnungen [1906, 1907] (rki). Auch hier gibt es eingelegte Notizzettel, andere Aufzeichnungen sind tabellarische Protokolle.

w6/008 Entwurf zu einem Ergebnis-Bericht über die Expedition zur Erforschung der Schlafkrankheit, [1907] (rki).

w6/009 Konzept und Entwurf zu einem Vortrag mit Licht-Bildern über die Schlafkrankheit in Ost-Afrika, [1907/1908] (rki).

Paginierung von Kochs Hand (I-II); (1-41), drei Bll. unpaginiert.

w6/010 Konzept und Entwurf zu einem Vortrag mit Licht-Bildern über die Schlafkrankheit in Ost-Afrika, [1907] (rki). Eigenhändige Paginierung Kochs (1.-5.); (12); (1-12), zwei Bll. sind unpaginiert, die Zuordnung der Einzelbll. 12 ist unklar, ebenso der Vermerk von anderer Hand auf Bl. 12: »Vortrag Kolonialgesellschaft(?)«.

w6/011 Entwurf und Konzept eines Vortrages für die Berliner Anthropologische Gesellschaft über die Bevölkerung am Viktoria-See und die Schlafkrankheit sowie Konzept und Ausarbeitung eines Vortrages zur Vorbereitung der Expedition zur Erforschung der Schlafkrankheit 1906/07, Titel »Schlafkrankheit«, [1906?]; 1908 (rki). Eigenhändige Paginierung Kochs, mit Lücken und zwei unpaginierten Bll. veröffentlicht unter dem Titel: R. Koch, Anthropologische Beobachtungen gelegentlich einer Expedition an den Victoria-Nyanza, in: Zeitschrift für Ethnologie 40 (1908), S. 452-468.

w6/012 Zeichnungen von Krankenbaracken und Hütten [1906] (rki).

w6/013 Vortragsausarbeitung zum Thema »Die Gesundheitsverhältnisse von Deutsch-Ostafrika«, 1906 (rki). Vortrag für die Deutsche Kolonialgesellschaft am 12.3.1906.

w6/014 Bericht des Stationsarztes Dr. Neubert über Schlafkrankheit im Küstengebiet von Tanganyika des Bezirks Ujiji in Deutsch-Ostafrika, 1906 (rki). Bericht an den Gouverneur von Deutsch-Ostafrika; Weiterleitung an Koch (b1/590) mit Datumsvermerk Kochs: 3.8.1906 und Antwortentwurf bzw. Kommentar Kochs zum Bericht; beiliegend: Zusammenstellung von Kudicke über Glossina-Vorkommen, 3. 8.[1906].

w6/015 Zusammenstellung und Verzeichnis von Labor- und Expeditionsbedarf sowie Kostenvoranschlag der Firma Lautenschläger für Laborbedarf, November 1904 (rki).

w6/016 Konzept für einen Vortrag [?] über die Erforschung und Behandlung der Schlafkrankheit, [1907] (rki). Bl. 1 und 2 fehlen; Übertragung eines Stenogramms [Wilhelm Dönitz], mit eigenhändigen Korrekturen Kochs.

w6/017 Material zum Vortrag »Über Schlafkrankheit«, mit Fotoliste, 5. bzw. 7. März 1906 (rki). Bei diesen Unterlagen handelt es sich um Autographen Kochs, die Wilhelm Dönitz als Erinnerungsstücke erhalten und aufbewahrt hatte (s. Bestandsgeschichte, Akzessionen), 1. Umschlag: »Zeichnung von Koch«, darin: ein Bl. mit Zeichnungen von Trypanosomia gambiense und Trypanosomia Brucei, zusätzlich ein Notizzettel [?]; 2. drei Bll. mit Nummern: »1.-24.«, wahrscheinlich eine Liste der während eines Vortrags gezeigten Bilder; 3. Einladungs- bzw. Eintrittskarte zum Vortrag in der Aula der Kaiser Wilhelms-Akademie am 7. März [1906].

w6/018 Äußerungen Robert Kochs zur Diagnose und Behandlung der Schlafkrankheit, 15. September 1906. Niederschrift über Äußerungen Kochs, von anderer Hand [Entstehung evtl. bei Besuch einer Reichstags-Delegation in Ostafrika 1906] (rki).

w6/019 Zeitungsartikel und Drucksachen zur Schlafkrankheit, 1904; 1906; 1907 (rki). Materialsammlung Robert Kochs, vereinzelt mit Notizen sowie mehrere (identische) Drucke in Swaheli (1907).

w6/020 Quittungen, Lieferscheine, Kostenaufstellungen und Zollerklärungen der Firma Lautenschläger für Koch und andere Teilnehmer der Expedition zur Erforschung der Schlafkrankheit, 1906/1907 (rki). Belege für Robert Koch, zum Teil mit Notizen Kochs.

w6/021 Zupitza, Maximilian (1868-1938): »Berichte über die Bekämpfung der Schlafkrankheit im Schutzgebiet Togo«, veröffentlicht in: Amtsblatt für das Schutzgebiet Togo, Lome, 23.4.1906; 31.7.1909; 2.3.1910; 17.6.1910; 31.7.1910; 8.9.1910; 12.11.1910; 12.1.1911 (rki). Jeweils vollständige Hefte, teils Mehrfachexemplare, teils mit Vermerken: »Anlage zum Bericht«; teils Stempel: »Bibliothek des Instituts für Infektionskrankheiten«.

w6/022 »Liste der Gl[ossina] palp[alis] (inficirte)«, September [1906] (rkm). Schema mit Datum, Anzahl nach Geschlecht sowie Fundort der Fliegen.

w6/023 »Bei Fort Stanley gefangene Glossina«, August bis November [1906] (rkm). Schema mit Datum, Anzahl und prozentualem Anteil infizierter Fliegen.

w6/024 »Liste der gefangenen Glossina«, März bis Mai [1907] (rkm). Schema mit Datum, Ort, Anzahl der Fliegen nach Art und Geschlecht.

w6/025 Bericht über die Arbeiten während der Expedition zur Erforschung der Schlafkrankheit, 27. Juni 1907 (rkm). Von Koch paginiert, Bl. 8 fehlt.

w6/026 Jahresbericht, Mitgliederverzeichnis und Vortragsankündigungen der Society of Tropical Medicine and Hygiene, unter anderem zu den Themen Schlafkrankheit, Tick Fever und Malaria, Juni 1909 und September 1909 (rkm). Handschriftliche Ergänzungen von Koch (rote Tinte) und von unbekannt (Bleistift); es handelt sich um eine Materialsammlung Kochs.

w7: Verschiedenes (11)

w7/001 »Entwurf zu einer neuen Ordnung der Desinfektion bei Krankheiten des Menschen« (Kanzleischrift), mit Notizen von Koch, ca. 1893 (rki).

w7/002 Entwurf bzw. Vordruck für ein Reichsseuchengesetz mit Notizen von Koch, ca. 1893 (rki). Aus einem Brief von Köhler vom 4.9.1893 geht hervor, daß dieser Koch einen vorläufigen Entwurf übersandte, siehe b1/913 (rki).

w7/003 Notizen zu einem Vortrag über Seuchenbekämpfung im Kriege, 1901 (rki). Veröffentlicht als: R. Koch, Seuchenbekämpfung im Kriege, in: Klinisches Jahrbuch 9 (1902) (rki).

w7/004.1 Pest in Indien: Stadtpläne von Bombay und Graphik, (1897), 1. mit Eintragung der Physikats-Distrikte und Seuchen-Häuser; 2. Pest-Lazarette in Bombay (Plan No.1); 3. Graphische Darstellung von Pest in Relation zu Klimadaten 1896 bis 1898, jeweils mit Notizen Kochs (rki).

w7/004.2 Exzerpt-Notizen zu Pest-Forschungen und Notizen auf einem Brief zu Pest-Fällen in Ost-Afrika 1898; 1900; 1901; 1905 (s. b1/527; b3/026) sowie Druckfassung eines Vortrags mit dem Titel »Über die Verbreitung der Bubonenpest« (rki). Gedruckt als R. Koch, Über die Verbreitung der Bubonenpest, zuerst veröffentlicht in: Hygienische Rundschau 1898, Nr. 14, S. 1-7.

w7/004.3 Kartenskizze von Deutsch-Ost-Afrika: »Marschroute des St[abs] A[rztes] Zupitza, 30. 8. [18]97 - 17. 8. [18]98«, [Daressalam] 1897-1898 (rki).

w7/004.4 Pestfälle und Pestbekämpfung in Indien, 1905/06; 1909 bis 1910: »Prelimenary Report to the Local Government Board on a New Plague Prophylactic, by Dr. Klein, F.R.S.« (1906); Wochenberichte: »Preliminary Statement of Reported Plague Seizures and Deaths in India during the Week ending ...« 4.9.1909 bis 25.12.1909; 1.1.1910 bis 11.6.1910; 23.7.1910 bis 12.11.1910 (rki) .

w7/004.5 Pestfälle in China und Pestforschungen am Institut für Infektionskrankheiten, 1911. Aktenkonvolut mit Ergänzungen; Materialsammlung des Instituts für Infektionskrankheiten (rki).

w7/005.1 Notizbuch über Lepra und über Malaria in Italien, undatiert (rki). Darin: Notizen zur Geschichte der Lepra; Lepra im Kreis Memel ab 1882; Bl. 4-7Rs: Entwurf über Maßregeln; Bl. 8-15: Malaria in Italien, u.a. »Ausflug nach Maccarese«; »Mückenversuche«.

w7/005.2 Krankengeschichten und Notizen zum Auftreten der Lepra in Deutsch-Ostafrika und Ägypten, 1884 und 1905 (rki).

w7/006 Zwei Pocken-Impfscheine, ausgestellt von Koch als Kreisphysikus in Wollstein, sowie verschiedene Notizen über Pokken, 3.7.1875; 30.12.1877; [1884]; 1887/89(rki).

w7/007.1 Notizbuch über Typhus-Forschungen in Deutschland, 1901 (rki).

w7/007.2 Obduktionsprotokolle über Todesfälle an Typhus und typhoiden Erkrankungen sowie an »ägyptischer Ophthalmie« [meist Blenorrhoe] in verschiedenen Krankenhäusern Alexandrias, 1883 (rki).

w7/007.3 Neumann/Stitz: Typhusbekämpfung durch Einrichtung mobiler Laboratorien seitens der bakteriologischen Untersuchungsstationen, 1903 (rkm). Abschrift für den Direktor des Instituts für Infektionskrankheiten [Robert Koch], bzw. für den Leiter der bakteriologischen Untersuchungsanstalt in Trier [Paul Frosch].

w7/008 Einzelne Notizen ohne thematischen Bezug; Zeitungsausschnitte und Rechnung der Firma Finnie & Finnie, undatiert [1903] (rki).

w7/009 Zeitungsausschnitte der amerikanischen Presse zu Arbeiten Robert Kochs, eingelegt in ein Buch: Theodore Strehz, The General Practitioner, Chicago 1889 (rki).

w7/010 Verschiedene Namenlisten für den Versand von Sonderdrukken, undatiert [1901]; die aufgeführten Namen sind unterschiedlich markiert oder gestrichen (rki). Hinweis auf Bl. 15:

»Separatabzüge sind vertheilt an: ...«; Bl. 25 mit Spalten: »Reisebericht - Pest-Vortrag - Malaria-Bericht - Malaria-Lepra«; Bl. 28: Umschlag eines [fehlenden] Briefes von Dr. med. Reunert an Koch, Poststempel vom 23.1.1905.

w7/011 Tabellen zu Filtrationsversuchen in den städtischen Wasser- und Gaswerken, Leitung: Scheelhaase; Notizen zu Filtrationsversuchen, August bis Oktober 1908, bzw. undatiert (rki)

Briefe

Aufgrund der umfangreichen Biographie von Bernhard Möllers bestand lange Zeit die Auffassung, Lebenslauf und wissenschaftliches Wirken Kochs seien erschöpfend dargestellt.[3] Die Erschließung des Nachlasses von Robert Koch und die damit verbundene Auswertung der publizierten Schriftwechsel in den Biographien führte jedoch zu der Schlußfolgerung, daß die Darstellung von Möllers wesentliche Aspekte unberücksichtigt ließ, die Briefpartner teilweise ungenau wiedergegeben sind und somit von einer wissenschaftlich korrekten Darstellung nicht gesprochen werden kann. Die scheinbar umfangreiche Einbeziehung von Briefen in die Biographie von Möllers ließ die wissenschaftlichen Korrespondenzen bislang als Forschungsgegenstand zurückstehen. Allerdings traf Möllers eine Auswahl, die sich eindeutig nach den politischen Zeitläuften richtete. So sind so gut wie alle Briefe an Ferdinand Cohn nur in Auszügen und vor allem ohne namentliche Nennung des Adressaten berücksichtigt. Bruno Heymann hatte die gleichen Briefe zitiert und auch den Adressaten namentlich genannt.[4]

Insgesamt sind 356 Briefe, von und an Robert Koch, in älteren Biographien veröffentlicht, bis auf acht handelt es sich um Briefe von ihm; 56 davon sind in den Berliner Nachlaßbeständen vorhanden. Die meisten geben bezüglich wissenschaftshistorischer Fragestellungen nur begrenzt Auskunft. Diese betreffen die späteren Lebensjahre Koch, und Möllers nahm unter den weltumspannenden wissenschaftlichen Kontakten nur Briefwechsel mit Bartholomeo Gosio (1863-1944) und Shibasaburo Kitasato (1852-1931) auf. Es scheint kein Zufall zu sein, daß Möllers nur jene wissenschaftlichen Beziehungen berücksichtigte, die während des Nationalsozialismus politisch gewünscht waren. Die ausgedehnten Expeditionen Kochs begründeten jedoch enge Kooperationen vor allem mit britischen Wissenschaftlern.

[3] Bernhard Möllers, *Robert Koch. Persönlichkeit und Lebenswerk. 1843-1910*, Hannover 1950.

[4] Bruno Heymann, *Robert Koch.* 1. Teil: *1843-1882*, Leipzig 1932.

Neben jenen Korrespondenzen mit Ferdinand Cohn, die sich zur Zeit der Recherchen von Heymann noch in Breslau (oder in Warschau) befunden haben müssen, fallen 47 veröffentlichte Briefe an Arnold Libbertz (1843-1916) und 22 an Carl Flügge (1847-1923) auf, die bei Möllers zitiert werden. Vermutlich haben beide Autoren die Nachlässe von Libbertz und Flügge eingesehen, doch wurden diese Autographen Kochs nicht dem Institut für Infektionskrankheiten überlassen. Bei Vollständigkeit des Koch'schen Nachlasses müßten aber zumindest die jeweiligen Schreiben dieser Korrespondenzpartner vorhanden sein, tatsächlich sind es nur zwei von Libbertz und eines Brief von Flügge der Fall. Gemeinsam mit Carl Flügge gab Koch seit 1886 die »Zeitschrift für Hygiene und Infektionskrankheiten« heraus, so daß ein ausgedehnter Briefwechsel zu erwarten wäre. Ob die Biographen auch die umfangreichen Korrespondenzen zur Herausgabe der gemeinsamen Zeitschrift gesichtet haben, die sich heute an der Johns Hopkins Universität befinden, ist fraglich, denn keiner dieser Briefe ist erwähnt oder zitiert.

Familiärer Briefwechsel, der nicht Bestandteil der bearbeiteten Berliner Bestände geworden ist, weil er in Familienbesitz verblieben ist, erschien 1890/91 in der »Deutschen Revue«;[5] diese Schriftstücke und weitere private Briefe Kochs wurden 1911 erneut veröffentlicht.[6] Im Fall des Buches von Kolle[7] handelte es sich teilweise um Jugendbriefe Kochs an seine Tante. Die Auswahl scheint fragwürdig, zumal es sich nicht um eine Edition handelt. So bleibt offen, ob in diesem Fall sämtliche Briefe, die sich in Kolles Besitz fanden, berücksichtigt wurden und damit grundsätzlich, welche Intention der Veröffentlichung zugrunde lag.

Etwas mehr als ein Drittel (105) der veröffentlichten Briefe entstand vor 1880. Im Nachlaß hingegen sind erst von 1880 an Schriftwechsel erhalten, verstärkt ab 1883. Eine Ausnahme bilden sieben Briefe Kochs an Otto Binswanger (1852-1929) aus dem Jahr 1879, die auf eine Akzession zurückgehen. Fünf Briefe erhielt Koch zwischen Februar und Mai 1882. Es handelt sich um Anfragen zur Prüfung von Befunden; weitere Autographen aus demselben Jahr beinhalten einen Briefwechsel mit seinem Mitarbeiter Gaffky, der sich zu diesem Zeitpunkt in Wittenberg aufhielt, um Erkrankungen an Abdominaltyphus in einer Kaserne zu untersuchen. Bei zwei dieser Briefen

[5] Robert Biewend, *Aus der Familienchronik von Robert Koch. Biographische Mitteilungen*, in: *Deutsche Revue (über das nationale Leben der Gegenwart)* 16 (1891), H. 1, S. 179-186, S. 296-318 und H. 2, S. 87-100, S. 219-231.

[6] Eduard Pfuhl, *Privatbriefe von Robert Koch*, in: *Deutsche Revue (über das nationale Leben der Gegenwart)* 36 (1911), H. 3, S. 182-199, bzw. *Deutsche Medicinische Wochenschrift* 37 (1911), S. 1399f., 1443f., 1483-1485, 1524-1526.

[7] Wilhelm Kolle, *Robert Koch. Briefe an Wilhelm Kolle*, hrsg. von K. Kolle, Stuttgart 1959.

Kochs gibt es Hinweise, daß es sich um Antworten auf Schreiben Gaffkys handelt, die jedoch nicht vorhanden sind.

Die Korrespondenzen sind zugleich Belege für den Stil der wissenschaftlichen Kommunikation am Ende des 19. Jahrhunderts, denn das Merkmal aller Briefwechsel seither liegt in der Reduktion auf rein sachliche Fragen, die relativ knapp erörtert werden. Dies trifft vor allem auf nahestehende Kollegen zu. Die epistemologische Relevanz der wissenschaftlichen Korrespondenzen liegt deshalb zugleich in der engen Beziehung zu den werkbezogenen Unterlagen und in ihrer Funktion, Ergebnisse oder Verfahrensweisen mitzuteilen, über spezifische Ereignisse oder Therapieerfolge zu informieren und schließlich auch in der Berichterstattung an Auftraggeber. Persönliche Mitteilungen sind daher selten und beschränken sich meist auf Grüße an Angehörige.

Schreiben Außenstehender sind häufig ausführlicher. Der Bestand zu den Cholera-Forschungen macht dies besonders deutlich. Mit 396 Briefen liegt hier die umfangreichste Sammlung zu einem Thema vor. Die Mehrzahl (232) entstand in den achtziger Jahren im Kontext mit der Cholera-Expedition 1883/84, den von Koch anschließend in Berlin durchgeführten Cholera-Konferenzen und Kursen 1884/85 und dem Sanitäts-Kongreß in Rom im Jahr 1885. Bereits während der Expedition erreichten Koch Anfragen zu seinen laufenden Arbeiten, und nach der Rückkehr häuften sich die Schreiben. Im Zusammenhang mit den bakteriologischen Kursen berichtete einer der Teilnehmer in regelmäßigen Abständen über den Verlauf und schließlich das Abklingen seiner Cholera-Erkrankung. Das Spektrum reicht im übrigen von Überlegungen eines Schülers, Cholera mit elektrischem Strom zu behandeln, über Erfahrungsberichte und Rezepte aus der Bevölkerung bis hin zu Polemiken, die teilweise auch in der Fachpresse ausgetragen wurden. Diese Briefe belegen die große Anteilnahme der Öffentlichkeit sowohl an wissenschaftlichen Fragestellungen und den Erfolgen (und Mißerfolgen) Kochs wie an dem aktuellen globalen Seuchengeschehen. Weitere 106 Schreiben zur Cholera sind aus den Jahren 1892 und 1893 überliefert. Hier überwiegen wissenschaftliche Korrespondenzen.

Die Tuberkulose betreffen lediglich 66 der vorhandenen Briefe. Gerade in den Jahren 1890/91 erhielt Koch nach Angaben seiner ersten Frau täglich mehr als hundert Schreiben, nachdem er auf dem 10. Internationalen Medizinischen Kongreß seine neuesten Forschungen vorgestellt hatte. Elf Schreiben aus dem Jahr 1890 enthalten Glückwünsche, von zwölf des folgenden Jahres thematisieren nur drei die Tuberkulose-Forschungen. Ein wesentliches Ergebnis der Erschließung des Nachlasses ist daher auch damit erreicht, daß mit der Dokumentation Lücken aufgedeckt worden sind. Gerade für diese Zeit steht die tatsächliche Überlieferung im Gegensatz zur Aussage seiner ersten

Frau und läßt vermuten, daß Robert Koch die an ihn gerichteten Briefe nicht aufbewahrte.

Bei den Expeditionen, die Koch ab 1896 vor allem nach Afrika führten, stand die Anteilnahme der Öffentlichkeit deutlich zurück. Sowohl für die Malaria-Expeditionen als auch bezüglich der Reisen zur Erforschung von Infektionskrankheiten in Afrika sind fast ausschließlich wissenschaftliche Korrespondenzen überliefert. Briefwechsel mit Institutsangehörigen geben Aufschluß über die Kontaktpflege während der Expeditionen. Hierher gehörte, daß Koch sich bei längerer Abwesenheit von Mitarbeitern informieren ließ. Während der zweiten Malaria-Expedition in den Jahren 1899/1900 waren dies sowohl Richard Pfeiffer, der Koch während dieser Zeit als Institutsdirektor vertrat, als auch Wilhelm Pohnert (1855-1919), der Koch in dieser Zeit in 45 Briefen insbesondere über Personalangelegenheiten in Kenntnis setzte. 89 Briefe zur Malaria betreffen inhaltliche und methodische Fragen der Malariaforschung und reichen ebenso über die Dauer der Expedition hinaus wie bei der Schlafkrankheit (80 Briefe).

Das gehäufte Vorhandensein auch marginaler Korrespondenzen für die Jahre ab 1906 ist darin begründet, daß Koch keine Zeit zur Kassation fand und auch nicht alle in den Briefen angesprochenen Aspekte abschließend bearbeitet waren. Die dichte Überlieferung von Briefen zur Cholera könnte – wie bereits für die Werkmanuskipte dargestellt – darauf zurückzuführen sein, daß vermutlich Gaffky einen Teil der Unterlagen bewahrt hatte, während bestimmte methodische Fragestellungen der Malariaforschungen von Relevanz für die weiteren Protozoenforschungen Kochs waren. Allerdings ist bei den Briefen nicht auszuschließen, sogar davon auszugehen, daß Kassationen nach dem Tode Kochs erfolgten. In Betracht kommen die Angehörigen und Mitarbeiter des Instituts für Infektionskrankheiten.

Belege für die Unvollständigkeit der Überlieferung ergeben sich bei den Briefen auch mit Blick auf ausgewählte Korrespondenzpartner. Die Briefe des Sekretärs Pohnert waren als Beispiel für die Information des Vorgesetzten während dessen Forschungsreisen genannt worden. Richard Pfeiffer, Leiter der wissenschaftlichen Abteilung, verließ Ende 1899 Berlin, um eine Professur in Königsberg anzutreten. Auch der Leiter der Krankenabteilung, Ludwig Brieger (1849-1919), verließ das Institut. Dessen Nachfolger wurde Wilhelm Dönitz, der aus Frankfurt am Main nach Berlin zurückkehrte. Dönitz informierte Koch von seinem Dienstantritt, schrieb aber nicht so ausführlich wie der Sekretär. Die übrigen der insgesamt zehn Schreiben von Dönitz entstanden vor allem während Kochs Expedition zur Erforschung der Schlafkrankheit, während umgekehrt 24 Briefe Kochs an diesen erhalten sind, überwiegend aus den Anfangsjahren des Instituts für Infektionskrankheiten, als Dönitz vorrangig mit Paul Ehrlich arbeitete und während Kochs Aufenthalt in Südafrika in den Jahren 1903/04, als Dönitz Koch als Institutsdirektor vertrat. Zwei weitere Briefe sandte Koch von seiner Reise nach Japan.

Die Annahme, daß Koch auch wissenschaftliche Korrespondenzen nicht systematisch bewahrte, wird anhand der Briefwechsel mit zwei befreundeten Wissenschaftlern deutlich. Mit Georg Gaffky und mit Johannes Schiess (1837-1910) pflegte Koch langjährige Kontakte. Während von Gaffky an Koch nur achtzehn Briefe im Nachlaß Kochs vorhanden sind, von denen die Hälfte auf die Kooperation während der Hamburger und Nietlebener Cholera-Epidemien 1892/93 bezogen ist und weitere sechs die Schlafkrankheit während Kochs Aufenthalt in Ostafrika 1906/07 zum Gegenstand haben, sind 62 Briefe von Koch an Gaffky vorhanden.[8] Im übrigen sind von Gaffky Briefe vor allem aus den späteren Lebensjahren Kochs erhalten, und auch der letzte Brief eines Kollegen ist von Gaffky, der Koch Besserungswünsche nach Baden Baden sandte.

Von Johannes Schiess sind 41 Briefe an Koch im Nachlaß erhalten. Die Korrespondenz begann im Oktober 1883, nachdem Koch seine Arbeiten zur Cholera in Ägypten beendet hatte, setzten nach einer Unterbrechung im April 1884 mit dichter Folge wieder ein (etwa wöchentlich, analog zum Postschiffverkehr), flachen zum Winter 1884/85 ab und waren bis August 1886 wieder häufiger. Zwei weitere richtete dieser 1887 an Gaffky. Vermutlich empfing Koch über diese Zeit hinaus regelmäßig Briefe von Schiess. Darauf deuten zwei Sachverhalte: Zum einen zwei Schreiben Kochs, in denen er Schiess bittet, sich für Heinrich Bitter (1863-1918) einzusetzen. Bitter war von Januar bis Juli 1893 Mitarbeiter Kochs, und Koch schlug ihn als Inspektor des Sanitätswesens und Leiter des Hygiene-Instituts in Kairo vor. Der andere Hinweis ergibt sich aus fünf Briefen von Stephan Kartulis (1852-1920) an Koch (1883, 1898, 1899). Kartulis war Arzt in Alexandria und wie Schiess arbeitete er 1883 mit Koch zusammen. Als Koch Anfang 1891 Urlaub in Ägypten machte, entstand ein Foto der drei in Kairo. Bald darauf war Kartulis vorübergehend am Koch'schen Institut tätig (Mai bis Dezember 1892), muß aber zwischen Herbst 1893 und Sommer 1896 nochmals in Berlin gewesen sein. Aus jener Zeit stammen zwei Fotografien, die im Garten Kochs aufgenommen wurden. Als Gäste sind Richard Pfeiffer, dessen Frau und Stephan Kartulis identifizierbar. Es ist naheliegend, daß dem Arbeits- und dem privaten Aufenthalt in Berlin Briefwechsel vorausgingen, und zwar sowohl mit Kartulis selbst wie mit Schiess.

[8] Eine Dissertation über Gaffky, 1994 in Giessen entstanden, mußte nach einer Anfrage an das Robert Koch-Institut davon ausgehen, daß solche Korrespondenzen nicht überliefert sind; Claudia Wolff, *Georg Gaffky (1850-1918). Erster Vertreter der Hygiene in Gießen 1888-1904*, Gießen 1992.

Wahrscheinlich waren die Kontakte insgesamt weitaus kontinuierlicher als die vorhandenen Schriftstücke vermuten lassen, und das gilt gerade für enge Vertraute, zu denen auch Paul Ehrlich zählte. Nach dessen Umzug nach Frankfurt am Main (1899) riß der Kontakt nicht ab, und auch die wissenschaftliche Zusammenarbeit fand eine Fortsetzung. Zudem war Paul Ehrlich einer der wenigen Teilnehmer an der Feuerbestattung Kochs und er selbst nannte sich einen Freund Kochs. Der tatsächliche Kontakt muß daher umfassender gewesen sein als die nur vereinzelten Briefe in bestehenden Sammlungen annehmen lassen. Nicht zuletzt für die wissenschaftlichen Korrespondenzen ist es jetzt auf der Grundlage der Bestandsdokumentation möglich, in anderen Sammlungen bewahrte Briefe Kochs zu ermitteln, um ein vollständiges Bild der Kontakte und der Form des Austausches zu erhalten.

Schließlich sind vor allem mit Hilfe der Briefe die Wohnorte Kochs in Berlin ermittelt worden. Seine erste Wohnung befand sich in der Luisenstadt in der Ritterstrasse 91 (heute Berlin-Kreuzberg). Im Januar 1884 war es die Linkstrasse 24 nahe dem Potsdamer Bahnhof, in den ersten Jahren der Professur an der Berliner Friedrich-Wilhelms-Universität wohnte Koch in der Magazinstrasse 16. Diese Anschrift ist ebenso wie die Brückenallee 39 am Rande des Tiergartens im Personalverzeichnis der Universität angegeben, und dorthin zog Koch im Herbst 1888.[9] Ein Umzug im zeitlichen Zusammenhang mit der Eröffnung des Instituts für Infektionskrankheiten ist anhand von Briefen nicht belegbar.

Nach der Eheschließung mit Hedwig Freiberg im September 1893 kaufte Koch in einem Vorort Berlins ein Haus (Ahornallee 30). Nach Angaben Hedwig Kochs soll ihr Ehemann hier besonders glücklich gewesen sein, so daß sie sich eine Gedenktafel an diesem Haus gewünscht hätte. Diese Villa verkaufte Koch, vielmehr ließ er seinen Sekretär Pohnert Interessenten suchen, als sich die Kochs zur Erforschung der Malaria in Südostasien befanden. Dies dürfte 1899 der Hintergrund für Gerüchte gewesen sein, Koch wolle sich dauerhaft im Ausland niederlassen, Gerüchte, die erneut auftraten, als Koch 1904 von Südafrika aus um Pensionierung bat. Nach der Rückkehr von der Malaria-Expedition im Herbst 1900 begann das Ehepaar den Umzug an den Kurfürstendamm. Im heutigen »Hotel am Zoo«, Kurfürstendamm 25, und nicht nur am Kurfürstendamm 52, Ecke Uhlandstrasse, wo eine Gedenktafel an Koch erinnert, lebten Robert und Hedwig Koch seit Ende des Jahres 1900. Dies ist anhand mehrerer Briefe, darunter solchen mit gedrucktem Briefkopf belegbar. Vorübergehend scheint es, als habe Koch die Hausnummern 25 und 52 verwechselt, da er wechselnd beide Hausnummern auf

[9] *Amtliches Verzeichnis des Personals und der Studierenden der Königlichen Friedrichs-Wilhelms-Universität zu Berlin*, Berlin, Sommersemester 1886 bis Wintersemester 1891/1892.

Briefen angeibt, doch es spricht einiges dafür, daß er die letzten Lebensjahre tatsächlich am Kurfürstendamm 52 verlebte.

Aspekte der Erschließung

Der Nachlaß Koch umfaßt 1443 Briefe von 598 verschiedenen Verfassern. Im Rahmen der Erschließung wurden die in den Beständen überlieferten Autographen mit den publizierten Briefen verglichen und hierbei festgestellt, daß nur ein Bruchteil durch Veröffentlichung bekannt ist. Um auf der Grundlage einer klaren Dokumentation die weitere Nutzung des Nachlasses zu ermöglichen, wurde eine Signaturensystematik entwickelt, die nach Briefen an Robert Koch (b1), Briefen von Robert Koch (b2) und solchen Briefen Dritter (b3) unterscheidet, die sachliche, zeitliche und persönliche Bezüge zu Robert Koch aufweisen. Insbesondere bei Telegrammen nach dem Tode Kochs war eine Zusammenfassung begründet, so daß nicht alle Briefe einzeln dokumentiert sind, sondern insgesamt nur 1279 Signaturen vergeben wurden. Um thematisch zusammenhängende und aufeinander bezogene Briefe nachvollziehbar werden zu lassen, steht die chronologische Anordnung der Korrespondenzen vor einer alphabetisch-systematischen.

In den beiden berücksichtigten Einrichtungen, die jeweils Teile des Nachlasses bewahren, gibt es zusammen 935 Briefe von 525 verschiedenen Verfassern an Robert Koch (b1), darunter 16 mit Ergänzungssignatur (meist ein zweites Exemplar gleichen Inhalts). Die Anzahl der Briefe von Robert Koch an 56 verschiedene Adressaten beläuft sich auf insgesamt 204, allerdings fehlen hiervon zehn im Bestand. Ihre frühere Existenz ist durch Kopien, eindeutige Hinweise oder Verzeichnung in einem früheren Inventar (Robert Koch-Museum) nachgewiesen. Briefe Dritter (b3) umfassen 140 Signaturen mit tatsächlich 300 Briefen.

Bestandteil der Erschließungsarbeiten war, jeweils Absender und Adressaten zu identifizieren und zu diesen Informationen zum Lebenslauf zu ermitteln, um die Briefe sachlichen Zusammenhängen zuzuordnen. Die Lebensjahre von Verfassern und Adressaten sind, sofern diese festzustellen waren, jeweils angegeben. Nahezu ausgeschlossen war dies für viele Briefe zur Cholera. Trotz fehlender Briefumschläge und oft nur ungenauer Anrede oder nicht eindeutiger Unterschriften ist dies vor allem für die wissenschaftlichen Korrespondenzen gelungen, obwohl eine häufig gebrauchte Anrede Sehr geehrter Herr Kollege, bei Briefen an Koch noch häufiger Sehr geehrter Herr Geheimrath lautete. Die Verfasser, die Datierungen und die Inhalte sind hier erstmals vollständig aufgeführt und damit die wissenschaftlichen Kontakte Kochs dokumentiert. Die Betreffs dienen der Zusammenfassung des Inhalts, denn eine Transkription und daraus resultierende Edition war nicht angestrebt. Dies wird mit einem »digitalen Archiv« angestrebt (siehe oben, Bestandsgeschichte).

Berücksichtigt sind alle Original-Autographen, nicht jedoch Reproduktionen, die einer der beiden berücksichtigten Einrichtungen von Dritten überlassen wurden oder publizierte Faksimiles, von denen keine Originale im Nachlaß vorhanden sind. So hat etwa das Kitasato-Institut in Tokio dem Robert Koch-Institut verschiedene Kopien von Briefen Kochs oder Kitasatos zur Verfügung gestellt, wie sich durch ein japanisches Inventar zum dortigen Bestand ergibt. Zunächst waren Reproduktionen bei der Erschließung berücksichtigt worden. Nur in den Fällen, in denen die Originale aufgefunden wurden, haben diese Eingang in die Dokumentation gefunden. Sofern anhand von Vermerken im Robert Koch-Institut bzw. dem Inventar des Robert Koch-Museums feststellbar war, daß sich das Original zu einem früheren Zeitpunkt in einer der Sammlungen befand, ist der Vermerk »fehlt« ergänzt. Faksimiles von Briefen Kochs in Veröffentlichungen sind ohne entsprechende Belege nicht als früher vorhandene Autographen zu identifizieren. Ein bemerkenswertes Beispiel findet sich in Möllers' Koch-Biographie bzw. im Bestand des Robert Koch-Instituts: gleicher Briefkopf, gleiche Anrede, gleiches Datum, aber zwei verschiedene Briefe, mithin verschiedene Adressaten. Der im Faksimile wiedergegebene Brief bei Möllers ist als Original nicht vorhanden und deshalb nicht aufgenommen worden.

Nachfolgend ist der Briefbestand in einem ersten Abschnitt zunächst nach den Entstehungsdaten angeordnet, zusammen mit Signatur, Standort, Verfasser, Entstehungsort und Adressat. Daran anschließend nennt der Betreff die Zusammenfassung des Inhalts, etwaige Veröffentlichung oder Datumsvermerke des Adressaten sind zusätzlich ergänzt. Der zweite Abschnitt listet für Briefe an Robert Koch (b1) die *Absender* in alphabetischer Reihenfolge auf und gibt hierzu Entstehungsort und -datum sowie die Signatur an, für Briefe von Koch (b2) analog die *Adressaten*. Bei den sonstigen Briefen folgt die Anordnung den Adressaten, aufgeführt sind jeweils auch die Adressaten. Schließlich ergänzt ein Verzeichnis der veröffentlichten Briefe mit Angabe der Fundstellen die Dokumentation der Autographen, zumal die publizierten Stücke die frühen Lebensjahre und privaten Briefwechsel zum Schwerpunkt haben. Berücksichtigt sind die größeren deutschsprachigen Biographien, und dieses Verzeichnis folgt wiederum der Chronologie.

Verzeichnis der Briefe (chronologisch)

08.02.1872 b1/815 (rkm): Landrat von Unruhe, Wollstein, an R. Koch. Angebot, nach bestandenem Physikatsexamen die durch Versetzung des bisherigen Amtsinhabers vakant werdende Stelle als Kreisphysikus in Wollstein zu übernehmen.

[März 1872] b2/170 (rkm): R. Koch, ohne Ort, an Landrat von Unruhe. Annahme des Angebots, nach bestandenem Physikatsexamen und Versetzung des bisherigen Amtsinhabers vakant werdende Stelle als Kreisphysikus in Wollstein zu übernehmen. Entwurf, undatiert, Entstehungszeitpunkt im Kontext mit Kochs Physikatsprüfung.

Februar 1878 b1/074 (rki): Klein, Emmanuel E. (1844-1925), London, Wardsworth Road, an R. Koch. Übersendung der Druckfahne eines Aufsatzes über Schweinerotlauf mit Widmung und Korrekturen. Poststempel Wollstein: 26.2.[18]78; Marginal von R. Koch.

14.01.1879 b2/022 (rki): R. Koch, Wollstein, an Binswanger, Otto (1852-1929). Mitteilungen über Techniken zum Färben von Bakterien.

21.02.1879 b2/023 (rki): R. Koch, Wollstein, an Binswanger, Otto (1852-1929). Mikroskopische Untersuchungen und deren fotografische Abbildung. Unterschrift beschädigt, Papierriß.

27.03.1879 b2/024 (rki): R. Koch, Wollstein, an Binswanger, Otto (1852-1929). Übersendung von Foto-Positiven, »Abdrücke von Negativen« nach Präparaten, und Bitte um Zusendung weiteren Materials, vorzugsweise Diphtherie. Unterschrift Bl. 2Rs abgeschnitten, deshalb Textverlust Bl. 2, ggf. 12 dazugehörige Abbildungen.

02.05.1879 b2/025 (rki): R. Koch, Wollstein, an Binswanger, Otto (1852-1929). Untersuchung der von Binswanger zugesandten Präparate und Bitte um Zusendung weiteren Recurrens-Materials.

16.05.1879 b2/026 (rki): R. Koch, Wollstein, an Binswanger, Otto (1852-1929). Untersuchung der von Binswanger zugesandten, aber beschädigten Recurrens-Präparate. Unterschrift auf Bl. 1Rs abgeschnitten.

08.06.1879 b2/027 (rki): R. Koch, Wollstein, an Binswanger, Otto (1852-1929). Untersuchung und Fotografieren der von Binswanger zugesandten Recurrens-Pneumonia-Präparate; Erläuterungen zu den Abbildungen No. 1-21. mit Umschlag, Briefmarken und Poststempeln.

18.06.1879 b2/028 (rki): R. Koch, Wollstein, an Binswanger, Otto (1852-1929). Untersuchung und Fotografieren der von Binswanger zugesandten Präparate; Erläuterungen zu mit übersandten Fotopositiven No. 1-12; vgl. b2/024, 27.03.1879; Unterschrift abgeschnitten auf Bl. 2Rs.

01.11.1879 b1/732 (rkm): Hasse, Carl (1841-1922), Breslau, an R. Koch. Begründung für nicht gewährte Unterstützung. Antwort auf Schreiben Kochs vom 24.10.1879.

[1875/80] b2/ 171 (rkm): R. Koch, Wollstein an [F. Cohn?]. Überprüfung der Erkenntnisse über Milzbrand auf landwirtschaftlichen Versuchsstationen. Brief fehlt, Angaben laut Alt-Inventar (Alt-Signatur 9.3).

10.04.1880 b1/806 (rkm): Struck, Johann Heinrich (1825-1902), Berlin, an R. Koch. Vertrauliche Mitteilung über bevorstehende Berufung Kochs nach Berlin, veröffentlicht in: B. Möllers, Robert Koch, S. 125f.

02.05.1880 b1/807 (rkm): Struck, Johann Heinrich (1825-1902), Berlin, an R. Koch. Vervollständigung von Angaben zum Werdegang.

22.06.1880 b1/808 (rkm): Struck, Johann Heinrich (1825-1902), Berlin, Berlin, an R. Koch. Mitteilung über ein Gespräch Strucks mit dem Staatssekretär bezüglich der Bezahlung Kochs am Kaiserlichen Gesundheitsamt.

27.06.1880 b1/809 (rkm): Struck, Johann Heinrich (1825-1902), Berlin, an R. Koch. Bevorstehende Übersiedlung und Tätigkeitsaufnahme Kochs am Kaiserlichen Gesundheitsamt.

07.07.1880 b1/810 (rkm): Struck, Johann Heinrich (1825-1902), Berlin, an R. Koch. Glückwünsche zur Ernennung zum Regierungsrat am Kaiserlichen Gesundheitsamt.

13.02.1882 b1/192 (rki): Zwarthe, Dr., Berlin, an R. Koch. Anfrage zu etwaigem carcinomatösen Befund an Halsdrüsen einer Patientin.

06.04.1882 b1/190 (rki): Hahn, Dr., Berlin, an R. Koch. Übersendung eines Lupus-Präparates.

15.04.1882 b1/189 (rki): Görges, Dr., Berlin, an R. Koch. Übersendung eines Lupus-Präparates mit der Bitte um Prüfung.

28.04.1882	b1/186 (rki): Friedlaender, Carl (1847-1887), [Berlin], an R. Koch. Übersendung von Krankengeschichten und Sektionsdiagnosen.
20.05.1882	b1/191 (rki): Steinrück, Dr., Berlin (Charité), an R. Koch. Übersendung eines Präparates mit der Bitte um Prüfung auf Lupus-Befund.
29.06.1882	b2/047 (rki): R. Koch, Berlin, an Gaffky, Georg (1850-1918). Laufende Forschungen am Kaiserlichen Gesundheitsamt [Tuberkulose und Typhus].
02.07.1882	b2/048 (rki): R. Koch, Berlin, Luisenstrasse 57, an Gaffky, Georg (1850-1918). Typhus-Epidemie in Wittenberg. Antwort auf Brief Gaffkys an Koch.
06.07.1882	b2/049 (rki): R. Koch, Berlin, Luisenstrasse 57, an Gaffky, Georg (1850-1918), Typhus-Epidemie in Wittenberg.
08.07.1882	b2/050 (rki): R. Koch, Berlin, an Gaffky, Georg (1850-1918) Typhus-Epidemie in Wittenberg.
12.07.1882	b2/051 (rki): R. Koch, Berlin, Luisenstrasse 57, an Gaffky, Georg (1850-1918). Übermittlung von Weisungen des Direktors für Arbeiten Gaffkys in Wittenberg (Typhus) und laufende Arbeiten am Kaiserlichen Gesundheitsamt. Bezugnahme auf erhaltenen Brief.
29.03.1883	b1/222 (rki): Marie, S., Alexandria, an R. Koch. Europäisches Krankenhaus in Alexandria [Cholera].
17.04.1883	b1/187.1-187.3 (rki): Alberti, Dr., Berlin, an R. Koch. Übersendung verschiedener Präparate mit der Bitte um Prüfung auf Tuberkel-Bazillen; jeweils mit Antwort-Marginal.
01.05.1883	b1/188.1-188.4 (rki): Bardeleben, A. M./Herrmann, Dr., Berlin, an R. Koch. Übersendung von Präparaten mit der Bitte um Prüfung auf Tuberkel-Bazillen; jeweils mit Antwort-Marginal.
09.08.1883	b3/047 (rki): Eck, Ernst Wilhelm (1838-1901), Berlin, an Fischer, Bernhard (1852-1915). Teilnahme Fischers an der Expedition zur Erforschung der Cholera. Abschrift von Kochs Hand.
10.08.1883	b1/128 (rki): Eck, Ernst Wilhelm (1838-1901), Berlin, an R. Koch. Vereinbarung eines Termins für den gleichen Nachmittag [Vorbereitung der Cholera-Expedition].
11.08.1883	b1/391 (rki): Eck, Ernst Wilhelm (1838-1901), Berlin, an R. Koch. Bewilligung und Finanzierung der Expedition zur Er-

forschung der Cholera nach Ägypten. Anlage: zwei Abschriften, gezeichnet von Bojanowski, 10.8.1883, gegengezeichnet von Struck, 13.8.1883.

12.08.1883 b1/282 (rki): Riedel, Berlin, an R. Koch. Mitteilung eines Rezeptes zur Herstellung einer Cholera-Tinktur.

16.08.1883 b1/265 (rki): Biechy, C., Vesaul, an R. Koch. Anfrage zu anatomisch-pathologischen Aspekten der asiatischen Cholera.

18.08.1883 b1/432 (rki): keine Angabe, Bologna bzw. Brindisi, an R. Koch. Reiseverbindung [von Brindisi] nach Port Said.

19.08.1883 b1/431 (rki): Hellwig, Anton, [Berlin] bzw. Brindisi, an R. Koch. Reiseverbindung von Port Said nach Alexandria; Telegramm, angenommen in Brindisi.

[1883] b2/120 (rki): R. Koch, Brindisi, an (Deutsches Konsulat). Cholera-Forschungen, Reiseroute Brindisi-Alexandria; undatiert, Betreff deutet auf August 1883 als Entstehungszeit.

[1883] b3/054 (rki): Verfasser und Adressat unbekannt, ohne Ort. Mitteilung über Teilnahme Kochs an der Autopsie eines an Cholera gestorbenen Leichnams im »Hopital Maritime«, undatiert. Die Entstehungszeit muß zwischen August und November 1883 liegen.

28.08.1883 b1/495 (rki): Tschirgi, Herrmann, Kairo, an R. Koch. Beobachtungen zur Cholera als Revierarzt in Kairo.

11.09.1883 b1/496 (rki): Hellwig, Anton, Alexandria, an R. Koch. Übermittlung eines Telegramm-Inhalts über zu erwartende Widerstände gegen Sektionen von Cholera-Leichen und Abraten von Fortsetzung der Expedition (Vermerk: »erl.«).

11.09.1883 b1/435 (rki): Salem, Dr., ohne Ort [Ägypten], an R. Koch. [Cholera-Forschungen].

11.10.1883 b1/266 (rki): Ecoq [?, evtl. Eck], Berlin, an R. Koch. Genehmigung zur Fortsetzung der Expedition nach Indien zur Erforschung der Cholera; an Koch in Alexandria gerichtet.

13.10.1883 b1/462 (rki): Charles, T. Edmondston, Islemorth in Middlesex (England), an R. Koch. Informationen über Indien im Hinblick auf bevorstehende Cholera-Forschungen und Empfehlung eines Gerätes zur Erhitzung von Wasser; mit Anlage: »Arrangement for Extempore Water Bath...«, Zeichnung und Erläuterung.

18.10.1883 b1/439 (rki): Schiess, Johannes (1837-1910), Alexandria, an R. Koch. rneuter Ausbruch der Cholera in Alexandria.

18.10.1883 b1/450 (rki): Hassan, Dr., Alexandria, an R. Koch. Verabschiedung Kochs anläßlich des Aufbruchs von Koch zur Fortsetzung der Cholera-Expedition in Indien.

18.10.1883 b1/450a (rki): Schiess, Johannes (1837-1910), Kairo [bzw. Alexandria], an R. Koch. Mitteilung über fünf Cholera-Fälle an zwei Orten.

18.10.1883 b1/461 (rki): Kapp, Brüssel, Rue de la Charité 53, an R. Koch. Hinweise für Aufenthalt in Indien im Hinblick auf Cholera-Forschungen und Übersendung von Zeitungsausschnitten. Liste der Zeitungsausschnitte liegt bei, die Artikel fehlen.

18.10.[1883] b1/456 (rki): Macnamara, Nottidge Charles (1834-1918), London, Grosvenor Street 13, an R. Koch. Beschreibung einer Methode zur Gewinnung von Cholera-Material, Datum 18.10. ohne Jahresangabe. Bl. 3: Transkription des Briefes durch Koch.

20.10.1883 b1/440 (rki): Schiess, Johannes (1837-1910), Alexandria, an R. Koch. Cholera-Forschungen und Bericht über neue Cholera-Fälle in Alexandria. Hinweis auf Übersendung von Fotografien [nicht beiliegend].

21.10.1883 b1/497 (rki): Hassan, Dr., Alexandria, an R. Koch. Bitte um Besuch beim Conseil Sanitaire zur Erläuterung der Cholera-Forschungen vor einem Gremium mit Vertretern aus verschiedenen Orten.

22.10.1883 b1/392 (rki): Schiess, Johannes (1837-1910), Alexandria, an R. Koch. Mitteilung über Kontaktpersonen in Alexandria im Hinblick auf Cholera-Forschungen.

23.10.1883 b1/267 (rki): Boetticher, Karl Heinrich von (1833-1907), Berlin, an R. Koch. Mitteilung über Benachrichtigung verschiedener Behörden über die Fortsetzung der Expedition nach Indien zur Erforschung der Cholera, mit Antwortentwurf für ein Telegramm von R. Koch.

23.10.1883 b1/442 (rki): Kartulis, Stephan Alexander (1852-1920), Alexandria, an R. Koch. Übersendung von makroskopischen Präparaten (Typhus und Cholera) und Mitteilung über die darauf bezogenen Sektionsbefunde sowie neue Cholera-Fälle in Alexandria.

25.10.1883 b1/489 (rki): ... udicham [?], London, Pembroke Gardens 11/Kensington, an R. Koch. Anerkennung der Ergebnisse der Cholera-Expedition und eigene Forschungen hierzu seit 1866.

26.10.1883	b1/458 (rki): McNally, Chris., Madras, an R. Koch. Übersendung einer Flasche mit Ausscheidungen eines an Cholera gestorbenen Patienten und Erläuterungen hierzu. Bl. 2Rs: Notizen von Koch.
28.10.1883	b1/268 (rki): Boetticher, Karl Heinrich von (1833-1907), Berlin bzw. Kairo, an R. Koch. Benachrichtigung über die Fortsetzung der Expedition nach Indien zur Erforschung der Cholera an Deutsches Konsulat; mit Ergänzung, unterschrieben von H. Martens.
28.10.1883	b1/364; 364a (rki): Jens, [Otto], Lauenburg bzw. Hannover, Gerberstrasse 10, an R. Koch. Vorschlag eines Palliativmittels zur Cholera-Behandlung mit der Bitte um Prüfung; 364a (vom 1.8.1884) Übersendung des Briefes vom 28.10.1883.
29.10.1883	b1/482 (rki): Schiess, Johannes (1837-1910), Alexandria bzw. Kairo, an R. Koch. Quarantäne-Beschluß des Conseil [Sanitaire] wegen Cholera-Gefahr.
29.10.1883	b1/293 (rki): Cohnstaedt, Ludwig, Frankfurt am Main, an R. Koch. Mitteilung über ein älteres Schriftstück über Cholera im Familienbesitz Cohnstaedts.
29.10.1883	b1/468 (rki): Schiess, Johannes (1837-1910), Alexandria, an R. Koch. Cholera in Hedjaz.
09.11.1883	b1/129 (rki): Eck, Ernst Wilhelm (1838-1901), Berlin, an R. Koch. Verständigung der Botschaften in London, Alexandria, Bombay und Kalkutta über Ausdehnung der Cholera-Expedition nach Indien und Bewilligung weiterer Mittel.
18.11.1883	b1/427 (rki): Meyer, Theodor (1853-?), Suez, an R. Koch. Einfahrtverbot von Pilger-Schiffen in Suez und Übersendung von Zeitungsartikeln zur Cholera; Anlage: Zeitungsartikel der Egyptian Post und Egyptian Gazette.
24.11.1883	b1/441 (rki): Treskow, Hermann (1853-1891), Berlin, an R. Koch. Übersendung eines Berichts über Desinfektions- und Quarantäne-Maßnahmen im Hafen von Triest im Hinblick auf Cholera; Anlage: Beschreibung, Grundriß und Lageplan der Quarantäne-Station in Triest; Notiz: »Treskow - Quarantäne Triest«.
24.11.1883	b1/488 (rki): Khastgir, Annado Charán, Kalkutta, an R. Koch. Ergebnisse von Cholera-Forschungen in Indien.
28.11.1883	b1/443 (rki): Kartulis, Stephan Alexander (1852-1920), Alexandria, an R. Koch. Mitteilung über Obduktion von Cholera-

Leichen und andere Infektionskrankheiten in Alexandria.Hinweis auf erhaltene Postkarte.

29.11.1883 b1/283 (rki): Michael, Isaac (1848-1897), Hamburg, Neuerwall 44, an R. Koch. Übersendung eines Sonderdrucks zur Behandlung der Cholera und Erläuterungen dazu. Sonderdruck liegt bei.

02.12.1883 b3/035 (rki): Sturmer, Madras, ohne Adressat. Vorbereitung des Aufenthaltes von Koch in Madras und dessen Betreuung.

03.12.1883 b1/269 (rki): Cunningham, David Douglas (1843-1914), Simla [durchgestrichen], an R. Koch. Kooperation bei Cholera-Forschungen während Kochs Aufenthalt in Kalkutta.

04.12.1883 b3/036 (rki): Fumell, M. C., Madras, ohne Adressat. Ankunft und Aufenthalt Kochs in Madras zwecks Cholera-Forschungen.

09.12.1883 b1/472 (rki): Dissent, C. J., [Kalkutta], an R. Koch. Cholera-Todesfall im Campbell-Hospital.

11.12.1883 b1/455 (rki): Fumell, M. C., Madras, an R. Koch. Übersendung von Cholera-Materialien.

14.12.1883 b1/474 (rki): Dissent, C. J., [Kalkutta], an R. Koch. Cholera-Todesfall im Campbell-Hospital.

14.12.1883 b1/270 (rki): Cunningham, David Douglas (1843-1914), Kalkutta, an R. Koch. Informationen über verschiedene Ärzte in Kalkutta und ihre Funktion.

15.12.1883 b1/471 (rki): Dissent, C. J., [Kalkutta], an R. Koch. Cholera-Todesfall im Campbell-Hospital.

18.12.1883 b1/470 (rki): Coates, M., ohne Ort, an R. Koch. Cholera-Fall im Medical College Hospital.

20.12.1883 b1/459 (rki): Dissent, C. J., [Kalkutta], an R. Koch. Übersendung eines Planes mit Angaben zur Wasserentsorgung und Empfehlung zum Erwerb eines Stadtplans für Cholera-Forschungen [Plan liegt nicht bei].

24.12.1883 b1/ 126 (rki): Mcsci [...?], Kalkutta, an R. Koch. Übersendung von statistischem Material zur gesundheitlichen Lage der Stadt Calcutta.

27.12.1883 b1/460 (rki): Roy, Charles Smart (1854-1897), Sooree, an R. Koch. Übersendung einer Veröffentlichung über »Birdwan Fever«, und Cholera-Fälle in Sooree.

28.12.1883 b1/467 (rki): Dissent, C. J., [Kalkutta], an R. Koch. Mitteilung über einen an Cholera verstorbenen Patienten mit Notiz von Bernhard Fischer.

02.01.1884 b1/271 (rki): Struck, Johann Heinrich (1825-1902), Berlin, an R. Koch. Überweisung des Gehaltes während Kochs Aufenthalt in Indien.

04.01.1884 b1/491 (rki): MacLeod, Neil, Suez, an R. Koch. Cholera-Forschungen bei Watson Cheyne (1852-1932) und Frage nach Arbeitsmöglichkeiten in Berlin.

14.01.1884 b3/ 045 (rki): Min [...?], Captain C. W., [Kalkutta], ohne Adressat. Mitteilung über Cholera in »Hally Sunge« in den Jahren 1879 und 1881 (zwei Fälle).

16.01.1884 b1/428 (rki): Meyer, Theodor (1853-?), Suez, an R. Koch. Quarantäne-Regelungen für Pilger-Schiffe wegen Cholera-Gefahr. Hinweis auf erhaltenen Brief Kochs vom 22.12.1883.

18.01.1884 b3/053 (rki): Maxwell, Ronald, Kalkutta, an Barclay, Andrew. Mitteilung über Eröffnung von Eisenbahnverbindungen zwischen verschiedenen Städten in Indien im Jahr 1870.

18.01.1884 b3/005 (rki): Wilkinson, H., Fort William, an Coates. Bestätigung eines Besichtigungstermins für R. Koch in Fort William. Angegebener Termin: 23.1.1884, nachmittags 4 Uhr.

24.01.1884 b1/843 (rki): Corradi, Prof. Alphonse [Alfonso] (1833-1892), Pavia, an R. Koch. Mitteilung über Ernennung Kochs zum Korrespondierenden Mitglied des Institut Lombard des Scienza et Lettres. Urkunde hierzu: L2/089 (rki).

25.01.1884 b1/ 490 (rki): Obetrammen[..us?], Bombay, an R. Koch. Nachsendung eines Briefes [liegt bei].

28.01.1884 b1/463 (rki): Wilkinson, H., Kalkutta, Fort William, an R. Koch. Übersendung von vier Flaschen mit Wasserproben für Cholera-Forschungen und Erläuterungen hierzu.

[12/83-3/84] b1/475 (rki): Coates, M., [Kalkutta], an R. Koch. Cholera-Fälle im Campbell-Hospital (auf Rezeptvordruck).

13.[1.]1884 b1/487 (rki): Hunter, Col[onel] [William (1861-)], ohne Ort, an R. Koch. Anerkennung für Cholera-Forschungen. Datum 13., Monat unleserlich [Januar?], 1884.

17.[1.]1884 b1/485 (rki): Hunter, Col[onel] [William (1861-)], ohne Ort, Middleton Street 2, an R. Koch. Neuer Terminvorschlag nach gescheitertem Treffen. Datum: 17., Monat unleserlich [Januar?], 1884.

24.[1.1884?]	b1/486 (rki): Hunter, Col[onel] [William (1861-?)], ohne Ort, an R. Koch. Terminvereinbarung mit dem Surgeon General of India. Datum 24., Monat unleserlich [Januar?], ohne Jahresangabe [1884].
09.02.1884	b1/473 (rki): Dissent, C. J., [Kalkutta], an R. Koch. Cholera-Todesfall im Campbell-Hospital.
12.02.1884	b1/500 (rki): Pankow, S. S. Surat [Schiff], an R. Koch. Mitteilungen über Reise-Erfahrungen in Indien im Hinblick auf Cholera-Forschungen Kochs mit Anlage, deren Zuordnung unsicher, da von anderer Hand: Liste mit Hotels in verschiedenen indischen Städten.
12.02.1884	b1/464 (rki): McFurie, Kalkutta, AhnsHouse, an R. Koch. Übersendung eines Leichnams [Cholera].
14.02.1884	b3/044 (rki): Wilkins, Kalkutta, an Barclay, Andrew A. Übersendung von angefragten Informationen zur Cholera in Sahab-Bagan. Angebunden: Zeichnung eines Planes, Berichtsauszug, Bericht, Tabelle.
22.02.1884	b1/498 (rki): Grant, J. A. S., Kairo, an R. Koch. Mitteilung über Berücksichtigung der Cholera bei Erstellung des »Railway Medical Register« für Ägypten.
22.02.1884	b1/492 (rki): West, A. S.[?], Scramfrode, Begar Lane 22, an R. Koch. Beobachtungen zu Cholera und anderen Epidemien in Indien.
25.02.1884	b1/117 (rki): Danlay, A., ohne Ort, an R. Koch. Cholera-Expedition Kochs nach Indien.
27.02.1884	b1/291 (rki): LavalLamdt [?], P. de, Dinapur, an R. Koch. Fragen bezüglich der Cholera und zum (Trink-)Wasser.
[März 1884]	b1/493 (rki): dePrée, Colonel, [Bombay oder Kalkutta], London Street 5, an R. Koch. Private Einladung für Koch, Gaffky und Fischer, ohne Ort undatiert, für Montag, 3. März [1884]; mit Umschlag; zweite Visitenkarte inliegend.
01.03.1884	b1/465 (rki): McLeod, [Kalkutta], an R. Koch. Mitteilung über fünf Cholera-Fälle.
04.03.1884	b1/444 (rki): [?], Cossipur, an R. Koch. Mitteilung über Cholera-Fälle in der Region Sahib. Verfasser ist möglicherweise Wilkins oder Barclay.
06.03.1884	b1/273 (rki): Cunningham, David Douglas (1843-1914), Kalkutta, an R. Koch. Aufenthalt Kochs in Kalkutta.

06.03.1884	b1/274 (rki): Boetticher, Karl Heinrich von (1833-1907), Berlin, an R. Koch. Stellungnahme zum Bericht Kochs über die Erforschung der Cholera und Bewilligung der Fortsetzung der Expedition. Hinweis auf Telegramm gleichen Datums, an R. Koch.
06.03.1884	b1/275 (rki): Boetticher, Karl Heinrich von (1833-1907), Berlin, an R. Koch. Bewilligung der Fortsetzung der Expedition zur Erforschung der Cholera in Indien; adressiert an: Deutsches Konsulat Kalkutta, für R. Koch.
11.03.1884	b1/130 (rki): Danlay, A., Kalkutta, an R. Koch. Gesundheitspolitische Maßnahmen in Calcutta (Cholera). Antwort auf Brief vom 10.3.1884; Hinweis auf Brief Kochs an Cunningham; Hinweis auf Brief von Zeiss an Danlay.
12.03.1884	b1/445 (rki): Boetticher, Karl Heinrich von (1833-1907), Berlin, an R. Koch. Rückkehr Kochs von der Cholera-Expedition.
19.03.1884	b1/483 (rki): Brandenburg, Dohé, Bombay, an R. Koch. Schiffverbindungen nach Suez im April 1884, nach Beendigung der Cholera-Forschungen in Indien. Hinweis auf erhaltene Briefe Kochs.
21.03.1884	b3/043 (rki): Wilkins, Kalkutta, an Barclay, Dr. Andrew A. Übersendung von Listen zu Cholera-Fällen in »Bellinghatta«.
21.03.1884	b1/476 (rki): Brandenburg, Dohé, Bombay, an R. Koch. Schiffsreservierung für die Rückreise nach Abschluß der Cholera-Forschungen in Indien.
21.03.1884	b1/446 (rki): Fumell, M. C., Madras, an R. Koch. Ausbruch der Cholera in Pondicherry und Übersendung von Drucksachen.
22.03.1884	b1/477 (rki): Brandenburg, Dohé, Bombay, an R. Koch. Kabinenreservierung für die Rückreise nach Abschluß der Cholera-Expedition.
22.03.1884	b1/481 (rki): Gerdes, Albert, Madras, an R. Koch. Berichte von Dorfbewohnern über tatsächliche Cholera-Häufigkeit in Abweichung zu Berichten und Bemerkungen zu Hühner-Pocken. Hinweis auf erhaltenen Brief Kochs.
26.03.1884	b1/276 (rki): [Cunningham, David Douglas (1843-1914)], Rawulvindi, an R. Koch. Weiterer Aufenthalt Kochs in Indien. Es ist fraglich, ob Cunningham der Absender ist, da dieser im Schreiben erwähnt ist.

27.03.1884	b1/277 (rki): Bunsath [?], Bombay, an R. Koch. Benennung von Ansprechpartnern für Cholera-Forschungen während des Aufenthaltes in Bombay.
31.03.1884	b1/311 (rki): Lankester, Edwin Ray (1847-1929), [London], Wellington Mansions 11, an R. Koch. Glückwünsche zu den Cholera-Forschungen Kochs und Bitte um Übersendung von Zeichnungen. Datumsvermerk Kochs: 22.5.[1884].
31.03.1884	b1/480 (rki): Bleeck, Kalkutta, an R. Koch. Nachsendung in Bombay bzw. Alexandria eingegangener Post nach Rückkehr Kochs von der Cholera-Expedition.
02.04.1884	b1/478 (rki): Herlin, T. G., ohne Ort, an R. Koch. Vorschlag zu einem Treffen, ohne weitere Angaben.
03.04.1884	b1/479 (rki): Eckouivant, Bombay, an R. Koch. Vorschlag für ein Treffen am gleichen Abend. Bl. 2Rs: Notizen Kochs.
04.04.1884	b1/466 (rki): Balfour, H. G., Bombay, Esplanade Road 35, an R. Koch. Sendung von Proben [Cholera?] nach London nach Rückerhalt von Koch. Hinweis auf erhaltenen Brief Kochs.
14.04.1884	b1/502 (rki): Barclay, Andrew A., Simla, an R. Koch. Übersendung von meteorologischen Berichten und eines Polizeiberichts über Cholera in Sahib-Bayan. Datumsvermerk Kochs: 28.5.[1884]; Hinweis auf Erhalt eines Druckes von Koch.
17.04.1884	b1/393 (rki): Schiess, Johannes (1837-1910), Alexandria, an R. Koch. Cholera-Forschungen, Kontakte und Termine.
18.04.1884	b1/394 (rki): Schiess, Johannes (1837-1910), Alexandria, an R. Koch. Cholera-Forschungen in Indien.
19.04.1884	b1/499 (rki): Sickenberger, Ernst, Kairo, an R. Koch. Mitteilung über »einige Bücher« als Geschenk von Dr. Nandy für Koch, u.a. zu Elephantiasis.
19.04.1884	b1/433 (rki): Meyer, Theodor (1853-?), Suez, an R. Koch. Informationen über Dengue-Fieber und Cholera in Suez, mit Anlage: Wasserverhältnisse in Suez und Cholera-Todesfälle. 1883 in Suez und Ismailia. Hinweis auf separat gesandte, nicht näher bezeichnete Zeitung.
27.4.[1884]	b3/051 (rki): Kiatib Salih Efendi, Bagdad, an [?]. Pest in Bagdad [1884]. Datum: »27. April«, laut Vermerk Kochs.
29.04.1884	b1/395 (rki): Schiess, Johannes (1837-1910), Alexandria, an R. Koch. Cholera-Forschungen und Quarantäne-Maßnahmen.

06.05.1884	b1/396 (rki): Schiess, Johannes (1837-1910), Alexandria, an R. Koch. Mitteilungen über Quarantäne-Maßnahmen anläßlich der Cholera. Datumsvermerk Kochs: 19.5.[1884].
08.05.1884	b1/693 (rkm): Boetticher, Karl Heinrich von (1833-1907), Berlin, an R. Koch. Audienz der Teilnehmer an der Cholera-Expedition bei Kaiser Wilhelm I. am 9. Mai 1884.
09.05.1884	b1/239 (rki): Schiekler[?], Berlin, an R. Koch. Empfang anläßlich der Rückkehr von der Cholera-Expedition, Absage der Kaiserin.
11.5.[1884]	b2/052 (rki): R. Koch, Berlin, an Gaffky, Georg (1850-1918). Terminabsprache wegen Überreichung einer Adresse durch die Berliner Ärztevereine. Datierung: 11. Mai, ohne Jahresangabe, handschriftliche Ergänzung: [18]84; gemäß Briefinhalt nach Rückkehr von der Cholera-Expedition.
12.05.1884	b1/842 (rki): Home, W. E., Edinburgh, an R. Koch. Mitteilung über Ernennung Kochs zum Ehrenmitglied der »Royal Medical Society Edinburgh« und Bitte um Bestätigung. Datumsvermerk Kochs: 28.5.[1884]; eine Urkunde hierzu liegt nicht vor.
12.05.1884	b1/397 (rki): Schiess, Johannes (1837-1910), Alexandria, an R. Koch. Cholera auf Schiffen aus Indien und Quarantäne-Maßnahmen in Ägypten.
17.05.1884	b1/434 (rki): Meyer, Theodor (1853-?), Suez, an R. Koch. Quarantäne-Regelungen in El Tor 1883 und Cholera in Ismailia. Hinweis auf zuvor nach Berlin gesandte Statistiken; Datumsvermerk Kochs: 28.5.[18]84.
20.05.1884	b1/398 (rki): Schiess, Johannes (1837-1910), Alexandria, an R. Koch. Glückwünsche zu den Anerkennungen, die Koch für die Cholera-Forschungen in Berlin erhielt. Hinweis auf Übersendung von Broschüren zur Quarantäne [nicht beiliegend].
02.06.1884	b1/310 (rki): Carter, Henry Vandyke (1837-1897), Bombay, an R. Koch. Cholera-Forschungen, besonders Versuche mit Vibrionen.
03.06.1884	b1/399 (rki): Schiess, Johannes (1837-1910), Alexandria, an R. Koch. Allgemeine Information über Arbeiten zu Cholera und anderen Forshungen in Ägypten. Hinweis auf erhaltenen Brief Kochs vom 19.5.1884.
10.06.1884	b1/400 (rki): Schiess, Johannes (1837-1910), Alexandria, an R. Koch. Allgemeine gesundheitliche Lage in Ägypten.

23.06.1884 b1/401 (rki): Schiess, Johannes (1837-1910), Alexandria, an R. Koch. Infektionskrankheiten in Alexandria.

27.06.1884 b1/429 (rki): Meyer, Theodor (1853-?), Suez, an R. Koch. Auskunft über Fahrzeiten von Schiffen von Indien und Südostasien nach Ägypten, sowie Mitteilungen über Cholera in Toulon. Hinweis auf erhaltenes Schreiben Kochs vom 28.5.1884.

30.06.1884 b1/402 (rki): Schiess, Johannes (1837-1910), Alexandria, an R. Koch. Cholera-Fälle in Marseille und Toulon und Bedeutung für Ägypten sowie Auszüge aus einer Depesche aus Suez vom 3.5.[1883].

05.07.1884 b1/514 (rki): Högyes, Andreas (1847-1906), [Budapest], an R. Koch. Übersendung eines Sonderdrucks über Cholera-Experimnte im Jahr 1873. Widmung für Koch, anbei zusätzlicher Sonderdruck von A. Hommel, Zürich: »Die Cholera-Immunität der Thiere«, 1884.

06.07.1884 b1/454 (rki): [?], The Hermitage Aliporn, an R. Koch. Cholera-Forschungen, Übersendung von Unterlagen hierzu ohne nähere Angaben.

10.07.1884 b1/307 (rki): [?], Frankfurt am Main, Gr[oße] Gallusstrasse 3, an R. Koch. Berichterstattung über Cholera-Forschungen Kochs in Südfrankreich und Bitte um ein Interview.

11.07.1884 b1/329 (rki): Weiss, Dr. R., Zossen, an R. Koch. Überlegungen zur Wirkung von Salzsäure bei Behandlung der Cholera.

12.07.1884 b1/369 (rki): Deiloos, Romanshorn, an R. Koch. Übersendung eines Werbezettels für kondensierte Milch und Proben derselben sowie Erläuterungen zur Unschädlichkeit im Hinblick auf Cholera. Anlage vorhanden.

12.07.1884 b1/370 (rki): Freygang, Robert, Leipzig, an R. Koch. Übersendung von Likörproben und Erläuterungen hierzu hinsichtlich der Wirksamkeit bei Behandlung der Cholera.

12.07.1884 b1/324 (rki): Krueger, Otto, Gossau in St. Gallen, an R. Koch. Übersendung einer Kondensmilch-Probe des Absenders und Bitte um Prüfung, sowie Hinweise auf eigene Labortests zur Prüfung auf deren Unschädlichkeit bei Cholera.

12.07.1884 b1/367 (rki): [Walters, J.], Norham Lodge, Leamington, an R. Koch. Übersendung eines Zeitungsausschnitts über Verhütung der Cholera durch Petroleum, ohne Unterschrift. Anlage: Zeitungsausschnitt.

13.07.1884	b1/299 (rki): Fenkner, Dr., Goslar, an R. Koch. Bitte um Empfehlung des Harzer Mineralwassers in Zeiten der Cholera.
13.07.1884	b1/350 (rki): Cervantes, Esmeralda, Barcelona, Paseo de Gracia 49 [Hotel], an R. Koch. Übersendung eines Werbezettels für eine Tinktur zur Behandlung von Cholera und »Fiebre Amarilla«. Beilagen: zwei Visitenkarten der Absenderin, ein Werbezettel.
13.07.1884	b1/325 (rki): Guglielmi, Giuseppe, Barcelona, an R. Koch. Mitteilung über eine Veröffentlichung von L. Pormatini: »Colera e Febbri Palustri«, 1882, im Hinblick auf Cholera-Forschungen Kochs. Zwei Anlagen: Werbezettel.
14.07.1884	b1/457 (rki): McLeod, [Kalkutta], an R. Koch. Übersendung von »Administration Reports« für die Jahre 1804 bis 1875 für Cholera-Forschungen Kochs. Berichte liegen nicht bei.
15.07.1884	b1/484 (rki): Brandenburg, Dohé, Bombay, an R. Koch. Bemühungen um Erhalt und Übersendung von Berichten der Verwaltung über Cholera. Hinweis auf erhaltenen Brief Kochs.
15.07.1884	b1/345 (rki): Slifer, John J., Phil[adelphi]a, an R. Koch. Mitteilung von Erfahrungen bei der Behandlung einer eigenen Cholera-Erkrankung im Jahr 1866.
15.07.1884	b1/316 (rki): Tunisi, D./Colonno, Vicenza, an R. Koch. Übersendung von Zeitungsartikeln aus italienischen Zeitungen über Cholera-Diskussion im Jahr 1865 und Maßnahmen der italienischen Regierung zur Verhütung der Cholera bzw. von deren weiterer Ausbreitung. Anlage: Artikel aus vier Zeitungen, ohne Titelangabe, ein Artkel datiert vom 7.7.1865, ein anderer der Gazzetta di Milano vom 9.8., dieser ohne Jahresangabe.
15.07.1884	b1/403 (rki): Schiess, Johannes (1837-1910), Alexandria, an R. Koch. Cholera in Frankreich und Quarantäne-Maßnahmen in Ägypten.
16.07.1884	b1/617 (rki): Polli, Mailand, an R. Koch. Bitte um Mitteilung der Konsistenz von »Laudano« zur Behandlung der Cholera, ohne Unterschrift.
16.07.1884	b1/365 (rki): Lens, H. J., Anvers, an R. Koch. Mitteilungen über eine Cholera-Epidemie in Anvers 1866.
16.07.1884	b1/368 (rki): Hartmann, C., Charlerai, an R. Koch. Übersendung eines Zeitungsausschnitts aus dem in Paris erscheinen-

den »Figaro« und Bemerkungen hierzu. Anlage: Zeitungsausschnitt aus dem »Figaro«, hier ein Leserbrief von Dr. Grosclaude aus Elbeuf.

16.07.1884 b1/332 (rki): Reitz, Friedrich, Mainz, Leichhofstrasse 5, an R. Koch. Mitteilung über ein Rezept zur Behandlung der Cholera ohne weitere Erläuterung.

17.07.1884 b1/300 (rki): Wisher, W. W., Bognor in Sussex, London Road - Leonard House, an R. Koch. Übersendung eines Leserbriefes und Bemerkungen zu aktuellen Cholera-Forschungen. Anlage: Zeitungsartikel, 2 Bll.

17.07.1884 b3/048 (rki): Gellé, Marie Ernest (1834-1923), Alexandria, an [Mieville, W.]. Choleraerkrankung, an Bord des Schiffes »Said«, mit Nachtrag vom 18.07.1884, beide mit Vermerk Kochs: »erl.«.

17.07.1884 b1/354 (rki): Borutzky, E., Lissabon, Rua do Alecrim, an R. Koch. Übersendung eines asiatischen Rezepts gegen Cholera.

17.07.1884 b1/447 (rki): Ganslandt, London, an R. Koch. Übersendung eines Zeitungsausschnitts zur Cholera in Aden und Bemerkungen dazu. Zeitungsausschnitt vorhanden

17.07.1884 b1/326 (rki): Reglin, Else, Stuttgart, an R. Koch. Mitteilungen über Cholera-Behandlungen durch weibliche und männliche Freunde und Bekannte.

18.07.1884 b1/322 (rki): Méndez, Rafael Rodríguez, Barcelona, an R. Koch. Bitte um Auskunft zu Cholera-Vibrionen und zu Maßnahmen zur Verhütung der Cholera. Beiliegend: Visitenkarte des Absenders.

18.07.1884 b1/328 (rki): Wagner, Dr., Torgau, an R. Koch. Mitteilung eines Rezepts zur Behandlung der Cholera.

18.07.1884 b1/294 (rki): Fritsche, Augusto, Sevilla, an R. Koch. Mitteilungen über gebrannten Zucker als Mittel zur Heilung der Cholera. Hinweis auf ein Telegramm (spanisch) an Koch vom 16.7. 1884 und einen Brief an den Bürgermeister von Toulon vom 30.6.1884.

18.07.1884 b1/453 (rki): Dissent, C. J., Kalkutta, an R. Koch. Übersendung von Cholera-Präparaten und Dank für Übersendung eines Artikels über Tuberkulose.

18.07.1884 b3/049 (rki): Robiolis, Dr., ohne Ort, an [Mieville, W.]. Mitteilung über eine Cholera-Erkrankung. Vermerk Kochs: »erl.«.

19.07.1884 b1/353 (rki): Anonym, St. Blasien, an R. Koch. Wirkung von Trockenheit und heißer Luft bei Cholera.

20.07.1884 b1/272 (rki): Khastgir, Annado Charán, Calcutta, Boro Bazar Street 189, an R. Koch. Cholera-Forschungen und Fragen zu Cholera-Bazillen. Anlage: Mitteilung des »Deputy Magistrate of Goalundo« an: »The Magistrate of Inrrudpore«, 18.2.1884.

20.07.1884 b1/614 (rki): Edant, Marcel, Grenoble, an R. Koch. Bitte um Übersendung eines Reiseberichts über die Cholera-Forschungen Kochs in Frankreich.

20.07.1884 b1/362 (rki): Eller, Richard, Malaga, an R. Koch. Mitteilung über die klimatischen Bedingungen während der Cholera-Epidemie 1854 bis 1856 in Malaga.

21.07.1884 b1/297 (rki): Pateri, Giuseppe, Turin, Via Roma 27, an R. Koch. Übersendung eines Elixiers mit Rezeptur zur Behandlung der Cholera sowie Bitte um ein Gutachten hierzu mit Anlage: Rezeptur.

21.07.1884 b1/359 (rki): Zschiering, Hansguth bei Rehden in Westpreussen, an R. Koch. Wirkung von Chloroform und Schwefelkohlenstoff auf Schimmelpilze und etwaige vergleichbare Wirkung bei Cholera-Vibrionen, mit Beschreibung und Zeichnung einer Apparatur.

22.07.1884 b1/306 (rki): Auerbach, J. [Leopold?, 1857-1897], New York, 202 East 70th Street, an R. Koch. Mitteilung über Therapie-Erfahrungen bei Cholera mit nassen kalten Laken, adressiert an Koch in Marseille.

23.07.1884 b1/347 (rki): Anonym, Berlin, an R. Koch. Bitte um Unterstützung der Anwohner-Beschwerden wegen Verunreinigung der Luft durch ein Abflussrohr am [Landwehr]-Kanal [in Berlin].

23.07.1884 b1/352 (rki): Resenfelder, C., Rottweil in Württemberg, an R. Koch. Probleme beim Export von Schinken nach Frankreich wegen der Cholera und Bitte um Stellungnahme hierzu.

24.07.1884 b1/132 (rki): Hesse, Pet., Aachen, an R. Koch. Verhütung der Cholera durch Tabak-Rauchen.

24.07.1884 b1/346 (rki): Hartmann/Hauers, Hannover, an R. Koch. Verteuerung von Karbolsäure und Empfehlung von Kreosol bzw. Kreosolöl zur Desinfektion sowie Übersendung einer Probe desselben zur Prüfung.

25.07.1884 b1/348; 348a (rki): Meyer, Gaspard, Paris, Boulevard de la Chapelle 51, an R. Koch. Desinfektion von Waggons im Hinblick auf Cholera-Infektionsrisiken. Zwei Briefe gleichen Datums, 348a: ohne personenbezogene Anrede.

25.07.1884 b1/349 (rki): Büry, Otto, Hanau am Main, an R. Koch. Wirkung von Pepsin-Chlorwasserstoffsäure auf »Cholera-Bacillen«, mit der Bitte um entsprechende Versuche Kochs.

29.07.1884 b1/618 (rki): Ehrmann, Rabbiner Dr., Trier, an R. Koch. Übersendung eines Zeitungsartikel über die Eignung von Senfkörnern zur Behandlung der Cholera. Zeitungsartikel fehlt.

29.7.[1884] b1/312 (rki): Köster, Hamburg, Lagerstrasse 21-1 in Sankt Pauly, an R. Koch. Empfehlung einer Heilmethode der Cholera aufgrund eigener Erfahrungen, weitere Mitteilungen gegen Bezahlung. Datum: 29.7. ohne Jahresangabe, vermutlich 1884.

30.07.1884 b1/317 (rki): Hohltmann, Wilhelm, New York, 8-3, Third Avenue, an R. Koch. Mitteilung über Patente des Verfassers zur Behandlung verschiedener Krankheiten, darunter Cholera und Malaria.

30.07.1884 b1/351 (rki): Hainauer, Herrmann, Breslau, Alte Taschenstrasse 1, an R. Koch. Überlegungen zur Wirkung von Kalkwasser oder Kalkmilch zur Bekämpfung der Cholera.

30.07.1884 b1/313 (rki): Klokow, Berlin, an R. Koch. Mitteilungen über eigene Krankheitserfahrungen und Therapie des Leidens ohne Benennung desselben [Tuberkulose?]. Datum mit anderer Tinte.

30.07.1884 b1/314 (rki): Anspitz, E., Wien I, Bäumerstrasse 5, an R. Koch. Mitteilung über ein Cholera-Präventivmittel des Dr. Hering. Hinweis auf Anlage aus der »Presse« vom 9.7.1884, fehlt.

31.07.1884 b1/361 (rki): Wagner, Joh, [Budapest], an R. Koch. Bitte um Überlassung eines Cholera-Präparates zur Verwendung in den Vorlesungen an der Universität Budapest.

31.07.1884 b1/298 (rki): Oberdörfer, Emil, Hamburg, an R. Koch. Übersendung eines Werbezettels für eine »Wasserschlusspfanne für Latrinen« sowie Erläuterungen zu diesem Apparat und dessen Nutzen für Desinfektion bei der Cholera. Anlage: Werbezettel der Health Exhibition London.

31.07.1884 b1/ 503 (rki): Mufaige, C., Stourny [?], an R. Koch. Mitteilung zu gleichzeitig übersandtem alten Druckblatt über Cholera [fehlt].

31.07.1884 b1/343 (rki): Goll, Richard, Biberach in Württemberg, an R. Koch. Überlegungen und Beobachtungen zur Cholera-Publikation von A. Hirsch.

02.08.1884 b1/344 (rki): Plaats, Dr. R. van den, Amsterdam, an R. Koch. Bitte um Übersendung von Cholera-Präparaten und Stellungnahmen Kochs für einen eigenen Vortrag über Cholera.

02.08.1884 b1/363 (rki): Barkany, Dr. L., Bremerhaven, an R. Koch. Etwaige vergleichbare Wirkung des Chinins bei Cholera wie bei »Wechselfieber« [Malaria].

04.08.1884 b1/131 (rki): Landern, von, Kissingen, an R. Koch. Cholera-Erreger und Bemerkungen zur Behandlung des Sohnes des Absenders.

05.08.1884 b1/404 (rki): Schiess, Johannes (1837-1910), Alexandria, an R. Koch. Ausbleiben der Cholera und aktuelle epidemiologische Situation in Alexandria.

08.08.1884 b1/437 (rki): Hamdy, A[hmet], Kairo, an R. Koch. Übersendung einer Stellungnahme zur Cholera in Frankreich. Vermerk Kochs: »erl.«.

08.08.1884 b1/323 (rki): Lindblad, G. E., Stockholm, an R. Koch. Bitte um Stellungnahme zu einer übersandten Probe aus einer neuen Trinkwasser-Fabrik mit Hinweis auf beiliegendes Empfehlungsschreiben, dieses fehlt.

10.08.1884 b1/ 320 (rki): Vigil, Dr., Orgna [?] bei Granada, an R. Koch. Cholera-Forschungen.

13.08.1884 b1/319 (rki): Kispert, G., Madrid, Arci della Maria 41, an R. Koch. Mitteilungen zur Wirkung von Opium bei Behandlung der Cholera.

13.08.1884 b1/338 (rki): Michel, Franz Paul/Bonthirs, Herr, Schöllkrippen bei Aschaffenburg bzw. [Genf], an R. Koch. Übersendung der Abschrift eines Artikels über Cholera-Epidemien.

13.08.1884 b1/321 (rki): Kerckhoff, Th., Straßburg, an R. Koch. Interesse an Cholera-Forschungen Kochs und Vorschlag, Brunnen als Infektionsquelle polizeilich zu schließen.

15.08.1884 b1/355 (rki): Migliori, Felix, Cosenza in Italien, an R. Koch. Bitte um Übersendung von mikroskopischen Präparaten und

Ratschlägen zur Diagnose wegen Ausbruch der Cholera in Palermo durch Einschleppung aus Marseille.

15.08.1884 b1/511 (rki): Duge, R., Dammerkirch im Ober-Elsass, an R. Koch. Übersendung eines Druckbogens und einer gedruckten Cholera-Sterbeliste für Goldberg in Mecklenburg aus dem Jahr 1859 mit der Bitte um Durchsicht (Liste liegt bei).

15.08.1884 b1/339 (rki): Kerbs, Emil, Mailand, Via Passerella 18, an R. Koch. Angebot, sich als Proband für Cholera-Forschungen zur Verfügung zu stellen.

18.08.1884 b1/358 (rki): Sommer, H., Neuss, an R. Koch. Übersendung von Mineralwasser mit der Bitte um gutachtliche Untersuchung auf dessen Unschädlichkeit bei Cholera. Anlage: Werbezettel für Burtscheider Thermalwasser aus dem Victoria-Brunnen, mit handschriftlichen Ergänzungen.

18.08.1884 b1/436 (rki): Sickenberger, Ernst, Kairo, an R. Koch. Verbleib eines an Dr. Brugsch gesandten Pakets. Vermerk von anderer Hand: »erl.«.

20.08.1884 b1/405 (rki): Schiess, Johannes (1837-1910), Alexandria, an R. Koch. Einzelner Cholera-Fall auf einem Schiff aus Marseille.

20.08.1884 b1/612 (rki): Egeling, A., Czarnikau in der Provinz Posen, an R. Koch. Mitteilung eines Rezeptes zur Behandlung der Cholera.

26.08.1884 b1/406 (rki): Schiess, Johannes (1837-1910), Alexandria, an R. Koch. Einzelne Cholera-Fälle in Bombay und Quarantäne- bzw. Hygiene-Maßnahmen in Ägypten.

29.08.1884 b1/331 (rki): Reuß, Dr. P. J., Washington D.C., an R. Koch. Behandlung der Cholera und anderer Krankheiten in St. Louis um 1870 mit »rafiniertem Kohlen-Oel«.

30.08.1884 b1/133 (rki): Riedel, Charlottenburg, an R. Koch. Vermutungen über Verbreitung der Cholera durch Fliegen.

30.08.1884 b3/037 (rki): Ismail an Rabitsch, Marienbad, Rabitsch an Ismail. Abschriften eines Briefwechsels, vermutlich zur Cholera.

31.08.1884 b1/341 (rki): Kring, Dr., Hamburg, an R. Koch. Vermutungen von Grassi und Koch zur Verbreitung der Cholera durch Fliegen und eigene Beobachtungen hierzu sowie zum Trinkwasser Anstreichung mit blauem Stift auf Bl. 2Rs.

31.08.1884 b1/371 (rki): Knopstich, Eduard Friedrich, Elbing, Johannisstrasse 16b, an R. Koch. Theoretische Überlegungen zur Behandlung der Cholera.

02.09.1884 b1/407 (rki): Schiess, Johannes (1837-1910), Alexandria, an R. Koch. Gesundheitliche Situation in Ägypten und epidemiologische Forschungen sowie Nachtrag zu einem Cholera-Fall auf einem Schiff.

03.09.1884 b1/366 (rki): Cantori, Clara, geb. Stöckhardt, Cagliari, an R. Koch. Bitte um Übersendung von Mitteln zur Bekämpfung des Cholera-»Bacillus«, mit Umschlag, als Rückumschlag beschriftet.

03.09.1884 b1/334 (rki): Schirmacher, Oscar, Freiburg, an R. Koch. Vermutungen über den Einfluss von Salmiak auf die Immunität von Klempnern gegen Cholera.

05.09.1884 b1/333 (rki): Schröder, Amt Woermlitz bei Möckern, an R. Koch. Mitteilungen über Beobachtungen zur Bedeutung von Fliegen bei der Verbreitung der Cholera.

10.09.1884 b1/336 (rki): Dietten, Fried[rich], Reutlingen, an R. Koch. Salicylsäure zur Behandlung der Cholera.

11.09.1884 b1/335 (rki): Werner, G., Berlin, an R. Koch. Wirkung von Terpentinöl als Schutz vor Cholera.

13.09.1884 b1/337 (rki): Cowper, E. A., Westminster, Great George Street 6, an R. Koch. Creosote als Präventiv-Mittel gegen Cholera.

16.09.1884 b1/408 (rki): Schiess, Johannes (1837-1910), Alexandria, an R. Koch. Cholera-Fälle und andere Infektionskrankheiten auf Schiffen. Datumsvermerk Kochs: 8.10.[1884].

24.09.1884 b1/619 (rki): Krais, Paul (1866-1939), Teinach, an R. Koch. Vorschlag, Cholera mit elektrischem Strom zu behandeln.

24.09.[1884] b1/357 (rki): Stoutz, J. Binet de, Nyon (Schweiz), an R. Koch. Bitte um Zusendung von Cholera-Präparaten (»baccile virgule«). Datum: 24. 9. ohne Jahresangabe; Anlage: Visitenkarte.

25.09.1884 b1/615 (rki): De Gregorio, Antonio, Palermo, an R. Koch. Bitte um Mitteilungen über die Wirkung von Cholera-Erregern auf den Menschen und eigene mikroskopische Beobachtungen hierzu.

29.09.1884 b1/430 (rki): Meyer, Theodor (1853-?), Suez, an R. Koch. Quarantäne-Regelungen für Schiffe, besonders bei drohender Cholera.

03.10.1884 b1/340 (rki): Pogner, Fran[ces]co, Madrid, an R. Koch. Cholera-Forschungen.

15.10.1884 b1/304 (rki): Monti, Septimus, Genua, an R. Koch. Cholera-Forschungen und Wasser-Filtration. Teilweise deutschsprachige Passagen im Brief, wahrscheinlich Zitate.

22.10.1884 b1/449 (rki): Frobenius, Wilhelm (1844-?), München, an R. Koch. Übersendung eines Sitzungsprotokolls (Abschrift) des Münchener ärztlichen Vereins vom 15.10.1884 zur Beratung der Cholera-Frage und Erläuterungen dazu. Sitzungsprotokoll liegt bei.

24.10.1884 b1/504 (rki): Böing, Heinrich (1842-?), Uerdingen, an R. Koch. Erläuterungen zu mikroskopischen Cholera-Befunden. Hinweis auf eine gleichzeitig übersandte Flasche.

26.10.1884 b1/448 (rki): Frobenius, Wilhelm (1844-?), München, an R. Koch. Erneute Übersendung eines Sitzungsprotokolls (Abschrift) des Münchener ärztlichen Vereins vom 15.10.1884 zur Beratung der Cholera-Frage und Erläuterungen dazu (liegt bei).

31.10.1884 b1/438 (rki): Tickenlenge, Ernst, Kairo, an R. Koch. Cholera-Erkrankungen und Folgen der Entdeckung des Vibrio cholerae. Hinweis auf erhaltenen Brief Kochs; Vermerk Kochs: »erl.«.

10.11.1884 b1/289 (rki): Knopstich, Eduard Friedrich, Elbing, Johannisstrasse 16b, an R. Koch. Ansichten zur Entstehung und Verbreitung der Cholera, vor allem in Paris.

11.11.1884 b1/279 (rki): Klebs, Edwin (1834-1913), Zürich, an R. Koch. Übersendung eines mikroskopischen [Cholera-]Präparats und Erläuterungen dazu. Mit Nachtrag: Karte; Datumsvermerk Kochs: 18.11.[18]84.

14.11.1884 b1/290 (rki): Knopstich, Eduard Friedrich, Elbing, Johannisstrasse 16b, an R. Koch. Ansichten über den Zusammenhang von Cholera und Sauerstoff.

18.11.1884 b1/254 (rki): Frommelt, Altenburg, an R. Koch. Magen-Darm-Erkrankung des Absenders nach Teilnahme an einem der Cholera-Kurse in Berlin.

19.11.1884 b3/028 (rki): Frommelt, Altenburg, an Gaffky, Georg (1850-1918). Cholera-Erkrankung des Absenders nach Teilnahme an einem der Cholera-Kurse in Berlin. Datum mit Bleistift korrigiert: 19. statt 20.11.1884.

20.11.1884 b3/030 (rki): Frommelt, Altenburg, an Gaffky, Georg (1850-1918). Cholera-Erkrankung und Therapie des Absenders.

20.11.1884	b3/029 (rki): Frommelt, Altenburg, an Gaffky, Georg (1850-1918). Cholera-Erkrankung und Therapie des Absenders. Datum mit Bleistift korrigiert: 20. statt 21.11.[18]84.
22.11.1884	b3/031 (rki): Frommelt, Altenburg, an Gaffky, Georg (1850-1918). Cholera-Erkrankung und Therapie des Absenders.
22.11.1884	b1/255 (rki): Frommelt, Altenburg, an R. Koch. Cholera-Erkrankung des Absenders, Krankheitsverlauf und Therapie.
23.11.1884	b1/256 (rki): Frommelt, Altenburg, an R. Koch. Cholera-Erkrankung des Absenders.
24.11.1884	b3/032 (rki): Frommelt, Altenburg, an Gaffky, Georg (1850-1918). Cholera-Erkrankung des Absenders.
25.11.1884	b3/033 (rki): Frommelt, Altenburg, an Gaffky, Georg (1850-1918). Cholera-Erkrankung des Absenders und weiterer Verlauf.
09.12.1884	b1/513 (rki): Schildbach, Leipzig, an R. Koch. Mitteilungen über Cholera-Versuche von Thiersch. Vermerk Kochs: »Fütterung von Mäusen (Thiersch)«.
09.12.1884	b3/034 (rki): Frommelt, Altenburg, an Gaffky, Georg (1850-1918). Cholera-Erkrankung des Absenders.
12.12.1884	b1/284 (rki): Ballenberger, Aschaffenburg, an R. Koch. Beobachtungen während der Cholera-Epidemie in Aschaffenburg 1866.
24.12.1884	b1/409 (rki): Schiess, Johannes (1837-1910), Alexandria, an R. Koch. Verschiedene Infektionskrankheiten in Alexandria und auf Schiffen. Mit angeklebtem Zeitungsausschnitt: Egyptian Gazette, 20.10.1884.
25.12.1884	b2/107 (rki): R. Koch, Berlin, an Köhler, Karl (1847-1912). Zusage zu einer nicht näher erläuterten Terminvereinbarung. Handschriftlicher Vermerk neben Datum: »2/1.[18]85«.
[1884/85]	b1/285 (rki): Pawlik, Carl (1849-1914), Wien VI, Battlerstiege 3, an R. Koch. Ansichten zur Cholera, undatiert. Anlage [hierzu?]: ein bedruckter Bogen mit Werbung für Universalreinigungssalz.
[1884/85]	b1/286 (rki): Negri, Francesco, Monferrato, an R. Koch. Bitte um Übersendung von Cholera-Präparaten, undatiert.
[1883/85]	b1/ 844 (rki): Dottaine[?], S., St. Petersburg, an R. Koch. Mitteilung über eine Versammlung der Ehrenmitglieder der Gesellschaft im September 1883. Anschreiben undatiert; Datumsvermerk Kochs: 20.1.[18]85.

02.01.1885	b1/278 (rki): Hernie[?], Thomas W., Bradford, an R. Koch. Übersendung eines mikroskopischen Präparats (Anthrax) mit der Bitte um Stellungnahme sowie Bemerkungen zu Cholera-Forschungen.
06.01.1885	b1/410 (rki): Schiess, Johannes (1837-1910), Alexandria, an R. Koch. Mitteilungen über das Pilgerwesen im Zusammenhang mit der Cholera und laufende bakteriologische Forschungen.
07.01.1885	b3/052 (rki): Véloux[...?], Alexandria, an Schiess, Johannes (1837-1910). Cholera-Forschungen in Ägypten, von Schiess an Koch weitergesandt. Vermerk Kochs: »erl.«.
12.01.1885	b1/411 (rki): Schiess, Johannes (1837-1910), Alexandria, an R. Koch. Übersendung von Materialien zur Cholera und Erläuterungen hierzu sowie laufende Forschungen in Alexandria. Mitgesandte Materialien liegen nicht bei.
20.01.1885	b1/412 (rki): Schiess, Johannes (1837-1910), Alexandria, an R. Koch. Übersendung von Materialien zur Cholera und Erläuterungen hierzu. Mitgesandte Materialien liegen nicht bei.
26.01.1885	b1/413 (rki): Schiess, Johannes (1837-1910), Alexandria, an R. Koch. Übersendung von Protokollen für die Jahre 1866, 1870, 1872 und anderer Materialien zur Cholera sowie Erläuterungen hierzu. Die Protokolle liegen nicht bei.
03.02.1885	b1/414 (rki): Schiess, Johannes (1837-1910), Alexandria, an R. Koch. Übersendung von Materialien zur Cholera 1850-1860 und Erläuterungen hierzu. Mitgesandte Materialien liegen nicht bei.
09.02.1885	b2/108 (rki): R. Koch, Berlin, an Köhler, Karl (1847-1912). Verschiebung eines Termins zur »Übergabe der Geschäfte« [= Direktion des Kaiserlichen Gesundheitsamtes]. Handschriftlicher Vermerk: »beantw[ortet] 10.2.[18]85«.
10.02.1885	b1/118 (rki): Dunand, [Clay?], Paris, an R. Koch. Übersendung von Tabellen über Paris für die Jahre 1882 bis 1884. Antwort auf Brief Kochs vom 29.1.[1885].
10.02.1885	b1/415 (rki): Schiess, Johannes (1837-1910), Alexandria, an R. Koch. Übersendung von Materialien zur Cholera und Erläuterungen hierzu. Mitgesandte Materialien liegen nicht bei.
11.02.1885	b1/238 (rki): Boetticher, Karl Heinrich von (1833-1907), Berlin, an R. Koch. Ernennung Köhlers zum Direktor des Kaiserlichen Gesundheitsamtes, verbunden mit einer Danksagung an Koch für die Vertretung.

12.02.1885	b3/084 (rkm): Gossler, Gustav K. Heinrich von (1838-1902), Berlin, an Köhler, Karl (1847-1912). [Abschrift einer] Danksagung nach Abschluss der bakteriologischen Kurse für Medizinalbeamte im Kaiserlichen Gesundheitsamt. Original an Reichskanzler Fürst von Bismarck gesandt.
17.02.1885	b1/416 (rki): Schiess, Johannes (1837-1910), Alexandria, an R. Koch. Übersendung von Materialien zur Cholera und Erläuterungen hierzu. Hinweis auf gleichzeitig gesandtes Paket.
24.02.1885	b1/417 (rki): Schiess, Johannes (1837-1910), Alexandria, an R. Koch. Übersendung von Vorschriften zum Pilgerwesen und Erläuterungen zu Hygiene im Hinblick auf Cholera. Mitgesandte Materialien liegen nicht bei.
03.03.1885	b1/418 (rki): Schiess, Johannes (1837-1910), Alexandria, an R. Koch. Übersendung von Materialien zur Cholera und Erläuterungen hierzu. Mitgesandte Materialien liegen nicht bei; Datumsvermerk Kochs: 12.3.[18]85.
11.03.1885	b1/281 (rki): Nelson [?], [London, Poststempel], an R. Koch. Kein Betreff, da nur Umschlag. Inliegend Zeichnung eines »Cholera-Bazillus« von E. M. Nelson vom 9. 3. 1885; ein Brief Nelsons ist im Nachlaß nicht vorhanden.
11.03.1885	b1/845 (rki): Derguin, Victor, Anters, rue Simons 48, an R. Koch. Mitteilung über einen bevorstehenden Bericht an die Königliche Akademie der Medizin in Belgien über die Korrespondierenden Auswärtigen Mitglieder.
11.03.1885	b1/419 (rki): Schiess, Johannes (1837-1910), Alexandria, an R. Koch. Übersendung einer Broschüre des Dr. Mahé zur Cholera und Bestellung eines Zeiss-Mikroskops. Broschüre liegt nicht bei.
14.03.1885	b1/506 (rki): Cheyne, W. Watson (1852-1932), [London], an R. Koch. Bemerkungen zu dem von Hime gesandten Material und Danksagung für Übersendung des Berichts zur Cholera-Konferenz. Datum: Monat unsicher, evtl. Mai 1885.
25.03.1885	b1/420 (rki): Schiess, Johannes (1837-1910), Alexandria, an R. Koch. Bevorstehende Reise nach Europa und Mitteilung über die Wasseranstalt Alexandrias.
30.03.1885	b3/046 (rki): Pud [...?], A., Bray Heland, an Macnamara, Nottidge Charles (1834-1918). Mitteilungen zu einem Vortrag von Emmanuel Klein über Cholera-Forschungen, Stellenweise Transkriptionen von Kochs Hand (Bleistift); stellenweise Transkriptionen von anderer Hand [rote Tinte].

17.04.1885	b1/421 (rki): Schiess, Johannes (1837-1910), Triest, an R. Koch. Übersendung von Drucksachen zur Cholera und Mitteilungen über Alexandria unter Gesichtspunkten der Hygiene im Vergleich zu Triest. Mitgesandte Materialien liegen nicht bei.
05.05.1885	b1/694 (rkm): Boetticher, Karl Heinrich von (1833-1907), Berlin, an R. Koch. Entsendung Kochs zur Internationalen Sanitätskonferenz in Rom als technischen Delegierten der Regierung des Deutschen Reiches.
10.5.[1885]	b2/106 (rki): R. Koch, Berlin, an Köhler, Karl (1847-1912). Dank für »Mittheilung der Cholera-Depesche« und Übersendung einer Rezension. Datierung: 10. Mai ohne Jahresangabe.
11.05.1885	b1/287 (rki): Fürbringer, Paul (1849-1930), Jena, an R. Koch. Übersendung von Cholera-Präparaten. Datum: evtl. 2.5.1885.
13.05.1885	b1/695 (rkm): Boetticher, Karl Heinrich von (1833-1907), Berlin, an R. Koch. Änderung der Stellung Kochs im Kaiserlichen Gesundheitsamt nach dessen Ernennung zum Geheimen Medizinalrat und ordentlichen Professor; veröffentlicht in: R. Harms, Robert Koch, S. 220.
20.05.1885	b1/422 (rki): Schiess, Johannes (1837-1910), Alexandria, an R. Koch. Bitte um Informationen über die Sanitäts-Konferenz in Rom und die Ergebnisse der Cholera-Konferenz in Berlin.
23.05.1885	b1/ 501 (rki): Lahw [...?], Suez, an R. Koch. Bemerkungen zu Verfahrensweisen mit Postschiffen und Pilgern in Suez im Hinblick auf etwaigen Cholera-Ausbruch. Vermerk Kochs: »erl.«; Hinweis auf erhaltenen Brief.
31.05.1885	b2/054 (rki): R. Koch, Rom, Piazza della Minerva, an Gaffky, Georg (1850-1918). Mitteilungen über den Verlauf der Internationalen Sanitätskonferenz 1885 in Rom, besonders der Cholera-Debatten. Antwort auf Brief Gaffkys; Hinweis auf Brief Proskauers an Koch; Vermerk Gaffky: »beantw. 4.6.[18]85«; veröffentlicht in: B. Möllers, Robert Koch, S. 172-174.
01.06.1885	b1/127 (rki): Schiess, Johannes (1837-1910), Alexandria, an R. Koch. Cholera und andere Infektionskrankheiten in Ägypten.
10.06.1885	b1/423 (rki): Schiess, Johannes (1837-1910), Alexandria, an R. Koch. Eheschliessung von Kartulis sowie Mitteilung über Cholera-Fälle auf einem Schiff aus Indien. Datumsvermerk Kochs: 9.7.[18]85.

29.06.1885	b1/292 (rki): Pearse, William H., Plymouth, an R. Koch. Anfragen zu den Cholera-Forschungen Kochs in Indien und Mitteilung eigener Beobachtungen hierzu.
14.07.1885	b1/494 (rki): Proust, Paris, Boulevard Malesherbes 9, an R. Koch. Neueinrichtung eines Krankenhauses in Trioul.
Juli 1885	b1/505 (rki): Hime, Tho. Whiteside, Bradford, an R. Koch. Übersendung von Artikeln aus dem British Medical Journal (»Briefe über den Cholera-Bacillus«) und Ansichten von Dr. Emmanuel Klein zu Kochs Ergebnissen. Datumsvermerk Kochs: 14.7.[18]85; zwei Anlagen: Zeitungsausschnitt (2 Bll.) und Fahnenabzug eines Artikels.
10.08.1885	b1/301 (rki): Hacks, Charles, Marseille, an R. Koch. Cholera in Marseille und Cholera-Forschungen, besonders Komma-Bazillus.
29.09.1885	b1/308 (rki): Melchert, Grabow i[n] [der] M[ark], an R. Koch. Mitteilungen des Chemikers Farnow über die Cholera-Epidemie in Barth 1850. Datumsvermerk Kochs: 1.10.[1885].
04.10.1885	b1/424 (rki): Schiess, Johannes (1837-1910), Alexandria, an R. Koch. Cholera-Konferenz in Berlin und Arbeitssituation in Alexandria sowie Sendung von »Favuspilzen«. Datumsvermerk Kochs: 21.10.[1885].
8.10.[1885]	b2/053 (rki): R. Koch, Berlin, Klosterstraße 36, an Gaffky, Georg (1850-1918). Terminvereinbarung mit einem nicht namentlich genannten Gast aus Kairo. Datierung: 8. Oct[ober] ohne Jahr; handschriftliche Ergänzung: »1884«. Tatsächlich kann das Jahr frühestens 1885 sein, da der Entstehungsort die Klosterstraße ist, Standort des Hygiene-Instituts der Berliner Universität seit Juli 1885.
17.10.1885	b1/613 (rki): Mohr, Hans, New York-Brooklyn, 201 Clinton Street, an R. Koch. Cholera-Fälle auf einem Schiff während einer Reise des Absenders. Anlage: Visitenkarte von Hans Mohr.
02.11.1885	b1/508 (rki): Schiess, Johannes (1837-1910), Alexandria, an R. Koch. Erhalt von Materialien zur Berliner Cholera-Konferenz und Übersendung eines Berichts über Schiffs-Cholera sowie aktuelle gesundheitliche und Personal-Situation in Alexandria. Vermerk Kochs: »erl.«; mitgesandter Bericht liegt nicht bei.
12.11.[1885]	b1/309 (rki): Macnamara, Nottidge Charles (1834-1918), [London], Grosvenor Street 13, an R. Koch. Cholera-

Forschungen und darauf bezogene Konferenz in Berlin; Jahr ermittelt aus Inhalt.

23.1.o.J. b1/512 (rki): Macnamara, Nottidge Charles (1834-1918), [London], Grosvenor Street 13, an R. Koch. Cholera-Forschungen. Anlage: Transkription des Briefes durch R. Koch; Entstehung laut Inhalt in den Jahren zwischen 1884 und 1886.

22.11.1885 b1/280 (rki): Gatteron, [London], Harley Street 57, an R. Koch. Cholera-Forschungen und Präparate.

08.12.1885 b1/302 (rki): Zenske, Berlin, an R. Koch. Zustimmung zur Veröffentlichung eines Artikels über Cholera. Datumsvermerk Kochs: 14.12.[1885].

18.12.1885 b1/846 (rki): Ron [..?], Berlin, an R. Koch. Danksagung und Anerkennung für die gewährte Gastfreundschaft anläßlich der Teilnahme eines Schweizer Professors am Bakteriologischen Sommer-Ferien-Kurs in Berlin.

19.12.1885 b1/507 (rki): Grant, J. A. S., Kairo, an R. Koch. Stellungnahme zu der Debatte um Cholera-Forschungen und zu einem Pamphlet des Dr. Hassan Pasha Mahmond zur Cholera-Epidemie 1883 sowie Übersendung einer eigenen Kritik hierzu. Mit verschiedenen Anlagen, darunter Abschrift eines Briefes vom 10.11.1885 (»Dear editor«), wahrscheinlich dazu gehörig: Notiz von Hassan-Bey, 10.11.1885, sowie 15 Bll. eines Manuskripts, Anfang und Schluß fehlen jedoch. Das Manuskript beginnt mit einem handschriftlichem Eintrag »3« und endet mit »17«; Vermerk Kochs: »Grant Bey erl[edigt]«.

20.12.1885 b1/373 (rki): Knopstich, Eduard Friedrich, Elbing, Johannisstrasse 11, an R. Koch. Behandlung der Cholera durch »renascirenden Sauerstoff«.

29.12.1885 b1/372 (rki): Knopstich, Eduard Friedrich, Elbing, an R. Koch. Äußerliche Behandlung der Cholera durch »renascirenden Sauerstoff«.

08.01.1886 b1/374 (rki): Knopstich, Eduard Friedrich, Elbing, Johannisstrasse 11, an R. Koch. Übersendung von zwei Traktaten über »Krümmungen« mit Bezugnahmen auf Cholera. Die Traktate liegen bei.

13.01.1886 b1/125 (rki): Chudzynscki, Tunis, an R. Koch. Cholera in Tunis. Anlage: Agence Thomas: »État Sanitaire de la Ville de Tunis«, 4.12.1885, unterzeichnet von Chudzynscki.

18.02.1886	b1/375 (rki): Knopstich, Eduard Friedrich, Elbing, an R. Koch. Übersendung eines Traktates »Der Causalzusammenhang in der Cholera« und Erläuterungen hierzu. Traktat liegt bei.
14.03.1886	b1/330 (rki): Knopstich, Eduard Friedrich, Elbing, an R. Koch. Behandlung der Cholera mit Sauerstoff sowie Übersendung eines Manuskripts zur Diabetes. Anlage: »Das Specifikum der Zuckerkrankheit« 1887.
10.05.1886	b1/509 (rki): Schiess, Johannes (1837-1910), Alexandria, an R. Koch. Umbau des Krankenhauses in Alexandria und Ausbleiben der Cholera seit 1883. Hinweis auf erhaltenen Brief Kochs vom 12.1.1886.
[30.] 6.1886	b1/360 (rki): Kavorowski, Dr. von, Tomkowo im Königreich Polen, an R. Koch. Mitteilung über Erfahrungen mit der Behandlung von Cholera mit Rhizinusöl während der Epidemie 1866. Datum: 31. [!] Juni 1884.
09.08.1886	b1/510 (rki): Schiess, Johannes (1837-1910), Alexandria, an R. Koch. Allgemeine epidemiologische Situation in Alexandria und Auswirkungen von Cholera-Quarantäne-Regelungen auf die Arbeit im Krankenhaus. Hinweis auf erhaltene Porträts von Koch; Vermerk Kochs: »erl.«.
10.08.1886	b2/055 (rki): R. Koch, Pontresina, Weißes Kreuz, an Gaffky, Georg (1850-1918). Allgemeine Äußerungen zur »Affäre Oidtmann« [= Impfgegner]; veröffentlicht in: B. Möllers, Robert Koch, S. 180f.
07.09.1886	b2/203 (rkm): R. Koch, Bingen, an Fraenkel, Carl (1861-1915). Bitte um Nachsendung eines Manuskripts Fraenkels zwecks Durchsicht. Datum: 07.09. ohne Jahresangabe, 1886 laut Poststempel; dieser Brief wurde dem rkm von Herrn Liman überlassen.
30.09.1886	b1/303 (rki): Marchese, Giuseppe, Capodistria, an R. Koch. Bitte um Mitteilung der Überlebensdauer von Komma-Bazillen [vibrio cholerae] in Kochsalz. Beilage [hierzu?]: »Statistique du Dr. Ferran« zu Cholera-Erkrankungen Juni und Juli [1885], mit Randnotizen von anderer Hand, 3 Bll.
07.10.1886	b2/056 (rki): R. Koch, Berlin, Magazinstrasse 16, an Gaffky, Georg (1850-1918). Vorschlag für einen privaten Termin.
03.11.1886	b2/057 (rki): R. Koch, Klosterstraße 36, an Gaffky, Georg (1850-1918). Cholera-Erkrankungen in verschiedenen Orten.

Hinweis auf Brief von Gaffky; veröffentlicht in: B. Möllers, Robert Koch, S. 183f.

10.01.1887 b3/038 (rki): Cornish, Josiah Easton (1841-1912), Alexandria, an Schiess, Johannes (1837-1910). Wasserversorgung Alexandria im Hinblick auf Cholera-Gefahr. Mit handschriftlichen Nachträgen Kochs und Vermerk: »beantw[ortet]«; vermutlich an Koch für Stellungnahme gesandt.

15.01.1887 b3/039 (rki): Schiess, Johannes (1837-1910), Alexandria, an Gaffky, Georg (1850-1918). Weitere Cholera-Forschungen in Ägypten. Dank für Brief des Adressaten vom 18.12.1886; Vermerk Gaffkys: »beantw[ortet]«.

16.01.1887 b3/042 (rki): Wild, Kairo, an Gaffky, Georg (1850-1918). Cholera-Forschungen in Ägypten. Vermerk Gaffkys: »beantw[ortet]«.

30.01.1887 b3/ 041 (rki): Dietrich, Eduard (1860-?), Alexandria, an Schiess, Johannes (1837-1910). Cholera-Forschungen des Absenders, vermutlich an Koch für Stellungnahme gesandt. Vermerk Kochs: »erl.«.

30.01.1887 b3/040 (rki): Schiess, Johannes (1837-1910), Alexandria, an Gaffky, Georg (1850-1918). Cholera-Forschungen in Ägypten. Vermerk Gaffkys: »beantw[ortet]«.

24.02.1887 b1/376 (rki): Knopstich, Eduard Friedrich, Elbing, Johannisstrasse 11, an R. Koch. Übersendung eines Traktats »Das phlegmatische ./. cholerische Temperament als Krankheit«.

01.04.1887 b1/377 (rki): Knopstich, Eduard Friedrich, Elbing, an R. Koch. Beschreibung eines »Verfahrens bei der Cholera«.

15.04.1887 b3/140 (rki): Virchow, Rudolf (1821-1902), Wiesbaden, ohne namentliche Nennung der Adressatin. Erkrankung der Adressatin und Empfehlungen zur Genesung. Kein Zusammenhang mit Nachlaß Koch; der Brief war ein Geschenk an das Robert Koch-Institut nach 1945.

28.04.1887 b1/237 (rki): Köhler, Karl (1847-1912), Berlin, an R. Koch. Benachrichtigung über die Bewilligung einer außerordentlichen Renumeration.

16.05.1887 b3/136 (rkm): Waldeyer, Wilhelm von (1836-1921), Berlin, Luisenstrasse 56, an Fraenkel, Carl (1861-1915). Danksagung für Geschenk einer Buchveröffentlichung Fraenkels. Poststempel: 18.5.[18]87, Anschrift Fraenkels: Potsdamer Strasse 22. Dieser Brief wurde dem rkm von Herrn Liman überlassen.

31.05.1887 b2/058 (rki): R. Koch, Berlin, Magazinstrasse 16, an Gaffky, Georg (1850-1918). Private Einladung.

14.07.1887 b2/059 (rki): R. Koch, Berlin, an Gaffky, Georg (1850-1918). Mitteilung eines Zitates zu Verfahren, schlammiges Wasser zu klären.

26.11.1887 b2/060 (rki): R. Koch, Berlin, Klosterstraße 36, an Gaffky, Georg (1850-1918). Verteilung des Cholera-Berichts von Gaffky und Koch an verschiedene Kollegen. Gaffky, Georg (Bearb.), Bericht über die Thätigkeit der zur Erforschung der Cholera im Jahre 1883 nach Egypten und Indien entsandten Kommission, unter Mitwirkung von Dr. Robert Koch ..., bearbeitet von Dr. Georg Gaffky (= Arbeiten aus dem Kaiserlichen Gesundheitsamte, Bd. 3), Berlin 1887.

01.03.1888 b1/847 (rki): Guertler, Dr., Hannover, an R. Koch. Danksagung für die Teilnahme am Bakteriologischen Kurs für Medizinalbeamte in Berlin im März 1887.

10.05.1888 b1/236 (rki): Ishiguro, Tadenori, Berlin, an R. Koch. Übersendung von zwei Vasen als Geschenk des japanischen Innenministers (Yamagata) als Dank für Unterricht und Beratung. Wahrscheinlich Abschrift von der Hand Kitasatos, mit Datumsvermerk [Kochs?]: 11.5.[18]88.

31.05.1888 b1/235 (rki): Gossler, Gustav K. Heinrich von (1838-1902), Berlin, an R. Koch. Genehmigung zur Annahme eines Geschenks des japanischen Innenministers (zwei Vasen). Siehe 10.05.1888, b1/236.

02.09.1888 b3/130 (rkm): Metschnikoff, Elie (1845-1916), Landgut Popofra, an Fraenkel, Carl (1861-1915). Übersendung von elf mikroskopischen Präparaten (Milzbrand- und Tuberkelbazillen) mit Kurzbeschreibung und Erläuterungen. Marginal von anderer Hand, Bl. 1 Erwähnung: »Breslauer Trio«; »Königsberger Duo«; dieser Brief wurde dem rkm von Herrn Liman überlassen.

09.09.1888 b1/616; 616a (rki): Fato, Antonio, Bari, an R. Koch. Mitteilungen über mikroskopische Beobachtungen und Fragen zur Interpretation der Befunde. Zwei Briefe gleichen Datums und Inhalts.

12.10.1888 b1/704 (rkm): Cauer von [Lauer?], Berlin, an R. Koch. Begleitschreiben zur Ernennung zum ordentlichen Professor für Hygiene bei der Medicinisch-chirurgischen Militärakademie.

Hinweis auf mit übersandte Bestallung vom 10.8.1888, diese nicht beiliegend und im Nachlaß nicht vorhanden.

28.12.1888 b2/061 (rki): R. Koch, Berlin, Brückenallee 39, an Gaffky, Georg (1850-1918). Allgemeine Mitteilungen über die Winter-Pause der Hygiene-Kurse; veröffentlicht in: B. Möllers, Robert Koch, S. 188.

30.01.1889 b3/131 (rkm): Metschnikoff, Elie (1845-1916), Paris, Boulevard St. Michel 72, an Fraenkel, Carl (1861-1915). Übersendung von Bakterienkulturen (Vibrio Metschnikowi) und Bitte um Übersendung von indischen Cholera-Bakterienkulturen aus dem Bestand am Hygiene-Institut der Berliner Universität. Dieser Brief wurde dem rkm von Herrn Liman überlassen.

07.02.1889 b3/132 (rkm): Metschnikoff, Elie (1845-1916), Paris, an Fraenkel, Carl (1861-1915). Versuche und Fehlschläge mit Milzbrandvaccine; Sendung von Cholera-Präparaten aus Tierversuchen mit Zieseln. Hinweis auf Neubau des Institut Pasteur und daraus resultierendem Umzug des Instituts; dieser Brief wurde dem rkm von Herrn Liman überlassen.

07.02.1889 b3/133 (rkm): Metschnikoff, Elie (1845-1916), Paris, Boulevard St. Michel 72, an Fraenkel, Carl (1861-1915). Erwiderung auf eine Rezension von Fraenkel und Versuche von Nuttall mit Nährböden für »Becterizidien«; dieser Brief wurde dem rkm von Herrn Liman überlassen.

17.02.1889 b2/062 (rki): R. Koch, Berlin, Brückenallee 39, an Gaffky, Georg (1850-1918). Glückwunschschreiben zum Geburtstag und Ferienplanung. Hinweis auf erhaltenen Brief von Gaffky.

22.12.1889 b2/063 (rki): R. Koch, Berlin, an Gaffky, Georg (1850-1918). Danksagung für Geburtstagsschreiben und allgemeine Mitteilungen über frühere Kollegen. Hinweis auf erhaltenen Brief von Gaffky; veröffentlicht in: B. Möllers, Robert Koch, S. 189.

22.09.1890 b1/848 (rki): Kipluie, Dr. Wolf R., u.a., Linz, an R. Koch. Anerkennung der wissenschaftlichen Leistungen und Glückwünsche zu Erfolgen Kochs.

06.10.1890 b3/008 (rki): Pettenkofer, Max von (1818-1901), München, an Köhler, Karl (1847-1912). Danksagung für Beileidschreiben zum Tod der Gattin Pettenkofers.

18.10.1890 b3/135 (rkm): Pettenkofer, Max von (1818-1901), München, an Fraenkel, Carl (1861-1915). Übersendung eines [veröffentlichten?] Vortrages, einem entsprechenden Wunsch Fraenkels folgend [wahrscheinlich Cholera]. Datumsvermerk Fraenkels: »b[eantwortet] 22.10.[1890]«; Anlage liegt nicht bei; dieser Brief wurde dem rkm von Herrn Liman überlassen.

16.11.1890 b3/134 (rkm): Mikulicz, Johann von (1850-1905), Breslau, an Fraenkel, Carl (1861-1915). Mögliche Berufung Fraenkels nach Königsberg und anderweitige Berufung Flügges. Dieser Brief wurde dem rkm von Herrn Liman überlassen.

17.11.1890 b1/240 (rki): Gossler, Gustav K. Heinrich von(1838-1902), Berlin, an R. Koch. Errichtung eines Instituts zur Herstellung von Lymphe«, [Tuberkulin], Auszug aus einem Immediatbericht über die Stellungnahme Kochs.

18.11.1890 b3/009 (rki): Pettenkofer, Max von (1818-1901), München, an Köhler, Karl (1847-1912). Ernennung Pettenkofers zum Präsidenten der [Bayerischen] Akademie der Wissenschaften und Vermittlung von Dr. Hime an Robert Koch.

20.11.1890 b1/731 (rkm): Gossler, Gustav K. Heinrich von (1838-1902), [Berlin], an R. Koch. Glückwünsche anläßlich der Verleihung des Großkreuzes zum Roten Adler-Orden und persönliche Worte der Anerkennung. Siehe hierzu L2/011 (rkm).

29.11.1890 b1/683 (rkm): Althoff, Friedrich (1839-1908), Berlin, an R. Koch. Bitte um Mitteilung der Ergebnisse einer am folgenden Tag stattfindenden Audienz an den Kultusminister.

29.11.1890 b1/849 (rki): Teofik, A., Berlin, an R. Koch. Anerkennung der wissenschaftlichen Leistungen. Bl. 2Rs: Adressnotiz Kochs.

30.11.1890 b1/ 850 (rki): Reich/ Lunkewitsch, A./ Prigorier[...?], A., Tiflis, an R. Koch. Anerkennung der wissenschaftlichen Leistungen des Ehrenmitglieds der Kaiserlich-Kaukasischen Medizinischen Gesellschaft. Ehrenmitglied der Gesellschaft war Koch seit Juni 1886, siehe L2/041 (rki).

21.12.1890 b1/851 (rki): Zielewicze, Posen, an R. Koch. Übermittlung einer Grußadresse. Datumsvermerk Kochs: 13.1.[18]91.

22.12.1890 b1/730 (rkm): Gossler, Gustav K. Heinrich von(1838-1902), Berlin, an R. Koch. Vereinbarung eines Besprechungstermins zur Vorbereitung einer Sitzung im Preußischen Abgeordnetenhaus.

23.12.1890 b2/064 (rki): R. Koch, Berlin, Brückenallee 39, an Gaffky, Georg (1850-1918). Danksagung für Geburtstagsbrief und Planungen für ein Institut für Infektionskrankheiten in Berlin. Hinweis auf erhaltenen Brief von Gaffky; veröffentlicht in: B. Möllers, Robert Koch, S. 201.

03.01.1891 b2/109 (rki): R. Koch, Berlin, an Köhler, Karl (1847-1912). Vereinbarung eines nicht näher charakterisierten Termins.

05.01.1891 b1/852 (rki): Lochner/Eidam/Bischoff, Gunzenhausen, an R. Koch. Beglückwünschung zu den neuesten Arbeiten und Ergebnissen bezüglich der Tuberkulose. Datumsvermerk Kochs: 19.1.[18]91.

05.01.1891 b1/853 (rki): Maegeri, Dr. J. P., Zante in Griechenland, an R. Koch. Beglückwünschung zu den neuesten Forschungsergebnissen namens der Freimaurerloge »Star of the Last«.

07.01.1891 b1/841 (rki): August (1817-1894)/Bardeleben, Adolf von (1819-1895)/Virchow, Rudolf (1821-1902) u.a., Berlin, an R. Koch. Anerkennung der Leistungen und Wirkung Kochs als Professor für Hygiene und Bedauern über Rücktrittsabsichten von der Professur für Hygiene an der Berliner Universität. Datumsvermerk Kochs: 30.1.[18]91.

20.03.1891 b2/065 (rki): R. Koch, Alexandria, an Gaffky, Georg (1850-1918). Geplanter Verlauf der Rückreise von Ägypten nach Berlin; veröffentlicht in: B. Möllers, Robert Koch, S. 208f.

23.03.1891 b1/682 (rkm): Althoff, Friedrich (1839-1908), Berlin, an R. Koch. Fortgang der Arbeiten zur Errichtung des Instituts für Infektionskrankheiten.

09.05.1891 b2/128 (rki): R. Koch, Berlin, Brückenallee 39, an Dönitz, Wilhelm (1838-1912). Einwilligung des Adressaten in Aufnahme einer Tätigkeit am neu gegründeten Institut für Infektionskrankheiten.

15.05.1891 b1/193 (rki): Tymowski, J. von (?-1903), Nizza, an R. Koch. Erprobung von Tuberkulin in einem Spital in Nizza.

27.05.1891 b1/194 (rki): Ehrlich, Paul (1854-1915), [Berlin], an R. Koch. Tod eines Patienten. Mit Marginal [von anderer Hand?].

15.07.1891 b1/195 (rki): Maass, H., Berlin-Moabit, an R. Koch. Selbstversuch mit Tuberkulin. Anlage: Fieber- und Pulskurve, 13.7. bis 15.7.1891.

09.12.1891 b1/819 (rkm): Zarubin, Joh[annes], Charkov, an R. Koch. Mitteilung über die einstimmige Wahl Kochs zum Ehrenmitglied der Gesellschaft für Experimental-Wissenschaften an der Kaiserlichen Universität Charkov und Übersendung des Diploms (s. L2/014, rkm).

20.12.1891	b2/066 (rki): R. Koch, Berlin, Charitéstraße 1, an Gaffky, Georg (1850-1918). Private Mitteilungen in Beantwortung eines Briefes von Gaffky
02.02.1892	b1/922 (rki): N.N.[sic!], Wandsbeck, an R. Koch. Persönliche Einschätzung der sanitären Verhältnisse in Cuxhaven angesichts der Cholera in Hamburg. Angeklebt: zwei Zeitungsartikel vom 30.8. und 1.9.1892; das korrekte Entstehungsjahr muß daher 1893 sein.
27.02.1892	b1/380 (rki): keine Angabe, Marienwerder, an R. Koch. Abschrift eines Telegramms über Cholera-verdächtigen Todesfall in Marienwerder. Außenseite: Papiersiegel des Ministeriums für geistliche, Unterrichts- und Medizinalangelegenheiten.
09.08.1892	b2/067 (rki): R. Koch, Berlin, Charitéstraße 1, an Gaffky, Georg (1850-1918). Weiterleitung von zwei nicht weiter beschriebenen Arbeiten Gaffkys für eine Veröffentlichung [in der Zeitschrift für Hygiene und Infektionskrankheiten?]. Antwort auf einen Brief Gaffkys.
02.09.1892	b1/260 (rki): Rumpf, Theodor (1851-1934), Hamburg-Eppendorf, an R. Koch. Übersendung und Kommentierung eines Briefes von F. Hueppe (1852-1938) vom 29.9.1892 an den Hamburger Senat (Bürgermeister Versmann) zur Cholera in Hamburg. Der Brief Hueppes liegt als Abschrift bei.
02.09.1892	b1/381 (rki): Selle, Berlin, an R. Koch. Möglichkeit zu Cholera-Forschungen im Krankenhaus Moabit. Rückseite mit Papiersiegel, Poststempel und Briefmarke.
03.09.1892	b1/382 (rki): Selle, Berlin, an R. Koch. Einladung zu einer Sitzung der Deputation für öffentliche Gesundheitspflege über Cholera-Maßregeln.
04.09.1892	b1/906 (rki): Köhler, Karl (1847-1912), Berlin, an R. Koch. Konstituierung einer Sachverständigenkommission zur Vorbereitung eines Entwurfes für ein Seuchengesetz mit Vorschlag für einen Besprechungstermin. Auf Rückseite aufgeklebt: Antwortentwurf von anderer Hand [Pohnert].
06.09.1892	b1/263 (rki): Bujwid, Odo (1857-1942), Warschau, Bednarska 24, an R. Koch. Übersendung von Cholera-Kulturen und Bitte um deren Prüfung. Datumsvermerk Kochs: 24.9.[1892].
13.09.1892	b1/259 (rki): Frankland, Pearcy F. (1858-?), The Yews, Reigate Hill, Surrey, an R. Koch. Cholera in Hamburg. Datumsvermerk Kochs: 24.9.[1892].

15.09.1892 b1/452 (rki): A. E. [sic!], Hamburg, an R. Koch. Cholera-Forschungen Koch und dessen Unterstützung der Hamburger Behörden.

17.09.1892 b1/904 (rki): Köhler, Karl (1847-1912), Berlin, an R. Koch. Übersendung von Sitzungsunterlagen einer Sachverständigen-Kommission zur Cholera im Kaiserlichen Gesundheitsamt.

19.09.1892 b1/923 (rki): Gaffky, Georg (1850-1918), Giessen, an R. Koch. Danksagung für die Empfehlung Gaffkys als Berater der Hamburger Behörden während der Cholera-Epidemie 1892.

23.09.1892 b1/390 (rki): Friedrich, [Paul Leopold (1864-1916)], Landsberg an der Warthe, an R. Koch. Mitteilungen zu Anfrage über Cholera-Patienten und Danksagung für erhaltene Empfehlungen.

24.09.1892 b1/001 (rki): Gaffky, Georg (1850-1918), Hamburg, Mosers Hotel, an R. Koch. Cholera in Hamburg 1892/93; Wasser und Wasserleitungen.

27.09.1892 b1/002 (rki): Gaffky, Georg (1850-1918), Hamburg, Mosers Hotel, an R. Koch. Cholera in Hamburg 1892/93, mit Schwerpunkt auf Desinfektion, Wasserleitungen und Brunnen, mit Zeichnung. Briefende fehlt.

27.09.1892 b1/258 (rki): Frankland, Pearcy F. (1858-?), The Yews, Reigate Hill, Surrey, an R. Koch. Cholera in Hamburg und Großbritannien.

29.09.1892 b1/911 (rki): Bötzow, Dr., Hamburg, an R. Koch. Übersendung des Protokollentwurfs der »Hamburger Senats- und Bürgerschaftskommission zur Prüfung der Gesundheitsverhältnisse Hamburgs« mit der Bitte um Korrektur. Protokoll nicht vorhanden, da an Absender zurück gesandt.

30.09.1892 b3/123 (rki): Baudissin, Graf [Wolf, 1867-1926?], Magdeburg, an Bosse, Robert (1832-1901). Mitteilung über Cholera-Erkrankungen und Sterbefall in Carlbau und Übersendung von »Leichenteilen« an Koch.

01.10.1892 b3/121 (rki): keine Angabe, Stendal, an Freiherrn von Riehl. Cholera-Erkrankungen im Landkreis Stendal.

02.10.1892 b3/122 (rki): Goldscheid [Goldscheider, Alfred (1858-)?], Berlin, an Freiherrn Riehl. Mitteilung über Cholera-Erkrankungen und Sterbefall in Charlottenburg.

02.10.1892	b1/003 (rki): Gaffky, Georg (1850-1918), Hamburg, Stadthausbrücke 15, an R. Koch. Cholera in Hamburg 1892/93, Wasseruntersuchungen und Desinfektion. b1/003 und b1/004 mit gemeinamem Außenblatt: Notiz R. Kochs vom 8.10.1892 zur Vorlage bei Köhler und Rückgabevermerk; Beilage: Informationsblatt der Hamburger Cholera-Commission zur Wasserreinheit (Druck).
06.10.1892	b1/261 (rki): Rumpf, Theodor (1851-1934), Hamburg-Eppendorf, an R. Koch. Übersendung einer Berichtsabschrift an den Hamburger Senat (Senator Lappenberg) über die Cholera in Hamburg und Verhalten Ferdinand Hueppes. Bericht liegt als Abschrift bei.
07.10.1892	b1/004 (rki): Gaffky, Georg (1850-1918), Hamburg, Mosers Hotel, an R. Koch. Wasseruntersuchungen und Desinfektionsmaßnahmen anläßlich der Cholera in Hamburg. b1/003 und b1/004 mit gemeinsamen Außenblatt: Notiz R. Kochs vom 8.10. zur Vorlage bei Köhler und Rückgabevermerk; Beilage: Informationsblatt der Hamburger Cholera-Commission zur Wasserreinheit (Druck).
09.10.1892	b2/068 (rki): R. Koch, Berlin, Charitéstraße 1, an Gaffky, Georg (1850-1918). Aktueller Stand der Cholera-Forschungen; veröffentlicht in: B. Möllers, Robert Koch, S. 631, dort Datum: 8.10.1892.
12.10.1892	b1/005 (rki): Gaffky, Georg (1850-1918), Hamburg, an R. Koch. Einschleppung, Verbreitung und Bekämpfung der Cholera in Hamburg 1892. Beiliegend eine Notiz von Köhler, 15.10.[1892]; Rs: Notiz von Koch 15.10.[1892].
15.10.1892	b1/262 (rki): Rumpf, Theodor (1851-1934), Hamburg-Eppendorf, an R. Koch. Gespräch mit Vertretern des Hamburger Senates über die Cholera in Hamburg. Datumsvermerk Kochs: 17.10.[1892].
16.10.1892	b2/069 (rki): R. Koch, Berlin, Charitéstraße 1, an Gaffky, Georg (1850-1918). Wasseruntersuchungen während der Cholera in Hamburg; veröffentlicht in: B. Möllers, Robert Koch, S. 631f.
30.10.1892	b1/006 (rki): Gaffky, Georg (1850-1918), Hamburg, Mosers Hotel, an R. Koch. Berichterstattung an das Kaiserliche Gesundheitsamt über die Cholera-Epidemie in Hamburg und Stellungnahme zu einzelnen Personen.

03.11.1892 b1/909 (rki): Sell, Berlin, an R. Koch. Übersendung einer Denkschrift der Handelskammer in Hamburg an das Reichsamt des Innern über Seuchenfreiheit (Cholera) des Hamburger Hafens. Denkschrift liegt nicht bei; Abschrift eines Berichts der Cholera-Kommission des Senats jedoch vorhanden.

20.11.1892 b1/908 (rki): Breyer, Friedrich, Wien VI, Gumpendorferstrasse 8, an R. Koch. Übersendung eines Sonderdrucks zu Filtrierversuchen Wichmanns nach Verfahren von Breyer und Erläuterungen zu Detailplänen.

25.11.1892 b3/010 (rki): Pettenkofer, Max von (1818-1901), München, an Köhler, Karl (1847-1912). Einschätzung der Cholera-Diskussion und Selbstversuch. Bearbeitungsstempel: »Erhalten: 27.11.[18]92«.

16.12.1892 b1/383 (rki): Gescher, Alfred K. von (1844-1932), Wesel, an R. Koch. Cholera-Bekämpfung, mit Anlage: »Vorschlag einer Verständigung mit den Niederlanden über die Bekämpfung der Cholera«. Die Anlage datiert vom 14.12.1892, Vorlage für das Reichsamt des Innern; Datumsvermerk Koch: 26.12.[18]92.

17.12.1892 b3/124 (rki): Reincke, Dr. J. J., Hamburg, ohne Adressat. Meldung von Cholera-Fällen im Allgemeinen Krankenhaus Hamburg.

30.12.1892 b1/924 (rki): Gaffky, Georg (1850-1918), Giessen, an R. Koch. Diskussionsstand der Hamburger Behörden über die Cholera-Epidemie in Hamburg.

01.01.1893 b1/903 (rki): Krüger, H. C., Hamburg, Altonaerstrasse 67, an R. Koch. Übersendung einer Denkschrift von Classen-Ansbach zur Beseitigung von Abfallstoffen. Denkschrift liegt bei.

03.01.1893 b1/925 (rki): Gaffky, Georg (1850-1918), Giessen, an R. Koch. Diskussionsstand der Hamburger Behörden über die Cholera-Epidemie in Hamburg.

04.01.1893 b2/070 (rki): R. Koch, Berlin, Charitéstraße 1, an Gaffky, Georg (1850-1918). Bevorstehende Besetzung einer Hygiene-Professur in Hamburg. Hinweis auf erhaltenen Brief von Gaffky; Manschette mit Marginal von Gaffky.

06.01.1893 b1/919 (rki): Rumpf, Theodor (1851-1934), Hamburg-Eppendorf, an R. Koch. Informationen über den Diskussionsstand zur Cholera in Hamburg.

17.01.1893	b3/115 (rki): Renk, Friedrich Georg (1850-?), [Halle an der Saale], an Pfuhl, Eduard (1852-1917). Kein Nachweis von Cholera in drei untersuchten Fällen. Vermerk zum Zeitpunkt des Erhalts; auf Notizbuch-Blatt.
18.01.1893	b1/388 (rki): Müller, Berlin bzw. Stettin, an R. Koch. Übersendung eines Manuskripts von Dr. Krau, Kreisphysikus, zur Geschichte der Cholera im Kreis Greifenhagen bei Stettin (Manuskript angebunden).
18.01.1893	b3/114 (rki): Renk, Friedrich Georg (1850-?), Halle, ohne Adressat [Pfuhl, E. ?]. Nachweis von Cholera-Vibrionen in Präparaten aus Nietleben.
21.01.1893	b1/890 (rki): Weitzingen, Merseburg, an R. Koch. Übersendung von nicht näher bezeichneten Artikeln zur Cholera zwecks Abdruck in Hallischen Zeitungen, mit der Bitte um etwaige Korrekturen des Textes.
21.01.1893	b1/931 (rki): Gescher, Alfred K. von (1844-1932), Haus Brömersdorf bei Wesel, an R. Koch. Übersendung einer Abschrift des Schlußberichts über die aktuelle Cholera-Epidemie für den Staatssekretär des Innern. Der Bericht liegt nicht bei.
22.01.1893	b1/869 (rki): Hitzig, Eduard (1838-1907), Halle an der Saale, Wilhelmstrasse 31, an R. Koch. Übersendung einer Zusammenstellung über Cholera-Fälle in Nietleben 1879-1885. Anlage fehlt.
22.01.1893	b1/866 (rki): Pfeiffer, Richard (1858-1945), Berlin, an R. Koch. Benachrichtigung über erhaltene Wasserproben im Hinblick auf Cholera-Forschungen.
22.01.1893	b1/905 (rki): Werder, von, Halle, an R. Koch. Übersendung einer für den Landkreis Saale erlassenen Bekanntmachung bezüglich der Cholera, zur Kenntnisnahme. Die Bekanntmachung liegt nicht bei.
22.01.1893	b1/880 (rki): Risel, Halle an der Saale, an R. Koch. Benachrichtigung über Entnahme einer Stuhlprobe anläßlich von Cholerafällen in Halle an der Saale.
22.01.1893	b1/881 (rki): Starke, Halle an der Saale, an R. Koch. Mitteilungen über Wasserentnahme aus der Saale zur Gewinnung von Eis und mögliche Relevanz im Hinblick auf Cholera.
23.01.1893	b1/885 (rki): Fries, Dr., Nietleben, Provinzial-Irren-Anstalt, an R. Koch. Mitteilungen zur Cholera in der Provinzial-Irrenanstalt Nietleben. Bl. 2Rs: Notiz Robert Kochs..

23.01.1893 b1/253 (rki): Werder, von, Halle an der Saale, an R. Koch. Bekanntwerden von Cholera-Erkrankungen in Trotha. Bl. 2: Briefentwurf mit Unterschrift von Koch an Pfuhl, mit Anweisungen an diesen und Frosch, im Hygiene-Institut in Halle an der Saale Proben zu untersuchen.

23.01.1893 b3/117 (rki): Proskauer, Bernhard (1851-1915), Berlin, an Frosch, Paul (1860-1928). Benachrichtigung über den Salzsäuregehalt in Pechtonlösung.

24.01.1893 b1/862 (rki): Diese, von, Regierungspräsident, Merseburg, an R. Koch. Frage nach Anzeige von Cholerafällen in Trotha seitens des Landrates.

24.01.1893 b1/926 (rki): Gaffky, Georg (1850-1918), Giessen, an R. Koch. Bevorstehende Reise nach Hamburg zur Erörterung der Cholera-Frage. Anlage: Plan der neuen Sandfiltrations-Anlage zur Wasserversorgung Hamburgs.

24.01.1893 b3/116 (rki): Renk, Halle an der Saale, an: Pfuhl, Eduard (1852-1917). Übersendung von Stuhlproben zum Nachweis von Cholera.

24.01.1893 b1/861 (rki): Zielitz, Halle an der Saale, an R. Koch. Cholerafälle in Trotha.

25.01.1893 b1/927 (rki): Mönckeberger, Hamburg, an R. Koch. Danksagung für Beratung und Unterstützung der Hamburger Behörden während der Cholera-Epidemie und Bitte um Teilnahme an weiteren Beratungen.

25.01.1893 b1/868 (rki): Pfeiffer, Richard (1858-1945), Berlin, an R. Koch. Benachrichtigung über erfolgreiche Cholera-Versuche mit Leitungswasser aus Nietleben und im Tierversuch.

25.01.1893 b1/865 (rki): Fielitz, an R. Koch, Connern an der Saale. Benachrichtigung über eine Erkrankung in Trebitz [Cholera-Verdacht], mit Notiz: »unverdächtig«.

25.01.1893 b1/864 (rki): Werder, von, Halle an der Saale, an R. Koch. Benachrichtigung über Erkrankungen und Todesfälle an Cholera in Trotha [13 bzw. 1] und Nietleben [4 bzw. 1].

25.01.1893 b1/863 (rki): Frosch, Paul (1860-1928), Berlin, an R. Koch. Stand der Cholera-Arbeiten am Institut für Infektionskrankheiten [zur Cholera-Epidemie in Nietleben].

26.01.1893 b1/867 (rki): Pfeiffer, Richard (1858-1945), Berlin, an R. Koch. Benachrichtigung über Untersuchungsergebnisse [Cholera-Nachweis].

26.01.1893	b1/882 (rki): Wintzinger [?], Merseburg [?], an R. Koch. Cholera-Forschungen im Kreis Halle; Übersendung von Zeitungsartikeln und Bemerkungen hierzu. Zeitungsartikel fehlen.
28.01.1893	b1/871 (rki): Pfuhl, Eduard (1852-1917), Berlin, an R. Koch. Cholerafall in Wettin.
28.01.1893	b1/928 (rki): Hachmann, Hamburg, an R. Koch. Danksagung für Zusage der persönlichen Teilnahme an Beratungen der Hamburger Behörden über die Cholera-Frage.
28.01.1893	b1/893 (rki): Pfuhl, Eduard (1852-1917), Halle an der Saale, an R. Koch. Cholera-Forschungen in Halle an der Saale und Umgebung.
28.01.1893	b1/385 (rki): Boetticher, Karl Heinrich von (1833-1907), Magdeburg, an R. Koch. Trinkwasser-Versorgungsprobleme in Magdeburg und daraus resultierende Cholera-Gefahr. Bestandteil mehrerer gehefteter Unterlagen.
28.01.1893	b1/378 (rki): ohne Angabe, Berlin, an R. Koch. Einladung zum Vortrag [über aktuelle Cholera-Forschungen] in der Reichskanzlei für den 29.1.1893. Ohne Unterschrift.
28.01.1893	b1/891 (rki): Weitzingen, Merseburg, an R. Koch. Choleraforschungen; Übersendung einer »Zusammenstellung der zur Bekämpfung der Cholera in der Provinzial-Irrenanstalt Nietleben ... getroffenen Maßnahmen« zur Kenntnisnahme. Anlage vorhanden, 7 Bll.
29.01.[1893]	b3/118 (rki): Pfuhl, Eduard (1852-1917), Halle, an Bosse, Robert (1832-1901). Benachrichtigung über Cholera-Fälle in Wettin an der Saale. Rs: Briefkopf des Hotels Hamburg in Halle an der Saale; ohne Jahresangabe, nachträgliche Ergänzungen von Pfuhl.
29.01.1893	b1/894 (rki): Pfuhl, Eduard (1852-1917), Halle an der Saale, Hotel Stadt Hamburg, an R. Koch. Cholera-Forschungen in Halle und Umgebung mit einem Berichtskonzept für den Kultusminister. Anlage: drei weitere Berichtskonzepte Pfuhls, 31.1.1893, 2.2.1893, 4.2.1893.
31.01.1893	b1/895 (rki): Pfuhl, Eduard (1852-1917), Halle an der Saale, [Hotel Stadt] Hamburg, an R. Koch. Neuerkrankungen und Todesfälle an Cholera in Cröllnitz und Nietleben.
[1893]	b1/892 (rki): Bartsch, Dr. von, Berlin bzw. Halle, an R. Koch. Cholera-Forschungen in Halle an der Saale und Umgebung; Ersatz Froschs vor Ort durch andere Mitarbeiter des Instituts

für Infektionskrankheiten. Undatiert, laut Inhalt muß die Entstehungszeit Januar oder Frebruar 1893 sein.

02.02.1893 b1/386 (rki): Boetticher, Karl Heinrich von (1833-1907), Magdeburg, an R. Koch. Absage eines Treffens zur Beratung der Cholera-Gefährdung, mit Notizen Kochs zur Cholera. Bestandteil mehrerer gehefteter Unterlagen, darunter auch Zeitungsausschnitte und Notizen; Datumsvermerk Kochs: 3.1.[!] [18]93.

02.02.1893 b1/936 (rki): Kaltenborn-Stachen, von, Berlin, an R. Koch. Cholera-Forschungen; Mitteilung über die Entsendung des Stabsarztes Weisser nach Altona.

02.02.1893 b1/939 (rki): Wallich, Dr. J., Altona, an R. Koch. Übersendung eines Verzeichnisses der an Cholera Erkrankten in Altona. Verzeichnis liegt nicht bei.

02.02.1893 b1/896 (rki): Pfuhl, Eduard (1852-1917), Halle an der Saale bzw. Berlin, an R. Koch. Todesfälle an Cholera in Nietleben.

03.02.1893 b1/929 (rki): Götzow, Dr., Hamburg, an R. Koch. Übersendung des Protokolls der Cholera-Kommission vom 30./31.1.1893 mit der Bitte um Durchsicht.

03.02.1893 b1/897 (rki): Pfuhl, Eduard (1852-1917), Halle an der Saale bzw. Berlin, an R. Koch. Cholera-Fälle in Halle an der Saale und Umgebung. Rs: Bleistift-Skizze.

04.02.1893 b3/126 (rki): Pfeiffer, Richard (1858-1945), Altona, ohne Adressat. Übersendung eines Berichts über die Cholera-Forschungen in Altona.

04.02.1893 b1/941 (rki): Kümmel, Altona, an R. Koch. Mitteilung über Wasser-Untersuchungen im Zusammenhang mit der Cholera in Altona.

04.02.1893 b1/387 (rki): Stutzer, Albert (1849-1923), Bonn, an R. Koch. Übersendung eines Manuskripts über Cholera-Forschungen mit der Bitte um Abdruck in der »Zeitschrift für Hygiene«. Bestandteil mehrerer gebundener Unterlagen; Datumsvermerk Kochs: 12.2.[1893].

04.02.1893 b1/932 (rki): »Oberbürgermeister«, Altona bzw. Berlin, an R. Koch. Fehler in der Wasserfiltration im Zusammenhang mit der Cholera-Epidemie in Altona.

05.02.1893 b1/007 (rki): Pfeiffer, Richard (1858-1945), Altona, an R. Koch. Cholerafälle in Altona und diesbezügliche bakteriologi-

	sche Untersuchungen, sowie Berichterstattung über Brunnen und Kanalisation in Altona. Teilweise Anstreichungen.
06.02.1893	b1/899 (rki): Pfuhl, Eduard (1852-1917), Halle an der Saale bzw. Berlin, an R. Koch. Cholera-Fälle in Nietleben.
06.02.1893	b1/384 (rki): Boetticher, Karl Heinrich von (1833-1907), Magdeburg, an R. Koch. Übersendung von Materialien zur Vorbereitung eines Treffens über Beratungen zur Cholera und zur Wasserversorgung. Bestandteil mehrerer gehefteter Unterlagen; inliegend: zwei Notizzettel von Kochs Hand.
07.02.1893	b1/933 (rki): Pfeiffer, Richard (1858-1945), Altona, an R. Koch. Cholera-Forschungen; aktuelle Situation in Altona.
08.02.1893	b1/934 (rki): Pfeiffer, Richard (1858-1945), Altona, an R. Koch. Cholera-Forschungen; aktuelle Situation in Altona.
08.02.1893	b2/202 (rki): R. Koch, Berlin, ohne Adressat. Cholera-Forschungen; Mitteilung über die Entsendung Pfeiffers nach Altona und dessen Auftrag.
08.02.1893	b1/901 (rki): Pfuhl, Eduard (1852-1917), Halle an der Saale, an R. Koch. Abklingen der Cholera in Halle an der Saale und Umgebung.
08.02.1893	b1/930 (rki): Götzow, Dr., Hamburg, an R. Koch. Übersendung des Protokolls der Senats- und Bürgerschaftskommission zur Beratung der Cholera-Frage vom 31.1.1893 mit der Bitte um Durchsicht.
09.02.1893	b1/935 (rki): Pfeiffer, Richard (1858-1945), Altona, an R. Koch. Cholera-Forschungen; aktuelle Situation in Altona.
09.02.1893	b1/902 (rki): Pfuhl, Eduard (1852-1917), Halle an der Saale, an R. Koch. Meldung von Cholera-verdächtigen Fällen in Halle an der Saale und Umgebung.
09.02.1893	b1/900 (rki): Pfuhl, Eduard (1852-1917), Halle an der Saale bzw. Berlin, an R. Koch. Ausbleiben von Cholera-Fällen in Halle an der Saale und Umgebung.
09.02.1893	b1/937 (rki): Schulze, Paul, Schulau, an R. Koch. Choleraforschungen; Übersendung einer Wasserprobe filtrierten Elbwassers.
11.02.1893	b1/872 (rki): Pfuhl, Eduard (1852-1917), Halle an der Saale, an R. Koch. Cholera-Neuerkrankung in einer nicht näher bezeichneten Anstalt in Halle an der Saale (Telegramm).

11.02.1893 b1/878 (rki): Pfuhl, Eduard (1852-1917), Halle an der Saale, an R. Koch. Choleraforschungen in der Provinzial-Irrenanstalt Nietleben; Ergebnisse bakteriologischer Untersuchungen.

12.02.1893 b1/873 (rki): Pfuhl, Eduard (1852-1917), Halle an der Saale, an R. Koch. Aufklärung des letzten gemeldeten Cholera-Falles in Halle an der Saale und Abreise von dort.

13.02.1893 b1/008; 008a (rki): Pfeiffer, Richard (1858-1945), Altona, an R. Koch. Cholera in Altona 1893: Situation im Ortsteil Langer Jammer. Zwei Briefe gleichen Datums, miteinander verklebt, ebenso Umschlag; Hinweis auf übersandten Plan, nicht beiliegend.

13.02.1893 b2/201 (rki): Koch, Robert (1843-1910)/[Pfuhl, Eduard], Berlin, an Bosse, Robert (1832-1901). Cholera-Forschungen in der Provinzial-Irrenanstalt Nietleben.

13.02.1893 b1/009 (rki): Pfeiffer, Richard (1858-1945), Altona, an R. Koch. Übersendung eines Planes vom Ortsteil Langer Jammer und Bemerkungen hierzu im Kontext mit Cholerafällen in Altona. Stellenweise Anstreichungen.

15.02.1893 b1/011 (rki): Pfeiffer, Richard (1858-1945), Altona, an R. Koch. Mitteilungen über weitere Maßnahmen zur Bekämpfung der Cholera in Altona.

15.02.1893 b1/874 (rki): Pfuhl, Eduard (1852-1917), Halle an der Saale, an R. Koch. Neu gemeldete Cholera-Erkrankung in Nietleben.

15.02.1893 b1/879; 879a (rki): Zenthoefer, Halle an der Saale, an R. Koch. Cholera-Forschungen in der Provinzial-Irrenanstalt Nietleben.

15.02.1893 b1/010 (rki): Pfeiffer, Richard (1858-1945), Altona, an R. Koch. Erläuterungen zu Wasserversorgung einzelner Grundstücke im Kontext mit der Cholera in Altona.

16.02.1893 b1/940 (rki): van Bebber, Prof. Dr. J. W., Hamburg, an R. Koch. Übersendung der meteorologischen Aufzeichnungen Pfeiffers von der Seewarte [Cholera-Forschungen]. Tabelle liegt bei.

16.02.1893 b1/264 (rki): Oehler [Gehler?], Magdeburg, an R. Koch. Übersendung eines Protokolls der Stadtverordneten-Versammlung Magdeburg. Cholera in der Region um Magdeburg. Entstehungsmonat nicht eindeutig entzifferbar; das Protokoll liegt nicht bei.

17.02.1893	b1/379 (rki): Boetticher, Karl Heinrich von (1833-1907), Magdeburg, an R. Koch. Danksagung für gutachterliche Stellungnahme zur Wasserversorgung Magdeburgs [Cholera-Forschungen]. Datumsvermerk Kochs: 21.2.[1893].
17.02.1893	b3/127 (rki): Bahl (Stadtbaurat in Altona), an Pfeiffer, Richard (1858-1945), Altona. Übersendung von »Kopien der Bohrlöcher« für Cholera-Forschungen in Altona.
22.02.1893	b1/938 (rki): Pfeiffer, Richard (1858-1945), Altona, an R. Koch. Cholera-Forschungen, aktuelle Situation in Altona.
23.02.1893	b1/921 (rki): Radloff, Fr., Hamburg, an R. Koch. Übersendung von Drucksachen zur Beratung der Cholera-Frage (Gesundheitspässe) aufgrund entsprechender Anfrage Kochs.
23.02.1893	b1/920 (rki): Mönckeberger, Hamburg, an R. Koch. Danksagung für Unterstützung und Beratung der Hamburger Behörden während der Cholera-Epidemie 1892.
23.02.1893	b1/875 (rki): Zenthoefer, Halle, an R. Koch. Choleraforschungen in der Provinzial-Irrenanstalt Nietleben.
25.02.1893	b1/389 (rki): [?], Berlin, an R. Koch. Einladung zu einer Sitzung im Polizei-Präsidium zur Beratung von Cholera-Maßnahmen. Rs: mit Briefmarke und Stempeln.
27.02.1893	b3/119 (rki): Driesemann, Merseburg, an Pfuhl, Eduard (1852-1917). Zusage der bevorstehenden Übersendung von Plänen und Zeichnungen der Filteranlagen in der Provinzial-Irrenanstalt Nietleben an Robert Koch.
27.02.1893	b1/942 (rki): Bahl (Stadtbaurat in Altona), Altona, an R. Koch. Übersendung einer Kopie eines Stadtplanes von Altona für Cholera-Forschungen und Ankündigung eines Originals gegen Erstattung der Kosten.
28.02.1893	b1/907 (rki): Beckmann, Aug[ust] (1836-1915), Hamburg, an R. Koch. Übersendung eines Tätigkeitsberichts des »Bürgervereins Altstadt Südertheil« für 1892. Bericht liegt nicht bei.
Februar 1893	b1/877 (rki): Pfuhl, Eduard (1852-1917), ohne Ort [Halle an der Saale], an R. Koch. Choleraforschungen in der Provinzial-Irrenanstalt Nietleben; Übersendung von Wasserproben. Datumsvermerk Kochs: 11.2.[18]93.
01.03.1893	b1/870 (rki): Driesemann, Merseburg, an R. Koch. Übersendung von Plänen und Zeichnungen der Filteranlagen in der Provinzial-Irrenanstalt Nietleben und eines diesbezüglichen Berichts. Datumsvermerk Kochs: 8.3.[18]93.

07.03.1893 b1/912 (rki): Reincke, Dr. J. J., Hamburg, an R. Koch. Erläuterung von neuen Cholera-Fällen in Hamburg und Altona.

12.03.1893 b1/012 (rki): Pfeiffer, Richard (1858-1945), Berlin, an R. Koch. Bakteriologische Untersuchungen von Wasserproben aus unterschiedlichen Orten im Hinblick auf Cholera.

20.03.[1893] b2/003 (rki): R. Koch, Berlin, Charitéstraße 1, an Pfeiffer, Richard (1858-1945). Typhus- und Cholera-Forschungen in Berlin, Hamburg und Altona. Entstehungsdatum: 20. Febr[uar] ohne Jahresangabe [1893], ermittelt anhand Briefen von Pfeiffer an Koch aus Altona vom 5., 13. und 15.02.1893.

22.03.1893 b1/883 (rki): Buchholz, Nietleben, »P.I.A.« [= Provinzial-Irrenanstalt], an R. Koch. Choleraforschungen im Kreis Halle; Bemerkungen zur Situation der Provinzial-Irren-Anstalt Nietleben und der dortigen Rieselfelder. Bl. 2: Ergänzungen mit roter Tinte.

23.03.1893 b1/888 (rki): Diest, von, Merseburg, an R. Koch. Choleraforschungen; Übersendung eines Entwurfs zu einer Polizeiverordnung zwecks Begutachtung durch Koch. Anlage: Entwurf, Bl. 2: Antwort-Entwurf von R. Pfeiffer.

14.04.1893 b1/889 (rki): Zachmann, Wettin, an R. Koch. Mitteilung über Sendung von Wasserproben (Saalewasser) nach Halle an der Saale zur Prüfung auf Cholera. Mit Briefmarke und Stempel.

16.04.1893 b2/124 (rki): R. Koch, Berlin, Charitéstraße 1, an [Schiess, Johannes (1837-1910)]. Empfehlungsschreiben für Dr. Bitter für eine Stelle in Alexandria und Bemerkungen zur Cholera-Situation. Dem Inhalt nach ist der Adressat in Alexandria. Hinweise auf Cholera-Forschungen und Grüße an Kartulis deuten auf Schiess als Adressaten.

19.04.1893 b1/910 (rki): Weisser, Dr., Altona, an R. Koch. Cholera-Fälle in Altona und Hamburg und bakteriologische Wasseruntersuchungen [Filter].

29.04.1893 b3/120 (rki): Fries, Dr., Nietleben, Provinzial-Irren-Anstalt, an Pfuhl, Eduard (1852-1917). Bemerkungen zur Situation in der Provinzial-Irrenanstalt Nietleben während der dortigen Cholera-Epidemie.

05.06.1893 b3/125 (rki): Rumpf, Theodor (1851-1934), Hamburg bzw. Berlin, ohne Adressat. Krankentransport während früherer Cholera-Epidemien und Bericht über Sterblichkeit in Hamburger Krankenanstalten. Abschrift des Kaiserlichen Gesundheitsamtes, mit einer diesbezüglichen Tabelle für August und September 1893.

07.06.1893 b1/886 (rki): Fries, Dr., Nietleben, Provinzial-Irren-Anstalt, an R. Koch. Mitteilungen zur Cholera in der Provinzial-Irrenanstalt Nietleben und Danksagung für Übersendung eines Sonderdrucks. Datumsvermerk Kochs: 30.6.[18]93.

07.06.1893 b1/914 (rki): Dunbar, William Philip (1863-1922), Hamburg, an R. Koch. Danksagung für einen Sonderdruck; Cholera-Forschungen und Situation der Wasserversorgung in Hamburg (Filtration). Anlage: Ergebnisse bakteriologischer Wasseruntersuchungen.

09.06.1893 b1/917 (rki): Reincke, Dr. J. J., Hamburg, Holzdamm 26, an R. Koch. Danksagung für einen Sonderdruck sowie Situation der Wasserversorgung in Hamburg anläßlich der Cholera. Datumsvermerk Kochs: 30.6.[18]93.

19.06.1893 b1/884 (rki): Lehmann, Dr., Untergöltzsch bei Rodewisch, an R. Koch. Bemerkungen zur Situation der Wasserversorgung in der Irrenanstalt Untergöltzsch im Hinblick auf die Cholera.

25.06.1893 b1/013 (rki): Nocht, Bernhard (1857-1945), Hamburg, an R. Koch. Einschleppung der Cholera nach Hamburg 1893. Datumsvermerk Kochs: 30.6.[18]93.

29.06.1893 b2/121 (rki): R. Koch, Berlin, Charitéstraße 1, an [Schiess, Johannes (1837-1910)]. Reise von Dr. Bitter nach Alexandria. Dem Inhalt nach ist der Adressat in Alexandria. Hinweise auf Cholera-Forschungen und Grüße an Kartulis deuten auf Schiess als Adressaten.

Juni 1893 b1/943 (rki): Biese, Alfred Conrad, Berlin, an R. Koch. Übersendung einer Veröffentlichung zur Cholera. Sonderdruck liegt bei.

01.07.1893 b1/916 (rki): Reincke, Dr. J. J., Hamburg, an R. Koch. Bakteriologische Untersuchungen zur Erforschung der Cholera in Hamburg.

03.07.1893 b1/915 (rki): Reincke, Dr. J. J., Hamburg, an R. Koch. Cholera-Forschungen im Hinblick auf Wasseruntersuchungen in Hamburg.

04.07.1893 b1/014 (rki): Pfuhl, Eduard (1852-1917), Hamburg, an R. Koch. Cholera-Gefahr in Hamburg 1893 durch Auswirkungen der Flut auf Trinkwasserleitungen und Filtersysteme.

10.07.1893	b1/887 (rki): Fries, Dr., Nietleben, an R. Koch. Mitteilungen zur Cholera in der Provinzial-Irrenanstalt Nietleben.
22.07.1893	b2/004 (rki): R. Koch, Berlin, an [Flügge, Carl (1847-1923)]. Drucklegung eines Aufsatzes von Dr. Kornstadt [in der Zeitschrift für Hygiene] und als Dissertation.
29.07.1893	b1/918 (rki): Reincke, Dr. J. J., Hamburg, an R. Koch. Bakteriologische Untersuchungen des Elbwassers zur Erforschung der Cholera und Übersendung einer diesbezüglichen tabellarischen Übersicht. Anlage: Ergebnisse bakteriologischer Untersuchungen.
28.08.1893	b2/129 (rki): R. Koch, Berlin, an Dönitz, Wilhelm (1838-1912). Cholera-Epidemie im Rheinland.
04.09.1893	b1/913 (rki): Köhler, Karl (1847-1912), Berlin, an R. Koch. Übersendung des vorläufigen Entwurfs zum Reichs-Seuchengesetz mit der Bitte um Durchsicht und Stellungnahme.
[12.9.1893]	b2/002 (rki): R. Koch, [Berlin], an [Pfeiffer, Richard (1858-1945)]. Erinnerung an einen Termin am folgenden Tag im Standesamt, Alt-Moabit 120. Angaben zum Datum ermittelt: da es sich sehr wahrscheinlich um den Termin der Eheschließung mit Hedwig Freiberg handelt, ist das Entstehungsdatum der 12.9.1893; ein Adressat ist nicht namentlich genannt, es kann sich auch um eine andere Person als Pfeiffer handeln.
15.09.1893	b2/130 (rki): R. Koch, Berlin, Charitéstraße 1, an Dönitz, Wilhelm (1838-1912). Cholera-Epidemie im Rheinland. Hinweis auf erhaltene Berichte und Telegramme.
28.10.1893	b2/132 (rki): R. Koch, Berlin, an Dönitz, Wilhelm (1838-1912). [Cholera-Epidemie im Rheinland]. Stenogramm.
10.11.1893	b2/131 (rki): R. Koch, Berlin, Charitéstraße 1, an Dönitz, Wilhelm (1838-1912). Abklingen der Cholera im Rheinland.
17.03.1894	b1/944 (rki): Biese, Alfred Conrad, Berlin, Maassenstrasse 32, an R. Koch. Bitte um Stellungnahme und Empfehlung zu der im Jahr zuvor übersandten Veröffentlichung über Cholera.
25.04.1894	b2/071 (rki): R. Koch, Berlin, Charitéstraße 1, an Gaffky, Georg (1850-1918). Erhalt eines Manuskripts von Kutscher (mit Fotogrammen). Die Fotogramme liegen nicht bei; Hinweis auf erhaltenen Brief von Gaffky; veröffentlicht in: B. Möllers, Robert Koch, S. 225, dort Auszug über Privates.

10.07.1894 b2/005 (rki): R. Koch, Zermatt, Hotel Ryffelalp, an Pfeiffer, Richard (1858-1945). Bitte um etwaige Nachrichten bezüglich Cholera und Postnachsendung.

20.07.1894 b2/006 (rki): R. Koch, Zermatt, Hotel Ryffelalp, an Pfeiffer, Richard (1858-1945). Cholera im Weichsel-Gebiet und Gesundheitszustand Kochs.

30.07.1894 b2/007 (rki): R. Koch, Zermatt, Hotel Seiler, an Pfeiffer, Richard (1858-1945). Voraussichtlicher Zeitpunkt der Rückkehr nach Berlin und etwaige Berufung des Adressaten oder Behrings an die Universität Halle.

13.08.1894 b3/011 (rki): Pettenkofer, Max von (1818-1901), Soorhaupt, an Köhler, Karl (1847-1912). Emeritierung als Professor des Hygiene-Instituts in München. Bearbeitungsstempel: »Erhalten: 15.8.[18]94«.

14.08.1894 b3/137 (rki): Nietner, Johannes (1855-1914), Berlin, an Pfuhl, Eduard (1852-1917). Übersendung eines Fotoalbums von Mitarbeitern des Instituts für Infektionskrankheiten. Das Fotoalbum ist im Robert Koch-Institut vorhanden.

06.09.1894 b1/854 (rki): Czapski, Sr. S., Jena, an R. Koch. Vorab-Übersendung eines Produkts aus einem neuen Fabrikationsgebiet der Firma Zeiss (Feldstecher).

12.11.1894 b2/072 (rki): R. Koch, Berlin, Charitéstraße 1, an Gaffky, Georg (1850-1918). Reisepläne zwecks Teilnahme an der Eröffnungsfeier der neuen Farbwerke in Hoechst. Hinweis auf erhaltenen Cholera-Bericht und Separata von Kutscher.

19.11.1894 b2/073 (rki): R. Koch, Berlin, Charitéstraße 1, an Gaffky, Georg (1850-1918). Reisepläne zwecks Besuch bei Gaffky in Giessen. Auszug veröffentlicht in: B. Möllers, Robert Koch, S. 225f.

02.12.1894 b2/008 (rki): R. Koch, Berlin, Charitéstraße 1, an Bitter, Heinrich (1863-1918). Herstellung und Vertrieb von Diphtherie-Serum durch die Farbwerke in Hoechst.

02.12.1894 b2/008 (rki): R. Koch, Berlin, Charitéstraße 1, an Bitter, Heinrich (1863-1918). Herstellung und Lieferung von Diphtherieserum durch die Farbwerke in Hoechst nach Ägypten.

03.12.1894 b2/074 (rki): R. Koch, Charlottenburg-Westend, Ahornallee 30, an Gaffky, Georg (1850-1918). Private Mitteilungen über den Besuch bei Gaffky in Giessen und Cholera-Berichte; veröffentlicht in: B. Möllers, Robert Koch, S. 226.

21.12.1894	b2/009 (rki): R. Koch, Berlin, Charitéstraße 1, an Gaffky, Georg (1850-1918). Private Mitteilungen und Danksagung für Geburtstagswünsche. Auszug veröffentlicht in: B. Möllers, Robert Koch, S. 226.
18.01.1895	b2/076 (rki): R. Koch, Berlin, Charitéstraße 1, an Gaffky, Georg (1850-1918). Bitte um Übersendung von bakteriologischen Präparaten zu einer Arbeit von Kutscher.
04.03.1895	b2/077 (rki): R. Koch, Berlin, Charitéstraße 1, an Gaffky, Georg (1850-1918). Cholera-Forschungen und Erhalt der Arbeit von Kutscher über Wasser-Vibrionen.
23.03.1895	b2/078 (rki): R. Koch, Berlin, Charitéstraße 1, an Gaffky, Georg (1850-1918). Reisepläne Gaffkys und private Einladung nach Berlin.
17.09.1895	b1/855 (rki): Kongresskommittee (Tierärzte), Bern, an R. Koch. Benachrichtigung über Ehrenmitgliedschaft beim 6. Internationalen Tierärzte-Kongress. Datum laut Poststempel.
19.12.1895	b2/079 (rki): R. Koch, Berlin, Charitéstraße 1, an Gaffky, Georg (1850-1918). Tuberkulose-Forschungen und Cholera-Forschungen.
20.12.1895	b2/010 (rki): R. Koch, Charlottenburg-Westend, Ahornallee 30, an [Loeffler, Friedrich (1852-1915)]. Danksagung für Geburtstagswünsche und private Reisepläne. Koch erwähnt eine etwaige Reise nach Greifswald, daher ist als Adressat Loeffler wahrscheinlich.
21.12.1895	b2/075 (rki): R. Koch, Berlin, Charitéstraße 1, an Gaffky, Georg (1850-1918). Danksagung für Geburtstagswünsche.
01.02.1896	b2/011 (rki): R. Koch, Kairo, Shepheards Hotel, an Pfeiffer, Richard (1858-1945). Cholera in Ägypten, Impfversuche mit Behring'schem Choleraserum. Marginal von anderer Hand; bei B. Möllers, Robert Koch, S. 228, sind Auszüge privaten Inhalts aus einem anderen Brief gleichen Datums [laut Möllers an Flügge] abgedruckt.
28.02.1896	b2/012 (rki): R. Koch, Luxor, Pagnon's Hotel, an Pfeiffer, Richard (1858-1945). Cholera in Alexandria und Situation des Berliner Instituts für Infektionskrankheiten. Antwort auf Briefe des Adressaten vom 28.1. und 11.2. 1896; laut Marginal von anderer Hand sei der Adressat Paul Ehrlich; veröffentlicht in: Hoechster Archive, 1968, S. 30-33, dort wird Brieger als Adressat genannt. Da Koch eine Ordensverleihung an den Adressaten erwähnt, muß es sich um Pfeiffer handeln; vgl.

Brief-Faksimile in B. Möllers, Robert Koch, S. 228-231, datumsgleicher Brief vergleichbaren Inhalts.

13.11.1896 b1/059 (rki): Lister, Joseph (1827-1912), London, The Grosvenor Hotel, an R. Koch. Glückwünsche zu Kochs Forschungen zur Rinderpest in Südafrika.

29.01.1897 b1/605 (rki): Bosse, Robert (1832-1901), Berlin bzw. Kimberley, an R. Koch. Anfrage zur Übernahme der Expeditionsleitung in Indien (Pest). Antwortentwurf Kochs vom 29.1.1897.

05.03.1897 b2/168 (rki): R. Koch, ohne Ort [Kimberley], an Faure, [Jean Louis (1863-?)]. Fortsetzung von Kochs Forschungsarbeiten [zur Rinderpest] durch Dr. Edington.

15.03.1897 b2/110 (rki): R. Koch, Kimberley, an Köhler, Karl (1847-1912). Planung der Reise von Südafrika nach Indien zur Beteiligung an der Pest-Expedition und Fortführung der verbleibenden Arbeiten zur Rinderpest in Südafrika durch Kohlstock. Antwort auf Brief Köhlers vom 18.2.1897; Bearbeitungsstempel mit Einträgen: »Erhalten 7.4.[18]97; Erledigt 9.4.[18]97«.

20.03.1897 b1/606 (rki): Agricola, Kapstadt bzw. Kimberley, an R. Koch. Reiseverbindungen innerhalb Südafrikas. Rs: Addition, Kontext unklar.

20.03.1897 b1/426 (rki): [Clomasbergh?], Bloemfontein, an R. Koch. Übersendung von Fahrscheinen. Fahrscheine liegen bei.

20.03.1897 b1/607 (rki): Agricola, Beaufort bzw. Kimberley, an R. Koch. Reiseverbindungen und Transportkosten für Robert und Hedwig Koch.

21.03.1897 b1/608 (rki): Faure, [Jean Louis (1863-)], Kapstadt bzw. Kimberley, an R. Koch. Reisepläne Kochs nach Indien und Forschungsstand zur Rinderpest in Britisch-Südafrika.

22.03.1897 b1/609 (rki): Agricola, Kapstadt bzw. Kimberley, an R. Koch. Bevorstehende Abreise Kochs von Durban und Bitte um Mitteilungen über weitere Pläne.

22.03.1897 b1/610 (rki): Agricola, Kapstadt bzw. Kimberley, an R. Koch. Benachrichtigung des Civil Commissioner of Kimberley über Abreise Kochs und Gepäckversand nach Berlin.

22.03.1897 b2/169 (rki): R. Koch, [Kimberley], an Agricola. Abreise Kochs [nach Indien] und Reisekosten für Schiffspassage von Südafrika. Ende fehlt, nur Bl. 1-3.

23.03.1897	b1/611 (rki): Agricola, Kapstadt bzw. Kimberley, an R. Koch. Abreise Kochs von Südafrika nach Indien. Hinweis auf erhaltene Nachricht Kochs.
März 1897	b2/118 (rki): R. Koch, ohne Ort [Süd-Afrika], ohne Adressat. Bevorstehende Abreise Kochs und seiner Frau. Anlage: Zwei Fahrscheine, ein Gepäckschein mit Stempel: »20. Mar[ch] [18]97«; Anschreiben undatiert.
[März 1897]	b2/119 (rki): R. Koch, ohne Ort [Süd-Afrika], ohne Adressat. Danksagung für Freipässe nach Durban und Kabinenbuchung von dort.
02.08.1897	b3/004 (rki): Kolle, Wilhelm (1868-1935), Kimberley, an [Brieger, Ludwig oder Pfeiffer, Richard]. Unmut über das Verhalten des Adressaten als Vorgesetzter. Erwähnung gemeinsamer Arbeiten am Institut für Infektionskrankheiten und der Pest-Expedition nach Indien.
24.12.1897	b1/648 (rki): Scherl, Friedr[ich] (1849-1921), Charl[ottenburg], an R. Koch. Übermittlung von Akazien-Samen durch Dr. Kohlstock. Datumsvermerk Kochs: 26.11.[18]98.
[1898]	b1/551 (rki): keine Angabe, Tanga, an R. Koch. Meldung von erkrankten Pferden in verschiedenen Orten. Datierung: 19.1. ohne Jahresangabe [vermutlich 1897/98].
25.02.1898	b2/013 (rki): R. Koch, Daressalam, an Weigert, Carl (1845-1904). Forschungen zu Bubonenpest; Malaria; Texasfieber; Tsetse-Krankheit.
10.05.1898	b2/081 (rki): R. Koch, Rom, an Gaffky, Georg (1850-1918). Geplante Reiseroute Kochs von Rom über Frankfurt und Giessen nach Berlin. Unterschrift Kochs abgeschnitten; veröffentlicht in: B. Möllers, Robert Koch, S. 236f., Auszug, dort Datum: 18.5.1898.
20.06.1898	b1/642 (rki): Twinnbull, Alec, Rocksbeare, Emsworth in England, an R. Koch. Malaria-Forschungen Kochs und eigene Beobachtungen über Mücken in Paraguay. Datumsvermerk Kochs: 26.11.[18]98.
26.08.1898	b1/638 (rki): Koschny, Theodor F., San Carlos in Costa Rica, an R. Koch. Erforschung von Tropenkrankheiten, namentlich Texasfieber, Pest, Gelbfieber und Malaria in Costa Rica und deren Behandlung unter Bezugnahme auf Vortrag Kochs über Tropenkrankheiten. Datumsvermerk Kochs: 24.10.[18]98.
23.09.1898	b3/078 (rki): Ferri[?], [Mailand], an [Frosch, Paul (1860-1928)]. Bericht über Chinin-Therapie an der Mailänder Poli-

klinik und Übersendung von Blutpräparaten. Adressat unsicher, nicht Koch, da dieser erwähnt; evtl. R. Pfeiffer statt P. Frosch.

18.10.1898 b1/646 (rki): Di Matti, E., Catania, an R. Koch. Bitte um Übersendung des Berichtes über Pest (Bubonenpest), Rinderpest und Malaria-Forschungen. Datumsvermerk Kochs: 24.10.[18]98.

14.11.1898 b1/643 (rki): Gatteron, [London], Harley Street 57, an R. Koch. Wiederaufnahme der klinischen Erprobung eines neuen Tuberkulins und Sammlung von Mücken für Koch auf den Britischen Inseln. Hinweis auf erhaltenen Brief Kochs vom 24.10.[1898], Datumsvermerk Kochs: 26.11.[18]98.

15.11.1898 b1/644 (rki): Andrée, A., Henhani, an R. Koch. Übersendung von drei Gläsern mit Mücken aus zwei Orten und Blutpräparate von einem Malaria-Kranken.

22.11.1898 b3/012 (rki): Pettenkofer, Max von (1818-1901), München, an Köhler, Karl (1847-1912). Bitte um Unterstützung für Prof. Dr. Hofer während dessen Aufenthaltes in Berlin. Bearbeitungsstempel: »Erhalten: 24.11.[18]98; Erledigt: 1.12.[18]98«.

26.11.1898 b1/647 (rki): Paalzow, Spandau bei Berlin, an R. Koch. Bitte um Anweisungen für die Sammlung epidemiologischer Daten über Malaria. Datumsvermerk Kochs: 23.11.[18]98.

26.11.1898 b1/645 (rki): Weinberger, Julius, Pará in Nord-Brasilien, an R. Koch. Bitte um Übersendung von Artikeln Kochs über Malaria. Datumsvermerk Kochs: 16.1.[18]99.

29.11.1898 b1/649 (rki): Twinbull, Alec, Rocksbeare, Emsworthin England, an R. Koch. Malaria-Forschungen und andere Tropenkrankheiten [Gelbfieber und Pest]. Hinweis auf erhaltenen Brief.

03.12.1898 b1/650 (rki): Abel, Rudolf (1868-1942), Hamburg, an R. Koch. Schwierigkeiten bei der Beschaffung von »Hamburger Mücken« für Malaria-Forschungen.

05.12.1898 b1/ 627 (rki): Galli-Valerio, Binno (1857-?), Vermate bei Mailand, an R. Koch. Malaria-Forschungen und Anfrage zu einer geplanten Veröffentlichung. Datumsvermerk Kochs: 14.1.[18]99; von anderer Hand: »Malaria«.

08.12.1898 b1/077 (rki): Kitasato, Shibasaburo (1852-1931), Tokio, Shiba-Park, an R. Koch. Malaria-Forschungen Kochs und Malaria in Japan sowie Mitteilung über Lepra-Forschung in Japan. Antwort auf Brief Kochs vom 25.10.1898.

10.12.1898 b1/623 (rki): Kartulis, Stephan Alexander (1852-1920), Alexandria, an R. Koch. Problematik bei Übersendung von Mükken aus Ägypten und private Mitteilungen. Hinweis auf erhaltenen Brief; Datumsvermerk Kochs: 14.1.[1899].

12.12.1898 b1/639 (rki): Koschny, Theodor F., San Carlos in Costa Rica, an R. Koch. Erforschung der Malaria und konservatorische bzw. präparatorische Behandlung von Stechmücken [Moskitos]. Hinweis auf erhaltenen Brief vom 24.10.[1898]; Datumsvermerk Kochs: 20.1.[18]99.

15.12.1898 b1/651 (rki): Wendland, Wilhelm [Richard Wilhelm (1875-1954)?], Lome in Togo, an R. Koch. Übersendung von Mükken in Spiritus. Datum: »15-20. XII.[18]98«; Bl. 2: Datumsvermerk Kochs: 20.1.[18]99.

23.12.1898 b1/652 (rki): Di Matti, E., Catania, an R. Koch. Malaria auf Sizilien. Datumsvermerk Kochs: 10.1.[18]99.

06.01.1899 b1/653 (rki): Kutschers, Max, Hong Kong, an R. Koch. Unterstützung der Malaria-Forschungen Kochs mit Informationen über Malaria in Hong Kong und Beschaffung von Mükken. Hinweis auf Schreiben Kochs vom 26.11.1898.

08.01.1899 b1/654 (rki): Gosio, Bartholomeo (1863-1944), Rom, an R. Koch. Besuch in Berlin und Mitnahme bzw. Übersendung von Mücken und Blutpräparaten für weitere Malaria-Forschungen. Dem Brief liegt eine Visitenkarte mit Marginal Gosios bei.

12.01.1899 b1/640 (rki): Koschny, Theodor F., San Carlos in Costa Rica, an R. Koch. Übersendung von »zwei Muster[n]« mit angehefteten Zetteln. Wahrscheinlich Mücken wegen Malaria-Forschungen.

17.01.1899 b1/655 (rki): Krueger, Dr., Sydney, Elizabeth Street 219, Hyde Park, an R. Koch. Übersendung von Mücken für Malaria-Forschungen. Indirekter Hinweis auf erhaltenes Schreiben Kochs.

19.01.1899 b1/628 (rki): Galli-Valerio, Binno (1857-?), Vermate bei Mailand, an R. Koch. Mücken-Beschaffung und Malaria-Forschungen. Datumsvermerk Kochs: 4.2.[18]99.

20.01.1899 b2/014 (rki): R. Koch, Berlin, Charitéstraße 1, an [Gaffky, Georg (1850-1918)?]. Vorbereitungen und Nachbereitungen für einen Kongress und bevorstehende Expedition Kochs [Malaria]. Adressat ist oder war Vortragender bei nicht näher bezeichnetem Kongress; Gaffky ist vermutlicher Adressat.

21.01.1899 b1/656 (rki): Becker, Alexander (1857-1918), Daressalam, an R. Koch. Übersendung von Mücken und »Euphorbiensäften« (Pilzen) sowie Malaria- und andere Seuchen-Forschungen (Texasfieber) in ostafrikanischen Laboratorien. Anlage: Abschrift einer Gebrauchsanweisung.

21.01.1899 b1/631 (rki): Galli-Valerio, Binno (1857-?), Vermate bei Mailand, an R. Koch. Übersendung von Mücken für Malaria-Forschungen.

21.01.1899 b3/013; 13a (rki): Pettenkofer, Max von (1818-1901), München, an Köhler, Karl (1847-1912). Übersendung eines Biefentwurfes von 1876 für die Bewerbung Pettenkofers um das Amt des Direktors des Kaiserlichen Gesundheitsamtes. Bearbeitungsstempel: »Erhalten: 22.1.[18]99«.

24.01.1899 b1/196 (rki): Kolle, Wilhelm (1868-1935), Berlin, Uhlandstrasse, an R. Koch. Übersendung von Präparaten und Malaria-Erkrankung der Gattin.

04.02.1899 b1/657 (rki): Mandelin, Dr. E., Tiflis, an R. Koch. Übersendung von Präparaten von drei Malaria-Kranken sowie Ankündigung von Mücken-Sendungen und Blutpräparaten von Vögeln. Datum: 23.1./4.2.1899; Anlage: Postschein; Datumsvermerk Kochs: 2.4.[18]99.

08.02.1899 b1/629 (rki): Galli-Valerio, Binno (1857-?), Vermate bei Mailand, an R. Koch. Malaria-Forschungen an verschiedenen Orten in Italien und Expeditionsplanungen. Dank für Brief Kochs vom 5.2.[1899]; Datumsvermerk Kochs: 12.2.[18]99.

13.02.1899 b1/658 (rki): Donat, von, Rom, Via Gaeta 4, an R. Koch. Übersendung eines italienischen Zeitungsartikels über Kochs Malaria-Forschungen. Anlage: Zeitungsausschnitt vom 13.2.1899 (italienisch); Datumsvermerk Kochs: 20.2.[18]99.

18.02.1899 b1/630 (rki): Galli-Valerio, Binno (1857-?), Vermate bei Mailand, an R. Koch. Malaria-Forschungen in Italien und Expeditionsplanungen. Dank für Brief Kochs; Datumsvermerk Kochs: 1.4.[18]99.

18.02.1899 b1/659 (rki): Gatteron, [London], Harley Street 57, an R. Koch. Probleme bei der Beschaffung von Mücken für Malaria-Forschungen in England. Datumsvermerk Kochs: 2.4.[18]99 Hinweis auf beiliegendes Pamphlet eines gewissen Dr. Austen, fehlt.

20.02.1899 b1/112 (rki): Annett, Henry Edward (1871-1945), Liverpool, an R. Koch. Bevorstehende Eröffnung der School of Tropical

Diseases in Liverpool im März 1899. Datumsvermerk Koch: 27.2.[18]99.

20.02.1899 b1/660 (rki): Geterdany, Frhgn.[sic! = Friedrichshagen bei Köpenick], an R. Koch. Übersendung von Mücken für Malaria-Forschungen.

20.02.1899 b1/113 (rki): Boyce, Rubert (1863-1911), Liverpool, an R. Koch. Einladung zur Eröffnung der School of Tropical Diseases in Liverpool im März 1899. Datumsvermerk Koch: 27.2.[18]99.

24.02.1899 b1/624 (rki): Kartulis, Stephan Alexander (1852-1920), Alexandria, an R. Koch. Übersendung von Mücken aus verschiedenen Orten Ägyptens. Hinweis auf erhaltenen Brief Kochs; Datumsvermerk Kochs: 14.7.[18]99.

28.02.1899 b1/663 (rki): Marloth, R., Kapstadt, Church Street 32, an R. Koch. Übersendung von Mücken. Indirekter Hinweis auf erhaltenen Brief Kochs.

28.02.1899 b1/661 (rki): Nikolajevic, Dr. D., Belgrad, an Gaertner, August (1848-1934) bzw. Koch, Robert (1843-1910). Übersendung von Mücken und Mitteilungen über Malaria-Fälle in Belgrad. Hinweis auf erhaltenen Brief Kochs; Datumsvermerk Kochs: 2.4.[18]99.

02.03.1899 b1/641 (rki): Koschny, Theodor F. San Carlos in Costa Rica, an R. Koch. Konservatorische Verfahren beim Sammeln von Mücken.

03.03.1899 b1/662 (rki): Gaertner, August (1848-1934), Jena, an R. Koch. Übersendung eines Briefes des Stadtarztes in Nikolajev. Siehe 28.02.1899, b1/661 (rki).

03.03.1899 b1/049 (rki): Ziemann, Hans (1865-1939), Kamerun, an R. Koch. Übersendung von Moskitos und eigene Malaria-Forschungen in Kamerun.

12.03.1899 b1/664 (rki): Weiss, Lehe, an R. Koch. Übersendung von Mücken, darunter Exemplare mit gefleckten Flügeln, für Malaria-Forschungen.

16.03.1899 b1/632 (rki): Galli-Valerio, Binno (1857-?), Vermate bei Mailand, an R. Koch. Übersendung von Mücken und fünf Fälle von Malaria quartana in Vermate.

20.03.1899 b1/528 (rki): Marloth, R., Kapstadt, Church Street 32, an R. Koch. Übersendung von Moskitos und Malaria-Fälle in Kapstadt.

21.03.1899 b1/665 (rki): McStoney, William, Kimberley, an R. Koch. Übersendung von Mücken für Malaria-Forschungen und Bemerkungen dazu. Datumsvermerk Kochs: 8.7.[18]99.

25.03.1899 b1/666 (rki): Becker, Alexander (1857-1918), Daressalam, an R. Koch. Übersendung von Mücken für Malaria-Forschungen und Mitteilungen über andere Infektionskrankheiten (Pest) in Ostafrika. Hinweis auf erhaltenen Brief Kochs vom 10.2.[18]99, Datumsvermerk Kochs: 7.5.[18]99.

28.03.1899 b1/633 (rki): Galli-Valerio, Binno (1857-?), Vermate bei Mailand, an R. Koch. Malaria-Forschungen und Übersendung weiterer Mücken.

09.04.1899 b1/668 (rki): Orth, Albert (1835-1915), Berlin, Anhaltstrasse 13, an R. Koch. Übersendung von Reise-Skizzen und Kontakte in Catania.

14.04.1899 b1/667 (rki): [?], Leipzig, an R. Koch. Erneuter Beitrag Kochs für eine nicht näher bezeichnete Zeitschrift.

17.04.1899 b1/669 (rki): Duncan, George (1857-1928), Berlin, Potsdamer Strasse 124, an R. Koch. Dank für die Übersendung des Berichts über die Malaria-Expedition nach Italien und über Schwarzwasserfieber mit der Bitte um Genehmigung für eine Übersetzung.

19.04.1899 b1/061 (rki): Gaffky, Georg (1850-1918), Giessen, Hofmannstrasse 9, an R. Koch. Bevorstehende Malaria-Expedition Kochs. Datumsvermerk Kochs: 18.8.[18]99.

20.04.1899 b1/634 (rki): Galli-Valerio, Binno (1857-?), Vermate bei Mailand, an R. Koch. Malaria-Forschungen und Planung eines Aufenthaltes in Deutschland. Datumsvermerk Kochs: 1.5.[18]99.

20.04.1899 b3/001 (rki): Hänsel, K. Berlin, Dorotheenstrasse 29, an Zettnow, Emil (1842-1927). Lieferung von Moltwood-Filtern auf Veranlassung Zettnows.

20.04.1899 b1/078 (rki): Herzberg, Alexander (1841-1913), Berlin, an R. Koch. Erfolgswünsche für bevorstehende Expedition [Malaria]. Datumsvermerk Kochs: 23.8.[1899].

25.04.1899 b1/145 (rki): Pohnert, Wilhelm (1855-1919), Berlin, an R. Koch. Private Mitteilungen [Erkrankung des Vaters].

26.04.1899 b1/015 (rki): Beck, Max (1862-1931), Berlin, an R. Koch. Übersendung von Mücken aus Daressalam für Malaria-Forschungen.

27.04.1899 b1/079 (rki): Mills, Bombay, an R. Koch. Danksagung für die Überlassung von Materialien über die Rinderpest.

27.04.1899 b1/146 (rki): Pohnert, Wilhelm (1855-1919), Berlin, an R. Koch. Verkauf der Villa Kochs in Westend. Datumsvermerk Kochs: 1.5.[18]99.

27.04.1899 b1/671 (rki): Queirolo, Giovan Battista (1856-1930), Pisa, an R. Koch. Einladung zu einem Besuch in der Medizinischen Klinik der Universität Pisa. Datumsvermerk Kochs: 6.5. [18]99.

29.04.1899 b1/147 (rki): Pohnert, Wilhelm (1855-1919), Berlin, an R. Koch. Verschiedene Nachsendungen. Datumsvermerk Kochs: 2.5.[18]99; Anlage: Visitenkarte des Herrmann John mit Notiz; Hinweis auf zwei mitgesandte Briefe, letztes Bl.: Notizen zu Pest in Djeddah, Kamaran und Maskat.

30.04.1899 b1/050 (rki): Zupitza, Maximilian (1868-1938), Daressalam, an [R. Koch?]. Mitteilungen über eigene Erkrankung [Malaria?] und über einen Sterbefall an Pest in Daressalam. Datierung: 31[!].4.1899; Hinweis auf erhaltenen Brief von Koch.

05.05.1899 b1/670 (rki): Handelin, E., Tiflis, an R. Koch. Ankündigung einer weiteren Sendung von Mücken. Hinweis auf erhaltenen Brief und Sonderdrucke Kochs.

05.05.1899 b1/ 635 (rki): Galli-Valerio, Binno (1857-?), Vermate bei Mailand, an R. Koch. Zusage über weitere Mückensendungen und Struktur des lokalen Gesundheitswesens. Dank für Brief vom 1.5.[18]99.

05.05.1899 b1/031 (rki): Brieger, Ludwig (1849-1919), Berlin, an R. Koch. Zurückgewiesene Patenteinsprüche gegen Behring und Merck. Datumsvermerk Kochs: 5.6.[18]99.

05.05.1899 b1/016 (rki): Pfeiffer, Richard (1858-1945), Berlin, an R. Koch. Persönliche Mitteilungen über verschiedene Personen und Malaria-Publikationen.

06.05.1899 b1/081 (rki): Plaxton, J. W., Kingston auf Jamaica, an R. Koch. Bevorstehender Besuch von Koch im Verlauf der Malaria-Expedition nach Batavia und Neu-Guinea. Datumsvermerk Kochs: 9.7.[18]99.

08.05.1899 b1/051 (rki): Plehn, Friedrich (1862-1904), Tanga, an R. Koch. Malaria-Forschungen und Arbeitssituation in den Tropen [Ost-Afrika]. Datumsvermerk Kochs: 28.7.[1899].

09.05.1899	b1/032 (rki): Brieger, Ludwig (1849-1919), Berlin, an R. Koch. Patentanmeldung und Rückziehung eines Patentes durch Behring.
11.05.1899	b1/080 (rki): Pahlke, de, St. Petersburg, an R. Koch. Übersendung eines Berichts über eine Expedition nach Turkestan zur Erforschung der Pest. zweifache Datierung: 29. April und 11. Mai 1899.
11.05.1899	b1/017 (rki): Beck, Max (1862-1931), Berlin, an R. Koch. Tuberkulose-Forschungen am Institut für Infektionskrankheiten und Fälle von Malaria auf der Krankenstation. Unterstreichungen mit Bleistift [von anderer Hand?].
12.05.1899	b1/672 (rki): Jaesnicke, Mainz, an R. Koch. Übersendung von Mücken aus und Malaria-Fälle in Mainz. mit zusätzlichem Vermerk von Carl Weigert.
23.05.1899	b1/033 (rki): Brieger, Ludwig (1849-1919), Berlin, an R. Koch. Übersendung einer Abschrift von einer an das Patentamt gerichteten Beschwerde (liegt nicht bei).
25.05.1899	b1/519 (rki): Fraenkel/Flügge, Berlin bzw. Grosseto, an R. Koch. Grüße an Koch [während dessen Malaria-Expedition nach Italien].
30.05.1899	b1/082 (rki): Donat, von, Rom, an R. Koch. Voraussichtlicher Besuch Kochs in Rom. Datumsvermerk Kochs: 9.7.[18]99.
01.06.1899	b1/018 (rki): Pfeiffer, Richard (1858-1945), Berlin, an R. Koch. Mitteilungen über Eindrücke vom Tuberkulose-Kongress und andere Neuigkeiten über Infektionskrankheiten [Lepra, Pest]. Datumsvermerk Kochs: 5.6.[18]99; Hinweis auf den 1. Internationalen Lepra-Kongress in Berlin; veröffentlicht in: B. Möllers, Robert Koch, S. 238f.
03.06.1899	b1/148 (rki): Pohnert, Wilhelm (1855-1919), Berlin, an R. Koch. Nachsendung von Post und weitere Mitteilungen zum Verkauf der Villa Kochs.
03.06.1899	b1/052 (rki): Ziemann, Hans (1865-1939), Kamerun, an R. Koch. Übersendung von Moskitos aus Kamerun und Erläuterungen dazu sowie Malaria-Forschungen.
04.06.1899	b1/636 (rki): Galli-Valerio, Binno (1857-?), Bellano am Lago di Como, an R. Koch. aus Carlazzo übersandte Mücken für Malaria-Forschungen. Datumsvermerk Kochs: 14.6.[18]99.
07.06.1899	b1/674 (rki): King, Henry Seymour (1852-1933), Cornhill, an R. Koch. Übersendung von Paketen mit Flaschen von Dr. Al-

fred Lingard, wahrscheinlich für Malaria-Forschungen. Datumsvermerk Kochs: 29.6.[1899].

07.06.1899 b1/673 (rki): Gerhardt, Carl J. Chr. (1833-1902), Berlin, Roonstrasse 3, an R. Koch. Akzeptanz einer Hospitanz von Galli[-Valerio] nach entsprechender Empfehlung von Koch.

08.06.1899 b1/019 (rki): Zettnow, Emil (1842-1927), Berlin, an R. Koch. Mitteilung über den Zeitplan zur Herstellung und Fertigstellung von fotografischen Positiven, Abzügen und Drucktafeln. Thematik nicht genannt [Malaria, siehe 11.6.1899].

09.06.1899 b1/085 (rki): Cantani, Arnarldo jr., Neapel, an R. Koch. Aufenthalt Kochs in Grosseto und etwaiger Besuch in Neapel sowie Arbeiten von Pianese über Protozoen in Meerschweinchen. Datumsvermerk Kochs: 22.6.[18]99.

09.06.1899 b1/024 (rki): Beck, Max (1862-1931), Berlin, an R. Koch. Unterschiedliche Tierversuche zu Tuberkulose-Forschungen.

10.06.1899 b1/856 (rki): Lannelongue, Pierre-Martial (1839-1930), Paris, an R. Koch. Benachrichtigung über Ernennung Kochs zum Ehrenpräsidenten des 13. Internationalen Medizinischen Kongresses in Paris, 2. bis 9.8.1900. Mit eigenhändigen Ergänzungen des Absenders; Datumsvermerk Kochs: 28.6.[18]99.

10.06.1899 b1/034 (rki): Brieger, Ludwig (1849-1919), Berlin, an R. Koch. Patentangelegenheit und Tuberkulose-Forschungen.

10.06.1899 b1/149 (rki): Pohnert, Wilhelm (1855-1919), Berlin, an R. Koch. Nachsendungen und Institutsangelegenheiten. Ohne weitere Angaben genannt: vier Briefe, ein Glas mit Mücken, ein Paket mit Drucksachen; mit Marginal Kochs.

11.06.1899 b1/020; 020a (rki): Zettnow, Emil (1842-1927), Berlin, an R. Koch. Benachrichtigung über weitere Verzögerung der Produktion von Abbildungen aufgrund einer entsprechenden Mitteilung der Firma Meisenbach & Co. über vier Drucktafeln zu Malaria. 020 mit Datumsvermerk Koch: 2.7.[18]99; 020a: Marginal von Zettnow.

13.06.1899 b1/111 (rki): Pfeiffer, Richard (1858-1945), Berlin, an R. Koch. Malaria-Forschungen; Pest in Ägypten; Institutsangelegenheiten. Veröffentlicht in: B. Möllers, Robert Koch, S. 240f.

13.06.1899 b1/053 (rki): Nocht, Bernhard (1857-1945), Berlin, Friedrichstrasse 103 (Savoy-Hotel), an R. Koch. Einschätzungen zur bevorstehenden Etablierung des Instituts für [Schiffs- und]

	Tropenhygiene in Hamburg. Datumsvermerk Kochs: 28.7.[18]99.
14.06.1899	b3/007 (rki): Bitter, Heinrich (1863-1918), Kairo, an Pfeiffer, Richard (1858-1945). Pest-Epidemie in Alexandria. Marginal von anderer Hand [Pohnert].
14.06.1899	b1/086 (rki): Eulenburg, Albert (1840-1917) und Schwalbe, Julius (1863-1930), Berlin, an R. Koch. Bitte der Herausgeber um Aufsatz zum 25jährigen Bestehen der Deutschen Medicinischen Wochenschrift. Datumsvermerk Kochs: 14.7.[18]99.
14.06.1899	b1/022 (rki): Zettnow, Emil (1842-1927), Berlin, an R. Koch. Erprobung eines neuen [fotografischen] Verfahrens.
17.06.1899	b1/150 (rki): Pohnert, Wilhelm (1855-1919), Berlin, an R. Koch. Nachsendungen und Institutsangelegenheiten. Genannt: vier mitgesandte Briefe.
17.06.1899	b1/066 (rki): Libbertz, Arnold (1843-1916), Frankfurt am Main, an R. Koch. Herstellung von Tuberkulin in Frankfurt am Main und Malaria-Forschungen Kochs. Datumsvermerk Kochs: 15.8.[18]99.
19.06.1899	b1/637 (rki): Galli-Valerio, Binno (1857-?), Andorno Bagni in der Provinz Novara, an R. Koch. Übersandte Mücken für Malaria-Forschungen und weitere Suche nach Mücken am Aufenthaltsort. Hinweis auf erhaltenen Brief Kochs.
20.06.1899	b1/054 (rki): Ziemann, Hans (1865-1939), Kamerun, an R. Koch. Mitteilungen über Malaria-Forschungen (Schwarzwasserfieber) in Kamerun. Hinweis auf erhaltenen Brief Kochs; Datumsvermerk Kochs: 28.7.[18]99.
21.06.1899	b1/105 (rki): Schütze, Albert (1872-1912), Berlin, Belle-Alliancestrasse 17, an R. Koch. Anfrage um schriftliche Einwilligung für Arbeiten am Institut für Infektionskrankheiten ab Oktober 1899. Datumsvermerk Kochs: 29.6.[18]99.
22.06.1899	b1/675 (rki): Dignowitz, Karl, Macomb, Grayson County in Texas, USA, an R. Koch. Ungezieferplage («Redbugs«) auf Feldern in Texas und Bitte um ein Mittel zur Behandlung von Menschen bei Bissen dieser Tiere. Datumsvermerk Kochs: 14.7.[18]99.
24.06.1899	b1/151 (rki): Pohnert, Wilhelm (1855-1919), Berlin, an R. Koch. Nachsendungen und Institutsangelegenheiten.
26.06.1899	b1/676 (rki): Nikolajevic, Dr. D., Belgrad, an R. Koch. Sammlung und weitere Übersendung von Mücken aus Serbien

und Belgrad sowie Mitteilungen zu Malaria-Vorkommen in Belgrad. Hinweis auf erhaltenen Brief Kochs.

28.06.1899 b1/025 (rki): Beck, Max (1862-1931), Berlin, an R. Koch. Tuberkulose-Forschungen und weitere Forschungen im Institut für Infektionskrankheiten, besonders zur Malaria; Anlage: 3 Bll. mit Notizen zu Kaninchen-Tuberkulose-Versuchen vom 26.6.[18]99; teils Unterstreichungen.

29.06.1899 b1/110 (rki): Pfeiffer, Richard (1858-1945), Berlin, an R. Koch. Bemerkungen zu einem Brief von Bitter an Pfeiffer über eine Pest-Epidemie in Alexandria bzw. Ägypten.

29.06.1899 b1/021 (rki): Zettnow, Emil (1842-1927), Berlin, an R. Koch. Übersendung von vier [fünf] druckfertigen Tafeln [nach Fotos von Pfeiffer] und Erläuterungen hierzu [Malaria]. Anlage: fünf statt vier angekündigter Reproduktionen.

30.06.1899 b1/055 (rki): Zupitza, Maximilian (1868-1938), Daressalam, an R. Koch. Übersendung eines Manuskriptes über Pest [in Ostafrika]. Datumsvermerk Kochs: 7.8.[18]99.

30.06.1899 b1/087 (rki): Schuckmann, B. Berlin, Wilhelmstrasse 75, an R. Koch. Private Mitteilungen: Wunsch nach Wiedersehen. Datumsvermerk Kochs: 9.7.[18]99.

01.07.1899 b1/152 (rki): Pohnert, Wilhelm (1855-1919), Berlin, an R. Koch. Nachsendungen und Institutsangelegenheiten.

01.07.1899 b1/035 (rki): Brieger, Ludwig (1849-1919), Berlin, an R. Koch. Aktuelle Mitteilungen über verschiedene Personen.

03.07.1899 b1/084 (rki): Cavagnari, Odoardo, Grossetto, an R. Koch. Übersendung von Karten der Sümpfe von Albarese, Piombino und der Ebene von Grossetto und Ankündigung eines weiteren Planes vom Sumpf von Scarlino [Malaria-Forschungen]. Karten nicht beiliegend, Maßstab jeweils 1:25 000.

05.07.1899 b1/062 (rki): Pfeiffer, Richard (1858-1945), Berlin, an R. Koch. Bevorstehende Berufung Pfeiffers an die Universität Königsberg. Datumsvermerk Kochs: 8.7.[18]99.

06.07.1899 b1/083 (rki): Donat, von, Rom, an R. Koch. Mitteilung über bevorstehende Reise in Sumpfgebiete Italiens [Malaria].

08.07.1899 b2/015 (rki): R. Koch, Grossetto, an Pfeiffer, Richard (1858-1945). Stellenangebot für Pfeiffer in Königsberg; Malaria in Italien. Marginal von anderer Hand.

08.07.1899 b1/153 (rki): Pohnert, Wilhelm (1855-1919), Berlin, an R. Koch. Nachsendungen und Institutsangelegenheiten. Mit Einzelaufstellung verschiedener Nachsendungen.

11.07.1899 b1/088 (rki): Henning, Stuttgart, Silberburgstrasse 85, an R. Koch. Danksagung für Bemühungen um Sohn während des Aufenthalts in den Kapkolonien [Südafrika].

13.07.1899 b1/023 (rki): Zettnow, Emil (1842-1927), Genf, an R. Koch. Mitteilung über persönliche Entgegennahme von vier druckfertigen Probe-Tafeln [Malaria] in Genf.

15.07.1899 b1/154 (rki): Pohnert, Wilhelm (1855-1919), Berlin, an R. Koch. Nachsendungen und Institutsangelegenheiten. Datumsvermerk Kochs: 23.7.[18]99.

22.07.1899 b1/155 (rki): Pohnert, Wilhelm (1855-1919), Berlin, an R. Koch. Nachsendungen und Institutsangelegenheiten.

28.07.1899 b1/626 (rki): Galli-Valerio, Binno (1857-?), Andorno-Bagni, Grand-Hotel, an R. Koch. Vorkommen und Beschaffung von Mücken für Malaria-Forschungen Kochs. Datumsvermerk Kochs: 7.8.[18]99.

28.07.1899 b3/002 (rki): Helmoh, von, an Pohnert, Wilhelm (1855-1919), Bremen. Gepäcknachsendung für Robert Koch von Berlin nach Italien. mit Ergänzungen Pohnerts.

29.07.1899 b1/156 (rki): Pohnert, Wilhelm (1855-1919), Berlin, an R. Koch. Nachsendungen und Institutsangelegenheiten. Die Nachsendungen erfolgten über Bremen nach Italien bzw. Südostasien.

29.07.1899 b1/036 (rki): Brieger, Ludwig (1849-1919), Berlin, an R. Koch. Mitteilungen über verschiedene Institutsangelegenheiten. Mit Anstreichungen; Datumsvermerk Kochs: 15.8.[18]99.

29.07.1899 b1/026 (rki): Kolle, Wilhelm (1868-1935), Uslar in der Provinz Hannover, an R. Koch. Mitteilung über Beendigung des Vertrages in Südafrika und Erläuterungen zu den dortigen Arbeiten über Lepra sowie weitere Planungen und Wünsche. Datumsvermerk Kochs: 15.8.[18]99.

01.08.1899 b1/027 (rki): Beck, Max (1862-1931), Berlin, an R. Koch. Berichterstattung über Tierversuche im Zusammenhang mit Tuberkulose-Forschungen und über Patienten auf der Krankenstation (Tetanus, Malaria). Anlage: Tabellen über Versuche an Kaninchen.

02.08.1899 b1/677 (rki): Kaufmann, Constantin (1853-?), Trafoi bzw. Berlin, Königgrätzer Strasse 140, an R. Koch. Erfolgte und weitere Übersendung von Mücken aus Nord- und Mittelamerika. Datumsvermerk Kochs: 15.8.[18]99.

04.08.1899 b3/138 (rki): Magnus, Paul, Rogowo bei Kröben, an Brieger, Ludwig (1849-1919). Übersendung von Moskitos, die Magnus von Dr. George Heron (1845-1915) aus London in Grosseto für Malaria-Forschungen erhielt. Vermerk von anderer Hand [= Magnus?] über Erhalt der Mücken in Grosseto.

05.08.1899 b1/157 (rki): Pohnert, Wilhelm (1855-1919), Berlin, an R. Koch. Nachsendungen und Institutsangelegenheiten- Datumsvermerk Kochs: 9.8.[18]99.

05.08.1899 b1/625 (rki): Kartulis, Stephan Alexander (1852-1920), Alexandria, an R. Koch. Übersendung von Mücken für Malaria-Forschungen sowie Pestfälle in Ägypten. Hinweis auf erhaltenen Brief aus Grosseto; Datumsvermerk Kochs: 14.7.[18]99.

06.08.1899 b1/678 (rki): Sforza, Claudio, Goro bei Comacchio, an R. Koch. Malaria in Goro. Datumsvermerk Kochs: 15.8.[18]99; eingelegter Notizzettel von anderer Hand über Mücken-Untersuchungen: 11.8.[18]99.

11.08.1899 b1/056; 056a (rki): Kohlstock, Paul (1861-1901), Berlin, an R. Koch. Ausgeführte Erledigungen für Koch und Einschätzungen zu verschiedenen Angelegenheiten im Bereich Tropenmedizin. 056a: Auszüge aus der Berichterstattung über die sanitären Verhältnisse in Kamerun, besonders zum Vorkommen von Malaria. Anlage: Auszug aus einem Brief von Ziemann an Puttkamer; Hinweis auf erhaltenen Brief vom 7.7.1899; Datumsvermerk Kochs: 28.7.[18]99.

11.08.1899 b1/091 (rki): Obermueller, Kuno und Moeller, Alfred (6.5.1868-?), Goerbersdorf, an R. Koch. Übermittlung von Grüßen. Zwei Empfangsbestätigungen beiliegend.

12.08.1899 b1/158 (rki): Pohnert, Wilhelm (1855-1919), Berlin, an R. Koch. Nachsendungen und Institutsangelegenheiten.

17.08.1899 b1/063 (rki): Pfeiffer, Richard (1858-1945), Berlin, an R. Koch. Annahme der Berufung an die Universität Königsberg sowie Institutsangelegenheiten und Meldung über Pestfälle in Oporto. Datumsvermerk Kochs: 23.8.[1899].

18.08.1899 b2/016 (rki): R. Koch, Neapel, an Gaffky, Georg (1850-1918). Malaria in Italien. Anlage: Zeitungsausschnitt vom 9.3.1899 in englischer Sprache; 2 Bll. Notizen über Malaria in Italien [vgl.

Vortrag: Ergebnisse der Malaria-Expedition, 1900]; veröffentlicht in: B. Möllers, Robert Koch, S. 241f.

19.08.1899 b1/159 (rki): Pohnert, Wilhelm (1855-1919), Berlin, an R. Koch. Nachsendungen und Institutsangelegenheiten.

20.08.1899 b1/037 (rki): Brieger, Ludwig (1849-1919), Toblach, an R. Koch. Private Mitteilungen. Datumsvermerk Kochs: 22.10.[18]99.

22.08.1899 b1/090 (rki): Cininim, Grossetto, an R. Koch. Gepäcknachsendung nach Neapel.

23.08.1899 b2/017 (rki): R. Koch, Neapel, an Pfeiffer, Richard (1858-1945). Professur für Pfeiffer in Königsberg und Malaria in Italien. veröffentlicht in: B. Möllers, Robert Koch, S. 242f.

25.08.1899 b1/092 (rki): Pohnert, Wilhelm (1855-1919), Fuessen bzw. Berlin, an R. Koch. Nachsendung eines Telegramms von Professor Emmerich aus Fuessen, ergänzt um Informationen zur erfolgten Beantwortung durch Pohnert. Brieftext Pohnerts ist auf dem Telegramm nachgetragen.

31.08.1899 b1/096 (rki): Pistor, Moritz (1835-1924), Berlin, an R. Koch. Danksagung für Brief von Koch aus Neapel.

02.09.1899 b1/160 (rki): Pohnert, Wilhelm (1855-1919), Berlin, an R. Koch. Malaria-Expedition Kochs nach Batavia, Nachsendungen und Institutsangelegenheiten.

03.09.1899 b1/ 028 (rki): Marx, Ernst (1870-?), Charlottenburg, an R. Koch. Bitte um dauerhafte Anstellung mit Besoldung am Institut [für Infektionskrankheiten].

04.09.1899 b1/680 (rki): Ladds, C. Vivian, Hong Kong, Blue Bungalow, an R. Koch. Danksagung für Informationen am gleichen Tag über Moskitos. Dem Schreiben liegt eine Visitenkarte bei.

09.09.1899 b1/679 (rki): Schlafke, A., Stephansort in Deutsch-Neu Guinea, an R. Koch. Übersendung von »Mosquito-Material« und Erläuterungen zu Malariafällen in Neu-Guinea. Mit Marginal von Pohnert und Eingangsstempel des Instituts für Infektionskrankheiten.

14.09.1899 b1/094 (rki): Rurlandson, Lieut. Col., Jonghie B[an]ks, an R. Koch. Einladung zum Lunch am 1. Oktober [1899].

16.09.1899 b1/161 (rki): Pohnert, Wilhelm (1855-1919), Berlin, an R. Koch. Nachsendungen und Institutsangelegenheiten. Hinweise auf erhaltenen Brief Kochs vom 31.8.[1899]; Datumsvermerk Kochs: 21.10.[18]99.

18.09.1899 b1/093 (rki): Middleton, W. R. C., Singapur, an R. Koch. Übermittlung von Grüßen.

21.09.1899 b1/097 (rki): Gryns, Dr. G., Batavia, an R. Koch. Ankündigung eines Besuches nach Eintreffen Kochs in Batavia.

23.09.1899 b1/162 (rki): Pohnert, Wilhelm (1855-1919), Berlin, an R. Koch. Nachsendungen und Institutsangelegenheiten. Anlage: »Aerztliches Personal [im Institut für Infektionskrankheiten] am 23.9.1899«.

25.09.1899 b1/076 (rki): Lenné, E., Soekaboemi, an R. Koch. Einladung Robert und Hedwig Kochs in den Luftkurort Soekaboemi.

30.09.1899 b1/163 (rki): Pohnert, Wilhelm (1855-1919), Berlin, an R. Koch. Nachsendungen und Institutsangelegenheiten. Mit sieben Anlagen, darunter sechs Notizzettel Pohnerts zu Pest-Meldungen.

04.10.1899 b1/038 (rki): Brieger, Ludwig (1849-1919), Berlin, an R. Koch. Wechsel von Pfeiffer nach Königsberg [ab 1.11.1899] und andere Institutsangelegenheiten.

04.10.1899 b1/060 (Kopie) (rki): Lister, Joseph (1827-1912), [London], Park Crescent 12, an R. Koch. Malaria-Parasiten und Dank für übersandte Fotografien.

07.10.1899 b1/425 (rki): Donat, von, Rom, an R. Koch. Malaria-Forschungen. Mit Anlage: Zeitungsausschnitt vom 6.10.1899, italienisch.

07.10.1899 b1/164 (rki): Pohnert, Wilhelm (1855-1919), Berlin, an R. Koch. Nachsendungen und Institutsangelegenheiten, Übersicht zu Geldverwaltung.

13.10.1899 b1/067 (rki): Frosch, Paul (1860-1928), Berlin, an R. Koch. Berichterstattung über Pest-Forschungen in Oporto, laufende Arbeiten am Institut für Infektionskrankheiten sowie Instituts-Neubau am Nordufer; veröffentlicht in: B. Möllers, Robert Koch, S. 243f., dort Datum: 3.10.1899.

14.10.1899 b1/165 (rki): Pohnert, Wilhelm (1855-1919), Berlin, an R. Koch. Nachsendungen und Institutsangelegenheiten.

14.10.1899 b1/098 (rki): Tunzelmann, E. W. von, Singapur, an R. Koch. Malaria in China; Forschungen zu Blut-Parasiten.

17.10.1899 b1/099 (rki): Rooley [?], Singapur, an R. Koch. Übersendung eines Gibbonaffen [für Malaria-Forschungen?]. Datumsvermerk Kochs: 22.10.[18]99.

20.10.1899 b1/064 (rki): Kempner, Walter (1869-1920), Freiburg im Breisgau, an R. Koch. Mitteilung über die Geburt des Sohnes [von Lydia Rabinowitsch-Kempner und Walter Kempner] mit der Bitte um Patenschaft; Text des Telegramms im Wortlaut: »Sohn. Erbitten Patenschaft.« Datumsvermerk Kochs: 20.10.[18]99; Quittung über ein Antwort-Telegramm mit Notiz von anderer Hand.

21.10.1899 b1/166 (rki): Pohnert, Wilhelm (1855-1919), Berlin, an R. Koch. Nachsendungen und Institutsangelegenheiten.

26.10.1899 b1/057 (rki): Kohlstock, Paul (1861-1901), Berlin, an R. Koch. Mitteilungen über verschiedene Angelegenheiten im Bereich Tropenmedizin. Hinweis auf erhaltenen Brief (Karten); Datumsvermerk Kochs: 11.12.[18]99.

28.10.1899 b1/101 (rki): Lingard, Alfred London, Cornhill E. C. 65, an R. Koch. Mitteilungen über gesundheitliches Befinden nach überstandener Erkrankung und geplante Rückkehr Lingards nach Indien. Datumsvermerk Kochs: 30.4.[19]00.

28.10.1899 b1/167 (rki): Pohnert, Wilhelm (1855-1919), Berlin, an R. Koch. Nachsendungen und Institutsangelegenheiten.

29.10.1899 b1/168 (rki): Pohnert, Wilhelm (1855-1919), Berlin, an R. Koch. Mitteilung von Auszügen eines ministeriellen Erlasses über Entbindung Briegers von der Abteilungsleitung [Krankenabteilung des Instituts für Infektionskrankheiten].

04.11.1899 b1/169 (rki): Pohnert, Wilhelm (1855-1919), Berlin, an R. Koch. Nachsendungen und Institutsangelegenheiten.

11.11.1899 b1/170 (rki): Pohnert, Wilhelm (1855-1919), Berlin, an R. Koch. Nachsendungen und Institutsangelegenheiten, darunter wörtliche Mitteilung von Auszügen aus ministeriellen Schreiben. Datumsvermerk Kochs: 11.12.[18]99.

11.11.1899 b1/039 (rki): Brieger, Ludwig (1849-1919), Berlin, an R. Koch. Mitteilungen über neue berufliche Perspektiven Briegers und über andere Personen und Institutionen.

11.11.1899 b1/029 (rki): Beck, Max (1862-1931), Berlin, an R. Koch. Anfrage zur Fortsetzung der Tuberkulose-Forschungen nach personellen Veränderungen am Institut für Infektionskrankheiten. Datumsvermerk Kochs: 11.12.[18]99.

14.11.1899 b1/100 (rki): Bartsch, Dr. von, Berlin, Derfflingerstrasse 26, an R. Koch. Danksagung für eine nicht näher bezeichnete Sendung.

16.11.1899	b1/ 058 (rki): Glogner, Samarag [?], an R. Koch. Mitteilungen über Malaria-Forschungen Glogners, Übersendung von Präparaten, Zeichnungen, Moskitos und Fieberkurven sowie Erfahrungen mit Moskito-Netzen.
17.11.1899	b1/ 030 (rki): Marx, Ernst (1870-?), Berlin, an R. Koch. Bitte um Einverständnis zum Wechsel an das Institut für experimentelle Therapie [in Frankfurt am Main]. Datumsvermerk Kochs: 6.3.[19]00.
18.11.1899	b1/069 (rki): Frosch, Paul (1860-1928), Berlin, an R. Koch. Berichterstattung zur Malaria-Forschung in Deutschland.
18.11.1899	b1/040 (rki): Brieger, Ludwig (1849-1919), Berlin, an R. Koch. Mitteilungen über personelle Veränderungen am Institut für Infektionskrankheiten.
18.11.1899	b1/171 (rki): Pohnert, Wilhelm (1855-1919), Berlin, an R. Koch. Nachsendungen und Institutsangelegenheiten.
19.11.1899	b1/046 (rki): Dönitz, Wilhelm (1838-1912), Frankfurt am Main, an R. Koch. Bevorstehender Wechsel von Dönitz vom Institut für experimentelle Therapie in Frankfurt am Main an das Institut für Infektionskrankheiten in Berlin; veröffentlicht in: B. Möllers, Robert Koch, S. 245f.
25.11.1899	b1/041 (rki): Brieger, Ludwig (1849-1919), Berlin, an R. Koch. Mitteilung über personelle Veränderungen im Institut für Infektionskrankheiten und Auflistung der Aufgabengebiete einzelner Mitarbeiter. Hinweis auf Schreiben Kochs vom 20.10.[1899].
25.11.1899	b1/172 (rki): Pohnert, Wilhelm (1855-1919), Berlin, an R. Koch. Nachsendungen und Institutsangelegenheiten.
27.11.1899	b1/832 (rkm): [Biewend], Helene, Clausthal, an R. Koch. Geburtstags- und Weihnachtswünsche.
28.11.1899	b1/833 (rkm): Biewend, Robert, Clausthal, an R. Koch. Mitteilungen über familiäre Angelegenheiten.
02.12.1899	b1/115; 115a (rki): Studt, Konrad (1838-1921), Berlin, an R. Koch. Ernennung von Wilhelm Dönitz zum Vorsteher der Krankenabteilung am Institut für Infektionskrankheiten [Wechsel von Frankfurt am Main nach Berlin] als Nachfolger von Ludwig Brieger. b1/115: Schreiben an Koch; b1/115a: Schreiben an Dönitz, Abschrift für Koch, erstellt von Pohnert.

02.12.1899	b1/173 (rki): Pohnert, Wilhelm (1855-1919), Berlin, an R. Koch. Nachsendungen und Institutsangelegenheiten. Mit Nachtrag.
09.12.1899	b1/042 (rki): Brieger, Ludwig (1849-1919), Berlin, an R. Koch. Mitteilungen über Personal des Instituts für Infektionskrankheiten.
09.12.1899	b1/045 (rki): Neufeld, Fred (1869-1945), Berlin, an R. Koch. Berichterstattung über drei an Lupus erkrankte Patienten in den Baracken der Krankenabteilung des Instituts für Infektionskrankheiten.
09.12.1899	b1/106; 106a (rki): Schmidt, Berlin, an R. Koch. Personalveränderungen im Institut für Infektionskrankheiten. Zwei identische Fassungen (Reinschrift) mit unterschiedlichen Ergänzungen des Absenders, 9. und 11.12.1899; Datumsvermerk Kochs auf dem Brief vom 11.12.1899: 5.3.1900.
09.12.1899	b1/174 (rki): Pohnert, Wilhelm (1855-1919), Berlin, an R. Koch. Nachsendungen und Institutsangelegenheiten.
11.12.1899	b1/116 (rki): Althoff, Friedrich (1839-1908), Berlin, an R. Koch. Kommissarische Entsendung von Moritz Ernst Marx an das Institut für experimentelle Therapie in Frankfurt am Main; Abschrift des Schreibens an Marx für R. Koch.
15.12.1899	b1/043 (rki): Brieger, Ludwig (1849-1919), Berlin, an R. Koch. Verschiedene Institutsangelegenheiten nach Ernennung von Dönitz zum Nachfolger Briegers ab 1.1.1900.
16.12.1899	b1/175 (rki): Pohnert, Wilhelm (1855-1919), Berlin, an R. Koch. Nachsendungen und Institutsangelegenheiten.
23.12.1899	b1/047 (rki): Dönitz, Wilhelm (1838-1912), Berlin, an R. Koch. Wechsel an das Institut für Infektionskrankheiten und daraus resultierende Abgrenzungserfordernisse gegenüber Brieger. Datumsvermerk Kochs: 5.3.[19]00.
23.12.1899	b1/176 (rki): Pohnert, Wilhelm (1855-1919), Berlin, an R. Koch. Nachsendungen und Institutsangelegenheiten. Eine Anlage vorhanden: Zeitungsannonce bezüglich Tuberkulose.
30.12.1899	b1/177 (rki): Pohnert, Wilhelm (1855-1919), Berlin, an R. Koch. Institutsangelegenheiten. Anlage: Liste der Assistenten »jetzt/künftig«, mit handschriftlichen Ergänzungen; Datumsvermerk Kochs: 4.3.[19]00.
30.12.1899	b1/044 (rki): Brieger, Ludwig (1849-1919), Berlin, an R. Koch. Übernahme der Kranken-Abteilung des Instituts für

Infektionskrankheiten durch Dönitz und neu zu regelnde Vertretung Kochs sowie weitere Institutsangelegenheiten. Datumsvermerk Kochs: 4.3.1900.

03.01.1900 b3/014 (rki): Pettenkofer, Max von (1818-1901), München, an Köhler, Karl (1847-1912). Danksagung für Brief und Neujahrswünsche. Bearbeitungsstempel: »Erhalten: 5.1.1900«.

13.01.1900 b1/107 (rki): Lautenschläger, F[riedrich] an R. Koch, Berlin, Oranienburger Strasse 54. Übersendung von Mundwasser, Creme und Cedernöl nach Neu-Guinea.

13.01.1900 b1/178 (rki): Pohnert, Wilhelm (1855-1919), Berlin, an R. Koch. Nachsendungen und Institutsangelegenheiten.

20.01.1900 b1/179 (rki): Pohnert, Wilhelm (1855-1919), Berlin, an R. Koch. Nachsendungen und Institutsangelegenheiten.

27.01.1900 b1/180 (rki): Pohnert, Wilhelm (1855-1919), Berlin, an R. Koch. Nachsendungen und Institutsangelegenheiten.

03.02.1900 b1/181 (rki): Pohnert, Wilhelm (1855-1919), Berlin, an R. Koch. Nachsendungen und Institutsangelegenheiten.

10.02.1900 b1/182 (rki): Pohnert, Wilhelm (1855-1919), Berlin, an R. Koch. Nachsendungen und Tod des Mitarbeiters Moxter.

10.02.1900 b1/065 (rki): Frosch, Paul (1860-1928), Berlin, an R. Koch. Berichterstattung aus dem Institut für Infektionskrankheiten, u.a. Tod von Moxter, Pest-Kurse und Malaria-Forschungen. Datumsvermerk Kochs: 28.4.[19]00.

17.02.1900 b1/048 (rki): Dönitz, Wilhelm (1838-1912), Berlin, an R. Koch. Berichterstattung über laufende Arbeiten am Institut für Infektionskrankheiten. Datum mit Bleistift [von anderer Hand?] ergänzt, Datumsvermerk Kochs: 28.4.[19]00.

17.02.1900 b1/183 (rki): Pohnert, Wilhelm (1855-1919), Berlin, an R. Koch. Nachsendungen und Institutsangelegenheiten.

23.02.1900 b1/108 (rki): Lautenschläger, F[riedrich] Berlin, Oranienburger Strasse 54, an R. Koch. Übersendung von zwei Kisten [Expeditionsausstattung] im Auftrag des Instituts für Infektionskrankheiten.

23.02.1900 b1/197 [b3] (rki): Gosio, Bartholomeo (1863-1944), Rom, an Koch, Hedwig (1872-1945) und Robert Koch. Danksagung für Beileidsbekundungen und eigene Malaria-Arbeiten. Trauerrand; laut Anrede ist Hedwig Koch Adressatin, enthalten sind auch sachliche Informationen für Robert Koch.

24.02.1900 b1/184 (rki): Pohnert, Wilhelm (1855-1919), Berlin, an R. Koch. Institutsangelegenheiten. Hinweis auf erhaltenen Brief Kochs vom 5.1.1900.

03.03.1900 b1/185 (rki): Pohnert, Wilhelm (1855-1919), Berlin, an R. Koch. Nachsendungen und Institutsangelegenheiten. Datumsvermerk Kochs: 27.4.[19]00.

04.03.1900 b2/133 (rki): R. Koch, Stephansort in Neu Guinea, an [Dönitz, Wilhelm (1838-1912)]. Stellenbesetzungen im Institut für Infektionskrankheiten. Hinweis auf erhaltenen Brief; da der Adressat als Nachfolger Briegers angesprochen wird, kommt nur Dönitz als Adressaten in Betracht.

21.03.1900 b1/102 (rki): Pohnert, Wilhelm (1855-1919), Berlin bzw. Stephansort und Singapur, an R. Koch. Grundstücksverkauf [in Berlin] und Antwortentwurf Kochs für eine Bevollmachtung Pohnerts. Datumsvermerk Kochs: 28.4.00.

02.04.1900 b1/109 (rki): Kunst, Herr/Kunst, Betty, Batavia, an R. Koch. Zusendung von Präparaten; Malaria-Fälle in Batavia und allgemeine Situation in Batavia sowie private Mitteilungen von Betty Kunst. Datumsvermerk Kochs: 27.4.[19]00.

06.04.1900 b1/834 (rkm): Biewend, Robert, Clausthal, an R. Koch. Mitteilungen über familiäre Angelegenheiten. Datumsvermerk Kochs: 20.6.1900.

20.04.1900 b1/533 (rki): Tennant, London, 112 Victoria Street, an R. Koch. Bitte um Mitteilung über die Genehmigung des deutschen Kaisers für die Annahme einer Ehrung Kochs. Hinweis auf erhaltenen Brief von Koch vom 5.3.[1900] und Brief Tennants vom 27.11.[1899], an Koch in Neu-Guinea gerichtet.

26.04.1900 b1/784 (rkm): Pranee, C., Simbang, an R. Koch. Beschaffung und Übersendung von Mücken für Robert Koch. Mit Postaufkleber, datiert 24.12.[?] Datumsvermerk Kochs: 2.3.[19]01.

28.04.1900 b2/115 (rki): R. Koch, Stephansort in Neu Guinea, an Beck, Max (1862-1931). Geplante Wiederaufnahme von Tuberkulose-Forschungen. Hinweis auf verschiedene erhaltene Briefe von Beck.

28.04.1900 b2/134 (rki): R. Koch, Stephansort in Neu Guinea, an Dönitz, Wilhelm (1838-1912). Institutsangelegenheiten sowie Malaria und andere Krankheiten in Neu-Guinea. Hinweis auf erhaltenen Brief vom 17.2.1900.

02.05.1900 b1/529 (rki): Deinzer, M., Neuen Dettelsau, an R. Koch. Erfolge Kochs bei der Malaria-Behandlung in Neu Guinea. Datumsvermerk Kochs: 30.10.[19]00.

20.06.1900 b2/083 (rki): R. Koch, Herbertshöhe in Neu-Guinea, an Gaffky, Georg (1850-1918). Mitteilungen über Malaria-Forschungen in Neu-Guinea und geplante Rückreise. Datumsvermerk Gaffkys: 7.10.[19]00.

21.06.1900 b1/072 (rki): Frosch, Paul (1860-1928), Berlin, an R. Koch. Malaria-Forschungen und Verbleib von Fotogrammen sowie Institutsangelegenheiten. Hinweis auf Brief von Koch vom 28.4.1900; hierzu an anderer Stelle aufgefundenens Einzelblatt [nach Inhalt und Textfluß].

08.07.1900 b3/015 (rki): Pettenkofer, Max von (1818-1901), [Soorhaupt], an Köhler, Karl (1847-1912). Danksagung für Mitteilungen über ein Fleischextrakt und die Übersendung einer Festschrift von Quaglio für Pettenkofer.

11.08.1900 b1/517 (rki): Lehmann, Berlin, an R. Koch. Übersendung eines Gutachtens des Kaiserlichen Gesundheitsamtes. An Koch in Rom gerichtet; Datumsvermerk Kochs: 15.8.[19]00.

10.09.1900 b1/071 (rki): Frosch, Paul (1860-1928), Berlin, an R. Koch. Berichterstattung über Malaria-Forschungen im Norden und Osten Deutschlands und etwaige Pest-Einschleppung sowie Institutsangelegenheiten. Hinweis auf erhaltenen Brief Kochs vom 20.6.1899.

29.09.1900 b1/068 (rki): Frosch, Paul (1860-1928), Norden in Ostfriesland, an R. Koch. Malaria-Forschungen des Absenders in Deutschland. Briefkopf des »Central-Hotel Norden«; Hinweis auf Brief Kochs vom 28.8.1900.

08.10.1900 b1/070 (rki): Frosch, Paul (1860-1928), Berlin, an R. Koch. Berichterstattung zu Malaria-Forschungen in Holstein. Brief unvollständig, Schluß fehlt.

29.10.1900 b1/735 (rkm): Kapitänsleutnant Henning, Sydney, an R. Koch. Übersendung von Fotografien von der Fahrt mit der »Möwe« vom 28.6. bis 12.7.1900. Datumsvermerk Kochs: 2.3.[19]01.

01.11.1900 b1/690 (rkm): Bennigsen, J. R. von [Rudolf?, 1824-1902], Herbertshöhe, an R. Koch. Übersendung von Büchern und Gegenständen sowie von neun Gläsern mit Moskitos für Malaria-Forschungen. Datumsvermerk Kochs: 2.3.[19]01.

03.11.1900 b1/518 (rki): Kossel, Hermann (1864-1925), Berlin, Klopstockstrasse 20, an R. Koch. Übersendung eines Gutachtens des Kaiserlichen Gesundheitsamtes über Rinder- und Rindfleischimporte aus Amerika. Das Schriftstück liegt bei.

10.11.1900 b2/084 (rki): R. Koch, Charlottenburg-Westend, Ahornallee 30, an Gaffky, Georg (1850-1918). Pest-Bekämpfung in Alexandria. Datumsvermerk Gaffkys: 31.12.[19]00; veröffentlicht in: B. Möllers, Robert Koch, S. 644.

19.11.1900 b1/530 (rki): Deinzer, M., Neuen Dettelsau, an R. Koch. Danksagung für Brief und Besuch der Station in Simbang sowie Anerkennung für Malaria-Forschungen. Hinweis auf Schreiben vom 30.10.[1900].

09.12.1900 b3/079 (rkm): Bennigsen, J. R. von [Rudolf?, 1824-1902], Herbertshöhe in Neu Guinea, an Koch, Hedwig (1872-1945). Private Mitteilungen und Malaria-Forschungen Robert Kochs in Neu-Guinea.

16.12.1900 b1/800 (rkm): Senator, Hermann (1834-1911), Berlin, Bauhofstrasse 7, an R. Koch. Bitte um einen Vortrag auf dem Kongress für Innere Medizin im April 1901. Datumsvermerk Kochs: 22.12.[19]00.

24.12.1900 b1/705 (rkm): Cern/Reck/Römer, Berlin, Behrenstrasse 31, an R. Koch. Übersendung einer Vitrine mit Vögeln aus Neu-Guinea. Datumsvermerk Kochs: 4.1.[19]01; Verzeichnis angekündigt, liegt nicht bei und ist im Nachlaß nicht vorhanden.

30.12.1900 b1/691 (rkm): Bennigsen, J. R. von [= Rudolf?, 1824-1902], Herbertshöhe, an R. Koch. Private Mitteilungen und Übersendung von Mücken für weitere Malaria-Forschungen. Datumsvermerk Kochs: 2.3.[19]01.

03.01.1901 b1/531 (rki): Deinzer, M., Neuen Dettelsau, an R. Koch. Danksagung für erhaltene Schriften zur Malaria und Fragen zur Malaria-Forschung in Deutschland. Hinweis auf erhaltene Schriften; Datumsvermerk Kochs: 5.1.[19]01 [!] und Marginal: »3/2 nochmalige Aufforderung«.

04.01.1901 b1/759 (rkm): Marmies, Dr. Ed., Estavayer in der Schweiz, an R. Koch. Danksagung für Brief und Sonderdruck Kochs zur Malaria-Forschung und Bitte um ein Präparat für Vergleiche. Datumsvermerk Kochs: 16.2.1901.

19.01.1901 b1/747 (rkm): Kohlstock, Paul (1861-1901), Tientsin, an R. Koch. Seuchensituation in Tientsin, vor allem Malaria, Rinderpest und Rotz. Hinweis auf Brief Kochs aus Herbertshöhe.

28.01.1901 b1/813 (rkm): Thorner, Eduard (1842-1910), Berlin, Wilhelmstrasse 118, an R. Koch. Übersendung des Artikels »Tuberkulin und Tuberkulose« und Vortrag bei einem Tuberkulose-Kongress in Berlin. Datumsvermerk Kochs: 3.2.[19]01.

28.01.1901 b3/025 (rki): Heron, Dr. M.[= George Allan?, 1845-1915], ohne Ort, Harley Street 57, an Koch, Hedwig (1872-1945). Einladung für Hedwig und Robert Koch anläßlich eines im Juli [1901] bevorstehenden Kongresses. Bl. 2Rs: Notizen von R. Koch.

29.01.1901 b1/768; 768a (rkm): Müller, Karl, Stephansort in Neu Guinea, an R. Koch. Malaria-Fälle und Chinin-Behandlung in Neu-Guinea sowie Mücken-Sammlung für Malaria-Forschungen. Hinweis auf erhaltenes Schreiben Kochs vom 25.12.1900 768a: Marginal von anderer Hand: »unbedeutend«.

05.02.1901 b1/532 (rki): Deinzer, M. Neuen Dettelsau, an R. Koch. Mitteilung über Entsendung des Missionars Pfalzer nach Berlin für Malaria-Forschungen am Institut für Infektionskrankheiten.

07.02.1901 b1/534 (rki): Pfalzer, J. G., Missionshaus Barmen, an R. Koch. Reisepläne im Hinblick auf einen Aufenthalt in Berlin. Inliegend Notiz: »Herrn Rector Robert Springer«, mit Datumsvermerk Kochs: 24.3.[19]01.

10.02.1901 b1/775 (rkm): Pistor, Moritz (1835-1924), Berlin, Augsburger Strasse 60, an R. Koch. Bitte um einen Vortrag für die Hygienische Vereinigung über die »Lüftung der Wohnräume auf Schiffen«. Datumsvermerk Kochs: 12.2.[19]01.

16.02.1901 b1/812 (rkm): Thiel, M., Berlin, Kurfürstendamm 23, an R. Koch. Mitteilung über Aufenthaltsorte und Anschriften verschiedener Personen.

16.02.1901 b1/801 (rkm): Serkowski, Lodz, ul. Piotrowska 120, an R. Koch. Bitte um drei Veröffentlichungen in der Zeitschrift für Hygiene und Infektionskrankheiten. Datumsvermerk Kochs: 21.2.[19]01.

18.02.1901 b1/798 (rkm): Schwalbe, Julius (1863-1930), Berlin, an R. Koch. Veranlassung zur Herstellung von Sonderdrucken von Artikeln Kochs in der Deutschen Medicinischen Wochenschrift. Datumsvermerk Kochs: 21.2.[19]01 und Marginal: »200 S[onder]A[bdrucke]« bestellt.

21.02.1901	b1/741 (rkm): Klajner, Viktoria, Wollstein, an R. Koch. Dankschreiben für eine Spende Kochs in Höhe von 300 Mark. Hinweis auf Brief Kochs an die Verfasserin.
22.02.1901	b1/760 (rkm): Marmies, Dr. Ed., Estavayer in der Schweiz, an R. Koch. Danksagung für Brief und übersandte Fotografien von Malaria-Präparaten.
26.02.1901	b1/776 (rkm): Pistor, Moritz (1835-1924), Berlin, an R. Koch. Vortrag Kochs im April [1901]. Datumsvermerk Kochs: 3.3.[19]01.
03.03.1901	b1/758 (rkm): Markwitz, Dr., Wollstein, an R. Koch. Bitte um Unterstützung in einer Rechtsangelegenheit, nämlich Anklage wegen Mordversuch und psychiatrisches Gutachten gegen den Sohn des Verfassers. Datumsvermerk Kochs: 24.3.1901 mit zwei Anlagen: Abschrift eines brieflichen Gutachtens des Nervenarztes Heinrich Sachs an einen Rechtsanwalt [Munckel, Berlin], vom 13.9.1900, 4 Bll. und Abschrift eines Beschlusses, Breslau, 29.1.1901, 4 Bll.
06.03.1901	b1/763; 763a (rkm): Meyer, Carl/Meyer, Georg, Burgwedel, an R. Koch. Bitte um Beratung zur Lebensplanung von Carl Meyer. Datumsvermerk Kochs: 24.3.1901; je ein Brief von Sohn Carl und Vater Georg Meyer auf zusammenhängenden Bll.
11.03.1901	b1/742 (rkm): Knake, Daressalam, an R. Koch. Gebühren für eine gerichtliche Beurkundung zu einem Vertrag.
20.03.1901	b2/029 (rki): R. Koch, Berlin, Kurfürstendamm 25, an Frosch, Paul (1860-1928). Erhaltene Blutpräparate [Malaria]. Antwort auf Brief Froschs vom 18.3.1901; Hinweis auf 161 Präparate; veröffentlicht: B. Möllers, Robert Koch, S. 675f.
26.03.1901	b1/535 (rki): Pfalzer, J. G., Honstadt in Oberschlesien, an R. Koch. Zeitpunkt des Eintreffens von Pfalzer in Berlin für einen Studienaufenthalt am Institut für Infektionskrankheiten. Hinweis auf erhaltenen Brief von Koch vom 24.[3.1901].
28.03.1901	b1/716 (rkm): Flügge, Carl (1847-1923), Breslau, Tiergartenstrasse 74, an R. Koch. Geplante »hygienische Expedition« Kochs nach Oberschlesien; Typhushäufigkeit und Beurteilung der epidemiologischen Situation in einzelnen Orten Oberschlesiens.
15.04.1901	b1/765 (rkm): Moeller, Alfred (6.5.1868-?), Belzig, an R. Koch. Bereitstellung eines Gerätes zur Bestimmung von Tuberkulin-Dosen. Datumsvermerk Kochs: 17.4.1901.

18.04.1901	b1/766 (rkm): Moeller, Alfred (6.5.1868-?), Belzig, an R. Koch. Danksagung für Informationen und ein Gerät [zur Bestimmung von Tuberkulin-Dosen].
27.04.1901	b1/820 (rkm): Zeiss, Carl [laut Unterschrift], Jena, an R. Koch. Übersendung eines 6-fachen Feldstechers im Austausch gegen einen vergleichbaren, von Koch aus den Tropen zurückgebrachten. Datumsvermerk Kochs: 21.5.[19]01; adressiert an: Ahornallee 30 [Wohnort Kochs bis 1900]; der Firmengründer Carl Zeiss starb 1888.
27.04.1901	b1/516 (rki): Hellwig, Anton, Berlin, an R. Koch. Übersendung von Berichten und Präparaten bezüglich Texasfieber und Bitte um Stellungnahme hierzu. Die Berichte liegen nicht bei.
01.06.1901	b1/536 (rki): Hahn, Martin (1865-), München, an R. Koch. Übersendung eines Reiseberichts auf Wunsch Kochs. Bericht liegt nicht bei.
08.06.1901	b1/538 (rki): Solverini, D. G., Bombay, an R. Koch. Ausbleiben einer Sendung von hundert Dosen Serum an das Institut für Infektionskrankheiten wegen Mangel an entsprechenden Überschüssen.
10.06.1901	b1/212 (rki): Baginsky, Adolf (1843-1918), Berlin, Reinickendorfer Strasse 32, an R. Koch. Peritoneal-Tuberkulose bei einem achtjährigen Mädchen. Mit Anlage: Auszug aus dem Krankenbericht.
22.06.1901	b2/030 (rki): R. Koch, Berlin, Kurfürstendamm 25, an Frosch, Paul (1860-1928). Parallele Forschungsarbeiten zur Malaria in Brioni und am Institut für Infektionskrankheiten. Antwort auf Brief Froschs vom 17.6.1901; Hinweis auf 399 Präparate aus Fort Barberiga.
10.07.1901	b2/031 (rki): R. Koch, Berlin, Nordufer-Föhrerstraße, an Frosch, Paul (1860-1928). Deutung des Ausbleibens frischer Malaria-Fälle in Pola. Hinweis auf Untersuchung von Malaria-Präparaten.
13.07.1901	b2/032 (rki): R. Koch, Berlin, Kurfürstendamm 25, an Frosch, Paul (1860-1928). Übersendung von Untersuchungs-Ergebnissen zu Malaria-Präparaten aus Fasana und Anweisungen für weitere Arbeiten in Brioni.
19.07.1901	b2/033 (rki): R. Koch, Berlin, Kurfürstendamm 25, an Frosch, Paul (1860-1928). Übersendung von Befunden zu

	Malaria-Blutproben aus Stignano sowie Fragen und Anweisungen für weitere Tätigkeit in Brioni.
25.07.1901	b1/773 (rkm): Parker, Rushton (1847-1932), Kendal in Stricklandgate, an R. Koch. Schädlichkeit der Milch tuberkulöser Kühe für den menschlichen Organismus; Empfehlungen und Maßnahmen der »Sanitary Authorities«. Anlage: Zeitungsausschnitt, undatiert.
31.07.1901	b1/226 (rki): Confich[?], Breslau, an R. Koch. Aktuelle Tuberkulose-Forschungen. Datumsvermerk Kochs: 12.8.[19]01.
08.08.1901	b1/232 (rki): Cornet, Georg (1858-1915), Reichenhall, an R. Koch. Tuberkulose bei Schweinen.
11.08.1901	b2/034 (rki): R. Koch, Berlin, Kurfürstendamm 25, an Frosch, Paul (1860-1928). Deutungen und Erläuterungen zu erneuten Malaria-Fällen in Brioni. Antwort auf Brief Froschs vom 6.8.[1901]; veröffentlicht in: B. Möllers, Robert Koch, S. 259, Auszug.
21.08.1901	b2/035 (rki): R. Koch, Berlin, Kurfürstendamm 25, an Frosch, Paul (1860-1928). Keine Nachweise von »Malaria-Parasiten« in Präparaten aus Fasana und Fortsetzung von Malaria-Arbeiten durch Elsner in Brioni. Hinweis auf erhaltene Präparate aus Fasana.
24.08.1901	b3/027 (rki): Joseph, Max (1860-?), Berlin, Potsdamer Strasse 31a, an Henschel. Fallbeschreibung eines am Schlachthof tätigen Patienten [Perlsucht]. Notizen von Koch zum Patienten auf dem ersten Blatt.
26.08.1901	b1/227 (rki): Gerberding, Paul Henry (1863-1919), St. Georgen in Kärnten, an R. Koch. Tuberkulose-Forschungen, besonders Perlsucht [Tuberkulose bei Rindern].
01.09.1901	b1/228 (rki): Kirch, Friedr[ich], Dusemond an der Mosel, an R. Koch. Tuberkulose-Forschungen, vor allem Milch tuberkulöser Kühe.
03.09.1901	b1/229 (rki): Ce..ti[?], Mo...[?], Perchtoldsdorf in Nieder-Österreich, an R. Koch. Tuberkulose-Forschungen, vor allem Rindertuberkulose und Milch tuberkulöser Kühe.
06.09.1901	b1/537 (rki): Pfalzer, J. G., »Dampfer Sachsen«, an R. Koch. Bevorstehende Entsendung Dempwolffs nach Neu-Guinea zur Bekämpfung der Malaria.

06.09.1901 b2/135 (rki): R. Koch, Kampen auf Sylt, an Dönitz, Wilhelm (1838-1912). Gruß von der Insel Sylt und Danksagung für einen Brief.

16.09.1901 b1/520 (rki): Rivas, Damaso (1874-?), Brioni, an R. Koch. Malaria-Forschungen in Italien.

10.[11.]1901 b1/225 (rki): Fränkel, Bernhard (1836-1911), Berlin, Bellevuestrasse 4, an R. Koch. Übertragung der Tuberkulose durch perlsüchtige Rinder. Entstehungsdatum: Monat unleserlich, evtl. Oktober; Anlage: Typoskript mit Anstreichungen (Abschrift zum Betreff).

19.11.1901 b1/541 (rki): Dempwolff, Otto Karl August (1871-1938), Stephansort in Neu Guinea, an R. Koch. Berichterstattung über Malaria-Forschungen und Malaria-Bekämpfung in Neu-Guinea während der Expedition Dempwolffs. Anlage: Inhaltsliste für übersandte Objekte und Präparate, mit Nachtrag vom 5.1.1902.

11.01.1902 b1/526 (rki): Dempwolff, Otto Karl August (1871-1938), Hannover, an R. Koch. Malaria-Expedition Dempwolffs nach Neu-Guinea, zugleich private Anfrage.

17.01.1902 b1/451 (rki): Bitter, Heinrich (1863-1918), Kairo, an R. Koch. Einladung zu einem Kongress [in Ägypten] und Infektionskrankheiten in Ägypten. Datumsvermerk Kochs: 2.2.[19]02 [s. b2/122 (rki)]; Hinweis auf gleichzeitig übersandte Fotografien.

22.01.1902 b1/230 (rki): Heubner, Otto (1834-1926), Berlin, Kronprinzenufer 12, an R. Koch. Mitteilung über Fälle primärer Darmtuberkulose.

22.01.1902 b1/525 (rki): Hintze, Kurt (1866-?), Friedrich-Wilhelmshafen, an R. Koch. Bericht über Abgabe von Chinin für den Zeitraum September bis Dezember 1901 und Malaria-Morbidität in Neu-Guinea. Datumsvermerk Kochs: 25.4.[19]02.

02.02.1902 b2/122 (rki): R. Koch, Berlin, Kurfürstendamm 25, an [Bitter, Heinrich (1863-1918)]. Ausbleiben einer offiziellen Einladung zu einem medizinischen Kongress in Ägypten; Erforschung von Pyrosomen. Hinweis auf erhaltene Fotografien; dem Inhalt nach ist der Adressat in Ägypten. Eine inoffizielle Einladung zu einem Kongress, die Bitter am 17.01.1902 (b1/451, rki) an Koch sandte, läßt auf Bitter als Adressaten schließen.

02.02.1902 b2/021 (rki): R. Koch, Berlin, Kurfürstendamm 25, an Pfeiffer, Richard (1858-1945). Danksagung für Übersendung von

Arbeiten.; veröffentlicht in: B. Möllers, Robert Koch, S. 261, dort Auszug über den Gesundheitszustand Kochs.

[5.3.1902] b3/060 (rki): Koch, Hedwig (1872-1945), [Berlin], an Dönitz, Wilhelm (1838-1912). Dank und Zusage für eine Einladung; Datum laut Poststempel.

10.03.1902 b1/542 (rki): Dempwolff, Otto Karl August (1871-1938), Tami-Inseln, an R. Koch. Berichterstattung über Malaria-Forschungen und Malaria-Bekämpfung in Neu-Guinea während der Expedition Dempwolffs. Hinweis auf erhaltenen Brief Kochs vom 29.12.1901.

05.04.1902 b2/036 (rki): R. Koch, Berlin, Kurfürstendamm 25, an Frosch, Paul (1860-1928). Regelung von Formalitäten mit dem Kultusministerium zwecks Typhusbekämpfung in Trier. Mit Umschlag: an Frosch in Trier adressiert.

19.04.1902 b2/037 (rki): R. Koch, Berlin, Kurfürstendamm 25, an Frosch, Paul (1860-1928). Vorbereitung einer Reise Kochs mit Kirchner nach Koblenz zwecks Typhusbekämpfung in Trier. Mit Umschlag: an Frosch in Trier adressiert.

24.04.1902 b2/038 (rki): R. Koch, Berlin, Kurfürstendamm 25, an Frosch, Paul (1860-1928). Verschiebung der Reise Kochs nach Koblenz und Mitteilung des neuen Reisetermins. Mit Umschlag: an Frosch in Trier adressiert.

13.06.1902 b1/785 (rkm): Rajewski, A., Charkov, an R. Koch. Ernennung Kochs zum Ehrenmitglied aus Anlaß des 50. Jahrestages des Veterinär-Instituts der Universität Charkov. Datumsangabe: 13./26.6.1902; Datumsvermerk Kochs: 12.8. [19]02; siehe auch L2/116 (rki).

20.06.1902 b1/543 (rki): Dempwolff, Otto Karl August (1871-1938), Stephansort in Neu Guinea, an R. Koch. Berichterstattung über Malaria-Forschungen und Malaria-Bekämpfung in Neu-Guinea während der Expedition Dempwolffs. Hinweis auf erhaltenen Brief Kochs vom 20.2.1902.

26.06.1902 b1/544 (rki): Dempwolff, Otto Karl August (1871-1938), Friedrich-Wilhelmshafen in Neu Guinea, an R. Koch. Mitteilungen über Malaria-Forschungen während der Expedition Dempwolffs. Mit Nachtrag zum Brief vom 20.6.1902.

27.06.1902 b1/545 (rki): Dempwolff, Otto Karl August (1871-1938), Friedrich-Wilhelmshafen in Neu Guinea, an R. Koch. Mitteilung zu fotografischen Platten und mikroskopischen Untersuchungen während der Malaria-Forschungen Dempwolffs in

Neu-Guinea. Mit Nachtrag zum Brief vom 26.6.1902 [b1/544 (rki)]; Hinweis auf erhaltenen Brief Kochs vom 10.4.1902.

28.06.1902 b2/039 (rki): R. Koch, Berlin, Kurfürstendamm 25, an Frosch, Paul (1860-1928). Nützlichkeit eines von Frosch erhaltenen Berichts über die Typhus-Bekämpfung in Trier für eine Sitzung mit verschiedenen Ministern. Mit Umschlag: an Frosch in Trier, Garnisonlazarett, adressiert; veröffentlicht in: B. Möllers, Robert Koch, S. 262f.

25.07.1902 b1/233 (rki): Hoare, E. Stanley, Hongue-a-la-Perre, Guernsey, an R. Koch. Rindertuberkulose in Guernsey.

05.08.1902 b1/219 (rki): Kinkel [?], Berlin, an R. Koch. Bitte um Stellungnahme zur Tätigkeit des Stabsarztes Ollwig während der Malaria-Expedition. Mit Marginal; Eingangsstempel: 11.8.[19]02.

07.08.1902 b2/040 (rki): R. Koch, Berlin, Kurfürstendamm 25, an Frosch, Paul (1860-1928). Formale und finanzielle Aspekte bezüglich der Typhusbekämpfung als Ergebnis einer Besprechung im Kultusministerium und Bitte um Vorschläge zur Gestaltung des Instituts in Saarbrücken. Mit Umschlag: an Frosch in Trier, Garnisonlazarett, adressiert; Auszug veröffentlicht in: B. Möllers, Robert Koch, S. 263.

11.08.1902 b2/116 (rki): R. Koch, Berlin, an Kinkel. Tätigkeiten des Stabsarztes Ollwig in Deutsch-Ostafrika. Vermerk Kochs: ab 11.8.[19]02.

12.08.1902 b1/711 (rkm): Cordes, W., Hamburg-Ohlsdorf, an R. Koch. Private Mitteilungen.

05.09.1902 b1/218 (rki): Schwalbe, Julius (1863-1930) Berlin, Lichtenstein-Allee 3, an R. Koch. Übersendung eines Korrekturdrucks: Heller, A.: Ueber die Tuberkuloseinfektion durch den Verdauungskanal, Artikel für die Deutsche Medicinische Wochenschrift.

23.09.1902 b2/041 (rki): R. Koch, Berlin, Kurfürstendamm 25, an Frosch, Paul (1860-1928). Vorbereitung auf den Kolonialkongress im Oktober 1902 mit Malaria-Berichten.

23.09.1902 b1/546 (rki): Dempwolff, Otto Karl August (1871-1938), Matupi, an R. Koch. Berichterstattung über Malaria-Forschungen und Malaria-Bekämpfung in Neu-Guinea während der Expedition Dempwolffs. Hinweis auf erhaltenen Brief Kochs vom 15.8.1902; Hinweis auf zuvor gesandten Bericht, hier: Ergänzungen.

23.10.1902	b1/217 (rki): Friedrichsen, T., Wankegan in Illinois, an R. Koch. Übertragung der Tuberkulose durch Milch tuberkulöser Kühe.
24.10.1902	b1/539 (rki): Mühlens, Peter (1874-1943), Hamburg, an R. Koch. Bitte um Zusendung von Berichten aus der Deutschen Medicinischen Wochenschrift über Malaria-Forschungen Kochs. Bl. 2Rs: Antwortentwurf von Koch, 27.10.[19]02, Vermerk von Pohnert: »ab 31.10.02«.
28.10.1902	b1/231 (rki): Jansen, Wiesbaden, Bierstädter Höhe 8b, an R. Koch. Forschungen zur Tuberkulose bei Rindern. Marginal von Koch; Beilage: Exzerpt von Koch aus der Berliner Tierärztlichen Wochenschrift 1893, S. 616.
22.11.1902	b1/825 (rkm): London, St. Swithin's Lane 15, an R. Koch. Anfrage bezüglich Kochs Bereitschaft zur Durchführung einer Expedition nach Rhodesien zur Erforschung einer Rinderkrankheit [Rinderpest] und Konditionen der Finanzierung. Briefschluß und Unterschrift fehlen.
24.11.1902	b2/172 (rkm): R. Koch, [Berlin], an die British South Africa Company. Bereitschaft Kochs zur Durchführung einer Expedition nach Rhodesien zur Erforschung einer Rinderkrankheit [Rinderpest] im Auftrag der British South Africa Company und Konditionen der Finanzierung.
20.12.1902	b1/698 (rkm): Brodie, Douglas, London, an R. Koch. Einverständnis der British South Africa Company bezüglich der Bedingungen Kochs für eine Expedition nach Südafrika und Mitteilung des Inhalts eines entsprechenden Telegramms vom 19.12.1902.
22.12.1902	b2/173 (rkm): R. Koch, [Berlin], an Jones, J. F. Bereitschaft zur Durchführung der Expedition nach Rhodesien zur Erforschung der Rinderpest im Auftrag der British South Africa Company und Planung des Reiseverlaufs.
22.12.1902	b1/523 (rki): Jones, S. J. (1831-1913), London, Swithin's Lane 15, an R. Koch. Übersendung eines Schecks zur Finanzierung von Sachmitteln während der Expedition nach British-Südafrika.
24.12.1902	b1/737 (rkm): Jones, S. J. (1831-1913), London, Swithin's Lane 15, an R. Koch. Bestätigung der Reiseroute über Beira und eines gleichlautenden Telegramms sowie Übersendung von Artikeln, Berichten und anderen Arbeitsunterlagen.

25.12.1902 b2/085 (rki): R. Koch, Berlin, Kurfürstendamm 25, an Gaffky, Georg (1850-1918). Bevorstehende Expedition nach Südafrika. Auszug veröffentlicht in: B. Möllers, Robert Koch, S. 264f.

31.12.1902 b1/122 (rki): Kryschwierz, Paul, Brioni, an R. Koch. Übermittlung von Neujahrswünschen und Stand der Malaria-Bekämpfung in Brioni.

07.01.1903 b1/803 (rkm): Studt, Konrad (1838-1921), Berlin, an R. Koch. Genehmigung eines Forschungsurlaubes für Koch unter Fortzahlung der Bezüge [Rinderpest-Expedition nach Südafrika].

07.01.1903 b2/152 (rki): R. Koch, Berlin, an Eberstein, Ernst Albrecht Freiherr von (1862-1907). Mitteilung über einen Termin-Vorschlag für eine medizinische Untersuchung durch Dönitz.

10.01.1903 b3/003 (rki): Jansen, Berlin, Neustädtische Kirchstrasse 11, an Koch, Hedwig (1872-1945). Kostenlose medizinische Behandlung Hedwig Kochs als Familienangehörige eines Arztes.

[10.1.1903] b3/059 (rki): Koch, Hedwig (1872-1945), [Berlin], an Frau Dönitz. Abschiedsgrüße und Neujahrswünsche für 1903. Datierung laut Poststempel: 10.1.1903.

10.01.1903 b1/121 (rki): Schörmer & Teichmann, Hamburg, an R. Koch. Auftragsbestätigung über Einschiffung und weitere Versendung von sechs Kisten [Expeditionszubehör] von Hamburg nach Salisbury.

11.01.1903 b1/717 (rkm): Förster, Adolf (1847-?), Berlin, Augsburger Strasse 60, an R. Koch. Wünsche zur bevorstehenden Expedition nach Südafrika. Mit Vermerk Pohnerts.

28.01.1903 b1/223 (rki): Kitasato, Shibasaburo (1852-1931), Tokio, an R. Koch. Perlsucht der Rinder und Tuberkulose in Japan. Antwort auf Brief Kochs vom 18.11.1902; hierzu: zwei Fotografien von Rindern; Brief veröffentlicht in: B. Möllers, Robert Koch, S. 417f., dort Datum: 8.01.1903; Datumsvermerk Kochs: 16.10.[19]03.

Januar 1903 b2/136 (rki): Koch, Robert (1843-1910) und Koch, Hedwig (1872-1945), Port Said, an Dönitz, Wilhelm (1838-1912). Grußkarte aus Port Said. Zur Datierung: Poststempel aus Port Said, Datum unleserlich, und aus Steglitz bei Berlin: 23.01.1903.

24.02.1903 b1/549 (rki): Dönitz, Wilhelm (1838-1912), Berlin, an R. Koch. Laufende Arbeiten am Institut für Infektionskrankheiten. Datumsvermerk Kochs: 27.3.[19]03.

25.02.1903 b1/224 (rki): Councilman, William Thomas (1854-1933), Boston, an R. Koch. ntestinal-Tuberkulose.

26.02.1903 b1/550 (rki): Dönitz, Wilhelm (1838-1912), Berlin, an R. Koch. Laufende Arbeiten am Institut für Infektionskrankheiten.

27.02.1903 b1/622 (rki): Möller, W., Salisbury, an R. Koch. Übersendung von wissenschaftlichen Instrumenten nach Bulawayo.

07.03.1903 b1/123 (rki): Dunbar, William Philip (1863-1922), Hamburg, Jungiusstrasse, an R. Koch. Übersendung gewünschter Arbeiten von Prausnitz und Dunbar sowie Nachweis von Pest-Bazillen in Ratten auf Schiffen.

19.03.1903 b1/826 (rkm): keine Angabe, Salisbury, an C.V.S. [= Chief Veterinarian Surgeon]. Arbeitsaufnahme und Stand der Arbeiten Kochs in Bulawayo. Entstehungsort und Datum laut Marginal Kochs.

27.03.1903 b2/137 (rki): R. Koch, Bulawayo, an Dönitz, Wilhelm (1838-1912). Institutsangelegenheiten und Erforschung des Küstenfiebers in Südafrika; veröffentlicht in: B. Möllers, Robert Koch, S. 265f.

31.03.1903 b3/016 (rki): Netter, Arnold (1855-1936), Paris, Boul[evard] St. Germain 129, an Frosch, Paul (1860-1928). Typhus-Forschungen und Typhus-Prophylaxe in Deutschland, Brief mit Umschlag.

02.04.1903 b2/042 (rki): R. Koch, Bulawayo, an Frosch, Paul (1860-1928). Bitte um weitere Berichterstattung über Typhusbekämpfung in Deutschland und Beschreibung des Expeditionsauftrages für Koch in Bulawayo; veröffentlicht in: B. Möllers, Robert Koch, S. 266f.

07.04.1903 b1/216 (rki): Henn, H. Brosuis, Brüssel, an R. Koch. Tuberkulose-Forschungen. Jahreszahl des Entstehungsdatums fraglich, [1909?].

09.04.1903 b3/006 (rki): Dulchedin, D., Kapstadt, an Stock. Übersendung von Rinder-Blutpräparaten für Robert Koch in Hillside Camp bei Bulawayo.

01.05.1903 b2/175 (rkm): R. Koch, Bulawayo, an Studt, Konrad (1838-1921). Übersendung eines Berichtes über Forschungsergebnisse im Auftrag der British South Africa Company und diesbezügliche Verlängerung der Beurlaubung.

01.05.1903 b2/138 (rki): R. Koch, Bulawayo, an Dönitz, Wilhelm (1838-1912). Übersendung von Kulturen zur Schweine-Tuberkulose an Libbertz und Erforschung des Küstenfiebers in Südafrika; veröffentlicht in: B. Möllers, Robert Koch, S. 269.

14.05.1903 b2/043 (rki): R. Koch, Bulawayo, an Frosch, Paul (1860-1928). Typhus-Bekämpfung und Typhusforschungen in Trier und Saarbrücken. Mit Umschlag: an Frosch in Trier, Garnisonlazarett; Antwort auf Brief von Frosch; veröffentlicht in: B. Möllers, Robert Koch, S. 269f.

01.06.1903 b3/022 (rki): Rubner, Max (1854-1932), Berlin, an Köhler, Karl (1847-1912). Mitteilungen über eine Sitzung zur Typhus-Bekämpfung.

03.07.1903 b1/811 (rkm): Stuhlmann, F[ranz], Daressalam, an R. Koch. Seuchensituation unter dem Viehbestand in Deutsch-Ostafrika, vor allem Texas-Fieber, und Trypanosomennachweise im Blut von Rindern. Hinweis auf erhaltenen Bericht und Brief Kochs vom 28.5.[19]03.

07.07.1903 b1/ 522 (rki): Molynen...[?], A. J., Bulawayo, an R. Koch. Afrikanisches Küstenfieber und Pferdesterbe.

14.07.1903 b1/ 823 (rkm): [Kirchner, Martin (1854-1925)?], Berlin, an R. Koch. Genehmigung der Fortsetzung der Forschungen über Rinderkrankheiten im Auftrag der englischen Regierung, damit verbundene Beurlaubung für Koch und Neufeld sowie Vertretungsregelung. Der Inhalt läßt Kirchner als Absender vermuten.

14.07.1903 b1/804 (rkm): Studt, Konrad (1838-1921), Berlin, an R. Koch. Genehmigung der Fortsetzung des Forschungsurlaubes in Rhodesien und Vertretungsregelung. Abschrift, beglaubigt von Stitz, Büro-Assistent am Institut für Infektionskrankheiten.

28.07.1903 b1/073 (rki): Maud, L., Bulawayo, an R. Koch. Für Koch entstehende Kosten, die der Absender trägt. Mit Nachtrag, unvollständig.

16.09.1903 b3/080 (rkm): »Agriculture«, Salisbury, an C.V.S. [= Chief Veterinarian Surgeon]. Fortsetzung der Forschungen Kochs über Pferdesterbe und »Rhodesian redwater«.

16.09.1903 b3/081 (rkm): »Agriculture«, Salisbury, an C.V.S.[= Chief Veterinarian Surgeon]. Fortsetzung der Forschungen Kochs in Bulawayo.

25.09.1903	b3/082 (rkm): Gray, Charles E., Salisbury bzw. Bulawayo, an »Secretary for Agriculture«. Anfrage Kochs bezüglich der Fortsetzung seines Aufenthaltes in Südafrika und der Anwendung der von Koch vorgeschlagenen Impfmethode bei Rinder-Sterbe. Abschrift für Koch.
28.09.1903	b1/685 (rkm): Steudel, Emil (1864-?), Berlin bzw.[Pre]toria, an R. Koch. Benachrichtigung über Beantragung einer Verlängerung der Beurlaubung [zur Fortsetzung der Expedition].
01.10.1903	b2/139 (rki): R. Koch, Bulawayo, an Dönitz, Wilhelm (1838-1912). Erforschung des Küstenfiebers in Südafrika und Diskussionen um Rinder-Tuberkulose in Europa.
14.10.1903	b1/686 (rkm): [Britische Behörde], Salisbury bzw. Bulawayo, an R. Koch. Benachrichtigung über die Bitte des »South African Government«, die Forschungen zu Rinderseuchen und Pferdesterbe fortzusetzen. Text bricht ab, ohne Absender, wahrscheinlich fehlt 2. Blatt.
13.11.1903	b1/739 (rkm): Kirchner, Martin (1854-1925), Berlin, Tauentzienstrasse 21, an R. Koch. Überlegungen über einen etwaigen Nachfolger Kochs aus dem Umfeld des Instituts für Infektionskrankheiten sowie laufende Forschungen Kochs und dessen Institutes zur Tuberkulose. Datumsvermerk Kochs: 16.12.[1903]; Hinweise auf Briefwechsel mit dem Ministerium [der geistlichen, Unterrichts- und Medicinalangelegenheiten].
27.11.1903	b1/684 (rkm): Althoff, Friedrich (1839-1908), Berlin bzw. Bulawayo, an R. Koch. Bewilligung der Verlängerung der Beurlaubung für Koch und Neufeld [zur Fortsetzung der Expedition].
11.12.1903	b1/860 (rki): Mitarbeiter des Instituts (23 Namen), [Berlin], an R. Koch. Glückwünsche der Mitarbeiter des Instituts für Infektionskrankheiten zum 60. Geburtstag Kochs.
14.12.1903	b2/140 (rki): R. Koch, Bulawayo, an Dönitz, Wilhelm (1838-1912). Erforschung und Behandlung der Rinderpest in Südafrika und Bemerkungen zu Tuberkulose-Forschungen in Deutschland. Mit Danksagung für erhaltenes Telegramm der Institutsmitarbeiter zum 60. Geburtstag; veröffentlicht in: B. Möllers, Robert Koch, S. 277f.
15.12.1903	b2/204 (rkm): R. Koch, Bulawayo, an Fraenkel, Carl (1861-1915). Private Mitteilungen und Glückwünsche zur Verleihung des Titels Geheimrat; allgemeine Mitteilungen über laufende Forschungen Kochs in Afrika, darunter Malaria, Schlaf-

krankheit und verschiedene Tierseuchen. Dieser Brief wurde dem rkm von Herrn Liman überlassen.

30.12.1903 b1/827 (rkm): keine Angabe, Salisbury, an Chief Vet[erinarian] Surgeon. Rückreise Kochs nach Europa entlang der Ostküste [Afrikas].

15.01.1904 b2/141 (rki): R. Koch, Bulawayo, an Dönitz, Wilhelm (1838-1912). Institutsangelegenheiten und Rücktrittsabsichten vom Amt des Direktors; veröffentlicht in: B. Möllers, Robert Koch, S. 280f.

16.01.1904 b1/828 (rkm): keine Angabe, Salisbury, an C.V.S. [= Chief Veterinarian Surgeon]. Bitte um Ratschläge zur Vorbeugung gegen Horse Sickness und entsprechende Stellungnahme [Kochs?]. Datum handschriftlich eingefügt [von Koch?].

22.01.1904 b2/044 (rki): R. Koch, Bulawayo, an Frosch, Paul (1860-1928). Typhus-Bekämpfung und Typhus-Forschungen in Deutschland. Mit Umschlag: an Frosch in Trier, Bakteriologische Untersuchungs-Anstalt; Antwort auf Brief von Frosch vom 3.11.1903; veröffentlicht in: B. Möllers, Robert Koch, S. 281f.

[1904] b1/124 (rki): L.A.M. [sic!], [Griechenland?], an R. Koch.? [wahrscheinlich griechisch]. Datierung: 13. oder 31.1.1904, mit Marginal von Pohnert.

[Januar 1904] b2/174, 174a (rkm): R. Koch, Rhodesien, an Kirchner, Martin (1842-1912). Indirekte Berichterstattung über Immunisierungsversuche an Tieren [in Rhodesien], diesbezügliche Verlängerung der Beurlaubung und Rücktrittsüberlegungen; Institutsangelegenheiten. Wahrscheinlich Antwort auf Brief Kirchners vom 13.11.1903. Brief b2/174: fehlt im Bestand, Angaben laut Alt-Inventar (Alt-Signatur 7.76.2 bzw. 29.19).

06.02.1904 b1/789 (rkm): Sow [...?], E. Ross, Salisbury, an R. Koch. Abreise Kochs von Bulawayo nach Europa.

17.02.1904 b2/142 (rki): R. Koch, Bulawayo, an Dönitz, Wilhelm (1838-1912). Forschungen zu Küstenfieber und Pferdesterbe in Südafrika. Hinweis auf Rinderpest in Deutsch-Südwest-Afrika und Aufstand dort; veröffentlicht in: B. Möllers, Robert Koch, S. 283f.

22.02.1904 b1/805 (rkm): Studt, Konrad (1838-1921), Berlin, an R. Koch. Rücktrittsabsichten Kochs nach Rückkehr aus Rhodesien sowie Klärung künftiger Institutsaufgaben und eines Nachfolgers. Datumsvermerk Kochs: 29.3.[19]04.

27.02.1904	b1/540 (rki): Pfalzer, J. G., Pola bzw. Finschhafen in Neu-Guinea, an R. Koch. Übersendung von Kurzberichten zum prophylaktischen Chinin-Gebrauch gegen Malaria von Missions-Mitarbeitern. Mit Anlage: »Verzeichnis des Chiningebrauchs oder Erfolgs desselben seitens der Personen der Neuendettelsauer Mission in Deutsch Neu-Guinea«.
02.03.1904	b1/621 (rki): Sheriff, John, Bulawayo, an R. Koch. Mitteilung über ein verendetes Pferd.
07.03.1904	b1/706 (rkm): Clarke, Sir Marshal, Salisbury bzw. Bulawayo, an R. Koch. Anfrage zu Reiseplänen Kochs nach Ägypten. Rs: Notizen von Hedwig Koch [Temperatur, 7./8.3.1904].
12.03.1904	b1/707 (rkm): Clarke, Sir Marshal, Salisbury bzw. Bulawayo, an R. Koch. Anfrage bzw. Bitte um Verlängerung des Aufenthaltes von Koch in Ägypten und Bitte um Stellungnahme zu Rinderpest in Ägypten. Mit Antwortentwurf Kochs.
19.03.1904	b1/708 (rkm): Clarke, Sir Marshal, Salisbury bzw. Bulawayo, an R. Koch. Verlängerung des Aufenthaltes von Koch in Ägypten.
21.03.1904	b1/709 (rkm): (Generalkonsul Südafrika), Kapstadt bzw. Bulawayo, an R. Koch. Einwilligung zu Heimreise Kochs.
[März 1904]	b1/857 (rki): Ehrlich, Paul (1854-1915), Frankfurt am Main, Westendstrasse 62, an R. Koch. Immunisierung mit Blut [Küstenfieber und Pferdesterbe in Südafrika], »Toxin-Antitoxin-Lehre« und persönliche Mitteilungen. Undatiert; zeitliche Zuordnung aufgrund des Briefinhaltes.
16.05.1904	b2/143 (rki): R. Koch, Rom, Grand Hotel de Russie, an Dönitz, Wilhelm (1838-1912). Verlauf der Rückreise von Afrika [bis Rom] und Rinderseuchen in Ägypten. Hinweis auf möglichen Verlust von Gepäck einschließlich Arbeitsunterlagen vor der portugiesischen Küste; veröffentlicht in: B. Möllers, Robert Koch, S. 284f.
17.05.1904	b3/017 (rki): Conradi, Heinrich (1876-1943), Metz, an Frosch, Paul (1860-1928). Meldung der Frankfurter Zeitung über Debatte im Preußischen Abgeordnetenhaus über die vermeintliche Absicht Robert Kochs, sich dauerhaft im Ausland niederzulassen.
28.05.1904	b2/144 (rki): R. Koch, Rom, Grand Hotel de Russie, an Dönitz, Wilhelm (1838-1912). Anhaltende Bronchitis und Planung eines Aufenthaltes in Bad Ems vor der Rückreise nach

Berlin. Auszug veröffentlicht in: B. Möllers, Robert Koch, S. 286.

29.05.1904 b1/527 (rki): Pfeiffer, Richard (1858-1945), Königsberg, an R. Koch. Prüfung eines französischen Pestserums. Anlage: Versuchsprotokolle; Notizzettel Kochs über Serumbehandlung der Pest in Bombay.

02.06.1904 b2/087 (rki): R. Koch, Bad Ems, an Gaffky, Georg (1850-1918). Private Mitteilungen über Gesundheitszustand Kochs und etwaiger Besuch in Giessen auf der Rückreise nach Berlin; veröffentlicht in: B. Möllers, Robert Koch, S. 286f.

09.06.1904 b1/524 (rki): B...[?]mann, Hamburg, Alsterdamm 39, an R. Koch. Rechnung für Transporte im Rahmen der Expedition Kochs nach Südafrika. Notiz von Kochs Hand: »Egypten«; Anlage: Kostenaufstellung in englischer Sprache.

15.06.1904 b1/521 (rki): Howard, E. Ross, Salisbury, an R. Koch. Informationen über Resolutionen während einer Veterinär- Konferenz in Kapstadt im Mai 1904. An Koch in London adressiert.

16.06.1904 b1/215 (rki): Morrison, Michael, Berlin, Geisbergstrasse 41, an R. Koch. Interview mit Koch am 7.6.1904 und Abdruck desselben im »Daily Chronicle« am 15.6.1904. Zeitungsausschnitt liegt bei.

17.06.1904 b2/123 (rki): R. Koch, Berlin, Kurfürstendamm 25, an Bitter, Heinrich (1863-1918). Forschungen zur Rinderpest; zusätzlich Glückwünsche, auch für die Ehefrau Bitters. Hinweis auf zugesagte und nicht erhaltene Präparate; hierzu Visitenkarte mit eigenhändigen Glückwünschen; Adressenkorrektur von Koch: Kurfürstendamm 25 statt Ahornallee 30.

24.06.1904 b2/176 (rkm): R. Koch, Berlin, an Studt, Konrad (1838-1921). Übernahme von Verpflichtungen gegenüber Körperschaften und Rechte im Institut für Infektionskrankheiten nach Rücktritt als Direktor, mit Anhang: Ergebnisprotokoll einer Sitzung mit Althoff, Foerster und Kirchner am 24.6.1904.

28.06.1904 b3/018 (rki): Pohnert, Wilhelm (1855-1919), Berlin, an Frosch, Paul (1860-1928). Bitte im Auftrag Kochs um dessen Vertretung bei einer Sitzung im Reichsgesundheitsamt.

28.06.1904 b3/019 (rki): Pohnert, Wilhelm (1855-1919), Berlin, an Frosch, Paul (1860-1928). Vertrauliche Mitteilungen Kochs über geplante Pensionierung und bevorstehende Übergabe einer Büste Kochs an denselben. Es handelte sich um eine Bü-

	ste aus Anlaß des 60. Geburtstages von Koch, siehe L4/002.2 (rki).
15.07.1904	b1/245 (rki): [...?]/General, Harmerap bei Stirmbeck i[n] d[er] Mark, an R. Koch. Empfehlungsschreiben für Hauptmann Eben.
03.08.1904	b2/018 (rki): R. Koch, Berlin, Kurfürstendamm 25, an Bitter, Heinrich (1863-1918). Rinderpest und Fragen zum Auftreten von Texasfieber [in Ägypten]. Antwort auf Brief Bitters vom 22.7.1904. Hinweis auf zwei erhaltene Sendungen mit Präparaten, Zecken und Fotogrammen.
30.09.1904	b2/045 (rki): R. Koch, Berlin, Kurfürstendamm 52, an Frosch, Paul (1860-1928). Personalplanungen des Innenministeriums für die Bakteriologische Untersuchungsanstalt in Saarbrücken. Mit Umschlag: an Frosch in Trier, Bakteriologische Station.
19.11.1904	b3/061 (rki): Koch, Hedwig (1872-1945), [Berlin], an Frau Dönitz. Zusage für eine Einladung und Gegeneinladung für den folgenden Tag. Datierung laut Poststempel.
13.12.1904	b2/046 (rki): R. Koch, Berlin, Kurfürstendamm 52, an Frosch, Paul (1860-1928). Reisepläne Kochs zu einer Konferenz nach Strassburg und von dort nach Ostafrika (Daressalam). Mit Umschlag: an Frosch in Trier, Königliche Bakteriologische Untersuchungsanstalt.
14.12.1904	b2/125 (rki): R. Koch, Berlin, Kurfürstendamm 25, an Bitter, Heinrich (1863-1918). Bekämpfung der Rinderpest und bevorstehende Expedition Kochs nach Deutsch-Ostafrika.
16.12.1904	b3/020 (rki): Pohnert, Wilhelm (1855-1919), Berlin, an Frosch, Paul (1860-1928). Reisepläne und Reiseroute Robert Kochs über Straßburg und Neapel Richtung Ostafrika.
31.12.1904	b2/088 (rki): R. Koch, »Dampfer Markgraf« der Deutsch-Ost-Afrika-Linie, an Gaffky, Georg (1850-1918). Erhalt eines Berichts über Typhus und Reiseverlauf Richtung Ostafrika. Adressiert an: Institut für Infektionskrankheiten, mit Vermerk Gaffkys: »beantw. 19.I.[19]05«; Auszug veröffentlicht in: B. Möllers, Robert Koch, S. 294.
[1904]	b2/177 (rkm): R. Koch, ohne Ort, an Studt, Konrad (1838-1921). Danksagung für Annahme des Rücktrittsgesuches, undatiert [Frühjahr 1904].

12.02.1905	b1/221 (rki): Philipps, Dr., Daressalam, an R. Koch. Übersendung einer Kartenskizze, handgezeichnet und kolorierte Karte. Inliegend Notizen Robert Kochs über Lepra.
24.04.1905	b3/026 (rki): Hartmann, P. Maurus, Madilina, ohne Adressat. Pestfälle und Tierkrankheiten in Madilina, mit Notizen Kochs zu Pestfällen.
03.05.1905	b2/019 (rki): R. Koch, Iringa, an Kleine, Friedrich Karl (1861-1951). Infektionskrankheiten bei Tieren und Menschen in Ostafrika, namentlich Brustseuche bei Pferden, Küstenfieber, Pferdesterbe, Recurrens, sowie Forschungen zu Trypanosomen. Auszug veröffentlicht in: B. Möllers, Robert Koch, S. 297.
03.05.1905	b2/089 (rki): R. Koch, Iringa, an Gaffky, Georg (1850-1918). Laufende Forschungsarbeiten über verschiedene Infektionskrankheiten, darunter Recurrens, Pest, Typhus und Tick fever in Ostafrika. Adressiert an Klopstockstrasse 51, Berlin; Vermerke Gaffkys: »praes[entiert] 16. Juni 1905; beantw[ortet] 22.VI.[19]05«; Hinweise auf erhaltene Briefe; veröffentlicht in: B. Möllers, Robert Koch, S. 297-299.
19.05.1905	b1/603 (rki): S..ü..e [?], A., ohne Ort, an R. Koch. Übersendung von Fliegen aus Sossorre.
25.06.1905	b2/145 (rki): R. Koch, Daressalam, an Dönitz, Wilhelm (1838-1912). Zecken und Glossina in Ostafrika, afrikanisches Recurrens-Fieber und andere Krankheiten; veröffentlicht in: B. Möllers, Robert Koch, S. 300f.
25.06.1905	b2/090 (rki): R. Koch, Daressalam, an Gaffky, Georg (1850-1918). Forschungsarbeiten in Ost-Afrika, vor allem über Schlafkrankheit, Recurrens und Küstenfieber. Adressiert an Klopstockstrasse 51, Berlin, Vermerk Gaffkys: »ausführlich beantw[ortet] 20. Juli [19]05«; veröffentlicht in: B. Möllers, Robert Koch, S. 299f.
25.07.1905	b1/552 (rki): [Haber], D[aressalam], an R. Koch. Schußerlaubnis für Robert Koch zwecks Gewinnung von Blutpräparaten und Hautparasiten [zwecks Erforschung der Schlafkrankheit].
15.08.1905	b1/604 (rki): Lambrecht, Sansibar, an R. Koch. Übersendung von Fliegen [Forschungen zur Schlafkrankheit].
22.08.1905	b1/581 (rki): Meixner, Daressalam bzw. Amani, an R. Koch. Unabkömmlichkeit des Absenders in Daressalam wegen eines Aufstandes [Maji-Maji].

27.08.1905	b1/582 (rki): Meixner, Daressalam bzw. Amani, an R. Koch. Absprache mit dem Gouverneur wegen Vorbereitung der Expedition zur Erforschung der Schlafkrankheit. Mit Marginal von anderer Hand.
31.08.1905	b2/091 (rki): R. Koch, Amani, an Gaffky, Georg (1850-1918). Abschluß der Forschungsarbeiten in Ostafrika über Trypanosomen und Schlafkrankheit sowie Vorbereitung der Rückkehr nach Berlin. Mit Marginal Gaffkys; veröffentlicht in: B. Möllers, Robert Koch, S. 302.
18.10.1905	b1/574 (rki): Meixner, M., D.e.S.[= Daressalam], an R. Koch. Verspätete Übersendung von Fotografien und allgemeine Mitteilungen.
25.10.1905	b1/575 (rki): Meixner, Daressalam, an R. Koch. Pestbekämpfung in Deutsch-Ostafrika sowie Fälle von Schlafkrankheit und Malaria. Dank für Brief Kochs aus Mombassa; Datumsvermerk Kochs: 25.12.[19]05.
07.11.1905	b2/001 (rki): R. Koch, Berlin, Kurfürstendamm 52, an Kapitän Hering [Henning]. Beglückwünschung zur Verlobung. Hering als Adressat laut maschinenschriftlicher Notiz aus späterer Zeit am linken Rand, b1/735 läßt Henning als korrekten Namen vermuten; handschriftliche Bemerkung (Kugelschreiber) von anderer Hand zum Verfasser am unteren Rand.
12.12.1905	b1/576 (rki): Meixner, Daressalam, an R. Koch. Arbeiten über Pest, Schlafkrankheit und Küstenfieber in Ostafrika. Datumsvermerk Kochs: 13.1.[19]06.
26.12.1905	b2/178 (rkm): R. Koch, Berlin, an Bumm, Franz (1861-1942). Planungen und Schätzung von Kosten einer Expedition zur Erforschung der Schlafkrankheit.
[1905/6]	b1/580 (rki): Meixner, Daressalam bzw. Amani, an R. Koch. Reiseverbindungen von Tanga nach Mombassa.
[1905/6]	b1/556 (rki): Hümig, Berlin, an R. Koch. Übersendung einer Stellungnahme des Kolonialbeirats der [deutschen] Botschaft in London über die Verbreitung der Schlafkrankheit in Ostafrika. Stellungnahme liegt bei.
01.02.1906	b1/242 (rki): Posadowsky, Arthur Graf von (1845-1923), Berlin, an R. Koch. Bewilligung von Mitteln zur Durchführung einer Expedition zur Erforschung der Schlafkrankheit.
11.03.1906	b1/198 (rki): Kirchner, Martin (1854-1925), Berlin, Landshuterstrasse 35, an R. Koch. Tuberkulose-Forschungen Kochs, Terminvereinbarung.

22.03.1906 b1/602 (rki): Hohenlohe-Langenburg, Ernst Erbprinz zu (1863-1950), Berlin, Mauerstrasse 45-46, an R. Koch. Übernahme des Gehalts von Sacher während der Expedition zur Erforschung der Schlafkrankheit.

24.03.1906 b1/597 (rki): Bumm, Franz (1861-1942), Berlin, Klopstockstrasse 18, an R. Koch. Übersendung der Abschrift eines Erlasses des Staatssekretärs des Innern zur Übernahme der Besoldung von Sacher während der Expedition zur Erforschung der Schlafkrankheit.

24.03.1906 b3/083 (rkm): [Boetticher, Karl Heinrich von (1833-1907)], Berlin, an [?]. Benennung der Teilnehmer an der Expedition zur Erforschung der Schlafkrankheit.

29.03.1906 b1/701 (rkm): Bumm, Franz (1861-1942), Berlin, Klopstockstrasse 18, an R. Koch. Übersendung eines Schreibens des Staatssekretärs des Innern an den Staatssekretär des Auswärtigen Amtes wegen Übersendung von Auslandspässen an Koch. Das genannte Schreiben liegt nicht bei.

20.04.1906 b2/092 (rki): R. Koch, »Vor Port Said«, an Gaffky, Georg (1850-1918). Reiseverlauf bis Neapel und Richtung Port Said. Vermerk Gaffkys: »12.5.1906 beantw[ortet]«; Hinweis auf erhaltene Post; veröffentlicht in: B. Möllers, Robert Koch, S. 310f. und B. Heymann, Robert Koch, Bd. 2, S. 116f.

07.05.1906 b2/153 (rki): R. Koch, ohne Ort, an Radloff. Bitte um Nachricht über Schlafkrankheit im Bezirk Muansa.

07.05.1906 b2/159 (rki): R. Koch, ohne Ort, ohne Adressat. Bitte um Überlassung von Versuchstieren [Ratten].

09.05.1906 b1/557 (rki): Haber, Daressalam, an R. Koch. Abkommandierung von Stabsarzt Dempwolff für Arbeiten über Pest und Küstenfieber in Uhehe. Abschrift des Schreibens an Dempwolff, zur Kenntnisnahme; Anlage: Bericht des Stabsarztes Hoesemann über Küstenfieber.

10.05.1906 b1/601 (rki): Sacher, Amani, an R. Koch. Gehalts- bzw. Renumerationsforderungen während der Abordnung zur Expedition [Schlafkrankheit].

13.05.1906 b1/234 (rki): Jonquières, de, Berlin, an R. Koch. Übersendung einer Briefabschrift der Britischen Regierung zur Schlafkrankheit in Ostafrika. Abschrift liegt bei; Anschreiben deutsch; Anlage englisch.

[15.]05.1906 b1/583 (rki): Meixner, Daressalam bzw. Amani, an R. Koch. Bitte um Arbeitsanweisungen zur Erforschung des Küstenfie-

	bers für Stabsarzt Ahlborg. Rs: Antwortentwurf Kochs, datiert 16.5.1906, mit Unterschrift.
22.05.1906	b2/093 (rki): R. Koch, Amani, an Gaffky, Georg (1850-1918). Reiseverlauf und Forschungen zur Schlafkrankheit in Deutsch-Ostafrika. Vermerk Gaffkys: »beantw[ortet] 22.6.[19]06«; veröffentlicht in: B. Möllers, Robert Koch, S. 311, und B. Heymann, Robert Koch, Bd. 2, S. 116f.
29.05.1906	b1/596 (rki): Rechenberg, Albrecht Freiherr von (1859-1935), Daressalam bzw. Amani, an R. Koch. Entsendung Kudickes zur Teilnahme an der Expedition zur Erforschung der Schlafkrankheit.
29.05.1906	b1/587 (rki): Meixner, Daressalam bzw. Amani, an R. Koch. Übersendung der Ausrüstung von Daressalam nach Mombassa.
30.05.1906	b1/553 (rki): Haber, Daressalam, an R. Koch. Jagderlaubnis für wissenschaftliche Zwecke [Erforschung der Schlafkrankheit].
30.05.1906	b1/586 (rki): Meixner, Muansa bzw. Amani, an R. Koch. Ausstattung der Unterkünfte in Muansa. Datum: 30.5. ohne Jahresangabe [1906].
31.05.1906	b1/589 (rki): Meixner, Daressalam bzw. Amani, an R. Koch. Anfrage wegen Reiseroute der Expedition und Terminen.
02.06.1906	b2/155 (rki): R. Koch, ohne Ort [Mombassa], ohne Adressat («Assistant Traffic Manager«). Anfrage wegen Dampfer-Verbindung von Port Florence nach Muansa.
02.06.1906	b2/154 (rki): R. Koch, ohne Ort, ohne Adressat. Reisetermine zur Fortsetzung der Expedition [Schlafkrankheit].
05.06.1906	b2/156 (rki): R. Koch, ohne Ort [Daressalam], ohne Adressat. Weitere Reisetermine für die Expedition zur Erforschung der Schlafkrankheit.
06.06.1906	b2/158 (rki): R. Koch, ohne Ort, ohne Adressat. Zustimmung zu Buchungen einer Schiffsfahrt von Tanga aus.
06.06.1906	b3/066 (rki): Meixner, Daressalam, an Koch, Hedwig (1872-1945). Rücksendung des Gehilfen Kombo.
06.06.1906	b2/157 (rki): R. Koch, ohne Ort, an Ollwig, Heinrich (1863-1914). Voraussichtliche Ankunft [in Tanga?].
08.06.1906	b1/584 (rki): Meixner, Mombassa bzw. Amani, an R. Koch. Reiseplanung Kochs und Begleiter ab Daressalam [ohne Zie-

langabe]. Antwortentwurf [wahrscheinlich geschrieben von Kudicke, im Auftrag Kochs].

09.06.1906 b1/585 (rki): Meixner, Daressalam bzw. Amani, an R. Koch. Reiseplanung des Absenders von Daressalam und voraussichtliche Ankunft bei der Schlafkrankheits-Expedition im März 1907. Antwortentwurf, 9.6.1906, von anderer Hand [Kudicke].

26.06.1906 b1/588 (rki): Meixner, Daressalam bzw. Amani, an R. Koch. Reiseroute des Gehilfen Kombo.

02.07.1906 b3/065 (rki): Rechenberg, Albrecht Freiherr von (1859-1935), Daressalam, ohne Adressat [Sacher?]. Bitte um Mitteilung über Verbreitung des Küstenfiebers im Bezirk Muansa und um Besprechung von erforderlichen Maßnahmen mit Koch.

07.07.1906 b1/590 (rki): Haber, Daressalam, an R. Koch. Übersendung eines Berichtes von Stationsarzt Neubert und von Fliegen zur Untersuchung und Beurteilung im Hinblick auf die Schlafkrankheit. Datumsvermerk Kochs: 3.8.[19]06 sowie Antwortentwurf Kochs.

22.07.1906 b2/161 (rki): R. Koch, ohne Ort, ohne Adressat. Erlaubnis zur Nutzung der Laboratorien in Entebbe zur Erforschung der Schlafkrankheit. Entwurf mit Bleistift, Datum mit Tinte.

22.07.1906 b2/ 160 (rki): R. Koch, [Muansa?], an Milne, Arthur (1867-1923). Schlafkrankheit in Muansa und Uganda. Entwurf mit Bleistift, Datum mit Tinte.

02.08.1906 b2/162 (rki): R. Koch, Muansa, an Rechenberg, Albrecht Freiherr von (1859-1935). Übersendung eines Berichtes über den bisherigen Verlauf der Expedition zur Erforschung der Schlafkrankheit.

16.08.1906 b1/547 (rki): Dönitz, Wilhelm (1838-1912), Steglitz bei Berlin, Lindenstrasse 27, an R. Koch. Erkrankung von zwei Dienern an Tropenkrankheiten im Institut für Infektionskrankheiten. Vermerk Rs: »2ter Brief 14.9.[19]06«; Hinweis auf beiliegende Fieberkurve des Institutsdieners Schmidt, diese liegt nicht bei.

15.09.1906 b2/095 (rki): R. Koch, Bugala, Sese-Inseln, an Gaffky, Georg (1850-1918). Erforschung der Schlafkrankheit in Ostafrika. Mit Umschlag, Briefmarke fehlt; Vermerke Gaffkys zu Vorlage, 18.10.[19]06, und Beantwortung am 23.10.[19]06; hierzu: Exzerpt von Gaffky für Dönitz; veröffentlicht in: B. Möllers, Robert Koch, S. 314-317.

30.09.1906 b3/057 (rki): Kleine, Friedrich Karl (1869-1951), Sese bei Entebbe, an Dönitz, Wilhelm (1838-1912). Erforschung der Schlafkrankheit am Institut für Infektionskrankheiten und Hinweise zur Behandlung derselben.

15.10.1906 b1/554 (rki): Rechenberg, Albrecht Freiherr von (1859-1935), Daressalam, an R. Koch. Dankschreiben für Untersuchungen von Fliegen und Blutpräparaten zur Erforschung der Schlafkrankheit. Datumsvermerk Kochs: 30.12.[19]06; an Koch in Entebbe [Uganda] gerichtet.

22.10.1906 b2/096 (rki): R. Koch, Sese bei Entebbe, an Gaffky, Georg (1850-1918). Erforschung und Behandlung der Schlafkrankheit. Vermerk Gaffkys: »beantw.1.X.[19]06«; veröffentlicht in: B. Möllers, Robert Koch, S. 318f.

22.10.1906 b2/146 (rki): R. Koch, Sese bei Entebbe, an Dönitz, Wilhelm (1838-1912). Erforschung und Behandlung der Schlafkrankheit.

23.10.1906 b1/721 (rkm): Gaffky, Georg (1850-1918), Berlin, Klopstockstrasse 51, an R. Koch. Nachlieferung von Atoxyl, Krankheitsverlauf und Therapie des an Schlafkrankheit erkrankten Dieners Schmidt sowie Recurrens- und Trypanosomen-Studien. Datumsvermerk Kochs: 7.12.[19]06; Antwort auf Brief Kochs vom 15.09.1906; Hinweis auf Sendung eines Päckchens am 12.10.1906 und eines Telegramms an Koch vom 18.10.1906.

25.10.[1906] b2/163 (rki): R. Koch, Sese bei Entebbe, an Rechenberg, Albrecht Freiherr von (1859-1935). Übersendung der Abschrift eines an den Staatssekretär des Innern gesandten Berichts zum Verlauf der Expedition zur Erforschung der Schlafkrankheit und Bitte um Entscheidung wegen Entsendung Panses zum Tanganyika-See. Datumsangabe ohne Jahr.

27.10.1906 b1/559 (rki): Bumm, Franz (1861-1942), Berlin, Klopstockstrasse 18, an R. Koch. Mitteilung über die Gehaltszahlungen für Max Beck während der Expedition zur Erforschung der Schlafkrankheit. Mit Marginal von Koch an Beck, Gegenzeichnung von Beck.

28.10.1906 b1/712 (rkm): Dönitz, Wilhelm (1838-1912), Steglitz bei Berlin, Lindenstrasse 27, an R. Koch. Erfahrungen bei der Behandlung der Schlafkrankheit des Dieners Schmit mit Atoxyl.

07.11.1906 b1/592 (rki): Blarnuty [?], Berlin, an R. Koch. Beteiligung von Kudicke an der Expedition zur Erforschung der Schlafkrankheit.

08.11.1906 b1/722 (rkm): Gaffky, Georg (1850-1918), Berlin, Klopstockstrasse 51, an R. Koch. Nachlieferung von Atoxyl und Behandlung der Schlafkrankheit.

24.11.1906 b1/723 (rkm): Gaffky, Georg (1850-1918), Berlin, Klopstockstrasse 51, an R. Koch. Verschiedene Forschungsangelegenheiten; Atoxyl-Therapie zur Behandlung der Schlafkrankheit. Datumsvermerk Kochs: 21.12.[19]06.

26.11.1906 b1/724 (rkm): Gaffky, Georg (1850-1918), Berlin, Klopstockstrasse 51, an R. Koch. Verschiedene Forschungsangelegenheiten; Atoxyl-Therapie zur Behandlung der Schlafkrankheit. Datierung: Monat (XI.) mit Bleistift korrigiert in IX., dann ist das Entstehungsdatum der 26.9.1906.

28.11.1906 b1/560 (rki): Bumm, Franz (1861-1942), Berlin, Klopstockstrasse 18, an R. Koch. Übersendung einer Rechnung der Firma Kahlbaum für tellursaures Kalium (liegt bei).

07.12.1906 b2/097 (rki): R. Koch, Sese bei Entebbe, an Gaffky, Georg (1850-1918). Erforschung und Behandlung der Schlafkrankheit. Vermerk Gaffkys: »beantw[ortet] 12.1.[19]07«; veröffentlicht in: B. Möllers, Robert Koch, S. 321f.

08.12.1906 b1/713 (rkm): Dönitz, Wilhelm (1838-1912), Steglitz bei Berlin, Lindenstrasse 27, an R. Koch. Erfahrungswerte über den Verlauf und die Behandlung der Schlafkrankheit mit Atoxyl. Hinweis auf Brief Kochs vom 22.10.1906.

14.12.1906 b1/786 (rkm): Radloff, Fr[iedrich?], Muansa, an R. Koch. Vorkommen von Glossinen auf verschiedenen Inseln im Viktoria-See vor und nach Abholzungen; Personal in Muansa.

17.12.1906 b1/555 (rki): Winterfeld, von [Hans Karl August (1857-1914)?], Daressalam. Nachsendung von Unterlagen nach Sese bei Entebbe. Art und Umfang der Sendung unklar.

20.12.1906 b3/021 (rki): Kleine, Friedrich Karl (1869-1951), Sese bei Entebbe, an Gaffky, Georg (1850-1918). Erforschung und Behandlung der Schlafkrankheit und deshalb erforderliche Verlängerung der Beurlaubung. Vermerk Gaffkys: »beantw[ortet] 2.2.[19]07«.

21.12.1906 b2/105 (rki): R. Koch, Sese bei Entebbe, an Gaffky, Georg (1850-1918). Erforschung und Behandlung der Schlafkrank-

	heit. Hinweis auf Brief von Dönitz; Vermerk Gaffkys: »beantw[ortet] 2.2.[19]07«; adressiert an Klopstockstrasse 51.
22.12.1906	b1/620 (rki): Rosenberg, Hugo, Berlin, Spichern-Strasse 19, an R. Koch. Heilmittel des Absenders zur Behandlung von Schlafkrankheit, Erläuterung und Übersendung von Proben. Marginal Kochs über Versuche; Datumsvermerk Kochs: 30.3.[19]07.
26.12.1906	b1/571 (rki): Kudicke, Robert (1876-1961), Rumangi, an R. Koch. Bereitschaft zur Übernahme eines Auftrages im Falle einer Bewilligung der vorgesetzten Behörde. Bei dem »Auftrag« handelte es sich um eine Teil-Expedition zur Erforschung der Schlafkrankheit am Tanganyika-See.
[1906/7]	b1/515 (rki): Kudicke, Robert (1876-1961), ohne Ort, an R. Koch. Bereitstellung von sechs Trägern. Datum: 11.6. ohne Jahresangabe.
[1906/7]	b1/593 (rki): Rechenberg, Albrecht Freiherr von (1859-1935), Daressalam bzw. Entebbe, an R. Koch. Genehmigung der Entsendung Kudickes und Feldmanns [zur Erforschung der Schlafkrankheit am Tanganyika-See]. Undatiert; laut Inhalt Schlafkrankheits-Expedition.
[1906/7]	b2/164 (rki): R. Koch, ohne Ort, an Rechenberg, Albrecht Freiherr von (1859-1935). Erfordernis des Verbleibs von Feldmann [bei der Expedition zur Erforschung der Schlafkrankheit]. Briefentwurf mit Korrekturen.
05.01.1907	b1/600 (rki): Sacher, Bugala in Britisch-Ostafrika, an R. Koch. Übersendung eines Schreibens des Kommandeurs der Schutztruppe und einer Kostenaufstellung zur Ausstattung Sachers. Schreiben des Kommandeurs, Major Johannes, liegt bei, mit Notiz von Panse; Kostenaufstellung fehlt.
12.01.1907	b1/859 (rki): Bennberry, Dr. S., Paris, an R. Koch. Benachrichtigung über Ernennung Kochs zum Korrespondierenden Mitglied der Internationalen Gesellschaft für Tuberkulose. Datumsvermerk Kochs: 24.8.[19]07; Urkunde hierzu vorhanden, L2/127 (rki).
12.01.1907	b1/777 (rkm): Pohnert, Wilhelm (1855-1919), Berlin, an R. Koch. Information über die Nachsendung von Post und Drucksachen und über die finanzielle Situation Kochs. Datumsvermerk Kochs: 12.2.[19]07.

15.01.1907 b1/572 (rki): Kudicke, Robert (1876-1961), Rumangi, an R. Koch. Private Angelegenheiten, Mitteilung wegen Beurlaubung.

24.01.1907 b1/573 (rki): Kudicke, Robert (1876-1961), Rumangi, an R. Koch. Weiterer Aufenthalt in Rumangi bis zur Bestätigung der Finanzierung der Expeditionsteilnahme [Erforschung der Schlafkrankheit].

02.02.1907 b1/725 (rkm): Gaffky, Georg (1850-1918), Berlin, Klopstockstrasse 51, an R. Koch. Verschiedene Forschungsangelegenheiten; Atoxyl-Therapie zur Behandlung der Schlafkrankheit. Hinweis auf erhaltenen Brief Kochs vom 21.12.1906.

02.02.1907 b1/778 (rkm): Pohnert, Wilhelm (1855-1919), Berlin, an R. Koch. Information über Nachsendungen, Sonderdrucke und aktuelles Befinden des an Schlafkrankheit leidenden Institutsdieners Schmidt.

07.02.1907 b1/561 (rki): Rechenberg, Albrecht Freiherr von (1859-1935), Daressalam, an R. Koch. Einverständnis zur weiteren Abkommandierung von Dr. Kudicke zur Leitung der Teil-Expedition zur Erforschung der Schlafkrankheit am Tanganyika-See.

08.02.1907 b1/714 (rkm): Dönitz, Wilhelm (1838-1912), Steglitz bei Berlin, Lindenstrasse 27, an R. Koch. Behandlung der Schlafkrankheit mit Atoxyl und Fertigstellung einer Arbeit über Zecken.

12.02.1907 b1/794; 794a (rkm): Schneider, Saarbrücken, an R. Koch. bersendung des letzten Tätigkeitsberichtes über Typhusforschungen (liegt nicht bei). b1/794a (Bl. 2 und 2Rs): Brief von Pohnert, 16.2.1907 mit Erläuterungen zur Nachsendung.

17.02.1907 b2/098 (rki): R. Koch, Sese bei Entebbe, an Gaffky, Georg (1850-1918). Erforschung und Behandlung der Schlafkrankheit. Vermerk Gaffkys: »beantw[ortet] 30.3.[19]07«; Hinweis auf Beförderung Gaffkys; veröffentlicht in: B. Möllers, Robert Koch, S. 324.

21.02.1907 b1/ 599 (rki): Kudicke, Robert (1876-1961), Bemangi [?], an R. Koch. Übersendung der Abschrift eines Telegramms an den Oberstabsarzt [Meixner] (Abschrift liegt bei).

22.02.1907 b1/726 (rkm): Gaffky, Georg (1850-1918), Berlin, Klopstockstrasse 51, an R. Koch. Behandlung der Schlafkrankheit des Institutsdieners Schmidt durch Dönitz. Mit Nachtrag vom 23.2.1907.

26.02.1907 b1/ 598 (rki): Kudicke, Robert (1876-1961), Bemangi [?], an R. Koch. Übersendung eines Berichtentwurfs über Kudickes Teilnahme an der Expedition. Anlage: Abschrift des Berichtentwurfs, adressiert an Oberstabsarzt Meixner.

09.03.1907 b1/779 (rkm): Pohnert, Wilhelm (1855-1919), Berlin, an R. Koch. Befinden und Behandlung des Institutsdieners Schmidt.

15.03.1907 b1/715 (rkm): Dönitz, Wilhelm (1838-1912), Steglitz bei Berlin, Lindenstrasse 27, an R. Koch. Übersendung eines Sonderdrucks über Zecken und Bemerkungen dazu, sowie Behandlung der Schlafkrankheit mit einer »Farbenkur« und mit Atoxyl. Datumsvermerk Kochs: 20.4.[19]07.

20.03.1907 b1/563 (rki): Winterfeld, von [Hans Karl August (1857-1914)?], Daressalam, an R. Koch. Zustimmung zur Teilnahme Kudickes an der Teilexpedition zur Erforschung der Schlafkrankheit am Tanganyika-See.

23.03.1907 b1/780 (rkm): Pohnert, Wilhelm (1855-1919), Berlin, an R. Koch. Information über Postanweisungen und Befinden des an Schlafkrankheit leidenden Institutsdieners Schmidt.

06.04.1907 b1/564 (rki): Bumm, Franz (1861-1942), Berlin, Klopstockstrasse 18, an R. Koch. Finanzierung der weiteren Teilnahme von Max Beck an der Expedition zur Erforschung der Schlafkrankheit.

06.04.1907 b2/165 (rki): R. Koch, Sese bei Entebbe, an Rechenberg, Albrecht Freiherr von (1859-1935). Erläuterungen zur Notwendigkeit einer Teil-Expedition zur Erforschung der Schlafkrankheit an den Tanganyika-See und Teilnahme Kudickes daran. Antwortschreiben auf Schreiben des Gouverneurs vom 20.3.1907, gezeichnet von v. Winterfeld.

06.04.1907 b1/781 (rkm): Pohnert, Wilhelm (1855-1919), Berlin, an R. Koch. Nachsendung von Post und Büchern, Neuigkeiten aus dem Institut und Befinden des an Schlafkrankheit leidenden Institutsdieners Schmidt. Marginal und Datumsvermerk Kochs: 12.5.[19]07.

13.04.1907 b1/782 (rkm): Pohnert, Wilhelm (1855-1919), Berlin, an R. Koch. Nachsendung von Post und Büchern und Befinden des Institutsdieners Schmidt.

20.04.1907 b2/099 (rki): R. Koch, Sese bei Entebbe, an Gaffky, Georg (1850-1918). Insektenplage sowie Erforschung und Behandlung der Schlafkrankheit; veröffentlicht in: B. Möllers, Robert Koch, S. 332f.

20.04.1907 b2/147 (rki): R. Koch, Sese bei Entebbe, an Dönitz, Wilhelm (1838-1912). Erforschung und Behandlung der Schlafkrankheit sowie Untersuchungsmethoden bei Zecken und Ansichten zur Entwicklung von Piroplasmen. Hinweis auf Erhalt eines Buches über afrikanische Zecken; Brief veröffentlicht in: B. Möllers, Robert Koch, S. 333f.

21.04.1907 b1/577 (rki): Meixner, Daressalam, an R. Koch. Mitteilungen über Arbeiten verschiedener Ärzte in Daressalam zu Pest, Schlafkrankheit, Malaria-Bekämpfung und Küstenfieber. Datumsvermerk Kochs: 12.5.[19]07.

04.05.1907 b1/783 (rkm): Pohnert, Wilhelm (1855-1919), Berlin, an R. Koch. Nachsendung von Drucksachen und eines Mikroskop-Stativs von Zeiss.

06.05.1907 b1/565 (rki): Rechenberg, Albrecht Freiherr von (1859-1935), Daressalam, an R. Koch. Weitere Teilnahme von Feldmann an der Expedition zur Erforschung der Schlafkrankheit. Datum nicht eindeutig; eigenhändiger Entwurf einer Antwort Kochs auf dem Schreiben, mit Datum: 11.5.[1907].

12.05.1907 b2/166 (rki): R. Koch, Sese bei Entebbe, ohne Adressat. Personal zur Bekämpfung der Schlafkrankheit. Antwort auf ein Schreiben vom 21.4.[1907].

14.05.1907 b1/243 (rki): Rechenberg, Albrecht Freiherr von (1859-1935), Daressalam, an R. Koch. Bitte um Überlassung von Atoxyl an das Medizinalrefarat in Daessalaam. Marginal von anderer Hand [Sacher].

14.05.1907 b1/595 (rki): Rechenberg, Albrecht Freiherr von (1859-1935), Daressalam, an R. Koch. Personalfragen und Kostenübernahme für Kudicke während der Expedition zur Erforschung der Schlafkrankheit. Antwortschreiben auf Brief vom 06.04.1907.

14.05.1907 b1/795; 795a (rkm): Schneider, Saarbrücken, an R. Koch. Übersendung des Tätigkeitsberichtes über Typhusforschungen und Bemerkungen hierzu. Tätigkeitsbericht liegt nicht bei. b1/795 (Bl. 2 und 2Rs): Brief von Pohnert, 18.5.1907 mit Erläuterungen zur Nachsendung, auch zu einer Apothekerwaage für Kleine.

19.05.1907 b2/100 (rki): R. Koch, Sese bei Entebbe, an Gaffky, Georg (1850-1918). Schenkung der medizinischen Privatbibliothek

Kochs an das Institut für Infektionskrankheiten sowie Erforschung und Behandlung der Schlafkrankheit. Hinweis auf erhaltenen Brief Gaffkys vom 30. März [1907]; adressiert an Klopstockstrasse 51; veröffentlicht in: B. Möllers, Robert Koch, S. 334-336.

03.06.1907 b1/140 (rki): Althoff, Friedrich (1839-1908), Steglitz bei Berlin, an R. Koch. Dank für Übersendung des »Jahrbuchs der Praktischen Medizin«, Jahrgang 1907 und des »Handbuch[es] über Therapeutische Technik«.

09.06.1907 b1/548 (rki): Kleine, Friedrich Karl (1869-1951), Sese bei Entebbe, an R. Koch. Behandlung der Schlafkrankheit mit Atoxyl. Briefende fehlt, nur Bl. 1 und 2.

12.06.[1907] b1/858 (rki): Ehrlich, Paul (1854-1915), ohne Ort, an R. Koch. Behandlung der Schlafkrankheit mit Arsenpräparaten. Datum: 12.06. ohne Jahresangabe; zeitliche Zuordnung aufgrund des Inhaltes.

12.06.1907 b1/594 (rki): Bumm, Franz (1861-1942), Berlin, Klopstockstrasse 18, an R. Koch. Finanzierung des Gehalts von Kudicke durch das Auswärtige Amt und Übersendung der Abschrift des darauf bezogenen Erlasses des Staatssekretärs des Innern. Abschrift des Erlasses auf Bl. 2.

13.06.1907 b1/141 (rki): Althoff, Friedrich (1839-1908), Steglitz bei Berlin, an R. Koch. Rücksendung eines Protokolls und Entwurfs für ein Anschreiben zur Bildung eines Komitees [Robert Koch-Stiftung] mit der Bitte um Ergänzung der vorgeschlagenen Korrekturen.

13.06.1907 b1/566 (rki): Rechenberg, Albrecht Freiherr von (1859-1935), Daressalam, an R. Koch. Weitere Teilnahme von Feldmann und zusätzliche Entsendung von Dr. Breuer und Dr. Eckard zur Erforschung der Schlafkrankheit.

17.06.1907 b1/567 (rki): Hoesemann, Daressalam, an R. Koch. Voraussichtliche Ankunft von Dr. Eckard in Daressalam zur Ausbildung und Teilnahme an der Erforschung der Schlafkrankheit.

22.06.1907 b1/591 (rki): Rechenberg, Albrecht Freiherr von (1859-1935), Daressalam, an R. Koch. Personalfragen während der Expedition zur Erforschung der Schlafkrankheit. Datumsvermerk Kochs: 3.8.[19]06; Bl. 2Rs: Antwortentwurf Kochs.

22.06.1907 b1/578 (rki): Meixner, Reichspostdampfer »Kronprinz«, an R. Koch. Mitteilung über Entsendung von Breuer zur Schlafkrankheits-Expedition Kochs. Hinweis auf erhaltenen Brief Kochs.

29.06.1907 b1/244 (rki): Lautenschläger, F[riedrich] Berlin, Chausseestrasse 92, an R. Koch. Übersendung von bestellten Gegenständen nach Entebbe. Hinweis auf mitgesandte Rechnung, liegt nicht bei.

10.07.1907 b1/568 (rki): Rechenberg, Albrecht Freiherr von (1859-1935), Daressalam, an R. Koch. Übersendung einer Abschrift aus der » Gazette for Zanzibar and East Africa« zu Ergebnissen der französischen Kommission zur Erforschung der Schlafkrankheit.

03.08.1907 b2/101 (rki): R. Koch, Sese bei Entebbe, an Gaffky, Georg (1850-1918). Behandlung und Erforschung der Schlafkrankheit; veröffentlicht in: B. Möllers, Robert Koch, S. 338f.

09.08.1907 b1/569 (rki): Winterfeld, von [Hans Karl August (1857-1914)?], Daressalam, an R. Koch. Übersendung von Abschriften sowie Mitteilungen aus Lissabon über Schlafkrankheit auf der Insel Principe.

10.08.1907 b1/570 (rki): Winterfeld, von [Hans Karl August (1857-1914)?], Daressalam, an R. Koch. Kommandierung von Dr. Eckard zur Unterstützung von Kudicke bei der Erforschung der Schlafkrankheit am Tanganyika-See.

10.08.1907 b1/558 (rki): Winterfeld, von [Hans Karl August (1857-1914)?], Daressalam, an R. Koch. Übersendung der Abschrift eines Zeitungsartikels zu einem Bericht von Dr. Martin über die Erforschung der Schlafkrankheit. Die Abschrift des Artikels aus »Le Temps« vom 16.4.1907 liegt bei.

29.08.1907 b1/579 (rki): Meixner, Plön, an R. Koch. Geplante Teilnahme am Bakteriologischen Kurs im Institut für Infektionskrankheiten von Oktober bis Dezember [1907].

08.09.1907 b2/102 (rki): R. Koch, Sese bei Entebbe, an Gaffky, Georg (1850-1918). Bevorstehende Rückkehr von der Expedition zur Erforschung der Schlafkrankheit und Absendung des letzen Berichts nach Berlin.

30.10.1907 b1/135; 135a (rki): Althoff, Friedrich (1839-1908), Wiesbaden, Villa Primavera, an R. Koch. Unterstützung der Robert-Koch-Stiftung, mit Nachschrift: Finanzierungsmöglichkeiten der Stiftung. Antwort auf Brief Kochs vom 23.10.1907; in der Nachschrift: Bezugnahme auf Brief Kochs vom 14.10.1907; Anstreichungen; Nachschrift mit Marginal.

30.10.1907	b1/727 (rkm): Gaffky, Georg (1850-1918) u.a., Berlin, an R. Koch. Geburtstagswünsche der Institutsmitarbeiter.
13.11.1907	b2/167 (rki): R. Koch, Berlin, Kurfürstendamm 52, an Wernicke, Erich (1859-1928). Dank für Grüße anläßlich der Rückkehr von der Expedition zur Erforschung der Schlafkrankheit und Übersendung von Sonderdrucken. Mit Marginal von Wernicke, Posen, 15.11.1907.
14.11.1907	b1/138 (rki): Althoff, Friedrich (1839-1908), Wiesbaden, an R. Koch. Unterstützung der Robert-Koch-Stiftung, Ansprechpartner in verschiedenen Städten. Dank für Schreiben Kochs vom 12.11.1907.
18.11.1907	b1/136 (rki): Althoff, Friedrich (1839-1908), Wiesbaden, Villa Primavera, an R. Koch. Unterstützung der Robert-Koch-Stiftung und Möglichkeiten der Finanzierung. Ergänzungen zum Brief vom 30.10.1907.
21.11.1907	b1/137 (rki): Althoff, Friedrich (1839-1908), Wiesbaden, an R. Koch. Unterstützung der Robert-Koch-Stiftung, Ansprechpartner in verschiedenen Städten.
25.11.1907	b1/139 (rki): Althoff, Friedrich (1839-1908), Wiesbaden, an R. Koch. Unterstützung der Robert-Koch-Stiftung, Ansprechpartner in verschiedenen Städten. Dank für Schreiben Kochs vom 22. und 23.11.1907.
20.12.1907	b1/142 (rki): Althoff, Friedrich (1839-1908), ohne Ort, an R. Koch. Bemerkungen zu einem nicht näher bezeichneten Entwurf und Bitte um Veranlassung einer Reinschrift zur Unterzeichnung. Mit Bleistift auf Konzeptpapier; links neben Unterschrift Althoffs: »20.XII.[19]07«.
11.02.1908	b1/771 (rkm): Nocht, Bernhard (1857-1945), Hamburg, an R. Koch. Angebot einer Ehrenmitgliedschaft in der [neu gegründeten] Deutschen Tropenmedizinischen Gesellschaft. Datumsvermerk Kochs: 17.2.[19]08; eine Urkunde ist nicht vorhanden
21.02.1908	b1/720 (rkm): Freund/ Z[...?], Berlin, Am Köllnischen Park 8, an R. Koch. Errichtung und Eröffnung einer Tuberkulin-Behandlungs-Station in Lichtenberg mit der Bitte um Übernahme der Oberleitung. Datumsvermerk Kochs: 27.2.[19]08.
26.02.1908	b1/752 (rkm): Kronecker, Hugo (1839-1914), Bern, an R. Koch. Beschluß der Fakultät, der Robert Koch-Stiftung 1 000 Franken zu spenden. Datumsvermerk Kochs: 7.3.[19]08.

10.03.1908	b1/689 (rkm): Bashford, Ernest Francis (1873-1923), London, Savoy Place, Examination Hall, an R. Koch. Einladung zu einem Besuch der Laboratorien des Imperial Cancer Research Fund während Kochs Aufenthaltes in London. Datumsvermerk Kochs: 12.3.[19]08.
13.03.1908	b1/787 (rkm): Rickmann, Hoechst, an R. Koch. Bericht über laufende Forschungen in Hoechst über Pferdesterbe.
29.03.1908	b2/148 (rki): R. Koch, Berlin, Kurfürstendamm 52, an Dönitz, Wilhelm (1838-1912). Übersendung eines Vortragsmanuskripts zur Überarbeitung und Bitte um Auswahl von Fotogrammen hierzu. Hinweis auf beiliegendes Stenogramm und Verzeichnis von Fotogrammen zum Vortrag in der Kolonialgesellschaft.
08.04.1908	b1/220 (rki): Nobles, M. A., Philadelphia, an R. Koch. Übersendung eines Zeitungsartikels über Äußerungen Kochs zu Tuberkulose und Lepra (Artikel liegt bei).
29.04.1908	b1/829 (rkm): [...?], Herbert, [London], Victoria Street 18, an R. Koch. Ernennung zum außerordentlichen Mitglied der United Services Medical Society. Datumsvermerk Kochs: 9.11.[19]08.
21.05.1908	b2/020 (rki): R. Koch, Waikiki-Beach auf Honolulu, an Gaffky, Georg (1850-1918). Allgemeine Mitteilungen zum Reiseverlauf durch die U.S.A. Vermerk Gaffky: »13.6.[19]08 - beantw[ortet] 17.6.[19]08«; veröffentlicht in: B. Möllers, Robert Koch, S. 346f.
22.05.1908	b2/149 (rki): R. Koch, Waikiki Beach auf Honolulu, an Dönitz, Wilhelm (1838-1912). Bitte um Übersendung von Sonderdrucken Kochs sowie Reiseeindrücke von der Fahrt durch die U.S.A. Hinweis auf erhaltenes Schreiben vom 21.04.1908.
17.06.1908	b1/241 (rki): Bethmann-Hollweg, T. F. A. von (1856-1921), Berlin, an R. Koch. Bewilligung einer Vergütung in Anerkennung der Expedition zur Erforschung der Schlafkrankheit. Datumsvermerk Kochs: 24.7.[19]08.
12.07.1908	b1/143 (rki): Althoff, Friedrich (1839-1908), Schierke im Harz, an R. Koch. Persönliche Äußerung über die Bewilligung von 100 000 Mark an Koch [zwecks Gründung einer Stiftung, wahrscheinlich der Robert Koch-Stiftung] und Überlegungen zur Planung eines Institutes [Art nicht genannt]. Entstehungsort ist das Sanatorium Schierke im Harz.

18.07.1908 b2/150 (rki): R. Koch, Kamakura, Kaihin-in Hotel, an Dönitz, Wilhelm (1838-1912). Übersendung einer Insektensammlung und Reiseverlauf in Japan sowie Geburtstagswünsche [zum 70. Geburtstag].

15.08.1908 b1/144 (rki): Althoff, Friedrich (1839-1908), Schierke im Harz, an R. Koch. Weitere Maßnahmen zur Förderung Robert-Koch-Stiftung. Entstehungsort und Jahr nicht genannt; aus Brief Althoffs vom 12.7.1908 (b1/143) ermittelt; Marginal von anderer Hand [Koch?].

22.08.1908 b1/769 (rkm): A. M. [sic!], Chuzenji, an R. Koch. Abreise Kochs aus Japan.

[August 1908] b1/ 831 (rkm): [?, japanisch], Japan, an R. Koch. Grußadresse anläßlich des Besuches in Japan 1908, eventuell in Hiroshima. Keine Übersetzung vorhanden.

[August 1908] b1/ 814 (rkm): Togotagun, v. [Person?], Hiroshima, an R. Koch. Grußadresse der Japanischen Medizinischen Gesellschaft anläßlich des Besuchs von Robert Koch in Japan (1908); Überreichung eines silbernen Bechers.

19.09.1908 b1/214 (rki): Welch, William Henry (1850-1934), Philadelphia[?], an R. Koch. Vortrag Kochs und Übersetzung während der Konferenz der Internationalen Vereinigung gegen die Tuberkulose.

30.09.1908 b1/213 (rki): Pannwitz, Gotthold (1861-1926), Washington D.C., an R. Koch. Termin mit Organisatoren der Konferenz der Internationalen Vereinigung gegen die Tuberkulose.

07.10.1908 b1/774 (rkm): Phipps, Henry (1839-1930), New York, 787 Fifth Avenue, an R. Koch. Übersendung eines Buches und Termin am folgenden Tag.

24.10.1908 b3/129 (rkm): Amako, T., Kobe, an Fraenkel, Carl (1861-1915). Grüße anläßlich des Besuches von Robert Koch in Japan. Fotokarte mit Gruppenbild; hierzu: Broschüre zum Empfangsfest für Robert Koch in Tokio; der Brief und die Broschüre wurden dem rkm von Herrn Liman überlassen.

28.10.1908 b1/756 (rkm): Libbertz, Arnold (1843-1916), Frankfurt am Main, Gärtnerweg 14, an R. Koch. Grüße und andere private Mitteilungen nach Kochs Rückkehr aus Japan und New York. Datumsvermerk Kochs: 4.11.1908.

03.11.1908 b1/751 (rkm): Krause, Dr. M., Berlin, an R. Koch. Moskito-Schutzmittel; Erfahrungen Kochs und Erprobung seitens der Firma Merck. Datumsvermerk Kochs: 4.11.[19]08.

07.12.1908 b1/767 (rkm): Morris, Claude D., New York, 112 LeRoy Street, an R. Koch. Vorstellung der Tuberkulose-Forschungen Kochs auf dem Kongress in Washington [humane und bovine Tuberkulose].

08.12.1908 b1/201 (rki): Flick, Lawrence F. (1856-1938), Philadelphia, 738 Pine Street, an R. Koch. Übersendung von Berichten des Henry Phipps Instituts und von Sonderdrucken. Datumsvermerk Kochs: 10.2.[19]09; Berichte und Sonderdrucke liegen nicht bei.

08.12.1908 b1/754 (rkm): Lamb, [George (1869-1911)], Kasauli, an R. Koch. Danksagung für Übersendung eines Zeugnisses.

19.12.1908 b1/802 (rkm): Steltner, Berlin, Gitschiner Strasse 97-103, an R. Koch. Bitte um Stellungnahme zu einem Patentstreit über Verwendung von Maultieren zur Herstellung eines Heilserums. Datumsvermerk Kochs: 2.1.[19]09.

27.12.1908 b1/728 (rkm): Goerke, P., Berlin, Maassen-Strasse 32, an R. Koch. Planung einer Veröffentlichung zum 20jährigen Bestehen der Freien Fotografischen Vereinigung und Bitte um Vortrag zur Expedition über Schlafkrankheit. Datumsvermerk Kochs: 4.1.[19]09.

29.12.1908 b1/ 788 (rkm): Röwitz [Löwitz?], Berlin, an R. Koch. Bitte um Teilnahme und Vortrag an der Sitzung des Deutschen Landwirtschaftsrates zur Thematik Wildschutz und Tierseuchen in Afrika. Datumsvermerk Kochs: 2.1.[19]09 Bl. 1Rs: Stempel »Märkisches Museum«.

31.12.1908 b1/762 (rkm): McClellan, Edwin, London, Gloucester Terrace 96 am Hyde Park, an R. Koch. Bitte um Beratung wegen Stiftung eines Preises für erfolgreiche Behandlung der Tuberkulose, der durch die Yale University verliehen werden soll. Datumsvermerk Kochs: 4.1.1909.

[1908] b2/180 (rkm): R. Koch an [Landwirtschaftsministerium]. «Entwurf eines Antwortschreibens von Koch auf Brief des Landwirtschaftsministers vom 29.12. 1908«. Angaben laut Alt-Inventar (Alt-Signatur: 7.108.1); Brief fehlt im Bestand, daher ist fraglich, ob das Datum das Schreiben Kochs oder dasjenige des Ministeriums bezeichnet.

[1908] b2/ 179 (rkm): R. Koch, ohne Ort, an Folks, Homer (1867-?). Gutheißung des Programms zur Senkung der Tuberkulose-Sterblichkeit. Evtl. Bezug zu Tuberkulose-Kongress in New York, dorthin gesandt.

02.01.1909	b3/ 085 (rkm): Kerchenfeld, Berlin, an [?]. Nicht erfolgte Verleihung eines Ordens an Wassermann. Wahrscheinlich Abschrift für Koch.
[1909]	b2/111 (rki): R. Koch, [Berlin], an Bumm, Franz (1861-1942). Referenz für Wassermann, [August (1866-1925)].
30.01.1909	b1/736 (rkm): Hirschberg, Julius (1843-1925), Berlin, Schiffbauerdamm 26, an R. Koch. Bitte um Beitrag für das »Centralblatt für Augenheilkunde«. Datumsvermerk Kochs: 16.3.[19]09.
09.02.1909	b2/ 181: (rkm): R. Koch, [Berlin?], an Modenpyl, E. »Karte Kochs an E. Hodenpyl, New York, vom 9. Febr. 1909 mit der Mitteilung, daß er 25 Dollar für ein Porträt von H. Prudden eingezahlt habe«. Angabe laut Alt-Inventar (Signatur: 7.111); Brief fehlt im Bestand.
[10.02.1909]	b2/113 (rki): R. Koch, Berlin, an Flick, Lawrence F. (1856-1938). Tuberkulose-Forschungen und Übersendung eines Planes für Untersuchungen von bovinen Tuberkelbazillen bei Lungenkranken. Datierung nach Brief von Henry Phipps (1839-1930) an Koch, dort Datumsvermerk: 10.2.[19]09.
13.02.1909	b1/ 199 (rki): Werner[?], Berlin, an R. Koch. Übersendung eines Protokolls und Bitte um Nennung von Instituten für Untersuchungen von bovinen Tuberkelbazillen bei Lungenkranken. Datumsvermerk Kochs: 18.2.[19]09, Protokolle liegen nicht bei.
18.02.1909	b2/ 112 (rki): R. Koch, [Berlin], an Werner[?]. Nennung von Instituten und Personen für Untersuchungen von bovinen Tuberkelbazillen bei Lungenkranken. Anliegend: Namenliste; auf der Rückseite: Notizen zu Afrika.
[1909]	b2/114 (rki): R. Koch, [Berlin], an Woodhead, G. Sims (1855-1921). Vorkommen von boviner Tuberkulose beim Menschen und Plan für Untersuchungen hierzu. Undatiert; der Inhalt deutet auf eine Entstehung etwa im Februar 1909
01.03.1909	b1/703 (rkm): Casanal, Dionisio, Zaragoza in Spanien, an R. Koch. Bitte um Ratschlag bezüglich einer Krankheit [Tuberkulose?]. Datumsvermerk Kochs: 8.3.[19]09.
06.03.1909	b1/687 (rkm): Bagshawe, Sir Arthur W. G. (1871-1950), London, Burlington House, an R. Koch. Veröffentlichungen zu Forschungsergebnissen über Erreger der Schlafkrankheit.
19.03.1909	b1/202 (rki): Flexner, Simon (1853-1940), New York, an R. Koch. Situation der Tuberkulose-Forschung ohne eigenes

Krankenhaus. Antwort auf Brief Kochs vom 10.2.1909; Datumsvermerk Kochs: 22.4.[19]09.

19.03.1909 b1/200 (rki): Flick, Lawrence F. (1856-1938), Philadelphia, an R. Koch. Übersendung einer Übersetzung von Kochs Planungen für systematische Untersuchungen von bovinen Tuberkelbazillen bei Lungenkranken. Antwort auf Brief Kochs vom 10.2.1909; Datumsvermerk Kochs: 22.4.[19]09; Anlage: Übersetzung des Planungsentwurfes von Koch ins Englische (siehe b2/112 und b2/114).

27.03.1909 b1/791 (rkm): Schjerning, Otto von (1853-1921), Berlin, Wilhelmstrasse 86-87, an R. Koch. Übersendung von zwei Veröffentlichungen. Veröffentlichungen liegen nicht bei.

06.04.1909 b1/764 (rkm): Meyers/Blann, Hoechst, an R. Koch. Verfahren bei einer Infektion durch Tuberkulin. Briefanfang fehlt, wahrscheinlich Bl. 1, da vorhandenes Blatt handschriftlich paginiert: 2.

15.04.1909 b1/738 (rkm): Kelyneck, Theo N. (1866-?), London, Harley Street 133, an R. Koch. Bitte um einen Kurzartikel für das »British Journal of Tuberculosis«. Datumsvermerk Kochs: 19.4.[19]09.

[April] 1909 b1/836 (rkm): [?], an R. Koch. ? [Verfasser, Datum und Inhalt sind aufgrund des Erhaltungszustandes nicht lesbar]. Datumsvermerk Kochs: 19.4.[19]09.

21.04.1909 b1/203 (rki): McFarland, Joseph (1868-1945), Philadelphia, an R. Koch. Ausführung von Untersuchungen zum Nachweis von bovinen Tuberkelbazillen bei Tuberkulose-Kranken am Henry Phipps Institut. Datumsvermerk Kochs: 4.5.[19]09.

03.06.1909 b1/835 (rkm): Paltauf, Richard (1858-1924), Wien bzw. Berlin, an R. Koch. Grüße anläßlich der dritten Tagung der Freien Vereinigung für Mikrobiologie in Wien. Rückseite mit Anschriftkorrektur, gez. Schilling.

07.07.1909 b1/792 (rkm): Schjerning, Otto von (1853-1921), Berlin, an R. Koch. Einladung zu einem Vortrag des Wissenschaftlichen Senats der Kaiser Wilhelms-Akademie. Datumsvermerk Kochs: 17.7.[19]09.

17.07.1909 b1/700 (rkm): Buhre, Stockholm, Norrlandsg[atan] 3, an R. Koch. Übersendung eines der 8. Internationalen Tuberkulose-Konferenz gewidmeten Buches.

21.07.1909 b1/817 (rkm): Wolff, H., Berlin, Flottwellstrasse 1, an R. Koch. Bereitschaft Kochs zum Halten populär-wissenschaftlicher Vorträge in Berlin und anderen Orten Deutschlands. Datumsvermerk Kochs: 25.7.[19]09.

19.08.1909 b1/733 (rkm): Hata, Sahachiro (1873-1938), Frankfurt am Main, an R. Koch. Übersendung eines Fahrplans von »Nippon Ynsen Kaisha« und Erläuterungen dazu. Fahrplan vorhanden; mit vermutlich eigenhändigen Eintragungen Hatas.

27.08.1909 b1/734 (rkm): Hata, Sahachiro (1873-1938), Frankfurt am Main, an R. Koch. Danksagung anläßlich der Verleihung eines Ordens an Kitasato durch die deutsche Botschaft in Tokio.

02.09.1909 b1/755 (rkm): Leichssenring, Max, Hamburg, Neuerwall 1, an R. Koch. Bitte um einen Vortrag über Schlafkrankheit. Datumsvermerk Kochs: 4.9.[19]09.

15.09.1909 b1/770 (rkm): Nietner, Johannes (1855-1914), Berlin, Königin Augustastrasse 11, an R. Koch. Übersendung eines Sitzungsprotokolls vom 24.05.1909.

25.10.1909 b1/743 (rkm): Knopf, S. Adolphus (1857-1940), New York, an R. Koch. Tuberkuloseforschungen und Artikel von Knopf im »British Journal of Tuberculosis«. Hinweis auf erhaltenen Brief Kochs vom 12.09.1909.

31.10.1909 b1/748 (rkm): Kolle, Wilhelm (1868-1935), Bern, Villa Soldanella, Steinerstrasse an R. Koch. Eindrücke von einem Besuch bei Heimbrod. Datumsvermerk Kochs: 26.11.1909.

01.11.1909 b1/793 (rkm): Schjerning, Otto von (1853-1921), Berlin, an R. Koch. Übersendung einer Vortragsveröffentlichung. Datumsvermerk Kochs: 5.11.[19]09.

03.11.1909 b1/816 (rkm): Wernicke, Erich (1859-1928), Posen, Breslauerstrasse 16, an R. Koch. Übersendung von zwei Aufsätzen über Tuberkulose in Posen, Bemerkungen sowie Bitte um Stellungnahme hierzu. Datumsvermerk Kochs: 8.11.[19]09.

09.11.1909 b1/ 797 (rkm): Scudeling [?], London, Great Winchester Street 20, an R. Koch. Ersuchen, einen Assistenten zu entsenden [offenbar Absage Kochs]. Datumsvermerk Kochs: 14.11.[19]09.

16.11.1909 b1/710 (rkm): Conradi, Heinrich (1876-1943), Neunkirchen, Bezirk Trier, an R. Koch. Danksagung für Fürsprache bezüglich der Verleihung des Professorentitels und Angaben zum Werdegang. Datumsvermerk Kochs: 28.11.[19]09.

19.11.1909 b1/718 (rkm): Förster, [Adolf], Berlin, an R. Koch. Mitteilung über Ablehnung der von Koch empfohlenen Rangerhöhung von Bludau zum Sanitätsrat.

20.11.1909 b1/740 (rkm): Kirchner, Martin (1854-1925), Berlin, Landshuter Strasse 35, an R. Koch. Stellungnahme zu Dr. Bludau.

21.11.1909 b1/761 (rkm): Martini, Erich (1867-?), Tsiengtau, an R. Koch. Geburtstagswünsche und Übersendung einer Veröffentlichung über Martinis Arbeiten in Manila. Datumsvermerk Kochs: 12.12.[19]09.

21.11.1909 b1/692 (rkm): Bludau, Franz (1871-?), Neuhardenberg, an R. Koch. Bitte um Unterstützung der Bewerbung Bludaus um eine Anstellung als Arzt in Adana. Datumsvermerk Kochs: 5.12.[19]09.

22.11.1909 b1/688 (rkm): Bandelier, Bruno (1871-?), Hörbersdorf in Schlesien, an R. Koch. Mitteilung über den Stand der Drucklegung der vierten Auflage des Lehrbuchs der spezifischen Dignostik und Therapie der Tuberkulose umd Bitte um etwaige weitere Informationen. Datumsvermerk Kochs: 29.11.[19]09.

25.11.1909 b1/830 (rkm): [Lister, Joseph (1827-1912)?], [London], Park Crescent 6, Portland Place, an R. Koch. Bitte um Diskussion wegen Co-Referat des Absenders bei Tagung der Naturforschenden Versammlung im September 1909. Datumsvermerk Kochs: 5.12.[19]09; Lister als Absender wahrscheinlich.

26.11.1909 b1/753 (rkm): Kuttner, Arthur (1862-), Berlin, Lützowplatz 6, an R. Koch. Angebot, Ergebnisse von Tuberkulose-Forschungen aus dem Institut für Infektionskrankheiten zu veröffentlichen. Datumsvermerk Kochs: 5.12.[19]09.

01.12.1909 b1/837 (rkm): Hurkem, Berlin, an R. Koch. Einladung zur Einweihung der 300. Gemeindeschule Berlins, Ostenderstrasse. Datumsvermerk Kochs: 5.12.[19]09.

02.12.1909 b1/772 (rkm): Oeltze, Ida, Bromberg, an R. Koch. Dankes- und Bittbrief wegen Aufnahme und Behandlung des an Tuberkulose erkrankten Sohnes in einer Lungenheilstätte.

03.12.1909 b1/818 (rkm): Wolter, Georg, Berlin, Wilhelmstrasse 23, an R. Koch. Bitte um Stellungnahme als Beirat zur Verleihung einer Medaille an Sir Ernest Shackleton. Datumsvermerk Kochs: 5.12.[19]09.

06.12.1909	b1/821 (rkm): Ziegler, Otto (1879-1931), Heidehaus bei Hannover, an R. Koch. Übersendung eines Buches als Dank. Datumsvermerk Kochs: 12.12.[19]09.
06.12.1909	b1/745 (rkm): Kobler, Geza Georg (1864-?), Sarajevo, an R. Koch. Zusage für Unterstützung während eines geplanten Aufenthaltes (Lepra-Forschungen). Datumsvermerk Kochs: 18.12.[19]09; Hinweis auf Brief Kochs vom 29.11.1909.
08.12.1909	b1/729 (rkm): Gosio, Bartholomeo (1863-1944), Rom, Piazza Vittorio Em. 12, an R. Koch. Geburtstagswünsche und laufende Forschungsarbeiten in Rom über Typhus und Tuberkulose bei Tieren und Menschen. Datumsvermerk Kochs: 12.12.[19]09.
09.12.1909	b1/749 (rkm): Kolle, Wilhelm (1868-1935), Bern, Villa Soldanella, Steinerstrasse, an R. Koch. Geburtstagswünsche und (private) Reisepläne.
12.12.1909	b1/699 (rkm): Buchanan, Andrew (1861-1931), Berlin, Central-Hotel am Bahnhof Friedrichstrasse, an R. Koch. Bitte um Zusammenkunft während eines kurzen Aufenthaltes in Berlin und Hinweis auf eigene Malaria- und Pest-Veröffentlichungen. Datumsvermerk Kochs: 13.12.[19]09.
13.12.1909	b2/151 (rki): R. Koch, Berlin, Kurfürstendamm 25, an Dönitz, Wilhelm (1838-1912). Danksagung für Geburtstagswünsche.
16.12.1909	b1/697 (rkm): Borger, W. A./Uten [...?], G. P./Cledaan, J., Batavia, an R. Koch. Bitte um Artikel für die Zeitschrift »Geneeskundig Tijdschrift voor Nederlandsch-Indie« bis zum 1. Oktober 1910 [Festschrift]. Datumsvermerk Kochs: 9.2.[19]10.
18.12.1909	b1/757 (rkm): Marckwald, Willy (1864-1942), Berlin, Brunnenstrasse 1, an R. Koch. Übersendung eines Sonderdruckes zu einem Vortrag im Jahr 1908. Datumsvermerk Kochs: 20.12.[19]09.
23.12.1909	b1/205 (rki): Dietz, Bromberg, an R. Koch. Danksagung im Auftrag von Frau Ida Oeltze für die Versorgung ihres an Tuberkulose erkrankten Sohnes [Patient in Belzig]. Ortsangabe laut Briefkarte.
[1909]	b1/750 (rkm): Kossel, Hermann (1864-1925), Giessen, an R. Koch. Laufende Forschungsarbeiten. Undatiert, Ortsangabe laut Briefpapier; Erwähnung Heidelbergs deutet auf ca. 1909.

05.01.1910 b1/796 (rkm): Schotenhennig, Honolulu, an R. Koch. Übersendung eines Buches von W. T. Brigham. Datumsvermerk Kochs: 9.2.[19]10.

07.01.1910 b1/746 (rkm): Kobler, Geza Georg (1864-?), Sarajevo, an R. Koch. Übersendung von Serum und Krankengeschichten von sieben Leprakranken. Datumsvermerk Kochs: 11.2.[19]10.

09.01.1910 b1/702 (rkm): Bumm, Franz (1861-1942), Berlin, Klopstockstrasse 18, an R. Koch. Bedauern über in Aussicht gestellte aber nicht erfolgte Verleihung eines bayerischen Ordens an Wassermann. Hinweis auf beiliegenden Brief des bayerischen Gesandten, nicht vorhanden.

13.01.1910 b1/822 (rkm): Zimmermann, Emil, Berlin, Essener Strasse 13, an R. Koch. Bitte um Schilderungen über die Expedition zur Erforschung der Schlafkrankheit für Herausgabe eines populärwissenschaftlichen Kolonialbuches im Auftrag des Ullstein-Verlages. Datumsvermerk Kochs: 18.1.[19]10.

17.01.1910 b1/744 (rkm): Knopf, S. Adolphus (1857-1940), New York, an R. Koch. Beitrag von Knopf im »British Journal of Tuberculosis« und erneute Bitte um eine Fotografie. Datumsvermerk Kochs: 9.2.[19]10; Hinweis auf mitgesandten Brief von Balliere (nicht vorhanden).

17.01.1910 b1/790 (rkm): Rudolphi, Hans, Leipzig, Nürnberger Strasse 8, an R. Koch. Anfrage über Verbreitung der Rinderpest in Süd- und Ostafrika entlang von Strassen. Datumsvermerk Kochs: 29.1.[19]10.

29.01.1910 b1/696 (rkm): Trott zu Solz, August von, Berlin, an R. Koch. Mitteilung über die Verleihung des Titels Professor an Heinrich Conradi (1876-1943) auf Gesuch Kochs vom 28.11.1909. Datumsvermerk Kochs: 1.2.[19]10.

01.02.1910 b1/719 (rkm): Fornet, Walter (1877-?), Saarbrücken, an R. Koch. Übersendung von Veröffentlichungen, darunter zwei Sonderdrucken über Typhus.

07.02.1910 b1/204 (rki): Fränkel, Bernhard (1836-1911), Berlin Lennéstrasse 5, an R. Koch. Freistelle für Patient Oeltze in der Heilanstalt Belzig.

12.02.1910 b1/799 (rkm): Schwalbe, Julius (1863-1930), Berlin, an R. Koch. Bitte um Überlassung eines etwaigen Gutachtens über ein Bauprogramm für ein Krankenhaus zwecks Veröffentlichung in der Deutschen Medicinischen Wochenschrift. Datumsvermerk Kochs: 19.2.[19]10.

14.02.1910 b1/208 (rki): Kirschner, K. A. Martin (1842-1912), Berlin, an R. Koch. Bitte um Gutachten für einen Krankenhausbau für Lungen- und Kehlkopfkranke. Anlage: Bauprogramm zu einem Krankenhause für Lungen- und Kehlkopf-Leidende in Buch bei Berlin.

24.02.1910 b1/209 (rki): Weigert, Stadtrat Berlin, an R. Koch. Mitwirkung an einer Kommission zum Krankenhausbau für Lungen- und Kehlkopfkranke. Anlage: Sitzungsunterlagen Kochs.

04.03.1910 b1/210 (rki): Baginsky, Adolf (1843-1918), Berlin, an R. Koch. Krankenhausplanung für an Lungentuberkulose erkrankte Kinder. Datumsvermerk Kochs: 4.3.[19]10.

08.03.1910 b1/211 (rki): Baginsky, Adolf (1843-1918), Berlin, an R. Koch. Krankenhausplanung für an Lungentuberkulose erkrankte Kinder. Zwei Anlagen: Tuberkulose-Patienten 1907-1909 und Angaben für 1910.

März 1910 b1/824 (rkm): Moeli/Alt, Berlin, an R. Koch. Bitte um Einwilligung Kochs zur Mitwirkung im Ehrenkommitee eines Kongresses (3. bis 7. Oktober 1910). Mit Anlage: Angehörige des permanenten Komitees; Datumsvermerk Kochs: 2.4.[19]10.

März 1910 b1/681 (rkm): Abderhalden, E. von (1877-1950), Berlin, Luisenstrasse 56, an R. Koch. Bitte um Mitwirkung als Mitglied in einem Ausschuß zur Reform der »Organisation der medizinischen Literatur«. Anrede handschriftlich ergänzt, Datumsvermerk Kochs: 16.3.[19]10; Hinweis auf beiliegendes Programm, dieses ist nicht vorhanden.

21.05.1910 b1/207 (rki): Kossel, Hermann (1864-1925), Heidelberg, an R. Koch. Dank für finanzielle Unterstützung für Tuberkulose-Forschungen durch die Robert Koch-Stiftung.

23.05.1910 b1/206 (rki): Gaffky, Georg (1850-1918), Berlin, an R. Koch. Besserungswünsche während des Aufenthalts in Baden-Baden.

28.05.1910 b3/024 (rki): Bohne, Albert (1878-?), Hamburg, Kreuzweg 24, an Gaffky, Georg (1850-1918). Kondolenz für das Institut für Infektionskrankheiten anläßlich des Todes von Robert Koch. Vermerk Gaffkys: »gedankt 18.6.[1910]«.

28.05.1910 b3/105 (rki): Berliner Literarisches Bureau, Berlin, Wilhelmstrasse 127, an Gaffky, Georg (1850-1918). Angebot zur Sammlung und Lieferung von Zeitungsausschnitten und Nekrologen anläßlich des Todes von Robert Koch. Vermerk Gaffkys: »Bestellt u[nd] 20 M[ark] bez[ahlt]«.

30.05.1910 b3/089 (rki): Koch, Hedwig (1872-1945), Baden-Baden, an Wernicke, Erich und Frau Wernicke. Danksagung für Kondolenz. Mit handschriftlichen Ergänzungen von anderer Hand [Wernicke].

30.05.1910 b3/101 (rki): Kirchner, Martin (1854-1925), Berlin, Landshuterstrasse 35, an Gaffky, Georg (1850-1918). Danksagung für die Veranlassung der Formalitäten anläßlich des Todes von Robert Koch und Planung einer Koch-Gedächtnisfeier. Vermerk Gaffkys: »mündl[ich] erl[edigt]«.

31.05.1910 b3/102 (rki): Pohnert, Wilhelm (1855-1919), Berlin, Föhrerstrasse 2-5, an Gaffky, Georg (1850-1918). Nachsendung eines Paketes mit Kondolenzschreiben zum Tode von Robert Koch.

Mai bis Juni 1910 b3/092.1 bis 092.10 (rki): unterschiedliche Absender sowie Bumm, Kirchner, Gaffky, Entstehungsorte: unterschiedlich, an Bumm, Kirchner, Gaffky bzw. unterschiedliche Adressaten. Vom Kaiserlichen Gesundheitsamt und dem Ministerium für geistliche, Unterrichts- und Medizinalangelegenheiten an das Institut für Infektionskrankheiten zur Kenntnisnahme und weiteren Veranlassung übersandte Kondolenzschreiben, Abschriften von Übersetzungen und Anfragen anläßlich des Todes von Robert Koch sowie Antwortentwürfe hierzu. Entstehungszeitraum: 28.05.1910 bis Ende Juni 1910; die Schreiben haben Beantwortungsvermerke, meist mit Datum, teils von Pohnert verfasst.

Mai bis Juni 1910 b3/091.1 bis 091.32 (rki): unterschiedliche Absender bzw. Gaffky, Georg (1850-1918), Entstehungsorte: unterschiedlich, an Gaffky, Georg, bzw. unterschiedliche Adressaten. Kondolenzschreiben an Gaffky bzw. das Institut für Infektionskrankheiten anläßlich des Todes von Robert Koch und Antwortentwürfe von Gaffky. Entstehungszeitraum: 28.5.1910 bis Ende Juni 1910; jeweils Beantwortungsvermerke mit Datum.

Mai bis Juni 1910 b3/095.1 bis 095.14 (rki): unterschiedliche Absender, Entstehungsorte: unterschiedlich, an Koch, Hedwig (1872-1945). Kondolenzschreiben an Hedwig Koch anläßlich des Todes von Robert Koch sowie Liste mit Abschriften und Antwortentwürfen, teils mit Antwortvermerken von Gaffky.

Mai bis Juni 1910	b3/094.1 bis 094.15 (rki): unterschiedliche Absender, Entstehungsorte: unterschiedlich, an Gaffky, Georg (1850-1918). Kondolenzschreiben an Georg Gaffky anläßlich des Todes von Robert Koch. Teils mit Antwortvermerk Gaffkys.
02.06.1910	b3/067 (rki): Ruppel, Hoechst, an Gaffky, Georg (1850-1918). Kondolenz anläßlich Kochs Tod sowie Tuberkulose-Arbeiten [Tuberkulinherstellung?] mit Bitte um ein persönliches Gespräch. Mit Vermerk Gaffkys.
06.06.1910	b3/096 (rki): Pistor, Moritz (1835-1924), Berlin-Wilmersdorf, Aschaffenburger Strasse 24, an Gaffky, Georg (1850-1918). Anfrage zum Verfassen eines Nachrufes auf Robert Koch und Vorschlag zur Errichtung eines Denkmals für Robert Koch. Vermerk Gaffkys: »beantw. 9.6.[19]10«.
06.06.1910	b3/109 (rki): Schuster (Redakteur), an Gaffky, Georg (1850-1918), Wien I, Schauklergasse 6. Danksagung für die Überlassung einer Unterschrift von Robert Koch und die Vermittlung eines Porträts von Koch.
06.06.1910	b3/106 (rki): Schwalbe, Julius (1863-1930), Berlin, Am Karlsbad 5, an Gaffky, Georg (1850-1918). Übersendung eines Entwurfs für eine Pressemitteilung zum Tod von Robert Koch. Vermerk Gaffkys: »Zur R. Koch-Gedächtnisfeier am 11.12.[19]10«.
07.06.1910	b3/086 (rkm): Lingner, Karl August (1861-1916)/Renk, Friedrich Georg (1850-?), Dresden, an Koch, Hedwig (1872-1945). Kondolenzschreiben, in dem Koch als Ehrenpräsident der Hygiene-Ausstellung von 1911 bezeichnet wird. Vermerk Hedwig Kochs: beantw[ortet].
08.06.1910	b3/097 (rki): Fränkel, Bernhard (1836-1911), Berlin, Lennéstrasse 5, an Gaffky, Georg (1850-1918). Übersendung eines Zeitungsausschnittes und von drei Arbeiten mit Äußerungen über Robert Koch sowie Planung einer Gedenkveranstaltung für diesen. Zeitungsausschnitt liegt bei: »Der Tag«, 07. Juni 1910; Sonderdrucke nicht vorhanden.
08.06.1910	b3/073 (rki): Gaffky, Georg (1850-1918), [Berlin], an Koch, Hedwig (1872-1945). Erkundigung nach Eingang einer Testamentsabschrift. Anlage: Notizen über ein Gespräch mit Ruppel.
09.06.1910	b3/068 (rki): Gaffky, Georg (1850-1918), Berlin, an Koch, Hedwig (1872-1945). Fortführung der Tuberkulose-Arbeiten

bzw. der Tuberkulin-Herstellung durch die Farbwerke in Hoechst. Mit Vermerken des Absenders.

10.06.1910 b3/107 (rki): Greif, W., Professor Dr., Berlin, Köpenicker Strasse 142, an Gaffky, Georg (1850-1918). Vortrag für die Mitglieder der »Deutsche[n] Gesellschaft für volkstümliche Naturkunde« über Wirken und Arbeiten Robert Kochs. Hinweis auf beiliegende Drucksachen (nicht vorhanden) Vermerk Gaffkys: »14.6.10 Abgelehnt. Ev[entuell] Loeffler oder Kossel«.

6/1910-1/1912 b3/110.1 - b3/110.13 (rki): Pfuhl, Eduard (1852-1917), Berlin Clausthal, an Gaffky, Georg (1850-1918). Verschiedene formale Angelegenheiten zur Beisetzung von Robert Koch in einem zu einzurichtenden Mausoleum. Anschreiben teils mit Vermerken und Antwort-Entwürfen Gaffkys.

15.06.1910 b3/069 (rki): Pfuhl, Eduard (1852-1917), Berlin, an Gaffky, Georg (1850-1918). Regelung von Erbschafts-Angelegenheiten und diesbezüglicher Termin bei einem Rechtsanwalt.

19.06.1910 b3/070 (rki): Pfuhl, Gertrud (1868-1945), Berlin, an Gaffky, Georg (1850-1918). Übersendung eines Schreibens zur Weiterleitung an die Farbwerke in Hoechst.

20.06.1910 b3/071 (rki): Pfuhl, Gertrud (1868-1945), Berlin, an Gaffky, Georg (1850-1918). Bitte um erneute Übersendung eines Konzeptes mit Beschreibung von Präparaten für Ergänzungen. Anlage, von Gaffky am 18.6.1910 offenbar an Pfuhl gesandt (laut Notiz Gaffkys); von Pfuhl zurückgesandt [laut Notiz Pfuhls, 21.6.1910].

25.06.1910 b3/072 (rki): Pfuhl, Eduard (1852-1917), Berlin, an Gaffky, Georg (1850-1918). Herstellung von Tuberkulin durch die Farbwerke Hoechst ohne Patentierung, wie dies bisher erfolgt war. Marginal Gaffkys vom 26.6.1910; mit Anlage: Abschrift eines Schreibens von Ruppel.

27.06.1910 b3/074 (rki): Pfuhl, Eduard (1852-1917), Berlin, an Gaffky, Georg (1850-1918). Verhandlungen mit den Farbwerken Hoechst über weitere Herstellung von Tuberkulin in Rücksprache mit der Robert Koch-Stiftung. Mit Marginal von Gaffky.

30.06.1910 b3/075 (rki): Farbwerke Hoechst (zwei Unterschriften), Hoechst, an Gaffky, Georg (1850-1918). Übersendung eines Entwurfs für eine Patentanmeldung auf »Abtötung von Tuberkelbazillen im luftleeren Raum«. Anlage: Patententwurf, Durchschrift mit handschriftlichen Korrekturen und Ergänzungen, Antwort-Entwurf und Marginal von Gaffky.

08.07.1910 b3/076 (rki): Gaffky, Georg (1850-1918), [Berlin], an Pfuhl, Eduard (1852-1917). Verhandlungen mit den Farbwerken Hoechst zu einer Patentanmeldung über »Abtötung von Tuberkelbazillen im luftleeren Raum«.

21.07.1910 b3/023 (rki): Flügge, Carl (1847-1923), Berlin, Dorotheenstrasse 35, an Gaffky, Georg (1850-1918). Rücksendung des Manuskripts von Robert Koch über »Epidemiologie der Tuberkulose« zwecks Veröffentlichung und Dank für Cholera-Kulturen.

29.07.1910 b3/098 (rki): Hahn (Redakteur), Frankfurt am Main, Neue Kräme 19/21, an Pohnert, Wilhelm (1855-1919). Übersendung eines japanischen Zeitungsartikels über eine Gedenkfeier zu Ehren Robert Kochs mit der Bitte um Übersetzung. Mit Vermerk Pohnerts; Zeitungsartikel und ebenfalls erwähntes Bild liegen nicht bei.

10.08.1910 b3/099 (rki): Möllers, Bernhard Josef (1878-1945), Berlin, an Gaffky, Georg (1850-1918). Mitteilungen über einen Besuch von Eduard Pfuhl im Institut für Infektionskrankheiten und verschiedene Äußerungen Pfuhls.

08.09.1910 b3/100 (rki): Möllers, Bernhard Josef (1878-1945), Lausanne, Hotel de l'Europe, an Gaffky, Georg (1850-1918). Private Mitteilungen bezüglich verschiedener Briefwechsel mit Angehörigen Robert Kochs. Vermerk Gaffkys: »Möllers«.

14.10.1910 b3/108 (rki): Koch, Hugo (1845-1832), Charlottenburg, Niebuhrstrasse 11a, an Gaffky, Georg (1850-1918). Danksagung für die Überlassung eines Vortragstextes von Robert Koch über Tuberkulose.

25.11.1910 b3/087 (rki): Schultze/Pfarrer, Clausthal, an [Gaffky, Georg (1850-1918)]. Übersendung eines Auszugs aus dem Kirchenbuch der Gemeinde zu Clausthal mit Angaben zum Geburtstag Robert Kochs und Bemerkungen hierzu. Siehe L1/001.2; Anlage angeklebt; Gaffky als Adressat wahrscheinlich im Hinblick auf geplantes Mausoleum für Robert Koch.

10.12.1910 b3/104 (rki): Landrat Kreis Zellerfeld, Zellerfeld bzw. Berlin, an Gaffky, Georg (1850-1918). Aufnahme eines Etats in Höhe von 6 000 Mark in den Kreishaushalt in Erinnerung an Robert

	Koch («Robert Koch-Fundation«) für Zwecke der öffentlichen Gesundheitspflege.
[1910]	b3/090 (rki): Koch, Mathilde (1818-1871), [Clausthal], an Biewend, Helene und Biewend, Louise. Auszüge aus Mitteilungen über Robert Koch und Briefen von Mathilde Koch aus den Jahren 1847 bis 1871. Laut handschriftlichem Vermerk auf Bl. 1: »Aus Gaffkys Nachlass«.
[1910?]	b3/139 (rki): Giemsa, Gustav (1867-1948), keine Angabe [Hamburg?], ohne Adressat [Gaffky?]. Mitteilung über Assistenz von Robert Koch am Hamburger Allgemeinen Krankenhaus im Jahr 1866. Brieffragment.
Herbst 1910	b3/111.1 bis 111.33 (rki): unterschiedliche Verfasser, an Gaffky, Georg (1850-1918). Briefwechsel zur Vorbereitung und Durchführung einer Gedächtnisfeier für Robert Koch in der neuen Aula der Berliner Universität am 11. Dezember 1910 sowie Protokolle und Materialsammlung hierzu. 23 Briefe an Gaffky, teils mit Vermerken Gaffkys und 10 Briefentwürfe Gaffkys, sowie dazu gehörende Sitzungsprotokolle und andere Materialien [auch Rechnungen].
1910	b3/093.1 bis 093.9 (rki): unterschiedliche Absender, an Gaffky, Pohnert, Ehrlich. Anfragen an das Institut für Infektionskrankheiten zum Termin der Beisetzung Robert Kochs.
Herbst 1910	b3/111.34 bis 111.42 (rki): unterschiedliche Absender, an Gaffky, Georg (1850-1918). Zusagen zur Teilnahme an der Gedächtnisfeier für Robert Koch am 11.12.1910 in der neuen Aula der Berliner Universität.
September 1910 bis März 1911	b3/113.1 bis b3/113.23 (rki): unterschiedliche Absender, an Gaffky, Georg (1850-1918). Zusagen zu Beiträgen für die Einrichtung des Mausoleums für Robert Koch im Institut für Infektionskrankheiten und dessen Einweihung am 10.12.1910. Entstehungszeitraum der Akte: Juni 1910 bis Januar 1911, der Briefe: September 1910 bis März 1911.
November 1910 bis März 1911	b3/112.1 bis b3/112.11 (rki): unterschiedliche Absender, an Gaffky, Georg (1850-1918). Danksagungen für die Übersendung der Druckfassung der Rede Gaffkys anläßlich der Robert Koch-Gedächtnisfeier am 11. Dezember 1910. Entstehungszeitraum: November 1910 bis Januar 1911; b3/112.1 mit Umschlag und Beilage: Foto-Postkarte, Entstehungsdatum: 27.6.1909.

29.08.1911	b3/077 (rki): Schwalbe, Julius (1863-1930), Berlin, Am Karlsbad 5, an Gaffky, Georg (1850-1918). Übersendung eines Exemplars »Goldenes Buch der Robert-Koch-Stiftung zur Bekämpfung der Tuberkulose«. Vermerk Gaffkys: »erl[edigt] 12.9.[19]11«.
13.11.1911	b3/088 (rki): Saint-Pi [...?], Germain de, Paris, an Gaffky, Georg (1850-1918). Erlöschen der Mitgliedschaft Robert Kochs in der Académie des Sciences, die seit dem 23.1. bzw. 3.3.1903 bestand.

Briefe ohne bzw. ohne eindeutige Datierung

undatiert	b1/095 (rki): Middleton, W. R. C., [Singapur], an R. Koch. Visitenkarte mit Angaben zur Person, auch von Kochs Hand.
undatiert	b1/119 (rki): Koningsberger, J. C., Buitenzorg, an R. Koch. Danksagung [mehr nicht genannt].
undatiert	b1/246 (rki): Bourdon, Georges, Berlin, Hotel Bristol, an R. Koch. Zusendung eines Zeitungsartikels und Bitte um Telefonanruf. Artikel liegt bei, deutsche Zeitung, ohne weitere Angaben.
undatiert	b1/469 (rki): [keine Angabe?], ohne Ort, an R. Koch. Nur Umschlag, ohne Inhalt, Zugehörigkeit unklar [evtl. zu b1/468, Schiess 29.10.1883].
undatiert	b1/288 (rki): Anonym, ohne Ort [Baden], an R. Koch. Mitteilung über ein in der Literatur gefundenes Rezept zur Behandlung der Cholera (Abschrift) und Bitte um Stellungnahme hierzu [ca. 1884/86].
undatiert	b1/296 (rki): L. R.[sic!], ohne Ort, an R. Koch. Beobachtungen zu Cholera-Fällen im Jahr 1866 [ca. 1884].
undatiert	b1/315 (rki): M.[sic!], ohne Ort, an R. Koch. Überlegungen zu Infektionswegen anläßlich der Berichterstattung über Cholera-Forschungen Kochs [ca. 1884].
undatiert	b1/318 (rki): Birnbacher, Dr. Carl [Alois (1849-1915)?], Klagenfurt in Kärnten [ca. 1884/86], an R. Koch. Bitte um Übersendung von Cholera-Kulturen zwecks Kenntnis bei etwaiger Epidemie.
undatiert	b1/327 (rki): Fench, G./Fench, W., ohne Ort, an R. Koch. Vorschläge zu Versuchen mit Schwefel und Oxydation zur Behandlung der Cholera [ca. 1884].

undatiert	b1/342 (rki): Anonym, ohne Ort, an R. Koch. Überlegungen zur Durchführung von Versuchen unter Vakuum-Bedingungen [ca. 1884/85].
undatiert	b1/356 (rki): Supervielle, L. B., Pforzheim, an R. Koch. Anfragen zur Cholera wegen Erkrankungen in der Familie des Verfassers [ca. 1885].
10.8. o.J.	b1/295 (rki): Lanza, G., Mailand, an R. Koch . Termin mit dem Mitglied des höchsten Gesundheitsrates, zugleich an Herrn Rondo gerichtet [Cholera]. Ort der Telegrammannahme; Datum: 10.8. ohne Jahresangabe [wahrscheinlich 1885, Kongress in Rom].
undatiert	b1/ 838 (rkm): [?], ohne Ort, an R. Koch. Betreuung und Fürsorge für Verwandte in Mexiko [Neffen Robert Kochs?]. Ohne Anrede und Unterschrift; evtl. Auszug aus anderem Schreiben; Entstehung vermutlich ca. 1899/1900 oder 1903.
undatiert	b1/839 (rkm): Scremin, Luigi, [Camerino], an R. Koch. Visitenkarte ohne Mitteilung. Auf der Rückseite: Stempel Märkisches Museum.
undatiert	b2/ 117 (rki): R. Koch, ohne Ort, an [?]. Übersendung einer Denkschrift zur Malariabekämpfung, Briefentwurf.
undatiert	b2/200 (rkm): R. Koch, ohne Ort, ohne Adressat. Briefentwurf in Familienangelegenheiten (Versorgung der Kinder eines in Mexiko verstorbenen Bruders). Entstehung vermutlich 1903, da Koch eine Reise nach Südafrika erwähnt; nicht an Familienangehörige adressiert.
1.5.»6.53«	b3/ 050 (rki): Ferrari, Dr., Suez, an [?]. Cholera auf dem Schiff Pemplos, mit Ergänzungen von Schiess für Koch.
[1883?]	b3/ 055 (rki): Valenta, Alois Edler von Marchthurm (1830-?), Laibach, an »Lieber Freund«. Private Mitteilungen.
undatiert	b3/056 (rki): Wiedmann, [Hoechst], an Dönitz, Wilhelm (1838-1912). Besuch Kochs in Hoechst und dortige Tierversuche.
undatiert	b3/058 (rki): Koch, Hedwig (1872-1945), Berlin, Kurfürstendamm 52, an Dönitz, Wilhelm (1838-1912). Einladung des Adressaten, dessen Ehefrau und Tochter zu einem privaten Essen am 15. Dezember ohne Jahresangabe.
undatiert	b3/063 (rki): Koch, Hedwig (1872-1945), [Berlin], an Dönitz, Fräulein. Absage eines Treffens am gleichen Abend.

undatiert	b3/064 (rki): Koch, Hedwig (1872-1945), [Berlin], an Dönitz, Wilhelm (1838-1912). Absage eines Treffens am Nachmittag.
26.11.o.J.	b3/062 (rki): Koch, Hedwig (1872-1945), [Berlin], an Dönitz, Fräulein. Einladung zu einem Damentreffen.
21.??.1??4	b1/075 (rki): Matrie, D. G., Westerland auf Sylt, an R. Koch. Kritik an einer Zeitungsmitteilung.
undatiert	b3/103 (rki): Arloing, Saturmin (1846-1911), Lyon bzw. Berlin, ohne Adressat. Gruß.

Im Bestand fehlende Briefe

fehlt	b2/080 (rki): R. Koch an Gaffky, Georg (siehe Acc. 2).
fehlt	b2/082 (rki): R. Koch an Gaffky, Georg (siehe Acc. 2).
fehlt	b2/086 (rki): R. Koch an Gaffky, Georg (siehe Acc. 2).
fehlt	b2/094 (rki): R. Koch an Gaffky, Georg (siehe Acc. 2).
fehlt	b2/103 (rki): R. Koch an Gaffky, Georg (siehe Acc. 2).
fehlt	b2/104 (rki): R. Koch an Gaffky, Georg (siehe Acc. 2).

Bei den nachfolgend aufgeführten Briefen handelt es sich vermutlich jeweils lediglich um die Übersendung von Sonderdrucken. Die Angaben zu den Verfassern folgen den Eintragungen in einer Kartei von Frau Dr. Roudolf, frühere Bibliotheksleiterin im Robert Koch-Institut.

fehlt	b1/247 (rki): Chapman, A. L., Kansas City, an R. Koch.
fehlt	b1/248 (rki): Doutrelepont, Berlin, an R. Koch.
fehlt	b1/249 (rki): Kissling, R. von, Linz, an R. Koch.
fehlt	b1/250 (rki): Pasquale, Alessandro, Rom, an R. Koch.
fehlt	b1/251 (rki): Stein, Siegfried, Bonn, an R. Koch.
fehlt	b1/252 (rki): Wachsmuth, G. F., ohne Ort, an R. Koch.

Briefe im Privatbesitz der Familie Pfuhl

Die nachfolgend aufgeführten Briefe sind wiederum im Robert Koch-Institut als Kopien älteren Datums vorhanden und haben Signaturen erhalten, bevor deutlich wurde, daß es sich um Reproduktionen von Originalen in Privatbesitz handelt. Die Inhalte der Briefe betreffen ausschließlich familiäre Angelegenheiten ohne Bezug zu Robert Kochs wissenschaftlicher Arbeit. Bei veröffentlichten Briefen ist der Nachweis angegeben.

11.02.1854	R. Koch, Clausthal, an einen seiner Brüder (b2/182).
17.10.1866	R. Koch, Langenhagen, an: Emmy Fraatz; in: Heymann, Bd. 1, S. 72-74; Möllers, S. 54-56 (b2/183).
17.01.1867	R. Koch, ohne Ort, an: Emmy Fraatz (b2/184).
14.02.1867	R. Koch, Langenhagen, an: Emmy Fraatz; in: Pfuhl, Privatbriefe von Robert Koch, H. 3, S. 183; Wezel, S. 11, Heymann, Bd. 1, S. 76; Möllers, S. 57f. (b2/185).
17.03.1867	R. Koch, Langenh[agen], an: Emmy Fraatz (b2/186).
27.03.1867	R. Koch, Langenh[agen], an: Emmy Fraatz (b2/187).
undatiert	R. Koch, Berlin, an: Emmy Fraatz; in: Pfuhl, Privatbriefe von Robert Koch, H. 3, S. 184f. (b2/188).
[12.12.1869]	R. Koch, ohne Ort, an: Hermann und Mathilde Koch; vermutliches Datum wegen einer Notiz: »am 16.12.1869 erhalten«, in: Biewend, Aus der Familienchronik, H. 1, S. 317f.; Wezel, S. 117, Heymann, Bd. 1, S. 85; Möllers, S. 67f. (b2/189).
12.12.1870	R. Koch, Neufchâteau, an: Emmy Koch; in: Pfuhl, Privatbriefe von Robert Koch, H. 3, S.183f., Heymann, Bd. 1, S. 98; Möllers, S. 80 (b2/190).
10.01.1877	R. Koch, Wollstein, an: Albert Koch (1848-1896) (b2/191).
26.02.1880	R. Koch, Wollstein, an: Hugo Koch (1845-1932), mit Vermerk: beantwortet 4.3.[18]80 (b2/192).
25.08.1883	R. Koch, Alexandria, an: Emmy Koch; in: Pfuhl, Privatbriefe von Robert Koch, H. 3, S. 186; Möllers, S. 138; Heymann, Bd. 2, S. 59f. (b2/193).
11.11.1883	R. Koch, Suez, an: Hugo Koch; in: Möllers, S. 142f., Heymann, Bd. 2, S. 72f. (b2/194).
15.01.1884	R. Koch, Kalkutta, an: Emmy Koch; Jahr nachträglich von anderer Hand ergänzt; in: Möllers, S.145f., dort mit Datum vom 25.01.1884, Heymann, Bd. 2, S. 78 (b2/195).
22.05.1903	R. Koch, Bulawayo, an: Hugo Koch; mit Vermerk Hugo Kochs: 18.10.[19]03 Antwort (b2/196).
20.11.1903	R. Koch, Bulawayo, an: Hugo Koch; mit Vermerk Hugo Kochs zur Beantwortung (b2/197).

30.01.1904 R. Koch, Bulawayo, an: [Karl Grossheim (1843-1917)] (b2/198).

24.07.1904 R. Koch, Berlin, Kurfürstendamm 25, an: Hugo Koch; mit Vermerk Hugo Kochs: »5.10.[1904] Antwort« (b2/199).

Verzeichnis der Briefe (alphabetisch)

b1: Briefe an Robert Koch (935), nach Verfassern (525)

Abderhalden, E. von (1877-1950), Berlin, undatiert (b1/681).

Abel, Rudolf (1868-1942) Hamburg, 03.12.1898 (b1/650).

Agricola, Beaufort bzw. Kimberley, 20.03.1897 (b1/607); Kapstadt bzw. Kimberley, 20.03.1897 (b1/606); 22.03.1897 (b1/609); 22.03.1897 (b1/610); 23.03.1897 (b1/611).

Alberti, Dr., Berlin, 17.04.1883 (b1/187.1-187.3).

Althoff, Friedrich (1839-1908), Berlin, 29.11.1890 (b1/683); 23.03.1891 (b1/682); 11.12.1899 (b1/116); Berlin bzw. Bulawayo, 27.11.1903 (b1/684); Steglitz bei Berlin, 03.06.1907 (b1/140); 13.06.1907 (b1/141); Wiesbaden, 30.10.1907 (b1/135; b1/135a); 18.11.1907 (b1/136); 21.11.1907 (b1/137); 14.11.1907 (b1/138); 25.11.1907 (b1/139); ohne Ort, 20.12.1907 (b1/142); Schierke im Harz, 12.07.1908 (b1/143); 15.08.1908 (b1/144);

Andrée, A., Henhani, 15.11.1898 (b1/644).

Annett, Henry Edward (1871-1945), Liverpool, 20.02.1899 (b1/112).

Anspitz, E., Wien, 30.07.1884 (b1/314).

Auerbach, J. [Leopold?, 1857-1897], New York, 22.07.1884 (b1/306).

Baginsky, Adolf (1843-1918), Berlin, 10.06.1901 (b1/212); 04.03.1910 (b1/210); 08.03.1910 (b1/211).

Bagshawe, Sir Arthur W. G. (1871-1950), London, 06.03.1909 (b1/687).

Bahl (Stadtbaurat), Altona, 27.02.1893 (b1/942).

Balfour, H. G., Bombay, 04.04.1884 (b1/466).

Ballenberger, Aschaffenburg, 12.12.1884 (b1/284).

Bandelier, Bruno (1871-?), Hörbersdorf in Schlesien, 22.11.1909 (b1/688).

Barclay, Andrew A., Simla, 14.04.1884 (b1/502).

Bardeleben, Heinrich Adolf von (1819-1895)/Herrmann, Dr., Berlin, 01.05.1883 (b1/188.1-188.4).

Barkany, Dr. L., Bremerhaven, 02.08.1884 (b1/363).

Bartsch, Dr. von, Berlin, 14.11.1899 (b1/100); Berlin bzw. Halle an der Saale, undatiert (b1/892).

Bashford, Ernest Francis (1873-1923), London, Savoy Place, Examination Hall, 10.03.1908 (b1/689).

Bebber, Prof. Dr. J. W. van, Hamburg, 16.02.1893 (b1/940).

Beck, Max (1862-1931), Berlin, 26.04.1899 (b1/015); 11.05.1899 (b1/017); 09.06.1899 (b1/024); 28.06.1899 (b1/025); 01.08.1899 (b1/027); 11.11.1899 (b1/029).

Becker, Alexander (1857-1918), Daressalam, 21.01.1899 (b1/656); 25.03.1899 (b1/666).

Beckmann, Aug[ust] (1836-1915), Hamburg, 28.02.1893 (b1/907).

Bennberry, S., Paris, 12.01.1907 (b1/859).

Bennigsen, J. R. von [Rudolf?, 1824-1902], Herbertshöhe, 01.11.1900 (b1/690); 30.12.1900 (b1/691).

Bethmann-Hollweg, T. F. A. von (1856-1921), Berlin, 17.06.1908 (b1/241).

Biechy, C., Vesaul, 16.08.1883 (b1/265).

Biese, Alfred Conrad, Berlin, Juni 1893 (b1/943); Berlin, 17.03.1894 (b1/944).

[Biewend], Helene, Clausthal, 27.11.1899 (b1/832).

Biewend, Robert (?-1913), Clausthal, 28.11.1899 (b1/833); 06.04.1900 (b1/834).

Birnbacher, Carl [Alois (1849-1915)], Klagenfurt in Kärnten undatiert [ca. 1884] (b1/318).

Bitter, Heinrich (1863-1918), Kairo, 17.01.1902 (b1/451).

Blarnuty ?, Berlin, 07.11.1906 (b1/592).

Bleeck, Kalkutta, 31.03.1884 (b1/480).

Bludau, Franz (1871-?), Neuhardenberg, 21.11.1909 (b1/692).

Böing, Heinrich (1842-?), Uerdingen, 24.10.1884 (b1/504).

Boetticher, Karl Heinrich von (1833-1907), Berlin, 23.10.1883 (b1/267); Berlin bzw. Kairo, 28.10.1883 (b1/268); Berlin, 06.03.1884 (b1/274); Berlin bzw. Kalkutta, 06.03.1884 (b1/275); 12.03.1884 (b1/445); Berlin, 05.05.1885 (b1/694); 08.05.1884 (b1/693); 11.02.1885 (b1/238); 13.05.1885 (b1/695); Magdeburg, 28.01.1893 (b1/385); 02.02.1893 (b1/386); 06.02.1893 (b1/384); 17.02.1893 (b1/379).

Bötzow, Dr., Hamburg, 29.09.1892 (b1/911).

Borger, W.A./Uten ... [?], G.P./Cledaan, J., Batavia, 16.12.1909 (b1/697).

Borutzky, E., Lissabon, Rua do Alecrim, 17.07.1884 (b1/354).

Bosse, Robert (1832-1901), Berlin bzw. Kimberley, 29.01.1897 (b1/605).

Bourdon, Georges, [Berlin], undatiert (b1/246).

Boyce, Rubert (1863-1911), Liverpool, 20.02.1899 (b1/113).

Brandenburg, Dohé, Bombay, 19.03.1884 (b1/483); 21.03.1884 (b1/476); 22.03.1884 (b1/477); 15.07.1884 (b1/484).

Breyer, Friedrich, Wien, 20.11.1892 (b1/908).

Brieger, Ludwig (1849-1919), Berlin, 05.05.1899 (b1/031); 09.05.1899 (b1/032); 23.05.1899 (b1/033); 10.06.1899 (b1/034); 01.07.1899 (b1/035); 29.07.1899 (b1/036); Toblach, 20.08.1899 (b1/037); Berlin, 04.10.1899 (b1/038); 11.11.1899 (b1/039); 18.11.1899 (b1/040); 25.11.1899 (b1/041); 09.12.1899 (b1/042); 15.12.1899 (b1/043); 30.12.1899 (b1/044).

Brodie, Douglas, London, 20.12.1902 (b1/698).

Buchanan, Andrew (1861-1931), Berlin, 12.12.1909 (b1/699).

Buchholz, Nietleben, 22.03.1893 (b1/883).

Büry, Otto, Hanau am Main, 25.07.1884 (b1/349).

Buhre, Stockholm, 17.07.1909 (b1/700).

Bujwid, Odo (1857-1942), Warschau, 06.09.1892 (b1/263).

Bumm, Franz (1861-1942), Berlin, 24.03.1906 (b1/597); 29.03.1906 (b1/701); 27.10.1906 (b1/559); 28.11.1906 (b1/560); 06.04.1907 (b1/564); 12.06.1907 (b1/594); 09.01.1910 (b1/702).

Bunsath [?], Bombay, 27.03.1884 (b1/ 277).

B ... mann [?], Hamburg, 09.06.1904 (b1/ 524).

Cantani, Arnarldo jr., Neapel, 09.06.1899 (b1/085).

Cantori, Clara, geb. Stöckhardt, Cagliari, 03.09.1884 (b1/366).

Carter, H. Vandyke (1837-1897), Bombay, 02.06.1884 (b1/310).

Casanal, Dionisio, Zaragoza in Spanien, 01.03.1909 (b1/703).

Cauer, [Wilhelm E. L. ?, von (1858-1940)], Berlin, 12.10.1888 (b1/ 704).

Cavagnari, Odoardo, Grosseto, 03.07.1899 (b1/084).

Ce ... ti [?], Mo ... [?], Perchtoldsdorf in Nieder-Österreich, 03.09.1901 (b1/229).

Cern/Reck/Römer, Berlin, 24.12.1900 (b1/705).

Cervantes, Esmeralda, Barcelona, 13.07.1884 (b1/350).

Chapman, A. L., Kansas City, fehlt, daher kein Datum (b1/247).

Charles, T., Islemorth in Middlesex, 13.10.1883 (b1/462).

Cheyne, William Watson (1852-1932), [London], 14.03.1885 (b1/506).

Chudzynscki, Tunis, 13.01.1886 (b1/125).

Cininim, Grosseto, 22.08.1899 (b1/090).

Clarke, Sir Marshal, Salisbury bzw. Bulawayo, 07.03.1904 (b1/706); 12.03.1904 (b1/707); 19.03.1904 (b1/708).

Clomasbergh [?], Bloemfontein, 20.03.1897 (b1/426).

Coates, Martin, [Kalkutta] (b1/475); ohne Ort, 18.12.1883 (b1/470).

Cohnstaedt, Ludwig, Frankfurt am Main, 29.10.1883 (b1/293).

Confich [?], Breslau, 31.07.1901 (b1/226).

Conradi, Heinrich (1876-1943), Neunkirchen bei Trier, 16.11.1909 (b1/710).

Cordes, W., Hamburg-Ohlsdorf, 12.08.1902 (b1/711).

Cornet, Georg (1858-1915), Reichenhall, 08.08.1901 (b1/232).

Corradi, Alphonse [Alfonso] (1833-1892), Pavia, 24.01.1884 (b1/843 = L2/089).

Councilman, William Thomas (1854-1933), Boston, 25.02.1903 (b1/224).

Cowper, E. A., Westminster, 13.09.1884 (b1/337).

Cunningham, David Douglas (1843-1914), Simla, 03.12.1883 (b1/269); Kalkutta, 14.12.1883 (b1/270); 06.03.1884 (b1/273); Rawulvindi, 26.03.1884 (b1/276).

Czapski, Sr. S., Jena, 06.09.1894 (b1/854).

Danlay, A., ohne Ort, 25.02.1884 (b1/117); Calcutta, 11.03.1884 (b1/130).

De Gregorio, Antonio, Palermo, 25.09.1884 (b1/615).

Deiloos, Romanshorn, 12.07.1884 (b1/369).

Deinzer, M., Neuen Dettelsau, 02.05.1900 (b1/529); 19.11.1900 (b1/530); 03.01.1901 (b1/531); 05.02.1901 (b1/532).

Dempwolff, Otto Karl August (1871-1938), Stephansort in Deutsch-Neu Guinea, 19.11.1901 (b1/541); Hannover, 11.01.1902 (b1/526); Tami-Inseln, 10.03.1902 (b1/542); Stephansort, 20.06.1902 (b1/543); Friedrich-Wilhelmshafen, 26.06.1902 (b1/544); 27.06.1902 (b1/545); Matupi, 23.09.1902 (b1/546).

dePrée, Colonel, Bombay oder Kalkutta, [März 1884] (b1/493).

Derguin, Victor, Anters, 11.03.1885 (b1/845).

Di Matti, E., Catania, 18.10.1898 (b1/646); 23.12.1898 (b1/652).

Diese, von, Merseburg, 24.01.1893 (b1/862).

Diest, von, Merseburg, 23.03.1893 (b1/888).

Dietten Fried[rich], Reutlingen, 10.09.1884 (b1/336).

Dietz, Bromberg, 23.12.1909 (b1/205).

Dignowitz, Karl, Macomb, Grayson County in Texas, 22.06.1899 (b1/675).

Dissent, C. J., [Kalkutta], 09.12.1883 (b1/472); 14.12.1883 (b1/474); 15.12.1883 (b1/471); 20.12.1883 (b1/459); 28.12.1883 (b1/467); 09.02.1884 (b1/473); 18.07.1884 (b1/453).

Dönitz, Wilhelm (1838-1912), Frankfurt am Main, 19.11.1899 (b1/046); Berlin, 23.12.1899 (b1/047); 17.02.1900 (b1/048); Berlin, 24.02.1903 (b1/549); Berlin, 26.02.1903 (b1/550); Steglitz bei Berlin, 16.08.1906 (b1/547); 28.10.1906 (b1/712); 08.12.1906 (b1/713); 08.02.1907 (b1/714); 15.03.1907 (b1/715).

Donat, von, Rom, 13.02.1899 (b1/658); 30.05.1899 (b1/082); 06.07.1899 (b1/083); 07.10.1899 (b1/425).

Dottaine [?], S., St. Petersburg (b1/ 844).

Doutrelepont, Berlin (b1/248).

Driesemann, Merseburg, 01.03.1893 (b1/870).

Duge, R., Dammerkirch im Ober-Elsass, 15.08.1884 (b1/511).

Dunand, (Clay?), Paris, 10.02.1885 (b1/ 118).

Dunbar, William Philip (1863-1922), Hamburg, 07.06.1893 (b1/914); 07.03.1903 (b1/123).

Duncan, George Martin (1857-1928), Berlin, 17.04.1899 (b1/669).

Eck, [Ernst Wilhelm (1838-1901)?], Berlin, 10.08.1883 (b1/ 128); 11.08.1883 (b1/391); 09.11.1883 (b1/129).

Eckouivant, Bombay, 03.04.1884 (b1/479).

Ecoq[= Eck ?], Berlin, 11.10.1883 (b1/ 266).

Edant, Marcel, Grenoble, 20.07.1884 (b1/614).

Egeling, A., Czarnikau in der Provinz Posen, 20.08.1884 (b1/612).

Ehrlich, Paul (1854-1915), [Berlin], 27.05.1891 (b1/194); Frankfurt am Main, undatiert (b1/857); ohne Ort, undatiert (b1/858).

Ehrmann, Rabbiner Dr., Trier, 29.07.1884 (b1/618).

Eller, Richard, Malaga, 20.07.1884 (b1/362).

Eulenburg, Albert (1840-1917)/Schwalbe, Julius (1863-1930), Berlin, 14.06.1899 (b1/086).

Fato, Antonio, Bari, 09.09.1888 (b1/616; b1/616a).

Faure, [Jean Louis (1863-?)], Kapstadt bzw. Kimberley, 21.03.1897 (b1/ 608).

Fench, G./Fench, W., ohne Ort (b1/327).

Fenkner, Dr., Goslar, 13.07.1884 (b1/299).

Fielitz, Connern an der Saale, 25.01.1893 (b1/865).

Flexner, Simon (1853-1940), New York, 19.03.1909 (b1/202).

Flick, Lawrence F. (1856-1938), Philadelphia, 08.12.1908 (b1/201); 19.03.1909 (b1/200).

Flügge, Carl (1847-1923), Breslau, 28.03.1901 (b1/716).

Fornet, Walter (1877-?), Saarbrücken, 01.02.1910 (b1/719).

Förster, Adolf (1847-?), Berlin, 11.01.1903 (b1/717); [Adolf], Berlin, 19.11.1909 (b1/718).

Fränkel, Bernhard (1836-1911), Berlin, 10.11.1901 (b1/225); Berlin, 07.02.1910 (b1/204).

Fränkel/Flügge, Berlin bzw. Grosseto, 25.05.1899 (b1/519).

Frankland, Pearcy F. (1858-?), Reigate Hill, Surrey, 13.09.1892 (b1/259); 27.09.1892 (b1/258).

Freund/Z ... [?], Berlin, 21.02.1908 (b1/720).

Freygang, Robert, Leipzig, 12.07.1884 (b1/370).

Friedlaender, Carl (1847-1887), [Berlin], 28.04.1882 (b1/186).

Friedrich, [Paul Leopold (1864-1916)], Landsberg an der Warthe, 23.09.1892 (b1/390).

Friedrichsen, T., Wankegan in Illinois, 23.10.1902 (b1/217).

Fries, Dr., Nietleben, 23.01.1893 (b1/885); 07.06.1893 (b1/886); 10.07.1893 (b1/887).

Fritsche, Augusto, Sevilla, 18.07.1884 (b1/294).

Frobenius, H. Wilhelm (1844-?), München, 22.10.1884 (b1/449); 26.10.1884 (b1/448).

Frommelt, Ludwig, Altenburg, 18.11.1884 (b1/254); 22.11.1884 (b1/255); 23.11.1884 (b1/256).

Frosch, Paul (1860-1928), Berlin, 25.01.1893 (b1/863); 13.10.1899 (b1/067); 18.11.1899 (b1/069); 10.02.1900 (b1/065); 21.06.1900 (b1/072); 10.09.1900 (b1/071); Norden in Ostfriesland, 29.09.1900 (b1/068); Berlin, 08.10.1900 (b1/070);

Fürbringer, Paul (1849-1930), Jena, 11.05.1885 (b1/287).

Fumell, M. C., Madras, 11.12.1883 (b1/455); 21.03.1884 (b1/446).

Gaertner, August (1848-1934), Jena, 03.03.1899 (b1/662).

Gaffky, Georg (1850-1918) u.a., Berlin, 30.10.1907 (b1/727).

Gaffky, Georg (1850-1918), Hamburg, 24.09.1892 (b1/001); 27.09.1892 (b1/002); 02.10.1892 (b1/003); 07.10.1892 (b1/004); 12.10.1892 (b1/005); 30.10.1892 (b1/006); Giessen, 30.12.1892 (b1/924); 03.01.1893 (b1/925); 24.01.1893 (b1/926); 19.09.1892 (b1/923); 19.04.1899 (b1/061); Berlin,

23.10.1906 (b1/721); 08.11.1906 (b1/722); 24.11.1906 (b1/723); 26.11.1906 (b1/724); 02.02.1907 (b1/725); 22.02.1907 (b1/726); 23.05.1910 (b1/206).

Galli-Valerio, Binno (1857-?), Vermate, Provinz Mailand, 05.12.1898 (b1/627); 19.01.1899 (b1/628); 21.01.1899 (b1/631); 08.02.1899 (b1/629); 18.02.1899 (b1/630); 16.03.1899 (b1/632); 28.03.1899 (b1/633); 20.04.1899 (b1/634); 05.05.1899 (b1/635); Bellano am Lago di Como, 04.06.1899 (b1/636); Andorno Bagni in der Provinz Novara, 19.06.1899 (b1/637); 28.07.1899 (b1/626).

Ganslandt, London, 17.07.1884 (b1/447).

Gatteron, [London], 22.11.1885 (b1/280); 14.11.1898 (b1/643); 18.02.1899 (b1/659).

Gerberding, Paul Henry (1863-1919), St. Georgen in Kärnten, 26.08.1901 (b1/227).

Gerdes, Albert, Madras, 22.03.1884 (b1/481).

Gerhardt, Carl Jacob Christian Adolph (1833-1902), Berlin, 07.06.1899 (b1/673).

Gescher, Alfred Klemens von (1844-1932), Wesel, 16.12.1892 (b1/383); 21.01.1893 (b1/931).

Geterdany, [Friedrichshagen], 20.02.1899 (b1/660).

Glogner, Samarag [?], 16.11.1899 (b1/058).

Goerke, P ... [?], Berlin, 27.12.1908 (b1/728).

Goll, Richard, Biberach in Württemberg, 31.07.1884 (b1/343).

Görges, Dr., Berlin, 15.04.1882 (b1/189).

Götzow, Dr., Hamburg, 03.02.1893 (b1/929); 08.02.1893 (b1/930).

Gosio, Bartholomeo (1863-1944), Rom, 08.01.1899 (b1/654); 23.02.1900 (b1/197); 08.12.1909 (b1/729).

Gossler, Gustav K. Heinrich von (1838-1902), Berlin, 31.05.1888 (b1/235); 17.11.1890 (b1/240); 20.11.1890 (b1/731); 22.12.1890 (b1/730).

Grant, J. A. S., Kairo, 22.02.1884 (b1/498); 19.12.1885 (b1/507).

Gryns, Dr. G., Batavia, 21.09.1899 (b1/097).

Guertler, Dr., Hannover, 01.03.1888 (b1/847).

Guglielmi, Giuseppe, Barcelona, 13.07.1884 (b1/325).

Haber, Daressalam, 09.05.1906 (b1/557); 30.05.1906 (b1/553); 07.07.1906 (b1/590); [Haber], D[aressalam], 25.07.1905 (b1/552).

Hachmann, Hamburg bzw. Halle an der Saale, 28.01.1893 (b1/928).

Hacks, Charles, Marseille, 10.08.1885 (b1/301).

Hahn, Dr., Berlin, 06.04.1882 (b1/190).
Hahn, Martin (1865-?), München, 01.06.1901 (b1/536).
Hainauer, Herrmann, Breslau, 30.07.1884 (b1/351).
Hamdy, A[hmet], Kairo, 08.08.1884 (b1/437).
Handelin, E., Tiflis, 05.05.1899 (b1/670).
Hartmann, C., Charlerai, 16.07.1884 (b1/368).
Hartmann/Hauers, Hannover, 24.07.1884 (b1/346).
Hassan, Dr., Alexandria, 18.10.1883 (b1/450); 21.10.1883 (b1/497).
Hasse, Carl (1841-1922), Breslau, 01.11.1879 (b1/732).
Hata, Sahachiro (1873-1938), Frankfurt am Main, 19.08.1909 (b1/733); 27.08.1909 (b1/734).
Hellwig, Anton, Brindisi, 19.08.1883 (b1/431); Alexandria, 11.09.1883 (b1/496); Berlin, 27.04.1901 (b1/516).
Henn, H. Brosuis, Brüssel, 07.04.1903 (b1/216).
Henning, Stuttgart, 11.07.1899 (b1/088).
Henning (Kapitänsleutnant), Sydney, 29.10.1900 (b1/735).
Herlin, T. G., ohne Ort, 02.04.1884 (b1/478).
Hernie [?], Thomas W., Bradford, 02.01.1885 (b1/278).
Herzberg, Alexander (1841-1913), Berlin, 20.04.1899 (b1/078).
Hesse, Pet., Aachen, 24.07.1884 (b1/132).
Heubner, Otto (1834-1926), Berlin, 22.01.1902 (b1/230).
Hime, Tho. Whiteside, Bradford (b1/505).
Hintze, Kurt (1866-?), Friedrich-Wilhelmshafen, 22.01.1902 (b1/525).
Hirsch, August (1817-1894)/Bardeleben, Adolf von (1819-1895)/Virchow, Rudolf (1821-1902) u.a., Berlin, 07.01.1891 (b1/841).
Hirschberg, Julius (1843-1925), Berlin, 30.01.1909 (b1/736).
Hitzig, Eduard (1838-1907), Halle an der Saale, 22.01.1893 (b1/869).
Hoare, E. Stanley, Guernsey, 25.07.1902 (b1/233).
Hoesemann, Daressalam, 17.06.1907 (b1/567).
Högyes, Andreas (1847-1906), [Budapest], 05.07.1884 (b1/514).
Hohenlohe-Langenburg, Ernst Erbprinz zu (1863-1950), Berlin, 22.03.1906 (b1/602).
Hohltmann, Wilhelm, New York, 30.07.1884 (b1/317).
Home, W. E., Edinburgh, 12.05.1884 (b1/842).
Howard, E. Ross, Salisbury, 15.06.1904 (b1/521).

Hümig, Berlin (b1/556).

Hunter, Col[onel] [William (1861-)], ohne Ort 14.[01.1884] (b1/486); 13.[01.]1884 (b1/487); 17.[01.]1884 (b1/485).

Hurkem, Berlin, 01.12.1909 (b1/837).

Ishiguro, Tadenori, Berlin, 10.05.1888 (b1/236).

Jaesnicke, Mainz, 12.05.1899 (b1/672).

Jansen, Wiesbaden, 28.10.1902 (b1/231).

Jens, [Otto], Lauenburg bzw. Hannover, 28.10.1883 (b1/364; b1/364a).

Jerri [Ferri ?], ohne Ort, 23.09.1898 (b1/ 104).

Jones, Sydney J. (1831-1913), London, 22.12.1902 (b1/523); 24.12.1902 (b1/737).

Jonquières, de, Berlin, 13.05.1906 (b1/234).

Kaltenborn-Stachen, von, Berlin, 02.02.1893 (b1/936).

Kapp, Brüssel, 18.10.1883 (b1/461).

Kartulis, Stephan Alexander (1852-1920), Alexandria, 23.10.1883 (b1/442); 28.11.1883 (b1/443); 10.12.1898 (b1/623); 24.02.1899 (b1/624); 05.08.1899 (b1/625).

Kaufmann, Constantin (1853-?), Trafoi bzw. Berlin, 02.08.1899 (b1/ 677).

Kavorowski, Dr. von, Tomkowo im Königreich Polen (b1/360).

Kelyneck, Theo N. (1866-?), London, 15.04.1909 (b1/ 738).

Kempner, Walter (1869-1920), Freiburg im Breisgau, 20.10.1899 (b1/064).

Kerbs, Emil, Mailand, 15.08.1884 (b1/339).

Kerckhoff, Th., Strassburg, 13.08.1884 (b1/321).

Khastgir, Annado Charán, Kalkutta, 20.07.1884 (b1/272); 24.11.1883 (b1/488).

King, Henry Seymour (1852-1933), Cornhill, 07.06.1899 (b1/674).

Kinkel [?], Berlin, 05.08.1902 (b1/ 219).

Kipluie, Dr. Wolf R. von u.a., Linz, 22.09.1890 (b1/848).

Kirch, Friedr[ich], Dusemond an der Mosel, 01.09.1901 (b1/228).

Kirchner, Martin (1854-1925), Berlin, 13.11.1903 (b1/739); 11.03.1906 (b1/198); 20.11.1909 (b1/740).

Kirschner, Martin (1842-1912), Berlin, 14.02.1910 (b1/208).

Kispert, G., Madrid, 13.08.1884 (b1/319).

Kissling, R. von, (Linz) (b1/249).

Kitasato, Shibasaburo (1852-1931), Tokio, 08.12.1898 (b1/077); 28.01.1903 (b1/223).

Klajner, Viktoria, Wollstein, 21.02.1901 (b1/741).

Klebs, Edwin (1834-1913), Zürich, 11.11.1884 (b1/279).

Klein, Emmanuel E. (1844-1925), London, [Februar 1878] (b1/074).

Kleine, Friedrich Karl (1869-1951), Sese bei Entebbe in Uganda, 09.06.1907 (b1/548).

Klokow, Berlin, 30.07.1884 (b1/313).

Knake, Daressalam, 11.03.1901 (b1/742).

Knopf, S. Adolphus (1857-1940), New York, 25.10.1909 (b1/743); 17.01.1910 (b1/744).

Knopstich, Eduard Friedrich, Elbing, 10.11.1884 (b1/289); 14.11.1884 (b1/290); 31.08.1884 (b1/371); 20.12.1885 (b1/373); 29.12.1885 (b1/372); 08.01.1886 (b1/374); 18.02.1886 (b1/375); 14.03.1886 (b1/330); 24.02.1887 (b1/376); 01.04.1887 (b1/377).

Kobler, Geza Georg (1864-?), Sarajevo, 06.12.1909 (b1/745); 07.01.1910 (b1/746).

Köhler, Karl (1847-1912), Berlin, 28.04.1887 (b1/237); 04.09.1892 (b1/906); 17.09.1892 (b1/904); 04.09.1893 (b1/913).

Kohlstock, Paul (1861-1901), Berlin, 11.08.1899 (b1/056; b1/056a); 26.10.1899 (b1/057); Tientsin, 19.01.1901 (b1/747).

Kolle, Wilhelm (1868-1935), Berlin, 24.01.1899 (b1/196); Uslar in der Provinz Hannover, 29.07.1899 (b1/026); Bern, 31.10.1909 (b1/748); 09.12.1909 (b1/749).

Kongresskommittee (Tierärzte), Bern, 17.09.1895 (b1/855).

Koningsberger, J. C., Buitenzorg (b1/119).

Koschny, Theodor F., San Carlos in Costa Rica, 26.08.1898 (b1/638); 12.12.1898 (b1/639); 12.01.1899 (b1/640); 02.03.1899 (b1/641).

Kossel, Hermann (1864-1925), Berlin, 03.11.1900 (b1/518); Heidelberg, 21.05.1910 (b1/207); Giessen, undatiert (b1/750).

Köster, Hamburg, 29.07.[1884] (b1/312).

Krais, Paul (1866-1939), Teinach, 24.09.1884 (b1/619).

Krause, Dr. M., Berlin, 03.11.1908 (b1/751).

Kring, Dr., Hamburg, 31.08.1884 (b1/341).

Kronecker, Hugo (1839-1914), Bern, 26.02.1908 (b1/752).

Krueger, Dr., Sydney, 17.01.1899 (b1/655).

Krueger, Otto, Gossau bei St. Gallen, 12.07.1884 (b1/324).

Krüger, H. C., Hamburg, 01.01.1893 (b1/903).

Kryschwierz, Paul, Brioni, 31.12.1902 (b1/122).

Kudicke, Robert (1876-1961), Rumangi [?], 26.12.1906 (b1/571); 15.01.1907 (b1/572); 24.01.1907 (b1/573); 21.02.1907 (b1/599); 26.02.1907 (b1/598); ohne Ort, undatiert (b1/515).

Kümmel, Altona, 04.02.1893 (b1/941).

Kunst, Herr/Kunst, Betty, Batavia, 02.04.1900 (b1/109).

Kutschers, Max, Hong Kong, 06.01.1899 (b1/653).

Kuttner, Arthur (1862-?), Berlin, 26.11.1909 (b1/753).

Ladds, C. Vivian, (Hong Kong), Blue Bungalow, 04.09.1899 (b1/680).

Lahw ..., Suez, 23.05.1885 (b1/501).

Lamb, [George (1869-1911)], Kasauli, 08.12.1908 (b1/754).

Lambrecht, Sansibar, 15.08.1905 (b1/604).

Landern, von, Kissingen, 04.08.1884 (b1/131).

Langa, G., Mailand (b1/295).

Lankester, Edwin Ray (1847-1929), [London], 31.03.1884 (b1/311).

Lannelongue, Pierre-Martial (1839-1930), Paris, 10.06.1899 (b1/856).

Lautenschläger, F[riedrich], Berlin, 13.01.1900 (b1/107); 23.02.1900 (b1/108); 29.06.1907 (b1/244).

LavalLamdt [?], P. de, Dinapur, 27.02.1884 (b1/291).

Lehmann, Berlin, 11.08.1900 (b1/517).

Lehmann, Dr., Untergöltzsch bei Rodewisch, 19.06.1893 (b1/884).

Leichssenring, Max, Hamburg, 02.09.1909 (b1/755).

Lenné, E., Soekaboemi, 25.09.1899 (b1/076).

Lens, H. J., Anvers, 16.07.1884 (b1/365).

Libbertz, Arnold (1843-1916), Frankfurt am Main, 17.06.1899 (b1/066); 28.10.1908 (b1/756).

Lindblad, G. E., Stockholm, 08.08.1884 (b1/323).

Lingard, Alfred, London, 28.10.1899 (b1/101).

Lister, Joseph (1827-1912), London, 13.11.1896 (b1/059); 04.10.1899 (b1/060 [Kopie]), 25.11.1909 (b1/830).

Lochner, Dr./Eidam, Dr./Bischoff, Dr. Otto, Gunzenhausen, 05.01.1891 (b1/852).

Maass, H, Berlin-Moabit, 15.07.1891 (b1/195).

MacLeod, Neil, Suez, 04.01.1884 (b1/491).

Macnamara, Nottidge Charles (1834-1918), [London], 12.11.1885 (b1/309); undatiert (b1/456); undatiert (b1/512).

Maegeri, Dr. J. P., Zante in Griechenland, 05.01.1891 (b1/853).

Manchese, Giuseppe, Capodistria, 30.09.1886 (b1/303).

Mandelin, Dr. E., Tiflis, 04.02.1899 (b1/657).

Marckwald, Willy (1864-1942), Berlin, 18.12.1909 (b1/757).

Marie, S, Alexandria, 29.03.1883 (b1/222).

Markwitz, Dr., Wollstein, 03.03.1901 (b1/758).

Marloth, R., Kapstadt, 28.02.1899 (b1/663), 20.03.1899 (b1/528).

Marmies, Dr. Ed., Estavayer in der Schweiz, 04.01.1901 (b1/759); 22.02.1901 (b1/760).

Martini, Erich (1867-?), Tsiengtau, 21.11.1909 (b1/761).

Marx, Ernst (1870-?), Charlottenburg, 03.09.1899 (b1/028); 17.11.1899 (b1/030).

Matrie, D. G., Westerland auf Sylt, 1894 oder 1904 (b1/075).

Maud, L, Bulawayo, 28.07.1903 (b1/073).

McClellan, Edwin, London, 31.12.1908 (b1/762).

McFarland, Joseph (1868-1945), Philadelphia, 21.04.1909 (b1/203).

McFurie, Kalkutta, 12.02.1884 (b1/464).

McLeod, [Kalkutta], 01.03.1884 (b1/465); 14.07.1884 (b1/457).

McNally, Chris., Madras, 26.10.1883 (b1/458).

Mcsci ... [?], Calcutta, 24.12.1883 (b1/126).

McStoney, William, Kimberley, 21.03.1899 (b1/665).

Meixner, Daressalam bzw. Amani, 22.08.1905 (b1/581); 27.08.1905 (b1/582); Daressalam, 18.10.1905 (b1/574); 25.10.1905 (b1/575); 12.12.1905 (b1/576); Daressalam bzw. Amani, 29.05.1906 (b1/587); Muansa bzw. Amani, 30.05.1906 (b1/586); Daressalam bzw. Amani, 31.05.1906 (b1/589); Mombassa bzw. Amani, 08.06.1906 (b1/584); Daressalam bzw. Amani, 09.06.1906 (b1/585); 26.06.1906 (b1/588) Daressalam, 21.04.1907 (b1/577); Daressalam bzw. Amani, undatiert (b1/580); undatiert (b1/583); Reichspostdampfer »Kronprinz«, 22.06.1907 (b1/578); Plön, 29.08.1907 (b1/579).

Melchert, Grabow, 29.09.1885 (b1/308).

Méndez, Rafael Rodríguez, Barcelona, 18.07.1884 (b1/322).

Meyer, Carl/Meyer, Georg, Burgwedel, 06.03.1901 (b1/763; b1/763a).

Meyer, Gaspard, Paris, 25.07.1884 (b1/348; b1/348a).

Meyer, Theodor (1853-?)/ Konsul, Suez, 18.11.1883 (b1/427); 16.01.1884 (b1/428); 19.04.1884 (b1/433); 17.05.1884 (b1/434); 27.06.1884 (b1/429); 29.09.1884 (b1/430).

Meyers/Blann, Hoechst, 06.04.1909 (b1/764).

Michael, Isaac (1848-1897), Hamburg, 29.11.1883 (b1/283).

Michel, Franz Paul/Bonthirs, Schöllkrippen bei Aschaffenburg, 13.08.1884 (b1/338).

Middleton, W. R. C., Singapur, 18.09.1899 (b1/093); undatiert (b1/095).

Migliori, Felix, Cosenza in Italien, 15.08.1884 (b1/355).

Mills, Bombay, 27.04.1899 (b1/079).

Mitarbeiter des Instituts für Infektionskrankeiten, [Berlin], 11.12.1903 (b1/860).

Moeli/Alt, Berlin (b1/824).

Moeller, Alfred (6.5.1868-?), Belzig, 15.04.1901 (b1/765); 18.04.1901 (b1/766).

Moeller/Obermueller, Kuno, Goerbersdorf, 11.08.1899 (b1/091).

Möller, W., Salisbury, 27.02.1903 (b1/622).

Mönckeberger, Hamburg, 25.01.1893 (b1/927); 23.02.1893 (b1/920).

Mohr, Hans, New York-Brooklyn, 17.10.1885 (b1/613).

Molynen ... [?], A. J., Bulawayo, 07.07.1903 (b1/ 522).

Monti, Septimus, Genua, 15.10.1884 (b1/304).

Morris, Claude D., New York, 07.12.1908 (b1/767).

Morrison, Michael, Berlin, 16.06.1904 (b1/215).

Mühlens, Peter (1874-1943), Hamburg, 24.10.1902 (b1/539).

Müller, Berlin bzw. Stettin, 18.01.1893 (b1/388).

Müller, Karl, Stephansort in Neu Guinea, 29.01.1901 (b1/768; b1/768a).

Mufaige, C ... [?], Stourny?, 31.07.1884 (b1/ 503).

Negri, Francesco, Monferrato (b1/286).

Nelson [?], [London], 11.03.1885 (b1/ 281).

Neufeld, Fred (1869-1945), Berlin, 09.12.1899 (b1/045).

Nietner, Johannes (1855-1914), Berlin, 15.09.1909 (b1/770).

Nikolajevic, Dr. D. , Belgrad, 28.02.1899 (b1/661); 26.06.1899 (b1/676).

N.N. [sic !], Wandsbeck, 02.02.1892 (b1/922).

Nobles, M. A., Philadelphia, 08.04.1908 (b1/220).

Nocht, Bernhard (1857-1945), Hamburg, 25.06.1893 (b1/013); Berlin, 13.06.1899 (b1/053); Hamburg, 11.02.1908 (b1/771).

Oberdörfer, Emil, Hamburg, 31.07.1884 (b1/298).

Obetrammen ... us [?], Bombay, 25.01.1884 (b1/ 490).

Oehler [Gehler?], Magdeburg, 16.02.1893 (b1/ 264).

Oeltze, Ida, Bromberg, 02.12.1909 (b1/772).

Orth, Albert (1835-1915), Berlin, 09.04.1899 (b1/668).

Paalzow [Otto Friedrich?], Spandau bei Berlin, 26.11.1898 (b1/647).

Pahlke, de, Petersburg, 11.05.1899 (b1/080).

Paltauf, Richard (1858-1924), Wien bzw. Berlin, 03.06.1909 (b1/835).

Pankow, S.S. Surat, 12.02.1884 (b1/500).

Pannwitz, Gotthold (1861-1926), Washington D.C., 30.09.1908 (b1/213).

Parker, Rushton (1847-1932), Kendal, 25.07.1901 (b1/773).

Pasquale, Alessandro, (Rom) (b1/250).

Pateri, Giuseppe, Turin, 21.07.1884 (b1/297).

Pawlik, Carl (1849-1914), Wien [1884/85] (b1/285).

Pearse, William H., Plymouth, 29.06.1885 (b1/292).

Pfalzer, J. G., Barmen, Missionshaus, 07.02.1901 (b1/534); Honstadt in Oberschlesien, 26.03.1901 (b1/535); Dampfer »Sachsen«, 06.09.1901 (b1/537); Pola Finschhafen in Deutsch Neu-Guinea, 27.02.1904 (b1/540).

Pfeiffer, Richard (1858-1945), Berlin, 22.01.1893 (b1/866); 25.01.1893 (b1/868); 26.01.1893 (b1/867); Altona, 05.02.1893 (b1/007); 07.02.1893 (b1/933); 08.02.1893 (b1/934); Altona, 09.02.1893 (b1/935); 13.02.1893 (b1/008; b1/008a); 13.02.1893 (b1/009); 15.02.1893 (b1/010); 15.02.1893 (b1/011); 22.02.1893 (b1/938); Berlin, 12.03.1893 (b1/012); 05.05.1899 (b1/016); 01.06.1899 (b1/018); Berlin, 13.06.1899 (b1/111); 29.06.1899 (b1/110); 05.07.1899 (b1/062); Berlin, 17.08.1899 (b1/063); Königsberg, 29.05.1904 (b1/527).

Pfuhl, Eduard (1852-1917), Berlin, 28.01.1893 (b1/871); Halle an der Saale, 28.01.1893 (b1/893); 29.01.1893 (b1/894); 31.01.1893 (b1/895); Halle an der Saale bzw. Berlin, 02.02.1893 (b1/896); 03.02.1893 (b1/897); 06.02. 1893 (b1/899); 08.02.1893 (b1/901); 09.02.1893 (b1/902); 09.02.1893 (b1/900); Halle an der Saale, 11.02.1893 (b1/872); 11.02.1893 (b1/878); 12.02.1893 (b1/873); 15.02.1893 (b1/874); Hamburg, 04.07.1893 (b1/014); ohne Ort, undatiert (b1/877).

Philipps, Dr., Daressalam, 12.02.1905 (b1/221).

Phipps, Henry (1839-1930), New York, 07.10.1908 (b1/774).

Pistor, Moritz (1835-1924), Berlin, 31.08.1899 (b1/096); 10.02.1901 (b1/775); 26.02.1901 (b1/776).

Plaats, Dr. R. van der, Amsterdam, 02.08.1884 (b1/344).

Plaxton, J. W., Kingston auf Jamaica, 06.05.1899 (b1/081).

Plehn, Friedrich (1862-1904), Tanga, 08.05.1899 (b1/051).

Pogner, Fran[ces]co, Madrid, 03.10.1884 (b1/340).

Pohnert, Wilhelm (1855-1919), Berlin, 25.04.1899 (b1/145); 27.04.1899 (b1/146); 29.04.1899 (b1/147); 03.06.1899 (b1/148); 10.06.1899 (b1/149); 17.06.1899 (b1/150); 24.06.1899 (b1/151); 01.07.1899 (b1/152); 08.07. 1899 (b1/153); 15.07.1899 (b1/154); 22.07.1899 (b1/155); 29.07.1899 (b1/156); 05.08.1899 (b1/157); 12.08.1899 (b1/158); 19.08.1899 (b1/159); Fuessen bzw. Berlin, 25.08.1899 (b1/092); Berlin, 02.09.1899 (b1/160); 16.09.1899 (b1/161); 23.09.1899 (b1/162); 30.09.1899 (b1/163); 07.10. 1899 (b1/164); 14.10.1899 (b1/165); 21.10.1899 (b1/166); 28.10.1899 (b1/167); 29.10.1899 (b1/168); 04.11.1899 (b1/169); 11.11.1899 (b1/170); 18.11.1899 (b1/171); 25.11.1899 (b1/172); 02.12.1899 (b1/173); 09.12. 1899 (b1/174); 16.12.1899 (b1/175); 23.12.1899 (b1/176); 30.12.1899 (b1/177); 13.01.1900 (b1/178); 20.01.1900 (b1/179); 27.01.1900 (b1/180); 03.02.1900 (b1/181); 10.02.1900 (b1/182); 17.02.1900 (b1/183); 24.02. 1900 (b1/184); 03.03.1900 (b1/185); Berlin/Stephansort/Singapur, 21.03. 1900 (b1/102); Berlin, 12.01.1907 (b1/777); Berlin, 02.02.1907 (b1/778); 09.03.1907 (b1/779); 23.03.1907 (b1/780); 06.04.1907 (b1/781); 13.04. 1907 (b1/782); 04.05.1907 (b1/783).

Polli, Mailand, 16.07.1884 (b1/617).

Posadowsky, Arthur Graf von (1845-1923), Berlin, 01.02.1906 (b1/242).

Pranee, C., Simbang, 26.04.1900 (b1/784).

Proust, Paris, 14.07.1885 (b1/494).

Queirolo, Giovan Battista (1856-1930), Pisa, 27.04.1899 (b1/671).

Radloff, Fr., Hamburg, 23.02.1893 (b1/921); Muansa, 14.12.1906 (b1/786).

Rajewski, A., Charkov, 13.06.1902 (b1/785).

Rechenberg, Albrecht Freiherr von (1859-1935), Daressalam bzw. Amani, 29.05.1906 (b1/596); Daressalam, 15.10.1906 (b1/554); 07.02.1907 (b1/561); 06.05.1907 (b1/565); Daressalam, 14.05.1907 (b1/243); 14.05.1907 (b1/595); 13.06.1907 (b1/566); 22.06.1907 (b1/591); 10.07.1907 (b1/568); Daressalam bzw. Entebbe, undatiert (b1/593).

Reglin, Else, Stuttgart, 17.07.1884 (b1/326).

Reich/ Lunkewitsch, A./ Prigorier ... [?], A., Tiflis, 30.11.1890 (b1/ 850).

Reincke, Dr. J. J., Hamburg, 07.03.1893 (b1/912); 09.06.1893 (b1/917); 01.07.1893 (b1/916); 03.07.1893 (b1/915); 29.07.1893 (b1/918).

Reitz, Friedrich, Mainz, 16.07.1884 (b1/332).

Resenfelder, C., Rottweil in Württemberg, 23.07.1884 (b1/352).

Reuss, Dr. P. J., Washington D.C., 29.08.1884 (b1/331).

Rickmann, Hoechst, 13.03.1908 (b1/787).

Riedel, Berlin, 12.08.1883 (b1/282); Charlottenburg, 30.08.1884 (b1/133).

Risel, Halle an der Saale, 22.01.1893 (b1/880).

Rivas, Damaso (1874-?), Brioni, 16.09.1901 (b1/ 520).

Röwitz [Löwitz ?], Berlin, 29.12.1908 (b1/ 788).

Ron ... [?], Berlin, 18.12.1885 (b1/ 846).

Rooley [?], Singapur, 17.10.1899 (b1/ 099).

Rosenberg, Hugo, Berlin, 22.12.1906 (b1/620).

Roy, Charles Smart (1854-1897), Sooree , 27.12.1883 (b1/460).

Rudolphi, Hans, Leipzig, 17.01.1910 (b1/790).

Rumpf, Theodor (1851-1934), Hamburg-Eppendorf, 06.10.1892 (b1/261); 15.10.1892 (b1/262); 06.01.1893 (b1/919).

Rumpf, Theodor (1851-1934)/Hueppe, Ferdinand (1852-1938), Hamburg-Eppendorf, 02.09.1892 (b1/260).

Rurlandson, Lieut. Col., Jonghie Bks., 14.09.1899 (b1/094).

Sacher, Amani, 10.05.1906 (b1/601); Bugala in Britisch-Ostafrika, 05.01.1907 (b1/600).

Salem, Dr., ohne Ort (Ägypten), 11.09.1883 (b1/435).

Scherl, Friedr[ich] (1849-1921), Charl[ottenburg], 24.12.1897 (b1/648).

Schiekler [?], Berlin, 09.05.1884 (b1/ 239).

Schiess, Johannes (1837-1910), Kairo [bzw. Alexandria], 18.10.1883 (b1/450a); Alexandria, 18.10.1883 (b1/439); 20.10.1883 (b1/440); 22.10. 1883 (b1/392); 29.10.1883 (b1/468); Alexandria bzw. Kairo, 29.10.1883 (b1/482); 17.04.1884 (b1/393); 18.04.1884 (b1/394); 29.04.1884 (b1/395); 06.05.1884 (b1/396); 12.05.1884 (b1/397); 20.05.1884 (b1/398); 03.06. 1884 (b1/399); 10.06.1884 (b1/400); 23.06.1884 (b1/401); 30.06.1884 (b1/402); 15.07.1884 (b1/403); 05.08.1884 (b1/404); 20.08.1884 (b1/405); 26.08.1884 (b1/406); 02.09.1884 (b1/407); 16.09.1884 (b1/408); 24.12. 1884 (b1/409); 06.01.1885 (b1/410); 12.01.1885 (b1/411); 20.01.1885 (b1/412); 26.01.1885 (b1/413); 03.02.1885 (b1/414); 17.02.1885 (b1/416); 24.02.1885 (b1/417); 03.03.1885 (b1/418); 11.03.1885 (b1/419); 25.03. 1885 (b1/420); 10.02.1885 (b1/415); Triest, 17.04.1885 (b1/421); Alexandria, 20.05.1885 (b1/422); 01.06.1885 (b1/127); 10.06.1885 (b1/423); 04.10.1885 (b1/424); 02.11.1885 (b1/508); 10.05.1886 (b1/509); 09.08.1886 (b1/510)

Schildbach, Karl Hermann (1824-1888), Leipzig, 09.12.1884 (b1/513).

Schirmacher, Oscar, Freiburg, 03.09.1884 (b1/334).

Schjerning, Otto von (1853-1921), Berlin, 86/87, 27.03.1909 (b1/791); Berlin, 07.07.1909 (b1/792); 01.11.1909 (b1/793).

Schlafke, A., Stephansort in Deutsch-Neu Guinea, 09.09.1899 (b1/679).

Schmidt, Berlin, 09.12.1899 (b1/106; b1/106a).

Schneider, Saarbrücken, 12.02.1907 (b1/794; b1/794a); 14.05.1907 (b1/795; b1/795a).

Schörmer & Teichmann, Hamburg, 10.01.1903 (b1/121).

Schotenhennig, Honolulu, 05.01.1910 (b1/796).

Schröder, Amt Woermlitz bei Möckern, 05.09.1884 (b1/333).

Schuckmann, B., Berlin, 30.06.1899 (b1/087).

Schulze, Paul, Schulau, 09.02.1893 (b1/937).

Schütze, Albert (1872-1912), Berlin, 21.06.1899 (b1/105).

Schwalbe, Julius (1863-1930), Berlin, 12.02.1910 (b1/799); 18.02.1901 (b1/798); 05.09.1902 (b1/218).

Scremin, Luigi, [Camerino] (b1/839).

Scudeling [?], London, 09.11.1909 (b1/ 797).

Sell, Berlin, 03.11.1892 (b1/909).

Selle, Berlin, 02.09.1892 (b1/381); 03.09.1892 (b1/382).

Senator, Hermann (1834-1911), Berlin, 16.12.1900 (b1/800).

Serkowski, Lodz, 16.02.1901 (b1/801).

Sforza, Claudio, Goro bei Comacchio, 06.08.1899 (b1/678).

Sheriff, John, Bulawayo, 02.03.1904 (b1/621).

Sickenberger, Ernst, Kairo, 19.04.1884 (b1/499); 18.08.1884 (b1/436).

Slifer, John J., Phil[adelphi]a, 15.07.1884 (b1/345).

Solverini, D. G., [Bombay], 08.06.1901 (b1/538).

Sommer, H., Neuss, 18.08.1884 (b1/358).

Sow ... [?], E. Ross, Salisbury, 06.02.1904 (b1/ 789).

Starke, Halle an der Saale, 22.01.1893 (b1/881).

Stein, Siegfried, [Bonn] (b1/251).

Steinrück, Dr., Berlin, 20.05.1882 (b1/191).

Steltner, Berlin, 19.12.1908 (b1/802).

Steudel, Emil (1864-?), Berlin bzw. [Pre]toria, 28.09.1903 (b1/ 685).

Stoutz, J. Binet de, Nyon (b1/357).

Struck, Johann Heinrich (1825-1902), Berlin, 10.04.1880 (b1/806); 02.05.1880 (b1/807); 22.06.1880 (b1/808); 27.06.1880 (b1/809); 07.07.1880 (b1/810); 02.01.1884 (b1/271).

Studt, Konrad von, Berlin, 02.12.1899 (b1/115); 07.01.1903 (b1/803); 14.07.1903 (b1/804); 22.02.1904 (b1/805).

Stuhlmann, Franz, Daressalam, 03.07.1903 (b1/811).

Stutzer, Albert (1849-1923), Bonn, 04.02.1893 (b1/387).

Supervielle, L. B., Pforzheim (b1/356).

Tennant, London, 112 Victoria Street, 20.04.1900 (b1/533).

Teofik, A., Berlin, 29.11.1890 (b1/849).

Thiel, M., Berlin, 16.02.1901 (b1/812).

Thorner, Eduard (1842-1910), Berlin, 28.01.1901 (b1/813).

Tickenlenge, Ernst, Kairo, 31.10.1884 (b1/438).

Togotagun, v. [Person?], Hiroshima (b1/814).

Treskow, Hermann J. P. (1853-1891), Berlin, 24.11.1883 (b1/441).

Trott zu Solz, August von, Berlin, 29.01.1910 (b1/696).

Tschirgi, Herrmann, Kairo, 28.08.1883 (b1/495).

Tunisi, D./Colonno, Vicenza, 15.07.1884 (b1/316).

Tunzelmann, E. W. von, Singapur, 14.10.1899 (b1/098).

Twinnbull, Alec, Rocksbeare, Emsworth in England, 20.06.1898 (b1/642); 29.11.1898 (b1/649).

Tymowski, J. von (?-1903), Nizza, 15.05.1891 (b1/193).

Unruhe, von, Wollstein, 08.02.1872 (b1/815).

Vigil, Dr., Orgna [?] bei Granada, 10.08.1884 (b1/320).

Wachsmuth, G. F. [?), (b1/252).

Wagner, Dr., Torgau, 18.07.1884 (b1/328).

Wagner, Joh, [Budapest], 31.07.1884 (b1/361).

Wallich, Dr. J., Altona, 02.02.1893 (b1/939).

[Walters, J.], Norham Lodge, Leamington, 12.07.1884 (b1/367).

Weigert, Stadtrat, Berlin, 24.02.1910 (b1/209).

Weinberger, Julius, Pará in Brasilien, 26.11.1898 (b1/645).

Weiss, Lehe, 12.03.1899 (b1/664).

Weiss, Dr. R., Zossen, 11.07.1884 (b1/329).

Weisser, Dr., Altona, 19.04.1893 (b1/910).

Weitzingen, Merseburg, 21.01.1893 (b1/890); 28.01.1893 (b1/891).

Welch, William Henry (1850-1934), Philadelphia [?], 19.09.1908 (b1/214).

Wendland, Wilhelm [Richard Wilhelm (1875-1954)?], Lome in Togo, 15.12.1898 (b1/651).

Werder, von, Halle an der Saale, 22.01.1893 (b1/905); 23.01.1893 (b1/253); 25.01.1893 (b1/864).

Werner [Heinrich? (1874-?)], Berlin, 13.02.1909 (b1/199).

Werner, G., Berlin, 11.09.1884 (b1/335).

Wernicke, Erich (1859-1928), Posen, 03.11.1909 (b1/816).

West, A. S. [?], Scramfrode, 22.02.1884 (b1/492).

Wilkinson, H., Kalkutta, 28.01.1884 (b1/463).

Winterfeld, von [Hans Karl August (1857-1914)?], Daressalam, 17.12.1906 (b1/555); 20.03.1907 (b1/563); 09.08.1907 (b1/569); 10.08.1907 (b1/558); 10.08.1907 (b1/570).

Wintzinger [?], Merseburg, 26.01.1893 (b1/882).

Wisher, W. W., Bognor in Sussex, 17.07.1884 (b1/300).

Wolff, H. [L.?], Berlin, 21.07.1909 (b1/817).

Wolter, Georg, Berlin, 03.12.1909 (b1/818).

Zachmann, Wettin, 14.04.1893 (b1/889).

Zarubin, Joh[annes], Charkov, 09.12.1891 (b1/819).

[Zeiss, Carl (1816-1888); laut Unterschrift, d.h. Körperschaft], Jena, 27.04.1901 (b1/820).

Zenske, Berlin, 08.12.1885 (b1/302).

Zenthoefer, Halle an der Saale, 15.02.1893 (b1/879; b1/879a); 23.02.1893 (b1/875).

Zettnow, Emil (1842-1927), Berlin, 08.06.1899 (b1/019); 11.06.1899 (b1/020; b1/020a); 14.06.1899 (b1/022); 29.06.1899 (b1/021); 13.07.1899 (b1/023).

Ziegler, Otto (1879-1931), Heidehaus bei Hannover, 06.12.1909 (b1/821).

Zielewicze, Posen, 21.12.1890 (b1/851).

Zielitz, Halle an der Saale, 24.01.1893 (b1/861).

Ziemann, Hans (1865-1939), Kamerun, 03.03.1899 (b1/049); 03.06.1899 (b1/052); 20.06.1899 (b1/054).

Zimmermann, Emil, Berlin, 13.01.1910 (b1/822).

Zschiering, Hansguth bei Rehden in Westpreußen, 21.07.1884 (b1/359).

Zupitza, Maximilian (1868-1938), Daressalam, 30.04.1899 (b1/050); 30.06.1899 (b1/055).

Zwarthe, Dr. [Berlin], 13.02.1882 (b1/192).

A.E., Hamburg, 15.09.1892 (b1/452).
A.M., Chuzenji, 22.08.1908 (b1/769).

Anonym, ohne Ort undatiert (b1/342).
Anonym, St. Blasien, 19.07.1884 (b1/353).
Anonym, Berlin, 23.07.1884 (b1/347).
Anonym, ohne Ort [Baden], undatiert (b1/288).
L.A.M., Griechenland oder Rußland (b1/124).
L. R., ohne Ort, undatiert (b1/296).
M., ohne Ort, undatiert (b1/315).
Name fehlt, Tanga, undatiert (b1/551).
Name fehlt, Berlin, 28.01.1893 (b1/378).
Name fehlt, Bologna bzw. Brindisi, 18.08.1883 (b1/432).
Name fehlt, Marienwerder, 27.02.1892 (b1/380).
Name fehlt, Salisbury, 19.03.1903 (b1/826); 30.12.1903 (b1/827); 16.01.1904 (b1/828).
S..ü..e [?], A., ohne Ort, 19.05.1905 (b1/ 603).
... udicham [?], London, Pembroke Gardens 11, Kensington, 25.10.1883 (b1/489).
(Oberbürgermeister), Altona bzw. Berlin, 04.02.1893 (b1/932).
(Britische Behörde), Salisbury bzw. Bulawayo, 14.10.1903 (b1/686).
(Generalkonsul Südafrika), Kapstadt - Bulayewo, 21.03.1904 (b1/709).
London, 22.11.1902 (b1/825).
(General), Harmerap bei Stirmbeck in der Mark, 15.07.1904 (b1/245).
Herbert, [London], 29.04.1908 (b1/829).
Ohne Ort, undatiert (b1/469).
(Japan) (b1/831).
Leipzig, 14.04.1899 (b1/667).
The Hermitage Aliporn (Briefkopf), 06.07.1884 (b1/454).
Frankfurt am Main, 10.07.1884 (b1/307).
Berlin, 14.07.1903 (b1/823).
Cossipur, 04.03.1884 (b1/444).
Berlin, 25.02.1893 (b1/389).
Ohne Ort, undatiert (b1/838).
(unleserlich), Chartville, 29.03.1864 (b1/305).
(unleserlich), undatiert (b1/836).

b2: Briefe von Robert Koch (204), nach Adressaten (56)

Agricola, [Kimberley], 22.03.1897 (b2/169).
Beck, Max (1862-1931), Stephansort in Deutsch-Neu Guinea, 28.04.1900 (b2/115).

Binswanger, Otto (1852-1929), Wollstein, 14.01.1879 (b2/022); 21.02.1879 (b2/023); 27.03.1879 (b2/024); 02.05.1879 (b2/025); 16.05.1879 (b2/026); 08.06.1879 (b2/027); 18.06.1879 (b2/028).

Bitter, Heinrich (1863-1918), Berlin, 02.12.1894 (b2/008); 02.02.1902 (b2/122); 17.06.1904 (b2/123); 03.08.1904 (b2/126 [Kopie]= b2/018); 14.12.1904 (b2/125).

Bosse, Robert (1832-1901), Berlin, 13.02.1893 (b2/201).

Bumm, Franz (1861-1942), Berlin, 26.12.1905 (b2/178); ohne Ort, undatiert (b2/111).

Dönitz, Friedrich Karl Wilhelm (1838-1912), Berlin, 09.05.1891 (b2/128); 28.08.1893 (b2/129); 15.09.1893 (b2/130); 28.10.1893 (b2/132); 10.11.1893 (b2/131); Stephansort in Deutsch-Neu Guinea, 04.03.1900 (b2/133); 28.04.1900 (b2/134); Kampen auf Sylt, 06.09.1901 (b2/135); Bulawayo, 27.03.1903 (b2/137); 01.05.1903 (b2/138); 01.10.1903 (b2/139); 14.12.1903 (b2/140); 15.01.1904 (b2/141); 17.02.1904 (b2/142); Rom, 16.05.1904 (b2/143); 28.05.1904 (b2/144); Daressalam, 25.06.1905 (b2/145); Sese bei Entebbe, 22.10.1906 (b2/146); 20.04.1907 (b2/147); Berlin, 29.03.1908 (b2/148); Waikiki Beach in Honolulu, 22.05.1908 (b2/149); Kamakura in Japan, 18.07.1908 (b2/150); Berlin, 13.12.1909 (b2/151); Port Said, undatiert (b2/136).

Eberstein, Ernst Albrecht Freiherr von (1862-1907), Berlin, 07.01.1903 (b2/152).

Ehrlich, Paul (1854-1915), Kairo, 01.02.1896 (b2/011).

Faure, [Jean Louis (1863-?), ohne Ort, 05.03.1897 (b2/ 168).

Flick, Lawrence Francis (1856-1938), Berlin, 10.02.1909 (b2/113).

Flügge, Carl (1847-1923), Berlin, 22.07.1893 (b2/004); Breslau, 28.03.1901 (b1/716).

Folks, Homer (1867-?), ohne Ort (b2/ 179).

Fraenkel, Carl (1861-1915), Bingen, 07.09.1886 (b2/203); Bulawayo / Rhodesien, 15.12.1903 (b2/204).

Frosch, Paul (1860-1928), Berlin, 20.03.1901 (b2/029); 22.06.1901 (b2/030); 10.07.1901 (b2/031); 13.07.1901 (b2/032); 19.07.1901 (b2/033); 11.08. 1901 (b2/034); 21.08.1901 (b2/035); 05.04.1902 (b2/036); 19.04.1902 (b2/037); 24.04.1902 (b2/038); 28.06.1902 (b2/039); 07.08.1902 (b2/040); 23.09.1902 (b2/041); Bulawayo, 02.04.1903 (b2/042); 14.05.1903 (b2/043); 22.01.1904 (b2/044); Berlin, 30.09.1904 (b2/045); 13.12.1904 (b2/046).

Gaffky, Georg (1850-1918), Berlin, 29.06.1882 (b2/047); 02.07.1882 (b2/048); 08.07.1882 (b2/050); 06.07.1882 (b2/049); 12.07.1882 (b2/051);

Rom, Piazza della Minerva, 31.05.1885 (b2/054); Pontresina, Weißes Kreuz, 10.08.1886 (b2/055); Berlin, 07.10.1886 (b2/056); 03.11.1886 (b2/057); 31.05.1887 (b2/058); 14.07.1887 (b2/059); 26.11.1887 (b2/060); 28.12.1888 (b2/061); 17.02.1889 (b2/062); 22.12.1889 (b2/063); 23.12.1890 (b2/064); undatiert [1885/90] (b2/053); Alexandria, 20.03.1891 (b2/065); Berlin, 20.12.1891 (b2/066); 09.08.1892 (b2/067); 09.10.1892 (b2/068); 16.10.1892 (b2/069); 04.01.1893 (b2/070); 25.04.1894 (b2/071); 12.11.1894 (b2/072); 19.11.1894 (b2/073); Berlin-Westend, 03.12.1894 (b2/074); Berlin, 21.12.1894 (b2/009); 18.01.1895 (b2/076); 04.03.1895 (b2/077); 23.03.1895 (b2/078); 19.12.1895 (b2/079); 21.12.1895 (b2/075); Rom, 10.05.1898 (b2/081); Neapel, 18.08.1899 (b2/016); Hubertushöhe in Deutsch Neu-Guinea, 20.06.1900 (b2/083); [Charlottenburg]-Westend, 10.11.1900 (b2/084); Berlin, 25.12.1902 (b2/085); Bad Ems, 02.06.1904 (b2/087); Dampfer Markgraf, 31.12.1904 (b2/088); Amani, 31.08.1905 (b2/091); Iringa, 03.05.1905 (b2/089); Daressalaam, 25.06.1905 (b2/090); »vor Port Said«, 20.04.1906 (b2/092); Amani, 22.05.1906 (b2/093); Sese (Bugala), 15.09.1906 (b2/095); 22.10.1906 (b2/096); 07.12.1906 (b2/097); 21.12.1906 (b2/105); 17.02.1907 (b2/098); 20.04.1907 (b2/099); 19.05.1907 (b2/100); 03.08.1907 (b2/101); 08.09.1907 (b2/102); Waikiki Beach in Honolulu, 21.05.1908 (b2/020); Berlin, undatiert (b2/052); (b2/080: fehlt); (b2/082: fehlt); (b2/086: fehlt); (b2/094: fehlt); (b2/103: fehlt); (b2/104: fehlt)

Grossheim, [Karl (1843-1917)], Bulawayo, 30.01.1904 (b2/198).

Henning (Kapitän), Berlin, 07.11.1905 (b2/001).

Jones, J. F., [Berlin], 22.12.1902 (b2/173).

Kinkel, Berlin, 11.08.1902 (b2/116).

Kirchner, Martin (1842-1912), [Rhodesien] [Januar 1904] (b2/174 fehlt; b2/174a).

Kleine, Friedrich Karl (1861-1951), Iringa, 03.05.1905 (b2/019).

Köhler, Karl (1847-1912), Berlin, 25.12.1884 (b2/107); 09.02.1885 (b2/108); 03.01.1891 (b2/109); Kimberley, 15.03.1897 (b2/110); Berlin, undatiert (b2/106).

Löffler, Friedrich (1852-1915), Charlottenburg-Westend, 20.12.1895 (b2/010).

Milne, Arthur (1867-1923), (Muansa?), 22.07.1906 (b2/ 160).

Modenpyl, E., 09.02.1909 (b2/181: fehlt).

Ollwig, Heinrich (1863-1914), ohne Ort, 06.06.1906 (b2/157).

Pfeiffer, Richard (1858-1945), Berlin, 20.03.1893 (b2/003); undatiert [12.9.1893] (b2/002); Zermatt, 10.07.1894 (b2/005); 20.07.1894 (b2/006);

30.07.1894 (b2/007); Luxor, 28.02.1896 (b2/012); Grosseto, 08.07.1899 (b2/015); Neapel, 23.08.1899 (b2/017); Berlin, 02.02.1902 (b2/021);

Radloff, ohne Ort, 07.05.1906 (b2/153).

Rechenberg, Albrecht Freiherr von (1859-1935), Muansa, 02.08.1906 (b2/162); Sese bei Entebbe in Uganda, 25.10.1906 (b2/163); 06.04.1907 (b2/165); ohne Ort, undatiert (b2/164).

Schiess, Johannes (1837-1910), Berlin, 16.04.1893 (b2/124); 29.06.1893 (b2/121).

Studt, Konrad (1838-1921), Bulawayo, 01.05.1903 (b2/175); Berlin, 24.06.1904 (b2/176); ohne Ort, undatiert (b2/177).

Unruhe, von, ohne Ort, undatiert (b2/170).

Weigert, Carl (1845-1904), Daressalam, 25.02.1898 (b2/013).

Werner [?], [Berlin], 18.02.1909 (b2/ 112).

Wernicke, Erich (1859-1928), Berlin, 13.11.1907 (b2/167).

Woodhead, G. Sims (1855-1921), [Berlin] (b2/114).

Deutsches Konsulat, Brindisi (b2/120).
keine Angabe, »Assistant Traffic Manager«, ohne Ort [Mombassa], 02.06.1906 (b2/155).
(Wollstein) [1875/80] (b2/171: fehlt).
Berlin, 20.01.1899 (b2/014).
keine Angabe, Berlin, 08.02.1893 (b2/202).
[Berlin], 24.11.1902 (b2/172).
keine Angabe, Sese bei Entebbe in Uganda, 12.05.1907 (b2/166).
keine Angabe, ohne Ort [Süd-Afrika] (b2/119).
keine Angabe, ohne Ort [Daressalam], 05.06.1906 (b2/156).
keine Angabe, ohne Ort [Süd-Afrika] (b2/118).
ohne Ort, undatiert (b2/117).
keine Angabe, ohne Ort, undatiert (b2/200).
keine Angabe, ohne Ort, 02.06.1906 (b2/154).
keine Angabe, ohne Ort, 06.06.1906 (b2/158).
keine Angabe, ohne Ort, 07.05.1906 (b2/159).
keine Angabe, ohne Ort, 22.07.1906 (b2/161).
(b2/180: fehlt).

b3: Briefe Dritter (140), nach Verfassern (100) und Adressaten (50)

Agriculture, an: C.V.S. (=Chief Veterinarian Surgeon), Salisbury, 16.09.1903 (b3/080, b3/081).

Amako, T., an: Fraenkel, Carl (1861-1915), Kobe, 24.10.1808 (b3/129).

Arloing, Saturmin (1846-1911), an: keine Angabe, Lyon bzw. Berlin, (b3/103).

Bahl (Stadtbaurat), an: Pfeiffer, Richard (1858-1945), Altona, 17.02.1893 (b3/127).

Baudissin, Graf [Wolf, 1867-1926?], an: Bosse, Robert (1832-1901), Magdeburg, 30.09.1892 (b3/123).

Bennigsen, J. R. von [Rudolf?, 1824-1902], an: Koch, Hedwig (1872-1945), Herbertshöhe, 09.12.1900 (b3/079).

Berliner Literarisches Bureau, an: Gaffky, Georg (1850-1918), Berlin, 28.05.1910 (b3/105).

Bitter, Heinrich (1863-1918), an: Pfeiffer, Richard (1858-1945), Kairo, 14.06.1899 (b3/007).

[Boetticher], an: ?, Berlin, 24.03.1906 (b3/ 083).

Bohne, Albert (1878-?), an: Gaffky, Georg (1850-1918), Hamburg, 28.05.1910 (b3/024).

Conradi, Heinrich (1876-1943), an: Frosch, Paul (1860-1928), Metz, 17.05.1904 (b3/017).

Cornish, Josiah Easton (1841-1912), an: Schiess, Johannes (1837-1910), Alexandria, 10.01.1887 (b3/038).

Dietrich, an: Schiess, Johannes (1837-1910), Alexandria, 30.01.1887 (b3/041).

Driesemann, an: Pfuhl, Eduard (1852-1917), Merseburg, 27.02.1893 (b3/119).

Dulchedin, D., an: Stock, Kapstadt, 09.04.1903 (b3/006).

Eck, [Ernst Wilhelm (1838-1901)?], an: Fischer, Bernhard (1852-1915), Berlin, 09.08.1883 (b3/047).

[Farbwerke Hoechst], an: Gaffky, Georg (1850-1918), Hoechst, 30.06.1910 (b3/075).

Ferrari, Dr., an: ?, Suez, (b3/ 050).

Flügge, Carl (1847-1923), an: Gaffky, Georg (1850-1918), Berlin, 21.07.1910 (b3/023).

Fränkel, Bernhard (1836-1911), an: Gaffky, Georg (1850-1918), Berlin, 08.06.1910 (b3/097).

Fries, Dr., an: Pfuhl, Eduard (1852-1917), Nietleben, Provinzial-Irren-Anstalt, 29.04.1893 (b3/120).

Frommelt, [Ludwig], an: Gaffky, Georg (1850-1918), Altenburg, 20.11.1884 (b3/028); 20.11.1884 (b3/030); 21.11.1884 (b3/029); 22.11.1884 (b3/031); 09.12.1884 (b3/034); 24.11.1884 (b3/032); 25.11.1884 (b3/033).

Fumell, M.C., an: ?, Madras, 04.12.1883 (b3/ 036).

Gaffky, Georg (1850-1918), an: Koch, Hedwig (1872-1945), [Berlin], 08.06.1910 (b3/073); 09.06.1910 (b3/068).

Gaffky, Georg (1850-1918), an: Pfuhl, Eduard (1852-1917), (Berlin), 08.07.1910 (b3/076).

Gellé, Marie Ernest (1834-1923) an: [Mieville, W.], Alexandria, 17.07.1884 (b3/048).

Giemsa, Gustav (1867-1948), an: keine Angabe, ohne Ort, undatiert (b3/139).

Goldscheid [Goldscheider, Alfred (1858-)], an: Riehl, Freiherr von, Berlin, 02.10.1892 (b3/122).

Gosio, Bartolomeo (1863-1944), an: Koch, Hedwig und Robert, Rom, 23.02.1900 (b1/197).

Gossler, Gustav K. Heinrich von (1838-1902), an: Köhler, Karl (1847-1912), Berlin, 12.02.1885 (b3/084).

Gray, Charles E., an: Secretary for Agriculture, Salisbury, Bulawayo, 25.09.1903 (b3/082)

Greif, W., Professor Dr., an: Gaffky, Georg (1850-1918), Berlin, 10.06.1910 (b3/107).

Hänsel, K., an: Zettnow, Emil (1842-1927), Berlin, 20.04.1899 (b3/001).

Hahn (Redakteur), an: Pohnert, Wilhelm (1855-1919), Frankfurt am Main, 29.07.1910 (b3/098).

Hartmann, P. Maurus, an: keine Angabe, Madilina, 24.04.1905 (b3/026Helmoh, von, an: Pohnert, Wilhelm (1855-1919), Bremen, 28.07.1899 (b3/002).

Heron, [George Allan, 1845-1915], an: Koch, Hedwig (1872-1945), ohne Ort [London], 28.01.1901 (b3/025).

Ismail an: Rabitsch und Rabitsch an: Ismail, Marienbad, 30.08.1884 (b3/037).

Jansen, an: Koch, Hedwig (1872-1945), Berlin, 10.01.1903 (b3/003).

Joseph, Max (1860-?), an: Henschel, Berlin, 24.08.1901 (b3/ 027).

Kerchenfeld, an: ?, Berlin, 02.01.1909 (b3/ 085).

Kiatib Salih Efendi, an: ?, Bagdad, undatiert (b3/ 051).

Kirchner, Martin (1854-1925), an: Gaffky, Georg (1850-1918), Berlin, 30.05.1910 (b3/101).

Kleine, Friedrich Karl (1869-1951), an: Dönitz, Friedrich Karl Wilhelm (1838-1912), Sese bei Entebbe, 30.09.1906 (b3/057).

Kleine, Friedrich Karl (1869-1951), an: Gaffky, Georg (1850-1918), Sese bei Entebbe, 20.12.1906 (b3/021).

Koch, Hedwig (1872-1945), an: Dönitz, Fräulein, (Berlin), ohne Ort, undatiert (b3/062); (b3/063).

Koch, Hedwig (1872-1945), an: Dönitz, Frau, [Berlin], ohne Ort, undatiert (b3/059); (b3/061).

Koch, Hedwig (1872-1945), an: Dönitz, Friedrich Karl Wilhelm (1838-1912), Berlin, undatiert (b3/058); [Berlin], ohne Ort, undatiert (b3/064); [Berlin], ohne Ort, undatiert (b3/060).

Koch, Hedwig (1872-1945), an: Wernicke, Erich (1859-1928)/Wernicke, Frau, Baden-Baden, 30.05.1910 (b3/089).

Koch, Hugo (1845-1832), an: Gaffky, Georg (1850-1918), Charlottenburg, 14.10.1910 (b3/108).

Kolle, Wilhelm (1868-1935), an: [Pfeiffer, Richard? oder: Brieger, Ludwig?], Kimberley, 02.08.1897 (b3/004).

Landrat Kreis Zellerfeld, an: Gaffky, Georg (1850-1918), Zellerfeld / Berlin, 10.12.1910 (b3/104).

Lingner, Karl August (1861-1916)/ Renk, Friedrich Georg (1850-?) an: Koch, Hedwig (1872-1945), Dresden, 07.06.1910 (b3/086).

Magnus, Paul, an: Brieger, Ludwig (1849-1919), Rogowo bei Kröben, 04.08.1899 (b3/138).

Maxwell, Ronald, an: Barclay, Dr. A., Kalkutta, 18.01.1884 (b3/053).

Meixner, an: Koch, Hedwig (1872-1945), Daressalam, 06.06.1906 (b3/066).

Metschnikoff, Elie (1845-1916), an: Fraenkel, Carl (1861-1915), Landgut Popofra, 02.09.1888 (b3/130); Paris, 30.01.1889 (b3/131); 07.02.1889 (b3/132); 07.02.1889 (b3/133).

Mikulicz, Johann von (1850-1905), an: Fraenkel, Carl (1861-1915), Breslau, 16.11.1890 (b3/134).

Min ... ?], Captain C. W., an: keine Angabe, (Kalkutta), 14.01.1884 (b3/ 045).

Möllers, Bernhard Josef (1878-1945), an: Gaffky, Georg (1850-1918), Berlin, 10.08.1910 (b3/099); Lausanne, 08.09.1910 (b3/100).

Netter, Arnold (1855-1936), Frosch, Paul (1860-1928), Paris, Boulevard St. Germain 129, 31.03.1903 (b3/016).

Nietner, Johannes (1855-1914), an: Pfuhl, Eduard (1852-1917), Berlin, 14.08.1894 (b3/137).

Pettenkofer, Max von (1818-1901), an: Fraenkel, Carl (1861-1915), München, 18.10.1890 (b3/135).

Pettenkofer, Max von (1818-1901), an: Köhler, Karl (1847-1912), München, 06.10.1890 (b3/008); 18.11.1890 (b3/009); 25.11.1892 (b3/010); [Soorhaupt?], 13.08.1894 (b3/011); München, 22.11.1898 (b3/012); 21.01.1899 (b3/013; b3/13a); 03.01.1900 (b3/014); [Soorhaupt?], 08.07.1900 (b3/015).

Pfeiffer, Richard (1858-1945), an: keine Angabe, Altona, 04.02.1893 (b3/126).

Pfuhl, Eduard (1852-1917), an: Bosse, Robert (1832-1901), Halle an der Saale, 29.01.1893 (b3/118).

Pfuhl, Eduard (1852-1917), an: Gaffky, Georg (1850-1918), Berlin, 15.06.1910 (b3/069); 25.06.1910 (b3/072); 27.06.1910 (b3/074); siehe auch b3/110.1-110.13.

Pfuhl, Gertrud (1868-1945), an: Gaffky, Georg (1850-1918), Berlin, 19.06.1910 (b3/070); 20.06.1910 (b3/071).

Pistor, Moritz (1835-1924), an: Gaffky, Georg (1850-1918), Berlin-Wilmersdorf, 06.06.1910 (b3/096).

Pohnert, Wilhelm (1855-1919), an: Frosch, Paul (1860-1928), Berlin, 28.06.1904 (b3/018); 28.06.1904 (b3/019); 16.12.1904 (b3/020).

Pohnert, Wilhelm (1855-1919), an: Gaffky, Georg (1850-1918), Berlin, 31.05.1910 (b3/102).

Proskauer, Bernhard (1851-1915), an: Frosch, Paul (1860-1928), Berlin, 23.01.1893 (b3/117).

Pud ... [?], A., an: Macnamara, Nottidge Charles (1834-1918), Bray Heland, 30.03.1885 (b3/046).

Rechenberg, Albrecht Freiherr von (1859-1935), an: keine Angabe, Daressalam, 02.07.1906 (b3/065).

Reincke, Dr. J. J., an: keine Angabe, Hamburg, 17.12.1892 (b3/124).

Renk, Friedrich Georg (1850-?), an: keine Angabe [Pfuhl, E.], Halle an der Saale, 18.01.1893 (b3/114).

Renk, Friedrich Georg (1850-?), an: Pfuhl, Eduard (1852-1917), [Halle an der Saale], 17.01.1893 (b3/115), 24.01.1893 (b3/116).

Robiolis, Dr., an: [Mieville, W.], ohne Ort, 18.07.1884 (b3/049).

Rubner, Max (1854-1932), an: Köhler, Karl (1847-1912), Berlin, 01.06.1903 (b3/022).

Rumpf, Theodor (1851-1934), an: keine Angabe, Hamburg / Berlin, 05.06.1893 (b3/125).

Ruppel, an: Gaffky, Georg (1850-1918), Hoechst, 02.06.1910 (b3/067).

Saint-Pi ... [?], Germain de, Gaffky, Georg (1850-1918), Paris, 13.11.1911 (b3/088).

Schiess, Johannes (1837-1910), an: Gaffky, Georg (1850-1918), Alexandria, 15.01.1887 (b3/039); 30.01.1887 (b3/040).

Schultze (Pfarrer), an: Gaffky, Georg (1850-1918), Clausthal, 25.11.1910 (b3/087).

Schuster (Redakteur), an: Gaffky, Georg (1850-1918), Wien, 06.06.1910 (b3/109).

Schwalbe, Julius (1863-1930), an: Gaffky, Georg (1850-1918), Berlin, 06.06.1910 (b3/106); 29.08.1911 (b3/077).

Sturmer, an: ?, Madras, 02.12.1883 (b3/ 035).

Valenta, Alois Edler von Marchthurm (1830-?), an: [?], Laibach, [1883] (b3/055).

Véloux ... [?], an: Schiess, Johannes (1837-1910), Alexandria, 07.01.1885 (b3/052).

Virchow, Rudolf (1821-1902), an: keine Angabe, Wiesbaden, 15.04.1887 (b3/140).

Waldeyer, Wilhelm von (1836-1921), an: Fraenkel, Carl (1861-1915), Berlin, 16.05.1887 (b3/136).

Wiedmann, an: Dönitz, Friedrich Karl Wilhelm (1838-1912), (Hoechst), ohne Ort, undatiert (b3/056).

Wild, an: Gaffky, Georg (1850-1918), Kairo, 16.01.1887 (b3/042).

Wilkins, an: Barclay, Dr. A., Kalkutta, 14.02.1884 (b3/044); 21.03.1884 (b3/043).

Wilkinson, H., an: Coates, Fort William, 18.01.1884 (b3/005).

keine Angabe, an: keine Angabe, ohne Ort , undatiert (b3/054).

keine Angabe, an: Riehl, Freiherr von, Stendal, 01.10.1892 (b3/121).

Unterschiedliche Absender, an: Gaffky, Georg (1850-1918), (b3/111.1-111.33; 34-111.42); (b3/112.1-112.11); (b3/113.1-113.23).

Unterschiedliche Verfasser und Gaffky, Georg, an: Gaffky, Georg bzw. dieser an unterschiedliche Adressaten, (b3/091.1-091.32).

Unterschiedliche Absender, an: Bumm, Kirchner, Gaffky, (b3/092.1-092.10).

Unterschiedliche Absender und Gaffky, Pohnert, Ehrlich, an: unterschiedliche Adressaten (b3/093.1-093.9).

Unterschiedliche Absender und Gaffky, Georg (1850-1918), an: unterschiedliche Adressaten (b3/094.1-094.15).

Unterschiedliche Absender und Koch, Hedwig (1872-1945), an: unterschiedliche Adressaten (b3/095.1-095.14).

Publizierte Briefe

Wie im Verzeichnis der Autographen, stehen bei den veröffentlichten Briefen chronologische Aspekte im Vordergrund. Angegeben sind Verfasser, Adressaten und Entstehungsort. Aufgeführt sind die jeweiligen Fundorte in den ausgewerteten Koch-Biographien; sofern sich die Originale im bearbeiteten Nachlaß Robert Kochs befinden, ist dies aufgeführt. Die vollständigen Titel der Literatur finden sich im Literaturverzeichnis.

13.06.1853	R. Koch, Clausthal, an: Mathilde Koch; in: Heymann, Bd. 1, S. 15; Goerke, S. 157.
1855	R. Koch, Clausthal, an: seinen Großvater; in: Möllers, S. 19f. (Faksimile).
10.08.[1857]	R. Koch, Clausthal, an: Mathilde Koch; in: Heymann, Bd. 1, S. 16.
[1858]	R. Koch, [Clausthal], an: Marie Goedicke; in: Kolle, S. 21 und Faksimile, S. 22f.; Harms, S. 33f.
[1858]	R. Koch, [Clausthal], an: Marie Goedicke; in: Kolle, S. 14-16; Harms, S. 31f. Marie Goedicke, an: R. Koch, in: Kolle, S. 13; Harms, S. 30. Marie Goedicke, an: R. Koch, in: Kolle, S. 17-19; Harms, S. 32f.
02.05.1862	R. Koch, Göttingen, an: Mathilde Koch; in: Biewend, *Aus der Familienchronik*, H. 1, S. 297f.; Wezel, S. 6f.; Möllers, S. 26.
09.10.1863	R. Koch, Göttingen, an: Mathilde Koch; in: Biewend, *Aus der Familienchronik*, H. 1, S. 298 (Auszug).
16.02.1865	Koch, Göttingen, an: Herrmann Koch; in: Deutsche Biewend, *Aus der Familienchronik*, H. 1, S. 305; Möllers, S. 30f.

11.06.1865	R. Koch, Göttingen, an: Herrmann Koch; in: Biewend, *Aus der Familienchronik*, H. 1, S. 298f.; Wezel, S. 7; Harms, S. 46 (Auszug).
12.12.1865	R. Koch, Göttingen, an: Biewend (Onkel); in: Biewend, *Aus der Familienchronik*, H. 1, S. 303-305, Heymann, Bd. 1, S. 46-48; Möllers, S. 36-38.
24.01.1866	R. Koch, Göttingen, an: Herrmann Koch; in: Biewend, *Aus der Familienchronik*, H. 1, S. 306, Heymann, Bd. 1, S. 56; Möllers, S. 42.
02.02.1866	R. Koch, Göttingen, an: Herrmann Koch; in: Biewend, *Aus der Familienchronik*, H. 1, S. 306f. ; Wezel, S. 9f., Heymann, Bd. 1, S. 57f; Möllers, S. 43f.
21.02.1866	R. Koch, Göttingen, an: Herrmann Koch; in: Biewend, *Aus der Familienchronik*, H. 1, S. 307, Heymann, Bd. 1, S. 58; Möllers, S. 44 (Auszug).
21.06.1866	R. Koch, Göttingen an: Herrmann und Mathilde Koch; in: Biewend, *Aus der Familienchronik*, H. 1, S. 308, Heymann, Bd. 1, S. 62; Möllers, S. 48f.
07.07.1866	R. Koch, Hamburg, an: Emmy Fraatz; Heymann, Bd. 1, S. 63f.; Möllers, S. 49f.
08.07.1866	R. Koch, Hamburg, an: Emmy Fraatz; Heymann, Bd. 1, S. 64; Möllers, S. 50.
17.10.1866	R. Koch, Langenhagen, an: Emmy Fraatz; Heymann, Bd. 1, S. 72-74; Möllers, S. 54-56; Harms, S. 70f.
19.10.1866	R. Koch, Langenhagen, an: Herrmann und Mathilde Koch; in: Biewend, *Aus der Familienchronik*, H. 1, S. 309, Heymann, Bd. 1, S. 74f.; Möllers, S. 56f.
28.11.1866	R. Koch, Langenhagen, an: Herrmann und Mathilde[?] Koch; in: Biewend, *Aus der Familienchronik*, H. 1, S. 310; Heymann, Bd. 1, S. 75; Möllers, S. 57 (bei allen jeweils Auszug).
31.12.1866	R. Koch, Langenhagen, an: Biewend (Onkel); in: Biewend, *Aus der Familienchronik*, H. 1, S. 310, Heymann, Bd. 1, S. 75; Möllers, S. 57; Harms, S. 73 (bei allen jeweils Auszug).
[ca. 1867]	R. Koch, [Langenhagen], an: Herrmann und Mathilde Koch; in: Heymann, Bd. 1, S. 77f.; Möllers, S. 59f.
[ca. 1867]	R. Koch, [Langenhagen], an: Mathilde Koch; in: Heymann, Bd. 1, S. 78; Möllers, S. 60.

11.01.1867	R. Koch, [Langenhagen], an: Emmy Fraatz; in: Pfuhl, *Privatbriefe von Robert Koch*, H. 3, S. 182f., Heymann, Bd. 1, S. 75; Möllers, S. 57; Harms, S. 73.
14.02.[1867]	R. Koch, [Langenhagen], an: Emmy Fraatz; in: Pfuhl, *Privatbriefe von Robert Koch*, H. 3, S. 183; Wezel, S. 11; Heymann, Bd. 1, S. 76; Möllers, S. 57f.; Harms, S. 74 (alle jeweils Auszug).
07.07.1867	R. Koch, Langenhagen, an: Herrmann Koch; in: Biewend, *Aus der Familienchronik*, H. 1, S. 310 (Auszug).
29.09.1867	R. Koch, Langenhagen, an: Herrmann und Mathilde Koch; in: Biewend, *Aus der Familienchronik*, H. 1, S. 311; Wezel, S. 117; Möllers, S. 60 (Auszug).
[1867/8]	R. Koch, Langenhagen, undatiert, an: Herrmann Koch; in: Biewend, *Aus der Familienchronik*, H. 1, S. 311f.
[1867/8]	R. Koch, Langenhagen, undatiert, an: Mathilde Koch; in: Biewend, *Aus der Familienchronik*, H. 1, S. 312.
undatiert	R. Koch, Berlin, an: Emmy Koch; in: Pfuhl, *Privatbriefe von Robert Koch*, H. 3, S. 184f.
20.03.1868	R. Koch, Langenhagen, an: Herrmann Koch; in: Biewend, *Aus der Familienchronik*, H. 1, S. 311; Wezel, S. 117; Möllers, S. 60 (Auszug).
26.05.1868	R. Koch, Langenhagen, an: Herrmann Koch; in: Biewend, *Aus der Familienchronik*, H. 1, S. 313; Heymann, Bd. 1, S. 79; Möllers, S. 61; Harms, S. 79.
23.07.1868	R. Koch, Berlin, an: Herrmann Koch; in: Biewend, *Aus der Familienchronik*, H. 1, S. 314f.; Heymann, Bd. 1, S. 81; Möllers, S. 62f. (Auszug).
[Sommer 1868]	R. Koch, Niemegk, an: Herrmann Koch; in: Biewend, *Aus der Familienchronik*, H. 1, S. 315; Heymann, Bd. 1, S. 81; Möllers, S. 63 (Auszug); Harms, S. 85 (dort Datum: 09.09.1868).
04.11.1868	R. Koch, Niemegk, an: Herrmann und Mathilde Koch; in: Biewend, *Aus der Familienchronik*, H. 1, S. 315 (Auszug).
16.12.1868	R. Koch, Niemegk, an: Herrmann und Mathilde Koch; in: Biewend, *Aus der Familienchronik*, H. 1, S. 315f.
16.12.1868	R. Koch, Niemegk, an: Mathilde Koch; in: Biewend, *Aus der Familienchronik*, H. 1, S. 316; Möllers, S. 64.
Sommer 1869	E. Koch, Niemegk, an: Herrmann Koch; in: Biewend, *Aus der Familienchronik*, H. 1, S. 316.

[Sommer]1869	R. Koch, Rackwitz, an: Herrmann Koch; in: Biewend, *Aus der Familienchronik*, H. 1, S. 317; Heymann, Bd. 1, S. 83; Möllers, S. 66.
15.08.1869	R. Koch, Rackwitz, an: Herrmann Koch; in: Biewend, *Aus der Familienchronik*, H. 1, S. 317, Heymann, Bd. 1, S. 83f.; Möllers, S. 66f.; Harms, S. 88.
[12].12.1869	R. Koch, Rackwitz, an: Herrmann Koch; in: Biewend, *Aus der Familienchronik*, H. 1, S. 317f.; Wezel, S. 117, Heymann, Bd. 1, S. 85; Möllers, S. 67f. und 403f.
16.12.1869	R. Koch, Niemegk, an: Mathilde Koch; in: Biewend, *Aus der Familienchronik*, H. 1, S. 316.
[Frühjahr 1870]	E. Koch, Rackwitz, an: Herrmann Koch; in: Biewend, *Aus der Familienchronik*, H. 2, S. 88; Harms, S. 90f.
27.08.1870	R. Koch, St. Privat la Montagne, an: [Emmy Koch?]; in: Biewend, *Aus der Familienchronik*, H. 2, S. 89-92, Heymann, Bd. 1, S. 88-91; Möllers, S. 70-73; Harms, S. 92f.
20.09.1870	R. Koch, Ay bei Metz, an: [Herrmann und Mathilde Koch]; in: Biewend, *Aus der Familienchronik*, H. 2, S. 92f., Heymann, Bd. 1, S. 91f.; Möllers, S. 73-75.
29.09.1870	R. Koch, Ay bei Metz, an: [Herrmann und Mathilde Koch]; in: Biewend, *Aus der Familienchronik*, H. 2, S. 93f., Heymann, Bd. 1, S. 92-94; Möllers, S. 75f.
07.10.1870	R. Koch, Ay bei Metz, an: [Herrmann und Mathilde Koch]; in: Biewend, *Aus der Familienchronik*, H. 2, S. 94f., Heymann, Bd. 1, S. 94f.; Möllers, S. 76f.
09.10.1870	R. Koch, Ay bei Metz, an: [Herrmann und Mathilde Koch]; in: Biewend, *Aus der Familienchronik*, H. 2, S. 95f, Heymann, Bd. 1, S. 95; Möllers, S. 77.
23.10.1870	R. Koch, Ay bei Metz, an: [Herrmann und Mathilde Koch]; in: Biewend, *Aus der Familienchronik*, H. 2, S. 96, Heymann, Bd. 1, S. 95f.; Möllers, S. 77f.
21.11.1870	R. Koch, Ay bei Metz, an: [Emmy Koch]; in: Biewend, *Aus der Familienchronik*, H. 2, S. 97, Heymann, Bd. 1, S. 96f.; Möllers, S. 78f.
01.12.1870	R. Koch, Neufchâteau, an: [Herrmann und Mathilde Koch]; in: Biewend, *Aus der Familienchronik*, H. 2, S. 97f., Heymann, Bd. 1, S. 97; Möllers, S. 79f.

12.12.1870	R. Koch, Neufchâteau, an: [Emmy Koch]; in: Pfuhl, *Privatbriefe von Robert Koch*, H. 3, S. 183f., Heymann, Bd. 1, S. 98; Möllers, S. 80
20.12.1870	R. Koch, Neufchâteau, an: [Herrmann und Mathilde Koch]; in: Biewend, *Aus der Familienchronik*, H. 2, S. 98, Heymann, Bd. 1, S. 98; Möllers, S. 80.
14.01.1871	R. Koch, Orleans, an: Herrmann und Mathilde Koch; in: Biewend, *Aus der Familienchronik*, H. 2, S. 98f., Heymann, Bd. 1, S. 98f.; Möllers, S. 81 und Goercke, S. 157.
16.01.1871	R. Koch, Orleans, an: Herrmann und Mathilde Koch; in: Biewend, *Aus der Familienchronik*, H. 2, S. 99, Heymann, Bd. 1, S. 99f.; Möllers, S. 81f. und Goercke, S. 158f.
10.02.1872	R. Koch, [Rackwitz], an: Herrmann Koch; in: Biewend, *Aus der Familienchronik*, H. 2, S. 221 (Auszug).
15.02.1872	R. Koch, [Rackwitz], an: Herrmann Koch; in: Biewend, *Aus der Familienchronik*, H. 2, S. 221; Wezel, S. 13f.; Heymann, Bd. 1, S. 104f.; Möllers, S. 87 (alle jeweils Auszug).
16.02.1872	R. Koch, [Rackwitz], an: [Kultusministerium]; in: Heymann, Bd. 1, S. 105; Möllers, S. 87f.
23.02.1872	Falk (Minister der geistlichen, Unterrichts- und Medicinalangelegenheiten), Berlin, an: R. Koch; in: Möllers, S. 88 (Auszug).
18.12.1875	R. Koch, [Wollstein], an: Rudolf Virchow; in: Heymann, Bd. 1, S. 126f.
22.04.1876	R. Koch, Wollstein, an: Ferdinand Cohn; in: Heymann, Bd. 1, S. 148; Möllers, S. 457, [bei F. Cohn, Brief über R. Koch, in Deutsche Revue 16 (1891), S. 30, ist als Jahr 1875 angegeben, der Brief ist dort nicht abgedruckt]; Goerke, S. 159; Harms, S. 130f.
27.04.1876	R. Koch, Wollstein, an: Ferdinand Cohn; in: Heymann, Bd. 1, S. 159; Harms, S. 131.
23.06.1876	R. Koch, Wollstein, an: Ferdinand Cohn; in: Heymann, Bd. 1, S. 159; Möllers, S. 457.
14.07.1876	R. Koch, Wollstein, an: Seibert & Krafft; in: Heymann, Bd. 1, S. 167f.; Möllers, S. 481; Harms, S. 143.
27.08.1876	R. Koch, Wollstein, an: Seibert & Krafft; in: Heymann, Bd. 1, S. 170 (Auszug).
[?].09.1876	R. Koch, Wollstein, an: Gertrud Koch; in: Pfuhl, *Privatbriefe von Robert Koch*, H. 3, S. 184; Wezel, S. 118; Möllers, S. 97.

20.09./2.10. 1876	R. Koch, Wollstein, an: Seibert & Krafft; in: Heymann, Bd. 1, S. 170, jeweils sehr kurze Auszüge.
14.10.1876	R. Koch, Wollstein, an: Ferdinand Cohn; in: Heymann, Bd. 1, S. 171.
20.10.1876	R. Koch, Wollstein, an: Seibert & Krafft; in: Heymann, Bd. 1, S. 170f.
10.11.1876	T. Billroth, Wien, an: Ferdinand Cohn; in: Heymann, Bd. 1, S. 172f.
15.11.1876	R. Koch, Wollstein, an: Ferdinand Cohn; in: Heymann, Bd. 1, S. 173-175; Harms, S. 147 (Auszug).
04.12.1876	R. Koch, Wollstein, an: Ferdinand Cohn; in: Heymann, Bd. 1, S. 176-178.
25.12.[1876]	R. Koch, Wollstein, an: Seibert & Krafft; in: Heymann, Bd. 1, S. 179f.; Möllers, S. 485f.; Goerke, S. 160.
05.03.1877	R. Koch, Wollstein, an: Ferdinand Cohn; in: Heymann, Bd. 1, S. 181-185.
17.03.1877	R. Koch, Wollstein, an: Ferdinand Cohn; in: Heymann, Bd. 1, S. 185f.
20.05.1877	R. Koch, Wollstein, an: Ferdinand Cohn; in: Heymann, Bd. 1, S. 188-191; Möllers, S. 488f., dort Auszug mit Textabänderung und ohne Nennung des Adressaten und Datum: 22.05.1877.
31.05.1877	R. Koch, Wollstein, an: Ferdinand Cohn; in: Heymann, Bd. 1, S. 191f.; Möllers, S. 489f. (Auszug).
19.06.1877	R. Koch, Wollstein, an: Ferdinand Cohn; in: Heymann, Bd. 1, S. 194f.; Goerke, S. 164.
10.07.1877	R. Koch, Wollstein, an: Ferdinand Cohn; in: Heymann, Bd. 1, S. 196f.
15.07.1877	R. Koch, Wollstein, an: Ferdinand Cohn; in: Heymann, Bd. 1, S. 197f.; Harms, S. 154 (Auszug).
23.07.1877	R. Koch, Wollstein, an: Ferdinand Cohn; in: Heymann, Bd. 1, S. 201f.
29.07.1877	R. Koch, Wollstein, an: Ferdinand Cohn; in: Heymann, Bd. 1, S. 202f.
[?].09.1877	R. Koch, Wollstein, an: Gertrud Koch; in: Heymann, Bd. 1, S. 209; Harms, S. 150 (Auszug).
04.09.1877	R. Koch, Wollstein, an: Ferdinand Cohn; in: Heymann, Bd. 1, S. 205f.; Möllers, S. 108 (Auszug); Harms, S. 155 (Auszug).

20.09.1877	R. Koch, Wollstein, an: Ferdinand Cohn; in: Heymann, Bd. 1, S. 209; Möllers, S. 107f. (Auszug); Harms, S. 156 (Auszug).
02.11.1877	R. Koch, Wollstein, an: Ferdinand Cohn; in: Heymann, Bd. 1, S. 217f.; Möllers, S. 107 (Auszug).
11.11.1877	R. Koch, Wollstein, an: Ferdinand Cohn; in: Heymann, Bd. 1, S. 218f.; Möllers, S. 510f. (Auszug).
24.11.1877	R. Koch, Wollstein, an: Ferdinand Cohn; in: Heymann, Bd. 1, S. 219f.; Möllers, S. 511 (Auszug).
25.12.1877	R. Koch, Wollstein, an: Ferdinand Cohn; in: Heymann, Bd. 1, S. 220-223.
26.12.1877	R. Koch, Wollstein, an: Gustav Fritsch; in: Heymann, Bd. 1, S. 224; Möllers, S. 492.
10.02.1878	R. Koch, Wollstein, an: Gustav Fritsch; in: Heymann, Bd. 1, S. 233f.; Möllers, S. 506.
10.02.1878	R. Koch, Wollstein, an: Seibert & Krafft; in: Heymann, Bd. 1, S. 235f.; Möllers, S. 507f.
18.02.1878	R. Koch, Wollstein, an: Ferdinand Cohn; in: Heymann, Bd. 1, S. 239f.; Möllers, S. 508f.
26.02.1878	R. Koch, Wollstein, an: Seibert & Krafft; in: Heymann, Bd. 1, S. 242; Möllers, S. 512.
27.02.1878	R. Koch, Wollstein, an: Gustav Fritsch; in: Heymann, Bd. 1, S. 241f.; Möllers, S. 511f.
18.06.1878	R. Koch, Wollstein, an: Gustav Fritsch; in: Heymann, Bd. 1, S. 256f.
27.06.1878	R. Koch, Wollstein, an: Ferdinand Cohn; in: Heymann, Bd. 1, S. 257f.; Möllers, S. 109 (Auszug).
22.10.1878	R. Koch, Wollstein, an: Gustav Fritsch; in: Heymann, Bd. 1, S. 264-266, sowie Faksimile.
31.12.1878	R. Koch, Wollstein, an: Ferdinand Cohn; in: Heymann, Bd. 1, S. 270f.; Möllers, S. 112.
17.01.1879	F. Cohn, Breslau, an: Kultusminister; in: Harms, S. 163f.
28.01.1879	R. Koch, Wollstein, an: [F. Cohn?]; in: Möllers, S. 112f.
29.03.1879	R. Koch, Wollstein, an: Gustav Fritsch; in: Heymann, Bd. 1, S. 274f.; Möllers, S. 685 (Auszug).
15.04.1879	R. Koch, Wollstein, an: Carl J. Salomonsen; in: Heymann, Bd. 1, S. 278f.; Möllers, S. 687 (Auszug).
25.06.1879	R. Koch, Wollstein, an: »Breslauer Bekannten« [= F. Cohn]; in: Möllers, S. 115f.

10.07.1879 R. Koch, Wollstein, an: »Kollegen«; in: Heymann, Bd. 1, S. 281f. (lt. Mitteilung Heymanns im Nachlaß von Flügge, jedoch nicht an diesen gerichtet).

07.10.1879 R. Koch, Breslau, an: Regierung Posen; in: Heymann, Bd. 1, S. 283; Möllers, S. 117; Harms, S. 166f.

11.10.1879 R. Koch, Breslau, an: Anders (Hauswirt); in: Heymann, Bd. 1, S. 283f.; Möllers, S. 117f.

12.03.1880 R. Koch, Wollstein, an: keine Angabe [Chirurg = Theodor Billroth?]; in: Hippokrates 27 (1957), S. 352f.

10.04.1880 J. H. Struck, Berlin, an: R. Koch, in: Möllers, S. 125f. (b1/806).

05.07.1880 Hofmann (Staatssekretär, i.V. des Reichskanzlers), Berlin; an: R. Koch, in: Möllers, S. 127.

12.02.1882 R. Koch, Berlin, an: Georg Gaffky; in: Heymann, Bd. 2, S. 47f.

14.07.1882 R. Koch, [Berlin], an: Georg Gaffky; in: Möllers, S. 533.

27.09.1882 R. Koch, Berlin, an: Justi; in: Heymann, Bd. 2, S. 35f.

21.05.1883 R. Koch, Berlin, an: Gertrud Koch; in: Pfuhl, *Privatbriefe von Robert Koch*, H. 3, S. 185; Möllers, S. 137.

25.08.1883 R. Koch, Alexandria, an: Emmy Koch; in: Pfuhl, *Privatbriefe von Robert Koch*, H. 3, S. 186; Möllers, 138 (Auszug), Heymann, Bd. 2, S. 59f.

18.09.1883 R. Koch, Alexandria, an: [Emmy Koch]; in: Biewend, *Aus der Familienchronik*, H. 2, S. 226f.; Möllers, S. 138f.

22.10.1883 R. Koch, Kairo, an: Gertrud Koch; in: Pfuhl, *Privatbriefe von Robert Koch*, H. 3, S. 186.

23.10.1883 R. Koch, Suez, an: Gertrud Koch; in: Möllers, S. 140.

10.11.1883 R. Koch, Suez, an: [Emmy Koch]; in: Biewend, *Aus der Familienchronik*, H. 2, S. 227; Möllers, S. 140f.

10.11.1883 R. Koch, Suez, an: Gertrud Koch; in: Pfuhl, *Privatbriefe von Robert Koch*, H. 3, S. 186f.; Wezel, S. 118f.; Möllers, S. 141f. (abweichender Text!), Heymann, Bd. 2, S. 71f.

11.11.1883 R. Koch, Suez, an: Hugo Koch (Bruder), Suez; in: Möllers, S. 142f., Heymann, Bd. 2, S. 72f.

28.11.1883 R. Koch, Colombo auf Ceylon, an: [Emmy Koch]; in: Biewend, *Aus der Familienchronik*, H. 2, S. 228; Möllers, S. 143.

11.12.1883 R. Koch, Kalkutta, an: Emmy Koch; in: Möllers, S. 144, Heymann, Bd. 2, S. 75.

24.12.1883	R. Koch, Kalkutta, an: Emmy Koch; in: Biewend, *Aus der Familienchronik*, H. 2, S. 228f.; Möllers, S. 144, Heymann, Bd. 2, S. 77.
25.01.1884	R. Koch, Kalkutta, an: Emmy Koch; in: Möllers, S. 145f., Heymann, Bd. 2, S. 78.
12.02.1884	R. Koch, Kalkutta, an: Gertrud Koch; in: Wezel, S. 119f.; Möllers, S. 146f., Heymann, Bd. 2, S. 82f.
18.12.1884	R. Koch, Berlin, an: Carl Flügge; in: Möllers, S. 157-159.
[1884]	Otto von Bismarck, [Berlin], an: R. Koch; in: Möllers, S. 155, Faksimile (undatiert, ca. 1884).
28.01.1885	R. Koch, Berlin, an: Carl Flügge; in: Möllers, S. 627f.
13.03.1885	Boetticher, Karl Heinrich von (1833-1907), Berlin, an: R. Koch; in: Harms, S. 220; korrektes Datum: 13. Mai 1885 (b1/695).
12.05.1885	R. Koch, Berlin, an: Ernst von Leyden; in: Möllers, S. 172.
12.05.1885	Ernst von Leyden, Berlin, an: R. Koch; in: Möllers, S. 172.
31.05.1885	R. Koch, Rom, an: Georg Gaffky; in: Möllers, S. 172-174 (b2/054).
06.06.1885	R. Koch, Rom, an: Gertrud Koch; in: Möllers, S. 174f.
30.12.1885	R. Koch, Berlin, an: Carl Flügge, in: Möllers, S. 178.
15.07.1886	R. Koch, Berlin, an: Carl Flügge, in: Möllers, S. 179.
23.07.1886	R. Koch, [Berlin], an: Arnold Libbertz; in: Möllers, S. 179f.
06.08.1886	R. Koch, Pontresina, an: Emmy Koch; in: Pfuhl, *Privatbriefe von Robert Koch*, H. 3, S. 189.
10.08.1886	R. Koch, Pontresina, an: Georg Gaffky; in: Möllers, S. 180f. (b2/055).
18.08.1886	R. Koch, Brunnen, an: Emmy Koch; in: Pfuhl, *Privatbriefe von Robert Koch*, H. 3, S. 189; Möllers, S. 181f.
01.09.1886	R. Koch, Zermatt, an: Emmy Koch; in: Möllers, S. 182.
29.10.1886	R. Koch, Berlin, an: Arnold Libbertz; in: Möllers, S. 182f.
03.11.1886	R. Koch, Berlin, an: Georg Gaffky; in: Möllers, S. 183f. (b2/057).
01.12.1886	R. Koch, Berlin, an: Carl Flügge; in: Möllers, S. 184.
12.12.1886	R. Koch, Berlin, an: Carl Flügge; in: Möllers, S. 184 (Auszug).
08.07.1887	R. Koch, Berlin, an: Arnold Libbertz; in: Möllers, S. 185 (Auszug).
08.10.1887	R. Koch, Berlin, an: Carl Flügge; in: Möllers, S. 185 (Auszug).

11.11.1887	R. Koch, Berlin, an: Carl Flügge; in: Möllers, S. 185 (Auszug).
22.07.1888	R. Koch, [Berlin?], an: Arnold Libbertz; in: Möllers, S. 185f. (Auszug).
24.09.1888	R. Koch, [Berlin], an: Carl Flügge; in: Möllers, S. 186; Harms, S. 222f.
26.12.1888	R. Koch, [Berlin], an: Carl Flügge; in: Möllers, S. 186; Harms, S. 222f.
28.12.1888	R. Koch, Berlin, an: Georg Gaffky; in: Möllers, S. 188 (b2/061).
12.08.1889	R. Koch, Pontresina, an: Gertrud Pfuhl (geb. Koch); in: Pfuhl, *Privatbriefe von Robert Koch*, H. 3, S. 190.
08.09.1889	R. Koch, [Berlin], an: Carl Flügge; in: Möllers, S. 188f. (Auszug).
24.10.1889	R. Koch, [Berlin], an: Carl Flügge; in: Möllers, S. 189 (Auszug).
22.12.1889	R. Koch, Berlin, an: Georg Gaffky; in: Möllers, S. 189 (Auszug) (b2/063).
29.04.1890	R. Koch, [Berlin], an: Arnold Libbertz; in: Möllers, S. 190.
29.04.1890	R. Koch, [Berlin], an: Theodor Billroth; in: Möllers, S. 190f.
23.12.1890	R. Koch, Berlin, an: Georg Gaffky; in: Möllers, S. 201 (b2/064).
12.02.1891	R. Koch, Alexandria, an: Emmy Pfuhl; in: Möllers, S. 205 (Auszug).
06.03.1891	R. Koch, Kairo, an: Hedwig Freiberg; in: Deutsche Medicinische Wochenschrift 65 (1939), S. 1609; Möllers, S. 207f.; Harms, S. 247 (Auszug).
10.03.1891	R. Koch, Kairo, an: Eduard Pfuhl; in: Möllers, S. 206f.
12.03.1891	R. Koch, Kairo, an: Paul Ehrlich; in: Möllers, S. 208.
12.03.1891	R. Koch, Kairo, an: Minister Gossler; in: Möllers, S. 209f.
20.03.1891	R. Koch, Alexandria, an: Georg Gaffky; in: Möllers, S. 208f. (b2/065).
14.04.1891	R. Koch, Berlin, an: Minister v. Zedlitz; in: Möllers, S. 210.
09.07.1891	R. Koch, Berlin, an: Carl Flügge; in: Möllers, S. 211; Harms, S. 252.
25.08.1892	R. Koch, Hamburg, an: Hedwig Freiberg; in: Möllers, S. 630f.; Harms, S. 255.

08.10.1892	R. Koch, Berlin, an: Georg Gaffky; in: Möllers, S. 631 (b2/068).
16.10.1892	R. Koch, Berlin, an: Georg Gaffky; in: Möllers, S. 631f. (b2/069).
08.02.1893	R. Koch, [Berlin], an: Eduard Pfuhl; in: Möllers, S. 632f.
10.02.1893	R. Koch, [Berlin], an: Eduard Pfuhl; in: Möllers, S. 633.
16.02.1894	R. Koch, [Berlin], an: Emil Behring; in: Möllers, S. 377.
25.04.1894	R. Koch, [Berlin], an: Arnold Libbertz; in: Möllers, S. 225 (Auszug).
25.04.1894	R. Koch, Berlin, an: Georg Gaffky; in: Möllers, S. 225 (Auszug) (b2/071).
19.09.1894	R. Koch, [Berlin], an: Arnold Libbertz; in: Möllers, S. 225 (Auszug).
19.11.1894	R. Koch, Berlin, an: Georg Gaffky; in: Möllers, S. 225f. (Auszug) (b2/073).
03.12.1894	R. Koch, Berlin-Westend, an: Georg Gaffky; in: Möllers, S. 226 (b2/074).
21.12.1894	R. Koch, Berlin, an: Georg Gaffky; in: Möllers, S. 226 (Auszug) (b2/009).
Januar 1895	Arnold Libbertz, Frankfurt, an: R. Koch; in: Möllers, S. 227. Es ist unklar, ob der Brief von Dezember 1894 oder Januar 1895 datiert.
29.03.1895	R. Koch, [Berlin], an: Emil Behring; in: Möllers, S. 377.
30.08.1895	R. Koch, [Berlin], an: Arnold Libbertz; in: Möllers, S. 377.
19.12.1895	R. Koch, [Berlin], an: Georg Gaffky; in: Möllers, S. 228.
01.02.1896	R. Koch, Kairo, an: Carl Flügge; in: Möllers, S. 228.
01.02.1896	R. Koch, Kairo, an: Richard Pfeiffer; in: Möllers, S. 232 (b2/011).
28.02.1896	R. Koch, Luxor, an: Ludwig Brieger [?], Adressat laut: Hoechster Archiv, 1968, S. 30-33*, Faksimile (b2/012).
28.02.1896	R. Koch, Luxor, an: Carl Weigert (lt. Möllers), mit Faksimile; in: Möllers, S. 229-231.
01.05.1896	R. Koch, [Berlin], an: Emil Behring; in: Möllers, S. 378f.
18.06.1896	R. Koch, [Berlin], an: Eduard Pfuhl; in: Möllers, S. 232, erwähnt, kein Text.

* 1968 hatte es Leihgaben an das Werksarchiv der Hoechster Farbwerke seitens des Robert Koch-Instituts gegeben.

19.10.1896	R. Koch, [Berlin], an: Arnold Libbertz; in: Möllers, S. 584.
24.10.1896	R. Koch, [Berlin], an: Arnold Libbertz; in: Möllers, S. 585f.
04.11.1896	R. Koch, [Berlin], an: Arnold Libbertz; in: Möllers, S. 586f.
05.11.1896	R. Koch, Berlin, an: Gertrud Pfuhl; in: Pfuhl, *Privatbriefe von Robert Koch*, H. 3, S. 190f.
08.11.1896	R. Koch, Westend-Berlin, an: Arnold Libbertz; in: Möllers, S. 587.
11.11.1896	R. Koch, Berlin, an: Arnold Libbertz; in: Möllers, S. 588 (Auszug).
28.12.1896	R. Koch, Kimberley, an: Wilhelm Kolle; in: Kolle, S. 24-26.
08.03.1897	R. Koch, Kimberley, an: Wilhelm Kolle; in: Kolle, S. 26-31 (dort mit Anmerkung, das korrekte Datum müsse 8. Mai 1897 sein, mit Faksimile).
22.03.1897	R. Koch, Kimberley, an: Arnold Libbertz; in: Möllers, S. 709 (Auszug).
22.03.1897	R. Koch, Kimberley, an: Arnold Libbertz; in: Möllers, S. 588 (Auszug).
28.06.1897	R. Koch, Bombay, an: Wilhelm Kolle ; in: Kolle, S. 33-35.
28.06.1897	R. Koch, Bombay, an: Arnold Libbertz; in: Möllers, S. 235; Harms, S. 261 (Auszug).
07.09.1897	R. Koch, Daressalam, an: Wilhelm Kolle; in: Kolle, S. 36-38.
10.11.1897	R. Koch, Daressalam, an: Wilhelm Kolle; in: Kolle, S. 39f.
10.05.1898	R. Koch, Rom, an: Arnold Libbertz; in: Möllers, S. 236 (Auszug).
10.05.1898	R. Koch, Rom, an: Georg Gaffky; in: Möllers, S. 236f. (Auszug) (b2/081).
09.08.1898	R. Koch, Berlin, an: Wilhelm Kolle; in: Kolle, S. 41f.
19.10.1898	R. Koch, Berlin, an: Arnold Libbertz; in: Möllers, S. 657f. (Auszug).
20.10.1898	R. Koch, [Berlin], an: Bartholomeo Gosio; in: Möllers, S. 658.
24.10.1898	R. Koch, Berlin, an: Wilhelm Kolle; in: Kolle, S. 43f.
16.11.1898	R. Koch, Berlin, an: Carl Flügge; in: Möllers, S. 658f. (Auszug).
19.11.1898	R. Koch, Berlin, an: Vagedes; in: Möllers, S. 695 erwähnt, kein Text.
19.11.1898	R. Koch, Berlin, an: Arnold Libbertz; in: Möllers, S. 659f.
26.11.1898	R. Koch, Berlin, an: Bartholomeo Gosio; in: Möllers, S. 660.

06.01.1899	R. Koch, Berlin, an: Carl Flügge; in: Möllers, S. 237 (Auszug).
07.01.1899	R. Koch, Berlin, an: Arnold Libbertz; in: Möllers, S. 238 (Auszug).
10.01.1899	R. Koch, Berlin, an: Marine-Oberstabsarzt Weiss; in: Möllers, S. 660f. (Auszug).
12.01.1899	R. Koch, Berlin, an: Marine-Oberstabsarzt Weiss; in: Möllers, S. 661 (Auszug).
20.01.1899	R. Koch, Berlin, an: Carl Flügge; in: Möllers, S. 237f. (Auszug).
22.01.1899	R. Koch, Berlin, an: Arnold Libbertz; in: Möllers, S. 379 (Auszug).
27.02.1899	R. Koch, Berlin, an: Bartholomeo Gosio; in: Möllers, S. 662 (Auszug).
19.04.1899	R. Koch, Berlin, an: Bartholomeo Gosio; in: Möllers, S. 662f. (Auszug).
07.05.1899	R. Koch, Grosseto, an: Marine-Oberstabsarzt Weiss; in: Möllers, S. 661 (Auszug).
01.06.1899	Richard Pfeiffer, Berlin, an: R. Koch; in: Möllers, S. 238f. (b1/018).
05.06.1899	R. Koch, Grosseto, an: Richard Pfeiffer; in: Möllers, S. 239f.
13.06.1899	Richard Pfeiffer, Berlin, an: R. Koch; in: Möllers, S. 240f. (b1/111).
07.08.1899	R. Koch, Grosseto, an: Marine-Oberstabsarzt Weiss; in: Möllers, S. 661f. (Auszug).
15.08.1899	R. Koch, Rom, an: Wilhelm Kolle; in: Kolle, S. 45.
15.08.1899	R. Koch, Rom, an: Arnold Libbertz ; in: Möllers, S. 663f.
18.08.1899	R. Koch, Neapel, an: Georg Gaffky; in: Möllers, S. 241f. (b2/016).
23.08.1899	R. Koch, Neapel, an: Richard Pfeiffer; in: Möllers, S. 242f. (b2/017).
03.10.1899	Paul Frosch, Berlin, an: R. Koch; in: Möllers, S. 243f. (b1/067, korrektes Datum: 13.10.1899).
22.10.1899	R. Koch, Batavia, an: Bartholomeo Gosio; in: Möllers, S. 664, (Auszug).
19.11.1899	Wilhelm Dönitz, [Frankfurt], an: R. Koch; in: Möllers, S. 245f. (b1/046).

20.06.1900	R. Koch, Herbertshöhe, an: Arnold Libbertz; in: Möllers, S. 252f.
10.11.1900	R. Koch, [Berlin-]Westend, an: Richard Pfeiffer; in: Möllers, S. 253f. (Auszug).
10.11.1900	R. Koch, Berlin, an: Georg Gaffky; in: Möllers, S. 644 (b2/084).
20.03.1901	R. Koch, Berlin, an: Paul Frosch; in: Möllers, S. 675f. (b2/029).
16.05.1901	R. Koch, [Berlin], an: Arnold Libbertz; in: Möllers, S. 254 (Auszug).
04.06.1901	R. Koch, [Berlin], an: v. Vagedes; in: Möllers, S. 254-256.
19.07.1901	R. Koch, [Berlin], an: v. Vagedes; in: Möllers, S. 256f.
08.08.1901	R. Koch, Berlin, an: Wilhelm Kolle; in: Kolle, S. 46.
11.08.1901	R. Koch, Berlin, an: Paul Frosch; in: Möllers, S. 259 (Auszug) (b2/034).
27.10.1901	R. Koch, Berlin, an: Arnold Libbertz; in: Möllers, S. 260.
24.11.1901	R. Koch, Berlin, an: Carl Flügge; in: Möllers, S. 261 (Auszug).
25.11.1901	R. Koch, [Berlin], an: v. Vagedes; in: Möllers, S. 257f.
05.01.1902	R. Koch, [Berlin], an: Arnold Libbertz; in: Möllers, S. 261 (Auszug).
02.02.1902	R. Koch, [Berlin], an: Richard Pfeiffer; in: Möllers, S. 261 (Auszug) (b2/021).
20.02.1902	R. Koch, [Berlin], an: Arnold Libbertz; in: Möllers, S. 262 (Auszug).
26.03.1902	R. Koch, [Berlin], an: Bartholomeo Gosio; in: Möllers, S. 676f.
28.06.1902	R. Koch, [Berlin], an: Paul Frosch; in: Möllers, S. 262f. (Auszug) (b2/039).
07.08.1902	R. Koch, [Berlin], an: Paul Frosch; in: Möllers, S. 263 (Auszug) (b2/040).
29.08.1902	R. Koch, [Berlin], an: Arnold Libbertz; in: Möllers, S. 263 (Auszug).
18.10.1902	R. Koch, Berlin, an: Paul Kupelwieser; in: Möllers, S. 674f.
12/1902	»Regierung von Rhodesien«, an: R. Koch; in: Möllers, S. 264 genannt, kein Text.
25.12.1902	R. Koch, Berlin, an: Carl Flügge; in: Möllers, S. 264 (Auszug).
25.12.1902	R. Koch, Berlin, an: Georg Gaffky; in: Möllers, S. 264f. (Auszug) (b2/085).

29.12.1902	R. Koch, [Berlin], an: Arnold Libbertz; in: Möllers, S. 265 (Auszug).
08.01.1903	Shibasaburo Kitasato, Tokio, an: R. Koch; in: Möllers, S. 417f. (b1/223, korrektes Datum: 28. Januar 1903).
27.03.1903	R. Koch, Bulawayo, an: Wilhelm Dönitz; in: Möllers, S. 265f. (b2/137).
02.04.1903	R. Koch, Bulawayo, an: Paul Frosch; in: Möllers, S. 266f. (b2/042).
02.04.1903	R. Koch, Bulawayo, an: Gustav Fritsch; in: Möllers, S. 267f.
01.05.1903	R. Koch, Bulawayo, an: Arnold Libbertz; in: Möllers, S. 268.
01.05.1903	R. Koch, Bulawayo, an: Bartholomeo Gosio; in: Möllers, S. 268f.
01.05.1903	R. Koch, Bulawayo, an: Wilhelm Dönitz; in: Möllers, S. 269 (b2/138).
14.05.1903	R. Koch, Bulawayo, an: Paul Frosch; in: Möllers, S. 269f. (b2/043).
17.07.1903	R. Koch, Bulawayo, an: Wilhelm Kolle; in: Kolle, S. 47f.
17.07.1903	R. Koch, Bulawayo, an: Wilhelm Dönitz; in: Möllers, S. 270-272.
08.08.1903	R. Koch, Bulawayo, an: Gertrud Pfuhl; in: Pfuhl, *Privatbriefe von Robert Koch*, H. 3, S. 191.
10.10.1903	R. Koch, Bulawayo, an: Georg Gaffky; in: Möllers, S. 272f.
16.10.1903	R. Koch, Bulawayo, an: Arnold Libbertz; in: Möllers, S. 273f.
14.12.1903	R. Koch, Bulawayo, an: Gertrud Pfuhl; in: Pfuhl, *Privatbriefe von Robert Koch*, H. 3, S. 192; Möllers, S. 276f. (abweichender Text).
14.12.1903	R. Koch, Bulawayo, an: Wilhelm Dönitz; in: Möllers, S. 277f. (b2/140)
16.12.1903	R. Koch, Bulawayo, an: Wilhelm Kolle; in: Kolle, S. 49f.; Harms, S. 275 (Auszüge)
17.12.1903	R. Koch, Bulawayo, an: Arnold Libbertz; in: Möllers, S. 278.
18.12.1903	R. Koch, Bulawayo, an: Carl Flügge; in: Möllers, S. 279.
09.01.1904	R. Koch, [Bulawayo], an: Bartholomeo Gosio; in: Möllers, S. 279f.
15.01.1904	R. Koch, [Bulawayo], an: Wilhelm Dönitz; in: Möllers, S. 280f. (b2/141).
22.01.1904	R. Koch, [Bulawayo], an: Paul Frosch; in: Möllers, S. 281f.

22.01.1904	R. Koch, Bulawayo, an: Carl Weigert; in: Möllers, S. 282f.; Harms, S. 276.
[1/ 1904?]	R. Koch, [Bulawayo], an: Georg Gaffky, in: Harms, S.276.
22.01.1904	R. Koch, Bulawayo, an: Emil Behring[?]; in: Möllers, S. 379 [wahrscheinlich Paul Ehrlich, denn erwähnt wird Bd. 7 »Beiträge zur experimentellen Therapie«].
03.02.1904	R. Koch, [Bulawayo], an: Wilhelm Pohnert; in: Möllers, S. 283 erwähnt, kein Text.
17.02.1904	R. Koch, Bulawayo, an: Wilhelm Dönitz; in: Möllers, S. 283f. (b2/142).
16.05.1904	R. Koch, Rom, an: Wilhelm Dönitz; in: Möllers, S. 284 (b2/143).
18.05.1904	R. Koch, [Rom], an: Friedrich K. Kleine; in: Möllers, S. 286 (Auszug).
28.05.1904	R. Koch, Rom, an: Wilhelm Dönitz; in: Möllers, S. 286 (b2/144).
02.06.1904	R. Koch, Bad Ems, an: Georg Gaffky; in: Möllers, S. 286f. (b2/087).
19.06.1904	R. Koch, Berlin, an: Arnold Libbertz; in: Möllers, S. 287; Harms, S. 279 (Auszug).
23.06.1904	R. Koch, Berlin, an: Richard Pfeiffer; in: Möllers, S. 287f.
01.07.1904	R. Koch, Berlin, an: Arnold Libbertz; in: Möllers, S. 288.
05.08.1904	R. Koch, Berlin, an: Bartholomeo Gosio; in: Möllers, S. 290.
31.08.1904	R. Koch, Berlin, an: Arnold Libbertz; in: Möllers, S. 290 (Auszug).
18.10.1904	R. Koch, [Berlin], an: Arnold Libbertz; in: Möllers, S. 291 (Auszug).
05.11.1904	R. Koch, [Berlin], an: Shibasaburo Kitasato; in: Wezel, S. 123.
26.12.1904	R. Koch, Neapel, an: Wilhelm Kolle; in: Kolle, S. 51, mit Faksimile, S. 52f.
31.12.1904	R. Koch, Dampfer Markgraf, an: Georg Gaffky; in: Möllers, S. 294 (Auszug) (b2/088).
31.12.1904	R. Koch, Dampfer Markgraf, an: Wilhelm Kolle; in: Kolle, S. 54, mit Faksimile, S. 55-57.
26.04.1905	R. Koch, Iringa, an: ohne Angabe [Gertrud Pfuhl?]; in: Möllers, S. 296f., nach: Kölnische Zeitung, 03.05.1905.
01.05.1905	R. Koch, Iringa, an: Wilhelm Dönitz; in: Möllers, S. 269.

03.05.1905	R. Koch, Iringa, an: Friedrich K. Kleine; in: Möllers, S. 297 (b2/019).
03.05.1905	R. Koch, Iringa, an: Georg Gaffky; in: Möllers, S. 297-299; Harms, S. 284 (Auszug) (b2/089).
03.05.1905	R. Koch, Iringa, an: Wilhelm Kolle; in: Kolle, S. 58f.
25.06.1905	R. Koch, Daressalam, an: Georg Gaffky; in: Möllers, S. 299f. (b2/090).
25.06.1905	R. Koch, Daressalam, an: Wilhelm Dönitz; in: Möllers, S. 300f. (b2/145).
26.06.1905	R. Koch, Daressalam, an: Friedrich K. Kleine; Faksimile in: Möllers, S. 691-694.
27.06.1905	R. Koch, Daressalam, an: Arnold Libbertz; in: Möllers, S. 301 (Auszug); zuerst in: Frankfurter Zeitung vom 05.06.1910.
05.08.1905	R. Koch, Amani, an: Gertrud Pfuhl; in: Pfuhl, *Privatbriefe von Robert Koch*, H. 3, S. 193f.
31.08.1905	R. Koch, Amani, an: A. Libbertz; in: Möllers, S. 302.
31.08.1905	R. Koch, Amani, an: Georg Gaffky; in: Möllers, S. 302f. (b2/091).
01.09.1905	R. Koch, Amani, an: Wilhelm Kolle; in: Möllers, S. 303 (Auszug).
22.12.1905	R. Koch, [Berlin], an: Arnold Libbertz; in: Möllers, S. 306f. (Auszug).
14.02.1906	R. Koch, [Berlin], an: Arnold Libbertz; in: Möllers, S. 307 (Auszug).
10.03.1906	R. Koch, [Berlin], an: Carl Flügge; in: Möllers, S. 309f. (Auszug).
22.03.1906	R. Koch, [Berlin], an: Arnold Libbertz; in: Möllers, S. 310 (Auszug), Heymann, Bd. 2, S. 100f. (vollständig).
02.04.1906	R. Koch, [Berlin], an: Arnold Libbertz; in: Möllers, S. 310 (Auszug), Heymann, Bd. 2, S. 101 (vollständig).
20.04.1906	R. Koch, vor Port Said, an: Georg Gaffky; in: Möllers, S. 310f., Heymann, Bd. 2, S. 107 (b2/092).
22.05.1906	R. Koch, Amani, an: Georg Gaffky; in: Möllers, S. 311, Heymann, Bd. 2, S. 116f. (b2/093).
04.06.1906	R. Koch, [Amani], an: Wilhelm Pohnert; in: Möllers, S. 312 erwähnt, kein Text.
22.07.1906	R. Koch, [Muansa], an: Milne; in: Heymann, Bd. 2, S. 145, vermutlich unvollständig.

22.07.1906	R. Koch, [Muansa], an: ohne Angabe; in: Heymann, Bd. 2, S. 145.
30.07.1906	R. Koch, Muansa, an: Georg Gaffky; in: Möllers, S. 312f. (Auszug), Heymann, Bd. 2, S. 146f. (vollständig)
03.08.1906	R. Koch, Muansa, an: Gertrud Pfuhl; in: Pfuhl, *Privatbriefe von Robert Koch*, H. 3, S. 194f.; Möllers, S. 313f. (abweichender Text), Heymann, Bd. 2, S. 147f.
15.09.1906	R. Koch, Sese, an: Georg Gaffky; in: Möllers, S. 314-317 (b2/095).
29.09.1906	R. Koch, Sese, an: Julius Schwalbe; in: Deutsche Medicinische Wochenschrift 55 (1926), S. 1772.
22.10.1906	R. Koch, Sese, an: Georg Gaffky; in: Möllers, S. 318f. (b2/096).
24.10.1906	R. Koch, Sese, an: Gertrud Pfuhl; in: Pfuhl, *Privatbriefe von Robert Koch*, H. 3, S. 195f.; Möllers, S. 319f.; Wezel, S. 93f.
27.11.1906	R. Koch, Sese, an: Arnold Libbertz; in: Möllers, S. 320f. (Auszug); zuerst in: Frankfurter Zeitung, 05.06.1910.
07.12.1906	R. Koch, Sese, an: Georg Gaffky; in: Möllers, S. 321f. (b2/097).
07.12.1906	R. Koch, Sese, an: Bernhard Möllers; in: Möllers, S. 322f.
20.12.1906	R. Koch, Sese, an: Bernhard Möllers; in: Möllers, S. 323 (Auszug).
17.02.1907	R. Koch, Sese, an: Georg Gaffky; in: Möllers, S. 324 (Auszug) (b2/098).
03.03.1907	R. Koch, Sese, an: Gertrud Pfuhl; in: Pfuhl, *Privatbriefe von Robert Koch*, H. 3, S. 196f.; Wezel, S. 94f.; Möllers, S. 325f.
20.04.1907	R. Koch, Sese, an: Georg Gaffky; in: Möllers, S. 332f. (b2/099).
20.04.1907	R. Koch, Sese, an: Wilhelm Dönitz; in: Möllers, S. 333f. (b2/147).
19.05.1907	R. Koch, Sese, an: Georg Gaffky; in: Möllers, S. 334-336; Harms, S. 301 (Auszug) (b2/100).
24.07.1907	R. Koch, Sese, an: Julius Schwalbe; in: Wezel, S. 52.
27.07.1907	R. Koch, Sese, an: Gertrud Pfuhl; in: Pfuhl, *Privatbriefe von Robert Koch*, H. 3, S. 197f.; Wezel, S. 126f.; Möllers, S. 336 (Auszug).
03.08.1907	R. Koch, Sese, an: Wilhelm Kolle; in: Möllers, S. 337f.

03.08.1907	R. Koch, Sese, an: Georg Gaffky; in: Möllers, S. 338f. (b2/101).
23.08.1907	R. Koch, Sese, an: Arnold Libbertz; in: Möllers, S. 339f.; zuerst in: Frankfurter Zeitung, 05.06.1910.
24.08.1907	R. Koch, Sese, an: Julius Schwalbe; in: Deutsche Medicinische Wochenschrift 55 (1929), S. 1772; Möllers, S. 328f.
12.12.1907	R. Koch, Berlin, an: Carl Flügge; in: Möllers, S. 344.
12.12.1907	R. Koch, Berlin, an: Wilhelm Kolle; in: Kolle, S. 60.
17.12.1907	R. Koch, [Berlin], an: Arnold Libbertz; in: Möllers, S. 344 (Auszug).
12/1907 o. 1/1908	R. Koch, Berlin, an: Bartholomeo Gosio; in: Möllers, S. 345.
19.02.1908	R. Koch, Berlin, an: Wilhelm Kolle; in: Kolle, S. 62.
07.03.1908	R. Koch, Berlin, an: Wilhelm Kolle; in: Kolle, S. 64.
18.04.1908	R. Koch, Keystone in Iowa, an: Shibasaburo Kitasato; in: Wezel, S. 103f.; Möllers, S. 419; Harms, S. 305.
21.05.1908	R. Koch, Honolulu, an: Georg Gaffky; in: Möllers, S. 346f. (b2/020).
22.05.1908	R. Koch, Honolulu, an: Shibasaburo Kitasato; in: Wezel, S. 104; Möllers, S. 419 erwähnt, kein Text.
22.05.1908	R. Koch, Honolulu, an: Bernhard Möllers; in: Möllers, S. 347f.
11.07.1908	R. Koch, Kamakura, an: Bernhard Möllers; in: Möllers, S. 348f.
16.07.1908	R. Koch, [Kamakura?] an: Georg Gaffky; in: Wezel, S. 105 (als Faksimile, dort datiert auf »Mai 1908«); Möllers, S. 424f.
12.08.1908	R. Koch, Kyoto, an: Gertrud Pfuhl; in: Pfuhl, *Privatbriefe von Robert Koch*, H. 3, S. 198f.; Wezel, S. 110f.; Möllers, S. 349f.; Goerke, S. 171.
12.08.1908	R. Koch, Kyoto, an: Bernhard Möllers; in: Möllers, S. 350 erwähnt, kein Text.
20.08.1908	R. Koch, Yokohama, an: Martin Kirchner; in: Möllers, S. 350f.
16.09.1908	R. Koch, Winnipeg, an: Shibasaburo Kitasato; in: Wezel, S. 111; Möllers, S. 425f.
06.10.1908	R. Koch, Baltimore, an: Bartholomeo Gosio; in: Möllers, S. 351.
04.11.1908	R. Koch, Berlin, an: Shibasaburo Kitasato; in: Wezel, S. 112; Möllers, S. 426 (Auszug).

04.11.1908	R. Koch, Berlin, an: Arnold Libbertz; in: Möllers, S. 427 (Auszug).
30.01.1909	R. Koch, Berlin, an: Shibasaburo Kitasato; in: Wezel, S. 113f.; Möllers, S. 427f.
16.02.1909	R. Koch, Berlin, an: Arnold Libbertz; in: Möllers, S. 353.
12.12.1909	R. Koch, Berlin, an: Bartholomeo Gosio; in: Möllers, S. 353f.
12.12.1909	R. Koch, Berlin, an: Agathe Kolle; in: Kolle, S. 65, mit Faksimile, S. 66.
18.12.1909	R. Koch, Berlin, an: Frau Kolle; in: Kolle, S. 67.
27.05.1910	Libbertz, Baden-Baden, an: Eduard Pfuhl; in: Harms, S. 312.

QUELLEN UND LITERATUR

Ungedruckte Quellen

Bundesarchiv Berlin

Rep. R09.01, Auswärtiges Amt, Nr. 20481

Rep. R10.01, Reichs-Kolonial-Amt, Nr. 5963

Rep. R15.01, RMdI, Nr. 10934, 11245, 11337, 11727

61 KO 1, Deutsche Kolonialgesellschaft, Nr. 1006

Universitätsarchiv der Humboldt-Universität (UAHU), Bestand Hygiene-Institut.

Nachlaß Robert Koch, Berlin
Robert Koch-Institut, Bundesministerium für Gesundheit
Institut für Mikrobiologie und Hygiene der Humboldt-Universität zu Berlin

Nachlaß Shibasaburo Kitasato: Kitasato-Institut/Tokio

Gedruckte Quellen und Literatur

Angermann, E., *Forckenbeck*, in: *Neue Deutsche Biographie*, Bd. 5, Berlin 1961, S. 296-298.

Ausführungsbestimmungen zum Gesetz, betreffend die Bekämpfung gemeingefährlicher Krankheiten. 30. Juni 1900, in: *Reichsgesetzblatt* (1904), S. 67.

Bäumler, Ernst, *Paul Ehrlich. Forscher für das Leben*, 3. Aufl., Frankfurt/Main 1997.

Becher, Wilhelm, *Robert Koch –Eine biographische Studie*, Berlin 1890, 2. Aufl., 1891.

Beck, Friedrich/Eckart Henning (Hrsg.), *Die archivalischen Quellen. Eine Einführung in ihre Benutzung*, Weimar 1994.

Behring, Emil/Shibasaburo Kitasato, *Ueber das Zustandekommen der Diphtherie-Immunität und der Tetanus-Immunität bei Thieren*, in: *Deutsche Medicinische Wochenschrift* 16 (1890), S. 1113f.

Biewend, Robert, *Aus der Familienchronik von Robert Koch. Biographische Mitteilungen*, in: *Deutsche Revue (über das nationale Leben der Gegenwart)* 16 (1891), H. 1, S. 179-186, 296-318 und H. 2, S. 87-100, 219-231.

Bochalli, Richard, *Robert Koch, der Schöpfer der modernen Bakteriologie*, Stuttgart 1954.

Brieger, Ludwig, *Ueber den Betrieb des Koch'schen Instituts für Infektionskrankheiten*, II: *Die Krankenabtheilung*, in: *Deutsche Medicinische Wochenschrift* 18 (1892), S. 104f.

Brock, Thomas D., *Robert Koch. A Life in Medicine and Bacteriology*, Berlin-New York 1988, 2. Auf. 1998.

Goldenes Buch der Robert-Koch-Stiftung zur Bekämpfung der Tuberkulose, Berlin 1908 [1911].

Cohn, Ferdinand, *Ueber Bacterien, die kleinsten lebenden Wesen*, Berlin 1872.

Cohn, Ferdinand, *Brief über R. Koch*, in: *Deutsche Revue (über das nationale Leben der Gegenwart)* 16 (1891), S. 30f.

Cohn, Ferdinand, *Zur weiteren Kenntnis des Febr[is] recurrens und der Spirochaeten*, in: *Deutsche Medicinische Wochenschrift* 5 (1879), H.16, *Kleine Mitteilungen;* auch in: Robert Koch, *Gesammelte Werke*, Bd. 1,1, S. 109f.

Conferenz zur Erörterung der Cholera-Frage [Protokolle. 1. Jahr], in: *Berliner Klinische Wochenschrift* 21 (1884), S. 477-483, 493-503, 509-521 und Nr. 37a, S. 1-78.

Conferenz zur Erörterung der Cholera-Frage, [2. Jahr], Kleine Mitteilungen, in: *Berliner Klinische Wochenschrift* 22 (1885), S. 309f., 325f.

Conferenz zur Erörterung der Cholera-Frage, 2. Jahr, in: *Deutsche Medicinische Wochenschrift* 11 (1885), Heft 37a/b.

Crookshrank, Edgar: *Photography of Bacteria*, London 1887.

Dettke, Barbara, *Die asiatische Hydra. Die Cholera von 1830/31 in Berlin und den preußischen Provinzen Posen, Preußen und Schlesien* (= Veröffentlichungen der Historischen Kommission zu Berlin, Bd. 89), Berlin 1995.

Diskussion zu Grawitz: Die Anpassungstheorie der Schimmelpilze und die Kritik des Kaiserlichen Gesundheits-Amtes, in: *Verhandlungen der Berliner Medicinischen Gesellschaft* 12 (1882), Teil 1, S. 82-85.

Dönitz, Wilhelm, *Bericht über die Tätigkeit des Instituts für Infektionskrankheiten zu Berlin während der Jahre 1901 und 1902*, in: *Klinisches Jahrbuch* 12 (1904), S. 437-458.

Drigalski, Wilhelm von, *Im Wirkungsfelde Robert Kochs*, Hamburg 1948.

Ehrlich, Paul, *Robert Koch (1843-1910). Nachruf*, in: *Frankfurter Zeitung*, Feuilleton, 2. Juni 1910.

Erbe, Michael, *Berlin im Kaiserreich (1871-1918)*, in: Wolfgang Ribbe (Hrsg.), *Geschichte Berlins*, Bd. 2, 3., erweiterte und aktualisierte Aufl., Berlin 2002, S. 691-792.

Festschrift zum sechzigsten Geburtstage von Robert Koch, hrsg. von seinen dankbaren Schülern, Jena 1903.

Fischer, Bernhard, *Robert Koch*, in: *Deutsche Rundschau* 37 (1910), S. 42-69.

Fischer, Isidor (Hrsg.), *Biographisches Lexikon der hervorragenden Ärzte der letzten fünfzig Jahre*, 2 Bde., Nachdruck München-Berlin 1962.

Förster, *Einrichtung und Betrieb des Koch'schen Instituts für Infectionskrankheiten*, in: *Deutsche Medicinische Wochenschrift* 16 (1890), S. 1272f.

Fränkel, Bernhard, *Robert Koch*, in: *Tuberculosis* 2 (1910), Sdr.

Fraenkel, Carl, *Robert Koch*, in: *Münchener Medicinische Wochenschrift* 57 (1910), S. 1345-1349.

Frizot, Michel (Hrsg.), *Neue Geschichte der Fotografie*, Köln 1988.

Frosch, Paul, *Robert Koch. Sein Leben und Wirken.* Sonder-Abdruck aus: *Berliner Tierärztliche Wochenschrift* (1910), Nr. 25 und Nr. 26.

Gaffky, Georg, *Zur Ätiologie des Abdominal-Typhus*, in: *Mitteilungen aus dem Kaiserlichen Gesundheitsamte, Bd.* 2, 1884, S. 372-420.

Gaffky, Georg, *Bericht über die Thätigkeit der zur Erforschung der Pest im Jahre 1897 nach Indien entsandten Kommission* (= Arbeiten aus dem Kaiserlichen Gesundheitsamt, Bd. 16), Berlin 1899.

Gaffky, Georg, *Gedächtnisrede auf Robert Koch. 11. Dezember 1910*, in: *Gesammelte Werke, S.* VII-XIV.

Gaffky, Georg (Bearb.), *Bericht über die Thätigkeit der zur Erforschung der Cholera im Jahre 1883 nach Egypten und Indi-*

en entsandten Kommission, unter Mitwirkung von Dr. Robert Koch ..., bearbeitet von Dr. Georg Gaffky (= Arbeiten aus dem Kaiserlichen Gesundheitsamte, Bd. 3), Berlin 1887.

Genschorek, Wolfgang, *Robert Koch. Leipzig*, Leipzig 1975 u.ö.

Gesetz betreffend die Bekämpfung gemeingefährlicher Krankheiten (Reichs-Seuchengesetz). 30. Juni 1900, in: *Reichsgesetzblatt* 1900, S. 306ff.

Das Kaiserliche Gesundheitsamt. Rückblick auf die Entwicklung und Thätigkeit des Amtes in den ersten zehn Jahren seines Bestehens, Berlin 1886.

Gerber, Klaus, *Bibliographie der Arbeiten aus dem Robert Koch-Institut*, in: *Zentralblatt für Bakteriologie* 203 (1966), I, S. 1-274.

Goerke, Heinz, *Berliner Ärzte. Selbstzeugnisse*, Berlin 1965.

Graffmann-Weschke, Katharina, *Lydia Rabinowitsch-Kempner (1871-1935). Leben und Werk einer der führenden Persönlichkeiten der Tuberkuloseforschung am Anfang des 20. Jahrhunderts*, Herdecke 1999.

Grawitz, Paul, *Die Anpassungstheorie der Schimmelpilze und die Kritik des Kaiserlichen Gesundheits-Amtes*, in: *Verhandlungen der Berliner Medicinischen Gesellschaft* 12 (1882), Theil 2, S. 1-15.

Grawitz, Paul, *Experimentelles zur Infectionsfrage*, in: *Berliner Klinische Wochenschrift* 18 (1881), S. 189-192.

Grawitz, Paul, *Über Schimmelpilzvegetationen im thierischen Organismus. Experimentelle Untersuchungen*, in: *Archiv für pathologische Anatomie und Physiologie (Virchow's Archiv)* 81 (1880), S. 355-376.

Grünert, Dietmar: *Dr. Robert Koch's Zeit in Niemegk*, in: *Belziger Heimatkalender* 1988, S. 36-39.

Gumpertz, Karl (Hrsg.), *Koch-Festnummer der Deutschen Medizinischen Presse*, Berlin 1903.

Guttmann, S., *Ueber den Betrieb des Koch'schen Instituts für Infektionskrankheiten, I. Bauliche Einrichtung*, in: *Deutsche Medicinische Wochenschrift* 18 (1892), S. 85-87.

Guttstadt, Albert (Bearb.), *Die Wirksamkeit des Koch'schen Heilmittels gegen Tuberkulose* (= Klinisches Jahrbuch 1891, Ergänzungsband), Berlin 1891.

Harig, Georg, *Das Robert Koch-Museum an der Charité*, in: *Mitteilungen der Gesellschaft für Geschichte der Medizin in der DDR* 16 (1982), S. 5-7.

Harms, Rudolf, *Robert Koch, Arzt und Forscher. Ein biographischer Roman*, Hamburg 1966, Gütersloh 1967.

Henle, Jakob, *Handbuch der rationellen Pathologie*, 2. Aufl., Braunschweig 1846-1853.

Henneberg, Georg, *Robert Koch*, in: Wilhelm Treue/Rolf Winau (Hrsg.) *Mediziner* (= Berlinische Lebensbilder, Bd. 2), Berlin 1987, S. 213-232.

Heymann, Bruno, *Robert Koch*, 1. Teil: *1843-1882*, Leipzig 1932; 2. Teil: *1882-1908. Fragmente*, hrsg. von G. Henneberg, K. Janitschke, M. Stürzbecher und R. Winau, Berlin 1997.

Holz, Ehrentraut, *Robert Koch (1843-1910). Auswahlbibliographie* (= Schriftenreihe der Universitätsbibliothek [Humboldt-Universität zu Berlin]), Berlin 1984.

Howard-Jones, Norman, *The Scientific Background of the International Sanitary Conferences, 1851-1938*, in: *WHO Chronicle* 28 (1974), S. 159-171, 220-247, 369-384, 414-426, 455-470, 495-508.

Hubatsch, Walther, *Grundriß zur deutschen Verwaltungsgeschichte 1815-1945*, Reihe

A: *Preußen*, Bd. 12, Teil B: *Unmittelbare Gebiete Preußens*, Marburg 1978.

Kathe, Johannes, *Robert Koch und sein Werk* (= Abhandlungen der Deutschen Akademie der Wissenschaften zu Berlin), Berlin 1961.

Kirchner, Martin, *Robert Koch* (= Meister der Heilkunde, Bd. 5), Wien-Berlin 1924.

Kirchner, Martin, *Robert Koch [Nachruf]*, in: *Zeitschrift für Tuberkulose* 16 (1910), S. 105-114.

Kißkalt, Karl, *Die ersten Beurteilungen Robert Kochs durch die Schule Pettenkofers*, in: *Archiv für Hygiene und Bakteriologie* 112 (1934), S. 167-180.

Kleine, Friedrich K., *Ein deutscher Tropenarzt.* Mit einer Einführung von Herbert Kunert, Hannover 1949.

Koch, Robert, *Die Aetiologie der Milzbrand-Krankheit, begründet auf die Entwicklungsgeschichte des Bacillus Anthracis*, in: *Beiträge zur Biologie der Pflanzen* 1 (1876), S. 277-308.

Koch, Robert, *Die Aetiologie der Tuberkulose*, in: *Berliner Klinische Wochenschrift* 19 (1882), S. 221-230.

Koch, Robert, *Die Aetiologie der Tuberkulose*, in: *Mitteilungen aus dem Kaiserlichen Gesundheitsamte*, Bd. 2, Berlin 1884, S. 1-88.

Koch, Robert, *Antrittsrede in der Akademie der Wissenschaften am 1. Juli 1909*, in: *Deutsche Medicinische Wochenschrift* 35 (1909), S. 1278f., erneut in: Ders., *Gesammelte Werke*, Bd. 1, S. 1-4.

Koch, Robert, *Beiträge zur Entwicklungsgeschichte der Piroplasmen*, in: *Zeitschrift für Hygiene und Infektionskrankheiten* 54 (1906), S. 1-9, erneut in: Ders., *Gesammelten Werke*, Bd. 2,1, S. 487-492.

Koch, Robert, *Aerztliche Beobachtungen in den Tropen*, in: *Verhandlungen der Deutschen Kolonial-Gesellschaft* 7 (1897/8), S. 293-314.

Koch, Robert, *Bericht zur Cholera in Ägypten an v. Bötticher, 17. September 1883*, in: Georg Gaffky (Bearb.), *Bericht über die Thätigkeit der zur Erforschung der Cholera im Jahre 1883 nach Egypten und Indien entsandten Kommission, unter Mitwirkung von Dr. Robert Koch* ... (=Arbeiten aus dem Kaiserlichen Gesundheitsamte, Bd. 3), Berlin 1887, Anl. II, S. 1*-28*.

Koch, Robert, *Berichte zur Cholera in Ägypten an den Staatsminister von Bötticher, Alexandria, 25. August 1883 und Berlin, 8. Dezember 1884*, in: Ders., *Gesammelte Werke*, Bd. 2.2, S. 850-852.

Koch, Robert, *Dankesrede zur Feier seines 60. Geburtstages*, in: *Deutsche Medicinische Wochenschrift* 30 (1904), S. 1247f., erneut in: Ders., *Gesammelte Werke*, Bd. 2,2, S. 826.

Koch, Robert, *Demonstration von Diapositiven, die auf photographischem Wege von bakteriologischen Präparaten hergestellt waren*, in: *Deutsche Medicinische Wochenschrift* 13 (1887), erneut in: Ders., *Gesammelte Werke*, Bd. 1,1, S. 285f.

Koch, Robert, *Über Desinfection*, in: *Mittheilungen aus dem Kaiserlichen Gesundheitsamte*, Bd. 1, Berlin 1881, S. 287-338.

Koch, Robert, *Entgegnung auf den von Dr. Grawitz in der Berliner Medicinischen Gesellschaft gehaltenen Vortrag über die Anpassungstheorie der Schimmelpilze*, in: *Berliner Klinische Wochenschrift* 18 (1881), S. 769-774, erneut in: Ders., *Gesammelte Werke*, Bd. I, S. 164-173.

Koch, Robert, *Über das Entstehen von Bernsteinsäure im menschlichen Organismus*, in: *Zeitschrift für rationelle Medicin* 24 (1865), S. 264-274, erneut in: Ders., *Gesammelte Werke*, Bd. 2,2, S. 814-820.

Koch, Robert, *Epidemiologie der Tuberkulose*, in: *Zeitschrift für Hygiene und Infek-*

tionskrankheiten 67 (1910), S 1-18; erneut in: Ders., *Gesammelte Werke*, Bd. 1, S. 636-649.

Koch, Robert, *Ergebnisse der wissenschaftlichen Expedition des Geh. Medicinalrathes Koch nach Italien zur Erforschung der Malaria*, in: *Deutsche Medicinische Wochenschrift* 25 (1899), S. 69f.

Koch, Robert, *Über bakteriologische Forschung*, in: *Verhandlungen des X. Internationalen Medicinischen Kongresses*, Berlin 1890, S. 35-47, erneut in: Ders., *Gesammelte Werke*, Bd. 1,1, S. 650-660.

Koch, Robert, *Fortsetzung der Mittheilungen über ein Heilmittel gegen Tuberkulose*, in: *Deutsche Medicinische Wochenschrift* 17 (1891), S. 100-102; sowie in: Albert Guttstadt (Bearb.), *Die Wirksamkeit des Koch'schen Heilmittels gegen Tuberkulose*, Berlin 1891, S. 789-793.

Koch, Robert, *Weitere Mittheilungen über ein Heilmittel gegen Tuberkulose*, in: *Deutsche Medicinische Wochenschrift* 16 (1890), S. 1029-1032.

Koch, Robert, *Über den derzeitigen Stand der Tuberkulosebekämpfung*, in: *Nordiskt Medicinikst Arkiv* 4 (1905), Abt. II.

Koch, Robert, *Über die Trypanosomenkrankheiten, Vortrag vom 26. Oktober 1904*, in: *Deutsche Medicinische Wochenschrift* 30 (1904), S. 1705-1711.

Koch, Robert, *Übertragbarkeit der Rindertuberkulose auf den Menschen*, in: *Deutsche Medicinische Wochenschrift* 28 (1902), S. 857-862.

Koch, Robert, *Zur Übertragung der Recurrens-Spirochaeten auf Affen*, in: *Deutsche Medicinische Wochenschrift* 5 (1879), erneut in: Ders., *Gesammelte Werke*, Bd. 1,1, S. 111.

Koch, Robert, *Neue Untersuchungen über die Mikroorganismen bei infektiösen Wundkrankheiten*. Vortrag auf der 51. Versammlung deutscher Naturforscher in Kassel, in: *Deutsche Medicinische Wochenschrift* 4 (1878), S. 531-533, erneut in: Ders., *Gesammelte Werke*, Bd. 1,1, , S. 57-60.

Koch, Robert, *Untersuchungen über die Ätiologie der Wundinfektionskrankheiten*, Leipzig 1878; erneut in: Ders., *Gesammelte Werke*, Bd. I, S. 61-108.

Koch, Robert, *Untersuchungen über Schutzimpfungen gegen Horse-Sickness (Pferdesterbe)*, in: *Dtsch. Kolonialblatt* 14/15 (1904), S. 420-424; erneut in: Ders., *Gesammelte Werke*, Bd. 2.2, S. 774-798.

Koch, Robert, *Verfahren zur Untersuchung, zum Conserviren und Photographiren der Bacterien*, in: *Beiträge zur Biologie der Pflanzen* 2 (1877), S. 399-434, erneut in: Ders., *Gesammelte Werke*, Bd. 1, S. 27-50.

Koch, Robert, *Über das Vorkommen von Ganglienzellen an den Nerven des Uterus, Preisschrift der Universität Göttingen*, als Manuskript gedruckt, erneut in: Ders., *Gesammelte Werke*, Bd. 2,2, S. 806-813.

Koch, Robert/Carl Flügge, *Vorwort der Herausgeber*, in: *Zeitschrift für Hygiene* 1 (1886), S. 1-6.

Koch, Robert/Georg Gaffky/Friedrich Löffler, *Versuche über die Verwerthbarkeit heisser Wasserdämpfe zu Desinfectionszwecken*, in: *Mittheilungen aus dem Kaiserlichen Gesundheitsamte*, Bd. 1, Berlin 1881, S. 322-340.

Koch, Robert/Charles Gray, *Report of the Agricultural Department for the year ended 31st March 1903*, Salisbury 1903.

Koch, Robert/Friedrich K. Kleine u.a., *Bericht über die Tätigkeit der zur Erforschung der Schlafkrankheit nach Ostafrika entsandten Kommission*, Berlin 1909.

Koch, Robert/Gustav Wolffhügel, *Untersuchungen über die Desinfection mit heisser Luft*, in: *Mittheilungen aus dem Kai-*

serlichen Gesundheitsamte, Bd. 1, Berlin 1881, S. 301-321.

Kolle, Wilhelm, *Robert Koch. Briefe an Wilhelm Kolle*, hrsg. von K. Kolle, Stuttgart 1959.

Kossack, *Registratur und Bestandsgeschichte, Findbuch zum Hygiene-Institut der Kgl. Friedrich Wilhems-Universität*, Berlin o.J.

Kruif, Paul de, *Mikrobenjäger*, Zürich 1927; engl. London 1938, San Diego 1996.

Kruif, Paul de, *Robert Koch, der Bekämpfer des Todes*, Berlin 1931.

Löbel, Josef, *Robert Koch. Geschichte eines Glücklichen*, Zürich 1935.

Löffler, Friedrich, *Der gegenwärtige Stand der Frage nach der Entstehung der Diphtherie*, in: *Deutsche Medicinische Wochenschrift* 16 (1890), S. 81-84 und 108-111.

Löffler, Friedrich, *Robert Koch. Zum 60. Geburtstag*, in: *Deutsche Medicinische Wochenschrift* 29 (1903), S. 937-943.

Löffler, Friedrich, *Robert Koch. Zum 60. Geburtstage*, in: *Centralblatt für Bakteriologie* 25 (1904), Nr. 4, S. 401-415.

Löffler, Friedrich, *Untersuchungen über die Bedeutung der Mikroorganismen für die Entstehung der Diphtherie beim Menschen, bei der Taube und beim Kalbe*, in: *Mitteilungen aus dem Kaiserlichen Gesundheitsamte*, Bd. 2, Berlin 1884, S. 421-499.

Löffler, Friedrich/Paul Frosch, *Summarischer Bericht über die Ergebnisse der Untersuchungen der Commission zur Erforschung der Maul- und Klauenseuche*, in: *Deutsche Medicinische Wochenschrift* 23 (1897), S. 617-620; zugleich in: *Centralblatt für Bakteriologie* 22 (1897), S. 257-259.

Mannweiler, Erich, *Geschichte des Instituts für Schiffs- und Tropenkrankheiten in Hamburg 1900-1945* (= Abhandlungen des Naturwissenschaftlichen Vereins in Hamburg), Keltern-Weiler 1998.

Miyajima, Mikinosuke, *Lehrer und Schüler*, Tokio 1935.

Möllers, Bernhard, *Robert Kochs Leichenfeier*, in: *Berliner Klinische Wochenschrift* 47 (1910), S. 1164.

Möllers, Bernhard, *Robert Koch. Persönlichkeit und Lebenswerk 1843-1910*, Hannover1950.

Münch, Ragnhild, *Gesundheitswesen im 18. und 19. Jahrhundert. Das Berliner Beispiel* (= Publikationen der Historischen Kommission zu Berlin), Berlin 1995.

Münch, Ragnhild, *Von der Hygiene-Ausstellung zum Hygiene-Museum*, in: *Acta Medico-Historica Rigensia* I (XX) (1992), S. 74-97.

Münch, Ragnhild, *Mikrowelten und Lebenswelten: Robert Koch und die Fotografie*, in: *Baessler-Archiv. Beiträge zur Völkerkunde*, NF 49 (2001), S. 165-185.

Münch, Ragnhild, *Robert Koch* (Review: »*On the Shoulders of Giants*«), in: *Microbes and Infection* 5 (2003), S. 69-74.

Münch, Ragnhild/Stefan Biel, *Expedition, Experiment und Expertise im Spiegel des Nachlasses von Robert Koch*, in: *Sudhoffs Archiv* 82 (1998), S. 1-29.

Nachruf auf Otto Obermeier, gestorben am 20. 8. 1873, in: *Berliner Klinische Wochenschrift* 10 (1873), S. 406.

Nägeli, Carl/S. Schwendener, *Das Mikroskop. Theorie und Anwendung desselben*, 2. Aufl., Leipzig 1877.

Neuhauss, Richard, *Lehrbuch der Mikrophotographie*, Braunschweig 1890.

Obermeier, Otto, *Die ersten Fälle und der Charakter der Berliner Flecktyphusepidemie von 1873*, in: *Berliner Klinische Wochenschrift* 10 (1873), S. 349-351 und 364f.

Obermeier, Otto, *Das wiederkehrende Fieber*, in: *Archiv für pathologische Ana-*

tomie und Physiologie (Virchows Archiv) 47 (1869), S. 161-177.
Ôgai, Mori [= Mori Rintaro], *Deutschlandtagebuch [1884-1888]*, hrsg. und übersetzt von Heike Schöche, Tübingen 1992.
Ogawa, Mariko, *Uneasy Bedfellows: Science and Politics in the Refutation of Koch's Bacterial Theory of Cholera*, in: *Bull. Hist. Med.* 74 (2000), S. 671-707.
Oncken, H., *Forckenbeck*, in: *Allgemeine Deutsche Biographie*, Bd. 48, Leipzig 1904, S. 630-650.
Opitz, B., *Robert Kochs Ansichten von 1884 über die zukünftige Gestaltung des Kaiserlichen Gesundheitsamtes*, in: *Medizinhistorisches Journal* 29 (1994), S. 363-377.
Pagel, Julius Leopold, *Biographisches Lexikon der hervorragenden Ärzte des neunzehnten Jahrhunderts*, Berlin-Wien 1901; unveränderter Nachdruck Leipzig 1989.
Pannwitz, Gotthold, *Koch's Standpunkt über das Verhältnis zwischen Menschen- und Rindertuberkulose*, in: *Berliner Klinische Wochenschrift* 45 (1908), S. 2001-2006.
Pappenheim, Hans E., *Historische Streifzüge durch den Kreis Zauch-Belzig*, in: *Kreiskalender für den Kreis Zauch-Belzig* 1940, o. S.
Pfeiffer, Richard, *Ueber den Betrieb des Koch'schen Instituts für Infectionskrankheiten*, in: *Deutsche Medicinische Wochenschrift* 18 (1892), S. 128f.
Pfuhl, Eduard, *Ueber den Betrieb des Koch'schen Instituts für Infektionskrankheiten, IV. Die Desinfectionsanstalt*, in: *Deutsche Medicinische Wochenschrift* 18 (1892) S. 153f.
Pfuhl, Eduard, *Privatbriefe von Robert Koch*, in: *Deutsche Revue* 36 (1911), Heft 3, S. 182-199.
Pfuhl, Eduard, *Privatbriefe von Robert Koch*, in: *Deutsche Medicinische Wochenschrift* 37 (1911), S. 1399f., 1443f., 1483-85, 1524-26.
Pfuhl, Helen A., *Hermann Koch, my ancestor*, in: Helmut Radday (Hrsg.), ... *und geben unsere Auswanderung bekannt*, Clausthal-Zellerfeld 2000, S. 66-77.
Podach, Erich Friedrich, *Robert Koch*, Berlin 1947.
Pollender, Aloys, *Mikroskopische und mikrochemische Untersuchung des Milzbrandblutes, so wie über Wesen und Kur des Milzbrandes*, in: *Vierteljahrschrift für gerichtliche und öffentliche Medicin* 8 (1855), S. 103-114.
Pringle, Andrew, *Practical Photo-Micrography, by the latest Methods*, New York 1890.
Quednau, Werner, *Robert Koch*, Berlin 1954.
Radday, Helmut (Hrsg.), ... *und geben unsere Auswanderung bekannt*, Clausthal-Zellerfeld 2000.
Rarisch, I., *Arthur Hobrecht*, in: *Neue Deutsche Biographie*, Bd. 9, Berlin 1963, S. 280.
Regeln zur Erschließung von Nachlässen und Autographen, hrsg. vom Deutschen Bibliotheksinstitut (DBI), Berlin 1997.
Das Reichsgesundheitsamt 1876-1926. Festschrift, hrsg. vom Reichsgesundheitsamt aus Anlaß seines fünfzigjährigen Bestehens, Berlin 1926.
Ribbe, Wolfgang (Hrsg.), *Geschichte Berlins*, 2 Bde., 3., erweiterte und aktualisierte Aufl., Berlin 2002.
Ribbe, Wolfgang, *James Hobrecht*, in: Wolfgang Ribbe/Wolfgang Schäche (Hrsg.), *Baumeister - Architekten - Stadtplaner. Biographien zur baulichen Entwicklung Berlins*, Berlin 1987, S. 219-234.
Robert Koch's Antrittsvorlesung und das neue hygienische Institut, in: *Berliner Klinische Wochenschrift* 22 (1885), S. 738f.

Robert Koch zum 150. Geburtstag (= Schriftenreihe des Oberharzer Geschichts- und Museumsvereins e.V.), hrsg. vom Oberharzer Geschichts- und Museumsverein, Clausthal-Zellerfeld 1993.

Roudolf, Lotte, *Die wissenschaftliche Bibliothek Robert Kochs*, in: *Zentralblatt für Bakteriologie* 175 (1960), S. 115-140.

Rudolf, Herbert, *Personalakten »Robert Koch«*, in: *Völkischen Beobachter*, 25. April 1940.

Die internationale Sanitätskonferenz in Rom, in: *Berliner Klinische Wochenschrift* 15 (1885), S. 407.

Schneppen, Heinz, *Die Anfänge des Ocean Road Hospital in Daressalam: Vom Missionshospital zum Gouvernements-Krankenhaus*, in: *Sudhoffs Archiv* 84 (2000), S. 63-88.

Schnöpf, Markus, *Robert Koch und die Malariaforschung*, Magisterarbeit am Fachbereich Geschichts- und Kulturwissenschaften der FU Berlin, Berlin 2001.

Schwalbe, Julius, *Briefe aus vergangenen Tagen. Robert Koch, Emil Behring, Paul Ehrlich*, in: *Deutsche Medicinische Wochenschrift* 55 (1929), S. 1772-1774.

[Schwalbe, Julius], *Ehrung Robert Kochs*, in: *Deutsche Medicinische Wochenschrift* 30 (1904), S. 1246-1248.

Schwalbe, Julius/Georg Gaffky/Eduard Pfuhl (Hrsg.), *Gesammelte Werke von Robert Koch*, 3 Teilbde., Leipzig 1912.

Stolberg, Michael, *Die Cholera im Großherzogtum Toskana. Ängste, Deutungen und Rektionen im Angesicht einer tödlichen Seuche*, Landsberg am Lech 1995.

Thomas, Charlotte, *Robert Koch, Roman eines Arztes*, 9. Aufl., Berlin 1982.

Unger, Hellmuth, *Helfer der Menschheit, der Lebensroman Robert Kochs*, 1. Aufl., Leipzig 1929, ab 4. Aufl. unter dem Titel: *Robert Koch. Roman eines großen Lebens*, Berlin 1936; erneut Zürich 1954 und Berlin 1961.

Verhandlungen ärztlicher Gesellschaften – Berliner Medicinische Gesellschaft. Bericht über die Sitzung vom 26. Februar 1873, in: *Berliner Klinische Wochenschrift* 10 (1873), S. 152f.

Amtliches Verzeichnis des Personals und der Studirenden der Königlichen Friedrich-Wilhelms-Universität zu Berlin, Berlin 1885 u.ö.

Wezel, Karl, *Robert Koch. Eine biographische Studie* (= Bibliothek von Coler – von Schjerning, Bd. 36), Berlin 1912.

Winau, Rolf, *Paul Ehrlich und die Berliner Medizin*, in: *Chemotherapie Journal* 4 (1995), S. 57-60.

Wolff, Claudia, *Georg Gaffky (1850-1918). Erster Vertreter der Hygiene in Gießen 1888-1904* (= Arbeiten zur Geschichte der Medizin in Gießen, Bd. 13), Gießen 1992.

Wolter, Friedrich, *Die Hauptgrundgesetze der epidemiologischen Typhus- und Choleraforschung, in Rücksicht auf die Pettenkofersche und Kochsche Auffassung der Typhus- und Choleragenese*, München 1910.

Kolibri 360 GmbH
Ferdinand-Jühlke-Straße 7
99095 Erfurt, Deutschland
produktsicherheit@kolibri360.de